ISBN 978-0-364-61134-0
PIBN 11042068

FB &c Ltd, Dalton House, 60 Windsor Avenue, London, SW19 2RR.
Company number 08720141. Registered in England and Wales.

For support please visit www.forgottenbooks.com

Archiv

für

wissenschaftliche Kunde

von

Russland.

Herausgegeben

von

A. Erman.

Sechszehnter Band.

Mit drei Tafeln.

Berlin,
Druck und Verlag von Georg Reimer.
1857.

Inhalt des Sechszehnten Bandes.

Physikalisch-mathematische Wissenschaften.

Seite

Mathematische Untersuchungen über die Verbreitung des elektrischen Stromes in Körpern von gegebener Gestalt. Nach dem Russischen von Herrn J. Bolzani in Kasan. 45

Das Vorkommen von Töpferthon bei Gjelsk im Moskauer Gouvernement. 111

Ueber die Arbeiten der russischen geographischen Gesellschaft im Jahr 1855. 132

Untersuchungen der russischen geographischen Gesellschaft im Jahr 1856. 150

Ueber die Expedition des sibirischen Zweiges der russischen geographischen Gesellschaft nach dem Wilui und Amur. 162

Analyse einiger in Russland vorkommenden Steinkohlen. 167

Ueber die Kumyss-Kur. Mitgetheilt von Dr. L. Spengler in Ems. 172

Untersuchungen über Ilmenium, Niobium und Tantal. Von Herrn R. Hermann in Moskau. 192

Ueber die „Materialien zur Mineralogie Russlands." Von N. Kokscharow. (Vergl. in d. Arch. Bd. XIII. S. 325.) 311

Seite

Ueber die Mineralien welche in den Uralischen Goldseifen vorkommen. Nach dem Russischen von Herrn Barbot de Marny. 329

Untersuchungen über die Elasticität, welche während der Jahre 1850 bis 1855 in dem Petersburger Physikalischen Observatorium angestellt wurden. Von Herrn A. F. Kupffer. 400

Der Balchasch-See und der Fluſs Ili. 491

Semenow's Reise nach dem Issyk-Kul. 501

Der Kreis Tara im Tobolsker Gouvernement. 510

Memoiren des sibirischen geographischen Vereins. 563

Ueber die Theorie der Capillaritäts-Erscheinungen von Professor A. Dawidow in Moskau. 617

Historisch-linguistische Wissenschaften.

Skizze der Beziehungen Chinas zu Tibet. Nach dem Russischen des Pater Ilarion. (Fortsetzung zu Bd. XV. S. 349.) Von Herrn W. Schott. 1

Chinesische Merkwürdigkeit nebst berichtigtem Irrthum. Von Herrn W. Schott. 12

Ueber die fälschlich sogenannte Misdjegische Sprachenclasse. Nach einer Mittheilung des Herrn I. Bartolomei zu Teherân. . . 14

Herat und seine Weltstellung. Nach russischen Berichten. 18

Die Alterthümer des cimmerischen Bosphorus. Nach russischen Berichten. 23

Ueber Schiefners Version der Kalevala. 115

Die Mennoniten im südlichen Russland. Von A. Petzoldt. . . . 125

Anton Puuhaara. Ein finnisches Mährchen. 236

Seite

Arbeiten der morgenländischen Abtheilung der kaiserl. archäologischen Gesellschaft (Theil I.) 248

Ueber das Studium der orientalischen Sprachen in Russland. Von Herrn P. Saweljew. 256

Aus dem Leben der Uralischen Kasaken u. s. w. Von Herrn W. von Qualen. 288

Ansichten über die von Herodot sogenannten Skythen. Von Herrn Eichwald. 335

Zur ostasiatischen Bücherkunde. 337

Verhandlungen der gelehrten Estnischen Gesellschaft. 349

Ueber Semenow's Uebersetzung der Ritter'schen Erdkunde. . . . 358

Drei Tarchanische Jarlyk's (Mandate). Herausgegeben von Herren I. N. Berjósin. 365

Der Kreis Tara im Tobolsker Gouvernement. 529

Wasiljews graphisches System der chinesischen Schrift. 537

Historische Nachrichten über Kokand. 545

Memoiren des sibirischen geographischen Vereins. 563

Reise des russ. Obersten Bartholomei in das sogen. freie Swanetien. 583

Eine Reclamation in der Zeitschrift Inland. 64

Allgemein Litterarisches.

Der Russkji Wjestnik für 1856. 28

Druckfehler zu Bd. XV. 166

Steinkohlenvorkommen in Russland. 167

Die Fischerei der Uralischen Kasaken. 288

Russisches Schauspielerleben. 392

Seite

Reclamation aus Petersburg. 489

Russische Journalistik im Jahre 1857. 571

Das pädagogische Hauptinstitut in Petersburg. 575

Industrie und Handel.

Die deutschen Colonien in der Nähe der Krymschen Halbinsel und die Rossheerden in den südlichen Steppen. (Schilderungen aus Kleinrussland.) 371

Skizze der Beziehungen Chinas zu Tibet.

Fortsetzung und Schluss.

Zewang-rabtan blickte schon lange feindselig auf das Bündniss der Choschoten mit Tibet; aber bis dahin hatte er noch keine Veranlassung, den Krieg mit ihnen zu beginnen. Als er jetzt von der Gewalt des Ladsang-chan erfahren, der sogar einen Dalai-lama wider den Willen der Chuchenorer gewählt, da entschloss sich Zewang zu entschiednerem Handeln; denn die Herrschaft der Nachkommen Guschichan's in Tibet war seinen politischen Absichten entgegen. Damit sein Plan möglichst lange geheim bliebe, knüpfte er mit Ladsangchan sogar Bande der Verwandtschaft, indem er seine Tochter dessen ältestem Sohne Gardan-djung zum Weibe gab; denn eben das verwandtschaftliche Band sollte Anlass zum Zerwürfnisse werden und so kam es auch. Der Sohn des Ladsang hatte sich zu seiner Braut nach Ili begeben; Zewang hielt ihn dort zurück und tödtete ihn nach einiger Zeit hinterlistiger Weise.*) Vergebens hatte Kaiser K'ang-hi Ze-

*) Gardan-djung beschäftigte sich in Ili mit Erlernung der Zauberei. Zewang, der ihm in dieser Wissenschaft Unterricht ertheilte, lockte ihn durch Betrug in einen über Feuer stehenden Kessel, und Gardan-djung verbrannte.

wang aufgefordert, den Schwiegersohn nach Tibet zurückkehren zu lassen. Darauf empfahl der Kaiser dem Ladsang, vor seinem neuen Verwandten sehr auf der Hut zu sein; aber auch dies war umsonst: der bereits gealterte und dem Trunk ergebene Ladsang beachtete die Warnung wenig, und musste bald schwer dafür büſsen.

Dreihundert chinesische Stadien nordwestlich von Budala liegt der See Tengrinoor (Geistersee), der mit seinem westlichen Ufer an Hinter-Tibet stöſst.*) Dieser See hat einige tausend chinesische Stadien im Umkreise. Der Weg aus der Djungarei nach Tibet zieht dessen nördliches Ufer entlang und wird von einem hohen Berge geschnitten. An einem der Uebergänge über letzteren ist eine Brücke aus eisernen Ketten angebracht, auf welcher ein Mann ihrer Tausend am Vordringen verhindern kann, und ausserdem giebt es keinen näheren Weg. Dennoch lieſs Ladsang unbegreiflicher Weise diesen Pass unbesetzt.

Im Jahre 1716 befahl Zewang ganz unerwarteter Weise dem Dadsereng Dundob mit 6000 erlesenen Kriegern ins Feld zu rücken. Dieser zog um die Gobi und über das Schneegebirge im Süden von Chotan. Nach vielen Beschwerden gelangte das kleine Heer mitten im Jahre 1717 zur tibetischen Grenze. Ladsang ahnete das ihn bedrohende Unwetter nicht. Die Djungaren verbreiteten ein Gerücht als ob sie die nach Tibet zurückkehrende Gattin des Gardan-djung begleiteten, und so konnten sie ungehindert in diesem Lande vorrücken, wo sie ihren Marsch gegen Hlassa richteten. Ladsang erfuhr dies erst als sie schon zu tief eingedrungen waren. Sein Versuch, ihnen Widerstand zu leisten, misslang: von den Dsungaren geschlagen, floh er nach Budala, verbollwerkte sich daselbst und schickte einen Brief an den Kaiser von China, um Hülfe flehend. Allein es war schon zu spät. Dsereng Dundob belagerte Budala, lieſs sich mit List die Thore

*) Budala liegt unweit Hlassa, der Hauptstadt von Tibet. Es enthält einen Palast in welchem der Dalai-lama wohnt.

öffnen, ergriff den Ladsang und tödtete ihn. Das Weib und die Kinder des Getödteten behielt er als Gefangene, beraubte alle Tempel ihrer Kostbarkeiten und schickte sie nach Ili. Der neue Dalai-lama wurde gewaltsam nach dem Kloster Djake-buli abgeführt.

Sobald der Kaiser von Tibet's trauriger Lage erfuhr, liefs er den General E-lun-te mit Hülfstruppen dorthin, den Se-leng aber zu den Mongolen von Chuchenor abgehen, damit sie ein Heer ausrüsteten. Im 7. Monat des Jahres 1718 setzten die Truppen über den Muru-usu, der Chuchenor von Tibet scheidet. Dadsereng gab sich den Schein als wollte er das Land schnell räumen, legte aber ein erlesenes Heer am Flusse Chara-usu in Hinterhalt. E-lun-te marschirte rasch vorwärts um früher als die Feinde ans jenseitige Ufer dieses Flusses zu kommen und die gefährlichen Uebergänge am Gebirge Ling-la zu besetzen. In der Nähe des Flusses stiefs er mit dem Feinde zusammen. Dsereng Dundob, mit einigen 10000 Tibetern verstärkt, stellte einen Theil derselben am Ufer auf, um dem Mandschuheere den Uebergang über den Fluss zu wehren, und schickte die Uebrigen dem Feinde entgegen; auf diese Weise schnitt er den Mandschu's die Strafse ab, auf welcher sie ihren Proviant erhielten (?). Beide Armee'n standen einander mehr als einen Monat lang gegenüber. Endlich war der Proviant des kaiserlichen Heeres erschöpft und im 9. Monat wurden sie geschlagen.

Dieser Sieg machte die Djungaren stolz. Die Mongolen von Chuchenor fürchteten sich schon, nach Tibet zu ziehen, und schrieben in ihrer betreffenden Eingabe an den Kaiser: „Da der Dalai-lama überall sein kann, so dürfte es wol nicht nöthig sein, dass Euere Majestät solche Mühen auf sich nehme." Auch die hohen Staatsbeamten widerriethen dem Kaiser die Absendung eines neuen Heeres. Aber K'ang-hi dachte nicht also. „Tibet — so schrieb er in seinem Erlasse — gränzt unmittelbar an Chuchenor und an die Statthalterschaften Jünnan und Sfytschuan. Wenn die Djungar an den Grenzen plündern so wird da keinen Tag Ruhe sein. Und können die

Djungar über den Schnee ziehen und Gefahren Trotz bieten, sollten unsere Truppen nicht noch fähiger sein dies zu thun?" Der 14. kaiserliche Prinz Jün-ti erhielt den Auftrag, als Oberbefehlshaber in Chuchenor am Muru-usu zu lagern und die Kriegsvorräthe zu verwalten; die Generale Furdan und Fuping-an sollten von Norden her die Oelöt bedrängen; Garbi und Jansin aber auf zwei Strafsen in Tibet einrücken: der erstere aus Sſy-tschuan, der andere aus Chuchenor. *)

Um diese Zeit hatten die Tibeter schon erfahren, dass die wahre Wiederverkörperung des verstorbenen Dalai-lama's nicht in Tibet, sondern in Chuchenor erfolgt sei und jetzt baten sie den Kaiser einmüthig, ihm zu seiner Installirung behülflich zu sein. Der Kaiser gewährte ihre Bitte und versah den Galdsang-djamzo mit Patent und Siegel. In Folge dessen geleiteten die mongolischen Grofsen an der Spitze ihrer Mannschaften und den chinesischen Truppen sich anschliefsend, den neuen Dalai-lama nach Tibet.

Als Dsereng-Dundob von der Annäherung chinesischer Truppen hörte, zog er selbst dem Jan-sin entgegen, wider Garbi aber schickte er den Dsai-sang Tschun-pile mit 3600 Kriegern. Garbi war schon bis Tschamdo in Vordertibet eingedrungen; hier erhielt er vom Obergeneral die Ordre eine Zeitlang zu warten um dann mit ihm zu ziehen; allein Garbi befürchtete, in der Zwischenzeit werde sein Proviant sich erschöpfen und wollte darum selbständig handeln. Er bildete aus Stämmen des vorderen Tibet ein Corps von 7000 Mann, theilte es in zwei Hälften, von denen eine die gefährlichen Orte besetzte, die andere aber den Weg zn Herbeischaffung von Proviant für das feindliche Heer abschnitt, und fiel dann über den Feind her: der Dsaisang Tschunpile wurde geschlagen.

Unterdess gelang es Jan-sin, dem Dsereng-dundob drei

*) Drei Wege führen aus China nach Tibet: es giebt nemlich noch einen dritten aus Jün-nan über Tschung-tian, der aber ausserordentlich beschwerlich ist.

Niederlagen beizubringen: der letztere gerieth in Gefangenschaft und verlor an Todten über 1000 Mann. Da die Oelöt überall Widerstand fanden, wagten sie nicht in Tibet zu bleiben und flohen auf demselben Wege auf dem sie gekommen waren, wieder nach Norden. Vor den ausserordentlichen Beschwerden des Weges, vor Kälte und Hunger, erreichte kaum die Hälfte von ihnen ihre Heimath.

Nach so günstigen Erfolgen hätte der Kaiser nach Willkür über Tibet verfügen können; allein er begnügte sich damit, dieses Landes Schirmherr und Beschützer zu bleiben. Den neuen Dalai-lama liefs er im Jahre 1721 seinen geistlichen Thron besteigen und denjenigen Lama welchen Ladsang-Chan eingesetzt hatte, nach Peking abführen. Ein alter Beamter des Ladsang, Kan-dsinai, erhielt das vordere, der Tai-dsy Po-lonai das hintere Tibet zur Verwaltung, und jeder von Beiden das Recht, sich Kalun's (Staatsräthe) zu wählen. Als Denkmal des in Tibet wiederhergestellten Friedens wurde in dem Klostertempel Da-djao eine steinerne Tafel errichtet, mit einer von Kaiser K'ang-hi verfassten Inschrift.

K'ang-hi's Nachfolger, der Kaiser Jung-tsching, bestätigte bei seiner Thronbesteigung Alles was sein Vorgänger in Betreff Tibet's verordnet hatte. Diesem Lande blieb nichts mehr übrig, als unter dem Schutze der Mandschukaiser des Friedens und vollkommener Ruhe sich zu erfreuen. Allein das Verhängniss wollte es anders.

Wir haben vorhin gesagt, dass die Regenten Tibet's das Recht hatten, ihre Kalun's zu wählen. Diese waren nun gewählt, aber nicht ganz glücklich. Einer von den Kalun's des Kan-dsinai, Arbuba, beneidete den Regenten um seine Macht; ein Zweiter, Lunbunai, stolz auf seine Verwandtschaft mit dem Dalai-lama, verachtete den Regenten und gehorchte nicht seinen Befehlen; der dritte aber, Djarnai, wurde von den beiden Anderen ohne viele Mühe gewonnen. Als der Kaiser von dem Hasse der Kalun's wider Kan-dsinai erfuhr, befürchtete er, sie möchten ihn mit dem Dalai-lama entzweien, und alsdann würde der Untergang seines treuen Dieners unvermeidlich sein: er schickte also zwei Würdenträger nach Tibet, um den Hader beizulegen. Kaum waren diese (1727) angelangt, als Arbuba und seine Gefährten, für ihr Schicksal besorgt, mit mehr Entschiedenheit zu handeln begannen. Sie sammelten eine Streitmacht, überfielen das Haus in welchem Kan-dsinai wohnte, und tödteten ihn. Darauf zogen sie nach Westen um des Landes Nga-ri sich zu bemeistern, auf diese Art ihr Heer zu vergröfsern und dann mit den Djungar sich zu verbünden. Was sie von Seiten China's erwartet hatten, das erfolgte auch. Der General Tschalanga erhielt den Befehl, mit 15000 Mann in Tibet einzurücken und die Aufrührer zu züchtigen. Aber schon vor seiner Ankunft (im Jahre 1728) schnitt Po-lonai, der Regent des westlichen Tibet, mit einem Corps von 9000 Mann den Aufständischen den Weg ab und nahm ihre Häupter gefangen.

Für diese wesentlichen Verdienste erhielt Po-lonai mit der Würde eines Bei-dsy das Amt eines Regenten von ganz Tibet, und 30000 Unzen (über 60000 Rubel Silber) zur Unterhaltung eines Heeres; zugleich aber befahl der Kaiser, neue Unruhen befürchtend, zwei Würdenträgern in Tibet zu bleiben und den Gang der Dinge zu überwachen; unter ihrem Befehle liefs er 2000 Soldaten aus Sy-tschuan und Schen-si. Der Eine von ihnen (der vornehmste) sollte im vorderen und der Andere im hinteren Tibet sich aufhalten. Alle drei Jahr sollten diese Würdenträger erneuert werden. Alsbald nach diesen Verfügungen erfolgte auf Antrag der chinesischen Regenten des Landes ein kaiserlicher Befehl, kraft dessen die Gebiete Batang und Litang von Vordertibet losgetrennt und der Statthalterschaft Sy-tschuan einverleibt, Tschung-tian und Wei-si aber mit Jün-nan vereinigt wurden. Nur die Handelszölle aus diesen vier Gebieten sollten dem Dalai-lama zufliefsen.

In demselben Jahre (1728) erlitt die Ruhe Tibet's wieder einige Störung durch die Djungaren. Galdan, der Sohn und Nachfolger des Zewang, bat den Kaiser um die Erlaubniss, nach Tibet reisen und die Lama's „mit Thee bewirthen" zu dürfen.*) Er erklärte zugleich, dass er die zwei, bei der Einnahme Budala's gefangenen Söhne des Ladsang-chan nach Tibet zurückbringen wolle. Der Kaiser schlug ihm aus Argwohn sein Gesuch ab, und schickte nach Tibet den Befehl, die Grenztruppen zu verstärken. In Folge dessen verliefs der Dalai-lama auf einige Zeit sein Land und suchte ein Asyl in dem Kloster Hu-juan, das im Gebiete Litang belegen ist.**) Tibetische Truppen wurden alljährlich mit Anfang Sommers nach der Strafse am Tengri-noor (s. oben) geschickt, um die wichtigsten Punkte zu besetzen, und nur im Winter, wenn Schnee die Berge bedeckte, zogen sie wieder ab.

Im Jahre 1734 baten die Djungar um Frieden. Der Dalai-lama kehrte jetzt nach Tibet zurück, und die Grenztruppen wurden bis auf ein Viertheil vermindert.

Im dritten Jahre der Regierung K'ian-lung (1738) kam Galdan wieder um die Erlaubniss ein, Geschenke nach Tibet abzuschicken. Dieses Mal wurde seine Bitte gewährt; allein der Bei-dsy Po-lonai, lebhaft eingedenk des Jahres 1717, und neue Hinterlist befürchtend, ergriff Mafsregeln der Vorsicht, indem er an allen Wegen die aus der Djungarei nach Tibet führten, Truppen aufstellte. Als Galdan dies erfahren hatte, wagte er nicht zu kommen, und Po-lonai erhielt für seine verständigen Vorkehrungen den Titel eines Kiün-wang oder Fürsten vom zweiten Range.

Allein die Ruhe in Tibet dauerte nicht lange. Im Jahre 1750 kam es dem Djurmote Namdjal, Sohne und Nachfolger des Po-lonai, in den Sinn, die Fahne des Aufruhrs zu

---

*) Diese Redensart bedeutet: dem Dalai-lama und der übrigen Geistlichkeit Geschenke schicken oder bringen. Diese Sitte besteht unter den meisten Stämmen welche dem lamaitischen Glauben huldigen, und zwar meist bei Gelegenheit wichtiger Familien-Ereignisse.

**) Wie Pius IX. vor einigen Jahren in Gaeta, als er sich in Rom nicht mehr sicher wusste!

erheben. Er wollte sich vom Einflusse des chinesischen Hofes frei machen und mit den Djungaren vereinigen. Zu diesem Zwecke petitionnirte er beim Kaiser vor allen Dingen um Abberufung der chinesischen Garnisonen aus Tibet. K'ianlung that ihm diesen Gefallen da er bei Djurmote dieselbe Ergebenheit an sein Haus voraussetzte die dessen Vater Polonai bewiesen. Als Djurmote erlangt hatte was er wünschte, schrieb er heimlich einen Brief an die Djungar, worin er sie für den Fall einer Niederlage um Hülfstruppen ersuchte. Darauf schaffte er seinen älteren Bruder heimlich aus der Welt, verbreitete ein falsches Gerücht vom Anrücken eines Djungarenheeres, und sammelte 2000 Mann als wollte er gegen die Feinde ziehen. Während er so zur Empörung sich rüstete, gewannen die chinesischen Statthalter Kunde von seinen Plänen; da ihnen aber kein einziger Soldat zu Gebote stand, so beschlossen sie, ihn mit List zu beseitigen: er wurde in den Thurm eines Klostertempels gelockt und daselbst ermordet. Aber seine Anhänger vergalten den Statthaltern sehr bald mit gleicher Münze. Als der Dalai-lama von dem ausbrechenden Aufruhr Nachricht erhielt, übertrug er die Regierung vorläufig dem Kuan (Fürsten vom 6. Range) Bandida, und dieser beschwichtigte die Aufrührer.

Jetzt gab es eine neue Ordnung der Dinge in Tibet. Den Tibetern und Djungaren wurde für immer verboten mit einander in Beziehung zu treten. Die Verwaltung Tibet's erhielten vier Kalun's unter unmittelbarer Oberaufsicht des Dalai-lama's, und es gab seitdem in diesem Lande weder Chane, noch Wang's, noch andere Fürsten mehr. Die unlängst abgerufenen Besatzungstruppen kehrten, um 1500 Mann verstärkt, nach Tibet zurück, und die chinesischen Regenten des Landes sollten über sie verfügen.

Endlich im Jahre 1758 wurde die Macht der Dsungaren durch ein chinesisch-mandschuisches Heer vollständig gebrochen und seitdem drohte Tibet von dieser Seite keine weitere Gefahr. Die Wahl des siebenten Dalai-lama's ging in gröfster Ruhe von Statten, und mehr als 30 Jahre lang ging Alles im besten Gleise. Aber im Jahre 1790 machten die Gorka's aus Nepal einen Einfall in Tibet: damit hatte es folgende Bewandtniss:

Der sechste Bantschen-lama hatte seinem älteren Bruder Djunba die Oberleitung des Handels in Hintertibet anvertraut; sein jüngerer Bruder Schemarba war von allen Vortheilen deren Djunba sich erfreute, ausgeschlossen. Alle Truppen, Reiterei wie Fufsvolk, die in Mitteltibet lagen, befanden sich in der Gerichtsbarkeit des Dalai-lama, und selbst über die in Hintertibet garnisonirenden hatte der Bantschen keine Autorität; folglich konnte er Schemarba nichts zur Führung übergeben. Dieser beneidete natürlich seinen Bruder. Als aber nach dem Tode des Bantschen (1780) all dessen Besitz in die Hände Djunba's, als des Aeltesten in der Familie, überging, da verwandelte sich Schemarba's Neid in Groll. Er reizte die Gorka's zu einem Einfalle in Tibet, um in der allgemeinen Verwirrung den Besitz seines Bruders leichter und unmerklicher sich aneignen zu können, und die Gerufenen erschienen bald. Damals war der 7. Dalai-lama noch jung; die unerwarteten Gäste setzten ihn in grofse Verlegenheit. Die chinesischen Statthalter konnten den Feind nicht mit Waffengewalt entfernen und erkauften darum den Frieden mit Gelde, so dass die Gorka's sehr befriedigt abzogen. Im Jahre 1791 kehrten sie wieder; dieses Mal bekamen sie es mit chinesischer Kriegsmacht zu thun, wurden geschlagen und vertrieben. Schemarba ward hingerichtet.

Bis dahin konnten die beiden Päpste Tibet's nach Willkür Aemter vertheilen und brauchten der chinesischen Regierung nur Nachricht von der vollendeten Thatsache zu geben. Kein Wunder also, wenn die meisten wichtigen Posten durch Verwandte des Dalai-lama und des Bantschen besetzt waren. Da nun der Kaiser in Erfahrung brachte, dass die Anverwandten der geistlichen Oberhäupter nur Lama's werden wollten um sich zu bereichern, und die unwürdigsten Mittel nicht verschmähten, so hatte er diesen verderblichen Brauch schon lange abschaffen wollen. Jetzt fand sich gute Gelegenheit:

K'ian-lung befahl seinen Statthaltern in Tibet, sowol bei der Wahl der Kalun's und Aeltesten als in anderen Verwaltungs-Angelegenheiten mit dem Dalai-lama und dem Bantschen gleichen Antheil zu nehmen und verbot ihnen streng die Beförderung von Blutsverwandten beider Päpste.

Darauf veränderte der Kaiser auch die Art der Wahl des Lama's und der übrigen Wiedergeburten. Die Wahl auf Anweisung der Tschui-djun's (Wahrsager), welche die erforderliche Wiedergeburt gewöhnlich in angesehenen tibetischen oder mongolischen Familien erfolgen liefsen, war der Politik des chinesischen Hofes zuwider; denn es konnte der Dalai-lama auf diese Art leicht in einer, China feindseligen Familie das Licht erblicken. K'ian-lung schickte daher im Jahr 1792 eine goldne Urne nach Tibet und befahl die Wiedergeburten hinfüro nach dem Loose zu bestimmen. Nur über den 7. Dalai-lama (ernannt im Jahr 1808) wurde nicht gelost, weil diesen das ganze Volk wegen seiner Geistesgaben und seiner genauen Berichte von eignen früheren Wiedergeburten (!) als ächte Einfleischung erkannt hatte.

Wir müssen jetzt, in Ermangelung urkundlicher Berichte, ungefähr ein Menschenalter überspringen. Im Jahre 1844 schickten der Bantschen und die Kalun's mit einer Gesandtschaft an den Kaiser Tao-kuang das Gesuch, den Si-fang, Verweser des Dalai-lama's, abzusetzen, indem er drei Dalai-lama's, die Vorgänger des jetzigen, in der Blüthe ihrer Jahre vergiftet habe. Der Kaiser liefs eine Untersuchung anstellen, in deren Folge jener Verweser an die Ufer des Amur verbannt wurde.

Nach diesem Vorgange blieb Alles ruhig in Tibet bis heute (1853). Die chinesische Regierung wacht in der Person ihrer Regenten oder Statthalter unablässig über das Land, und gestattet den Eingebornen keine Art von Umgang mit Ausländern. So hat sie noch unlängst zwei französische Sendboten (Gabet und Huc) aus Tibet hinaus gewiesen, obgleich der Statthalter des jungen Dalai-lama's diese Herren in seinen Schutz genommen hatte und ihnen freien Aufenthalt im Lande gern hätte gewähren mögen. Man ersieht hieraus, wie wichtig es für den chinesischen Hof ist, seinen Einfluss auf Tibet und dessen geistliche Oberhäupter nicht zu verlieren. Die Befürchtung ist übrigens nicht ohne Grund, da China sämmtliche, ihm untergebene Mongolenstämme nur durch Vermittlung des Dalai-lama's, ihres geistlichen Oberhirten, in Unterwürfigkeit halten kann.

Chinesische Merkwürdigkeit nebst berichtigtem Irrthum.

In den „Arbeiten der morgenländischen Abtheilung der kaiserlichen archäologischen Gesellschaft" (Theil II, Lieferung 1) befindet sich die genaue Abbildung einer kleinen silbernen Platte von ovaler Form und 84 Solotnik (28 Loth) Gewicht, welche zur Sammlung eines Liebhabers seltner Dinge in St. Petersburg gehört. Die eine Seite der Platte enthält in erhobener Arbeit eine aus vier Worten bestehende chinesische Inschrift deren erste Hälfte horizontal gestellt ist, die andere aber senkrecht unter jene, wie Figura zeigt:

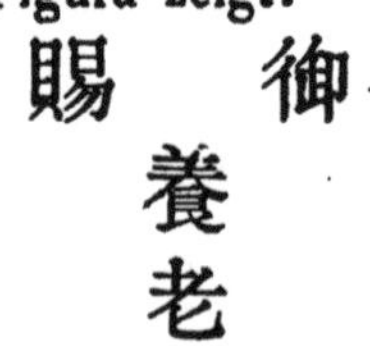

Lies: jú sſé jáng lào, d. h. wortgetreu: kaiserlich beschenkter ernährter Greis. Unter ernährten Greisen versteht man alle diejenigen die nicht mehr arbeiten können oder von denen es nicht mehr verlangt wird; die Inschrift zeigt also an, dass ein solcher besagte Platte als Zeichen kaiserlicher Huld und Zufriedenheit zum Geschenk erhalten. Der Rand ist mit zwei Drachen geziert.

In die ganz glatte Kehrseite sind zwei Zeilen eingegraben, die auf der Platte senkrecht neben einander stehen und von denen die erste acht, die zweite drei Worte zählt:

乾隆五十年千叟宴
重十兩

lies: K'ian-lung ù schi nian zian séu jén.
tschúng schi liàng.

Die fünf ersten Worte der ersten Zeile übersetzt Herr L. richtig: funfzigstes Jahr K'ian-lung; ebenso die ganze zweite: Gewicht zehn Liang (chinesische Unzen). Allein die letzten Worte der ersten Zeile hält er irrig für den Namen des Begnadeten: zian séu jén (aus zian tausend, séu Greis, und jén Gastmal) heisst Gastmal der tausend Greise, und bedeutet ein Fest-Essen im kaiserlichen Palaste zu Ehren hochbejahrter Männer. Bereits K'ang-hi hatte im 50. Jahre seiner Regierung (1711) ein solches gegeben, zu welchem Jeder, der das 60. Lebensjahr zurückgelegt hatte, eingeladen war, mochte er nun Civil- oder Kriegsbeamter, oder auch einfacher Privatmann sein. *) Vor dem Palaste waren Zelte und Tafeln für viele Tausende errichtet, die von den Söhnen und Enkeln des Kaisers eigenhändig bedient wurden. Nach Aufhebung des Gastmals entliefs man die Gäste mit Geschenken, wie sie dem Rang eines Jeden angemessen waren. Ein ähnliches Fest veranstaltete nun auch K'ian-lung, und zwar ebenfalls im 50. Jahre seiner Regierung (1785). Die Zahl der Gäste war dieses Mal doppelt so grofs als bei jener früheren Gelegenheit, und wer über 90 Jahr zählte, der wurde sogar zur kaiserlichen Tafel gezogen.

Dieser Umstand muss Herrn Leontjewskji nicht gegenwärtig gewesen sein, sonst würde er wol besagte drei Worte genauer angesehen und sich überzeugt haben dass sie zwar den Namen eines Festes, nicht aber den eines Menschen darstellen.

Sch.

*) Es müssen also nur Leute, die in der Residenz wohnten, gewesen sein; sonst hätte man ja die ehrwürdigen Gäste nach Millionen gezählt.

Ueber die fälschlich sogenannte Misdjegische Sprachenclasse. *)

Die von J. Klaproth in seiner „Asia polyglotta" also betitelten Sprachen sind nichts Anderes als die Tschetschenische Sprache mit ihren Mundarten. Ich habe in der Eigenschaft eines Natschalnik länger als ein Jahr in der Grofsen Tschetschna verweilt und also zur Genüge mich überzeugen können, dass weder die Tschetschenzen selber, noch die Kumyken, noch die Kabardiner einen Namen wie Misdjegi kennen, dass aber der erstgenannte Stamm von den beiden letztgenannten zuweilen Mitschikisch genannt wird, ein Name, der jenem Misdjegi ziemlich nahe kommt.

Aus den Ueberlieferungen der Tschetschenzen weiss man, dass dieses Volk vor 200 Jahren die Ebenen der Grossen und Kleinen Tschetschna bezog, welche bis dahin unbewohnt und mit undurchdringlichen Urwäldern überdeckt waren. Ihr erster Zusammenstofs mit den Kumyken erfolgte am Flusse Mitschik, woher die Letzteren Anlass nahmen, die neuen Ansiedler Mitschikisch zu nennen; denn ein angehängtes isch zeigt in ihrer Sprache die Mehrheit an. Als nun die Mitschikisch (Mitschiker, Mitschikowzer, d. i. Tschetschenzen) an der *Sunja* (in welche der Mitschik einmündet) und dem Terek stromabwärts weiter nach Westen sich ausdehnten,

*) Nach einer Mittheilung des Herrn L. Bartolomej zu Teherân.

trafen sie bald mit den Bewohnern der Kleinen Kabarda zusammen, die sie mit demselben Namen, wie die Kumyken, belegten. Den Lesgiern, die für ihre Nachbarn gar keine gemeinsame Benennung haben, ist der Name Mitschikisch völlig unverständlich.

Was die Tschetschenzen selber betrifft, so nennen diese sich Naehtsche, d. h. „Volk", und dieser Name erstreckt sich auf das ganze Volk welches die tschetschenische Sprache und ihre Dialecte redet. Allein beide Namen, Mitschikisch und Nachtsche, werden nur von den Kumyken, Kabardinern und Tschetschenzen verstanden; im übrigen Caucasus und in Russland kennt man sie nicht, weniger noch im westlichen Europa, während der Name Tschetschenzen Jedem verständlich ist und keiner Erläuterung bedarf, obwol er erst vor ungefähr hundert Jahren entstanden. Er kommt, wie die Tschetschenzen selber sagen, von dem Aul Grofs-Tschetschen am Ufer des Argun und am Fufse des Süjri-Korta Tschatschani, eines von zwei Bergen die auf der Grofsen Tschetschna sich erheben und zwischen den Festungen Grosna und Wosdwijensk die Chankal-Schlucht bilden. Heutzutage existiren nur noch Spuren des grofsen Aul, während sein Name so eingewurzelt ist, dass er oft von den Tschetschenzen selber gebraucht wird. Bei den Kabardinern hat ihn der Name Mitschikisch verdrängt; aber die Kumyken legen diesen Namen vorzugsweise denjenigen Tschetschenzen bei, die längs der Bergkette Katschalyk (richtig Katschkal) und des Flusses Mitschik angesessen sind und nicht den zwanzigsten Theil des ganzen Volkes ausmachen.

Alle Bewohner der Tschetschna-Ebenen, mit Ausnahme der kleinen westlichen Stämme Nasr-choi, Inguschund Karabulach, reden genau dieselbe Sprache wie die Berg-Tschetschenzen in den Schlüchten der Flüsse Argun, Chulchulu, Mitschik u. A. Dieselbe Sprache reden auch die Itschkeriner, deren Aussprache für die reinste gilt.

Itschkerien wird für die Wiege des Tschetschenzen-Volkes gehalten und heisst bei ihnen Nachtsche-Mochk,

d. i. des Volkes Ort oder Aufenthalt. Die Tschetschenzen haben keine Fürsten aus eignem Stamme; Alle sind Usden's, d. i. freie Leute und theilen sich in Geschlechter oder Tochum's, die ohne Ausnahme nach Aul's genannt sind, aus welchen ihre Stammväter zur Zeit der Uebersiedlung zogen. Diese Aul's liegen fast alle in Itschkerien, in Aucha, in den Schluchten des Argun u. s. w., nur wenige höher, im Gebirge Tscharbelo, dem ewigen Schnee benachbart. Kein Tochum des Hauptvolkes leitet seine Abkunft aus Tuschetien, Kistetien oder Galgai (Gal-choi); in der Kleinen Tschetschna aber, in Berührung mit Osseten und Kabardinern, sind die kleinen Stämme Nasr-choi, Karabulach, Inguschu. A. aus dem westlichen Theile der Berg-Tschetschna in die Ebene übergesiedelt, und ihre Sprachen, oder besser, Dialecte, stimmen mit denen der Galgajer und Kisten. Uebrigens sind diese wie jene den Tschetschenzen ziemlich verständlich. Derjenige Dialect des Tschetschenzischen, welchen ein nicht grofser Theil der Tuschiner (Tuscheten) spricht, hat zwar drei Viertheile rein tschetschenzischer Wörter bewahrt, aber auch eine Anzahl grusischer, osetischer und lesgischer Wörter mit Veränderung einiger grammatischen Formen aufgenommen, wodurch er den Tschetschenzen kaum verständlich geworden ist. Diese tuschische (tuschetische) Sprache verdient weder den Namen einer eignen Sprache, noch ist sie aller der Mühen werth, welche gelehrte Männer auf sie verwendet haben. Man studire doch selbständige Sprachen, keine verderbte Dialecte, die durch Erborgung von Wörtern und Wendungen aus Idiomen von ganz anderem Stamme ihres ursprünglichen Characters verlustig geworden sind. Als Führer im Chaos der caucasischen Sprachen dienen leider immer noch Güldenstedt und Klaproth; allein ihre Wörterverzeichnisse sind so mangelhaft und nicht selten so ganz untauglich, dass man sich aus ihnen unmöglich über gegenseitige Verhältnisse dieser Sprachen Begriffe bilden kann, und was für ethnographische Ergebnisse verspricht eine so beschaffene Basis! Unter solchen Umständen ist es leicht in Fehler zu verfallen wie das unlängst erschienene Werkchen: „Kurze Characteristik der Tuschischen Sprache" sie aufzuweisen hat. Sein geschätzter Verfasser, Herr Schiefner, gebraucht den Ausdruck „rein tuschische Wörter," ohne irgend zu argwöhnen dass Wörter denen dieses Prädicat zukommt, beinahe gar nicht vorhanden sind; die meisten von ihm als grammatische Beispiele angezogenen sind rein tschetschenisch, die übrigen aber aus dem kistischen Dialecte, oder aus der grusischen und lesgischen Sprache. Die erste wahrhaft wissenschaftliche Arbeit über Sprachen des Caucasus, welche in Russland erschienen, *) behandelt einen werthlosen und uninteressanten Dialect, während das ächte und ungefälschte Tschetschenische unberührt geblieben ist.

(Aus der Zeitschrift Kawkas.)

*) Nicht die allererste; denn es giebt bereits eine vortreffliche ossetische Grammatik von Sjögrén.

Herat und seine Weltstellung *).

Die Stadt Herat ist eine der wichtigsten Stationen der Etappenstrafse zwischen Iran und Hindostan, wo eine friedlich wandernde Handels-Karawane wie eine erobernde Armee in einer fruchtgesegneten Landschaft Proviant und Ruhe findet. Als ein Hauptglied jener Kette von Oasenstädten und Wüstenmärkten, welche den Verkehr zwischen Vorder- und Hinter-Asien vermittelt, zog die Stadt und Landschaft am Herirud seit einer Reihe von Jahrhunderten die Begierde mongolischer, persischer und afghanischer Eroberer an. Der directe Weg von Herat nach Kabul durch die Paropamisuspässe und das Land der wilden Ermak- und Hezariehstämme, ist nur für kleinere Abtheilungen zugänglich, und der als Heerführer wie als Schriftsteller bekannte Sultan Baber, der diesen Weg einmal zurückgelegt, hat uns eine schauerliche Beschreibung von den überstandenen Mühen und Gefahren hinterlassen. — Die grofse sogenannte Königsstrafse von Persien über Herat, Kandahar, Ghasna nach Kabul, in einer Längen-Ausdehnung von fünfundachtzig geographischen Meilen, bietet einer Armee nirgends Schwierigkeiten dar. Eine Karawane legt in gewöhnlichem Marsch die Reise von Herat nach Kabul in 30 bis 40 Tagen, eine Reitertruppe in eilftägigen Eilmärschen zurück.

---

*) Nach der Rigaer Zeitung.

Stationen und Wasserstellen finden sich hier überall; menschliche Wohnungen sind selten, und jene grofsen Städte, die Residenzen kleiner Fursten oder Statthalter, liegen in weiten Intervallen auseinander und gleichen mit dem blühenden Anbau ihrer Umgebungen, den Oasen der Sahara. Aller Handel, aller Verkehr hat sich von jeher concentrirt, und wenn derselbe auch nicht mehr die Blüthe hat, wie vor der Umschiffung des Caps der guten Hoffnung und selbst noch zur Zeit Abbas des Grofsen, so ist er doch für den zahlreichen Stand der wandernden Handelsleute und Karawanenführer noch gewinnbringend genug, um allen Gefahren, denen man dort durch die Nachbarschaft der Raubhorden der verschiedensten Stämme ausgesetzt ist, zu trotzen.

Vor der Entdeckung der Wasserwege und der Weltschifffahrt galten Kabul und Kandahar bei den Orientalen als die Thore Indien's, und die Königsstrafse als der einzige Thorweg, in deren Besitz sich jeder Eroberer setzen mufste, bevor er an den Weiterzug nach den productenreichen Ländern am Indus und Ganges denken konnte. — Bei allen Wechseln der Monarchien ist doch der Karawanenhandel dieser Länder derselben Passage seit undenklichen Zeiten treu geblieben, und so war die Königsstrafse von jeher auch der Sammelplatz aller Raubvölker und ihrer Führer.

Herat ist die Hauptstadt des Staats von gleichem Namen, am Ostrande des Iranplateau, schon von Alters her als die „Königsstadt von Chorasan" oder der „Segensort" berühmt. Alle orientalischen Autoren, mit Ausnahme von Abulfeda und Ibn Batuta, zu deren Zeit sie aus dem Aschenhaufen, in welchen sie der Zerstörer Dschengis-Chan verwandelt hatte, noch nicht erstanden war, wetteifern im Ruhm ihrer Pracht und Herrlichkeit. „Chorasan ist die Muschel der Welt und Herat die Perle", sagt ein persisches Sprichwort, welches freilich nach den Begriffen, die wir Europäer von schönen Städten haben, eine arge Uebertreibung enthält. Wie die meisten orientalischen Städte zeigt das Innere ein Labyrinth von engen, schmutzigen, finstern Gassen und Gäfschen, die, oft überbaut, nur dunkle Gänge bilden, kleine enge Häuser, die nur ein Morgenländer hübsch und wohnlich finden kann, vier grofse gedeckte Bazare mit 1200 Buden, in deren Hallen alles Volksleben concentrirt ist.

Auch die gewöhnlichen Accidentien morgenländischer Grofsstädte, z. B. Misthaufen, stehende Sümpfe, faulende Aeser in den Strafsen, fehlen nicht in dieser „Perle der Welt", ja nach Conolly's Beschreibung ist Herat noch schmutziger, als selbst die schmutzigsten Stadttheile von Konstantinopel, Kairo und Tunis.

Aber wie bei den meisten grofsen Städten des Orients, welche weder einem absonderlichen Zufall noch politischen Gründen, noch der Laune baulustiger Herrscher ihre Existenz und Lage verdanken, sondern der Fruchtbarkeit der sie umgebenden Erde, der Frische des Oasenlandes, deren Mittelpunkte sie in den trockenen Plateau-Landschaften *) einnehmen, so besteht die gepriesene Schönheit Herat's, gleich wie bei Damaskus, Brussa und Samarkand, in der fruchtgesegneten Landschaft, die mit dem üppigsten Kranze einer überreichen künstlichen Vegetation die grofse Schmutzstadt umschlingt. Von dieser blühenden Umgebung hat Herat bei den Persern auch den Namen der „Stadt mit hunderttausend Gärten" erhalten.

Das weite Thal, vom Fluss Herirud durchströmt, der sich im Sande der Turkomanenwüste verliert, ohne dafs ein Tropfen von ihm das Meer erreicht, ist mit den herrlichsten Frucht- und Blumengärten, Weinbergen, Kornfeldern und Dorfschaften, einer grünen Erde voll von Buchen, Quellen und sprudelnden Fontainen bedeckt, deren Wasser nach der Meinung der Morgenländer an Frische, Kühle und stärkender

*) Man sollte sich dieses abgebrauchten Modewortes enthalten, seitdem man erfahren hat, dass die damit bezeichneten horizontalen Ebenen mit senkrechten Abhängen, nur in der Phantasie einiger Beschreiber von Dingen die sie nie gesehen haben, existiren.

Der Herausgeber.

Labung alle Wasser Asiens, mit Ausnahme der Quellen von Kaschmir übertrifft. Das Klima ist frühlingsartig; nur die Obstarten der kühleren Zonen kommen hier vor. Die Fruchtbäume der wärmeren Himmelsstriche, Orangen, Citronen, Zukkerrohr, Palmen, fehlen. Conolly erzählt von einem seltsamen Brauche der Bewohner Obst zu genießsen. Statt die Früchte auf dem Markt zu kaufen, werden sie frisch von den Bäumen gegessen. Zu diesem Zweck wird jeder Besucher eines Gartens beim Ein- und Austritt gewogen, und muſs die Differenz des Gewichts bezahlen.

Die herrlichen Bauwerke, welche nach der Beschreibung der alten orientalischen Schriftsteller einstmals die Königsstadt Herat schmückten, sind theils vom Erdboden verschwunden, theils in Ruinen zerfallen. Die historischen Katastrophen, die grausigen Verheerungen unter den mongolischen und persischen Eroberern haben die Stadt zu verschiedenen Zeiten in einen Trümmerhaufen verwandelt, aus welchem sie am Ende immer wieder phönixartig erstanden ist, weil der nie versiegende Segen, welchen die Natur in die fruchtstrotzende Erde senkte, neue Bewohner, Pflanzer und Ackerleute, und die Lage an dem groſsen Wege der Passage zwischen Persien und Indien Handelsleute herbeizog.

Der Königsgarten von Herat — Bagh-Schahi, wie ihn Hammer nennt — galt einst im Morgenland als ein Wunder der Welt. Heute liegt er mit seinen Palästen in Ruinen, wie die neuern Reisenden Kinneir, Conolly und Fraser übereinstimmend berichten. Höchst groſsartig selbst in ihrem äussesten Verfall sind bei Herat die Ruinen von Mussalah, „des Orts der Andacht", von einem der Timuriden erbaut, zur Aufnahme der Reliquien des Imam Reza, deren Bau aber nicht vollendet wurde, weil in Folge von Disputationen und Streitigkeiten die Gebeine des Imams nach Mesched gebracht wurden. Conolly fand den Baustyl in Herat groſsartiger als in Mesched. Er schildert groſse Colonnaden mit Mosaiken, in weiſsen Quarztafeln und bunten gebrannten Ziegeln ausgeführt, die beim Eintritt ein hohes Domgewölbe zieren, mit Resten von einer Menge von Bögen, Säulen und von 20 Minarets umgeben. Das höchste von diesen mit 140 Stufen bestieg er, und genofs von dessen Höhe eines herrlichen Blicks über das weit umherliegende Garten- und Culturland, welches ihn an die blühendsten Gegenden Italiens erinnerte.

Von den Producten seines Bodens versendet Herat hauptsächlich Saffran, Asafötida, Pistaciennüsse, Mastix, Manna, einen eigenthümlichen Farbstoff, Ispiruk, und einen Gummi, Birzund genannt, besonders viel getrocknetes Obst und Pferde nach Indien. Seide wird in der Nachbarschaft viel gewonnen, doch nicht hinreichend zur Ausfuhr. Die Eisen- und Bleigruben könnten reichliche Ausbeute liefern, sind aber schlecht bewirthschaftet, wie Kamran Schah dem Dr. Gérard selbst gestand. Nach Fraser sollen hier vortreffliche Schwertklingen gearbeitet werden. Timur hatte eine Colonie von Damascus nach Herat versetzt. Conolly rühmt unter den Fabrikaten Herat's die seidenen und wollenen Teppiche, welche zu den verschiedensten Preisen von 10 bis 1000 Rupien das Stuck in allen Gröfsen und mit den prachtvollsten Farben gefertigt werden. Die kostbarsten werden nur selten bestellt, da der Landtransport noch immer zu unsicher für solche Waaren ist.

Die Alterthümer des cimmerischen Bosphorus *).

(Nach dem Russischen des Journal des Unterrichts-Ministerium.)

In derselben Zeit, als eines der Repositorien bosphorischer Alterthümer, das Museum zu Kertsch, der Plünderung verfiel, wurde in Petersburg der Druck einer Beschreibung der im Museum der kaiserlichen Eremitage befindlichen Denkmäler des cimmerischen Bosphorus beendigt. Dieses an Kunstschätzen so reiche Museum ist für die bosphorischen Alterthümer einzig in seiner Art; das Merkwürdigste, was man bisher von diesen entdeckt hat, findet sich in dem sogenannten Kertscher Saal und in dem kaiserlichen Cabinet (wo die goldenen Sachen aufgestellt sind) beisammen. Das in der Stadt Kertsch errichtete Museum enthielt bis zum J. 1852 eine bedeutende Sammlung von Alterthümern, und darunter einige Unica, wie z. B. der eichene Königs-Sarcophag; aber im genannten Jahre erging der Befehl, sie nach Petersburg bringen zu lassen, um im Museum der Eremitage niedergelegt zu werden, und in Kertsch nur die Doppel-Exemplare und die zum Transport unpassenden oder in künstlerischer Beziehung nicht be-

---

*) Drewnosti Bosphora Kimmerijskago, chranjaschtschijasja w' Imp. Museje Ermitaja. Isdany po Wysotschaischemu poweljeniju. — Antiquités du Bosphore cimmérien conservées au Musée Impérial de l'Ermitage. St. Petersburg, 1854—1855. Folio. Erster Band: CLI und 279 Seiten; zweiter Band: 339 Seiten. Mit einem Atlas von 94 Blättern.

merkenswerthen Sachen zurückzulassen. Noch vor Anfang des Krym-Feldzuges wurde von den im Museum von Kertsch verbliebenen antiken Denkmälern Alles entfernt, was sich nur fortschaffen liefs. In Folge dieser Mafsregeln erstreckte sich die Plünderung oder Verwüstung nur auf Gegenstände von untergeordneter Wichtigkeit, die für die Wissenschaft keinen grofsen Werth hatten, namentlich auf sogenannte Thränenfläschchen und Gefäfse von verschiedener Form und auf Marmor-Fragmente. Die von den englischen und französischen Zeitungscorrespondenten gegebenen Berichte über die Vernichtung von kostbaren Schätzen des Alterthums in Kertsch sind daher zum Gluck nicht ganz richtig. Die schönste Collection bosphorischer Alterthümer befand sich nicht in Kertsch, sondern in Petersburg, und ihre Beschreibung ist jetzt in russischer und französischer Sprache erschienen.

In typographischer und artistischer Beziehung kann dieses Prachtwerk sich mit den besten Erzeugnissen der heutigen Buchdruckerkunst, Zeichenkunst, Kupferstecherei, Lithographie und Xylographie messen. Aus der Presse der kaiserlichen Akademie der Wissenschaften, in der dieses Buch gedruckt wurde, ist bis jetzt nichts Schöneres hervorgegangen; die Aquarellzeichnungen sind von Herrn Solnzew trefflich ausgeführt, die Conturzeichnungen von Herrn Picard, der Kupfer- und Steindruck von den Herren Afanasjew, Tschesskji und Andrusskji, die Chromolithographien von Herrn Sjemetschkin. Einige von diesen Denkmälern des bosphorischen Alterthums waren zwar schon früher in den Werken Aschik's, Dubois de Montpéreux' und Sabatier's reproducirt worden, aber nur im Umriss oder nach nicht ganz correcten Zeichnungen, so dafs man alle im Atlas der Eremitagen-Ausgabe enthaltenen Denkmäler mit Recht als jetzt zum erstenmal edirt betrachten kann.

Die Abbildungen sind systematisch und nicht nach den Fundorten geordnet. Zuerst sind die aus Gold und Elektron gearbeiteten Gegenstände beschrieben, dann die von Silber, Bronze, gebranntem Thon, Glas und Holz, und endlich die

Münzen. Mit besonderer Sorgfalt und meistentheils in natürlicher Gröfse sind die Zeichnungen der Metallsachen, als Kronen, Diademe, Halsbänder, Ringe, Medaillons etc. angefertigt. Die für den Archäologen so wichtigen bemalten Vasen finden sich dagegen nur in verjüngtem Mafsstabe, oft sogar nur als in den Text eingedruckte Vignetten, und man erhält mithin weder von dem Styl, noch von den auf der Vase befindlichen Abbildungen einen Begriff, sondern wird nur mit der Form der Vase bekannt. Den Producten der Sculptur haben unsere Künstler noch geringere Aufmerksamkeit geschenkt: zwei bemerkenswerthe Statuen, ein schönes marmornes Basrelief mit der darauf abgebildeten Adoration zweier Göttinnen, das Fragment eines marmornen Sarcophags mit Schilderungen aus der Geschichte Achill's, einige schöne Torsen, Steinplatten mit Grabschriften, Capitäle und Fufsgestelle — alles dieses ist auf einem einzigen Blatt in der Form eines Frontispiz dargestellt. „Das Titelkupfer — heifst es im Text — bietet eine malerisch zusammengestellte Auswahl der schönsten, in der Krym gefundenen marmornen Gegenstände dar." Man kann zugeben, dafs diese Gegenstände als Frontispiz recht malerisch arrangirt sind, aber für den Archäologen ersetzen sie nicht eine vielleicht weniger malerische, aber treue und genaue Darstellung jedes einzelnen der abgebildeten Stücke, worauf es ihm eigentlich ankommt.

Nicht immer erfüllen die Ausgaben von Kunstwerken die Forderungen, die man in wissenschaftlicher Beziehung zu machen berechtigt ist. Indessen zeichnet sich die Eremitagen-Ausgabe auch in dieser Hinsicht aus, namentlich was die Bearbeitung der die Inschriften und Münzen, die bemalten Vasen und einige Glas- und Thon-Geräthschaften enthaltenden Abtheilungen betrifft, die wir dem Akademiker Stephany, einem der Custoden des Museums der Eremitage, verdanken. Von Herrn Gilles, unter dessen Aufsicht die Illustrationen angefertigt worden, rühren die Beschreibung des gröfsten Theils derselben, das Vorwort und die historische Einleitung her. Aus dem Vorwort erfahren wir, dafs dieses Prachtwerk vor zehn

Jahren begonnen wurde, und dafs es „für Weltleute und für Gelehrte geschrieben ist, in der Absicht, sie mit den Denkmälern antiker Kunst bekannt zu machen, die, hauptsächlich im Verlauf der letzten fünfundzwanzig Jahre, aus den Kurganen beider Ufer des cimmerischen Bosphorus und besonders aus der Umgegend des alten Panticapäum, zu Tage gefördert worden." Dieser verschiedenartige Zweck und Inhalt des Buches giebt ihm einen doppelten Charakter, der den Standpunkt der beiden Schriftsteller, die bei seiner Ausarbeitung thätig waren, bezeichnet: die ernsten, wissenschaftlichen Abhandlungen des Herrn Stephany sind für die „Gelehrten", die leichten Skizzen des Herrn Gilles für „Weltleute" bestimmt. Da Herr Gilles kein Archäologe von Fach ist, so hat er ganz recht gethan, sich auf eine einfache Beschreibung der Gegenstände und Auszüge aus den handschriftlichen Berichten über die archäologischen Untersuchungen zu beschränken. Wenn auch manche von seinen Beschreibungen den Sachkundigen nicht befriedigen können, so schadet dies dem Buche nicht weiter, da das im Texte Fehlende durch die vortrefflichen, gewissenhaft treuen Abbildungen der Gegenstände vervollständigt wird. In dieser Weise kann der erklärende Text, obgleich „für Weltleute" bestimmt, mit Hülfe der Tafeln auch den Bedürfnissen des Gelehrten genügen. Ohne selbst wissenschaftliche Schlüsse aus der Beschreibung der Gegenstände zu ziehen, liefert der Text treffliches Material für künftige Forschungen.

Die historische Einleitung hat den Zweck, die Entstehung und den Fortgang der archäologischen Entdeckungen in den Kurganen des Bosphorus zu schildern. Sie enthält, nach einigen sehr kurzgefafsten Nachrichten über den Anfang der Excavationen, eine ziemlich ausführliche Beschreibung der Eröffnung des Kul-Obo, nach Dubrux, dessen Bericht hier übrigens mit Auslassung einiger Details wiedergegeben ist, obwohl gerade die Details in einer solchen Beschreibung von Wichtigkeit sind; dann folgen Nachrichten „über die in den Kurganen der Umgegend von Kertsch gefundenen alten Grabmäler, die Einrichtung der Kurgane und die seit dem Jahr 1831 in denselben unternommenen Ausgrabungen," zusammengestellt nach den Berichten der Herren Dubrux, Aschik, Bjegitschew, Kareischa und Blaramberg. — Ueberhaupt sind in dieser „Einleitung" viele interessante Data mitgetheilt, aber als eine vollständige historische Synopsis aller an den Ufern des cimmerischen Bosphorus angestellten Excavationen, die für die Archäologie so nützlich wäre, können wir sie nicht anerkennen. Der Verfasser hat nicht einmal sämmtliche officielle Berichte der bei den Ausgrabungen thätigen Alterthumsforscher benutzt, die in der Canzlei des Apanagenministers, des Hauptdirectors der archäolog. Untersuchungen in Russland, niedergelegt sind; es waren ihm sogar viele derselben unbekannt, die in verschiedenen Jahrg. der Zeitschrift des Ministeriums des Innern, zu dessen Ressort die Alterthümer früher gehörten, veröffentlicht wurden. Für „Weltleute" sind die Einzelheiten wissenschaftlicher Untersuchungeu allerdings entbehrlich; aber für die „Gelehrten", die Herr Gilles doch auch, wenigstens theilweis, im Auge hatte, sind solche anscheinend geringfügige Umstande von hohem Werth, da sich ohne dieselben kein erschöpfendes Studium eines Gegenstandes denken läfst.

Der Russkji Wjestnik für 1856.

Der heutige Russkji Wjestnik hat nichts mit der gleichnamigen Zeitschrift gemein, die in den ersten Bänden unseres Archivs besprochen wurde. Von den Herren Gretsch und Polewoi in St. Petersburg herausgegeben, war das ältere Blatt ein Organ der Partei in der russischen Literatur, die von den Traditionen der Karamsinschen Periode zehrt, die geistigen Strömungen der Neuzeit zurückzustauen sucht und sich mit Vorliebe in das vaterländische Alterthum vertieft. Das neue Journal erscheint dagegen in Moskau und hat den Herrn Professor Katkow zum Redacteur, einen von jenen jüngeren russischen Gelehrten, die, den Ideen der Gegenwart Rechnung tragend, die culturlichen und socialen Bedürfnisse der modernen Gesellschaft anerkennen und sie auf literarischem Wege zum Bewufstsein des einheimischen Publicums bringen wollen. Es ist nicht zu leugnen, dafs die Bestrebungen dieser Schule etwas Unreifes an sich haben und dafs das Nationale bei ihnen oft mit dem allgemein Menschlichen in Conflict geräth; aber das Princip, für welches sie in die Schranken tritt, hat eine positive Berechtigung und wenn sie es mit Ernst und Consequenz verfolgt, wird sie die Zukunft für sich haben, während ihre Gegner immer mehr der Vergangenheit anheimfallen.

Wir müssen indess gestehen, dafs wir beim Durchblättern der vorliegenden ersten acht Hefte des Wjestnik uns einer gewissen Enttäuschung nicht haben erwehren können. Vielleicht hatten die Posaunenstöfse, mit welchen das neue Journal bei seinem Erscheinen begrüfst wurde und die Versicherung, dafs die ersten literarischen Capacitäten Russlands sich daran betheiligen würden, unsere Erwartungen zu hoch gespannt. In Plan und Einrichtung weicht es von anderen russischen Organen dieser Klasse, den Otetschestwennyja Sapiski, dem Sowreménnik etc. nur wenig ab; wir finden in ihm Novellen, Poesien, historische Aufsätze (meist nach deutschen und französischen Quellen), sogar ein Lustspiel, und daneben die Uebersetzung eines mittelmäfsigen englischen Romans: Heart's Ease, or the Brother's Wife, die

„... like a wounded snake, drags its slow length along",

und erst mit dem 8. Hefte zum Abschlufs kommt. Lobenswerth ist das Bestreben der Redaction, die Naturwissenschaftnn durch regelmäfsige Berichte über die neuesten Bewegungen auf diesem Gebiet zu popularisiren; die Chronik der politischen Tages-Ereignisse hingegen, die nach dem Programm des Blattes „Kürze mit Uebersichtlichkeit und möglichster Vollständigkeit" verbinden soll, ist ziemlich unbedeutend und hat für uns fast nur ein negatives Interesse.

Der Wjestnik beginnt mit einer Episode aus den „Todten Seelen", die, wie es scheint, von Gogol bei der Herausgabe seines Werkes zurückgelegt, unter seinen hinterlassenen Papieren aufgefunden und dem Herrn Katkow zugestellt wurde, um sein neues Journal mit dieser Reliquie zu eröffnen. Es giebt wenige Schriftsteller, die eine so vollständige Revolution in ihrer vaterländischen Literatur hervorgebracht und ihr eine ihren Antecedentien so diametral widersprechende Richtung gegeben haben, als Gogol; für einen Nichtrussen ist es indessen schwer, ihn richtig zu würdigen, da die Widerwärtigkeit der von ihm gewählten Themata und der krasse Cynismus seiner Schilderungen ein Gefühl des Abscheus und der Indignation erregen, das den künstlerischen Genufs gradezu ausschliefst. Originalität ist den Gogolschen Gebilden sicherlich nicht abzusprechen, da sie mit keinem der Erzeugnisse westeuropäischer Literaturen Aehnlichkeit haben — am wenigsten mit den spanischen Schelmenromanen, die in ihrem derben Humor nur das Uebersprudeln einer heiteren Lebensfülle verrathen; wer aber in der That unter der Aesthetik die Wissenschaft des Schönen versteht, wird sich mit Dichtungen wie „der Revisor" und die „todten Seelen" nicht leicht aussöhnen können. Als Sittengemälde haben sie jedoch einen unschätzbaren Werth und werden dereinst sogar ein hohes geschichtliches Interesse besitzen.

Zu der Schaar von Nachahmern, welche sich auf der von Gogol vorgezeichneten Bahn fortbewegen, zählen die Herren Michailow und Ostrowskji, von denen ersterer uns mit einer Erzählung, letzterer mit einer Comödie beschenkt. Man kann ihnen das Lob nicht versagen, dafs sie den Styl und die Manieren ihres Vorbildes gewissenhaft studirt und sich möglichst angeeignet haben; aber an graphischem Talent und Reichthum der Erfindung stehen sie weit hinter ihm zurück. Die Familienscenen, von E. Narskaja, sind nicht ohne frische Laune und feine Beobachtungsgabe gezeichnet. Ausserdem enthält der Wjestnik noch zwei Erzählungen: die Greisin (Staruschka), von Eugenia Tur, und in der Welt und zu Hause (w' swjetje i doma), von Trigorskji, die zur Klasse der Salonnovellen gehören und sich zwar ganz angenehm lesen, aber in nichts von den Producten dieser Art unterscheiden, die von den deutschen, französischen und englischen Belletristen dutzendweis geliefert werden.

Unter den Artikeln historischen Inhalts verdient eine nach russischen und ausländischen Quellen bearbeitete Studie über die Regentschaft der Zarewna Sophia nähere Erwähnung. Sie schildert mit lebhaften Zügen die Prätorianerwirthschaft der Strelitzen, die im siebzehnten Jahrhundert dieselbe Rolle spielten wie die Garderegimenter im achtzehnten und die Janitscharen in der Türkei bis zur Zeit Sultan Mahmuds. Bekanntlich sollte nach dem Tode des Zaren Feodor (1682) sein jüngerer Halbbruder Peter, an der Stelle des von der Natur mifshandelten Johann, den Thron besteigen; die Schwester des letzteren, die ehrgeizige Sophia, wufste jedoch die Strelitzen gegen den jungen Monarchen und die Familie Naryschkin, aus der seine Mutter entsprossen war, aufzureizen und eine blutige Empörung hervorzurufen, durch die sie die Zügel der Regierung in ihre eigenen Hände brachte. „Früh Morgens am 15. Mai wurden die Strelitzen-Trommeln gerührt, die Sturmglocken läuteten und in den Regimentscasernen versammelten sich die bewaffneten Strelitzen. Während die dichten Haufen sich lärmend in Reih und Glied stellten, sprengten Peter Tolstoi und Alexander Miloslawskji heran, schrieen, dafs die Naryschkin den Zarewitsch Johann umgebracht hätten, und forderten die Strelitzen auf, nach dem Kreml zu eilen. In demselben Augenblick wurde, gleichsam um diese Worte zu bekräftigen, vom Iwan Welikji Sturm geläutet. Auf solche Kunde vorbereitet, stürzten die Strelitzen, ohne nach weiteren Beweisen zu fragen, in vollem Laufe fort, indem sie zur Erleichterung die Schäfte an den Piken zerbrachen und die Kanonen nach sich schleppten. „Jene Bösewichter, die Naryschkin", sagten die Agenten Miloslawskji's zu den Strelitzen, „haben zur Ausfuhrung ihres Verbrechens den nämlichen Tag gewählt, an welchem von ähnlichen Frevlern das edle Blut des heiligen Zarewitsch Demetrius in Uglitsch vergossen wurde." Und getäuscht, zur Wuth aufgestachelt, schrieen die Strelitzen: „Nieder mit allen Verräthern und Verderbern des Zarengeschlechts!"

„Unterdessen waren von Seiten der Regierung keinerlei Mafsregeln der Vorsicht oder der Vertheidigung getroffen worden. Vom Morgen an war Matwéjew *) im Schlosse gewesen; um Mittag wollte er sich nach Hause begeben und erwartete an der Treppe seine Leute, als Fürst Urusow athemlos und verstört herbeieilte und ihm ankündigte, dafs die Strelitzen sich empört hätten und nach dem Kreml zögen. Sogleich wurde dem wachthabenden Oberstlieutenant des

*) Verwandter und vornehmster Rathgeber der Zarin Natalia Naryschkin.

Stremjanny-Polk, Gorjuschkin, befohlen, alle Thore des Kreml zu schliefsen. Aber dieser Befehl konnte nicht vollzogen werden; alle Ausgänge waren von den Strelitzen besetzt. Ein panischer Schrecken verbreitete sich durch den ganzen Palast; von allen Seiten stürzten die Hofbeamten herbei, die einen um den Thron zu schützen, die anderen um an seinen Stufen Zuflucht zu suchen. Ihre erschrockenen Gesichter, die übertriebenen Gerüchte, die sie erzählten, vermehrten nur die allgemeine Bestürzung, und Niemand gab einen guten Rath, Niemand zeigte Festigkeit, Energie oder Besonnenheit! Inzwischen brach der aufrührerische Haufen in den Kreml ein und überschwemmte alle Strafsen und Plätze. Hellebarden, Musketen blitzten selbst an den Fenstern der Granowitaja Palata; von den fürstlichen Gemächern aus hörte man deutlich das wüthende Geschrei der Strelitzen, welche den Tod der Zarenmörder, der Naryschkin, forderten. „Wenn Ihr uns die Naryschkin nicht ausliefert", riefen sie, „werden wir Alles todtschlagen."

„Nach ihrem Geschrei zu schliefsen, war die vermeintliche Ermordung Johann's der einzige Grund des Aufruhrs. Die der Zarin am nächsten stehenden Räthe schlugen ihr vor, dem Volke beide Zarewitsche zu zeigen; man konnte hoffen, dafs der Anblick Beider, gesund und wohlbehalten, die Aufrührer entwaffnen werde. In der That wurden die beiden Zarewitsche auf die rothe Treppe (Krasnoje krylzo) hinausgeführt und die Aufregung begann sich zu legen. Um sich zu überzeugen, dafs man sie nicht täusche, stiegen einige von den Strelitzen hinauf, damit sie Den, dessen Tod ihnen verkündet worden, in der Nähe betrachten könnten. „Bist du der Zarewitsch Johann", fragten sie ihn, „und wer von den verrätherischen Bojaren will dich umbringen?" Die Antwort Johann's war natürlich der Art, dafs sie dem Aufruhr wenigstens den Vorwand benahm. Die beschämten Strelitzen fingen schon an, sich unsichere Blicke zuzuwerfen; das Geschrei verstummte, nur vereinzelt liefs sich noch, als letzter Wiederhall der Volkswuth, ein Ruf hören, dafs man Matwéjew und die Naryschkin ausliefern solle. Der Augenblick war gekommen, wo die Massen für die Stimme der Ueberredung und der Vernunft empfänglich werden. Matwéjew begriff dies, und durch lange Leiden erschöpft, im Exil ergraut, aber noch immer durch jene majestätische und edle Physiognomie ausgezeichnet, die die Nachwelt aus seinen Portraits kennt, trat er vor das Volk hin, um es durch einige Worte zur Pflicht zurückzuführen. Er erinnerte die Strelitzen an ihre früheren Feldzüge, die er mit ihnen getheilt hatte, erinnerte sie an ihre Unterthanenpflicht, an die Heiligkeit des geleisteten Eides, und ermahnte sie, von einem Gebahren abzustehen, durch welches sie ihre früheren Verdienste befleckten. Viele waren gerührt, als sie die Worte Matwéjew's hörten und seine ehrwürdigen grauen Haare sahen; Manche baten sogar um seine Vermittlung und Fürsprache beim Zaren. Die Empörung war ihrem Ende nah und Matwéjew kehrte in das Schloſs zurück mit der freudigen Kunde, daſs das Volk sich beruhigt habe und auseinanderzugehen beginne.

„Aber die Gegenpartei schlummerte nicht. Auf Anordnung Sophia's waren einige Fässer Branntwein auf dem Platze geöffnet worden, und die Gemüther, die sich eben beruhigten, geriethen von neuem in Aufregung. In diesem verhängniſsvollen Moment erschien der Fürst Michael Jurjewitsch Dolgorukji, der nach dem Sturze Jasykow's mit seinem Vater zum Chef der Strelitzen ernannt worden war. Schon sein Anblick konnte keinen günstigen Eindruck hervorbringen; er erinnerte die Strelitzen an Vorgesetzte, gegen die sie vielleicht gerechten Grund zur Klage hatten. Um das Unglück zu vollenden, redete Dolgorukji sie in gebieterischem Tone an; er drohte, schalt, befahl. Von neuer Erbitterung entflammt, warfen sich die Strelitzen auf ihn und schleuderten ihn von der Treppe hinab, wo Andere ihn auf ihren Piken auffingen, und Glied für Glied in Stücke rissen.

„Dies war das Signal zu furchtbaren Mord- und Gewaltthaten, welche drei Tage lang nicht aufhörten und sich über die ganze Stadt verbreiteten. Ihre Piken schwingend, stürzten sich die Strelitzen mit wüthendem Geschrei auf die Zarentreppe, drangen in die Palastgemächer ein und zerschlugen Alles, was ihnen vorkam, indem sie die Auslieferung der mifsliebigen Bojaren verlangten. Die Bestürzung der Höflinge war unbeschreiblich. Ohne an Gegenwehr zu denken, suchten sie nur sich zu verbergen. Die zarische Familie entfernte sich mit einigen ihr wahrhaft ergebenen Bojaren in die inneren Gemächer. Aber der rasenden Menge war auch dieser Zufluchtsort nicht unverletzlich. Matwéjew erblickend, warfen sich die Strelitzen auf ihn; die Zarin wollte ihren Erzieher schützen, aber er wurde mit Gewalt aus ihren Armen gerissen. Der ehrwürdige Fürst Tscherkasskji, Statthalter von Kasan, ein tapferer, greiser Krieger, suchte Matwéjew mit seiner Brust zu schirmen; doch vergebens: der edle Fürst selbst hätte beinah das Leben verloren, Matwéjew aber ward ergriffen, nach der Rothen Treppe geschleppt und unter dem Jubel des Volks hinabgestürzt.

„Vor Schrecken zitternd, weinend vor Schmerz, mufste die Zarin mit ihrem Sohn in der Granowitaja Palata Rettung suchen. Die Strelitzen, „wie Löwen brüllend" und heimlich von den Emissären Miloslawskji's angestachelt, fuhren fort, das Schlofs zu durchstreifen und die Auslieferung der Naryschkin zu fordern. Selbst die entferntesten Gemächer, die stillen Terems der Zarentöchter, die Kapellen und Kirchen, an welchen die damaligen Paläste solchen Ueberflufs hatten, wurden von ihrer Gewaltthätigkeit nicht verschont. Mit ihren blutigen Lanzen wühlten sie unter den Altären, ihre Opfer suchend. In ihrer blinden Wuth erkannten sie diese nicht und erschlugen Andere an ihrer Stelle; so wurde der Stolnik Soltykow ermordet, den sie für Afanasji Naryschkin hielten. Allein dieser grausame Irrthum brachte die Mörder nicht zur Besinnung und rettete nicht den Bruder der Zarin; seinen Zwerg, Namens Chomjak, bemerkend, drangen sie in ihn anzuzeigen, wo sein Herr sich verberge. Der treulose Knecht, den Naryschkin aus einem Hospital zu sich genommen und vom Elend gerettet hatte, gab seinen Wohlthäter preis; die

Strelitzen schleppten ihn hervor, ermordeten ihn auf den Stufen der Kirche und warfen die Leiche hinab.

„Während dies im Innern der Kirche vorging, durcheilten andere Haufen den ganzen Kreml, drangen in die Kirchen und Kathedralen, erstiegen die Glockenthürme, durchsuchten die Keller, um die dem Untergang geweihten Bojaren zu finden. So wurde zwischen der Wohnung des Patriarchen und dem Tschudow-Kloster der greise Feldherr Fürst Grigorji Grigorjewitsch Romodanowskji ergriffen und nach vielen Mifshandlungen gespiefst; so wurden der Djak (Staatssecretair) Larion Iwanow, die Oberstlieutenants Gorjuschkin und Jurenew und viele andere, weniger bekannte und weniger bedeutende Männer festgenommen und umgebracht. Aber die Mörder hatten ihr Werk noch nicht vollendet; weder im Schlosse noch im Kreml war es ihnen gelungen, mehrere der in der Liste Miloslawskji's verzeichneten Bojaren aufzufinden. Einige waren dort noch nicht angekommen, Andere waren durch Krankheit oder die Furcht vor Unruhen zurückgehalten worden, noch Andere hatten Mittel gefunden, aus dem Kreml zu entschlüpfen. Die Strelitzenhaufen zerstreuten sich daher über ganz Moskau, um ihren Opfern in den Vorstädten, den Sloboden, auf den Strafsen und in ihren eigenen Häusern nachzuspüren. In der Samoskworjetschie lebte damals einer von den Naryschkin, der Stolnik Iwan Fomitsch, ein Mann von geringer Bedeutung, der jedoch einen der Volksrache verfallenen Namen trug: die Strelitzen brachen in sein Haus ein und ermordeten ihn. In gleicher Weise wurde Jasykow getödtet, der Liebling des verstorbenen Zaren, den man in der Chlynowka fand, wo er sich im Hause eines Priesters versteckt hielt. Der mächtige Günstling überlebte nicht lange seinen politischen Fall.

„Der Tag neigte sich schon zum Abend. Die Strelitzen waren von ihrem Wüthen ermüdet. Ein Haufe von ihnen, der an dem Hause des Fürsten Jurji Alexéjewitsch Dolgorukji vorüber kam, gerieth auf den Einfall, sich bei ihm wegen der Ermordung seines Sohnes zu entschuldigen. War dies Reue von ihrer Seite, hervorgebracht durch den Anblick des achtzigjährigen, vom Schlage gelähmten Greises, oder ein Ausflufs der raffinirtesten Grausamkeit? Wir wagen nicht, es zu entscheiden: die wüthenden Massen sind eben so zu den erfinderischsten Barbareien fähig, als zu plötzlichen Uebergängen von der Unmenschlichkeit zum Mitleid und zur Grofsmuth. Was auch ihr Beweggrund sein mochte, die Strelitzen entschuldigten sich bescheiden bei dem alten Fürsten wegen ihres Jähzorns, den sie durch die Grobheit der Ausdrücke des Fürsten Michael rechtfertigten. Der Greis hatte die Selbstbeherrschung, seinen Unwillen zu verbergen und entliefs die Mörder seines Sohnes in Frieden. Allein geblieben, gab er jedoch seinen Gefühlen freien Lauf, beweinte bitterlich seinen Verlust und voraussehend, dafs der Triumph der Aufrührer von kurzer Dauer sein werde, rief er aus: Wohlan, sie haben den Hecht verzehrt, aber seine Zähne sind noch da! — Diese Worte wurden dem Fürsten verderblich. Einer von seinen Dienern hinterbrachte sie den Strelitzen, die sich eben ruhig nach Hause begaben. Von rasender Wuth ergriffen eilten sie zurück, drangen von neuem in das Haus, in das Schlafgemach des alten Fürsten ein, schleppten ihn aus dem Bett, durch die Zimmer, die Treppe hinunter, endlich in den Hof, wo sie ihn mit ihren Hellebarden in Stücke hieben und mit ihren Piken zerfleischten."

Wie bei allen Revolutionen, zeigte sich auch hier der Kleinmuth von Menschen, die Rang und Würden nur dem Zufall der Geburt verdanken, im kläglichsten Licht. Die Leichen der Ermordeten lagen haufenweise auf der Krasnaja Ploschtschad, den Hunden und Geiern zur Speise überlassen, und Keiner von den mächtigen Fürsten und Bojaren wagte es, die traurigen Ueberreste seiner Angehörigen aufzusuchen und sie anständig zu bestatten. „Wozu aber nicht einer von den Blutsverwandten den Muth hatte, das that ein verachteter schwarzer Sclav. Wir meinen den Neger Matwéjew's, dessen Namen die Geschichte zum Troste der Menschheit aufbewahrt hat. Dieser Sclave, Iwan mit Namen, bahnte sich den Weg nach dem rothen Platze, ohne das zurückstofsende Schauspiel, noch die starke Wache, die die Strelitzen um ihre Schlachtopfer aufgestellt hatten, zu scheuen, fand unter dem Leichenhaufen den Körper seines unglücklichen Herrn und trug ihn nach Hause. Dort wurde in Gegenwart der wenigen Verwandten, die der Schrecken nicht verhinderte, dem einst hochstehenden Bojaren die letzte Ehre zu erweisen, ein Todtenamt gehalten und die Leiche im Kirchspiel des heiligen Nikolaus Stylites der Erde übergeben. Dank der Hingebung dieses schwarzen Sclaven erhielt Matwéjew allein vor allen Opfern des Strelitzen-Aufruhrs ein ehrenvolles Begräbnifs." Der arme Neger wurde später in ein Grab mit seinem Herrn gelegt und über Beiden von dem Urenkel Matwéjews, dem Reichskanzler Grafen Rumjanzow, ein Denkmal errichtet.

In einer Reihe von Artikeln über die Landgemeinden (selskija obschtschiny) in Russland sucht Herr Tschitscherin die historische Entwickelung dieser Institute auseinanderzusetzen und die Irrthümer zu berichtigen, in welche Haxthausen, seiner Meinung nach, in Beziehung auf dieselben verfallen ist, dem man jedoch das Verdienst nicht absprechen kann, das westliche Europa zuerst auf jene selbständige Gemeindeverfassung aufmerksam gemacht zu haben, die nicht allein in Russland, sondern in der ganzen slavischen Welt seit undenklichen Zeiten existirt und überall in Kraft geblieben ist, wo nicht die Slaven von den Deutschen überwältigt wurden und ihre Nationalität verloren. — Herr Professor Solowjew giebt, aufser einer „das alte Russland" überschriebenen Skizze, eine Schilderung des Lebens und der wissenschaftlichen Thätigkeit August Ludwig Schlözer's, die nach längst veröffentlichten Materialien (der Selbstbiographie Schlözer's und der von seinem Sohne herausgegebenen Lebensbeschreibung) bearbeitet ist und für deutsche Leser nichts Neues enthält, und Herr Professor Kudráwzow eine sehr umfangreiche Charakteristik Kaiser Karl's V., bei der die bekannten Werke von Mignet, Amédée Pichot und Stirling, so wie die von Lanz edirte Correspondenz jenes Monarchen und die Monumenta Habsburgica benutzt worden sind, der es aber auch an selbstständigen Anschauungen nicht fehlt. Herr Professor Katschenowskji in Charkow liefert eine Uebersetzung der Macaulay'schen Abhandlung über den spanischen Erbfolgekrieg, die als Probe einer von ihm beabsichtigten russischen Version sämmtlicher Essays des berühmten englischen Historikers dienen soll.

In der Behandlung national-öconomischer Fragen hat der Wjestnik einen in Russland ganz neuen Weg eingeschlagen, indem er zuerst gewagt hat, die Principien des Freihandels zu vertheidigen und gegen das seit der Zeit des Finanzministers Cancrin beliebte Schutzsystem anzukämpfen. In dieser Beziehung hat ein Aufsatz des Herrn Wernadskji das gröfste Aufsehen erregt und zu einer lebhaften Polemik Anlafs gegeben. Er ist in der Form eines Referats über den vierten Band von Tengoborski's „Etudes sur les forces productives de la Russie" abgefasst und sucht den Beweis zu führen, dafs der Versuch, Russland in einen Manufacturstaat zu verwandeln, seinen politischen nicht weniger als seinen commerziellen Interessen widerspreche und dafs es, wie alle junge und noch wenig entwickelte Länder, fürs erste ausschliefslich auf den Ackerbau angewiesen sei. Es sei hoffnungslos, sich gegen dieses Naturgesetz sträuben zu wollen, und jede Nation, die es unternähme, lade eine schwere Verantwortlichkeit auf sich. „Ein Volk — sagt der Verfasser — das sich gegen Andere abschliefst, macht sich dadurch zur Zielscheibe des allgemeinen Hasses. Vergebens dachte China durch seine Mauer und seine Gesetze das Eindringen fremder Völker und fremder Waaren abzuwehren. Die erbitterten Nationen stürzten diese Schranken um und ein allseitiger Beifallsjubel belohnte ihre mit Erfolg gekrönten Anstrengungen. Man kann sogar mit Zuversicht behaupten, dafs nichts die öffentliche Meinung so sehr gegen einen Staat bewaffnet, als die Unterbrechung oder Schwächung der auswärtigen Handelsbeziehungen. Viel Blut und viele Kräfte wären vielleicht in Europa erspart worden, ohne jenes traurige, durch das Mercantilsystem geheiligte Streben nach industrieller Unabhängigkeit. Was würde jetzt ohne unsere Fabriken aus uns werden? sagen in Kriegszeiten so Manche, indem sie auf die Unentbehrlichkeit dieses oder jenes Gegenstandes hinweisen, der unter dem Schutz des Prohibitionssystems im Lande erzeugt wird, und vergessen, dafs aller Wahrscheinlichkeit nach ohne diese Fabriken der Krieg überhaupt nicht ausgebrochen wäre, da nichts den Nationalhafs mehr hervorruft als die Verluste, die ein industrielles Volk durch Handelsbeschränkungen erleidet. In der That, je mehr Verbote existiren und je höher die Einfuhrsteuern sind, desto theurer werden die importirten Waaren; je mehr sie vertheuert werden, desto mehr verringert sich die Zahl der Käufer, also der Absatz, und mit ihm der Nutzen des Verkäufers. Der Kaufmann, der ausländische Fabrikant werden durch die Erhöhung des Tarifs in dem Lande, mit welchem sie Handel treiben, beeinträchtigt. Es ist daher natürlich, dafs sie weder mit diesem Lande noch mit seiner Regierung sympathisiren können. In ihren materiellen Interessen verletzt, in ihrem Erwerbe verkürzt, schliessen sie sich vielmehr den Reihen der unversöhnlichsten Feinde des Staates an, der an ihren Einbufsen schuld ist. Und dieses ist für sie um so leichter, da ein Bruch mit ihm schon nicht unmittelbar auf ihre Production einwirkt und ihr eher eine gröfsere Entwickelung in der Zukunft durch die möglicherweise daraus hervorgehende Aenderung in den internationalen Beziehungen verspricht. Von der anderen Seite bilden sich ähnliche Verhältnisse in dem Lande, das die Grundsätze des Prohibitiv-Systems befolgt. Da es wenig vom Auslande bezieht, so setzt es natürlich auch wenig dahin ab und legt deshalb nicht genug Werth auf friedliche Beziehungen, um einen drohenden Bruch abzuwenden. Ja noch mehr, in Folge der dort ins Leben gerufenen einheimischen Industrie, die mit dem fremdländischen concurrirt, gewöhnt es sich feindselig auf andere Nationen zu blicken, in welchen es Nebenbuhler und Gegner sieht. Dies ist der Grund, warum am häufigsten

Zerwürfnisse zwischen solchen Nationen entstehen, die streng an dem Prohibitivsystem festhalten. Ein Bruch findet um so leichter statt, je schwächer die Verbindungen sind, durch welche sie aneinander geknüpft werden; die Zahl der Personen, welche die gegenseitigen Handelsbeziehungen unterhalten, ist in solchen Ländern begränzt, und auch unter ihnen giebt es nur wenige, deren Existenz und Zukunft ausschliefslich vom Gange dieses Handels abhängen. Aus diesen Gründen mufs jedes Volk, das auf seine Ruhe und auf dauerhafte Verbindungen mit anderen Völkern Werth legt, was es stets thun wird, sobald es bis zu einer bestimmten Entwicklungsstufe gelangt ist, auch auf Alles Werth legen, was die Consumtion der Erzeugnisse des Auslandes befördert, und zwar um so mehr, da hierdurch auch zugleich sein eigner Wohlstand vergröfsert und die einheimische fruchtbringende Thätigkeit erweckt wird."

Herr Wernadskji beruft sich auf die Autorität Cancrins selbst, der in seiner „Oeconomie der Gesellschaft" das Jahr 1822 oder die Einführung der hohen Zollsätze als den Zeitpunkt anerkennt, in welchem der Keim zu jener Antipathie gegen Russland gelegt wurde, die sich zuletzt bis zu einem blutigen Kriege steigerte. „Graf Cancrin erklärt dies aus dem Mifsvergnügen derjenigen, die sich früher mit dem Schleichhandel beschäftigt hatten; viel richtiger wäre es jedoch, die Ursache in dem Umstande zu suchen, dafs die Mittelklassen, die eine so wichtige politische Rolle im westlichen Europa spielen, die Einbufse nicht vergessen konnten, die sie durch den verminderten Absatz ihrer Producte und die Schwächung des Handels erlitten, der sich zwar nachher wieder hob, aber nicht in dem Mafse, wie es bei einem niedrigeren Zolltarif der Fall gewesen wäre. Es ist zu bedauern, dafs Herr Tengoborski diese Frage nicht berührt hat, da der Tarif nicht ohne Einwirkung auf die neuesten politischen Ereignisse geblieben ist. Man kann ihn als eine der Ursachen betrachten, die die Westmächte bestimmten, die Allianz mit der Türkei dem Frieden mit Russland vorzuziehen. Unter allen Ländern des europäischen Continents stellt die Türkei dem auswärtigen Handel die wenigsten Hindernisse und Beschränkungen entgegen. Indem sie sich mit einem geringen Einfuhrzoll begnügt, läfst die dortige Regierung den einheimischen Gewerbfleifs allerdings ohne Schutz, aber sie verknüpft dadurch die Interessen des Auslandes mit den ihrigen und veranlafst es, an ihrem Schicksal Antheil zu nehmen. Die Presse des Westens hat oft auf diesen Umstand hingewiesen, um ihre Vorliebe für jenen Staat zu motiviren. Namentlich gefallen sich die englischen Journale in der Behauptung, dafs die Türkei viel wichtiger für den Handel Grofsbritanniens sei, als Russland. In der That übersteigt der Gesammtverkehr des ottomanischen Reichs mit England an Werth den unsrigen. Eine Ausnahme machen nur die uns zugeführten Rohproducte, die in den Fabriken verarbeitet werden, die aber England selbst meistens aus anderen Ländern erhält. So liefert es uns 75 pro Cent von sämmtlicher bei uns consumirter Baumwolle, aber bekanntlich producirt es dieselbe nicht. Bei dem Baumwollgespinnst, von welchem es uns 85 pro Cent liefert, ist allerdings seine Industrie betheiligt, aber nur ein Zweig derselben. An die Türkei setzt es dagegen die fertigen baumwollenen Stoffe ab, woran es mehr verdient, und es hat daher an der Erhaltung dieses Staats auch natürlich ein gröfseres Interesse."

Die in den letzten Jahren stattgefundene Ermäfsigung einzelner Sätze des russischen Zolltarifs war, wie der Verfasser bemerkt, im Ganzen zu unbedeutend, um das Ausland zu befriedigen und es mit einem seinen Interessen feindlichen Handelssystem zu versöhnen. „Alle diese partiellen Aenderungen hatten wenig Einflufs auf die Erweiterung unserer commerziellen Verbindungen mit den producirenden Nationen des Westens, und unser Tarif ist für sie und besonders für England noch immer ein solches Schreckbild, dafs das bekannte Organ der englischen Handelswelt, der **Economist**, den Hauptnutzen des letzten Krieges in dem Umstande sieht, dafs er die Türkei verhindert hat, die Grundsätze der russischen Zollgesetzgebung anzunehmen. Der gemäfsigte Tarif der Türkei hat ihr daher die Sympathieen des Westens erworben, die sich in bewaffnetem Beistande, in dem ihr von auswärtigen Capitalisten gewährten Credit und in der Unterstützung der öffentlichen Meinung kundgaben. Nicht der gegenwärtige Zustand der Türkei, sondern ihre Zukunft war es, die der westlichen Industrie Gewinn und ihren Capitalien eine vortheilhafte Anlage versprach; aber die Stimmung, die solche Ansichten hervorbrachten, kam doch der gegenwärtigen ottomanischen Regierung zu gute. Wir führen dieses Beispiel als Beweis an, dafs ein lebhafter Handel auch hier seine Früchte trug. Zur Beleuchtung dieser Seite des auswärtigen Handels kann auch der Verlauf der jetzigen politischen Mifshelligkeiten zwischen England und Nord-Amerika dienen. Man braucht nur einen Blick auf das erste beste Organ der öffentlichen Meinung in beiden Ländern zu werfen, um sich zu überzeugen, dafs das Hauptmotiv zur Aufrechthaltung des Friedens in den engen und vielfach verschlungenen Handelsverbindungen liegt, welche diese Länder an einander ketten. Als schlagendster Beweis für die Verderblichkeit eines Krieges zwischen ihnen wird auf den Umfang ihres Handelsverkehrs hingewiesen, der aus beiden Ländern gleichsam ein einziges macht und dessen Unterbrechung zahlreiche Volksklassen auf beiden Seiten des Oceans dem Ruin und dem Elend preisgeben würde. Gebildete Nationen leben überall für den Frieden und durch die Arbeit, und das, was sie in ihrem natürlichen Entwickelungsgang unterbricht, erregt allgemeine Unruhe und Unzufriedenheit. Man kann sagen, dafs die Vereinigten Staaten von Nord-Amerika sich niemals ernsthaft zum Kriege rüsten und ihre Kräfte niemals durch anticipirte Vorbereitungen zu demselben erschöpfen; aber sie verringern mit jedem Tage die Möglichkeit eines Krieges durch die vielseitige Entwickelung ihres Gewerbfleifses, die Vermehrung ihrer Energie, die Erwerbung von Capitalien, die Erhöhung des Bildungsstandes und endlich durch die Ausdehnung ihres auswärtigen Handels, indem sie überall Absatzwege für ihre Produkte zu finden und freundschaftliche Verbindungen mit fremden Nationen anzuknüpfen suchen. Fur uns ist es um so wichtiger, die Handelspolitik dieses Landes zu studiren, da es als unser Nebenbuhler in den Hauptgegenständen des Exports erscheint und namentlich auf jenem Markt, auf welchem der meiste Begehr für unsere Stapelproducte stattfindet. So wurden nach den Tabellen für die Jahre 1845 bis 1849 aus den Vereinigten Staaten 729529 Centner Weizen jährlich in die englischen Häfen eingeführt, während die Einfuhr aus Russland nur 441314 Centner betrug, und wenn man auch einen Theil des aus preufsischen Häfen nach England gebrachten Getreides hinzurechnet, so müssen wir dennoch in dieser Beziehung hinter den Vereinigten Staaten zurückstehen. Die Rivalität mit ihnen wird für uns nur dann möglich sein, wenn wir in der Zubereitung und dem Absatz der Producte dieselben Regeln befolgen, die jenseits des Atlantischen Oceans vorherrschen."

Im literarisch-kritischen Fache tritt uns die Recension einer kürzlich von Herrn Feth, einem der anmuthigsten jetzt lebenden russischen Dichter, veröffentlichten Uebersetzung der Oden des Horaz entgegen. Der Recensent, Herr Schestakow, ist im Ganzen mit ihr zufrieden, weist aber nach, dafs der Uebersetzer seinen Autor bisweilen mifsverstanden oder unvollständig wiedergegeben hat. Herr Katkow benutzt das Erscheinen einer neuen Auflage der gesammelten Werke Puschkins zu einer langen Reihe Artikel über den Charakter und die Bedeutung dieses Dichters, während uns Herr Lajetschnikow sein „Zusammentreffen mit Puschkin" erzählt, aus welchen wir erfahren, wie der launenhafte Musensohn mit einem unpoetischen kleinrussischen Major in Händel gerieth, die eine Herausforderung herbeiführten, aber zum Glück durch die Intervention des Verfassers ohne Blutvergiefsen geschlichtet wurden. Herr Bodjanskji berichtet über die neuesten Entdeckungen im Gebiet der Glagolitza, welche dieser seltsam geformten Schrift ein wenigstens eben so hohes Alter vindiciren als ihrer kyrillischen Schwester,

Herr Aksakow theilt ein Capitel aus seinen „Erinnerungen" mit und Herr Saweljew ein Bruchstück aus der Autobiographie des verstorbenen Professors Nikolai Iwanowitsch Nadejdin, dem er einige Notizen über die letzten Lebensjahre dieses um die russische Literatur verdienten Gelehrten hinzugefügt hat. Nadejdin war der Sohn eines Dorfpriesters im Gouvernement Rjasan, erhielt seine erste Erziehung im Seminarium der Gouvernementsstadt, studirte dann in Moskau und wurde hierauf Professor der Aesthetik an der dortigen Universität. Das von ihm herausgegebene „Moskauer Teleskop" galt damals, nächst dem Polewoi'schen „Telegraphen", für das beste literarische Journal Russlands. In der Folge wurde er Rath im Ministerium des Inneren und redigirte das Ministerialjournal, das sich unter seiner Leitung zu einer äusserst schätzbaren Sammlung von Materialien für die Geographie, Statistik und Ethnographie von Russland gestaltete, die wir auch in unserem Archiv sehr häufig benutzt haben.

Von den übrigen im Wjestnik enthaltenen Arbeiten möchte etwa noch eine Schilderung des Ramasan und Bairam in Constantinopel, von dem bekannten Orientalisten und Reisenden Berjosin, und eine Abhandlung des Herrn Jerschow über die Fortschritte der Mechanik auf landwirthschaftlichem Gebiet zu erwähnen sein. Ausserdem findet sich unter den Miscellen manches Interessante; auf Eines oder das Andere werden wir vielleicht noch zurückkommen.

Mathematische Untersuchungen über die Verbreitung des elektrischen Stromes in Körpern von gegebener Gestalt.

Nach dem Russischen

von

Herrn J. Bolzani
in Kasan.

In den vier ersten Abschnitten seiner Abhandlung giebt der Verfasser eine sehr gründliche Uebersicht der Arbeiten welche bis jetzt, theils zur Begründung einer mathematischen Theorie des elektrischen Stromes, theils zur Entwicklung dieser Theorie geführt haben. In dem fünften Abschnitte wendet er sich, so wie folgt, zu seinen eigenen Untersuchungen.

Indem ich voraussetze, dafs die Elektricität in den Galvanischen Apparaten durch Beruhrung entsteht, soll nur ein Fühlbarwerden und eine Fortdauer der Molekularkräfte durch diese Berührung und während derselben ausgedrückt werden. Da wir aber von den Molekularkräften noch weniges wissen, so ist es besser, nur das nach Ohm benannte, und durch Versuche hinlänglich bestätigte, Gesetz zur Grundlage der Theorie zu nehmen. Der Einwurf gegen dasselbe, dafs wenn die Elektricität in der Galvanischen Kette durch blofse Berührung entstände, man die Wärme, die mechanischen

Effekte und andere Leistungen dieses Apparates aus dem Nichts erhielte, ist völlig unbegründet. — Der Versuch zeigt vielmehr, dafs alle Körper welche durch den elektrischen Strom nicht zerlegt werden, bei der Berührung das Voltaische Spannungsgesetz, je nach ihrer Stellung in der Galvan. Reihe befolgen, und daher ohne andere Ursachen keine Galvan. Kette bilden können; dafs aber die von diesem Gesetze ausgenommenen Körper den Strom nur dadurch leiten, dafs sie von ihm zerlegt werden. In Folge dieses Umstandes werden von jeder Galvan. Kette, welche ihre Erregungsstelle in sich selbst hat, einige Bestandtheile zerlegt, so dafs man sie erneuern muss um die Kette wirksam zu erhalten.

Ich bemerke noch dafs für die positive Elektricität, die von einem Theilchen des Körpers zu einem zweiten übergeht, eine gleich grofse Menge negativer Elektricität von dem zweiten an das erste gelangen muss, weil unter allen Umständen gleich viel von beiden Elektricitäten entsteht. Es ist deshalb auch nur nöthig die Bewegung der positiven Elektricität zu bestimmen und dadurch die Betrachtung wesentlich zu vereinfachen.

Ein Körper leitet die Elektricität um so besser, je gröfser die Elektricitätsmenge ist, welche von einem seiner Theilchen zu dem nächstgelegenen übergeht, wenn in den verglichenen Fällen der Abstand der zwei betrachteten Theilchen und die Dauer des Ueberganges dieselben sind. — Für verschiedene Abstände der austauschenden Theilchen verhalten sich daher auch die Leitungsvermögen direkt wie diese Abstände, wenn in gleicher Zeit eine gleiche Elektricitätsmenge übergeht.

Wir setzen demnach:

$$R = q \cdot s$$

wo

R das Leitungsvermögen,

q die unter ein für allemal gegebenen Umständen von Theilchen zu Theilchen übergehende Elektricitätsmenge und

s die Entfernung der Theilchen
bedeuten.

Für die letztere muss die der Schwerpunkte der Mollekeln genommen werden, wenn man diese selbst nicht unendlich klein voraussetzt.

Um q näher zu bestimmen, bemerken wir dafs, den vorhandenen Erfahrungen gemäfs, die Elektricität welche in einer unendlich kleinen Zeit von einem Theilchen zum andern übergeht, der elektrischen Spannung dieser Elemente und der Dauer jener Zeit direkt proportional ist.

Bezeichnen daher

u' die elektrische Spannung in dem Elemente M', wo u' das positive oder negative Vorzeichen erhält, je nachdem M' positive oder negative Elektricität besitzt,

u die ebenso genommene elektrische Spannung in dem Elemente M,

so wird die von M' zu M übergehende Elektricitätsmenge ausgedrückt durch:

$$(1.) \qquad \varphi \cdot (u' - u) dt = dv \cdot$$

wo φ eine bestimmte Function der Gröfse und der gegenseitigen Lage der betrachteten Elemente bedeutet.

Wenn sich $u' - u$ mit der Zeit verändert, so wird sich auch v verändern, während man, bei constanten Werthen von u' und u, denjenigen Werth von v, welcher für die Zeiteinheit und für einen der Spannungseinheit gleichen Spannungsunterschied eintritt, anstatt des q setzen kann, weil die so erhaltene Gröfse in der That eine unter ganz bestimmten Umständen übergehende Elektricitätsmenge ist.

Es ist dann folglich:

$$q = \varphi$$
$$R = \varphi \cdot s;$$

und demnach:

$$\varphi = \frac{R}{s}.$$

Durch Substitution dieses Werthes von φ in die Gleichung (1.) ergiebt sich:

$$(2.) \qquad dv = \frac{R(u'-u)\cdot dt}{s}$$

Wir denken uns jetzt einen Körper oder ein System von mehreren sich berührenden Körpern, in denen durch die Berührung der Theile Elektricität entsteht. Das ganze System werde mit A bezeichnet und dagegen mit B ein Theil desselben, welcher durch eine beliebige aber geschlossene Fläche begränzt ist, in deren Innern die Elektricität u continuirlich vertheilt sei. Wir bezeichnen mit $d\omega$ ein Element dieser Oberfläche, auf welchem, in Folge seiner Kleinheit, das u überall einerlei Werth hat. Die Lage der Körperpunkte möge darauf durch rechtwinkliche Coordinaten angegeben, die Axe der x der Schwerkraft entgegengesetzt gerichtet und mit x, y, z die Coordinaten von $d\omega$ bezeichnet sein, auch setze man:

$$u = f(x, y, z, t)$$

für die zur Zeit t in diesem Elemente stattfindende elektrische Spannung. Wir errichten darauf in allen Punkten der Gränzlinie des Flächenelementes $d\omega$, Normalen auf die Fläche B der es angehört und verlängern dieselben von dieser Fläche nach aussen. Sie bilden einen unendlich dünnen Cylinder über der Basis $d\omega$, von welchem wir durch eine von $d\omega$ um das unendlich kleine Stück δ abstehende Ebene eine Schicht abschneiden. Werden dann die Coordinaten der oberen Basis dieser Schicht mit

$$x+\Delta x,$$
$$y+\Delta y,$$
$$z+\Delta z$$

bezeichnet und die elektrische Spannung in derselben mit:

$$u' = f(x+\Delta x,\ y+\Delta y,\ z+\Delta z,\ t)$$

so ist:

$$dv = \frac{R(u'-u)\cdot dt}{\delta}$$

die Menge positiver Elektricität welche in der Zeit dt, durch $d\omega$ von ausserhalb des Raumes B geht, wenn dv positiv ist, und von innen nach aussen wenn dv negativ ist.

R bedeutet die zu dem betrachteten Flächen-Elemente gehörige Leitung. Setzt man aber

$$R = k d\omega,$$

so bedeutet k die auf die Flächeneinheit bezogene Leitung und man erhält

$$dv = \frac{k(u'-u)}{\delta} \cdot d\omega \cdot dt$$

Entwickelt man:

$$u' = f(x+\Delta x,\ y+\Delta y,\ z+\Delta z,\ t)$$

nach dem Taylor'schen Lehrsatz in eine nach den Zuwächsen der Coordinaten fortschreitende Reihe, so wird dieselbe, wegen der Kleinheit dieser Zuwächse und der Continuität der Function f, sehr schnell convergiren.

Man kann daher setzen:

$$u' = u + \frac{du}{dx} \cdot \Delta x + \frac{du}{dy} \cdot \Delta y + \frac{du}{dz} \cdot \Delta z$$

und durch Substitution in den Ausdruck für dv:

$$dv = k \left\{ \frac{du}{dx} \cdot \frac{\Delta x}{\delta} + \frac{du}{dy} \cdot \frac{\Delta y}{\delta} + \frac{du}{dz} \cdot \frac{\Delta z}{\delta} \right\} d\omega \cdot dt$$

Es ist aber

$$\frac{\Delta x}{\delta} = \cos\alpha$$

$$\frac{\Delta y}{\delta} = \cos\beta$$

$$\frac{\Delta z}{\delta} = \cos\gamma$$

wenn man die Winkel der nach aussen gerichteten Normale von B mit den Coordinaten-Axen, durch α, β und γ bezeichnet.

Das Integral

$$\int\!\!\int dv = \int\!\!\int \left\{ k \cdot \frac{du}{dx} \cdot \cos\alpha + k \cdot \frac{du}{dy} \cdot \cos\beta + k \cdot \frac{du}{dz} \cdot \cos\gamma \right\} d\omega$$

wird demnach, wenn man es über die ganze Oberflächen B erstreckt, den in der Zeit dt erfolgenden Elektricitätszuwachs für den Raum B bezeichnen.

Durch:

$$dt \cdot \frac{du}{dt} \cdot dx \cdot dy \cdot dz$$

wird aber der Elektricitätszuwachs für das Element vom Inhalt dx, dy, dz ausgedrückt und somit durch das Integral

$$dt \int\!\!\int\!\!\int \frac{du}{dt} \cdot dx \cdot dy \cdot dz$$

wenn man es über den gesammten Inhalt von B erstreckt, ebenfalls der in dem Raum B erfolgende Zuwachs an positiver Elektricität.

Wir erhalten daher die Gleichung:

$$(A) \quad \int\!\!\int \left\{ k \cdot \frac{du}{dx} \cdot \cos\alpha + k \cdot \frac{du}{dy} \cdot \cos\beta + k \cdot \frac{du}{dz} \cdot \cos\gamma \right\} \cdot d\omega =$$
$$= \int\!\!\int\!\!\int \frac{du}{dt} \cdot dx \cdot dy \cdot dz$$

welche für einen beliebig begränzten Theil des Körpers richtig sein muss, in sofern es nur in demselben keine Elektricitätsquellen, d. h. keine Berührungspunkte heterogener Substanzen giebt.

Man kann die erste Hälfte der Gleichung (A) vermöge des bekannten Satzes, der durch folgende identische Gleichung ausgedrückt wird, umgestalten.

$$(B)\quad \iint\left\{k\cdot\frac{dU}{dx}\cdot\cos\alpha+k\cdot\frac{dU}{dy}\cdot\cos\beta+k\cdot\frac{dU}{dz}\cdot\cos\gamma\right\}V\cdot d\omega =$$

$$=\iiint\left\{\frac{d\left(k\cdot\frac{dU}{dx}\right)}{dx}+\frac{d\left(k\cdot\frac{dU}{dy}\right)}{dy}+\frac{d\left(k\cdot\frac{dU}{dz}\right)}{dz}\right\}V\cdot dx\cdot dy\cdot dz+$$

$$+\iiint\left\{k\cdot\frac{dU}{dx}\cdot\frac{dV}{dx}+k\cdot\frac{dU}{dy}\cdot\frac{dV}{dy}+k\cdot\frac{dU}{dz}\cdot\frac{dV}{dz}\right\}dx\cdot dy\cdot dz$$

Man überzeugt sich von der Richtigkeit dieser Gleichung, indem man das erste Glied ihrer rechten Hälfte partiell integrirt und in dem Resultat

$$dy\,dz = \pm d\omega\cdot\cos\alpha$$
$$dx\,dz = \pm d\omega\cdot\cos\beta$$
$$dx\,dy = \pm d\omega\cdot\cos\gamma$$

substituirt. Es muss dabei das obere oder untere Vorzeichen angewendet werden, je nachdem die Winkel α, β, γ zwischen der nach aussen verlängerten Normale und den Axen spitz oder stumpf sind. —

Nimmt man nun

$$U = u$$

und

$$V = \text{Constans}$$

so ergiebt sich:

$$\iint\left\{k\cdot\frac{du}{dx}\cdot\cos\alpha+k\cdot\frac{du}{dy}\cdot\cos\beta+k\cdot\frac{du}{dz}\cdot\cos\gamma\right\}d\omega =$$

$$=\iiint\left\{\frac{d\left(k\cdot\frac{du}{dx}\right)}{dx}+\frac{d\left(k\cdot\frac{du}{dy}\right)}{dy}+\frac{d\left(k\cdot\frac{du}{dz}\right)}{dz}\right\}dx\cdot dy\cdot dz$$

mithin durch Substitution in den Ausdruck (A):

$$\iiint\left\{\frac{d\left(k\cdot\frac{du}{dx}\right)}{dx}+\frac{d\left(k\cdot\frac{du}{dy}\right)}{dy}+\frac{d\left(k\cdot\frac{du}{dz}\right)}{dz}-\frac{du}{dt}\right\}dx\cdot dy\cdot dz = 0$$

wo sich das Integral über einen beliebigen Theil B des gegebenen Körpers erstrecken kann, wenn sich in demselben keine Berührungsstelle heterogener Substanzen befindet, an der u einen sprungweisen Zuwachs erfährt.

Es ist demnach:

$$\text{I.} \qquad \frac{du}{dt} = \frac{d\left(k \cdot \frac{du}{dx}\right)}{dx} + \frac{d\left(k \cdot \frac{du}{dy}\right)}{dy} + \frac{d\left(k \cdot \frac{du}{dz}\right)}{dz}$$

für jeden Punkt eines Theiles des Körpers, der keine Erregungs- oder Berührungsstelle enthält.

Für die freie Oberfläche eines Körpers oder eines Körpersystemes gilt ferner:

$$\text{II.} \qquad \frac{du}{dx} \cdot \cos\alpha + \frac{du}{dy} \cdot \cos\beta + \frac{du}{dz} \cdot \cos\gamma = 0$$

wenn man das umgebende Mittel als einen elektrischen Nichtleiter betrachten kann; und für diejenigen Theile der Oberfläche, in denen sich verschiedene Substanzen berühren und demnach Elektricität erregt wird:

$$\text{III.} \qquad u' - u = C$$

wo

u' und u die elektrischen Spannungen zu beiden Seiten der Berührungsstelle und

C deren Differenz

bedeuten, welche von der Zeit abhängen kann, wenn die elektrische Differenz der berührenden Körper veränderlich ist.

Für eben diese Berührungspunkte gilt auch noch:

$$\text{IV.} \qquad \left\{ k' \cdot \frac{du'}{dx} \cdot \cos\alpha' + k' \cdot \frac{du'}{dy} \cdot \cos\beta' + k' \cdot \frac{du'}{dz} \cdot \cos\gamma' \right\} +$$

$$+ \left\{ k \cdot \frac{du}{dx} \cdot \cos\alpha + k \cdot \frac{du}{dy} \cdot \cos\beta + k \cdot \frac{du}{dz} \cdot \cos\gamma \right\} = 0$$

weil in den einen der sich berührenden Theile eben so viel positive Elektricität einströmen muss, wie aus dem anderen austritt.

Es muss ausserdem noch der elektrische Zustand des Körpers oder Körpersystemes für

$$t = 0$$

durch eine Gleichung von der Form:

$$\text{V.} \qquad u = \varphi(x, y, z) \text{ für } t = 0$$

gegeben sein, in welcher

φ eine bekannte Function

bedeutet. —

Es soll nun bewiesen werden, daſs die eben genannten Bedingungen zur Bestimmung von u vollständig ausreichen. Wir setzen zu diesem Ende voraus daſs es zwei Functionen

$$u = S_1$$

und

$$u = S_2$$

gebe, welche alle unter I., II., III. und IV. genannten Bedingungen erfüllen und für

$$t = 0$$

in ein und dieselbe gegebene Function von x, y, z übergehen. Man setze zur Abkürzung:

$$S_2 - S_1 = p$$

so ist klar, daſs für

$$t = 0$$

auch

$$p = 0$$

wird. — An den Berührungsstellen von heterogenen Körpern oder Körpertheilen wird nach III:

$$p' - p = 0$$

wo p', so wie früher schon u', sich auf den einen der berührenden Theile bezieht und p auf den andern.

Wir substituiren nun in die Gleichung B:

$$U = p$$

$$V = p$$

und erstrecken die Integrale der ersten Hälfte dieser Gleichung über die ganze Oberfläche von einem der sich berührenden Körpertheile und die Integrale der zweiten Hälfte über den ganzen Inhalt desselben Körpertheiles.

Das Resultat dieser Integration der Gleichung B werde sodann zu den analogen Resultaten, welche sich auf demselben Wege für andere Körpertheile ergeben, addirt, so ergiebt sich:

$$(C)\quad \Sigma\int\!\!\int\left\{k\cdot\frac{dp}{dx}\cdot\cos\alpha+k\cdot\frac{dp}{dy}\cdot\cos\beta+k\cdot\frac{dp}{dz}\cdot\cos\gamma\right\}\cdot p\cdot d\omega =$$

$$+\Sigma\int\!\!\int\!\!\int\left\{\frac{d\cdot\left(k\frac{dp}{dx}\right)}{dx}+\frac{d\left(k\cdot\frac{dp}{dy}\right)}{dy}+\frac{d\left(k\cdot\frac{dp}{dz}\right)}{dz}\right\}p\cdot dx\cdot dy\cdot dz+$$

$$+\Sigma\int\!\!\int\!\!\int\left\{k\cdot\frac{dp^2}{dx^2}+k\cdot\frac{dp^2}{dy^2}+k\cdot\frac{dp^2}{dz^2}\right\}\cdot dx\cdot dy\cdot dz$$

wo die Summenzeichen über alle Körpertheile oder Körper zu erstrecken sind, welche den betrachteten Strom erregen.

Da die Bedingungen I. und II. lineare sind und der Voraussetzung gemäfs durch die Function S_2 und S_1 erfüllt werden, so ist:

$$(D)\qquad \frac{d\left(k\cdot\frac{dp}{dx}\right)}{dx}+\frac{d\left(k\cdot\frac{dp}{dy}\right)}{dy}+\frac{d\left(k\cdot\frac{dp}{dz}\right)}{dz}=\frac{dp}{dt}$$

für alle im Innern des Systemes gelegene Punkte und

$$(E)\qquad \frac{dp}{dx}\cos\alpha+\frac{dp}{dy}\cos\beta+\frac{dp}{dz}\cos\gamma=0$$

für alle Punkte der freien Oberfläche desselben, so wie auch endlich:

$$\left\{k'\frac{dp'}{dx}\cos\alpha'+k'\cdot\frac{dp'}{dy}\cos\beta'+k'\cdot\frac{dp'}{dz}\cos\gamma'\right\}+$$

$$+\left\{k\frac{dp}{dx}\cos\alpha+k\cdot\frac{dp}{dy}\cos\beta+k\cdot\frac{dp}{dz}\cos\gamma\right\}=0$$

für alle Berührungsflächen in dem Systeme. — Da aber für diese Berührungsflächen

$$p'=p$$

eintritt, so kann man die letzte Gleichung auch so schreiben:

$$(F)\qquad p'\left\{k'\cdot\frac{dp'}{dx}\cos\alpha'+k'\cdot\frac{dp'}{dy}\cos\beta'+k'\cdot\frac{dp'}{dz}\cos\gamma'\right\}+$$
$$+p\left\{k\cdot\frac{dp}{dx}\cos\alpha+k\cdot\frac{dp}{dy}\cos\beta+k\cdot\frac{dp}{dz}\cos\gamma\right\}=0$$

In Folge der Gleichungen (E) und (F) ist die erste Hälfte der Gleichung (C) gleich Null. Nach der Gleichung (E) verschwinden nämlich die auf die freien Oberflächen bezüglichen Integrale in (C), und nach der Gleichung (F) zerstören sich einander die auf die Berührungsflächen bezüglichen Integrale, welche sonst noch in der ersten Hälfte von (C) vorkommen.

Nimmt man nun noch die Gleichung (D) zu Hülfe, so erhält (C) folgende Gestalt:

$$(G)\qquad \Sigma\iiint p\cdot\frac{dp}{dt}dx\cdot dy\cdot dz=$$
$$=-\Sigma\iiint k\cdot\left(\frac{dp^2}{dx^2}+\frac{dp^2}{dy^2}+\frac{dp^2}{dz^2}\right)dx\cdot dy\cdot dz.$$

oder wenn man:

$$r=\Sigma\iiint p^2\cdot dx\cdot dy\cdot dz$$

setzt,

$$(H)\qquad \tfrac{1}{2}\frac{dr}{dt}=-\iiint k\cdot\left\{\frac{dp^2}{dx^2}+\frac{dp^2}{dy^2}+\frac{dp^2}{dz^2}\right\}dx\cdot dy\cdot dz$$

Man sieht hieraus dafs r bei zunehmender Zeit nur abnehmen kann, weil die zweite Hälfte der Gleichung (G) eine wesentlich negative Gröfse ist. Es ist aber für alle Werthe von x, y, z, über welche sich die Integration erstreckt, bei

$$t=0$$

auch

$$r=0.$$

Negativ kann aber r nicht werden, weil p seiner Natur nach reell ist. Es bleibt somit nur übrig, dafs

$$r=0$$

sei für jeden Werth von t. Hieraus folgt aber, dafs auch

$$p = 0$$

d. h.

$$S_1 = S_2$$

und dafs es somit nur eine Function giebt, welche allen Bedingungen I., II, III., IV. und V. genügt.

In den allgemeinen Gleichungen kann k eine Function von x, y, z und sogar von u sein, wenn dieselbe nur continuirlich bleibt für alle Punkte des betrachteten Körpers oder Systemes von Körpern.

Der Beweis dafs die Bedingungen I. bis V. zur Bestimmung von u ausreichen, gilt indessen nur so lange als k constant oder doch nur von x, y und z abhängig ist.

Das Wesentliche des vorstehenden Beweises für die Bestimmung von u durch die Bedingungen I. bis V., hat Herr Professor Amsler in Zürich, in seiner Abhandlung zur Theorie der Anziehung und der Wärme*) bekannt gemacht.

Um die von der Zeit unabhängigen Constanten für die Ströme in einem Körper oder einem Systeme von Körpern zu bestimmen, hat man in die vorigen Betrachtungen nur die Bedingung dafs u von t unabhängig sei, einzuführen.

Diese giebt:

$$(6.) \qquad 0 = \frac{d\cdot\left(k\cdot\frac{du}{dx}\right)}{dx} + \frac{d\cdot\left(k\cdot\frac{du}{dy}\right)}{dy} + \frac{d\cdot\left(k\cdot\frac{du}{dz}\right)}{dz}$$

für alle im Innern des Körper-Systemes gelegene Punkte.

$$(7.) \qquad 0 = k\cdot\frac{du}{dx}\cdot\cos\alpha + k\cdot\frac{du}{dy}\cdot\cos\beta + k\cdot\frac{du}{dz}\cos\gamma$$

für alle auf der freien Oberfläche gelegene Punkte des Systems.

$$(8.) \qquad \left\{k'\cdot\frac{du'}{dx}\cdot\cos\alpha' + k'\cdot\frac{du'}{dy}\cdot\cos\beta' + k'\cdot\frac{du'}{dz}\cdot\cos\gamma'\right\}$$
$$+ \left\{k\cdot\frac{du}{dx}\cdot\cos\alpha + k\cdot\frac{du}{dy}\cdot\cos\beta + k\cdot\frac{du}{dz}\cdot\cos\gamma\right\} = 0$$

*) Crelle, Journal für die reine und angewandte Mathematik. Band 42.

für alle Punkte die auf einer Berührungsfläche liegen und für welche noch ausserdem stattfinden muss:

$$(9.)\qquad u'-u = C$$

In den Gleichungen (6.), (7.), (8.) und (9.) haben alle Buchstaben dieselben Bedeutungen wie in (I.) bis (IV.). Anstatt der Gleichung (G) erhält man nun die folgende:

$$(\text{I.})\qquad 0 = -\Sigma\iiint k\cdot\left\{\frac{dp^2}{dx^2}+\frac{dp^2}{dy^2}+\frac{dp^2}{dz^2}\right\}dx\cdot dy\cdot dz$$

wo

$$p = S_2 - S_1$$

und wo

$$u = S_2$$

und

$$u = S_1$$

zwei verschiedene Functionen bedeuten welche allen Bedingungen (6.) bis (9.) genügen.

Aus der Gleichung (7.) folgt, da p eine reelle Gröfse ist

$$\frac{dp}{dx} = 0$$

$$\frac{dp}{dy} = 0$$

$$\frac{dp}{dz} = 0$$

für das Innere eines jeden der einander berührenden Körper. Es ist daher

$$p = S_2 - S_1$$

innerhalb jedes derselben constant.

Die Gleichung (9.) giebt:

$$p' = p \text{ d. h. } S'_2 - S'_1 = S_2 - S_1$$

woraus folgt dafs die Differenz $S_2 - S_1$ für alle zu dem gesammten Systeme gehörige Punkte eine constante Gröfse ist.

Man sieht hieraus dafs die Gleichungen (6.) bis (9.), die dem Raume und der Zeit nach constante elektrische Spannung u nicht vollständig bestimmen. Sie wird erst bekannt, wenn zu den bisher genannten Bedingungen noch die Angabe der elektrischen Spannung an irgend einem Punkte des Systemes gefügt wird.

Man sieht ferner dafs sich in einer galvanischen Kette die elektrische Spannung an keinem zu ihr gehörigen Punkte ändern kann, ohne dafs an jedem ihrer Punkte eine gleiche Aenderung der Spannung erfolgt. — Diese Erscheinung ist durch Versuche schon längst bekannt.

Die Bedingungen (6.) bis (9.) bestimmen für jeden Punkt des Körpers und für eine jede Richtung, die Menge von bewegter Elektricität oder den Strom.

In der That wurde oben gezeigt dafs die Elektricitätsmenge, welche durch dasjenige Oberflächenelement $d\omega$ hindurchgeht, welches zu den Coordinaten x, y, z gehört, ausgedrückt wird durch:

$$dv = \frac{k\cdot(u'-u)}{\delta}\, d\omega\cdot dt$$

oder auch durch:

$$dv = k\left\{\frac{du}{dx}\cdot\cos\alpha + \frac{du}{dy}\cdot\cos\beta + \frac{du}{dz}\cdot\cos\gamma\right\} d\omega\cdot dt\cdot$$

Man kann diesen Ausdruck auch so schreiben:

$$dv = k\left\{\frac{du}{dx}\cdot\frac{dx}{dN} + \frac{du}{dy}\cdot\frac{dy}{dN} + \frac{du}{dz}\cdot\frac{dz}{dN}\right\} d\omega\cdot dt$$

$$= k\cdot\frac{du}{dN}\cdot d\omega\cdot dt$$

wo dN ein Element der Normale an die betrachtete Körperstelle bezeichnet.

Beschreiben wir jetzt um diesen Punkt eine Kugel von einem sehr kleinen, mit ϱ bezeichneten Radius, so sind die Coordinaten des Mittelpunktes derselben x, y, z und die eines beliebigen Punktes ihrer Oberflächen:

$$x+\varrho\cdot\cos\theta\cdot\cos\gamma$$

$$y+\varrho\cdot\cos\theta\cdot\sin\gamma$$

$$z+\varrho\cdot\sin\theta$$

wenn θ den Winkel des Radius ϱ mit der xy-Ebene und γ den Winkel der Projection dieses Radius auf die xy-Ebene mit der x-Axe bezeichnet.

Der Ueberschuss der Elektricitätsspannung an einem Punkte der Oberfläche dieser Kugel über die in ihrem Mittelpunkte stattfindende, beträgt nun, wenn man die Glieder, welche das Quadrat und die höheren Potenzen von ϱ enthalten, als verschwindend auslässt:

$$u'-u=\varrho\left\{\frac{du}{dx}\cdot\cos\theta\cdot\cos\gamma+\frac{du}{dy}\cdot\cos\theta\cdot\sin\gamma+\frac{du}{dz}\cdot\sin\theta\right\}$$

Für die Richtung nach der diese Gröfse ein Maximum ist, haben wir daher die Bedingungen:

$$\frac{d(u'-u)}{d\theta}=0$$

$$\frac{d(u'-u)}{d\gamma}=0$$

das heisst:

$$\frac{du}{dz}\cdot\cos\theta-\frac{du}{dy}\cdot\sin\theta\cdot\sin\gamma-\frac{du}{dx}\cdot\sin\theta\cdot\cos\gamma=0$$

und

$$+\frac{du}{dy}\cdot\cos\theta\cdot\cos\gamma-\frac{du}{dx}\cdot\cos\theta\cdot\sin\gamma=0$$

Es folgen:

$$\operatorname{tg}\gamma=\frac{\frac{du}{dy}}{\frac{du}{dx}}$$

$$\operatorname{tg}\theta=\frac{\frac{du}{dz}}{\sqrt{\left(\left(\frac{du}{dx}\right)^2+\left(\frac{du}{dy}\right)^2\right)}}$$

Die folgende identische Gleichung zeigt auch noch, dafs diese Ausdrücke in der That ein Maximum und ein Minimum der elektrischen Spannungen geben und dafs das Minimum zu einer Richtung gehört, welche der, nach welcher das Maximum vorkommt, grade entgegengesetzt ist:

$$\left\{\frac{du}{dx}\cdot\cos\theta\cdot\cos\gamma+\frac{du}{dy}\cdot\cos\theta\cdot\sin\gamma+\frac{du}{dz}\cdot\sin\theta\right\}^2$$

$$+\left\{\frac{du}{dy}\cdot\cos\gamma-\frac{du}{dx}\cdot\sin\gamma\right\}^2+$$

$$+\left\{\frac{du}{dz}\cdot\cos\theta-\frac{du}{dx}\cdot\sin\theta\cdot\cos\gamma-\frac{du}{dy}\cdot\sin\theta\cdot\sin\gamma\right\}^2$$

$$=\left\{\frac{du^2}{dx^2}+\frac{du^2}{dy^2}+\frac{du^2}{dz^2}\right\}$$

Da die Lage der Coordinaten-Axen willkürlich ist, so nehmen wir für die x-Axe die gerade Linie an, nach der der Unterschied der elektrischen Spannung ein Maximum ist.

Dann sind

$$\gamma=0$$
$$\theta=0$$

und in Folge davon:

$$\frac{du}{dy}=0$$
$$\frac{du}{dz}=0$$

wenn x, y, z dem Mittelpunkt der Kugel angehören. — Der Ausdruck für den Unterschied der Spannungen um diesen Punkt nimmt aber nun folgende Gestalt an:

$$u'-u=\frac{du}{dx}\cdot\varrho\cdot\cos\theta\cdot\cos\gamma$$

welche geradezu zeigt, daſs der Unterschied der elektrischen Spannungen zwischen dem Mittelpunkt und jedem Punkte eines gröſsten Kreises, der auf der Richtung der gröſsten Spannungsverschiedenheit senkrecht steht, gleich Null ist.

Die Elektricitätsmenge welche von dem Mittelpunkte der betrachteten Kugel zu den Punkten dieses gröſsten Kreises übergeht, ist daher gleichfalls gleich Null.

Nimmt man einen Punkt dieses gröfsten Kreises zum Mittelpunkt einer neuen Kugel und wiederholt dieselben Ueberlegungen, so gelangt man zu dem Schlusse, dafs man von einem beliebigen Punkte des Körpers ausgehend, durch den der elektrische Strom hindurchgeht, eine Oberfläche construiren kann, deren Punkte sämmtlich einerlei elektrische Spannung besitzen.

Die Gleichung dieser Oberflächen ist:

$$u = \text{Constans},$$

wo u den Bedingungen (6.) bis (9.) entspricht.

Ausserdem ist aus dem Vorhergehenden noch zu ersehen, dafs die Veränderungen der elektrischen Spannungen nach den Normalen zu diesen Oberflächen Maxima sind. Man kann diese Flächen die isoelektrischen nennen.

Wir nehmen auf einer von ihnen ein Element $d\omega$, welches rechteckig gestaltet und von vier Krümmungslinien der Oberfläche begrenzt sei. Auf jeden Punkt des Umfanges dieses Elementes errichten wir eine Normale und verlängern sie bis zu der zunächst und unendlich nahe gelegenen isoelektrischen Fläche. Die Gesammtheit dieser Normalen bildet einen Kanal, welcher von jener nächstgelegenen isoelektrischen Fläche ein Element $d\omega'$ abschneidet. Durch Fortsetzung derselben Operation ergiebt sich daher ein Kanal von veränderlichem Querschnitt, welcher alle isoelektrischen Flächen senkrecht durchschneidet.

Man sieht leicht dafs die Elektricität die sich in diesem Kanale befindet, aus ihm nicht heraus kann, weil alle Punkte eines jeden zu seiner Axe senkrechten Durchschnittes in dem Kanale und in seiner Umgebung gleiche Spannung besitzen.

Durch jeden Schnitt dieses Kanales gehen mithin in gleichen Zeiten gleiche Elektricitätsmengen hindurch.

Die Elektricitätsmenge welche sich an einer gegebenen Stelle, nach einer gegebenen Richtung bewegt, wird aber der galvanische Strom für jene Stelle und jene Richtung genannt. Unter Annahme dieser Benennung dürfen wir daher aus dem

Vorstehenden schliefsen, dafs die von der Zeit unabhängige Bewegung der Elektricität in einem Körper, sich aus einer unendlichen Anzahl von sekundären Strömen zusammensetzt, deren Richtung und Spannungen constant sind.

Die Richtung dieser Strömung wird bestimmt, indem man die Function u, welche den Bedingungen (6.) — (9.) genügt, einer constanten Gröfse gleich voraussetzt und ein System von Linien bestimmt, welches rechtwinklich ist zu dem System von Oberflächen, das sich aus dieser Gleichung (u = Const) ergiebt, indem man darin die genannte Constante continuirlich variiren lässt.

Die Stromspannung*) wird bestimmt durch die Gleichung:

$$\frac{dv}{dt} = k \cdot \frac{du}{dN} d\omega$$

in welcher dN ein Element der Normale auf die isoelektrische Fläche und $d\omega$ ein Element dieser Fläche bedeutet.

Die orthogonalen Trajectorien eines Systemes von isoelektrischen Flächen, bilden zwei Systeme von Oberflächen, welche auf die isoelektrischen senkrecht sind und ausserdem noch die Eigenschaft haben, dafs die Flächen des einen Systemes senkrecht zu denen des andern sind.

Den folgenden Beweis dieses Satzes hat Herr Chasle in seiner Abhandlung über die Anziehung einer ellipsoïdischen Schicht**) gegeben.

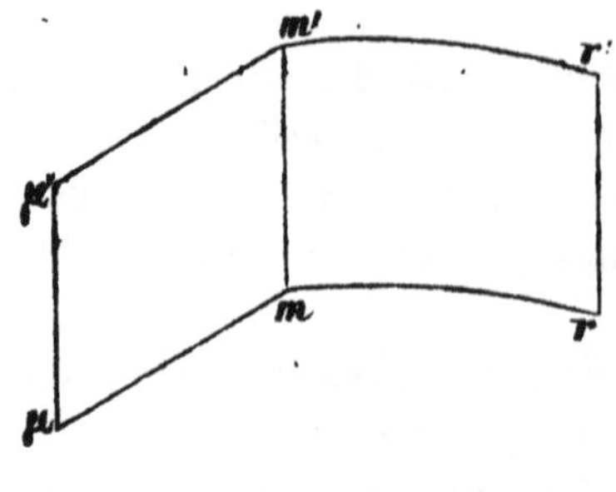

Wir nennen A, A', A'' u. s. w. einander unendlich nahe gelegene isoelektrische Flächen. Sei dann: m ein Punkt auf der Oberfläche A und mr, $m\mu$ die durch Punkt m gehenden Krümmungslinien dieser Oberfläche. Bekanntlich schneiden diese ein-

*) Das von Ohm sogenannte elektrische Gefälle. R.

**) Journ. de l'école polytechnique. Cah. 25.

ander rechtwinklich. Sei nun mm' das durch m gehende Element einer orthogonalen Trajectorie des Systemes der isoelektrischen Flächen und man stelle sich ausserdem die übrigen orthogonalen Trajectorien desselben Systemes vor, welches durch alle Punkte der Krümmungslinie mr hindurchgeht. Sie bilden eine Oberfläche welche alle Flächen A, A', A'', ... unter rechten Winkeln schneidet. Da nun aber jede Krümmungslinie mr eine solche Fläche liefert, so erhalten wir ein zweites System von Flächen, die wir B, B', B'' u. s. w. nennen, und welche alle Flächen des ersten Systemes rechtwinklich schneiden.

Durch Ausführung derselben Construction an der Krümmungslinie $m\mu$ und an allen ihr ähnlichen, welche die mit mr bezeichnete Krümmungslinie rechtwinklich durchschneiden, erhält man ein drittes System von Oberflächen, die wir C, C', C'' u. s. w. nennen, und von denen eine jede zu allen Flächen A, A', A'' u. s. w. senkrecht ist.

Um zu beweisen dafs eine jede Fläche B auch eine jede der Flächen C rechtwinklich durchschneidet, nehme man die Punkte μ und r auf den durch m hindurchgehenden Krümmungslinien des Systemes A, dem m unendlich nahe an, und ziehe durch μ und durch r die rechtwinklichen Trajectorien zu A. Seien μ' und r' die Punkte, in denen diese Trajectorien die dem A unendlich nahe gelegene Fläche A' durchschneiden. Die Linien $m'\mu'$, $m'r'$ werden dann Tangenten an die Durchschnitte der Fläche A' mit den Flächen B und C. Eine Ebene durch diese zwei Linien wird auf mm' senkrecht sein, weil dieselben in A' liegen.

Die Linien $\mu\mu'$, rr' durchschneiden (genugsam verlängert die Verlängerung von) mm' und bilden mit ihr zwei sich rechtwinklich schneidende Ebenen, weil sie senkrecht auf A sind und durch die Punkte μ und r hindurchgehen, welche zu den Krümmungslinien dieser Fläche gehören, und ihrem Durchschnittspunkte m unendlich nahe liegen. Die Linien $m'\mu'$ und $m'r'$ bilden also einen rechten Winkel.

Die Fläche B geht durch $m'r'$ hindurch und steht ausserdem senkrecht auf A'. Es folgt daraus, dafs $m'\mu'$, welche in A' liegt und auf $m'r'$ senkrecht ist, auch auf B senkrecht steht. Aus den entsprechenden Ursachen ist auch $m'r'$ senkrecht auf C und es folgt somit auch, dafs die Flächen B und C, welche sich in mm' schneiden, in den Punkten m und m' auf einander senkrecht stehen.

Aus denselben Ursachen ist auch eine Fläche B', die durch μ ebenso hindurchgelegt wird, wie B durch m, senkrecht zu C in den Punkten μ und μ', und eine Fläche C' die durch r ebenso gelegt wird wie C durch m, ist senkrecht auf B, in den Punkten r und r'.

Wenn die Flächen A, A', B, B', C, C' auf die angegebene Weise construirt werden, so erfüllen sie also die Bedingung dafs die Flächen A', B, C sich rechtwinklich durchschneiden, sowohl in m' als in den diesem Punkte unendlich nahe gelegenen Punkten, denn A' und B durchschneiden sich rechtwinklich in r', A' und C in μ', B und C in m.

In Folge des zuerst von Dupin erwiesenen Satzes: schneiden sich aber 3 Flächen nach ihren, durch einen ihnen gemeinsamen Punkt hindurchgehenden, Krümmungslinien, wenn dieselben einander in dem genannten gemeinsamen Punkte, rechtwinklich durchschneiden und ausserdem noch in dreien Punkten ihrer Durchschnitte zu je zweien, welche jenem gemeinsamen Punkte unendlich nahe liegen. Die Linien $m'\ \mu'$, $m'\ r'$ sind demnach die zu m' gehörigen Krümmungslinien der Fläche A'.

Auf dieselbe Weise beweist man dafs die Flächen B und C, die Fläche A'' längs der Krümmungslinien $m''\ \mu''$, $m''\ r''$ schneiden, welche durch m'' hindurchgehen, wenn man mit m'' denjenigen Punkt bezeichnet, in welchem eine zu dem Flächensystem A, A', A'' ... orthogonale Curve durch m, die Fläche A'' durchschneidet. Diese Curve ist aber der gemeinsame Durchschnitt der Fläche B und C, und diese Flächen sind demnach in jedem Punkte ihres gemeinsamen Durchschnittes, orthogonal.

Man gelangt daher endlich zu dem Schlusse, dafs die

drei Flächensysteme $A\ A'\ A'' \ldots B\ B'\ B'' \ldots C, C', C'' \ldots$ wechselseitig orthogonale sind.

Dieser Satz ist sehr wichtig, weil er die Theorie der orthogonalen Oberflächen, welche durch die vortrefflichen Arbeiten von Lamé begründet und durch die von Bertrand, Bonnet u. A. weiter entwickelt worden ist, zur Ableitung der isoelektrischen Flächen aus der Richtung der galvanischen Ströme geschickt macht.

Als erste Anwendung der allgemeinen Theorie wollen wir die, der Zeit nach unveränderliche, Bewegung der Elektricität in prismatischen oder cylindrischen Körpern betrachten, deren Querschnitt so klein ist, dafs man die elektrische Spannung in jedem seiner Punkte gleich annehmen kann.

In diesem Falle wird die elektrische Spannung, wenn die Prismenaxe als x-Axe betrachtet wird, nur von x abhängen und wenn ausserdem auch noch k constant ist, so wird die obige Gleichung (6.) zu:

$$(1.)\quad \frac{d^2u}{dx^2} = 0$$

für alle Punkte eines homogenen Theiles des betrachteten Körpers. Da die Bewegung der Elektricität parallel mit der Axe erfolgt, so wird der obigen Gleichung (7.) von selbst genügt.

Die obige Gleichung (8.) giebt, da:

$$\alpha = 0, \quad \beta = \tfrac{1}{2}\pi, \quad \gamma = \tfrac{1}{2}\pi$$
$$\alpha' = \pi, \quad \beta' = \tfrac{1}{2}\pi, \quad \gamma' = \tfrac{1}{2}\pi$$

sind:

$$k\frac{du}{dx} = k'\left(\frac{du'}{dx'}\right)$$

oder, wenn ω den Inhalt des Prismendurchschnitts bedeutet:

$$(2.) \quad k\omega\cdot\left(\frac{du}{dx}\right) = k'\omega\cdot\left(\frac{du'}{dx'}\right)$$

für alle Punkte der Berührungsflächen zweier verschiedenartigen Theile.

Es beziehen sich hier:

$$\frac{du}{dx}$$

auf den ersten,

$$\frac{du'}{dx'}$$

auf den zweiten der einander berührenden Theile. Wenn die Kette aus mehr als einem Paare von heterogenen Körpern besteht, so erhält man an Gleichungen von der Form (2.), eine weniger als Berührungsstellen vorhanden sind.

Es bleibt endlich noch die obige Gleichung (9.), nach welcher fur jeden Berührungspunkt der heterogenen Körpertheile stattfindet:

$$(3.) \quad u' - u = C,$$

wo C einen constanten Spannungsunterschied zwischen den berührenden Theilen bedeutet.

Man sieht leicht, dafs die eben genannten Gleichungen auch dann noch gültig bleiben, wenn die Axe des Prisma nicht grade ist, insofern dieselbe nur, so wie bisher, als Abscissenaxe betrachtet wird.

In der That wird durch die Gleichung (1.) nur ausgedrückt, dafs jede auf die Länge des Prisma senkrechte Schicht von der Dicke dx, von der ihr vorhergehenden ähnlichen Schicht ebenso viel Elektricität empfängt, als sie der auf sie folgenden abgiebt. — Die Gleichung (2.) besagt, dafs in einen Körpertheil nur so viel Elektricität übergeht, als aus dem ihn berührenden ausfliefst, und die Gleichung (3.) drückt endlich die Beständigkeit des elektrischen Spannungsunterschiedes an den Berührungspunkten der heterogenen Theile der Kette aus.

In Beziehung auf die Gleichung (2.) kann man noch bemerken, dafs der Querschnitt der heterogenen prismatischen

Theile welche die Kette bilden, sich ändern kann, insofern nur die elektrische Spannung in jedem Querschnitte dieselbe bleibt. —

Bei Verschiedenheit der genannten Querschnitte entsteht nämlich die Gleichung:

$$(4.) \qquad k\omega \cdot \left(\frac{du}{dx}\right) = k'\omega' \cdot \left(\frac{du'}{dx'}\right)$$

wenn ω den Querschnitt des einen und ω' den Querschnitt des anderen der beiden einander berührenden Körpertheile bedeuten.

Die Bedingung dafs die elektrische Spannung in jedem Querschnitt constant sei, wird immer erfüllt sein, wenn beide Körper gute Leiter sind, wenn ihre Querschnitte klein sind gegen ihre Länge oder wenn der schlechter leitende Körper z. B. ein flüssiger, einen kleineren Querschnitt hat als ein ihn berührender guter Leiter. In diesem letzteren Falle wird die Bewegung der Elektricität durch das schlechte Leitungsvermögen des einen Körpers so sehr verlangsamt, dafs die Spannung in jedem Querschnitt des guten Leiters gleich werden kann. —

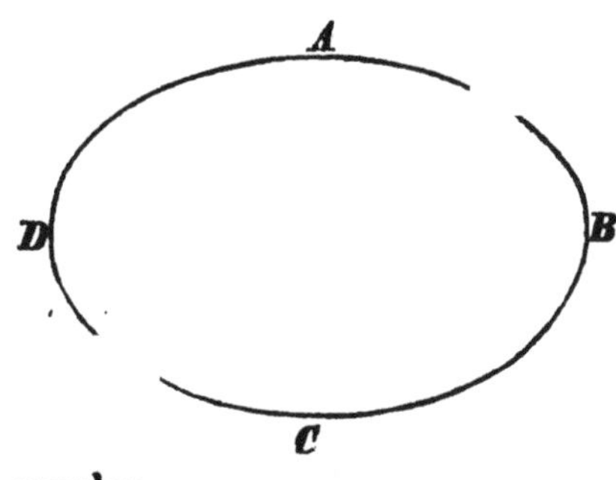

Wir stellen uns jetzt eine prismatische Kette vor, welche aus zwei Theilen ABC und ADC bestehe und die Berührungsstellen A und C enthalte. Der Anfang der Abscissen sei in A und es mögen dieselben in der Richtung $ABCD$ positiv gezählt werden.

Wir bezeichnen ferner mit

l die Länge des Theiles ABC, mit

l' die Länge CDA, mit

a den elektrischen Unterschied in A, und mit

a' den elektrischen Unterschied in C.

5*

Wir zählen diese beiden Unterschiede positiv, wenn die elektrische Spannung in denjenigen Körpern gröfser ist, zu denen die kleineren Abscissen gehören.

Das allgemeine Integral der Gleichung (1.) ist:

$$u = Ax + B$$

Für den Theil *ABC* wird man folglich setzen können:

$$u = \alpha x + \beta \qquad (\alpha)$$

und für den Theil *CDA*:

$$u' = \alpha' x + \beta' \qquad (\beta).$$

Bezeichnet man daher mit

u_1 die Spannung des Theiles *ABC* im Punkt *A*, mit
u_2 die Spannung desselben Theiles im Punkt *C*, mit
u_1 die Spannung des Theiles *CDA* im Punkt *C*, und mit
u'_2 die Spannung desselben Theiles im Punkt *A*

so wird sein:

$$u_1 = \beta \qquad u'_1 = \alpha' l + \beta'$$
$$u_2 = \alpha l + \beta \qquad u'_2 = \alpha'(l + l') + \beta'.$$

Es folgt daraus:

$$a = \alpha'(l + l') + \beta' - \beta \qquad (a)$$
$$a' = \alpha l - \alpha' l + \beta - \beta' \qquad (a')$$

Mithin durch Addition:

$$a + a' = \alpha' l' + \alpha l \qquad (b)$$

Die Gleichung (4.) giebt:

$$k \cdot \omega \cdot \alpha = k' \cdot \omega' \cdot \alpha' \qquad (c)$$

und aus den Gleichungen (*b*) und (*c*) folgen dann:

$$\alpha = k' \omega' \cdot \frac{(a + a')}{k \omega l' + k' \omega' \cdot l}$$

$$\alpha' = k \omega \cdot \frac{(a + a')}{k \omega l' + k' \omega' \cdot l}.$$

Die Gleichung (α') giebt:

$$\beta' = \beta - a' + al - a'l$$

oder durch Substitution der Werthe von a und a':

$$\beta' = \beta - a' + \frac{(a+a')(k'\omega' l' - k\omega l')}{k\omega l' + k'\omega' l};$$

β bleibt also unbestimmt und würde nur dann bekannt sein, wenn die elektrische Spannung in irgend einem Punkt gegeben wäre. Es stimmt dieses vollständig mit dem was oben für den allgemeinen Fall bewiesen wurde.

Durch Substitution der Werthe der Constanten in (α) und (β) erhält man noch für den Theil *ABC*:

$$u = \frac{(a+a')\cdot k'\omega'}{k\omega l' + k'\omega'\cdot l}\cdot x + \beta$$

und für den Theil *CDA*:

$$u' = \frac{(a+a')\cdot k\omega}{k\omega l' + k'\omega' l}\cdot x + \beta - a' + \frac{(a+a')(k'\omega' l - k\omega l)}{k\omega l' + k'\omega'\cdot l}$$

Wenn man die Zähler und die Nenner der Brüche in diesen Ausdrücken mit

$$k\omega l\cdot k'\omega'\cdot l'$$

dividirt, so lassen sie sich auch folgendermaſsen schreiben:

$$u = \frac{a+a'}{\left(\frac{l'}{k'\omega'} + \frac{l}{k\omega}\right)}\cdot\frac{x}{k\omega}\cdot + \beta$$

$$u' = \frac{a+a'}{\left(\frac{l'}{k'\omega'} + \frac{l}{k\omega}\right)}\cdot\left(\frac{x-l}{k'\omega'} + \frac{l}{k\omega}\right) - a' + \beta.$$

Wir wollen jetzt noch die Gleichungen für die elektrische Spannung in einer Kette ableiten, die aus den drei Theilen *ABC*, *CDE*, *EFA* besteht.

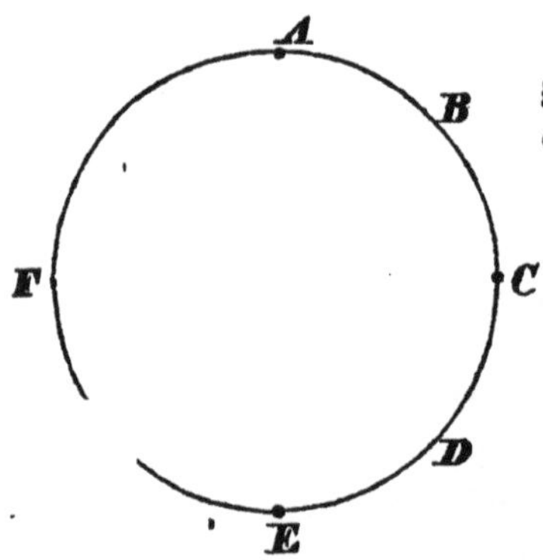

Durch Ausdehnung der eben gebrauchten Bezeichnungen auf diesen Fall ergiebt sich:

für den Theil ABC:

$$u = \alpha x + \beta \qquad (\alpha_1)$$

für den Theil CDE:

$$u' = \alpha' x + \beta' \qquad (\alpha'_1)$$

für den Theil EFA:

$$u'' = \alpha'' x + \beta'' \qquad (\alpha''_1)$$

Zur Bestimmung der Constanten liefert sodann die Constanz der elektrischen Differenzen an den Berührungsstellen:

$$\left.\begin{aligned} a &= \alpha''(l+l'+l'')+\beta''-\beta \\ a' &= \alpha l+\beta-\alpha' l-\beta' \\ a'' &= \alpha'(l+l')+\beta'-\alpha''(l+l')-\beta'' \end{aligned}\right\} \quad (\beta)$$

die Gleichheit der Elektricitätsmenge die an den Berührungsstellen übergeht:

$$k\omega\alpha = k'\omega'\alpha' = k''\omega''\alpha'' \cdots \qquad (\gamma)$$

Durch Addition der drei Gleichungen (β) ergiebt sich:

$$a+a'+a'' = \alpha l+\alpha' l'+\alpha'' l'',$$

und wenn man darin respektive für α' α'', α α'', α α' deren Bedeutungen aus der Gleichung (γ) substituirt und respektive nach α, α' und α'' auflöst:

$$\alpha = \frac{(a+a'+a'')k'\omega'\cdot k''\omega''}{lk'\omega'\cdot k''\omega''+l'k\cdot\omega k''\omega''+l''k\omega\cdot k''\omega'}$$

$$\alpha' = \frac{(a+a'+a'')\cdot k\omega k''\omega''}{lk'\omega' k''\omega''+l'k\omega\cdot k''\omega''+l''k\omega\cdot k'\omega'}$$

$$\alpha'' = \frac{(a+a'+a'')\cdot k\omega\cdot k'\omega'}{lk'\omega'\cdot k''\omega''+l'k\omega\cdot k''\omega''+l''k\omega\cdot k'\omega'}$$

Die erste der Gleichungen (β) giebt:

$$\beta'' = \beta+a-\alpha''(l+l'+l'')$$

oder wenn man $\alpha'' l''$ ersetzt durch:

$$a+a'+a''-al-a'l':$$

$$\beta'' = \beta - a' - a'' - a''(l+l') + al + a'l'$$

und ebenso:

$$\beta' = \beta - a' + al - a'l.$$

In diesen Ausdrücken sind die Zeichen α, α', α'' anstatt ihrer bekannten Werthe gelassen worden.

Substituirt man aber die Werthe von α, α', α'', β', β'', in die Gleichungen (α_1), (α'_1) und (α''_1) so erhält man für den Theil ABC:

$$u = \frac{(a+a'+a')\cdot k''\omega'\cdot k''\omega''}{lk'\omega'k''\omega''+l'\cdot k\omega\cdot k''\omega''+l''k\omega\cdot k'\omega'}\cdot x+\beta$$

für den Theil CDE:

$$u' = \frac{(a+a'+a'')\{xk\omega k''\omega''+lk'\omega'k''\omega''-lk\omega k''\omega''\}}{lk'\omega'\cdot k''\omega''+l'k\omega\cdot k''\omega''+l''k\omega k'\omega'}-a'+\beta$$

und für den Theil EFA:

$$u'' = \frac{(a+a'+a'')\{xk\omega k'\omega'-(l'+l)k\omega\cdot k'\omega'+lk'\omega'k''\omega''+l'k\omega k''\omega''\}}{lk'\omega'k''\omega''+l'k\omega k''\omega''+l''k\omega k'\omega'}$$
$$-a'-a''+\beta$$

Dividirt man die Zähler und Nenner der Brüche in diesen Ausdrücken mit

$$k\omega\cdot k'\omega'\cdot k''\omega''$$

und schreibt zur Abkürzung:

$$\frac{l}{k\omega} = \lambda,$$

$$\frac{l'}{k'\omega'} = \lambda',$$

$$\frac{l''}{k''\omega''} = \lambda'',$$

so nehmen sie folgende Gestalt an:

$$(L)\quad \begin{cases} u = \dfrac{a+a'+a''}{\lambda+\lambda'+\lambda''}\cdot\dfrac{x}{k\omega}+\beta \\[2mm] u' = \dfrac{a+a'+a''}{\lambda+\lambda'+\lambda''}\cdot\left\{\dfrac{x-l}{k'\omega'}+\dfrac{l}{k\omega}\right\}-a'+\beta \\[2mm] u'' = \dfrac{a+a'+a''}{\lambda+\lambda'+\lambda''}\left\{\dfrac{x-(l+l')}{k''\omega''}+\dfrac{l}{k\omega}+\dfrac{l'}{k'\omega'}\right\}-(a'+a'')+\beta \end{cases}$$

Da die erste dieser Gleichungen nur auf den Theil ABC angewendet wird, so ist in ihr immer:

$$0 < x < l$$

in der zweiten ist:

$$l < x < l'+l$$

weil sie sich nur auf den Theil CDE bezieht und in der dritten:

$$l+l' < x < l+l'+l''$$

weil sie nur für Punkte innerhalb des Theiles EFA gilt.

Versteht man unter dem Widerstand irgend eines Theiles der Kette, die Länge desselben dividirt durch das Produkt aus seinem Querschnitt und seiner Leitungsfähigkeit (mithin dasselbe was Ohm die reducirte Länge dieses Theiles genannt hat), so gehen die drei Gleichungen unter (L), in folgende eine über:

$$(5.)\qquad u = \frac{A}{L}y - B + \beta,$$

in welcher

A die Summe aller elektrischen Differenzen in der Kette,
L die Summe aller Widerstände in derselben,
y den Widerstand aller zwischen dem Anfang der Abscissen und dem der betrachteten Punkte gelegenen Theile der Kette,
B die Summe der elektrischen Unterschiede der Berührungsstellen durch welche die Abscisse hindurchreicht und
β eine Constante

bezeichnen.

Die Gleichung (5.) begreift auch die oben für zweitheilige Ketten angeführten Formeln als Specialfälle unter sich und man kann leicht beweisen, dafs sie auch noch für eine Kette aus einer beliebigen Anzahl von Theilen gültig bleibt, wenn dieselben nur eine geschlossene Linie bilden, in der keine Durchschnittspunkte von mehreren Zweigen vorkommen.

Wir nehmen eine Kette von n Theilen an, in welcher ein jeder Theil nur den vorhergehenden und den folgenden berührt und der letzte nur den vorletzten und den ersten.

Die Bedingung (1.) bestimmt die Spannung in beliebigen Punkten der einzelnen Theile.

Sie wird immer ausgedrückt durch eine Gleichung von der Form:

$$(6.) \qquad u^{(p)} = \alpha^{(p)} . x + \beta^{(p)}$$

in der

$$0 \overline{\overline{<}} p < n$$

und die Constanten von Theil zu Theil andere Werthe besitzen.

Zur Bestimmung dieser Constanten ergiebt die Bedingung der Constanz der elektrischen Unterschiede an den Berührungsstellen folgende n Gleichungen:

$$(M) \begin{cases} a^0 = \alpha^{(n-1)} . \sum_0^{n-1} l^{(q)} . + \beta^{(n-1} - \beta^0 \\ a' = \alpha^0 l^0 + \beta^0 - \alpha' . l^0 - \beta' \\ a'' = \alpha' . \sum_0^1 l^{(q)} + \beta' - \alpha'' \sum_0^1 l^{(q)} - \beta'' \\ \cdot \quad \cdot \quad \cdot \quad \cdot \quad \cdot \quad \cdot \quad \cdot \quad \cdot \quad \cdot \quad \cdot \\ \cdot \quad \cdot \quad \cdot \quad \cdot \quad \cdot \quad \cdot \quad \cdot \quad \cdot \quad \cdot \quad \cdot \\ a^{(p)} = \alpha^{(p-1)} . \sum_0^{p-1} l^{(q)} + \beta^{(p-1)} - \alpha^p . \sum_0^{p-1} l^{(q)} - \beta^{(p)} \\ \cdot \quad \cdot \quad \cdot \quad \cdot \quad \cdot \quad \cdot \quad \cdot \quad \cdot \quad \cdot \quad \cdot \\ \cdot \quad \cdot \quad \cdot \quad \cdot \quad \cdot \quad \cdot \quad \cdot \quad \cdot \quad \cdot \quad \cdot \\ a^{(n-1} = a^{(n-2)} . \sum_0^{n-2} l^{(q)} + \beta^{(n-2} - \alpha^{(n-1)} . \sum_0^{n-2} l_{(q)} + \beta^{(n-1)} \end{cases}$$

wo die durch Σ angedeutete Summation an Gliedern mit verschiedenem q und zwischen den für q angegebenen Gränzwerthen auszuführen ist.

Die Gleichung (4.) giebt ferner folgende $(n-1)$ Gleichungen:

$$(N) \quad k^0\omega^0\alpha^0 = k'\omega'\alpha' = k''\omega''\alpha'' \ldots = k^{(p)}.\omega^{(p)}.\alpha^{(p)} \ldots$$
$$= k^{(n-1)}.\omega^{(n-1)}.\alpha^{(n-1)}$$

Durch Addition der Gleichungen (M) erhält man:

$$(O) \qquad \sum_0^{n-1} a^{(p)} = \sum_0^{n-1} \alpha^{(q)}.l^{(q)}$$

wo zu den Gliedern unter Σ in der linken Hälfte verschiedene Werthe von p, in der rechten verschiedene Werthe von q gehören.

Substituirt man hierin für

$$\alpha^0,\ \alpha' \ldots \alpha^{(p-1)},\ \alpha^{(p+1)} \ldots \alpha^{(n-1)}$$

ihre Werthe aus (N), so ergiebt sich:

$$\alpha^{(p)} = \frac{\sum_0^{n-1} \alpha^{(q)}}{\sum_0^{n-1} \lambda^{(q)}} . \frac{1}{k^{(p)}.\omega^{(p)}}$$

wo

$$\lambda^{(q)} = \frac{l^{(q)}}{k^{(q)}.\omega^{(q)}}$$

gesetzt ist.

Aus der Gleichung (O) erhält man:

$$\alpha^{(n-1)}.l^{(n-1)} = -\sum_0^{n-2} \alpha^{(q)}.l^{(q)} + \sum_0^{n-1} a^{(p)}.$$

und diese giebt durch Verbindung mit der ersten Gleichung (M):

$$\beta^{(n-1)} = \sum_0^{n-2} \alpha^{(q)}.l^q - \alpha^{(n-1)}.\sum_0^{n-2} l^q - \sum_1^{n-1} a^{(q)} + \beta^0$$

Die zweite Gleichung (M) giebt:

$$\beta' = \alpha^0 l^0 - \alpha' l' - a' + \beta^0$$

aus der zweiten und dritten zusammen folgt:

$$\beta'' = \sum_0^1 \alpha^{(q)}.l^{(q)} - \alpha'' \sum_0^1 l^{(q)} - \sum_1^2 a^{(q)} + \beta^0$$

ebenso aus der zweiten, dritten und vierten der Gleichungen (M):

$$\beta''' = \sum_0^2 a^{q}.l^{(q)} - \alpha''' \sum_0^2 l^{(q)} - \sum_1^3 a^{(q)} + \beta^0$$

und durch Fortsetzung desselben Verfahrens ergiebt sich endlich:

$$(P) \qquad \beta^{(p)} = \sum_0^{p-1} a^{(q)}.l^{(q)} - \alpha^{(p)}.\sum_0^{p-1} l^{(q)} - \sum_1^{p} a^{(q)} + \beta^0$$

wenn p eine ganze Zahl und

$$0 \gtreqless p < n$$

ist. —

Setzt man zur Abkürzung:

$$A = \sum_0^{n-1} a^{(q)}$$

$$L = \sum_0^{n-1} \lambda^{(q)}$$

so wird:

$$\alpha^{(p)} = \frac{A}{L}.\frac{1}{k^{(p)}.\omega^{(p)}},$$

und durch Substitution dieses Werthes in die Gleichung (P):

$$\beta^{(p)} = \frac{A}{L}.\sum_0^{p-1} \lambda^{(q)} - \frac{A}{L}.\frac{1}{k^{(p)}.\omega^{(p)}}.\sum_0^{p-1} l^{(q)} - \sum a^{(q)} + \beta^0.$$

Mit Hülfe dieser Werthe nimmt aber die Gleichung (6.) folgende Gestalt an:

$$(7.) \qquad u^{(p)} = \frac{A}{L}\left\{\frac{x - \sum_0^{p-1} l^{(q)}}{k^{(p)}.\omega^{(p)}} + \sum_0^{p-1} \lambda^{(q)}\right\} - \sum_1^{p} a^{(q)} + \beta^0$$

für jedes Ganze p von

$$p = 0$$

(in welchem Falle $\sum_0^{p-1} l^{(q)}$, $\sum_0^{p-1} \lambda^{(q)}$, $\sum_0^{p} a^{(q)}$ sämmtlich durch Null zu ersetzen sind) bis zu $p = n - 1$.

Nach den in der Gleichung (5.) gebrauchten Bezeichnungen ist aber:

$$y = \frac{x - \sum\limits_0^{p-1} l^{(q)}}{k^{(p)} \cdot \omega^{(p)}} + \sum\limits_0^{p-1} \lambda^{(q)}$$

$$B = \sum\limits_1^{p} a^{(q)}$$

Die Gleichung (7.) ist daher identisch mit (5.) S. 72, und da die Gleichung (7.) für jeden ganzen Werth von p, zwischen

$$p = 0$$

und

$$p = n - 1$$

gültig ist, d. h. innerhalb der ganzen Kette, so ist auch bewiesen, dafs durch die Gleichung (5.) die elektrische Spannung an jedem Punkte einer Kette, aus wie viel Theilen dieselbe auch bestehen möge, ausgedrückt wird, insofern nur an keinem Punkte eine Berührung von mehr als zwei heterogenen Theilen vorkommt.

Durch die Gleichung (5.) kann man leicht die Stromstärke in einem beliebigen Theile der Kette ausdrücken. Es ist oben bewiesen worden, dafs innerhalb eines prismatischen Leiters, in dessen Querschnitten keine Spannungs-Unterschiede vorkommen, und von welchem ein Querschnitt durch $\omega^{(p)}$ und die Leitungsfähigkeit durch $k^{(p)}$ bezeichnet ist, stattfindet:

$$S = k^{(p)} \cdot \omega^{(p)} \cdot \frac{du}{dx}$$

wenn S die Stärke des Stromes bezeichnet, dessen Richtung mit der Richtung der Bewegung der positiven Elektricität übereinstimmend genommen, der Richtung der positiven Abscissen entgegengesetzt sein wird, wenn

$$\frac{du}{dx}$$

positiv ist, und mit der Richtung der positiven Abscissen übereinstimmend, wenn

$$\frac{du}{dx}$$

negativ ist. Da aber y eine Function von x ist, so hat man auch:

$$\frac{du}{dx} = \frac{du}{dy} \cdot \frac{dy}{dx} = \frac{1}{k^{(p)} \cdot \omega^{(p)}} \cdot \frac{A}{L}$$

Folglich:

$$(8.) \qquad S = \frac{A}{L}$$

Es ergiebt sich hieraus dafs die Stromstärke überall in der Kette einerlei Werth hat, und namentlich denselben, wie der Quotient der Summe der elektrischen Unterschiede an allen Erregungsstellen, durch die Summe aller Widerstände.

Die Gleichungen (5.) und (8.) enthalten das Ohmsche Gesetz. Die in der Gleichung (5.) zurückgebliebene Constante β kann auf verschiedene Weisen bestimmt werden. — Wird einem bestimmten Punkte zu dem ein Widerstand y' gehört und bis zu welchem die vom Anfangspunkte angerechnete Summe der elektrischen Unterschiede an Erregungsstellen gleich B' ist, durch Verbindung mit einer constanten Electricitätsquelle eine Spannung u' ertheilt, so ist:

$$u' = \frac{A}{L} y' - B' + \beta;$$

zieht man diese Gleichung von (5.) ab, so ergiebt sich:

$$(9.) \qquad u - u' = \frac{A}{L}(y - y') - (B - B')$$

in der nichts mehr unbestimmt ist.

Ist die Kette seit dem Eintritt der in ihr vorhandenen Berührungen vollständig isolirt, so bestimmt sich die Constante β dadurch, dafs die gesammte Elektricität welche sich in der Kette bewegt, durch Berührung erzeugt wird. Die Berührung erzeugt aber immer ebenso viel positive wie negative Elektricität. Die Summe der sich in der Kette bewegenden Elektricität muss daher gleich Null sein.

Diese Bedingung giebt eine Gleichung zur Bestimmung von β.

Als Beispiel solcher Bestimmungen betrachten wir eine Kette aus zweien heterogenen Theilen.

In dem ersten Theile ist, wie wir oben gesehen haben:

$$u = \frac{A}{L}y + \beta \qquad \text{wo } y = \frac{x}{k\omega}$$

In dem zweiten Theile:

$$u' = \frac{A}{L}y - a' + \beta \qquad \text{wo } y = \frac{x-l}{k'\omega'} + \lambda$$

In dem ersten Theile beträgt die Gröfse eines Elementes

$$\omega dx$$

oder

$$k\omega^2 \cdot dy$$

in dem zweiten Theile

$$\omega' \cdot dx$$

oder

$$k'\omega'^2 \cdot dy.$$

Die Elektricitätsmenge in einem Elemente des ersten Theiles beträgt:

$$(P.) \qquad k\omega^2 \cdot dy \left\{\frac{A}{L}y + \beta\right\}$$

und in einem Elemente des zweiten Theiles:

$$(Q.) \qquad k'\omega'^2 \cdot dy \left\{\frac{A}{L}y - a' + \beta\right\}$$

Um die ganze Elektricitätsmenge in der Kette zu erhalten muss man den Ausdruck (P.) von

$$y = 0$$

bis

$$y = \lambda$$

integriren, den Ausdruck (Q.) aber von

$$y = \lambda$$

bis

$$y = \lambda + \lambda'$$

und sie dann addiren. Setzt man die so entstehende Summe gleich Null, so folgt:

$$0 = k\omega^2 \left\{\frac{A}{2L} \cdot \lambda^2 + \beta\lambda\right\} + k'\omega'^2 \frac{A}{2L}(\lambda'^2 + 2\lambda\lambda') - a'\lambda' + \beta\lambda\Big\}$$

eine Gleichung aus der sich β ergiebt und in welcher, übereinstimmend mit den bisherigen Zeichenerklärungen, λ den Widerstand des ersten Theiles der Kette und λ' den des zweiten Theiles bedeuten.

Schreibt man in die Gleichung (5.) $L-y$ an die Stelle von y, d. h. bestimmt die elektrische Spannung des Punktes, für welchen der von dem Anfangspunkt der Abscissen gerechnete Widerstand, in der Richtung des positiven Zuwachses derselben

$$L-y$$

beträgt, so ergiebt sich:

$$(10.)\qquad u=-\frac{A}{L}y-(B-L)+\beta$$

Ist aber B die Summe der constanten elektrischen Differenzen an den in ABG gelegenen Beruhrungsstellen, so drückt $B-L$ offenbar die Summe der elektrischen Unterschiede an den in ABG befindlichen Berührungsstellen aus, insofern nur die Vorzeichen dieser Unterschiede in der oben angedeuteten Weise bestimmt werden.

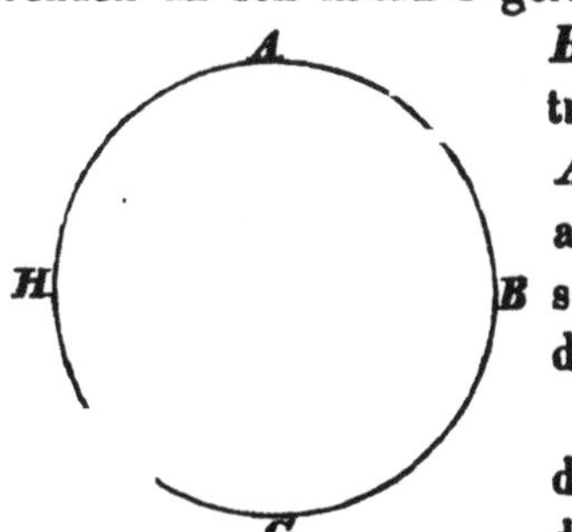

Die Gleichung (10.) unterscheidet sich daher von (5.) nur durch das Vorzeichen von y. Dieser Veränderung entspricht aber auch eine Veränderung der Vorzeichen der Abscisse und aller Buchstaben welche Linien ausdrücken. Von diesen Linien hat sich daher die Richtung geändert und man sieht daraus dafs die Gleichung (5.) auch für entgegengesetzte Zählung der Abscissen gültig bleibt, insofern man nur zugleich mit derselben auch die Vorzeichen aller linearen Gröfsen umkehrt.

Wird ein Nichtleiter in die Kette eingefügt, so ist sein Widerstand unendlich grofs, weil seine Leitung der Null gleich ist. Es wird somit auch der mit L bezeichnete Widerstand der ganzen Kette unendlich grofs und in Folge davon:

$$(11.)\qquad u=-B+\beta \quad \text{und} \quad S=0$$

für jedes endliche y. In jedem Leiter ist aber y endlich und auf einen Nichtleiter darf man die Gleichung (5.) nicht anwenden.

Es heisst dieses, daſs jede Kette die einen Nichtleiter enthält oder welche, was dasselbe sagt, nicht geschlossen ist, in jedem ihrer leitenden Theile eine überall gleiche elektrische Spannung besitzt, deren Werth jedoch von einem dieser Theile zum nächstgelegenen um den an der Berührungsstelle vorkommenden Elektricitätsunterschied wächst. Die Gleichung (11.) zeigt auch, daſs der Strom in einer ungeschlossenen Kette gleich Null ist.

Besitzt ein Theil der Kette ein sehr schlechtes Leitungsvermögen, so wird der Widerstand der gesammten Kette sehr groſs, ohne doch unendlich zu sein, und in Folge davon der Strom ein so schwacher, daſs nur besonders empfindliche Instrumente seine Anwesenheit verrathen.

Wenn die Leitung k eine veränderliche, aber nur von x abhängige Gröſse ist, so erhält man zur Bestimmung der Elektricität in einem prismatischen Leiter der dünn genug ist, um die Spannung innerhalb jedes Querschnittes für constant halten zu können — nach der mit (6.) bezeichneten Gleichung auf S. 56:

$$(12.)\qquad \frac{d\left(k\cdot\frac{du}{dx}\right)}{dx}=0$$

Von den daselbst folgenden Gleichungen wird der (7.) von selbst genügt, weil u von y und z unabhängig vorausgesetzt wird, und (8.) giebt ebenso wie für ein constantes k:

$$(13.)\qquad k\omega\cdot\left(\frac{du}{dx}\right)=k'\omega'\cdot\left(\frac{du'}{dx'}\right)$$

für jede Berührungsstelle zweier heterogenen Theile, wo wiederum u der Oberfläche des einen dieser Theile zugehört und u' der des anderen. Nach (9.) erhält man:

$$(14.)\qquad u'-u=C.$$

Nach (12.) das Integral:

$$u = A\int_0^x \frac{dx}{k} + B$$

wo die Constanten nach den Gleichungen (13.) und (14.) bestimmt werden.

Diese Bestimmung geschieht ebenso und führt zu ähnlichen Resultaten wie für ein constantes k.

Wir wollen noch die der Zeit nach veränderliche Bewegung der Elektricität in einer prismatischen Kette betrachten, in der k constant und die Querschnitte so klein sind, daſs man die elektrische Spannung innerhalb eines jeden derselben während eines jeden Zeittheilchens für constant halten darf.

Unter dieser Voraussetzung ist u von y und z unabhängig und die auf S. 50 und den nächst folgenden aufgeführten Gleichungen (I.) bis V. geben folgende Ausdrücke:

$$\text{(15.)} \quad \frac{du}{dt} = k\cdot\frac{d^2u}{dx^2}$$

$$\text{(16.)} \quad k'\cdot\left(\frac{du'}{dx}\right) = k\cdot\left(\frac{du}{dx}\right)$$

$$\text{(17.)} \quad u' - u = c$$

$$\text{(18.)} \quad u = \varphi(x) \text{ für } t =$$

Diese Gleichungen bleiben offenbar auch dann gültig, wenn sowohl die Axe des prismatischen Körpers, als die auch dann noch längs derselben gezählten Abscissen, gekrümmt sind. —

Die Gleichung (15.) gilt für alle Punkte innerhalb der Kette, die (16.) und (17.) für die Berührungsstellen von je zweien ihrer heterogenen Theile.

Der einfachste Fall tritt ein, wenn die Kette aus einem Körper besteht, innerhalb welchem, in einem bestimmten Querschnitt, eine constante elektr. Differenz, die wir mit a bezeichnen wollen, stattfindet. Wenn diese Kette seit dem Anfang der Zeitzählung völlig isolirt und sich selbst überlassen geblieben ist, so würde ihr von der Zeit unabhängiger Zustand bestimmt werden durch den Ausdruck:

$$(19.) \qquad w = \frac{a}{2l} \cdot x$$

wenn man der Symmetrie halber die Abscissen von demjenigen Punkte an zählt, der in Verbindung mit dem anderen, bei welchem die constante Spannungsdifferenz vorkommt, die Kette in zwei gleiche Theile theilt, und wenn die ganze Länge der Kette mit $2l$ bezeichnet wird.

Der Ausdruck (19.) ergiebt sich dadurch dafs im betrachteten Falle überall in der Kette:

$$w = \alpha x + \beta \quad \text{wo } \beta = 0,$$

weil die Menge freier Elektricität in der Kette:

$$= \omega \int_{-l}^{+l} w \cdot dx = 2\beta l \omega$$

der Null gleich sein muss, und

$$\alpha = \frac{a}{2l}$$

weil für den Querschnitt in dem die constante elektrische Differenz stattfindet, sein muss:

$$w' - w = a.$$

Um den elektrischen Zustand dieser Kette zu bestimmen welcher von der Zeit abhängt, bemerken wir dafs für ihr blofs die Gleichungen (15.), (17.) und (18.) vorhanden sind, weil die ganze Kette aus nur einem Körper besteht. — Zählt man die Zeit von dem Augenblick der Schliefsung der Kette an, und setzt man voraus, dafs die elektrische Differenz an den in Berührung gebrachten Enden liegt, so erhält man:

$u = w$ für $x = \pm l$ und $t = 0$;
und $u = 0$ für alle anderen Bedeutungen von x, und $t = 0$

Sei nun

$$(20.) \qquad u = w + v$$

wo w durch die Gleichung (19.) bestimmt ist.

Offenbar erhält man dann v aus derselben Gleichung (15.)

und in Folge von (20.) und den Bedingungen, durch welche u bestimmt wird und zwar namentlich

$$v = 0 \text{ für } t = 0 \text{ bei } x = \pm l$$

$$v = -w \text{ für } t = 0 \text{ bei allen übrigen Bedeutungen von } x.$$

Aus der Gleichung (17.) in der

$$c = a$$

zu setzen ist, folgt, wenn man sie mit (20.) verbindet: dafs für

$$x = \pm l$$

$$v = 0$$

ist, nicht blofs bei

$$t = 0$$

sondern auch bei einem beliebigen t.

Wir haben daher zur Bestimmung von v die folgenden Bedingungen:

$$(A.) \qquad \frac{dv}{dt} = k \cdot \frac{d^2 v}{dx^2}$$

$$(B.) \qquad v = 0 \text{ für } x = \pm l \text{ und } t \text{ beliebig}$$

$$(C.) \qquad v = -w \text{ für } t = 0 \text{ und für jedes}$$

x mit Ausnahme von

$$x = \pm l.$$

Die Bedingungen ($A.$) und ($B.$) werden erfüllt, wenn man nimmt:

$$v = \sum_1^\infty \left\{ e^{-\frac{ki^2.\pi^2 t}{l^2}} \cdot A_i \sin \frac{i\pi}{l} x + e^{-\frac{k(2i-1)^2 \pi^2 . t}{(2l)^2}} \cdot B_i \cos \frac{(2i-1)\pi x}{2l} \right\}$$

wo die durch Σ angedeutete Summation sich auf Glieder von verschiedenem i bezieht und A_i, B_i von x und t unabhängige willkührliche Gröfsen bezeichnen, die nach der Bedingung (C) zu bestimmen sind. Diese Bedingung giebt nach der bekannten Darstellung willkührlicher Functionen durch trigonometrische Reihen:

$$A_i = -\frac{1}{l}\int_{-l}^{+l} \sin\frac{i\pi}{l}x\cdot w dx$$

$$B = -\frac{1}{l}\int_{-l}^{+l} \cos\frac{(2i-1)\pi}{l}x\cdot w dx$$

Setzt man an die Stelle von w seinen Werth aus (19.), so ergiebt die partielle Integration:

$$A_i = \frac{a}{i\pi}\cdot\cos i\pi$$

$$B_i = 0.$$

In Folge davon wird:

$$v = a\sum_1^\infty \frac{1}{i\pi}\cdot e^{-\frac{ki^2.\pi^2t}{l^2}}\cdot\cos i\pi\cdot\sin\frac{i\pi x}{l}$$

$$= a\sum_1^\infty \frac{1}{i\pi}\cdot e^{-\frac{ki^2.\pi^2t}{l^2}}\cdot\sin\left(\frac{i\pi(l+x)}{l}\right)$$

Substituirt man diesen Werth von v in die Gleichung (20.), so erhält man endlich:

$$(21.)\quad u = \frac{a}{2l}x\cdot + a\sum_1^\infty \frac{1}{i\pi}e^{-\frac{ki^2.\pi^2t}{l^2}}\cdot\sin\left(\frac{i\pi(l+x)}{l}\right)$$

Diese Gleichung lehrt, daſs sich u, allgemein zu reden, äuſserst schnell dem Werthe nähert, der einem von der Zeit unabhängigen Zustande der Kette entspricht. Zugleich sieht man aber auch, daſs der Einfluſs der Zeit um so fühlbarer sein wird als k, d. h. die Leitungsfähigkeit kleiner, und l, d. h. die halbe Länge der Kette gröſser sind.

Differenzirt man die Gleichung (21.) nach x und setzt das resultirende

$$\frac{du}{dx}$$

in die Gleichung

$$S = k\cdot\omega\cdot\frac{du}{dx}$$

welches die Stromstärke bestimmt, so erhält man für diese:

$$S = \frac{a}{\lambda} + \frac{a}{\lambda} \sum_{1}^{\infty} e^{-\frac{k i^2 \pi^2 . t}{l^2}} \cdot \cos\left(\frac{i\pi(l+x)}{l}\right)$$

Auf gleiche Weise kann man die elektrische Spannung und die Stromstärke in einer völlig isolirten Kette bestimmen, die aus mehreren verschiedenartigen Theilen besteht und deren Beschaffenheit sich mit der Zeit ändert.

In diesem Falle wird aber β in dem Werthe von w nicht immer gleich Null sein. — Ist die Kette nicht isolirt oder hat irgend ein Punkt derselben eine gegebene und beständige Spannung, so muss man denjenigen Werth von w annehmen, welcher diesem Falle entspricht in welchem dann ebenfalls nicht

$$\beta = 0$$

eintreten wird.

Man kann auch voraussetzen, dafs für

$$t = 0$$

die Werthe von u längs der ganzen Kette in irgend einer Weise gegeben seien und man erhielte dann sogar (so lange die Function von x welcher u, für

$$t = 0$$

gleich ist, beliebig bleibt), weit einfachere Ausdrücke als diejenigen, welche sich in den beiden vorhergehenden Fällen ergeben würden. — Wenn die Resultate der Rechnung den Beobachtungen vollständig entsprechen sollen, mufs übrigens bei der ersteren auch die Induction berücksichtigt werden, welche die Stromtheile auf einander ausüben, wenn die Stärke des Stromes der Zeit nach veränderlich ist.

Nach dieser allgemeinen Darstellung derjenigen einfachsten Aufgaben über die Elektricitätsverbreitung, welche schon von Ohm in seiner „mathematischen Bearbeitung der galvanischen Kette" gelöst, und in dem nach ihm benannten Gesetze zusammengefasst wurden, geht der Verfasser zu der später bewiesenen Anwendbarkeit dieses sogenannten Ohmschen Gesetzes unter etwas allgemeineren Bedingungen über.

Die Gültigkeit desselben, welche nach dem Vorhergehenden auf Ketten aus prismatischen Körpern von hinlänglich kleinem Querschnitt, d. h. auf diejenigen beschränkt ist, in welchen die blofs lineare Fortpflanzung der Elektricität ohne Weiteres einleuchtet, wurde wesentlich erweitert durch eine Untersuchung von Kirchhof*). Nach dieser gilt das Ohmsche Gesetz auch für jedes System, in welchem zwei Theile A und B von ganz beliebiger Form und Beschaffenheit, durch zwei Dräthe verbunden sind, insofern nur in jedem der Körper, die in A und in B eingehen, die Leitungsfähigkeit blofs Function der Coordinaten x, y und z und ausserdem ein jeder der zu A gehörigen Körper nur mit dem vorhergehenden und mit dem folgenden Körper eben dieses Theiles in Berührung ist. Es folgt hieraus, dafs das erste Stück von A nur einen der Dräthe und das zweite Stück von A, das letzte Stück eben dieses Theiles dagegen nur das vorletzte und den zweiten Drath berühren dürfe. Die Zusammensetzung von B bleibt dagegen willkührlich. Der in dem Russischen Aufsatze enthaltene Beweis dieses Satzes ist von dem, welchen Kirchhof gegeben hat, nicht verschieden.

Herr B. giebt sodann eine Zusammenstellung der Untersuchungen der Stromstärke, in demjenigen Falle, wo die Schliefsung der Kette auf mehr als einem Wege stattfindet, und mithin eine mit geschlossenen Zweigen versehene, geschlossene Linie bildet.

Ohm selbst hatte von den hierhergehörigen Fällen, nur denjenigen betrachtet, in welchem sich der Strom von einem Punkte aus, in mehrere Zweige theilt, welche sich darauf in einem ebenfalls gemeinsamen Punkte wieder vereinigen. — Weber, Lenz und Andere gelangten demnächst zu einigen

---

*) In Poggendorfs Annalen der Physik. Bd. 75.

gelegentlichen Erweiterungen dieses Falles. Die allgemeine Frage nach der Stärke eines beliebig verzweigten Linearstromes wurde aber zuerst von Kirchhof in seiner ersten Abhandlung über die galvanische Kette beantwortet *).

Es wurden zu diesem Ende die folgenden zwei Sätze bewiesen:

1) Wenn allgemein S_i die Stromstärke in dem ersten Schliefsungsdrath bedeutet, und die Stromrichtung positiv gezählt wird, wenn sie nach einem Durchschnittspunkt mehrerer Dräthe hingeht, so ist:

$$S_1 + S_2 + S_3 + \cdots S\mu = 0$$

insofern mit 1, 2, $3 \cdots \mu$ alle diejenigen Dräthe bezeichnet werden, die sich in einerlei Punkt durchschneiden. Dieses folgt ohne weiteres aus dem Umstande, dafs die Stromstärke die Elektricitätsmenge ist, welche in der Zeiteinheit durch einen gegebenen Querschnitt hindurchgeht und dafs der Durchschnittspunkt der Dräthe 1, $2 \cdots \mu$ von gewissen Dräthen so viel Elektricität empfangt wie sie durch alle übrigen abgiebt.

Eine Gleichung dieser Art ist für jeden Durchschnittspunkt mehrerer Dräthe vorhanden.

2) Wenn die Dräthe 1, 2, $3 \cdots \mu$ eine geschlossene, aber nirgends sich selbst durchschneidende, Figur bilden, so wird, wenn man die verschiedenen Ströme alle nach derselben Richtung positiv zählt, die Gröfse:

(18.) $\left\{ S_1 \lambda^{(1)} + S_2 \lambda^{(2)} + S_3 \lambda^{(2)} + \cdots \mu\lambda^{(\mu)} = \right.$ der Summe aller elektrischen Differenzen welche auf dem Wege 1, 2 $3 \cdots \mu$ vorkommen.

Es folgt dieses aus der Gleichung (S. 74):

$$(O) \qquad \sum_0^{n-1} a^{(q)} = \sum_0^{n-1} \alpha^{(q)} . l^{(q)}$$

welche richtig bleibt, weil sie nur darauf beruht, dafs in einem Drathe, dessen Länge $l^{(q)}$ beträgt und an dessen Enden die

---

*) Poggendorf Annalen Bd. 64.

constanten elektrischen Differenzen $a^{(q-1)}$ und $a^{(q)}$ vorkommen, die Spannung ausgedrückt wird durch:

$$(19.)\quad u^{(p)} = \alpha^{(p)}.x + \beta^{(p)}$$

wo $\alpha^{(p)}$ und $\beta^{(p)}$ constante Gröfsen sind, so wie auch auf der Voraussetzung dafs der erste Drath den letzten und den zweiten, der zweite den ersten und den dritten u. s. w. berühren.

Die Gleichung (19.) folgt aber aus der allgemeinen Gleichung (1.) S. 65 für lineare Ströme, und die Dräthe 1, 2, 3 ⋯ μ genügen, weil sie eine geschlossene Figur bilden der zuletzt genannten Bedingung.

Aus der allgemeinen Theorie folgt:

$$S_{(q)} = k^{(q)}.\omega^{(q)}.\alpha\frac{du^{(q)}}{dx} = k^{(q)}.\omega^{(q)}.\alpha^{(q)}$$

$$\lambda^{(q)} = \frac{l^{(q)}}{k^{(q)}\,\omega^{(q)}}$$

und durch Substitution dieser Werthe in die Gleichung (*O*) ergiebt sich die Gleichung (18.).

Diese zwei Sätze liefern ebenso viele Gleichungen als Dräthe vorhanden sind, und mit Hülfe derselben erhält man alle Werthe von s, d. h. die Stromstärke in jedem Drathe.

Es ergeben sich aber namentlich aus dem ersten Satze $(m-1)$ verschiedene Gleichungen, wenn m die Anzahl der Punkte bezeichnet, in denen drei oder mehr Dräthe zusammentreffen — insofern sich nur nicht das ganze System welches die Kette bildet, in einzelne von einander ganz getrennte Systeme zerlegt.

In der That giebt die Anwendung des ersten Satzes auf m Durchschnittspunkte, m Gleichungen, in denen aber ein jedes s zweimal, und zwar einmal mit dem Coëfficienten $+1$ und das andere Mal mit dem Coëfficienten -1 vorkömmt.

Die Summe dieser Gleichungen liefert daher die identische: $0 = 0$ — zum Beweise, dafs eine derselben eine Folge der übrigen $(m-1)$ ist.

Um aber die Verschiedenheit dieser übrigen $(m-1)$ Gleichungen zu beweisen, seien die Vereinigungspunkte mit 1,

$2 \cdots \mu$ bezeichnet, und ein Drath der zwei dieser Punkte, z. B. g_μ und h_ν verbindet mit $l_{h(\nu),\ g(\mu)}$. Seien nun $g_1,\ g_2 \cdots g_{\mu'}$ die einen der m Vereinigungspunkt, und $h_1,\ h_2 \cdots h_\nu$ alle übrigen. Alsdann wird in die Gleichungen, welche sich nach dem ersten Satze beim Durchnehmen der Punkte $g_1,\ g_2 \cdots g_\mu$ ergeben, wenigstens eine der Gröfsen $Sg_\mu,\ h_\nu$ eingehen, wenn man unter diesem letzteren Zeichen die Stromstärke in dem Drath $lg_\mu,\ h_\nu$ versteht; weil irgend einer der Punkte $g_1,\ g_2 \cdots g_\mu$ nicht allein mit einigen der anderen Punkte aus derselben Reihe $g_1 \cdots g_\mu$, sondern auch mit irgend einem Punkte h_ν aus der andern Reihe verbunden sein muss. Wäre dies nicht der Fall, so bildeten die Punkte $g_1 \cdots g_\mu$, gegen die Voraussetzung, ein isolirtes System. Zweimal kann aber diese Unbekannte deswegen nicht eingehen, weil wir die Punkte $h_1 \cdots h_\nu$ nicht durchgenommen haben. Da nun ferner die Bildung einer identischen Gleichung aus irgend einer Anzahl der in Rede stehenden deswegen nicht möglich ist, weil sie zum wenigsten eine Unbekannte nur einmal enthalten, so folgt dafs diese $(m-1)$ Gleichungen unter sich verschieden sind.

Die Ableitung der unter einander verschiedenen Gleichungen aus dem zweiten Satze kann man folgendermafsen erhalten: Man sucht in der von allen Dräthen gebildeten Figur die kleinste Zahl von Dräthen, nach deren Hinwegnahme diese Figur aufhört geschlossen zu sein. Sei ϱ diese Anzahl, so wird nach der Hinwegnahme von $\varrho-1$ Dräthen nur eine geschlossene Figur übrig bleiben.

Nimmt man nun zuerst hinweg die Dräthe:

$$,,\ \ l_2,\ l_3,\ l_4 \cdots l_\varrho$$

setzt dann diese wieder ein und nimmt hinweg:

$$l_1,\ ,,\ \ l_3,\ l_4 \cdots l_\varrho$$

und dann nach einander unter jedesmaliger Einsetzung der zuvor hinweggenommenen:

$$l_1,\ l_2,\ ,,\ \ l_4 \cdots l_\varrho$$
$$l_1,\ l_2,\ l_3,\ ,, \cdots l_\varrho$$
$$\cdot\ \cdot\ \cdot\ \cdot\ \cdot\ \cdot\ \cdot\ \cdot\ \cdot\ \cdot$$
$$l_1,\ l_2,\ l_3,\ l_4 \cdots ,,$$

wo l_1, l_2 ... l_ϱ jene ϱ Dräthe bedeuten, durch deren Hinwegnahme die Geschlossenheit der Figur aufhört, so erhält man ϱ geschlossene Figuren. Durch Anwendung des zweiten Satzes auf diese ergeben sich daher ϱ von einander verschiedene Gleichungen und man kann aus diesen alle übrigen Gleichungen zusammensetzen, welche der zweite Satz zu liefern im Stande ist.

Die Verschiedenheit derselben folgt ohne weiteres daraus, dafs eine jede von ihnen eine in den übrigen nicht vorhandene Unbekannte enthält. So findet sich z. B. nur die unbekannte S_1 in der Gleichung, welches die Anwendung des zweiten Satzes auf die Figur liefert, die nach Hinwegnahme der Dräthe l_2, l_3 ... l_ϱ übrig bleibt, und dagegen nur S_2, wenn die betrachtete Figur durch Hinwegnahme der Dräthe l_1, l_3, l_4 ... l_ϱ entstanden ist u. s. w.

Um zu beweisen dafs alle Gleichungen die man sonst noch durch Anwendung des zweiten Satzes auf die von einer Kette gebildete Figur erhalten könnte, in den eben genannten ϱ Gleichungen bereits enthalten sind, hat man nur zu zeigen, dafs sich aus den genannten ϱ geschlossenen Figuren, alle geschlossenen Figuren die in der Kette vorkommen, zusammensetzen lassen.

Man bemerke zu diesem Ende dafs alle in der Kette vorhandenen geschlossenen Figuren sich unterscheiden lassen in solche, die l_ϱ enthalten und solche die l_ϱ nicht enthalten. — Die Gesammtheit der ersteren möge mit T, die der anderen mit T' bezeichnet werden. Wenn sich nun die Figuren der Gruppe T' aus den $\varrho-1$ ersten der oben erwähnten Figuren bilden lassen, so ist klar, dafs sich jede Figur der Gruppe T aus allen jenen ϱ Figuren bilden läfst, denn eine jede Figur, welche den Drath l_ϱ enthält, kann gebildet werden aus einer bestimmten Figur die ihn enthält und aus denjenigen Figuren welche ihn nicht enthalten. Die über die Gruppe T' gemachte Voraussetzung, kann man aber sodann auf eine andere Gruppe T'' von solchen Figuren übertragen, welche weder l_ϱ noch $l_{\varrho-1}$ enthalten, oder mit anderen Worten, man kann auf gleiche Art beweisen dafs die Figuren, welche l_ϱ nicht enthalten, sich zusammensetzen lassen aus den $(\varrho-1)$ ersten der ϱ Figuren, wenn sich aus den $(\varrho-2)$ ersten dieser Figuren diejenigen zusammensetzen lassen, welche weder l_ϱ noch $l_{\varrho-1}$ enthalten.

Setzt man diese Schlufsfolge fort, so gelangt man zuletzt zu den Figuren, in denen keiner von den Dräthen l_2, $l_3 \cdots l_\varrho$ vorkommt. Von solchen Figuren giebt es aber nur eine, weil der Voraussetzung gemäfs, die Hinwegnahme aller ϱ Dräthe: l_1, $l_2 \cdots l_\varrho$ gar keine geschlossene Figur übrig läfst; und jene eine Figur ist daher die erste unter den in Rede stehenden ϱ. Es folgt somit dafs sich aus eben diesen ϱ Figuren alle übrigen geschlossenen Figuren, die in der Kette vorkommen, zusammensetzen lassen.

Mit Hülfe des Vorhergehenden kann man das jedesmalige ϱ leicht bestimmen.

In der That muss die Anwendung der beiden Sätze, n verschiedene Gleichungen liefern, wenn n die Anzahl aller Dräthe oder Leiter bedeutet, auf die sich das Ohmsche Gesetz anwenden läfst. Die Anwendung des ersten Satzes giebt nun $(m-1)$ Gleichungen, die des zweiten aber ϱ; es ist mithin:

$$\varrho+m-1=n$$

und daher:

$$\varrho=n-m+1.$$

Man kann demnach die Gesammtheit der Gleichungen, durch welche die Stromstärke in jedem Drathe bestimmt wird, folgendermafsen darstellen:

$$\varepsilon_1^{(1)} S_1 \lambda^{(1)} + \varepsilon_2^{(1)} S_2 \lambda^{(2)} + \cdots + \varepsilon_n^{(1)} S_n \lambda^{(n)} = \varepsilon_1^{(1)} a^{(1)} + \varepsilon_2^{(1)} a^{(2)} + \cdots + \varepsilon_n^{(1)} a^{(n)}$$

$$\varepsilon_1^{(2)} S_1 \lambda^{(1)} + \varepsilon_2^{(2)} S_2 \lambda^{(2)} + \cdots + \varepsilon_n^{(2)} S_n \lambda^{(n)} = \varepsilon_1^{(2)} a^{(2)} + \varepsilon_2^{(2)} a^{(2)} + \cdots + \varepsilon_n^{(2)} a^{(n)}$$

. . . .

$$\varepsilon_1^{(\varrho)} S_1 \lambda^{(1)} + \varepsilon_2^{(\varrho)} S_2 \lambda^{(2)} + \cdots + \varepsilon_n^{(\varrho)} S_n \lambda^{(n)} = \varepsilon_1^{(\varrho)} a^{(1)} + \varepsilon_2^{(\varrho)} a^{(2)} + \cdots + \varepsilon_n^{(\varrho)} a^{(n)}$$

$$\eta_1^{(1)} S_1 + \eta_2^{(1)} S_2 + \cdots + \eta_n^{(1)} S_n = 0$$

$$\eta_1^{(2)} S_2 + \eta_2^{(2)} S_2 + \cdots + \eta_n^{(2)} S_n = 0$$

. . . .

$$\eta_1^{(m-1)} S_1 + \eta_2^{(m-1)} S_2 + \cdots + \eta_n^{(n-1)} S_n = 0.$$

In diesen Gleichungen bedeuten S_1, $S_2 \cdots S_n$, so wie oben die Stromstärke in dem 1., 2. $\cdots$ bis $n$ten Drathe, $a^{(1)}$, $a^{(2)} \ldots a^{(n)}$ die elektrischen Differenzen, welche in dem 1., 2. $\cdots$ bis $n$ten Drathe vorkommen; jedes ε oder η kann aber einen der Werthe: $+1$, -1 und Null vorstellen, je nachdem das Entwerfen der Kette nach den vorhergehenden Regeln entscheidet.

Kirchhof stellt noch folgenden Satz auf, um den Zähler und den Nenner der Unbekannten direkt zu bestimmen:

Der gemeinschaftliche Nenner für die Werthe aller Unbekannten ist die Summe derjenigen zu je

$$\varrho = n - m + 1$$

ohne Wiederholung aus den Elementen $\lambda^{(1)}$, $\lambda^{(2)} \ldots \lambda^{(n)}$ gebildeten Combinationen, in welchen nur die Widerstände λ_{k1}, $\lambda_{k2} \cdots \lambda_{k_{\varrho-1}}$ solcher Dräthe eingehen, nach deren Hinwegnahme nur eine geschlossene Figur, namentlich aber diejenige übrig bleibt, in welche der Drath λ_μ eingeht. Jede Combination wird mit der Summe derjenigen elektrischen Differenzen multiplicirt, die in einer bestimmten, geschlossenen Figur vorkommen und namentlich in derjenigen, welche nach Hinwegnahme der Dräthe übrig bleibt, deren Widerstände die zu multiplicirende Combination ausmachen. Die elektrischen Differenzen oder elektromotorischen Kräfte müssen positiv genommen werden, wenn sie nach derjenigen Seite wirken, nach der man $S\mu$ zählt *).

Von drei Beispielen für die Ausführung dieser Operationen, welche der Russische Aufsatz enthält, wird das folgende genügen.

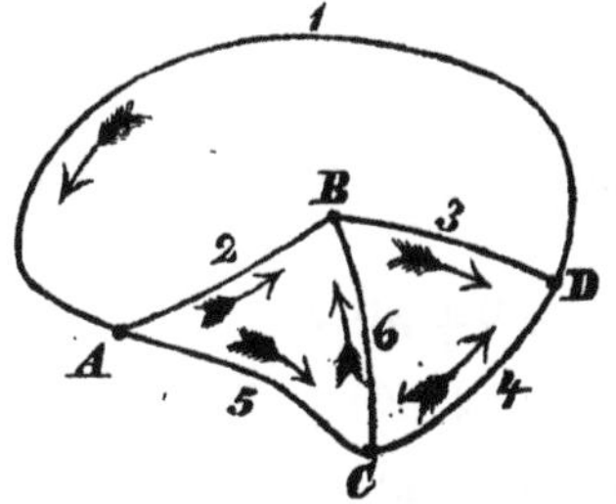

Die zu betrachtende Kette möge so wie beistehende Figur gestaltet sein, und in dem Drathe 1 die elektromotorische Kraft a', in dem Drathe 2 die elektromotorische Kraft $a^{(2)}$ u. s. w. bis zu der Kraft $a^{(6)}$ in dem Drath 6 enthalten. Die Strömungsrichtung sei durch die den Linien 1, 2, 3 ··· beigefügten Pfeile angedeutet. Es giebt nun in dieser Kette 6 Dräthe und 4 Vereinigungspunkte *A*, *B*, *C*, *D*. Es ist mithin $\varrho = 3$, d. h. es muss möglich sein durch Hinwegnahme von drei Dräthen alle geschlossenen Figuren zu unterbrechen. In der That verschwinden aber alle geschlossenen Figuren durch Hinwegnahme von einer der folgenden Gruppen, welche eine jede aus drei Dräthen bestehen:

$$(Y)\quad \left\{\begin{array}{ll} 3,\,5,\,6 & 1,\,5,\,6 \\ 3,\,4,\,6 & 1,\,4,\,6 \\ 3,\,4,\,5 & 1,\,4,\,5 \\ 2,\,5,\,6 & 1,\,3,\,6 \\ 2,\,4,\,6 & 1,\,3,\,5 \\ 2,\,4,\,5 & 1,\,2,\,6 \\ 2,\,5,\,3 & 1,\,2,\,4 \\ 2,\,4,\,3 & 1,\,2,\,3 \end{array}\right.$$

Nach Hinwegnahme von nur zwei Dräthen bleibt dagegen immer eine Figur geschlossen. Man erhält hiernach die folgenden sechs Gleichungen zur Bestimmung der Stromstärke in den sechs Zweigen der Kette:

*) Der Beweis dieses Satzes ist in Poggendorfs Annalen Bd. 72 abgedruckt.

$$(P)\quad\begin{cases} S_1\lambda^{(1)}+S_2\lambda^{(2)}+S_3\lambda^{(3)} = a^{(1)}+a^{(2)}+a^{(3)}\\ S_1\lambda^{(1)}+S_5\lambda^{(5)}+S_4\lambda^{(4)} = a^{(1)}+a^{(5)}+a^{(4)}\\ S_2\lambda^{(2)}-S_6\lambda^{(6)}-S_5\lambda^{(5)} = a^{(2)}-a^{(6)}-a^{(5)}\end{cases}$$

$$(C)\quad\begin{cases} S_2+S_6-S_3 = 0\\ S_2-S_6-S_4 = 0\\ S_3+S_4-S_1 = 0\end{cases}$$

Entnimmt man aus den Gleichungen (C) die Werthe von S_1, S_2 und S_4 und substituirt sie in die Gleichungen (P) so ergeben sich:

$$(\lambda^{(1)}+\lambda^{(2)}+\lambda^{(3)})S_3+\lambda^{(1)}.S_4-\lambda^{(2)}S_6 = a^{1)}+a^{(2)}+a^{(3)}$$
$$\lambda^{(1)}S_3+(\lambda^{(1)}+\lambda^{(5)}+\lambda^{(5)}.S_4+\lambda^{(1)}S_5 = a^{(1)}+a^{(5)}+a^{(4)}$$
$$\lambda^{(2}S_3+\lambda^{(4)}S_4-(\lambda^{(2)}+\lambda^{(6)}+\lambda^{(4)})S_6 = a^{(2)}-a^{(6)}-a^{(5)}$$

aus denen man S_3, S_4 und S_6 berechnen kann.

Die expliciten Werthe dieser Gröfsen gestalten sich sehr verwickelt, denn der ihnen gemeinsame Nenner besteht aus 16 Gliedern, weil es in der Kette die oben unter (Y) angeführten 16 Gruppen von je drei Dräthen giebt, von denen eine jede die Eigenschaft hat, durch ihre Hinwegnahme die Geschlossenheit der Gesammt-Figur zu unterbrechen.

Nach der Bestimmung von S_2, S_4 und S_6 folgen übrigens S_1, S_2 und S_5 aus den Gleichungen (C) ohne Schwierigkeit.

Wenn man in den bisher betrachteten Ausdrücken für die Stromstärken in einem linearen Leiter, die Summen der elektromotorischen Kräfte, in Integrale übergehen lässt, die sich über diesen Leiter erstrecken, so erhält man den Erfolg von elektromotorischen Kräften, welche in jedem Elemente der Länge des Leiters wirken. — Die Induction ist nun in der That eine in jedem Elemente stattfindende Elektricitätserregung. Eine unmittelbare Anwendung der vorstehenden Ausdrücke auf dieselbe ist aber deswegen nicht erlaubt, weil sowohl die unmittelbare Geltung des Ohm'schen Gesetzes, als auch die durch Kirchhof erweiterte Anwendbarkeit desselben, die Unabhängigkeit der zu betrachtenden Elektricitätserregungen von der Zeit voraussetzen; während die durch Induction auf jedes Körperelement ausgeübte Elektricitätserregung mit der Zeit veränderlich ist.

Die ob. (S. 81 u. f.) beigebrachte Untersuchung einer Kette, die aus einem Leiter mit einer constanten elektrischen Differenz besteht, zeigt indessen dafs sich in diesem Falle die mit der Zeit veränderliche Stromstärke, äusserst schnell einem von der Zeit unabhängigen Zustande nähert, und es wird dadurch wahrscheinlich, dafs man das Ohm'sche Gesetz auch auf diejenigen Ketten anwenden könne, in denen neben den von der Zeit unabhängigen Elektricitätserregungen, auch von der Zeit abhängige stattfinden: insofern nur die letzteren nicht allzu schnelle Aenderungen erfahren.

Es ist eben diese Vermuthung, welche Neumann für lineare Ketten etwa folgendermafsen bestätigt *). Nachdem er zuerst vorausgesetzt hat, dafs der absolute Werth der Leitungsconstante k in den Leitern, auch gegen das Quadrat der Geschwindigkeit sehr grofs sei, mit der sich die Elektricität in denselben ausbreitet, sucht er eine Gleichung für die von der Zeit abhängige elektrische Spannung in einem linearen Leiter, in welchem auf jedes allgemein mit ds bezeichnete Element, eine mit der Zeit veränderliche Elektricitätserregung εds wirkt.

Die Kette habe die Gestalt eines dünnen Kanales von überall gleichem Querschnitt, dessen Axe eine beliebig geschlossene Linie darstellt. Nach dieser Axe werden Abscissen x gezählt und mit U die elektrische Spannung bezeichnet, die zur Zeit t in dem zu x gehörigen Querschnitt des Kanales stattfindet. In Folge dieser Spannung wird dann durch eben diesen Querschnitt zur Zeit t eine Elektricitätsmenge fliefsen, welche ausgedrückt ist durch:

$$-q \cdot k \cdot \frac{dU}{dx} = q \cdot k \cdot \varepsilon$$

*) Neumann, die mathematischen Gesetze der reducirten elektrischen Ströme S. 16 u. f.

wenn q den Querschnitt des Leiters und
k dessen absolute Leitung
bedeutet und zwar der Richtung der positiven Zunahme der Abscissen entgegen oder mit dieser Richtung übereinstimmend, je nachdem

$$\frac{dU}{dx}$$

negativ oder positiv ist. —

Bezeichnet nun u die elektrische Spannung, welche zur Zeit t schon vorhanden war, so wird die Spannung in den Elementen dx zunehmen um:

$$qk\cdot\frac{d^2u}{dx^2}\cdot dx\cdot$$

Zur Bestimmung von u erhält man daher die partielle Differentialgleichung:

$$\text{(18.)}\qquad \frac{du}{dt} = k\cdot\frac{d^2u}{dx^2}$$

Durch seine inducirende Anregung vermehrt aber der durch $qk\varepsilon$ ausgedrückte Strom, die Spannung in dem Elemente dx um

$$-q\cdot k\cdot\frac{d\varepsilon}{dx}dx$$

und mit Einschluss dieser Induction findet sich daher für die fragliche Spannung, die Differentialgleichung:

$$\text{(19.)}\qquad \frac{du}{dt} = k\left\{\frac{d^2u}{dx^2} - \frac{d\varepsilon}{dx}\right\}$$

Wird u nach dieser Gleichung bestimmt, so ergiebt sich:

$$\text{die Stromstärke} = -kq\cdot\left\{\frac{du}{dx} - \varepsilon\right\}$$

und für die Richtung des Stromes, die des Zuwachses oder der Abnahme der positiven Abscissen, je nachdem dieser Ausdruck positiv oder negativ ausfällt.

Man kann setzen:

$$u = w + v$$

wo w der Gleichung (18.) genügt und v von ε abhängt. Das

Glied w oder den ersten Theil dieses Werthes von u kann man nach Potenzen von e^{-kt} entwickeln und da k sehr grofs ist, so verschwindet er für jeden nicht allzu kleinen Werth von t.

Auch den zweiten Theil v kann man aber wie folgt, nach negativen Potenzen von k entwickeln:

$$v = a+bx+\int \varepsilon dx+\frac{1}{k}\int\int\int \frac{d\varepsilon}{dt}\cdot dx^3+\frac{1}{k^2}\int\int\int\int\int \frac{d^2\varepsilon}{dt^2}dx^5+\ldots$$

Es ist demnach für jedes nicht allzu kleine t:

$$u=a+bx+\int \varepsilon dx+\frac{1}{k}\int\int\int \frac{d\varepsilon}{dt}\cdot dx^3+\frac{1}{k^2}\int\int\int\int\int \frac{d^2\varepsilon}{dt^2}\cdot dx^5+\cdots,$$

wo a und b zwei willkührliche Constanten bezeichnen.

Wenn sich ε nicht so schnell mit der Zeit ändert, dafs

$$\frac{d\varepsilon}{dt}$$

einen mit k vergleichbaren Werth annimmt, so kann man demnach auch annehmen:

$$u = a+bx+\int \varepsilon.dx$$

Ist dann der Leiter ein geschlossener und seine Länge $= l$, so müssen sowohl u, als auch

$$-kq\left(\frac{du}{dx}-\varepsilon\right)$$

für

$$x = 0$$

und für

$$x = l$$

einerlei Werth haben.

Die zweite Bedingung wird von selbst erfüllt. Die erste entspricht der Gleichung:

$$b = -\frac{1}{l}\int_0^l \varepsilon dx$$

Die Stromstärke wird daher ausgedrückt sein durch:

$$(20.)\quad -kq\left\{\frac{du}{dx}-\varepsilon\right\} = \frac{qk}{l}\int_0^l \varepsilon dx = \frac{\int_0^l \varepsilon dx}{\left(\frac{l}{q}k\right)}$$

Dieses bedeutet dafs die Stromstärke q dem Quotienten aus der Summe aller elektromotorischen Kräfte durch den Widerstand der Kette auch in demjenigen Falle gleich ist, wo jene Kräfte von der Zeit abhängen.

Man darf aber nicht vergessen dafs die Gleichung (20.) nur eine genäherte ist, indem sie nur so lange gilt als k gegen

$$\frac{d\varepsilon}{dt}$$

sehr grofs bleibt. — So darf man z. B. diese Gleichung auf denjenigen Strom nicht anwenden, durch den sich eine Leidener Flasche entladet, weil in diesem Falle das ε mit der Zeit ausserordentlich schnell abnimmt.

Zur Bestimmung des Stromes der bei der Schliefsung einer gewöhnlichen prismatischen und unverzweigten Kette eintritt, erhält man aus der Theorie solcher Ketten:

$$(21.)\quad S\cdot\varLambda = A - P\cdot\frac{dS}{dt}$$

wo

S die Stromstärke,

$\varLambda$ den Widerstand des Leiters,

A die constante in dem Leiter befindliche elektromotorische Kraft,

$P\cdot\frac{dS}{dt}$ diejenige elektromotorische Kraft

bezeichnet, welche der Leiter durch Induction auf sich selbst ausübt. Diese letztere Kraft ist aber, nach dem Gesetze der Voltainduction, gleich dem Produkt des in Bezug auf ihre eigene Gestalt genommenen Potenzialen P der Kette mit der durch

$$\frac{dS}{dt}$$

ausgedrückten Veränderung der Stromstärke. P ist nur von der Gestalt der Kette abhängig.

Die Gleichung (21.) setzt noch voraus, daſs die Induction gleichzeitig mit der Veränderung der Stromstärke, oder doch nur um einen unendlich kleinen Zeitraum nach derselben erfolgt. Sie drückt aus daſs das Produkt der Stromstärke und des Widerstandes der Kette gleich ist der Summe der elektromotorischen Kräfte in der letzteren, d. h. das oben für alle lineare Ketten bewiesene Verhalten.

Das Integral der Gleichung (21.) ist:

$$\log\left\{\frac{A}{\varLambda}-S\right\} = -\frac{\varLambda}{P}t+\text{Const.}$$

Zählt man die Zeit vom Augenblick der Schliefsung an, so ist

$$S = 0 \quad \text{für} \quad t = 0$$

folglich:

$$\text{Const} = \log\frac{A}{\varLambda}$$

und daher nach Substitution dieses Werthes:

$$S = \frac{A}{\varLambda}\left\{1 - e^{-\frac{\varLambda}{P}t}\right\}$$

Vermöge dieser Gleichung ist die durch Induction veränderte Stromstärke vollständig bestimmt, und man ersieht aus ihr, daſs sich dieselbe im Verlauf der Zeit asymptotisch dem Werthe $\frac{A}{\varLambda}$ nähert, d. h. dem nach dem Ohm'schen Gesetze ohne Rücksicht auf Induction gefolgerten Werthe.

Der Verfasser stellt noch die entsprechenden Untersuchungen über die bei der Schliefsung eintretende Stromstärke verzweigter linearer Ketten und über den Widerstand beliebig gestalteter Ketten zusammen, für welche die isoelektrischen Flächen bekannt angenommen werden. Wir übergehen diese, um den gegenwärtigen Auszug nicht zu weit auszudehnen, und beschliefsen denselben mit folgender Darstellung, die Herr B. von der ihm eigenen Behandlung eines Specialfalles der Verbreitung elektrischer Ströme gegeben hat.

Wenn die Verbreitung des Stromes in einem Körper bestimmt werden soll, der keine Erregungsstellen enthält, sondern die Elektricität nur durch gegebene Stellen seiner Oberfläche empfängt, die man jetzt die Electroden zu nennen pflegt, so treten andere Gleichungen an die Stelle der auf S. 77 mit (8.) und (9.) bezeichneten, weil sich diese auf die elektromotorischen Berührungsflächen heterogener Körper beziehen. Es muss vielmehr in diesem Falle die elektrische Spannung in jedem Punkt einer jeden Elektrode ebenso wohl gegeben sein, wie die Elektricitätsmenge, welche in der Zeiteinheit durch eine jede dieser Elektroden in den Körper eindringt oder, was dasselbe sagt, die in ihnen stattfindende Stromstärke. Es muss dann ferner die Summe der in einer bestimmten Zeit in den Körper eintretenden Elektricitäten gleich Null sein. Die Gleichung (7.) S. 75, welche sich auf die freie Oberfläche des Körpers bezieht, bleibt gültig, und es versteht sich von selbst dafs die Elektroden nicht als Theile dieser freien Oberfläche zu betrachten sind.

Es sind von hierher gehörigen Untersuchungen bis jetzt nur die von Kirchhof und Smaasen bekannt geworden, welche die Ströme in einer unbegränzten Ebene und in der Ebene eines Kreises für eine beliebige Anzahl von Elektroden betreffen, und ausserdem die Ströme bestimmen, welche in einem unbegränzten Raume beim Eintritt der Elektricität durch zwei kugelförmige Elektroden, entstehen.

Bekanntlich liegen die Schwierigkeiten von diesen und von ähnlichen mathematisch-physikalischen Untersuchungen über einen Körper von gegebener Gestalt, vorzugsweise in den Bedingungen, denen die Oberfläche dieses Körpers zu genügen hat. Bei der bisherigen Behandlung von Problemen dieser Art, verdankt man das Gelingen stets einer Umformung der Differentialgleichung des Problemes, bei welcher neue Veränderliche von einer solchen Beschaffenheit eingeführt werden, dafs eine derselben für die Oberfläche des Körpers einen constanten Werth erhält. — Der Verfasser ist damit beschäftigt, durch eine ähnliche Verwandlung die Gleichung (6.) S. 73, auf einen Körper anwendbar zu machen, der von zweien nicht concentrischen, sphärischen oder ellipsoïdischen Flächen begränzt ist, und demnächst die Verbreitung der Ströme in diesem Körper zu bestimmen, welche eine Vergleichung mit einigen empirischen Resultaten von Daniell über denselben Gegenstand zuliefse.

Für jetzt folgt nur die betreffende Umformung der Differentialgleichung, welche auch in anderen Fällen nützlich sein dürfte.

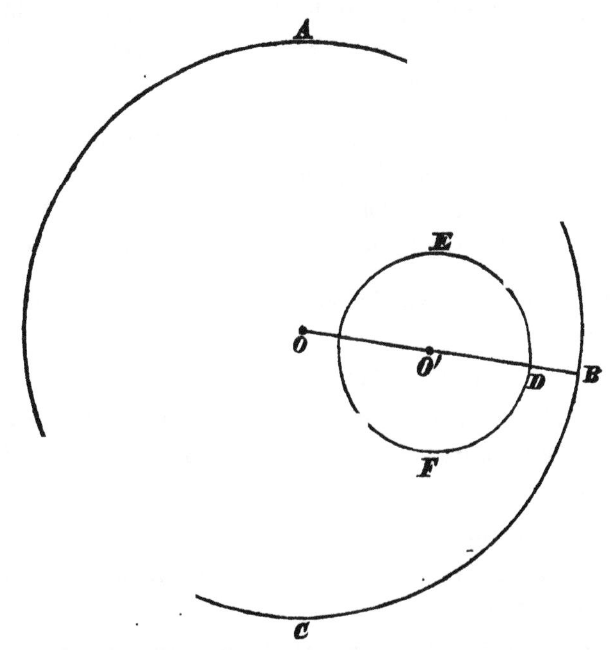

Seien ABC und DEF zwei Kreise, von denen der erste seinen Mittelpunkt in O der andere in O' hat. Nimmt man O als Anfang der Coordinaten, OO' als x-Axe, bezeichnet den Radius des ersten Kreises mit r und den des zweiten mit r_1, den Abstand der Mittelpunkte oder die Linie OO' mit a so sind:

$$x^2+y^2 = r^2$$

und

$$(x-a)^2+y^2 = r_1^2$$

die Gleichungen der beiden Kreise.

Wenn nun:

$$C = 0$$

$$C' = 0$$

die Gleichungen zweier Kreise vorstellen, so ist bekanntlich

$$C-C' = 0$$

die Gleichung einer graden Linie, welche durch alle diejenigen Punkte in der Ebene der beiden Kreise hindurchgeht, von denen unter einander gleiche Tangenten an beide Peripherien gezogen werden können.

Wir wollen hier von den verschiedenen Namen die man dieser Graden gegeben hat, den von einigen Französischen Mathematikern eingefuhrten beibehalten, indem wir sie mit diesen die Radikalaxe der beiden Kreise nennen.

Für unsere beiden Kreise wird dann die Gleichung der Radikalaxe:

$$(1.) \qquad 2ax = r^2-r_1^2+a^2$$

und man sieht aus ihr dafs die Radikalaxe auf der Verbindungslinie der Mittelpunkte oder der Centrallinie beider Kreise senkrecht steht.

Die Gleichung eines beliebigen Kreises der seinen Mittelpunkt auf der x-Axe hat, wird nun, wenn n eine beliebige Constante bedeutet:

$$(2.) \qquad (x-na)^2+y^2 = (n^2-1)a^2+r_1^2-(n-1)\{r^2-r_1^2+a^2\}$$

Für

$$n = 0$$

und

$$n = 1$$

erhält man aus ihr respektive den ersten und den zweiten der gegebenen Kreise. Es läfst sich aber auch folgendermafsen beweisen, dafs je zwei der durch Veränderung von n erhaltenen Kreise mit den gegebenen einerlei, durch die Gleichung (1.) gegebene, Radikalaxe haben.

Schreibt man nämlich in (2.) n_1 anstatt n, und zieht die erhaltene Gleichung von (2.) ab, so ergiebt sich:

$$2(n_1 - n)\alpha x = (n_1 - n)\{r^2 - r_1^2 + \alpha^2\}$$

oder nach Division mit $(n_1 - n)$, die Gleichung (1.).

Es ist ferner bekannt dafs jeder Punkt der Radikalaxe der Mittelpunkt eines Kreises ist, welcher alle der Gleichung (2.) unter Veränderung des Werthes von n entsprechende Kreise rechtwinklich durchschneidet.

Die Gleichung dieser Kreise ist:

$$\left(x - \frac{r^2 - r_1^2 + \alpha^2}{2\alpha}\right)^2 + (y - p)^2 = p^2 + \left(\frac{r^2 - r_1^2 + \alpha^2}{2\alpha}\right)^2 - r^2$$

oder wenn man um abzukürzen:

$$\frac{r^2 - r_1^2 + \alpha^2}{2\alpha} = q$$

setzt:

$$(3.) \qquad (x - q)^2 + (y - p)^2 = p^2 + q^2 - r^2$$

wo p eine durchaus willkuhrliche Linie bezeichnet.

Lässt man nun die Ebene welche die Kreise (2.) und (3.) enthält, sich um die x-Axe drehen, so bildet jeder der Kreise (2.) eine Kugel und die Radikalaxe eine Ebene.

Die allgemeine Gleichung aller Kugeln welche bei dieser Umdrehung aus den Kreisen (2.) entstehen wird:

$$(4.) \quad (x - n\alpha)^2 + y^2 + z^2 = (n^2 - 1)\alpha^2 + r_1^2 - (n - 1)\{r^2 - r_1^2 + \alpha^2\}$$

Ein jeder der Kreise (3.) bildet eine Oberfläche vom vierten Grade, deren Gleichung wird:

$$(5.)\quad (x^2-2xq+r^2+y^2+z^2)^2 = 4p^2(y^2+z^2)$$

Da nun jeder der Kreise (2.) aus denen die Kugeln (4.) entstehen, einen jeden der Kreise (3.), welche die Oberflächen (5.) bilden, rechtwinklich durchschneidet, so sind auch die Kugeln (4.) überall rechtwinklich gegen die Oberflächen (5.).

Eine durch die x-Axe gelegte Ebene wird alsdann die Mittelpunkte der Kreise (2.) enthalten, wenn sie mit der ursprünglichen xy-Ebene, in Folge der Drehung derselben, zusammenfällt.

Eine Ebene deren Gleichung durch:

$$(6.)\quad x-my=0$$

bei beliebigem Werthe von m, ausgedrückt wird, schneidet daher sowohl die Kugeln (4.) als auch die Oberflächen (5.) unter rechten Winkeln.

Wir haben somit nun drei Systeme von Oberflächen: die durch den Parameter n bestimmten Kugeln (4.), die durch den Parameter p bestimmten Oberflächen (5.), und die durch den Parameter m bestimmten Ebenen (6.), welche gegenseitig orthogonal sind und zu denen auch die zwei gegebenen Kugeln gehören.

Aus den Gleichungen (4.) folgt:

$$(7.)\quad n = \frac{x^2+y^2+z^2-r^2}{2x\alpha-(r^2-r_1^2+\alpha^2)} = \frac{x^2+y^2+z^2-r^2}{2\alpha(x-q)}\,{}^{*)}$$

wo

$$q = \frac{r^2-r_1^2+\alpha^2}{2\alpha}.$$

Aus den Gleichungen (6.) und (5.) folgen ferner:

$$(8.)\quad m = \frac{z}{y}$$

$$(9.)\quad p^2 = \frac{(x^2+y^2+z^2-2\alpha q+r^2)^2}{4(y^2+z^2)}$$

---

*) In dem Russischen Aufsatz steht, offenbar durch einen Druckfehler, $x\alpha$ anstatt $2x\alpha$ in dem Nenner des zuerst genannten Bruches.

E.

Die Bedingungen des Orthogonalismus für die drei genannten Oberflächensysteme sind bekanntlich:

$$(10.)\quad \begin{cases} \frac{dn}{dx}\cdot\frac{dm}{dx}+\frac{dn}{dy}\cdot\frac{dm}{dy}+\frac{dn}{dz}\cdot\frac{dm}{dz}=0 \\ \frac{dn}{dx}\cdot\frac{dp}{dx}+\frac{dn}{dy}\cdot\frac{dp}{dy}+\frac{dn}{dz}\cdot\frac{dp}{dz}=0 \\ \frac{dp}{dx}\cdot\frac{dm}{dx}+\frac{dp}{dy}\cdot\frac{dm}{dy}+\frac{dp}{dz}\cdot\frac{dm}{dz}=0 \end{cases}$$

Durch Ausführung der hier angedeuteten Differentiationen und Bildung von Produkten und deren Summen mit Hülfe der Gleichungen (7.), (8.) und (9.), erhält man anstatt der drei Ausdrücke unter (10.) ebenso viele identische Gleichungen, und es wird dadurch bewiesen, dafs die Gleichungen (7.), (8.), (9.) in der That drei Systeme von gegenseitig orthogonalen Oberflächen darstellen.

Die Gleichungen dieser Oberflächen lassen sich durch folgendes Verfahren noch vereinfachen. Durch Substitution von

$$n=\frac{\beta}{\alpha}$$

wird die Gleichung (7.) zu:

$$(11.)\quad \beta=\frac{x^2+y^2+z^2-r^2}{2(x-q)}$$

Um nun als xz-Ebene diejenige zu nehmen, welche die Radikalaxe der Kreise (2.) bei der genannten Drehung beschreibt, hat man nur in den Gleichungen (11.), (8.) und (9.)

$$x+q$$

an die Stelle von x zu setzen. Die Gleichung (8.) bleibt dadurch unverändert, an die Stelle von (11.) und (9.) treten aber beziehungsweise:

$$(12.)\quad \beta=\frac{(x+q)^2+y^2+z^2-r^2}{2x}$$

$$(13.)\quad p^2=\frac{(x^2+y^2+z^2+r^2-q^2)^2}{4(y^2+z^2)}$$

oder mit den Bezeichnungen:

$$\beta - q = \gamma$$

$$q^2 - r^2 = t^2$$

$$(15.)^{*)} \quad \gamma = \frac{x^2 + y^2 + z^2 + x^2}{2x}$$

$$(16.) \quad m = \frac{z}{y}$$

$$(17.) \quad p^2 = \frac{(x^2 + y^2) + z^2 - t^2)^2}{4(y^2 + z^2)}$$

Man hat nun aus diesen Gleichungen x, y und z als Functionen von γ, m und p zu bestimmen.

Substituirt man den aus (15.) genommenen Werth von

$$y^2 + z^2$$

in (17.) und löst nach x auf, so folgt nach einigen einfachen Reductionen:

$$x = \frac{\sqrt{(p^2 + t^2)}\{\sqrt{(p^2 + t^2)} \cdot \gamma \pm \sqrt{(\gamma^2 - t^2)}\}}{\gamma^2 + p^2}$$

Ferner wenn man setzt:

$$p = t \cdot \text{tg.}\eta$$

$$\gamma = t \cdot \sec\delta,$$

$$(21.) \quad x = \frac{t \cdot \cos\delta}{1 - \sin\eta \cdot \sin\delta}.$$

Es ist hier nur der mit dem oberen Zeichen in der vorstehenden Gleichung für x folgende Werth beibehalten worden, weil man nur η negativ zu nehmen hat, um mit dem unteren Zeichen der erstgenannten Gleichung dasselbe Resultat zu erhalten, und weil ein negatives η nur p negativ macht, und daher auf die Gleichung (9.) in der nur p^2 eingeht, ohne Wirkung bleibt. —

*) Es sind hier und im Folgenden einige sich von selbst verstehende Uebergangsformen ausgelassen, die Numerirung der Gleichungen aber ebenso beibehalten worden, wie in dem Russischen Aufsatz, in welchem diese Formen mitgezählt sind. E.

Zur Vereinfachung der Ausdrücke für y und z setze man

$$m = \operatorname{tg}\pi$$

so folgen:

$$(22.)\qquad y = \frac{t\cdot\sin\cdot\delta\cdot\cos\eta\cdot\cos\pi}{1-\sin\eta\cdot\sin\delta}$$

$$(23.)\qquad z = \frac{t\cdot\sin\cdot\delta\cdot\cos\eta\cdot\sin\pi}{1-\sin\eta\cdot\cos\delta}$$

Man sieht nun leicht dafs, wenn in den Ausdrücken (21.), (22.) und (23.) nach und nach den Winkeln δ, η und π einem jeden für sich alle zwischen 0 und 180° gelegene Werthe gegeben werden, jene Ausdrücke sich auf alle Punkte des Raumes erstrecken.

Setzt man aber in die linke Hälfte der Gleichungen (21.), (22.) und (23.) beziehungsweise

$$\frac{x}{a}$$

$$\frac{y}{b}$$

und

$$\frac{z}{c}$$

anstatt x, y und z, so folgen durch successive Elimination von

η und π

η und δ

δ und π

nach einander:

$$(30.)\qquad \frac{\frac{x^2}{a^2}+\frac{y^2}{b^2}+\frac{z^2}{c^2}+t^2}{2\frac{x}{a}} = t\cdot\sec\cdot\delta$$

$$(31.)\qquad \frac{z}{y} = \frac{c}{b}t\cdot\operatorname{tg}\pi$$

$$(32.)\qquad \frac{\left\{\frac{x^2}{a^2}+\frac{y^2}{b^2}+\frac{z^2}{c^2}-t^2\right\}^2}{4\left(\frac{y^2}{b^2}+\frac{z^2}{c^2}\right)} = t^2\cdot\operatorname{tg}^2\eta$$

und es zeigen dann

die Gleichung (30):

dafs die Veränderung des Parameter δ eine Reihe von ähnlichen aber nicht concentrischen Ellipsoïden ergiebt;

die Gleichung (31):

dafs durch Veränderung des Parameter π eine Reihe von Ebenen entsteht, welche sämmtlich durch die x-Axe gehen;

und die Gleichung (32):

dafs die Veränderung des Parameter η eine Reihe von Oberflächen des 4ten Grades ergiebt, von denen eine jede durch die xz-Ebene nach zweien concentrischen, und durch die xz- und xy-Ebene nach zweien nicht concentrischen Ellipsen geschnitten wird.

Diese Oberflächen sind daher elliptische Ringe. Die drei Oberflächensysteme zu den Gleichungen (30.), (31.) und (32.) (für welche die Abhängigkeit der Coordinaten von den Parametern nicht mehr durch die Gleichungen (21.), (22.) und (23.) dargestellt wird, sondern durch deren auf verschiedene Einheiten (a, b, c) reducirte Formen) sind nicht mehr orthogonal. —

Wir wollen daher in die Gleichung (6.) S. 56 nur die den Gleichungen (21.), (22.) und (23.) entsprechenden Werthe von x, y und z einführen:

Um nun jene Gleichung:

$$\frac{d^2u}{dx^2}+\frac{d^2u}{dy^2}+\frac{d^2u}{dz^2}=0$$

sogleich durch η, δ und π anstatt durch x, y und z auszudrücken, gebrauche ich das schöne Theorem, welches Jacobi's Abhandlung:

Ueber eine particuläre Lösung der Differentialgleichung $\frac{d^2v}{dx^2}+\frac{d^2v}{dy^2}+\frac{d^2v}{dz^2}=0$ in Crelle's Journal für Mathematik, Bd. 36

enthält. Man muss zu diesem Ende zuerst das Element der Entfernung im Raume durch die neuen Coordinaten ausdrücken. Differentiirt man für unseren Fall die Gleichungen (21.), (22.) und (23.), indem man alle drei Parameter als unabhängig veränderlich betrachtet, und addirt die Quadrate der vorstehenden Differentialgleichungen, so entsteht:

$$dx^2+dy^2+dz^2 = \frac{t^2 \cdot d\delta^2}{(1-\sin\eta\cdot\sin\delta)^2} + \frac{t^2\cdot\sin^2\delta\cdot d\eta^2}{(1-\sin\eta\cdot\sin\delta)^2} + \frac{t^2\cdot\sin^2\delta\cdot\cos^2\eta\cdot d\pi^2}{(1-\sin\eta\cdot\sin\delta)^2}.$$

Nach jenem Jacobischen Lehrsatz wird nun mit:

$$dx^2+dy^2+dz^2 = A\cdot d\delta^2+A_1\cdot d\eta^2+A_2\cdot d\pi^2$$

aus der Gleichung:

$$0 = \frac{d^2u}{dx^2}+\frac{d^2u}{dy^2}+\frac{d^2u}{dz^2}$$

die folgende:

$$0 = \frac{d\left\{\sqrt{\frac{A_1\cdot A_2}{A}}\cdot\frac{du}{d\delta}\right\}}{d\delta} + \frac{d\left\{\sqrt{\frac{A\cdot A_2}{A_1}}\cdot\frac{dv}{d\eta}\right\}}{\delta\eta} + \frac{d\left\{\sqrt{\frac{AA_1}{A_2}}\cdot\frac{dv}{d\pi}\right\}}{d\pi}$$

und daher nach dem obigen Werthe von $dx^2+dy^2+dz^2$, in unserem Falle:

$$(33.)\qquad 0 = \frac{d\left\{\frac{\sin^2\delta\cdot\cos\eta}{1-\sin\eta\cdot\sin\delta}\cdot\frac{du}{d\delta}\right\}}{d\delta} + \frac{d\left\{\frac{\cos\eta}{1-\sin\eta\cdot\sin\delta}\cdot\frac{du}{dy}\right\}}{d\eta} + \frac{d\left\{\frac{\sec.\eta}{1-\sin\eta\cdot\sin\delta}\cdot\frac{du}{d\pi}\right\}}{d\pi}$$

Die Gleichung für die freie Oberfläche eines Körpers der von zweien nicht concentrischen Kugeln begränzt ist, wird zu:

$$\frac{du}{d\delta} = 0$$

für diejenigen zwei speciellen Werthe von δ welche der Oberfläche der einen und der Oberfläche der anderen Kugel entsprechen und für beliebige Werthe von η und π.

Wenn es in dem betrachteten Körper heterogene Theile giebt, deren Berührungsoberflächen in den neuen Veränderlichen entweder der Gleichung

$$\delta = \text{const.}$$

oder

$$\eta = \text{const.}$$

oder

$$\pi = \text{const.}$$

entsprechen, so erhalten die aus diesem Umstande hervorgehenden Bedingungen ebenso einfache Ausdrücke.

Es wird nämlich im ersten Falle:

$$k \cdot \frac{du}{d\delta} + k' \cdot \frac{du'}{d\delta} = 0$$

$$u - u' = \text{const.}$$

für dasjenige δ welches der Berührungsfläche entspricht und für willkührliche η und π — und in den beiden übrigen Fällen erhält man zwei durchaus analog gebildete Bedingungen, in denen nur respektive η und π an die Stelle des δ in der so eben genannten getreten sind.

In allen drei Fällen bezieht sich u auf den einen, u' auf den anderen der sich berührenden Theile.

Sind die Oberflächen der Körper Electroden, so hat man u und $\frac{du}{d\delta}$ für diejenigen δ, welche den beiden Kugeln die den Körper begränzen, entsprechen, als Functionen von η und π gegeben.

Das Vorkommen von Töpferthon bei Gjelsk im Moskauer Gouvernement *).

Die Fayence-Fabriken von Gjelsk, deren Produkte überall in Russland bekannt sind, liegen bei dem gleichnamigen Dorfe, 45 Werst von Moskau, an der Strafse nach Kasimow. Längs dieser Strafse, von Pankow, wo sie mit der Kolomnaer Strafse zusammentrifft, bis jenseits Gjel, liegen zu beiden Seiten Sümpfe, in deren Mitte die Dörfer und Flecken nur auf einzeln vorragenden Hügeln erbaut sind. Zwischen diesen Erhebungen findet sich nun der sogenannte Gjelsker Thon in kleinen Inseln unter dem sumpfigen Boden in 1,5 bis 7 Fufs Tiefe. Ueber demselben liegen von oben an, zuerst einige Schichten eines ziemlich schlechten Torfes, dann Kalk und bisweilen ein kiesliges Gestein (?) in kleinen Scherben und Schollen, und endlich ein schwarzer oder braungrauer feinschiefriger Mergel, mit Nestern von Schwefelkies und grofsen Stücken halb verkohlten Holzes. Die Arbeiter nennen diese letztere Gebirgsart die Asche oder auch die Ankunft (dochod), weil man nach Durchsinkung derselben zum Thon gelangt. Dieser bildet dann endlich ein 5 bis 15 Fufs mächtiges Lager, erreicht aber die gröfste Mächtigkeit nur selten.

Der Gjelsker Thon ist klebrig, für Wasser undurchdringlich, färbt stark ab und fühlt sich fein und fettig an. Seine

---

*) Gorny Jurnal 1856. No. 5.

Farbe ist weisslich grau oder graugrün. Von besonderen Gemengtheilen enthält er feine, silberweisse Glimmerblättchen, Kalk, Quarzsand, kleine Schwefelkieskrystalle und gespaltene Stengel und Zweige von völlig verkohlten Pflanzen. Eine zunehmende Häufigkeit der Schwefelkiese und Quarzgerölle, dient den Arbeitern als Kennzeichen für die Erschöpfung des Lagers.

Je nach der Beschaffenheit seiner Beimengungen, unterscheidet man von diesem Thone folgende Arten:

1) der eigentliche Fayencethon, der auch Myl oder Mylowka (vielleicht von mytj waschen, mylo die Seife) genannt wird. Er ist fast völlig rein und wird zur Fayence-Fabrikation gebraucht;

2) der Kapselthon, welcher Sand und Kalk enthält und zu Kapseln für die Porcellan-Fabriken, zu Zuckerformen, zu Giefsformen für die Kupfer- und Silberhütten und zu glasirten Wasserleitungsröhren verarbeitet wird;

3) der Ziegel- und 4) der Töpfer-Thon, welche viele fremdartige Beimengungen enthalten. Die aus diesen geformten Ziegel und Töpfe erhalten nach gutem Brennen ein sehr weisses Ansehen. Die zu schwach gebrannten Stücke zeigen dagegen eine rosenrothe Färbung und die zu stark gebrannten eine schwarzgraue.

Die drei folgenden Abänderungen dieses Thones sind körnig und grau. Die Arbeiter nennen sie pestschanka, d. h. Sandiges oder Sandthon.

5) die sogenannte Wérchniza, d. h. das Obere, welche gewöhnlich das Ausgehende des Lagers bildet. Sie ist graugrün gefärbt und wird zu blauen Töpfen und Krügen verarbeitet;

6) der röthliche feinkörnige Thon, aus dem rothe Geschirre und namentlich Töpfe, Wasserbehälter, Wasch-

becken u. dgl. gearbeitet werden, und welche in Gjelsk unter dem Namen Marmor oder Marmor-Gefäfse bekannt sind.

Alle diese Abänderungen wechsellagern übrigens ganz unregelmäfsig und zeigen durchweg allmälige Uebergänge.

Die Förderung des Gjelsker Thones geschieht im Winter, theils weil die offenen Gruben, in denen sie erfolgt, alsdann gar kein oder nur sehr wenig Wasser enthalten, und weil sich deren Wände, wenn sie gefroren sind, ohne jede Zimmerung erhalten, theils aber auch, weil die dabei beschäftigten Bauern im Winter weniger Arbeit haben.

Der beste Fayence-Thon findet sich bei dem Dorfe Minina, 3 Werst von Gjel, und die vorzüglichsten Fayence-Fabriken und Ziegeleien liegen 4 Werst von diesem Ort in dem Dorfe Riétschizy. Die Bauern verkaufen meistens den geförderten Thon an diese Fabriken, beschäftigen sich aber zum Theil auch selbst mit der Anfertigung von einfachen Geschirren und Ziegeln.

Die Preise des Gjelsker Thones sind fast ganz in den Händen der Fabrikanten und dabei sehr schwankend. Von dem besten Fayence-Thon wird in Minina das Pud zu 10 Kopeken, und von dem Kapsel-Thon das Pud zu 7 Kopeken verkauft — von dem Ziegel-Thon dagegen die Fuhre zu 40, und von der Werchniza und dem röthlichen die Fuhre zu 20 Kopeken verkauft.

Trotz der inselförmigen Bildung dieses Thones hat sich sein Vorkommen doch schon jetzt als ein sehr ausgedehntes gezeigt. Er scheint sich noch in einem grofsen Theile der Kreise von Bronnizy und Bogorodsk zu finden, und wird in dem letzteren unter und bei dem Dorfe Wochna gefördert, welches in der letzten Zeit mit Gjelj zu wetteifern anfängt, so wie auch, nach der Angabe von Herrn Rouillier, noch 15 Werst weiter nördlich bei den Dörfern Starye Psarki und Staraja Kupawna. Die Thone, aus denen bei Kupawna und Dorochow Alaun gewonnen wird, sind mit dem Gjelsker durchaus übereinstimmend.

Der Thon bei Kudinowo an der Nosowicha, 30 Werst von Moskau, ist ebenso gut wie der von Minina und namentlich ist der Waschthon (mylowka) von Kudinowo, in den Tuchfabriken zum Walken der Zeuge sehr gesucht. — Auch bei Obywalino und Koloma in dem Bogorodsker Kreise werden Fayencethon und Walkerde gefördert, und von dem ersteren Orte nach Rjetschiza verkauft, während in Kolomna eigene Fabriken von geringeren Arten von Thonwaaren in Betrieb sind.

Rothe Thone finden sich bei dem Dorfe Wjetkominina in der Nähe von Gjel und bei Frasino im Bogorodsker Kreise, auch wird bekanntlich ein dem Gjelsker ähnlicher Thon an einigen Stellen des Gouvernements von Tula und von Wladimir gefördert.

Der Gjelsker Thon scheint übrigens zu der unteren Abtheilung der Juraformation zu gehören.

Ueber Schiefners Version der Kalevala.

Einer der letzten Jahrgänge der vortrefflichen Zeitschrift Suomi enthält von der Hand des finnischen Gelehrten, Herren Ahlqvist, einen langen und lehrreichen Artikel, worin auf gute einleitende Bemerkungen, die Schwierigkeiten des Uebertragens finnischer Runen, mit Beibehaltung ihres Metrums und ohne genauere Kenntniss der Sprache wie der Sitten Finnlands, betreffend, ein motivirtes Verzeichniss vieler (schon bei cursorischem Lesen von Hrn. A. bemerkten) Irrthümer Herren Schiefners folgt, die er in seiner sonst rühmenswerthen Uebertragung der Kalevala begangen.

Wir wollen unserem Publicum Proben dieser Fehler zum Besten geben. Runo 1, V. 79—80: 'Wiikon on virteni vilussa, Kauan kaihossa siasnut' (lange hat mein Lied im Froste, geraume Zeit im Finstern gelegen). Das Wort kaiho giebt Schf. durch Verwahrsam; es heisst aber dunkler und frostiger Ort, wo man etwas aus Geringschätzung unterbringt.*) Runo 3, V. 144: 'Sano korvin kuullakseni' (sage mit Ohren zu- meinem- Hören, d. h. sage dass ich's mit

---

*) Näher dem Rechten kommt schon Mühlberg, wenn er (Verhandlungen der gelehrten ehstnischen Gesellschaft, Bd. I., H. 1., S. 95) 'kaihossa' mit 'in dunkler Roh' übersetzt.

Ohren höre), bei Schf. 'Sage du mein goldnes Knäbchen[!!]', als ob 'sano kulta poikaseni' im Texte stünde. Der Verf. hüpft über korvin hinweg und behandelt das letzte Wort wie ein Substantiv kullas (für kullaks, Genitiv kullaksen), das golden hiefse! Ebds. V. 313—14: Siitä jousen kirjavarren Kaariksi vesien päälle (drauf [bannt er] den Schiefsbogen den buntschaftigen als Regenbogen uber die Wasser), bei Scht. 'Bannt des Bogens bunte Wölbung Singend auf des Wassers Fluthen', wobei der Regenbogen verloren geht. Ebds. V. 420: 'Joka vakkanen varottu' (jeder Krug [damit] versehen), Schf. 'Jeden Nagel (!!) eingenommen'. Herr A. bemerkt richtig: 'Gold und Silber, wovon hier die Rede, konnten nicht an Nägeln verwahrt werden, wol aber in Schachteln oder Krügen, was vakkanen bedeutet.' *) Runo 4, V. 157—58: 'Tulin kukkana kotihin, Ilona ison pihoille.' (Ich kam wie eine Blume nach Hause, wie die Freude nach des Vaters Hofplatz). Herr Schf. lässt das Mädchen mit den Blumen kommen, obgleich von solchen gar nicht die Rede war: er nimmt die Einheit für Mehrheit, und verkennt die Bedeutung des casus essivus (-na), der niemals für den comitativ stehen kann. Runo 5, V. 285—288: 'Ei mua isoni itke' etc. (Nicht beweinet mich mein Vater u. s. w.); Herr Schf. gegen Sprache und Zusammenhang: 'Lass, o Vater, du das Weinen' u. s. w. Runo 6, V. 7—8: 'Pisti suitset kullan suuhun, Päitsensä hopean päähän' (Steckt die Zügel in des Goldes Maul, seinen Kopfriemen an des Silbers Kopf). Hr. Schf. dolmetscht: 'That ihm an die goldnen Zügel, Legt ihm Riemen um voll Schönheit', betrachtet also Gold und Silber als Epitheta ornantia des Geschirrs, und vergisst zugleich, dass der Finne überhaupt und die Rhapsoden der Ka-

---

*) Diese Schiefnersche Dolmetschung ist um so schwerer begreiflich, als nicht einmal ein dem vakkanen ähnlicher Ausdruck für Nagel existirt. Vermuthlich leitete er sich das Wort von vakaa (firmus), und dachte die edlen Metalle in ihren Behältern an Nägeln aufgehängt, wie gewisses Wirthschaftsgeräth!

levala insonderheit 'Gold' oder 'Silber' unzählige mal für 'liebes, geliebtes Wesen' sagen. Runo 7, V. 363—65, wo Wäinämöinen sein Ross zum Laufe antreibt, lässt er bei Schf. 'die Leinen lustig schweben'; es heisst aber im Texte 'der Mähne Flachs' (d. i. die Flachsmähne, weisse Mähne) sich rühren, flattern (Harjan liina liikkumahan)! Runo 8, V. 145—47, lässt der Interpret denselben Gott oder Heros sein Boot eifrig zimmern und unverdrossen bauen; dem gesperrten Worte entspricht aber 'ukkaellen', was prahlerisch bedeutet, und auf die Selbstüberhebung hinweist, in deren Folge das Werk einen unglücklichen Ausgang nahm. Ebds. V. 474—78: 'Kun lie näissä voitehissa Wian päälle vietävätä, Wammoille valettavata' etc., wörtlich: 'wenn sein sollte in diesen Salben auf den Schaden zu bringendes, auf die Verletzungen zu gießendes', d. h. wenn diese Salbe dazu taugt, auf eine Wunde gebracht, auf beschädigte Stellen gegossen zu werden . . . . . Schiefner gegen den so deutlichen Sinn des Textes und ausserdem bis zum Ekel unpoetisch: Dadurch (!), dass mit dieser Salbe Ich den wunden Fleck bestreiche, Ich den Bruch damit verschmiere . . . . Runo 11, V. 87—92. Hier legt Hr. Schiefner dem galanten Lemminkäinen folgende ebenso abgeschmackte als lächerliche Drohung in den Mund: 'Werd' der Weiber Lachen hemmen, Werd' der Mädchen Kichern dämpfen, Schlag mit Füſsen an den Busen (!), Schlage nach dem Arm des Säuglings (!!!); Das beendigt wol das Schmähen, Ist ein guter Schluss des Spottens'. Ein schöner Held, der Mädchen Fuſstritte an den Busen versetzt und Säuglingen auf ihre Aermchen schlägt! Der Herr Uebersetzer muss von den Erfordernissen eines Ritters seltsame Begriffe haben. Die von ihm gemisshandelte Stelle lautet so: 'Ich werde schon Einhalt thun dem Lachen der Weiber, dem Kichern der Mädchen: ich stoſse [werfe, schleudere] einen Knaben an ihren Busen, eine Armbürde in ihre Arme; *) dann

*) Potkaisen pojan povehen, Käsikannon kainalohon. Schf. hat pojan als einen von povehen (povi), und consequenter

wird selbst der gute Scherz, der beste [launigste] Schimpf zu Ende sein'. Lemminkäinen's Rache soll darin bestehen dass er die Spötterinnen verführt — zwar auch eben keine rühmliche, aber wenigstens eine ritterliche Handlung. Ebd. V. 95—97: 'Nauraisitko Saaren naiset, Pitäisit pyhäiset piiat, Niin siitä tora tulisi', zu Deutsch: Wenn du beschimpftest die Weiber von Saari, Wenn du schändetest die keuschen Mädchen, so würde daraus ein Streit entstehen. Herr Schf. übersetzt: 'Sollten Saari's Weiber lachen, sollten es die keuschen Jungfraun .... Er nimmt also an, man werde den Helden zur Rechenschaft ziehen, falls die Weiber des Ortes über ihn lachen sollten!!! *) Ebds. V. 385—92: 'Puhas on pulmonen lumella', etc. Der Sinn dieser Verse ist: 'Rein ist die Ammer auf dem Schnee, Ein Reinerer ist an deiner Seite; Weiss ist der Schaum auf dem Meere, Ein Weisserer ist in deiner Gewalt; Schlank ist der Seevogel im Meere, Ein Schlankerer ist in deinem Schutze; Glänzend ist der Stern am Himmel, Ein Glänzenderer ist mit dir verlobt'. Nun lese man Herrn Schf. und staune: 'Rein ist auf dem Schnee die Ammer, Reiner auf dem Gatten (!!), Theure; Weiss der Schaum zwar auf dem Meere, Weisser auf dem Ehemanne (!!); Schlank im Meere wol die Ente, Schlanker noch an deinem Schützer (!!); Glänzend ist der Stern am Himmel, Glänzender an deinem Manne [à la bonne heure!]'. Also wird ein Vogel reiner, wenn er auf seinem Gatten sitzt, der Schaum weisser, wenn er auf einem Ehemanne liegt, u. s. w.? Bei dem 'Stern an deinem Manne' muss Herrn Schiefner ein Ordensstern vorgeschwebt haben. Runo 17, V. 253—54 bringt der Verf. in Parallele mit dem Nabel die Schläfe (das Schlafbein), indem er ohimot (latera, Seiten des Körpers) und ohimot

---

Weise käsikannon als einen von kainalohon regirten Genitiv genommen.

*) Dass nauraisit, pitäisit auch für die dritte Pluralis (-ivat) stehen kann, ist selbstverständlich für Herrn Schf. keine Entschuldigung.

(tempora capitis) verwechselt. Runo 23, V. 625—26: 'Waikka uupuivat urohot, Waipuivat hevosen varsat' heisst: 'Obgleich die Männer ermatteten, die jungen Pferde kraftlos niedersanken'. Herr Sch. übersieht das so deutliche Praeteritum und setzt eine allgemeine Reflexion die ziemlich saftlos ist: 'Helden selber ja ermatten, Kräft'ge Fullen sinken nieder'. Ebds. V. 649—650: 'Kylin söi, selin makasi, Selin työnsä toimitteli', 'zur Seite [an meiner Seite] afs er, [von mir] abgekehrt ruhte und arbeitete er'. Eine getäuschte Ehefrau deutet mit diesen Ausdrücken an, dass sie ihrem Manne gleichgültig geworden. Wie übersetzt Herr Schf.? 'Liegend afs und rücklings ruhte, Rücklings seine Arbeit machte'. Der Mann beweist also seiner Frau Kälte oder Geringschätzung, indem er sich zum Essen niederlegt, und sowol arbeitend als ruhend (!) rückwärts geht? Wär' er seiner Profession ein Seiler, so ergäbe sich das 'rücklings arbeiten' von selbst, und die Frau dürfte darob nicht klagen; mit dem 'rücklings ruhen' thäte aber der Eheherr seiner eignen werthen Person den gröfsten Possen, denn das wäre Ruhe mit Bewegung, also eigentlich keine Ruhe! Oder glaubt der Uebersetzer, die natürlichste und zugleich anständigste Art zu ruhen sei auf dem Bauche? Runo 28, V. 34 lernen wir von Herrn Schf. dass der Mond die Gewalt hat, Knochen zu schmelzen, was nicht einmal der Sonne gelingt, denn er übersetzt 'Päivä poltti poskipäitä, Kuuhut kulmia valaisi' (die Sonne brannte auf den Backen, der Mond beleuchtete die Schläfen) also: 'Doch die Sonne dörrt die Wangen, Und der Mond schmilzt seine Schläfen (!).' Runo 45, V. 50—51: 'Ympäri yheksän kuuta, Waimon vanha'an lukuhun': etwa neun Monate, nach des Weibes alter Berechnung'. Herr Schf. 'Trug sie auch) den neunten Monat, Nach der Rechnung alter Weiber (!!).' Sollten wirklich nur alte Weiber dies berechnen können? Und sieht nicht jeder Anfänger im Finnischen, dass vanha'an gleich vanhahan ist und zu lukuhun gehört? Hätte der finnische Dichter wirklich der ihm aufgebürdeten

Plattheit sich schuldig gemacht, so müsste etwa Waimojen vanhojen lukuun im Texte stehen.

Nur einmal thut Herr Ahlqvist dem Herrn Schiefner ein wenig Unrecht. Runo 34, V. 107—108: 'Tuli akka vastahansa, Siiniviitta viian eukko', lauten bei Schf. 'Kam ein Mütterchen des Weges, Blaubekleidet eine Alte'. Wörtliche Uebersetzung ist: 'Kam eine Alte ihm entgegen, die blaugekleidete Greisin des Laubwalds. Herr A. meint nun, Sch. habe viian (des Laubwalds) für des Weges genommen (etwa gar an das lateinisehe via denkend?!); aber kam . . . des Weges soll offenbar dem tuli . . . vastahansa entsprechen, und Schiefners Fehler ist nur eine Unterlassung: er hat viian (von viita) gar nicht übersetzt.

Der Kürze uns befleifsigend, haben wir viele andere picante Proben übergehen müssen. Aber auch abgesehen von ihren zahlreichen blunders hat die in Rede stehende Uebersetzung geringen ästhetischen Werth und bietet wenig was an die homerische Einfalt und sinnliche Naturfülle des Originals erinnerte. Wer nicht als Mythologe oder Ethnologe darüber kommt, der wird schwerlich die Geduld haben, den ganzen Band durchzulesen. Herr Schf. hat seine Arbeit 'den Manen des edlen Castrén' gewidmet; sollte er über kurz oder lang eine zweite sehr verbesserte Auflage publiciren, so empfehlen wir ihm, statt jener Worte, folgenden Vers aus Racine's Phèdre:

Pour apaiser ses manes et son ombre plaintive...

Es wäre indess den Uebersetzern leicht gewesen, der Beschuldigung des Mangels an Formschönheit zu entgehen, hätten sie nur sich vorgenommen, dasjenige zu ersetzen was keine Nachahmung zuliefs. Sollten die Uebersetzungen durchaus trochaisch sein — obgleich der Jambus im Schwedischen wie im Deutschen viel häufiger gebraucht wird — so müsste des finnischen Trochäus Beweglichkeit und Abwechslung ersetzt werden durch Einschiebung eines oder mehrerer Dactylen, nach Beschaffenheit des Inhalts. Ferner müsste derselbe Vers dann und wann einen männlichen Schluss haben, woraus der Vortheil sich ergäbe, dass man sehr viele Wörter, welche die Uebersetzer ob ihrer metrischen Beschaffenheit gegen andere austauschen, oder theils durch Verstümmelung, theils durch unnöthige Verlängerung trochaisch machen müssen, beibehalten könnte. Auch könnte der männliche Schluss einen Reim bilden, zum Ersatze für das wegfallende musicalische Element der Alliteration. Endlich wäre der parallelismus membrorum füglich überall zu umgehen, wo nicht gewisse bedeutsame Synonyma, welche die im finnischen Parallelgliede immer enthaltene Abschattung wirklich ausdrücken, in den Sprachen der Uebersetzer sich darbieten. In Ermangelung solcher Synonymen wiederholt die Uebersetzung im Parallelverse sowol Worte als Inhalt ziemlich frostig und farblos.

* * *

Zum Schlusse lässt Herr Ahlqvist seine eigene schwedische Uebersetzung eines der schönsten Runo's (des 36sten) folgen, in welcher er das Metrum nach obigen Grundsätzen handhabt, wodurch es allerdings freier und gefälliger zu werden scheint.

Hier einige Proben in deutscher Nachbildung:

. . . .

Kullervo, des Kalervo Sprosse,
Wendet sich wieder der Heimat zu,
Kehret heim zu des Vaters Stube —
Findet die Stube so öd' und leer:
Keiner streckt ihm die Arme entgegen,
Keiner kommt, ihm zu drücken die Hand.

. . . .

Da begann er bitter zu weinen,
Weint so 'nen Tag, weinte auch zwei,
Und er sagte dazu die Worte:
O meine liebe Mutter im Grab!
Was hast du wol mir zurückgelassen,
Weil du auf dieser Erde gelebt?

. . . .

. . . .

Es erwacht die Mutter im Grabe,
Und sie spricht aus der Erde so:
Hab' dir den treuen Musti gelassen,
Er wird folgen dir auf die Jagd;
Nimm diesen Hund denn mit und wandre
Tief in die Wildniss dunkel und öd',
Bis zur Behausung der Nymphen des Waldes,
Zu den Jungfrauen im blauen Gewand:
Dass du dorten dir suchest die Speise,
Antheil bittest von ihrem Besitz.

. . . .

. . . .

Kullervo, des Kalervo Sprosse,
Er, der Jüngling in Strümpfen blau,
Stiefs da des Schwertes Griff in den Boden,
Drückt' ihn tief in die Erde hinein;
Gegen sein Herz er richtet die Spitze,
Bohrt seine Brust in die Klinge scharf:
So beschliefst er das eigne Leben,
So umarmt er vorzeitigen Tod.

Auf Reime hat Herr Ahlqvist verzichtet, weil er das Talent des Reimens nicht zu besitzen glaubt, würde aber wenig dawider haben, wenn Andere sich mit Geschick und Geschmack solch ohrkützelnden Schmuckes bedienten. Wir unseren Theils sind aus verwandten Gründen seinem Beispiele gefolgt.

Jetzt noch einiges beherzigenswerthe aus der Einleitung zu Herrn Ahlqvist's Artikel. Es ist eine Unmöglichkeit, dass dieselbe poetische Form in ganz verschiedenen Zeiträumen und in zwei wesentlich verschiedenen Sprachen ebensoviel und ganz gleiche Schönheit darstellen könne; ja es kann vorkommen, dass eine poetische Form die zu einer Zeit und bei einem Volke für schön gegolten, zu einer anderen Zeit und bei einem anderen Volke ganz und gar nicht schön ist. Die Uebersetzer der altfinnischen Nationalpoesie haben diese Wahrheiten bis heute ausser Acht gelassen. Der finnische Runenvers, so einfach er mit seinen vier Trochäen auch scheinen mag, bietet in den oft vorkommenden Caesuren und der Ungleichheit ihrer Lage im Verse eine solche Mannigfaltigkeit und Abwechslung, dass er selten schwerfällig und ermüdend wird, ein Uebelstand, dem man in guten Runen auch dadurch ausweicht, dass Accent, Quantität und Caesur eines folgenden Verses nicht leicht dieselbe Stelle treffen wie im vorhergehenden. Nicht selten bestrebt sich der Runenpoet mit Glück, durch die im Umfang der menschlichen Articulation befindlichen Laute nicht allein unarticulirte Naturlaute wiederzugeben, sondern auch allerlei Abschattungen der Form, Farbe, Langsamkeit, Hurtigkeit u. s. w. zu malen. Ausserdem schmückt er sich mit Alliteration und Reim, von welchen beiden das Erstere regelmäfsig in jedem Verse zu finden, das Letztere dagegen seltner eintritt und häufigst vereint ist mit der Lage des Accentes und der Caesur, um die Aufmerksamkeit auf etwas besonderes, ungewöhnliches zu lenken.

Welche von allen diesen, der finnischen Poesie eigenthümlichen Schönheiten haben nun die schwedischen und deutschen Uebersetzer wiedergegeben? Kaum etwas Anderes als die vier trochaischen Füfse, aber trocken und von jedem Reiz entkleidet. Da die Sprachen dieser Uebersetzer den Vers nach dem Accente bauen, so haben sie ihren Versen nicht den Reiz verleihen können, der daraus entsteht, wenn Accent und Quantität sich gleichsam bekämpfen, wobei der erstere unterliegt, und so die Caesur entstehen lässt. Die angedeuteten Sprachen, schon längst ohne innigere Berührung mit der Natur und wenig empfänglich für deren mannigfaltige Erscheinungen, haben auch die Fähigkeit verloren, diese in Lauten nachzubilden, daher die reiche Onomatopoetik des Originales in den Uebersetzungen ebenfalls verloren geht. Endlich widerstreben jene Sprachen der Alliteration, jenem sinnlich musicalischen Mittel, das im Finnischen, wie Reim und Assonanz anderweitig, die Poesie verschönern hilft.

Die Mennoniten im südlichen Russland.

Von

A. Petzoldt.

1. Der Mennonit als Ackerbauer *).

Die Molotschnaer Mennoniten, 18000 Seelen an der Zahl, bilden funfzig Colonien und bieten das Schauspiel eines Volkes dar, das sich vorzugsweise mit dem Ackerbau und der Viehzucht beschäftigt. Bei der Einrichtung ihrer Gehöfte haben sie die aus Preussen mitgebrachten Gewohnheiten beibehalten. Die hellen und bequemen Häuser sind gut und dauerhaft aus Backsteinen gebaut, mit Ziegeln bedeckt und stehen in unmittelbarer Verbindung mit den übrigen Wirthschaftsgebäuden (Stall, Scheune etc.), die sich mit ihnen unter Einem Dache befinden. Ueberall herrscht eine fast holländische Sauberkeit. Das Ackergeräth ist, der Festigkeit des Humusbodens entsprechend, meistens schwer und gut und dauerhaft gearbeitet, bedarf aber allerdings weiterer Verbesserungen. Eben so zeichnen sich auch alle andere Haus- und Wirthschaftsgeräthschaften durch Dauerhaftigkeit aus und stimmen mit dem soliden Charakter der Mennoniten vollkommen überein. Eisen wird überall gebraucht, wo es nothwendig oder nützlich ist, weshalb die Mehrheit der in den Colonien ansässigen Handwerker

*) Vergl. auch dieses Archiv Bd. XII. S. 429 ff.

aus Schmieden besteht, die trotz ihrer Zahl (im Jahr 1854 arbeiteten 94 Schmiedemeister) vollauf zu thun haben.

Das von den Mennoniten befolgte Feldbausystem ist ein rationelles, obwohl sie die Brache beibehalten haben, die sie als unentbehrlich betrachten. Das Vieh ist im Allgemeinen gut, bei einigen Wirthen sogar vorzüglich.

Unter den Nebenzweigen der landwirthschaftlichen Industrie nimmt der Seidenbau die erste Stelle ein, und vermehrt sich mit jedem Jahre, so dafs 1854 im Ganzen etwa 100 Pud Spulseide erzeugt wurden, wovon einzelne Wirthe ein halbes bis zu einem ganzen Pud lieferten. Im Jahr 1851 belief sich die Quantität der gewonnenen Rohseide auf nicht weniger als 200 Pud.

Mit sehr wenigen Ausnahmen sind die Mennoniten wohlhabende, nicht selten reiche und mitunter sogar höchst begüterte Leute, und einige von ihnen besitzen aufser ihren Gehöften in der Colonie, der sie angehören, auch Ländereien aufserhalb derselben, durch welche sie auf gleicher Linie mit den bedeutendsten Gutsbesitzern des südlichen Russlands stehen. Solche Besitzungen, von denen ich mehrere in Augenschein zu nehmen Gelegenheit hatte, dienen zum Beweis, welche enorme Vortheile sich bei dem den Mennoniten eigenen sorgfältigen und zweckmäfsigen Wirthschaftssystem aus diesem Lande ziehen lassen. Es bleibt nur zu wünschen übrig, dafs die Eigenthümer so bedeutender Güter die mennonitische Sitteneinfalt bewahren und der Versuchung widerstehen mögen, die Rolle grofser Herren zu spielen.

2. Der Mennonit als Gärtner und Forstmann.

Nach dem den Colonien verliehenen Statut mufs sich bei jeder Wirthschaft ein Garten befinden, eben so wie zu jeder Colonie ein Wald gehört, von welchem auf den Antheil eines jeden Colonisten ein Stück von der Gröfse einer halben Desjatine *) kommt.

*) Eine Desjatine = 4,2795 Preuss. Morgen. E.

Die Gärten, in denen es Jedem freigestellt ist, neben den Obst- und anderen Bäumen, verschiedene Gemüsearten zum häuslichen Gebrauch zu ziehen, hatten für mich, trotz des Reichthums an Früchten (die Aprikosen wurden eben reif), weniger Interesse als die Waldanlagen, die hier nur durch künstliche Anpflanzung entstanden sind. Solcher Waldungen giebt es nur in den 43 älteren Colonien; in den sieben erst in neuerer Zeit angelegten haben die Colonisten wegen anderweitiger dringender Beschäftigung noch nicht zu den Bewaldungs-Arbeiten schreiten können.

Die Wälder nehmen bereits 515 Desjatinen Land ein und bringen selbst auf den oberflächlichen Beobachter einen ganz eigenthümlichen Eindruck hervor, indem jedes einzelne Waldstück aus zwei Hälften besteht, wovon die eine mit verschiedenen Holzarten, die andere nur mit Maulbeerbäumen bepflanzt ist. Da in ersterer die Hochwaldwirthschaft, in letzterer, dem Seidenbau gewidmeten aber die Niederwaldwirthschaft eingeführt ist, so fällt das den Colonien gehörige Waldland durch diese Theilung sogleich in die Augen.

Mit noch gröſserem Interesse verweilt man bei diesen Anpflanzungen, wenn man bedenkt, daſs dort wo sich früher eine waldlose Steppe ausdehnte, jetzt die schönsten Holzarten gedeihen, und man muſs gestehen, daſs die so oft bestrittene, für jene Regionen unendlich wichtige Frage, ob es möglich sei, die neurussischen Steppen zu bewalden, durch die Baumpflanzungen der Mennoniten in der genügendsten Weise entschieden worden ist.

Die Ueppigkeit der Baumvegetation hierzulande und, als Folge derselben, die Gröſse des jährlichen Zuwachses setzen in der That in Erstaunen. Um davon einen Begriff zu geben, will ich nur einige Beispiele anführen: Eine 21jährige, auf einem freien Platze stehende Pappel hatte 30 Zoll im Durchmesser; eine 15jährige, gleichfalls auf einer offenen Stelle wachsende Eiche erreichte einen Durchmesser von 12 Zoll (beide Bäume wurden von mir 4 Fuſs über der Erde gemessen.) Sogar nahe zusammenstehende Bäume zeichnen sich durch einen ähnlichen starken Zuwachs aus, wie aus folgenden Messungen hervorgeht:

	Durchmesser
Eine 10jährige Pappel	10 Zoll
Eine 16jährige Birke	9 -
Eine 16jährige Rüster	8 -
Eine 11jährige Weide	7 -
Ein 15jähriger Ahorn	6 -
Ein 12jähriger Maulbeerbaum . .	6 -
Ein 15jähriger wilder Apfelbaum .	5½ -
Eine 15jährige Rothtanne	5 -
Eine 13jährige Eiche	4½ -
Ein 12jähriger Oleaster	4½ -
Eine 15jährige Esche	5 -

Aufser diesen kleineren Anpflanzungen, die zu den einzelnen Colonien gehören, existiren auch gröfsere, von den Mennoniten in ihren Privatbesitzungen (d. h. aufserhalb der ihnen von der Regierung zur Niederlassung überwiesenen Ländereien) angelegte Gehölze; unter welchen die von Juschanly besonders dadurch wichtig sind, dafs sie zur Entscheidung einiger Fragen in Betreff der Holzarten dienen können, die mit gröfserem oder geringerem Erfolg in diesem Steppenlande verbreitet werden. Aus den im Laufe von beinah 25 Jahren gemachten Versuchen ersieht man, dafs in den hoch gelegenen Theilen der Steppe die Eiche, die Rüster, die weifse Akazie, der tatarische Ahorn, der Maulbeerbaum, der Weifsdorn und der Oleaster am besten fortkommen. In niedrigeren Localitäten, welche feuchter und mehr gegen die Witterung geschützt sind, gedeihen aufser den genannten auch die Esche, Linde, wilde Castanie, Pappel (namentlich die Silberpappel), die Buche, Erle, Birke, Rothtanne und Kiefer.

Ich kann nicht umhin, auch des grofsen Obstgartens in der Besitzung Taschenak zu erwähnen, der ebenfalls einem Mennoniten gehört, indem dieser Garten sowohl durch seinen Umfang als durch seine treffliche Anordnung und Bewirthschaftung mehr dazu geeignet ist, die mannigfaltigen allgemeinen und individuellen Fragen, die mit der Obstbaumzucht in der Steppe zusammenhängen, zu lösen, als die kleineren, bei den einzelnen mennonitischen Gehöften befindlichen Gärten.

3. Der Einfluſs der Mennoniten auf ihre Umgebung.

Wenn man erwägt, wie schwer es hält, veraltete, längst eingewurzelte Gebräuche durch neue und bessere zu ersetzen und wie langsam dieser Reformprozeſs namentlich in der Landwirthschaft vor sich geht, so muſs man bekennen, daſs im Verhältniſs zur Kürze der Zeit, in der die Mennoniten sich hier niedergelassen haben — bekanntlich entstanden die Colonien an den Molotschnya Wody erst zu Anfang des gegenwärtigen Jahrhunderts — der Einfluſs derselben auf ihre Umgebung, in moralischer wie in materieller Beziehung, sich nicht wenig bemerkbar macht.

Ich will hier nicht von der Wirkung reden, die das Beispiel des Fleiſses, der Nüchternheit und mäſsigen Lebensweise der Mennoniten, so wie ihres in so glänzender Weise während des letzten Krieges bewährten Patriotismus gehabt hat und noch haben muſs, sondern nur auf folgende, aus amtlichen Berichten entlehnte Thatsachen hinweisen.

Im Jahr 1854 verkauften die Mennoniten-Colonien an deutsche, nicht-mennonitische Colonisten, russische Bauern, Tataren, Kron-Institute und Gutsbesitzer: 73770 Stück Wald- und Maulbeerbäume, 5890 Obstbäume (auſser einer sehr bedeutenden Anzahl Wald- und Obstbäume, die aus den grossen Baumschulen verkauft wurden, welche zwar Mennoniten gehören, aber nicht auf dem Coloniallande gelegen sind); 549 Pferde, 741 Stück Hornvieh, 5057 feinwollige Schafe, 362 neue und gebrauchte Wagen, 200 neue oder schon benutzte Pflüge, 9 Eggen, 3 Worfelmaschinen. Ferner wurden in demselben Jahre 139 nicht-mennonitische und ausländische und 433 russische Arbeiter und Arbeiterinnen in den Colonien beschäftigt, ohne diejenigen zu rechnen, die in den groſsen Privatbesitzungen der Mennoniten Arbeit fanden.

Bei der unter Aufsicht der Mennoniten stehenden, der Krone gehörigen Muster-Baumschule in Berdjansk befindet sich eine Unterrichtsanstalt, in der alljährlich einige russische und tatarische Bauernknaben in der Gärtnerei unterrichtet werden. In der mennonitischen Privatbesitzung Juschanly existirt eine Schule zur praktischen Erlernung der Landwirthschaft und des Gartenbaus, in welches die Kinder der russischen und tatarischen Kronbauern als Zöglinge aufgenommen werden. Nach ihrer Entlassung werden sie entweder als Oeconomen in den Mustermaiereien oder als Gärtner angestellt.

Nowa-Pawlowka kann als Beispiel einer russischen Ansiedlung dienen, die sich ganz nach dem Vorbilde der Mennoniten gebildet hat. Die tatarischen Dörfer Akkermen und Aknakas sind gleichfalls nach dem Muster der mennonitischen Colonien angelegt und ihr Wohlstand ist der beständigen sorgfältigen Aufsicht der Mennoniten zuzuschreiben.

Diese Thatsachen sprechen für sich selbst und beweisen mehr als alles Andere die Richtigkeit der von mir ausgesprochenen Meinung über den bedeutenden Einfluſs der Mennoniten auf die sie umgebende Bevölkerung. Die ihnen abgekauften Bäume haben zur Verbreitung von Waldanlagen und Obstgärten in Ländereien gedient, die auſserhalb der Colonien gelegen sind.

Der gröſste Theil des von ihnen veräuſserten Rindviehs ist zur Züchtung bestimmt und trägt daher zur Veredlung der Raçe in anderen Gegenden bei. Die Landleute, welche Ackergeräthschaften von den Mennoniten erworben haben, werden dadurch in den Stand gesetzt, ihr Land sorgsamer zu bebauen und daraus gröſseren Nutzen zu ziehen; die sich bei den Mennoniten vermiethenden Arbeiter gewöhnen sich an die Betriebsamkeit und Ordnungsliebe derselben und verbreiten, in ihre Heimath zurückgekehrt, diese guten Eigenschaften auch dort. Mit einem Wort, wohin man nur blickt, überall treten Spuren des von den Mennoniten ausgeübten Einflusses ans Licht, der sich zwar langsam (was ganz in der natürlichen Ordnung der Dinge ist), aber in unzweideutiger Weise geltend macht und seine erspriefslichen Wirkungen auf das ganze Land ausdehnt.

Möge es auch ferner diesen guten Leuten wohlgehen! Niemals werde ich die Tage vergessen, die es mir beschieden war, in ihrem Kreise zuzubringen, und stets werde ich mich mit Vergnügen der unter ihnen angeknüpften Bekanntschaften erinnern.

(J. M. N. P.)

Ueber die Arbeiten der russischen geographischen Gesellschaft im Jahr 1855*).

1. Wissenschaftliche Expeditionen.

Die umfangreichste der von der Gesellschaft ausgerüsteten Expeditionen hat im verflossenen Jahre ihre Arbeiten begonnen. Durch ihr Personal, durch die Entlegenheit des Schauplatzes ihrer Untersuchungen und durch die ungeheure Ausdehnung der Regionen, die sie zu erforschen bestimmt ist, hat die sibirische Expedition allgemeines Interesse erregt. Aufser den allgemeineren, im östlichen Sibirien vorzunehmenden astronomischen und geodätischen Beobachtungen, sollte dieselbe sich speciell mit der Untersuchung des zwischen der Lena und dem Witim liegenden Territoriums beschäftigen und weiterhin ihre Arbeiten bis zu den südöstlichen Gränzmarken ausdehnen. Dieser Anordnung gemäfs hat sich die erste Abtheilung der Expedition im verflossenen Jahr auf den Weg gemacht. Sie bestand, unter Leitung des Haupt-Astronomen, Herrn Schwarz, aus drei Astronomen, den Lieutenants im Feldmessercorps Roschkow, Usolzow und Smirjagin, dem Landschaftsmaler Meyer und dem Naturforscher Radde. Diese

*) Aus dem „Compte-rendu de la Société géographique impériale de la Russie pour l'année 1855. Rédigé par le secrétaire de la Société E. Lamansky." St. Pet. 1856. 37 S. 8.

Herren reisten zu Anfang des Jahrs nach Irkutsk ab, mit der Anweisung, ihre Arbeiten nach Einholung genauerer Instructionen von dem General-Gouverneur von Ost-Sibirien zu beginnen. Im Interesse des seiner Verwaltung anvertrauten Landes hielt der General Murawjew, nach Prüfung der ihm von dem Haupt-Astronomen vorgelegten Entwürfe, es für nützlicher, die Expedition in mehrere Gruppen zu theilen, um dem Kreise ihrer Untersuchungen eine gröfsere Ausdehnung geben zu können. Einem jeden der Astronomen wurde ein besonderes Terrain überwiesen und die Expedition noch aufserdem durch einen beim Stabe des General-Gouverneurs angestellten Offizier des Topographen Corps, Herrn Orlow, verstärkt.

Für das erste Jahr wurden die Arbeiten unter drei Hauptgruppen vertheilt:

Herr Roschkow wurde sogleich nach seiner Ankunft in Irkutsk nach dem Hüttenwerke von Schilkinsk abgefertigt, von wo aus er die Schilka hinunter schiffen, in den Amur hineinfahren und seine Reise bis zur Mundung dieses Stromes fortsetzen sollte. Dieser Offizier war beauftragt, die wichtigsten Punkte des Amur zu bestimmen, der ein ganz neues Feld für ein derartiges Studium darbot. Von dem Haupt-Astronomen mit den erforderlichen Instrumenten und einer ausführlichen Instruction versehen, reiste Herr Roschkow am 6. Mai von Irkutsk ab und erreichte am 21. den Ort, wo seine Arbeiten beginnen sollten. In Schilkinsk schlofs er sich der Regierungs-Caravane an, mit der er die Fahrt nach dem Amur unternahm, nachdem er inzwischen die Breite des Hüttenwerks bestimmt und seine Chronometer nach Monds-Distanzen regulirt hatte. — Weiterhin bis zum Posten Ust-Strjelotschny, konnte er wegen der Schnelligkeit, mit der die Reise vor sich ging, und aus anderen Ursachen keine astronomischen Beobachtungen anstellen. Als zweiten Punkt wählte er den Posten Ust-Strjélotschny, dessen Länge und Breite astronomisch bestimmt wurden. Der dritte Punkt war der Felsen Zagajan ungefähr 360 Werst von dem zweiten gelegen; von dort aus stromabwärts bis zur Mündung des

Zungari war es dem Reisenden unmöglich, einen einzigen Punkt zu bestimmen; die Schnelligkeit der Fahrt und ungünstige Witterung waren an einer so bedeutenden Lücke Schuld. Jenseits der Bergkette Chin-Ghan trennte sich der Lieutenant Roschkow von der Caravane und setzte in Begleitung der von dem sibirischen Filial der geographischen Gesellschaft organisirten wissenschaftlichen Expedition seine Fahrt bis zum Kisy-See fort.

Auf dieser Strecke hat der Astronom zwölf Punkte bestimmt: 1) einen Punkt am linken Ufer des Amur; 2) die der Mündung des Zungari gegenüberliegende Insel; 3) die Mündung des Zungari; 4) einen Punkt am rechten Ufer des Amur; 5) die Mündung des Usuri; 6) den Berg Cholkó, am rechten Ufer; 7) die Sandbänke von Oksemi; 8) den Berg Tschulatschi, am rechten Ufer des Amur; 9) einen Punkt beim Cap Maje; 10) einen Punkt beim Dorfe Polsia; 11) einen Punkt beim Dorfe Tozcho; 12) einen Punkt beim Dorfe Oery. Am 7. August langte Herr Roschkow im Posten Mariinsk an und reiste bald darauf weiter. Während der Fahrt von diesem Posten bis zu dem von Nikolajewsk bestimmte er sechs Punkte, nämlich: 1) den Posten Mariinsk; 2) einen Punkt beim Dorfe Kadi; 3) das Dorf Michailowsk; 4) das Dorf Teryn: 5) das Dorf Maghó; 6) den Posten Nikolajewsk. Dort sollte er den Winter zubringen, um alsdann seine Arbeiten in der Bai des Amur und auf der Insel Saghalin fortzusetzen.

Es geht aus diesem kurzen Ueberblick der Beschäftigungen des Herrn Roschkow, der bisher kaum Zeit gefunden, über dieselben Bericht abzustatten, hervor, dafs er im Laufe des Sommers 21 Punkte am Amur bestimmt hat, von welchen die drei ersten dem oberen, die übrigen dem unteren Lauf des Flusses angehören. Der Haupt-Astronom bezeugt, nach Prüfung des ersten von Hrn. Roschkow übersandten Berichts und des von ihm bei seinen Beobachtungen angewandten Verfahrens, dafs wenn er später auf seiner Rückkehr bei gröfserer Mufse die vornehmsten Positionen, die Mündung des Zungari und die Posten Mariinsk und Nikolajewsk, vermittelst des

Passage-Instruments nach den Mondsculminationen bestimmt haben wird — welche Beobachtungen die bisherigen, mit Hülfe des großen Pistorschen Kreises angestellten vervollständigen würden — die astronomischen Bestimmungen des unteren Amur, achtzehn an der Zahl, als sehr befriedigend gelten können. Außer diesen Arbeiten hat Hr. Roschkow eine Recognoscirung vom Posten Ust-Strjelotschny bis Albasin und vom Posten Mariinsk bis Nikolajewsk bewerkstelligt. Zwischen Albasin und dem Posten Mariinsk wurde die Recognoscirung von Herrn Sondhagen, Seconde-Lieutenant im Topographen-Corps, aufgenommen, der sich bei der von der sibirischen Filialgesellschaft ausgerüsteten Expedition befindet.

Die Ufer des Amur wurden ferner von Herrn Akademiker Meyer, dem Maler der Hauptexpedition, besucht. Im Monat Mai zu Irkutsk angelangt, ergriff Herr Meyer die erste Gelegenheit, nach dem Amur abzureisen, wo eine jungfräuliche Natur, neue Oertlichkeiten und noch wenig bekannte Völkerschaften ihm trotz der Schnelligkeit, mit der er nach seinem Bestimmungsorte (der Mündung des Flusses) schiffte, die Möglichkeit darboten, sein Album mit zahllosen Zeichnungen und Skizzen zu bereichern. Alles was die Blicke des Künstlers auf sich zog, unter anderem auch die geologischen Erscheinungen, wurde mit so vieler Genauigkeit abgebildet wie es nur die Umstände gestatteten. Die so hingeworfenen Skizzen wurden von Herrn Meyer nach seiner Ankunft in Nikolajewsk vollendet. Während des Sommers hatte er noch Zeit, einen Ausflug nach dem Tatarischen Canal, der Castries-Bai und einigen benachbarten Inseln zu unternehmen und dort mehrere pittoreske Ansichten zu zeichnen. Um seine Materialien in Ordnung zu bringen und seine Skizzen auszuführen, ist Herr Meyer an der Mündung des Amur zurückgeblieben, wo er den Winter zu verleben gedachte. Sein Aufenthalt in jener Gegend versprach ihm auch Gelegenheit zu einem ethnographischen Studium zweier einheimischen, neben einander wohnenden Volksstämme, der Giljaken und der Mangunen, deren Lebensweise, Tracht, Hausgeräth, nebst einigen linguistischen

Eigenthümlichkeiten, den Gegenstand seiner Beobachtungen bilden werden. Im Frühling des gegenwärtigen Jahrs (1856) will Herr Meyer, in der Absicht sein Album durch Ansichten des oberen Amur zu vervollständigen, den Fluſs wieder bis zum Posten Ust-Strjelotschny hinauffahren, von dort über Schilkinsk und Nertschinsk die südliche Gränze bis Kjachta verfolgen, dann den Gusinoje-See und die Pagoden von Bambuda besuchen und über Tunka nach Irkutsk zurückkehren.

Der Haupt-Astronom und die anderen Mitglieder der Expedition, mit Ausnahme des Naturforschers Radde, haben den Transbaikalischen District zum Schauplatz ihrer Thätigkeit erwählt. Der Zweck ihrer Arbeiten war: 1) den Lauf des Witim von seiner Quelle bis zur Einmündung in die Lena zu untersuchen; 2) die obere Angara und den Bargusin zu erforschen, und 3) die wichtigsten Punkte des südlichen Theils von Transbaikalien genau zu bestimmen.

Die Frage über den directesten Verbindungsweg zwischen dem Transbaikalischen District und der Lena ist für die Industrie dieses Landes von hohem Interesse. Die bedeutende Entwickelung des Minenbetriebes im Bassin der Olekma hat den Begehr nach Getreide, Hornvieh und Pferden in dieser Gegend, wo alle derartigen Gegenstände von Irkutsk, Jakusk und sogar aus dem Thal des Wilui bezogen werden, stark vermehrt. Es wäre für die dortige Handelswelt ein unschätzbarer Vortheil, wenn es gelänge, eine Communication herzustellen, die sie in den Stand setzte, ihren Bedarf direct aus Transbaikalien zu beziehen, wo jene Artikel weit billiger zu haben sind. Die Exploration des Witim hat daher eine ausserordentliche praktische Wichtigkeit.

Um dieses Problem zu lösen, vertheilte Herr Schwarz die Arbeiten unter den Mitgliedern der Expedition in folgender Weise: Der Seconde-Lieutenant Smirjagin erhielt den Auftrag, sich nach dem Ulkyrsker See zu begeben, den Fluſs, der aus diesem See hervorströmt, bis zu seinem Zusammenfluſs mit dem Witim zu verfolgen und dann den Witim hinab bis zu seiner Einmündung in die Lena zu schiffen. Um den oberen

Lauf des Witim zu erforschen, entsandte Herr Schwarz den Lieutenant Usolzow nach Nertschinsk, mit der Anweisung, die Nertscha bis zu ihrer Quelle hinaufzufahren, dann über den Jablonnoi-Chrebet vorzudringen, zu den Zuflüssen des Witim hinabzusteigen und den Thalweg des letzteren bis zu seinen Quellen zu verfolgen. Zugleich wurde der Lieutenant Orlow beauftragt, von der Stadt Bargusin aus die Thäler der oberen Angara und des Bargusin zu bereisen. Diese Explorationen umfaſsten den ganzen nordöstlichen Theil des Transbaikalischen Districts.

Der Haupt-Astronom machte im Laufe des Sommers einen Ausflug im südöstlichen Theil dieses Landes. Nachdem er die Lage von Nertschinsk bestimmt hatte, begab er sich nach dem Nertschinsker Sawod, den er unterweges chronometrisch mit dem Dorfe Schelopugin verband. Das magnetische Observatorium des Hüttenwerks wurde ihm zur Verfügung gestellt, wodurch es ihm möglich ward, eine ganze Reihe von genauen astronomischen Beobachtungen vorzunehmen. Von dort setzte er seine Reise nach dem Ostrog Argun fort, um diesen Ostrog und die Mündung des Urow, der in den Argun fällt, chronometrisch mit Nertschinskoi Sawod zu verbinden.

Nach dem Sawod zurückgekehrt, machte Herr Schwarz noch mehrere Beobachtungen und reiste dann wieder ab, um weiter gegen Westen vorzudringen. Er besuchte im Vorbeigehen die Hütte von Alexandrowsk, das Fort Zuruchaitui und den Posten Abagaitui, und bestimmte die geographische Lage dieser Punkte. Die schlechten Wege hielten ihn im Fort Schindansk zurück und nöthigten ihn, diesen Ort zum zweiten Grundpunkt zu nehmen, um nicht den Mondwechsel verstreichen zu lassen. Nachdem er seine Beobachtungen am 19. August vollendet, verband er diesen Punkt durch einen chronometrischen Marsch mit dem Dorfe Ust-Ilt und dem Posten Kyrinsk. Da es ihm unmöglich war, über den Fluſs Kyra zu setzen, so sah er sich hierdurch verhindert, seine Explorationen weiter gegen Westen auszudehnen; er muſste nach Ust-Ili zurückkehren und über Tschita und das Dorf Ukyrsk, deren geographische Lage von ihm bestimmt wurde, sich nach der Stadt Werchneudinsk begeben. In dieser Ortschaft angekommen, welche er zum dritten Grundpunkt erwählte, empfing er von Herrn Roschkow Nachrichten, die seine Gegenwart in Irkutsk nothwendig machtee. Indem er daher die Bestimmung der Länge von Werchneudinsk bis zum Winter aufschob, reiste er augenblicklich nach Irkutsk ab, um noch rechtzeitig neue Instructionen an Herrn Roschkow nach den Ufern des Amur gelangen zu lassen. Auf dem Wege von Werchneudinsk nach Irkutsk verband er ersteren Punkt mit dem Kloster Posolskoi am Baikal. Die Lage des Klosters war von Herrn Schwarz schon im Jahr 1850 während seiner ersten transbaikalischen Reise astronomisch bestimmt worden.

Ueber die Arbeiten der mit der Untersuchung des nordöstlichen Transbaikaliens beschäftigten Mitglieder der Expedition sind noch keine ausführliche Nachrichten in Petersburg eingegangen. Indessen hat Herr Usolzow die Exploration des oberen Witim-Thales mit Erfolg ausgeführt und einen allgemeinen Bericht über seine Reise und die von ihm vorgenommenen Arbeiten abgestattet. Am 26. Juni reiste er mit seinem Detachement von Nertschinsk ab und fuhr die Nertscha bis zum Flecken Sjulsa und weiter bis zu ihren Quellen hinauf; nachdem er diese letzteren untersucht, ging er im Monat August über die Bergkette des Jablonnoi Chrebet und gelangte so an die Quelle der Flüsse, die sich in die Kirenga und den Witim ergiefsen. Von hier aus setzte das Detachement des Herrn Usolzow seine Reise westlich zu den Quellen der Kirenga durch Moräste und noch öfter durch enge Schluchten fort, überschritt von neuem die Wasserscheide der Kirenga und des Witim und drang über das Thal der Flüsse vor, die in die Konda fallen. Die Untersuchungen immer mehr gegen Westen ausdehnend, gelangtem an auf der Konda bis zur Einmündung derselben in den Witim, fuhr den letzteren bis zu seiner Quelle hinauf und erreichte endlich die Steppen von Bargusinsk und die Mündung des Bargusin. Auf der Reise durch diese noch unerforschten Gegenden hat Herr

Usolzow die geographische Lage von folgenden fünf Punkten bestimmt: 1) die Mündung des Flusses Berei; 2) die Mündung des Baches Chilykel, der in die Konda fällt; 3) einen Punkt am Ufer der Kirenga, drei Werst von der sich in dieselbe ergiefsenden Marekta; 4) die Quelle des Witim; 5) die Stadt Bargusinsk. Ferner hat er die Breite von nachstehenden neun Punkten bestimmt: die Mündung des Flusses Uldurga; das Dorf Kykir; die Mündung der Kudjirnia; die Mündung der Bugarikta; die Quelle der Nertscha; den Zusammenflufs des Talakan und der Besimjannaja; die Mündung der Jelia, die in die Kirenga fällt; einen Punkt am Ufer des Witim, der Mündung des Choloi gegenüber; die Mündung der Djilinda zu Nertschinsk. Ueberall wo das Detachement am Mittag Halt machte, wurden bei günstiger Witterung Beobachtungen über die Inclination der Magnetnadel angestellt. Von dem ganzen Raum, über den sich die Reise erstreckte (über 1000 Werst) ist eine Recognoscirung ausgeführt worden. In dem Tagebuch des Herrn Usolzow sind seine Beobachtungen über den Charakter und die Beschaffenheit der von ihm besuchten Gegenden genau verzeichnet und die den Flüssen, Bergketten, Thälern und anderen bemerkenswerthen Localitäten von den Eingeborenen beigelegten Namen angegeben. Beim Hinauffahren der Nertscha, von der Hälfte des Weges ab, wurde der Reisende über einen Monat lang von Orotschonen, einem Tungusen-Stamm begleitet, wodurch er Gelegenheit erhielt, die Lebensweise dieser Nomaden kennen zu lernen und Nachrichten über ihre Beschäftigungen, ihre Industrie und besonders über ihre Sommer- und Winterlager an den Ufern des Witim einzuziehen. Um die so wichtige Frage in Betreff der Communicationen zwischen dem Transbaikalischen District und den Zuflüssen der Lena aufzuklären, hat Herr Usolzow keinen Anlafs versäumt, bei den Eingeborenen und den Jägern Nachfragen über die Verbindungen anzustellen, die zwischen der Umgegend des unteren Laufes der Nertscha und dem Witim existiren. In seinem kurzen Bericht sind alle Hauptrouten angegeben, die von den Eingeborenen verfolgt werden; eine vollständige Beschreibung jeder einzelnen von ihnen, mit Bezeichnung der Jahreszeiten, in welchen diese Wege passirbar sind, kann jedoch der Gesellschaft erst später vorgelegt werden.

Der Lieutenant Orlow ist von seiner Reise nach der Gegend des Bargusin erst im December nach Irkutsk zurückgekehrt. Ueber seine Arbeiten sind noch keine näheren Berichte eingegangen.

Was Herrn Smirjagin anbetrifft, der das Thal des Witim stromabwärts bis zu seiner Mündung in die Lena untersuchen sollte, so hat man Grund, ernstliche Besorgnisse über das Schicksal dieses Offiziers zu hegen. Unmittelbar von ihm hat der Haupt-Astronom nur ein vom 10. Juli datirtes Schreiben erhalten, um welche Zeit Herr Smirjagin den See Korgo verlassen und den Bach Jungondin überschritten hatte, und die Ankunft von Führern erwartete, um sich nach dem Witim zu begeben. Seitdem hat er nichts mehr von sich hören lassen. Im Monat December meldete der Lieutenant Orlow bei seiner Rückkehr von den Flufsthälern der Angara und des Bergusin, dafs nach Aussage der Tungusen Herr Smirjagin die Mündung der Zipa, die in den Witim fällt, passirt und gegen Ende August sich an der Mündung des Buibunko, eines Nebenflusses zur linken Seite des Witim, zwischen der Zipa und der Muja, befunden habe. Hier hätte Herr Smirjagin drei Tungusen gemiethet, um in einem Canot von Baumrinde den Witim 100 Werst hinab zu schiffen. Er wurde hierzu namentlich durch den Umstand veranlafst, dafs der Witim in dieser Gegend zwischen steilen Felsen fliefst, die man zu Pferde nicht übersteigen kann.

Die Befürchtungen, welche das lange Ausbleiben des Herrn Smirjagin hervorrief, haben die Localbehörden bewogen, eine Gesellschaft Tungusen den Witim hinaufzuschicken, um seine Spuren zu suchen. Bis jetzt hat man indessen noch nichts über sein Schicksal erfahren.

Gleichzeitig mit den Arbeiten der mathematischen Abtheilung, begann auch der Naturforscher der Expedition, Herr

Radde, unmittelbar nach seiner Ankunft in Irkutsk seine Beschäftigungen, die das zoologisch-botanische Studium der nordwestlichen Ufer des Baikal, von der Mündung der Angara bis zu ihrem oberen Laufe, und der Südostküste des Sees bis an die Mündung der Selenga zum Gegenstande hatten. Von dort sollte der Naturforscher sich an den See Gusinoje begeben, um den Zug der Vögel zu beobachten. Herr Radde hat von seiner ersten Reise bedeutende naturwissenschaftliche Sammlungen mitgebracht und arbeitet jetzt an der Abfassung eines detaillirten Berichts über die Ergebnisse derselben.

— Die zweite, von der Gesellschaft unter Mitwirkung des Ministeriums der Reichsdomainen ausgerüstete Expedition zur Untersuchung der Fischereien des Kaspischen Meeres, hat im Laufe des verflossenen Jahres ihre Operationen beendigt. Das Ministerium hat unlängst von Herrn Akademiker Baer, dem Chef der Expedition, einen ausführlichen Bericht empfangen, den man demnächst veröffentlichen wird.

2. Kartographische Arbeiten der Gesellschaft.

Während des verflossenen Jahres beschränkten sich die kartographischen Arbeiten der Gesellschaft auf die Fortsetzung der Herausgabe des Atlas vom Gouvernement Twer, der jetzt ganz vollendet ist. Dieses Unternehmen ist unter der unmittelbaren Aufsicht des General-Major A. Mendt und unter der obersten Leitung des Vice-Präsidenten der Gesellschaft ausgeführt worden. Auf die Karten der sieben ersten Kreise des Gouvernements folgten im Laufe des vergangenen Jahres vier Hefte, die Kreise Bjejesk, Nowo-Torjok, Ostaschkow und Wesjegonsk enthaltend, und endlich in diesem Jahre (1856) das letzte, mit dem Kreise Wyschni-Wolotschok. In ihrer Composition und künstlerischen Ausführung stehen die letzten Hefte des Atlas den früheren, die sich den Beifall der gelehrten Welt erworben haben, in keiner Beziehung nach.

Außerdem wurde die Herausgabe einer geognostischen

Karte der devonischen Region des europäischen Russlands, zwischen dem Woronej, dem Don und der Wolga, auf Grundlage der Untersuchungen des Herrn Pacht vorbereitet.

Die ethnographische Karte des europäischen Russlands erschien in einer dritten Auflage mit mehreren von dem Verfasser nach den neuesten Datis angebrachten Zusätzen und Verbesserungen.

Endlich theilte das Bulletin der Gesellschaft Karten der neuesten Entdeckungen der Engländer in den arktischen Gewässern und eine Karte des Amur mit.

3. Publicationen der Gesellschaft.

Die Gesellschaft hat im Laufe des verflossenen Jahres folgende Werke veröffentlicht:

1) Den zweiten Band der Arbeiten der Ural-Expedition, redigirt von Herrn Hoffmann, Chef der Expedition, unter dem Titel: „Der nördliche Ural und das Küstengebirge Poe-Choi." Er besteht aus folgenden Hauptstücken: Historische Beschreibung der Reise und geognostische Beobachtungen, von Herrn Hoffmann; Verzeichnifs der Fossilien, classificirt vom Grafen Kaiserling; Beschreibung der verschiedenen Arten Mineralien, von Herrn Professor Rose; Bemerkungen über die Wirbelthiere des europäischen Russlands, besonders des nördlichen Ural, von Herrn Akademiker Brandt; Flora Boreali-Uralensis, von Herrn Ruprecht; meteorologische und hypsometrische Tabellen und Bemerkungen über die Temperatur der Quellen. Die Mannigfaltigkeit der von der Expedition ausgeführten wissenschaftlichen Untersuchungen erklärt es hinlänglich, warum dieses Werk, dessen typographische Ausstattung der Wichtigkeit seines Gegenstandes entspricht, nicht früher hat erscheinen können *).

2) Dasselbe Werk in deutscher Sprache.

3) Statistische Beschreibung der Stadt Kaljasin etc., als erster Theil eines erklärenden Textes zum Atlas des Gou-

*) Einen ausführlichen Bericht über beide Bände dieses Werkes werden wir in diesem Bande des Archivs geben. E.

vernements Twer, wovon die übrigen Bände allmälig erscheinen sollen.

4) Uebersicht der merkwürdigsten Reisen und der Fortschritte der Geographie von 1848 bis 1853, von Herrn Svenske. Separat-Abdruck einer bereits im Bulletin der Gesellschaft mitgetheilten Arbeit. Im verflossenen Jahr ist der erste Band erschienen; der eine vollständige Uebersicht der im gedachten Zeitraum unternommenen Reisen in der alten Welt und ihrer Resultate enthält.

5) Catalog sämmtlicher Karten von Russland, von Herrn Perewoschtschikow. Erstes Heft: Geographische Karten aus dem 18. Jahrhundert.

6) Bulletin (Wjestnik) der Gesellschaft, 6 Hefte oder über 97 Druckbogen. Der Hauptzweck dieser Zeitschrift, die der Redaction des Herrn Lamanskji anvertraut ist, besteht wie früher darin, als Organ für die wissenschaftliche Thätigkeit der Gesellschaft zu dienen, Nachrichten über die Geographie, Statistik und Ethnographie Russlands zu verbreiten und das russische Publicum mit den Fortschritten der Erdkunde im Allgemeinen und den Arbeiten der gelehrten Societäten des Auslandes bekannt zu machen.

7) Landwirthschaftliche Chronik, oder Sammlung von Beobachtungen zur Bestimmung des Klima's von Russland für das Jahr 1851. Redacteur: Hr. Poroschin.

8) Bericht der kaiserlich russischen geographischen Gesellschaft für das Jahr 1854.

9) Aufserdem sind in französischer Sprache die Berichte der Gesellschaft für 1853 und 1854, zur Vertheilung unter die auswärtigen Mitglieder und gelehrten Vereine, gedruckt worden.

Die folgenden Publicationen sind noch unter der Presse oder im Begriff, veröffentlicht zu werden:

1) Band XI der Memoiren (Sapiski) der Gesellschaft, redigirt von Herrn Jeroféjew. Er enthält meistens Aufsätze, die von Tafeln und Zeichnungen begleitet sind, deren Ausführung viele Zeit erfordert, und wird im Laufe des Jahres

(1856) erscheinen. Folgende Arbeiten haben darin eine Stelle gefunden: Bericht über die Explorationen der devonischen Region des europäischen Russlands, von den Herren Helmersen und Pacht; wissenschaftliche Bemerkungen über das Kaspische Meer, von Herrn Akademiker Baer; Berechuung der Sonnen und Mondfinsternisse bis zum Jahr 2001, von Herrn Semenow; die Flüsse des Gouvernements Poltawa, von Herrn Markéwitsch.

2) Die bemerkenswertheste Publication, welche die Gesellschaft im Laufe des verflossenen Jahres beschäftigt hat, ist die Uebersetzung von Ritter's „Erdkunde". Nach der Rückkehr des Herrn Semenow, der die Aufgabe übernommen, dieses Werk zu übertragen und zu vervollständigen, war die Arbeit so rasch vorgerückt, daſs es möglich wurde, zum Druck des russischen Textes zu schreiten. Er wird folgende Hauptstücke des Ritter'schen Werkes (mit Zusätzen und Bemerkungen) umfassen: 1) Der östlichste Theil der groſsen asiatischen Hochebene, die Mandjurei und den Chin-Ghan enthaltènd; der südöstliche Theil oder die südliche Mongolei; der nördliche Theil oder der Thian-Schan, die Dsungarei und der chinesische Altai. 2) Das Altaische Sibirien. Diese beiden Abtheilungen entsprechen dem ersten Bande des deutschen Originals. 3) Das Baikalische Sibirien, Daurien und die Wüste Gobi, oder der zweite Band des Originals. 4) System des Amur, Korea und das eigentliche sogenannte China, oder der dritte Band des Ritter'schen Werkes. 5) Das obere Turkestan, die kleine Bucharei und Geschichte der Völkerschaften Central-Asiens. 6) und 7) Iran.

Die russische Ausgabe wird mithin sieben Bände stark sein. Die Uebersetzung ist beinah vollendet; was die Compilation der Zusätze und Bemerkungen anlangt, so geht sie, Dank der unermüdlichen Thätigkeit des Redacteurs, rasch von statten, trotz der verwickelten Arbeit, welche die Auswahl und Vergleichung der aus den mannigfachsten Quellen entnommenen Angaben erfordert. Der erste Band, der die erste Hälfte vom ersten Bande des Originals enthält und etwa

35 Druckbogen, nebst 20 Bogen Zusätze und einem geographischen Register (mit welchem jeder Band versehen werden soll) in sich schliefst, ist vor kurzem erschienen.

3) Ethnographisches Collectaneum (Etnographitscheskji Sbornik), 3r. Band. Nach einem von der ethnographischen Section der Gesellschaft gefafsten Beschlusse besteht diese, der Redaction des Akademikers Korkunow anvertraute, Sammlung vom dritten Bande an aus zwei Abtheilungen, wovon die eine sich mit den Völkern slavischer Race, die andere mit den Inorodzy oder nicht-slavischen Volksstämmen beschäftigen wird.

Unter den Schriften deren Druck noch nicht begonnen hat, für welche aber die Materialien zum Theil bereit liegen, sind zu erwähnen:

1) Der dritte Band der Sammlung von statistischen Nachrichten über Russland. Im Laufe des verflossenen Jahres hatte die statistische Section eine hinlängliche Anzahl hierzu bestimmter Aufsätze und Materialien vorräthig. Nach Festsetzung des Programms für diese Arbeit, wurde die Redaction derselben dem Herrn Besobrasow übertragen.

2) Denkmäler der russischen Volkssprache. Die Bearbeitung dieses Werks hat Herr Sresnewskji, Vorsitzender der ethnographischen Section, unternommen. Er fährt fort die für das Wörterbuch der geographischen und populairen Terminologie bestimmten Materialien zu ordnen, die er mit neuen, von ihm gesammelten Datis bereichert hat.

3) Statistisches Jahrbuch. An diesem seit mehreren Jahren projectirten Unternehmen ist in der letzten Zeit fleifsig gearbeitet worden und man hofft im Laufe des Sommers zum Druck schreiten zu können.

4) Uebersicht des inneren Handels von Russland. Die Fortschritte dieser Arbeit haben sich auf die Einsammlung von Nachweisungen und das Ordnen und Prüfen der von den Behörden und dem Handelsstande auf die ihnen vorgelegten Fragen ertheilten Antworten beschränkt. Leider haben die Resultate dieser Erkundigungen gröfstentheils den Erwartungen

der Gesellschaft nicht entsprochen; sie liefern ein zu ungenügendes Material, um als Grundlage zu einem ernsthaften Studium des inneren Handels dienen zu können, der bekanntlich von so complicirtem Charakter ist. So unvollständig sich aber auch die erhaltene Auskunft gezeigt hat und so wenig sie zu definitiven Ergebnissen führen kann, wird sie doch den Stoff zur Kenntnifs einer oder der anderen Localität geben und die Gesellschaft hat sich daher zur Fortsetzung dieses Unternehmens entschlossen. Von den unter ihren Auspicien angestellten Untersuchungen bieten die über die Jahrmärkte der Ukraine ein grofses Interesse dar; leider ist Herr Aksakow, der mit denselben beauftragt war, und der eine reiche Aerndte von Localnotizen eingesammelt hatte, durch die Ereignisse des Krieges den wissenschaftlichen Beschäftigungen auf eine Zeit lang entrissen worden, indem er gleich nach seiner Rückkehr aus der Ukraine in den Militairdienst trat.

5) Endlich hat man im verflossenen Jahre die Bearbeitung der Materialien fortgesetzt, die von der zur Erforschung des Berges Bogdo, im Gouvernement Astrachan, ausgerüsteten Expedition gesammelt wurden. Die an Ort und Stelle vorgenommenen astronomischen, geodätischen und topographischen Arbeiten sind schliefslich verificirt worden; gegenwärtig werden Karten und Pläne der bereisten Gegenden angefertigt und ein detaillirter Bericht über die mathematischen Beobachtungen der Expedition, so wie ein Resumé der erlangten Ergebnisse ausgearbeitet. Die Veröffentlichung der von Herrn Auerbach ausgeführten geognostischen und anderen Explorationen ist allmälig vorbereitet worden. Im Laufe des Jahres hat man beinah sämmtliche von ihm mitgebrachte Metalle und Mineralien classificirt und viele derselben so wie auch mehrere Salze, das Wasser der Mineralquellen, die Asche von fünf verschiedenen Pflanzenarten (aus den Salzseen) und das in der Kalmücken-Steppe gefundene Meteoreisen der chemischen Analyse unterworfen. Ferner hat man Zeichnungen von allen zu Tage geförderten Fossilien (Krystallgestalten?) und von mehreren geologischen Durchschnitten angefertigt

und die magnetischen und meteorologischen Beobachtungen zusammengestellt. Nach allen diesen Vorarbeiten ist zur Abfassung des historischen Reiseberichts und eines Exposé der allgemeinen Resultate der Untersuchungen geschritten worden.

Aufser den Schriften die in den verschiedenen Publicationen der Gesellschaft, als den Memoiren, den Sborniks und dem Wjestnik, einen Platz gefunden haben, liegen ihr noch eine Menge Aufsätze vor, die der Veröffentlichung entgegensehen. Ohne die in früheren Jahresberichten erwähnten Arbeiten zu rechnen, sind der Gesellschaft in der letzten Zeit unter anderen nachstehende Manuscripte zugegangen:

1) Beschreibung der Schifffahrt auf dem Amur durch die von dem General-Gouverneur von Ostsibirien im Jahr 1854 organisirte Expedition. Von dem Mitgliede der Gesellschaft Herrn Swerbéjew.

2) Nachrichten über das Chanat Kokan, von Herrn Weljaminow-Sernow.

3) Geographische Terminologie des östlichen Asiens, von Herrn Schtschukin.

4) Beschreibung und Resultate der auf der Reise durch das Petschora-Land angestellten Untersuchungen, von Herrn Krusenstern.

5) Register der Nachrichten über die in Russland angesiedelten fremden Volksstämme, eine umfangreiche, von Herrn Akademiker Köppen compilirte und der ethnographischen Section zur Verfügung gestellte Arbeit.

6) Ueber die Religion der heidnischen Tscheremissen im Gouvernement Kasan, vom Geistlichen Wischnewskji.

7) Uebersicht der geodätischen Arbeiten in Russland von 1848 bis 1853, von Herrn Maksimow.

8) Eine Beschreibung der Reise der Sloops Wostok und Mirny, nach dem antarktischen Ocean in den Jahren 1819 bis 1821, aus den Papieren des verstorbenen Professors Simonow.

9) Ueber die vulkanischen Phänomene Central-Asiens, von Herrn Semenow.

4. Preise für wissenschaftliche Arbeiten.

Die Verleihung der von dem erlauchten Präsidenten der Gesellschaft gestifteten, zur Belohnung von Leistungen im Fache der Geographie, Statistik und Ethnographie bestimmten Constantins-Medaille ist auf das künftige Jahr ausgesetzt worden.

Die statistische Prämie des Commerzienraths Jukow wurde in Folge des Berichts einer besonderen, aus den Herren Oserskji, Gajewskji und Lamanskji bestehenden, zur Beurtheilung aller im Jahr 1854 erschienenen statistischen Werke niedergesetzten Commission dem Herrn Woronow für seine „Historisch-statistische Uebersicht der Lehranstalten des St. Petersburger Lehrbezirks von 1829 bis 1854" zuerkannt. Der Arbeit des Herrn Wolskji: „Historische Skizze des Getreidehandels in Neu-Russland von den ältesten Zeiten bis zum Jahr 1852" wurde eine ehrenvolle Erwähnung zu Theil.

Die Frist die zur Bewerbung um den von der Section für physische Geographie ausgesetzten Preis bestimmt war, ist im verflossenen Jahre abgelaufen. Die von derselben gestellte Aufgabe hatte eine vollständige Beschreibung sämmtlicher Mineralquellen in Russland zum Gegenstande. Eine einzige Arbeit wurde eingesandt; da sie aber bereits gedruckt und mit dem Namen des Verfassers erschienen war, so konnte sie nicht berücksichtigt werden.

5. Arbeiten der Filialgesellschaften.

Die kaukasische Hülfsgesellschaft, durch den Krieg in ihren Beschäftigungen gehemmt, hat sich während des Jahrs 1855 auf die Bearbeitung der für den dritten Band ihrer Memoiren bestimmten Artikel und auf den Druck desselben beschränken müssen. Dieser Band, der unter der Redaction des Herrn Werderewskji herausgegeben wurde, enthält folgende Aufsätze: „Ueber die Talyschiner, ihre Lebensweise und Sprache", von Herrn Riſs; „über den Kreis Tuschino-Pschawo-

Chewsur", von dem Fürsten Eristow, und „Reise in das freie Swanetien", von Herrn Bartholomäi.

Da der Jahresbericht über die Operationen der sibirischen Hülfsgesellschaft noch nicht eingegangen ist, so kann hier nur erwähnt werden, dafs ihre Thätigkeit sich hauptsächlich in den Beschäftigungen der zur Untersuchung des am linken Ufer des Amur gelegenen Landstrichs ausgerüsteten Expedition concentrirte. Diese Expedition ist nunmehr nach Irkutsk zurückgekehrt; über die Resultate ihrer Arbeiten hat man jedoch noch keine Details empfangen.

Von den Memoiren der sibirischen Hülfsgesellschaft sind jetzt zwei Bände fertig, von welchen der erste demnächst in Petersburg erscheinen wird.

Untersuchungen der russischen geographischen Gesellschaft im Jahr 1856.

Am 27. October (8. November) 1856 hielt die russische geographische Gesellschaft eine Sitzung, in welcher unter anderem der Vice-Präsident, M. N. Murawjew, Rechenschaft über die Beschäftigungen der Gesellschaft während der Sommermonate des genannten Jahres abstattete. Da der vollständige Bericht erst später erscheinen wird, so entlehnen wir der *Sjéwernaja Ptschelà* eine Uebersicht der in jener Sitzung stattgefundenen Verhandlungen, die zum Theil als Ergänzung des vorstehenden Auszugs aus dem Compte-rendu der Gesellschaft für 1855 dienen kann.

Das bemerkenswertheste Unternehmen der Gesellschaft im gegenwärtigen Jahre — sagte Herr Murawjew — bildet noch immer unsere sibirische Expedition. In dem Jahresbericht wurden die ersten kurzen Notizen über die Arbeiten derselben im Laufe des ersten Jahres mitgetheilt. Heute beschränke ich mich darauf, die Operationen, über deren Ausführung detaillirte Berichte eingegangen sind, aufzuzählen und die Beschäftigungen der Mitglieder der Expedition während des verflossenen Sommers anzugeben. Die Früchte des ersten Jahres unserer Expedition im östlichen Sibirien waren genaue astronomische Bestimmungen der wichtigsten Punkte des Transbaikalischen Gebiets durch den Haupt-Astronomen

Herrn Schwarz und die ersten Beobachtungen des Lieutenants Roschkow an den bemerkenswerthesten Punkten des oberen und unteren Amur. Zur Vervollständigung der letzgenannten Arbeit erhielt die Gesellschaft durch die Güte ihres Mitgliedes, des Grafen Putjatin, das Journal der von dem Midshipman Peschtschurow während der Fahrt von dem Posten Mariinsk bis zu dem Ursprung des Amur angestellten Ortsbestimmungen. Der Naturforscher der Expedition, Herr Radde, lieferte eine ausführliche Schilderung der Naturverhältnisse des Baikal; auch hat er auf seiner ersten Reise mehrere Abbildungen seltener Vögel und Fische angefertigt und Bälge von 86 verschiedenen Thier-Arten, im Ganzen 251 Exemplare, hergestellt. Zum Hauptschauplatz der Explorationen wurde jedoch das Thal des Witim, nebst den ihm nächst gelegenen Flufsthälern des Bargusin, der nördlichen Angara und der Nertscha erwählt, über welchen Theil der südlichen Hälfte von Ostsibirien man bisher die ungenügendsten Kenntnisse besafs. Die zur Ausführung von topographischen und astronomischen Arbeiten in diesem Landstrich gewählten Offiziere waren die Herren Usolzow, Orlow und Smirjagin. Die beiden ersteren kehrten glücklich und mit reichen Materialien für die Geographie des Landes von ihren Reisen zurück. Der letztere, dem der wichtigste Theil der astronomischen Arbeiten anvertraut und dem eine Marschroute vorgeschrieben war, welche die seiner beiden Collegen durchschneidet, sollte sich nach dem mittleren Laufe des Witim begeben und längs dem Thal dieses Flusses bis zur Mündung desselben in die Lena vordringen. Das lange Ausbleiben von Nachrichten über diesen Officier erregte schon zu Ende des vergangenen Jahres ernste Besorgnisse über sein Schicksal, welche leider in der beklagenswerthesten Weise bestätigt worden sind. Im Monat April liefen in Irkutsk amtliche Berichte über den gewaltsamen Tod des Herrn Smirjagin ein, der von einem Eingebornen aus Habgier erschlagen wurde. Eine Untersuchung über dieses Ereignifs ist bereits angeordnet.

In Folge dieses traurigen Zwischenfalls war die Exploration des unteren Witim unvollendet geblieben. Zur Ausfüllung dieser Lücke in den Beobachtungen der Expedition wurde ihr durch Vermittlung der sibirischen Behörden der Seconde-Lieutenant Sondhagen zucommandirt, der sich schon während der Expeditionen der sibirischen Hülfsgesellschaft nach dem Wilui und Amur so bedeutende Verdienste um die Wissenschaft erworben hatte. Aber ein neues Unglück erwartete unsere Expedition. An demselben Tage als dieser Offizier, nach Empfangnahme von Instrumenten, Instructionen und Vorräthen, zur Fortsetzung der Arbeiten des Herrn Smirjagin von Irkutsk abreisen wollte, machte ein Schlagflufs seinem Leben ein Ende und beraubte uns seiner nützlichen Unterstützung. An allen anderen Punkten gingen die Arbeiten der Expedition mit vollständigem Erfolge von statten. Die Gesellschaft hat in diesem Jahre von dem Herren Usolzow und Orlow ausführliche Berichte über ihre Untersuchungen erhalten. Der von diesen beiden Offizieren erforschte Landstrich umfafst im Ganzen einen Raum von 4000 Werst, auf welchem die geographische Lage von vierzehn der bemerkenswerthesten Punkte astronomisch bestimmt wurde, so wie die Breite allein von elf Punkten; es wurden genaue Nachrichten über die Naturverhältnisse und die Einwohner des Landes gesammelt und Marschrouten im Mafsstabe von einem Zoll auf 5 Werst angefertigt. Die in den Marschrouten verzeichneten Details werden die Karten dieses Landes mit ganz neuen Datis bereichern, durch welche die Ortsangaben auf den bisher existirenden Karten eine bedeutende Modification erleiden. Im gegenwärtigen Jahre bestanden die Operationen der einzelnen Mitglieder der Expedition in Folgendem: Der Astronom Roschkow, der im Posten Nikolajewsk überwintert hatte, vervollständigte seine früheren Observationen durch neun Ortsbestimmungen im Liman des Amur, worunter vier im Süden und fünf im Norden der Flufsmündung. Ferner wurde diesem Offizier aufgetragen, die Länge von noch fünf der wichtigsten Punkte in den Niederungen des Amur zu bestimmen und nach Beendigung seiner Arbeiten in jener Gegend nach dem Hafen

Ajan zu reisen, die Länge dieses Ortes festzusetzen und sich dort zur Beobachtung der Sonnenfinsternifs vom 29. September aufzuhalten. Von Ajan aus sollte Herr Roschkow über Jakuzk nach Irkuzk zurückkehren, unterwegs aber die Länge der Stadt Olekminsk bestimmen. Dem Lieutenant Usolzow war die Ausführung einer Recognoscirung und astronomischer Beobachtungen am südlichen Abhang des Jablonnoi Chrebet, von Gorbina ab in der Richtung nach Osten, vorgeschrieben. Seine Marschroute durchschneidet die Thäler der Flüsse Amasar, Oldoi etc. bis zu den westlichen Quellen des Gilui und der Bergkette Atytschan, und vereinigt sich mit der von Herrn Schwarz im Jahr 1852 verfolgten, als derselbe von Udskoi Ostrog aus über die Quellen der Sija und des Gilui nach der Mündung des Utschar vordrang. Von dem Atytschan-Gebirge sollte Herr Usolzow den Gilui hinab bis zur Einmündung desselben in die Seja fahren, dann nach der Selindja übersetzen, den Raum zwischen dieser letzteren und der Seja durchstreifen und, wenn sich keine Hindernisse fänden, die Seja hinunter in den Amur einfahren. Der Lieutenant Orlow machte sich bereits im April nach der Mündung des Oldoi, eines der oberen Zuflüsse der linken Seite des Amur auf den Weg. Von der Mündung des Oldoi gedachte er diesen Flufs hinauf bis zu seiner Quelle zu fahren und, den Jablonnoi Chrebet überschreitend, die östlichen Quellen der Olekma zu umgehen. Hier wollte er die Goldwäschen von Buchtinsk besuchen und sich gegen Westen, den Flufs Tangir hinauf, wendend, die Wasserscheide zwischen der Olekma und dem Witim passiren, um nach dem Oron-See zu gelangen. Im weiteren Verlauf seiner Reise sollte der Lieutenant zuerst eine nördliche Richtung bis zum Ursprung des Flusses Tschara verfolgen, dann in das Witimthal hinabsteigen, über diesen Flufs setzen, den Bergrücken überschreiten, der die Gewässer der nördlichen Angara von den linken Zuflüssen des Witim trennt, bei Duschkatschan herauskommen und so nach Katschuga, einer Anfuhrt am Flusse Lena, gelangen. Bestimmte Nachrichten über die Ausführung dieser Reisen durch die Lieutenants Usolzow und Orlow hat die Gesellschaft noch nicht erhalten.

Der Haupt-Astronom Herr Schwarz bestimmte während der ersten Hälfte des laufenden Jahrs die geographische Lage folgender Punkte: 1) Nowo-Selenginsk; 2) Troizkosawsk; 3) das Dorf Torei, 25 Werst von dem Karaul (Wachtposten) Charazai; 4) das Dorf Djinda; 5) die Petrowsker Eisenhütte; 6) Werchneudinsk. Zu Anfang Septembers unternahm er einen neuen Ausflug, in der Absicht noch einige Punkte astronomisch zu bestimmen, nämlich: 1) Die Anfuhrt Katschuga an der Lena; 2) die Station Ust-Kutskaja, an demselben Flusse; 3) Nikolajewskji Sawod, und 4) die Stadt Nijne-Udinsk. Der Naturforscher der Expedition begab sich bei dem Eintritt des Frühlings nach dem Kreise Nertschinsk und den südlichen Gränzen Transbaikaliens. Zum 14. (26.) März, der Zeit des Durchzuges der Vögel, gelang es ihm, den Kulusutajewskji Karaul zu erreichen, und am Ende des Monats hatte er seine Sammlungen schon mit einem neuen Hundert von Bälgen bereichert, worunter einige besonders merkwürdige, als: Spermophilus, Crioctus (?) furunculus, Syrrhaptes paradoxus u. a. m. Während seines zweimonatlichen dortigen Aufenthalts bereitete der fleifsige Naturforscher überhaupt gegen sechshundert Bälge zum Ausstopfen. — Es finden sich dabei einige Arten des daurischen Kranichs, die noch von keinem Naturforscher beschrieben wurden. Diese ganze Zeit hindurch beschäftigte sich Herr Radde auch mit Beobachtungen über den Druck und die Temperatur der Luft und den Zustand der Atmosphäre. Der Wunsch, seine Collectionen durch einige neue Thierarten zu vermehren, hat ihn veranlafst, statt nach Irkuzk zurückzukehren, den Winter im Kulusatujewskji Karaul zu verbringen, da die Jagd nur in dieser Jahreszeit möglich ist. Wie aus den von Herrn Radde eingegangenen Berichten erhellt, hatte er bereits den Gipfel des Tschekondo erstiegen und rüstete sich zu einer zweiten Ersteigung dieses merkwürdigen Bergrückens. In einem Privatschreiben an eines unserer Mitglieder aus dem Kulusatujewskji Karaul, an der chinesischen Gränze, beim See Torei-Nor, vom 23. August datirt, bemerkt er über die Resultate seiner Arbeiten: „Ich befinde mich wieder in Kulusatujewsk und werde kaum vor vier Monaten in Irkuzk sein. Meine Sammlungen bestehen aus wenigstens 600 Bälgen, worunter 150 Vierfüfsler. Unter den von mir gesammelten Vögeln werden sich wahrscheinlich neue Species finden. Von Käfern und anderen Insecten habe ich eine bedeutende Anzahl zusammengebracht. Ich mufs hier bis zum Ende Septembers verweilen, um den Rückflug der Vögel zu beobachten; dann gedenke ich bis Mitte October im Onon Fische zu fangen und weiterhin Jagd auf Antilopen und Djigatai's oder Steppenpferde (Equus Hemionus, Pall.) zu machen. Ferner habe ich die Absicht, den Onon 150 Werst hinaufzufahren, um verschiedene Vögel zu suchen, darunter die Ronja oder blaue Elster (Corvus cyanus, Pall.) Es müssen sich dort eine Menge vorfinden, da es in diesem Jahre einen Ueberflufs von hiesigen Aepfeln (Pyrus baccata, Pall.) gab. Ende November werde ich meinen Rückweg antreten und drei oder vier Wochen auf der Reise nach Irkutsk, in Begleitung von sieben bis acht Fuhren mit den von mir gesammelten Gegenständen, zubringen. In Irkutsk gedenke ich mich nicht über acht Wochen zur Abfassung des Berichts über meine Beschäftigungen aufzuhalten und dann nach den Ufern des Amur zu eilen. Ich bin auf dem Gipfel des Tschekondo gewesen und habe seine Höhe vermittelst des Barometers gemessen, worüber ich Ihnen in der Folge Näheres mittheilen werde. In Bukukun kaufte ich mir fünf mongolische Büffel. Es ist mir jetzt auch gelungen, eine ziemliche Anzahl Pflanzen zu sammeln."

Endlich erfahren wir aus den letzten Mittheilungen des Haupt-Astronomen, dafs der mit der gerichtlichen Untersuchung über den Tod Smirjagin's beauftragte Beamte am Orte des Verbrechens, beim Flusse Bumbuiko, die Papiere des verunglückten Offiziers aufgefunden hat, welche sämmtliche astronomische Bestimmungen desselben bis zur Mitte August (1855), sein Reise-Tagebuch von der Niederlassung Ukyrsk bis zum

Flusse Bumbuiko, die berichtigte Marschroute von mehr als die Hälfte des zurückgelegten Weges und einige zerstreute Bemerkungen über den erforschten Landstrich enthalten. Von dem Künstler der Expedition, Akademiker Meyer, hat die Gesellschaft in diesem Jahr einen Bericht nicht empfangen. — Aus diesen kurzen Notizen über den jetzigen Stand unserer Expedition wird man ersehen können, dafs ihre Arbeiten, Dank dem Eifer des Chefs und aller Mitglieder desselben, Früchte bringen und Ergebnisse versprechen, welche die auf die Ausführung des Unternehmens verwendeten Kräfte reichlich belohnen werden. Die Expedition hat in Sibirien bei den Localbehörden und der dortigen Hülfsgesellschaft die lebhafteste Theilnahme und die eifrigste Mitwirkung gefunden u. s. w.

Eine zweite wissenschaftliche Reise wurde im Laufe dieses Sommers auf Anordnung der Gesellschaft von ihrem Mitgliede Herrn Semenow ausgeführt (s. unten). Die reichhaltigen geographischen und statistischen Materialien, die ihm die Archive von Barnaul eröffnet haben, werden ihn aller Wahrscheinlichkeit nach den ganzen Winter dort zurückhalten. Im künftigen Frühjahr wird der Aufenthalt im Altai ihm die Möglichkeit gewähren, das Gebirge und die südlichen Gränzen von neuem zu besuchen, um die Natur des Landes näher kennen zu lernen, mit dessen Beschreibung er für die Herausgabe des folgenden Bandes von Ritter's „Asien" beschäftigt ist.

Der Chef der Expedition zur Kenntnifs des Kaspischen Fischfangs, Herr Baer, hat im gegenwärtigen Jahre seine Arbeiten beendet und in Verbindung mit denselben einen interessanten Ausflug nach dem Manytsch-Thal unternommen.

Die von dem Feldmesser-Departement auf Kosten des Cabinets Sr. Majestät zur Ausführung von astronomischen, geodätischen und topographischen Beobachtungen im Altai-District angeordnete Expedition ist während des verflossenen Sommers ins Leben getreten. Sie besteht unter der Leitung des Capitains Meyen aus folgenden Bestandtheilen: 1) zwei astronomische Detachements, jedes mit zwei Offizieren des

Feldmesser-Corps zur Anstellung von astronomischen Ortsbestimmungen; 2) zwei Detachements, gleichfalls mit je zwei Offizieren, für Arbeiten im Fache der höheren Geodäsie; 3) zehn Feldmesser für die eigentlichen topographischen Arbeiten. Um die speciell mathematischen Beschäftigungen der Expedition auch für die Geographie förderlich zu machen, hat die Gesellschaft sich bei den Operationen derselben betheiligt und ihre Mitglieder ersucht, die Sammlung von Notizen, die Anstellung von Beobachtungen und die Mittheilung von Resultaten in Bezug auf die physische Geographie des Landes insbesondere zu übernehmen. In dieser Absicht sind den verschiedenen Mitgliedern der Expedition eigene Programme für das Fach der physischen Geographie zugestellt und ihnen alle früheren von der Gesellschaft für das ethnographische und statistische Fach herausgegebenen Programme mitgetheilt worden. Es erhellt aus den bisher eingegangenen Berichten, dafs die Mitglieder der Expedition ihre Arbeiten in allen ihnen vorgeschriebenen Disciplinen mit Erfolg begonnen haben.

Ein Finnländer, Herr Europäus, dem die Gesellschaft ihre Unterstützung bei seinen ethnographischen Untersuchungen zu Theil werden läfst, hat sich nach dem Terischen Lappland begeben und bereits kurze Nachrichten über seine Reise, über die von ihm bemerkten Eigenthümlichkeiten der finnischen Dialecte und die primitiven Zustände einiger Ortschaften des äufsersten Nordens, die nichts mit ihren Nachbarn gemein haben, eingesandt.

Nachdem der Vice-Präsident noch über die Publicationen der Gesellschaft und ihre Verbindungen im In- und Auslande berichtet, verlas der Secretair der Gesellschaft Auszüge aus einem Schreiben des Herrn Semenow, der im Herbst 1856 die zum sibirischen Verwaltungsressort gehörige Kirgisensteppe besucht hat. Der Reisende theilt interessante Notizen über seinen Ausflug nach dem See Issyk-Kul mit, wohin noch keiner von den Gelehrten, die sich mit der Exploration dieser Gegenden beschäftigt, vorgedrungen war.

„Indem ich — schreibt Semenow — meinen Weg aus der Festung Kopalsk über den Flufs Koksa fortsetzte, überschritt ich auch den Ili und erreichte Ende August die Festung Wjernoje, oder die Stadt Almaty, wie sie die Eingeborenen nennen, den äufsersten russischen Posten in Central-Asien. Die Stadt Almaty liegt ungefähr unter derselben Breite mit Pisa und Florenz, an den Quellen des Stromsystems des Keskelen (am Flusse Almatinka) und am Fuſse der majestätischen, schneebedeckten Bergkette des Kungi-Tau, der den See Issyk-Kul von der Nordseite begränzt. Der Kungi-Tau dehnt sich von Osten nach Westen zwischen dem Keskelen und dem Turgen', einem anderen bedeutenden, östlicheren Zuflusse des Ili, aus, steigt weit über die Gränzen des ewigen Schnees empor und übertrifft an Höhe ohne Zweifel alle nördlicheren Schneegebirge Asiens, als den Alatau, Tarbagatai und Altai. Der dreiköpfige Riese Talgarnyk-Tau, der sich genau in der Mitte der ganzen Bergkette, an den Quellen des Tangar, eines anderen Nebenflusses des Ili, befindet, ist in einen blendenden Mantel von ewigem Schnee gehüllt und wetteifert vielleicht sogar in seiner absoluten Höhe mit dem Montblanc. Der ganze Kamm des Gebirges zwischen dem Keskelen und dem Turgen' ist so hoch, dafs es in diesem Zwischenraum nicht einen einzigen, einigermaſsen gangbaren Bergpaſs giebt, der von Almaty nach dem in gerader Linie nicht mehr als 60 Werst entfernten Issyk-Kul führte. An den Seiten flacht sich dagegen der Kungi-Tau bedeutend ab und man hat dort bequeme Wege gefunden. — Ich sollte den Versuch machen, mich dem See auf der östlichen Strafse zu nähern, die sich etwa 250 Werst über die hohen Bergpässe Asyn-Tau und Tabulga-su hindurchzieht. Mit einer kleinen Escorte Kosaken legte ich die Reise wohlbehalten zurück und überschritt alle parallelen Grathe (krjaji), in welche der Kungi-Tau auf seiner östlichen Seite zerfällt. Längs dem Flusse Tub stiegen wir bis zu dem Rande des stürmischen, hellblauen Issyk-Kul hinab, dessen salzige Wogen sich an diesem Tage geräuschvoll über sein östliches Ufer brachen. — Hier beobachtete ich den Kochpunkt des Wassers zum Behuf der Höhenmessung des Issyk-Kul. Das breite Thal des Flusses Tub und des parallel mit ihm fliefsenden Djirgalan scheidet den Kungi-Tau von dem gigantischen Rücken des Musart, der den See von der Südseite einschliefst...

Ich war hier nur eine Tagereise (50 Werst) von dem Bergpafs Sauka oder Djauka, der in das warme Kaschgarien und die kleine Bucharei zu den chinesischen Städten Turpan und Aksen führt. Nicht weniger glücklich ging meine Rückkehr nach Almaty von statten, auf einem Umweg über den niedrigen Bergpafs *Saitasch*. Jetzt raste ich zwei oder drei Tage in Almaty und begebe mich dann in westlicher Richtung nach dem Flusse Tschu. Diese neue Reise wird meine Beobachtungen über die plastische und geognostische Structur des Kungi-Tau vervollständigen, auf welchem ich gegen meine Erwartung nicht eine Spur von vulkanischen Gesteinen antraf, indem der ganze Bergrücken aus Sienit, Granit, Diorit und Porphyr bestand."

Nach Verlesung des *Semenow*'schen Reiseberichts theilte der Secretair ein kurzes Schreiben des Professors an der Universität Charkow, Herrn Lapschin, mit, der über die zahlreichen Localitäten in den Kreisen Bachmut, Alexandrowsk und Slawjanoserbsk berichtet, wo man in der letzten Zeit reiche Specimina von Eisenerz gefunden hat, die eine erfolgreiche Bearbeitung hoffen lassen. Der Vorsitzende in der Section für physische Geographie, Herr Oserskji, benutzte diese Gelegenheit, um sich über den gegenwärtigen Stand der im südlichen Russland angestellten Nachforschungen zu äussern. Nach seiner Meinung ist es schwer, schon jetzt ein endgültiges Urtheil über die Tüchtigkeit der an den genannten Orten entdeckten Eisenerze abzugeben, und wird man noch weitere Untersuchungen vornehmen müssen, ehe man entscheiden kann, inwiefern das vorhandene Material zur Unterhaltung von Schmelzwerken ausreicht.

Hierauf schritt Herr Oserskji zu einer von dem Akademiker Baer mitgetheilten Denkschrift über seine Reise nach dem Flusse Manytsch. Die westliche Hälfte des Manytsch wurde schon vor dreißig oder mehr Jahren vollständig aufgenommen und auf der Karte verzeichnet, aber die östliche, welche meistentheils die Gränze zwischen den Gouvernements Astrachan und Stawropol bildet, war bisher sehr wenig bekannt. Erst im Jahr 1855 wurde auf Befehl des Generals Tagaitschinow bei Gelegenheit der Vermessung des dem Derbetei-Uluss gehörigen Landes, dem der Manytsch zur Gränze dient, die Aufnahme eines ziemlich bedeutenden Theils dieses Flusses östlich von der Mündung des Kalaus bewerkstelligt. Zur Zeit dieser Aufnahme war ein Theil des Flußbettes völlig trocken, und die vorgenommenen geodätischen Arbeiten haben wenig Licht über das Gefälle des Manytsch-Thales verbreitet. Die beiden Feldmesser, welche damit beauftragt waren, versicherten den Akademiker, daß auch im östlichen Theile des Manytsch sein Wasser nach Westen fließe, während Herr Baer sich bald durch eigene Anschauung von dem Gegentheil überzeugte. Indem er uns eine historische Uebersicht unserer Kenntniß des Manytsch und seines Thales giebt, stellt Herr Baer die Ansichten von Pallas, Parrot, die Resultate der von der Akademie der Wissenschaften ausgeführten Nivellirung zwischen dem Kaspischen und Schwarzen Meer und die von Hommaire de Hell mitgetheilten Data, aus welchen die Unzuverlässigkeit der ersteren Angaben hervorgehen soll, zusammen. Die Prüfung dieser verschiedenen

Nachrichten und ihre Vergleichung mit den Resultaten des Herrn Hommaire de Hell führt Herrn Baer zu dem Schluſs, daſs der französische Gelehrte nicht das ganze Manytsch-Thal bereist hat und eine Nivellirung in demselben nicht bewerkstelligt haben kann, welche Behauptung sowohl durch die sich widersprechenden Angaben des Verfassers selbst, als durch die bestimmten Aussagen von Personen, die den französischen Reisenden begleitet haben, motivirt wird *).

Nachdem er die Niederung des Manytsch und das Thal des Flusses beschrieben, sagt Herr Akademiker Baer in Bezug auf letzteren:

„Ein Fluſs, der in der Nähe des Kaspischen Meeres (80 oder 120 Werst von demselben) entspringt und bis dicht vor dem Don strömt, wie er auf allen unseren Karten abgebildet ist, existirt nicht. Durch den westlichen Theil des Manytsch-Thals flieſst allerdings ein Strom, der durch die kleinen Flüsse Ulan-Sucha und Chara-Sucha gebildet wird, die in den Ergeni-Bergen entspringen und das ganze Jahr hindurch mit Wasser gefüllt sind. Jener Strom, der seinen Lauf nach Westen fortsetzt und sich bald durch See'n erweitert, bald wieder zusammenzieht, ergieſst sich endlich in den Don. In der östlichen, kleineren Hälfte des Manytsch flieſst gleichfalls Wasser, aber nur im Frühjahr und Spätherbst. Einen Fluſs kann man jedoch diesen temporairen Wasserstrom nicht nennen. Das östliche Manytsch-Thal ist vielmehr eine Schlucht, durch welche im Frühjahr und Herbst Wasser flieſst und zum Theil seitlich in Salzsümpfen und Salzseen austritt, zum Theil sich in die Kuma-Niederung ergieſst und in Verbindung mit den Gewässern der Kuma seine wahre Mündung im Kaspischen Meere hat. Will man diesen östlichen Wasserlauf einen Fluſs nennen, so müssen im Manytsch-Thal zwei Flüsse mit völlig entgegengesetzter

*) Vergl. die „Kaspischen Studien" des Herrn Baer im funfzehnten Bande des Archivs S. 387 ff.

Strömung unterschieden werden. Diese beiden Flüsse sind zu Anfang des Frühlings in ziemlich seltsamer Weise (dowolno strannym obrasom) an ihren Quellen vereinigt." —

Die Gesellschaft gab Herrn Oserskji ihren Dank für die Verlesung dieses interessanten Berichtes zu erkennen, worauf die Sitzung mit der Wahl mehrerer neuer Mitglieder schlofs.

Ueber die Expedition des sibirischen Zweiges der russischen geographischen Gesellschaft nach dem Wiljui und Amur.

In der Sitzung der russischen geographischen Gesellschaft vom 28. November (10. December) 1856 legte das Mitglied des sibirischen Filials derselben, Herr Maack, der zur Verarbeitung der von ihm während zweier Expeditionen: nach dem Thale des Wiljui und nach dem Amur, gesammelten Materialien in Petersburg eingetroffen ist, die Resultate seiner letzten Reise auf dem Amur nach dem Posten Mariinsk und der Rückfahrt stromaufwärts bis zum Ust-Strjelotschny Karaul vor. Seine reiche, äufserst vollständige ethnographische Collection, ein Geschenk an die Petersburger Muttergesellschaft von ihrem sibirischen Sprößling, war in den Sälen der Gesellschaft aufgestellt. Die anwesenden Mitglieder nahmen mit dem lebhaftesten Interesse die Bekleidung, das Hausgeräth, die Waffen und kleinen Handarbeiten der Jakuten und Tungusen, so wie die aus den Gräbern zu Tage geförderten Gegenstände in Augenschein. Bei der systematischen Ordnung, in welcher Alles zusammengereiht und aufgestellt war, konnte Jeder sich eine anschauliche Idee von der Lebensweise, den häuslichen Gewohnheiten, der industriellen Thätigkeit der Eingeborenen und selbst von der Natur des am Wiljui gelegenen Landstrichs bilden. Eben so lebhafte Theilnahme erregte eine zweite Sammlung ethnographischer Gegenstände von den Ufern des Amur. Die aus Fischhäuten verfertigten Kleidungen der Maneger (Mangunen?) und anderer Amur-Stämme, ihre mannigfachen Arbeiten von Baumrinde, ihr Haus- und Jagdgeräth zogen sowohl durch ihre Originalität, als durch die Neuheit dieser Gegenstände, welche man zuerst in so ansehnlicher Weise aus den merkwürdigen Sammlungen des Herrn Maack kennen lernte, die allgemeine Aufmerksamkeit auf sich.

Die von Herrn Maack geleitete Expedition bestand, ausser ihm selbst, aus den Mitgliedern der sibirischen Zweiggesellschaft Gerstfeld und Kotschetow, denen sich der Offizier des Topographen-Corps Sondhagen und der Präparator Fuhrmann anschlossen. Nach einer Berathung über die Fächer, mit welcher ein Jeder von ihnen sich vorzugsweise beschäftigen sollte, wurden sie folgendermaſsen vertheilt: Herr Gerstfeld übernahm das Studium des Pflanzenreichs und die Sammlung von ethnographischen Notizen; Herrn Kotschetow fiel die Untersuchung des Bodens in landwirthschaftlicher Hinsicht und die Erforschung des metallurgischen und mineralischen Reichthums der Gesteinarten zu; Herr Maack wollte sich seinerseits auf zoologische Untersuchungen und die Anstellung von meteorologischen Beobachtungen beschränken. Dem Offizier des Topographen-Corps wurde zur Pflicht gemacht, sich während der ganzen Expedition mit einer topographischen Aufnahme des Landes zu beschäftigen. Indessen muſste Herr Maack, der auf der Rückreise mit dem Offizier und dem Präparator allein blieb, seine Untersuchungen auf alle die Wissenschaft überhaupt berührende Gegenstände ausdehnen. — Durch seine Bemühungen wurden umfassende Materialien in den verschiedenen Fächern gewonnen, und er allein hat bisher der Gesellschaft einen Bericht vorgelegt, der die allgemeinen Resultate und eine kurze Beschreibung des Landes in physischer und ethnographischer Beziehung enthält. In dem Bericht über die Fahrt auf dem Amur, wo man öfter zur Besichtigung interessanter Uferpunkte und zur Einsammlung von Exemplaren der Gesteine und anderer Gegenstände anhielt, finden sich anziehende Bemerkungen über die fortwährende Veränderung im Laufe des Flusses, über seine Strömung, über die grofsen Inseln, durch welche er in mehrere Arme getheilt wird, über die klimatischen Wechsel, den Reichthum und die Mannigfaltigkeit der Vegetation und die übrigen Erscheinungen des organischen Lebens, so wie über die Zustände der Völkerschaften, die die Ufer des Amur bewohnen. Auf dem Rückwege von dem Posten Mariinsk gelangte die Expedition am 29. September (11. October) 1855 nach der Stadt Aigun, wo Herr Maack und seine Gefährten wegen der Unmöglichkeit, in so später Jahreszeit den Strom weiter hinaufzufahren, und wegen des Mangels an Lebensmitteln Halt machen mufsten. Den Aufenthalt in Aigun benutzte man, um sich mit der Lage der Stadt, den Umgebungen derselben, den Sitten der chinesischen Einwohner und ihrer Verwaltung bekannt zu machen. Nachdem die Expedition von den chinesischen Behörden Vorräthe und Pferde erhalten, setzte sie am 11. (23.) November ihre Reise zu Berg auf dem Eise fort, unter unglaublichen Schwierigkeiten und Aufenthalten in den Jurten der wandernden Maneger, und erreichte endlich am 31. December (12. Januar 1856) den Ust-Strelotschny Karaul.

Der vorläufige Bericht des Herrn Maack über die von ihm ausgeführte Expedition wird in einem der nächsten Hefte des Wjestnik oder der Memoiren des sibirischen Filials erscheinen, in Erwartung einer ausführlichen Darstellung seiner

Explorationen, mit deren Bearbeitung der Reisende sich jetzt unter Mitwirkung der geographischen Gesellschaft beschäftigt.

Wir werden in diesem und in den folgenden Bänden des Archives noch ausführlicher über die Resultate dieser Expeditionen berichten, welche sowohl wegen der Wichtigkeit der durch sie aufgeschlossenen Erdtheile, als in Folge des energischen Eifers ihrer Mitglieder zu den für die Physik der Erde epochischen Leistungen gehören.

Erman.

Druckfehler zu Band XV.

Seite 389 Zeile 11 v. u. statt Kamoannoi Jar lies Kamennoi Jar
Seite 599 Zeile 2 v. o. statt batanische lies batavische
Ebendaselbst statt hingapurische lies singapurische
Seite 599 Zeile 10 v. o. und Zeile 10 v. u. statt dem Scheitel lies den Scheitel
Seite 599 Zeile 13 v. u. statt Lintschuaner lies Liutschuaner
Seite 600 Zeile 3 v. o. statt Lintschuanerinnen lies Liutschuanerinnen
Seite 621 Zeile 8 v. o. statt A_1^n lies A_m^n
Zeile 4 v. u. statt A_m^n lies A_1^n
Zeile 3 v. u. statt A_1^n lies A_m^n
Seite 633 Zeile 14 v. o. statt $-0^\circ,23$ lies $-2^\circ,23$
Seite 638 Zeile 7 v. u. Upsala in Trapp deleatur in Trapp

Analyse einiger in Russland vorkommenden Steinkohlen *).

Die folgenden Beschreibungen und Analysen sind auf Veranlassung der Russischen Bergwerksbehörde in deren Laboratorium in Petersburg angestellt worden.

1. Steinkohle die an dem Bache Ust-Sujuk 26 Werst von Ilezkaja Saschtschita vorkommt.

Diese Kohle ist braun, deutlich schiefrig und leicht zerfallend. Ihre Gase brennen mit russender, gelber Flamme. Sie giebt einen nicht backenden Coke und eine weifse, sandig-thonige Asche. Die Gewichtseinheit derselben giebt dem Gewichte nach:

a. Aus 37 Engl. Fufs Teufe:

	Feucht	Getrocknet
Gase	0,4988	0,5180
Coke	0,3806	0,4266
Asche	0,1206	0,0554

Ihre Heizkraft beträgt 4856 bis 5093 Wärmeeinheiten.

*) Vergl. in diesem Archive Bd. I. 264, 298; IV. 394; IV. 457; VI. 553; X. 597; XII. 263, 332; XIV. 164. Wir haben die Benennung Steinkohlen (Russ. Kamenoi ugol) beibehalten — obgleich mehrere der erwähnten Kohlenarten sowohl ihren äusseren Kennzeichen als ihrem Verhalten bei der Destillation zu Folge, wahre Braunkohlen sein dürften. E.

b. Aus 38,6 Engl. F. Teufe:

Gase 0,4109
Coke 0,3636
Asche 0,2255
Brennkraft 4623 Wärmeeinheiten.

c. Aus 52,0 Engl. F. Teufe:

Gase 0,3679
Coke 0,3338
Asche 0,2983
Heizkraft 4370 Wärmeeinheiten.

2. Steinkohlen der Alexandrower Hütte.

a. Die beste Sorte von der sich etwa 4½ Procent unter der geförderten befindet, ist schwarz, glänzend, schiefrig, ziemlich fest, kiefsfrei und giebt einen metallglänzenden backenden Coke. Ihre Gase brennen mit russender Flamme. Die Asche zeigt sich nach (langsamer) Verbrennung der Kohle, als ein Gemenge aus Sand und Thon, welches bei stärkerem Feuer schmilzt.

Die Gewichtseinheit derselben giebt durchschnittlich dem Gewichte nach:

Gase 0,243
Coke 0,683
Asche 0,074
Heizkraft 6956 Wärmeeinheiten.

b. Kohlenklein der beim Sieben der Kohlen abfällt, hat das Ansehn der besten Kohlen, giebt aber einen nicht backenden Coke und enthält dem Gewichte nach in der Gewichtseinheit:

Gase 0,233
Coke 0,544
Asche 0,223
Heizkraft 5000 Wärmeeinheiten.

c. Der Abfall von unter dem Rost der Aleksandrower Dampfkessel, die mit dortigem Kohlenklein geheizt wurden, enthielt dem Gewicht nach 0,35 Verbrennliches.

3. **Die Steinkohle aus dem Borowizer Kreise** des Nowgoroder Gouvernement ist dunkelbraun, schiefrig, sehr kiefsreich, brennt mit rufsender gelber Flamme und giebt einen nicht backenden Coke. Ihre Asche besteht aus Sand, Thon und Eisenoxyd. Es enthalten von ihr in der Gewichtseinheit, dem Gewichte nach:

a. Die in Petersburg gangbaren Abänderungen:

	die beste	die schlechteste
Kohlenstoff	0,5400	0,4636
Wasserstoff	0,0503	0,0456
Sauerstoff und Stickstoff	0,2049	0,2153
Wasser	0,0750	0,0783
Eisenkies	0,1192	0,1316
Erdige Bestandtheile .	0,0106	0,0656
so wie auch *):		
Gase	0,6128	0,5192
Coke	0,2974	0,3576
Asche	0,0898	0,1232

Heizkraft 5200 und 4500 Wärmeeinheiten.

b. Von dem Bache Krupa, 3 Werst von Borowitschi:

	Sortirt	Ausgewaschenes Klein
Gase .	0,5185	0,4574
Coke .	0,3699	0,2148
Asche	0,0275	0,2838
Eisenkies	0,0641	0,0440

Heizkraft 4913 und 3608 Wärmeeinheiten.

*) Obgleich es nicht ausdrücklich gesagt wird, so sind diese zweiten Angaben doch wohl direkte Resultate der Destillation und nicht etwa berechnete Folgerungen der Elementar-Analysen. E.

c. Von dem Bache Iryksch**a** (desselben Distriktes E.)

	Untere	Obere
	Schicht	
Gase . .	0,4329	0,5830
Coke . .	0,4191	0,3119
Asche . .	0,1147	0,1051
Eisenkies .	0,0333	

Heizkraft 4513 und 3998 Wärmeeinheiten.

4. Steinkohle von der Besitzung des Grafen Bobrinskji, im Bogorodizer Kreise des Tulaer Gouvernements, ist von dunkelbrauner Farbe, muschlichem Bruch, giebt gelbbrennende Gase und nicht backenden Coke. — Sie liefert von der Gewichtseinheit dem Gewichte nach:

Gase .	0,3460
Coke .	0,2341
Asche .	0,4199

Ihre Heizkraft beträgt 2373 Wärmeeinheiten.

5. Steinkohle aus der Kirgisensteppe von den Gruben des Commerzienrath Popow*).

Die eingesandten Proben dieser Kohle sind schwarz, auf dem Bruche glänzend und leicht zerbrechlich. Sie decrepitiren beim Erwärmen, geben einen nicht backenden Coke, gelb und russig brennende Gase, und eine aus thonigem Sande bestehende gelbe Asche. Sie gaben dem Gewichte nach:

Gase .	0,2008	0,2110	0,4194	0,4112	0,4224
Coke .	0,2750	0,5184	0,4866	0,4594	0,5360
Asche .	0,5242	0,2706	0,0940	0,1294	0,0416

und zeigten an Heizkraft 2559, 4664, 4835, 4500 und 5351 Wärmeeinheiten.

---

*) Vergl. in diesem Archive II. S. 395, Bd. XIII. S. 596.

6. Steinkohle von Swjatoi Pawelez im Skopiner Kreise des Rjasaner Gouvernements.

Sie ist dunkelbraun, schiefrig und ziemlich grob anzufühlen, giebt einen nicht backenden Coke, gelbbrennende Gase, weifse Asche und bei der Destillation dem Gewichte nach:

Gase .	0,4420
Coke .	0,4598
Asche .	0,0982

Ihre Heizkraft beträgt 4962 Wärmeeinheiten.

Ueber die Kumyss-Kur.

Mitgetheilt

von

Dr. L. Spengler
in Ems.

Die bekannte Thatsache, dafs es bei den Kirgisen und Baschkiren weder Scrofeln, noch Tuberkeln giebt, hat mich veranlafst, nachzuforschen, woher diese so auffallende Thatsache wohl komme. Die Antwort fiel meistentheils, wie auch schon an den angeführten Stellen, dahin aus, dafs man glauben müsse, dafs das hauptsächliche Nahrungsmittel der genannten Steppenvölker, der Kumyss, die gegohrne Stutenmilch, wohl die Ursache sein müsse. — Die Literatur gab mir überhaupt nur sehr wenig Auskunft über diesen Gegenstand, und zwar ungefähr Folgendes.

Kumyss ist serum lactis equini, ein Getränk, das bei Dysenterie, Skorbut und Tuberkulose angewendet wird (Agatz, ärztliches Taschenbuch. Würzburg, 1856). Es ist ein Volksmittel, das in der Schwindsucht bei den Kalmücken gebräuchlich ist, ein geistiges Getränk aus Pferdemilch (Richter, Geschichte der Medicin in Russland, I. 139. — Pallas, Reisen durch verschiedene Provinzen des Russischen Reiches. I. Thl. St. Petersburg, 1801. 4. p. 316. — Commentatt. Societ. phys. med. Mosqu. Vol. 1. P. II. 1811. — Haeberlein, Comment.

de potus e lacte equino fermentato, confectione et usu medico p. 101). Der gesäuerten Pferdemilch bedienen sich die Kalmüken unter dem Namen Tchigan, im Sommer als ein sehr kühlendes Getränk. F. Parrot, Reise zum Ararat. Berlin, 1834. Bd. I. p. 15. Strumpf, Arzneimittellehre III. 943 führt den Kumyss unter den Spirituosen an als ein Getränk aus gegohrner Stuten- oder Kuhmilch, das von Sivers (Pallas, neue nord. Beiträge, VII. 360) und Häberlein (Comm. soc. phys. med. Mosqu. 1811. 1. 2. p. 65) als ein vorzügliches Mittel bei Abzehrungen und Lungensucht geschätzt wird. Auch Oesterlen, 6. Aufl. 1856. p. 837, erwähnt des Kumyss mit folgenden Worten: Aus Stutenmilch erhalten, indem sie (ihr Milchzucker) durch Sauerteig in weinige Gährung versetzt wird. Ein schwach geistiges angenehm säuerliches Getränk *). Wurde da und dort diätetisch bei Verdauungsbeschwerden, chronischen Lungenaffectionen, Scorbut, auch bei dyskrasischen Zuständen überhaupt verwendet, zu mehreren Pfunden täglich (z. B. mit saurer Kuhmilch). Tartaren, Baschkiren, Kirgisen giebt dieser Kumyss ihr Lieblingsgetränk ab. Mühry (die medicinische Geographie) kommt bei der Abwesenheit der Tuberkulosis in den russischen Steppen ebenfalls, wie in der Balneologischen Zeitung Bd. II. p. 344 etc. citirt, auf den Kumyss mit einigen Worten zu sprechen. In dem Journal für Militärärzte (Wojenno-Medizinskji-Jurnal) Bd. 39 No. 2 gab Chomenkow Nachricht über den Gebrauch und die Wirkung des Kumyss, wovon Bredow in Cannstatt's Jahresbericht für 1842, Bd. III. p. 44, einen Auszug giebt. Wir werden weiter unten ausführlicher auf diesen Aufsatz zurückkommen. Im

*) Ueber die Wirkungen des Kumyss bei den Baschkiren und Kirgisen vergl. auch meine Reise um die Erde Abthl. I. Bd. 1. S. 126, wo aber die angeblichen Heilkräfte desselben zum beträchtlichen Theil dem gleichzeitigen Genuss von sehr fettem Schaffleisch und der Bewegung des nomadischen Lebens zugeschrieben werden. Ueber die Anwendung der gegohrnen Pferdemilch und Kuhmilch als Rauschmittel bei den Jakuten und über die Destillation des arygy oder Milchbranntwein vergl. Reise u. s. w. Abthl. I. Bd. 3. S. 277, 298, 328. E.

Jahre 1849 schrieb P. de Maydell eine Dissertation Nonnulla topographiam medicam Orenburgensem spectantia, Dorpat, 8., worin der Verfasser, der damals 6 Jahre in Orenburg gelebt hatte, und in 2 verschiedenen Jahren 1845 und 1847, die Steppen bereist hatte, seine Beobachtungen mittheilt und sagt, dafs er bei den Kirgisen weder Scrofeln noch Tuberkeln gefunden habe, und dafs er dies dem Kumyss, den er für das beste Mittel gegen Tuberkeln halte, zuschreiben müsse. (Wir werden die weiteren genauen Beobachtungen dieses Arztes, die er uns brieflich mitzutheilen die Güte hatte, und wofür wir ihm hiermit unsern Dank abstatten, unten noch vollständig mittheilen). Maydell vervollständigt diese Literaturangaben noch dadurch, dafs er anführt, dafs der bekannte russische Schriftsteller Dr. Dahl in einer russischen Zeitschrift Einiges über den Kumyss bekannt gemacht habe, und dafs aufserdem von einem ungenannten Autor im Gesundheitsfreund (Drug sdrawija), einer populär medicinischen Zeitung in russischer Sprache, ein kleiner Artikel über diesen Gegenstand sich vorfinde.

Obschon nun die Literatur wenig Ausbeute lieferte, so erschienen mir die Thatsache doch wichtig, und ich benutzte die Gelegenheit, bei den Russen, die in den letzten Jahren unter meiner Leitung die Kur zu Ems gebrauchten, Aerzte und Laien, mich nach diesem Kumyss zu erkundigen, und seiner Bereitungs- und Anwendungsweise nachzuforschen. Ich erfuhr nun, dafs man in die Steppen selbst häufig hinreise, um dort eine förmliche Kumyss-Kur zu gebrauchen, und dafs auch in St. Petersburg selbst eine solche Anstalt sei. Auch fand ich glücklicher Weise Mehrere, die schon wirklich eine Kur dort in den Steppen gebraucht haben, und ihrer Güte verdanke ich die in den nachfolgenden Zeilen niedergelegten Mittheilungen, die ich theils mündlich, theils nachträglich schriftlich von ihnen erhielt.

Der Kumyss, ein Mittel, welches im Westen Europa's fast gänzlich unbekannt ist, kann nicht allein als hygiänisches betrachtet, sondern auch als Heilmittel bei chronischen Brustleiden, veraltetem Husten und bei der Auszehrung, welche im Beginnen ist, angewandt werden.

Kumyss ist nichts anders als in Gährung übergegangene Stutenmilch, welche aber auch viel spirituöse Theile enthält. Die Stutenmilch kommt ihren Bestandtheilen nach der Frauenmilch nahe, indem sie viel Zucker, wenig Casein und Butter enthält. Das Casein ist sehr wenig, selbst in der gesäuerten Stutenmilch, zu bemerken; letztere ist fast ebenso flussig wie Wasser. Die Butter zeigt sich in kleinen wenig bemerkbaren Theilchen und nimmt eine dunkle Farbe an, wie man vermuthet, von den geräucherten Wänden der Saba (eine Art Schlauch, in welchem der Kumyss bereitet wird). Von Geschmack ist der Kumyss süſssauer und moussirt ziemlich stark. Auſser dem suſssauren Geschmack ist ein feuchter (sic!) Geruch und Geschmack, welcher nur dem Kumyss eigen ist, wahrzunehmen; diese letzteren Eigenschaften sind sowohl vor als nach dem Gebrauch des Kumyss zu bemerken (sic!). Die Meinung, daſs dieser Geruch und Geschmack von dem ledernen Schlauch herrühre, ist unbegründet; denn derselbe Geruch und Geschmack ist beim Kumyss wahrzunehmen, wenn solcher in einem hölzernen Gefäſs bereitet ist, nur mit dem Unterschiede, daſs derselbe weniger moussirt und weniger sauer ist. Die Baschkiren und Kirgisen des Orenburg'schen Gouvernements behaupten, der gute Kumyss kann nur in einem ledernen Schlauch zubereitet werden, denn in demselben säuert der Kumyss nicht zu schnell (was durchaus nöthig ist) und ist viel erfrischender. Die Zubereitung des Kumyss ist einfach, erfordert aber viel Aufmerksamkeit und einen gewissen Kunstgriff. Die Zubereitung wird folgendermaſsen veranstaltet:

Frisch gemolkene Stutenmilch wird in einen ledernen schmalen gut durchräucherten Schlauch (Saba) gegossen. Wenn z. B. der Schlauch 12 Eimer Kumyss enthalten kann, so werden diese zu $\frac{1}{4}$ oder $\frac{1}{6}$ mit gewöhnlichem Trinkwasser versetzt. Es werden also die 12 Eimer Kumyss mit 3 oder 2 Eimer Wasser verdünnt. Diese Mischung von Milch und Wasser, welche von der Wärme säuert, wird vermittelst eines Rührstocks durchmischt; solches geschieht übrigens nur beim Anfange des Säuerns, wird nach einiger Zeit (etwa 2 Stunden) eingestellt, doch bleibt der Rührstock während der ganzen Gährung beständig in der Mischung. Durch das Umrühren geht die Gährung etwas schneller von Statten und es wird dadurch zugleich auch viel Luft hineingepumpt, so dafs die Gährung noch vor der gänzlichen Oxydation theilweise in spirituöse Gährung übergeht. Man giefst täglich zur ersten Mischung frisch gemolkene Milch zu. Die Milch gährt schnell, besonders wenn der Kumyss schon im Frühjahr, sobald die Stuten ein Füllen geworfen haben, zubereitet wird. Die Gährung hängt viel vom Wetter ab und kann im Verlauf von 12—24 Stunden vollkommen fertig sein. — Die Orenburgischen Baschkiren bereiten 2 Sorten Kumyss: den sogenannten jungen oder Kumyss-Saumal und den alten oder ächten Kumyss. Es giebt noch eine dritte Sorte, den sogenannten verdorbenen oder Kumyss-Su, in welchem sich viele Wassertheile befinden. Der alte Kumyss enthält am meisten Säure und kohlensaures Gas, weshalb er beim Eingiefsen in ein Glas sehr schäumt und moussirt; das spirituöse Bouquet ist bei solchem mehr bemerkbar als beim jungen, welcher nur zwei bis drei Tage gegohren hat. — Im Stawropolschen Gouvernement bei den reichen Nogaien, einem Stamme der Krim'schen Tataren, besonders aber bei den Kalmücken und Turkmenen, wird der Kumyss in hölzernen sogenannten Cuben oder auch in ledernen Schläuchen (Saba), welche aus Ziegenfellen verfertigt sind, zubereitet.

Um diesen Kumyss zu bereiten, giefst man 2 bis 3 Stof frische Stutenmilch in einen kleinen Zuber, sodann wird das Ferment (Sauerteig) hineingelegt. Das Zuberchen wird an einen warmen Ort gestellt, mit einer wollenen Decke oder Pelz sorgfältig bedeckt und bleibt so stehen und zwar, wenn die Milch am Abend eingestellt wurde, bis zum andern Morgen oder umgekehrt bis zum Abend, wenn die Milch am Morgen eingestellt worden. Im Verlaufe dieser Zeit rührt man die Milch zu öfteren Malen mit einem Rührstock, Bekek genannt, um. Wenn die Zubereitung des Kumyss am Abend erfolgt ist, so kann man bisweilen schon am andern Morgen, zuweilen aber erst um die Mittagsstunde oder am Abend den jungen Kumyss haben, welcher einen leicht und angenehm sauern Geschmack angenommen hat. Sobald man zu diesem Kumyss Milch zugiefst, wird er saurer und stärker (bei jedem neuen Zugufs mufs man das Umruhren nicht vergessen). — Was das Ferment anbelangt, so wird solches verhältnifsmäfsig zur Milch hineingethan. (Eine ausführliche Angabe der Proportion des Ferments zur Milch folgt unten.)

Der sogenannte Kor oder Bodensatz des Kumyss, welchen man aufbewahren mufs, kann nach einem Jahre als bestes Ferment gebraucht werden. Der Bodensatz des starken oder fünf- bis siebentägigen Kumyss bekommt, nachdem man ihn in der Sonne getrocknet hat, den Namen Beck-Fli, der dreitägige Dünnen. Auf 1½ Stof Milch braucht man ¼ Pfund Kor, um eine ordentliche Säurung hervorzubringen (der Kor mufs aber vom starken oder 5 bis 7tägigen Kumyss sein). Hat man diesen Kor nicht vorräthig, so wird der Zuber mit Kumyss, um eine schnelle Gährung hervorzubringen, auf einen heifsen Stein gestellt, — dann bekommt man den sogenannten Saumal.

Der Saumal bleibt so lange an einem warmen Orte stehen, bis eine Veränderung des sauren Geschmacks bei ihm bemerkbar wird — je saurer der Kumyss wird, desto stärker ist er. Der starke Kumyss wird von der Decke befreit und mit einem leichten Tuche behängt. Es ist zu beobachten, dafs der Kumyss nie gänzlich erkaltet, hingegen muss er immer eine gewisse Wärme behalten, und sobald der unbedeckte oder nur leicht bedeckte Kumyss zu erkalten anfängt, soll man ihn wiederum mit einer dickern Decke oder einem Tuche behängen. In der Nacht säuert der Kumyss mehr als am Tage; sobald die vollkommene Gährung am Morgen eintritt (welche nur dem starken Kumyss eigen ist), giefst man aus dem Zuber so viel ab, dafs nur ein zur Säurung nöthiges Quantum übrig bleibt. In diesem letzteren Falle braucht man keine frische Milch zuzugiefsen, welches sonst alle zwei bis drei Stunden geschehen mufs.

Die Nogaien im Stawropolschen Gouvernement gebrauchen zum Säuern des Kumyss, Kochsalz oder auch ein Stück Haut, welches erst kürzlich von irgend einem Hornvieh abgezogen ist, bisweilen kupferne Münzen; alle diese Mittel aber, besonders die letzteren, sind äufserst schädlich. — Im Fall man keinen Kor oder starken Kumyss, welcher für das beste Ferment gehalten wird, vorräthig hat, so kann man auf Anrathen des Arztes Jarozkji folgende Species gebrauchen: zu $^1/_2$ Pfund Bierhefe einen Efslöffel reinen Honig und $^1/_4$ Pfund Waizenmehl genommen, gut durchmischt und mit einem Glase frisch gemolkener Milch übergossen; durch diese Mischung, welche zur Nacht an einen warmen Ort gestellt wird, entsteht eine Art Teig, welche am Morgen in einen reinen Lappen eingewickelt und in ein Gefäfs, welches 2 Stof frisch gemolkene Milch enthält, hineingelegt wird.

Nach zwei oder drei Tagen ist die Oxydation vollkommen; man kann sodann zur oben beschriebenen Zubereitung schreiten, indem man die (ganze) Proportion des Sauerteigs in den Zuber oder Schlauch hineinthut und nach und nach in den Saumal oder jungen Kumyss frisch gemolkene Milch zugiefst.

Die Nogaien und Turkmenen brauchen noch ein anderes Mittel als Ferment, welches leicht und gut angewandt werden kann. Man nimmt 5 volle Gläser Ziegenmilch (warme, doch nicht aufgewärmte), verdünnt dieselbe mit 2 Glass Flufs- oder Quellwasser, kocht solche in einem Kessel oder auch in einem reinen, gut ausgewaschenen Thontopf zwei bis drei Mal gut auf und nachdem der Kessel oder Topf vom Feuer heruntergenommen ist, läfst man es erkalten und giefst es in einen Zuber, giefst alsdann 2 bis 3 Stof frischer Stutenmilch darauf, stellt es an einen warmen Ort und bedeckt es sorgfältig mit irgend einem Pelzwerk. — Sollte die Oxydation schwach oder langsam erfolgen, so legt man ein Stück Roggenbrod oder 2 bis 3 Handvoll Hirse dazu. Nach einigen Tagen erfolgt die Säuerung. — Die Nogaien gehen bei der Zubereitung des Kumyss sehr unreinlich um; nicht viel besser thun es die Kalmücken. Der beste Kumyss wird am Kaukasus bei den Turkmenen zubereitet. Dieser letztere hat einen sehr angenehmen, zugleich scharfen und sehr stark moussirenden Geschmack; der Saumal schmeckt wie die beste Limonade, ist wenig sauer und wird, als bester Kumyss, für Kranke gehalten. Die Turkmenen durchräuchern die Gefäfse und Schläuche, in welchen sie den Kumyss zubereiten, in Folge dessen der Kumyss einen eigenthümlichen, doch angenehmen Geschmack erhält, welcher sehr bei den Turkmenen geschätzt wird; doch darf dieses nur gesunden Leuten zum Trinken gegeben werden.

Im Taurischeu Gouvernement wird der Kumyss bei den Tataren folgendermafsen zubereitet.

Man giefst auf 5 Quartier (Quart) Stutenmilch, ein halbes Quart gewöhnlichen Branntwein und ein halbes Quart Krimmschen Honig. Nachdem man alles Dieses in einem Thonkrug umgerührt hat, scharrt man den Krug in die Erde ein, doch mufs die Oeffnung des Kruges zu sehen sein; letztere wird leicht mit Watte bedeckt, damit nichts Schmutziges hineinfällt. Mit einem Korke darf man den Krug durchaus nicht hermetisch verschliefsen, sonst platzt der Krug von der eingeschlossenen Luft.

Es ist zu bemerken, dafs man gewöhnlich nicht gar zu alte, dabei fromme Stuten, reich an Milch und hell von Farbe, aussucht, um von ihrer Milch den Kumyss zu bereiten. Für eine Person ist die Milch von zwei Stuten hinreichend genug. Die Stuten müssen sehr gutes nahrhaftes Futter bekommen. Bei warmem Wetter mufs man die Stuten ein-, auch zweimal wöchentlich schwemmen lassen oder noch besser mit reinem kaltem Wasser abwaschen. Die Füllen der Stuten werden mit zwei langen Stricken an eingerammte Pfosten angebunden und während des Melkens zur Stute geführt, sonst bekommt man keine Milch. Das Melken mufs regelmäfsig alle 2 Stunden geschehen. Die Füllen können im Verlaufe des Tages (eine halbe Stunde nach Sonnenaufgang) angebunden werden und in dieser Lage bleiben bis zu Sonnenuntergang; nachdem sie befreit sind, läfst man sie bis zum andern Morgen frei herumlaufen. Es gehört viel Gewandtheit und Geschick dazu, die Stuten so zu melken, dafs sie mehr Milch geben und dafs das Melken rasch genug von Statten geht, um die Milch noch warm in die Zuber oder Schläuche einzugiefsen. Mit Wasser darf die Milch niemals sogleich nach dem Melken vermischt werden, um, wie Einige es thun, die Proportion und das Quantum der gemolkenen Milch zu vergröfsern, im Falle dafs die Stuten gerade wenig Milch geben.

Dem Anscheine nach hat der Kumyss Aehnlichkeit mit den Molken (von Kuhmilch), von welchen die Butter und Käse sich abtheilen; doch ist die Wirkung des Kumyss ganz verschieden von der Wirkung der Molken. Die Molken gehören zu den blutreinigenden, der Kumyss zu den nährenden und blutvermehrenden Mitteln. Obgleich, wie wir aus den unten folgenden Bemerkungen des Dr. Chomenkow ersehen werden, beim Gebrauch des Kumyss keine Verstopfungen entstehen, so treten dennoch beim anfänglichen Gebrauch Verstopfungen ein; der Urin verringert sich im Verhältnifs des Quantum des Getränkes; der Harn wird compacter, trüber und bildet einen bräunlichen Bodensatz; — doch nach einiger Zeit lassen die Erscheinungen nach und es treten andere ein. — Es ist aber zu bemerken, dafs der Kranke selbst bei den Verstopfungen durchaus keine Beschwerden oder Blähungen im Magen fuhlt, ungeachtet des zuweilen sehr grossen Quantums des Kumyss, welches er täglich nach Angabe des Arztes trinken mufs.

Wenn man sich einmal an den Kumyss gewöhnt hat, so zieht man gewifs dieses Getränk zur heifsen Sommerzeit allen übrigen vor. Der Kumyss erfrischt, stillt den Durst, selbst den Appetit, und man fuhlt sich nach demselben sehr gestärkt. Da der Kumyss so zu sagen den Appetit nur beruhigt und durchaus nicht benimmt, so kann man beim Gebrauch desselben dennoch viel essen, oder auch sehr wenig, je nachdem sich der Hunger einstellt. — Nach einem langen Spaziergange oder einer etwas angreifenden Fahrt fühlt man sogleich nach dem Genuss des Kumyss sich leichter und gestärkter. — Bis man sich an dieses Getränk noch nicht gewöhnt hat, ist nach dem Gebrauch desselben eine kleine Trunkenheit zu bemerken, welche aber nicht lange anhält und durchaus keine unangenehme Folgen hinterläfst. Der Kumyss, welcher im Herbst bereitet wird, bringt am leichtesten eine Trunkenheit hervor, welche aber dennoch nur darin besteht, dafs man sich sehr heiter und aufgeregt fühlt, im Gesicht erröthet und dabei, wenn man sich niederlegt, sehr ruhig und fest einschläft. Kopfweh kommt niemals vor.

Chomenkow schreibt den günstigen Einflufs, den der Gebrauch des Kumyss auf das reproductive System ausübt, vorzüglich seinem Gehalte an einer weinigen Grundlage, einem Principium vinosum, und an Kohlensäure zu, welche letztere für die Ernährungsorgane ein eben so wichtiges Agens sei, wie der Sauerstoff für den Athmungsapparat, und durch welche zugleich die krankhafte Reizbarkeit abgestumpft werde, welche oft ein Hindernifs der Ernährung sei.

Eine chemische Analyse der Stutenmilch der Steppen und des Kumyss existirt bis jetzt nicht.

Wir wollen daher aus Clarus, Handbuch der Arzneimittellehre, Leipzig 1856, p. 351 einige Notizen über die Stutenmilch hierher setzen.

Die frische Stutenmilch reagirt oft sauer. Casein ist in den verschiedenen Milcharten in folgendem abnehmendem Verhältnifs vorhanden:

Stutenmilch . .	16,2 *)
Schafmilch . .	15,3
Ziegenmilch . .	4,52
Kuhmilch . . .	3,4
Frauenmilch . .	3,1
Eselinnenmilch .	1,95

*) Sollte das nicht ein Druckfehler sein statt 1,69, wie Stipriaan hat, da auch der Milchzucker die gleiche Zahl 8,7 hat?

Milchzucker:

Stutenmilch . .	8,7
Eselinnenmilch .	4,5
Frauenmilch . .	3,2—6,2
Kuhmilch . . .	3—4
Ziegenmilch . .	4,4
Schafmilch . .	2—3

Fette:

Stutenmilch . .	6,9 (?)
Schafmilch . .	4,2
Kuhmilch . . .	3,5
Ziegenmilch . .	4
Frauenmilch . .	2,5—3
Eselinnenmilch .	1,2

die gesammten festen Bestandtheile anlangend, kann man folgende abnehmende Skala aufstellen: Stuten-, Schaf-, Kuh-, Ziegen-, Frauen- und Eselinnenmilch.

Bekannt ist es, dafs die Milch sehr grofsen Schwankungen hinsichtlich der Zusammensetzung unterworfen ist (vergl. Vernois und Becquerel, Ann. d'hyg. Avril u. Juillet 1853), und selbst bei einem und demselben Thiere oft innerhalb einiger Stunden. — Die zum Kumyss benutzte Stutenmilch der Steppen wird als sehr caseinarm oben geschildert, und hiermit in Widerspruch figurirt sie hier als die caseinreichste. Die Stutenmilch der Steppen ist also eine andere. Die Analyse von Simon, medicinische Chemie II, 293, sagt, dafs die Stutenmilch sehr reich an festen Bestandtheilen sei; er giebt das spec. Gewicht auf 1,0346—1,045 an, bemerkt, dafs sie wenig Fett, aber sehr viel Milchzucker enthalte. A. Stipriaan Luiscius und Nic. Bondt (Diss. qua respondetur ad quaest. proposit.: Ut determinetur, per examen comparatum proprietatum physicarum et chemicarum, natura lactis muliebris, vaccini, caprilli, asinini, ovilli et equini; in Hist. et Mém. de la Soc. roy. de Médecine de Paris. A. 1787 et 1788. Mém. p. 525) erhielten aus derselben 0,8 Procent Rahm, 1,62 Procent Käse und 8,75 Procent Milchzucker. Simon erhielt eine gelbliche, schleimige, salzig-schmeckende, fast geruchlose Flüssigkeit aus dem Euter einer Stute, welche in kurzer Zeit werfen sollte; sie gerann beim Erhitzen, zeigte unter dem Mikroskope wenig Fettkügelchen und granulirte Körperchen, durch Essigsäure aber nur einen geringen Gehalt an Casein. Sie enthielt 5 Procent feste Bestandtheile und nur 0,15 Procent Fett. — Die Hauptmasse des festen Rückstandes war Albumin, dem wenig Casein, Butter und extractive Materie beigemengt waren.

Vernois und Becquerel l. c. stellen die Stutenmilch in eine Reihe mit der Kuhmilch, der Schaf- und Hundemilch, während die Eselsmilch sich am meisten der Frauenmilch nähere, und die Ziegenmilch eine dritte Klasse bilde.

Dr. Chomenkow, welcher selbst den Nutzen des Kumyss erprobt hat, indem er von einem langjährigen Lungenleiden und einer schwachen Verdauungskraft befreit wurde, giebt folgende Notizen über die Wirkung des Kumyss:

1) Der Kumyss ist ein ungekünsteltes diätetisches Mittel, so zu sagen von der Natur selbst angewiesen und daher in vielen Hinsichten vielen Arzneimitteln vorzuziehen.

2) Es ist ein sehr nahrhaftes Getränk, welches den ganzen Organismus stärkt, die Eigenschaften der Säfte verbessert und auch ein harntreibendes Mittel genannt werden kann.

3) Indem es diese Eigenschaften besitzt, stärkt es zugleich die Thätigkeit des Darmkanals, eine Eigenschaft, welche selten bei Arzneimitteln zu finden ist.

4) Von dieser heilsamen Kraft des Kumyss rühren die Erscheinungen her, welche während und nach der Kur zu bemerken sind.

a) Bei der schwächsten Verdauung bringt der Kumyss weder Schmerzen, noch Blähungen oder Beschwerden im Magen hervor. Selbst in den gröfsten Quantitäten genossen (Chomenkow trank täglich 15—20, andere 40—50 Gläser Kumyss), bewirkt derselbe niemals Verdauungsbeschwerden.

b) Er vermehrt den Harn, welcher weifslich, wässerig und ohne Geruch ist.

c) Die Ausdünstung der Haut wird vermehrt; er ist ein kräftiges Diaphoreticum.

d) Die Ausleerungen sind immer regelmäfsig, ungeachtet des grofsen Quantums, welches zuweilen der Kranke bei der Kur braucht.

e) Nach dem Gebrauch des alten Kumyss bei nüchternem Magen ist eine leichte Betäubung (Trunkenheit) gleichsam wie beim Gebrauch des Porters zu bemerken.

f) Wenn man eine Person, welche an Cachexia innominata oder Scorbut leidet, aus einer Vene zur Ader läfst, so bemerkt man, dafs beim Gebrauch des Kumyss der Gehalt des Bluts an Fibrin und Cruor vermehrt und das Serum vermindert und mehr dicht wird.

g) Das Aussehen der Kranken bessert sich merklich: man nimmt sehr zu, die trockene, sogar zusammengeschrumpfte Haut wird weicher, glatter, ein wenig feucht und bekömmt eine gesunde Farbe. Im Gesicht nimmt man zu, bekömmt gleichfalls eine gesunde Farbe und man möchte sagen ein ganz besonders gesundes Aussehen. Die Baschkiren leben während des Sommers fast ausschliefslich von Kumyss, welcher ihnen als Essen und Trinken dient und werden dabei fett und stark. (Jarozkji, die Heilkunde der Kirgisen. Medizinische Unterhaltungsbibliothek II. 147.)

Alle diese heilsamen Folgen des Kumyss sind besonders bei jungen Personen, welche an Nervenschwäche, Atrophie oder Cachexia innominata, an Schwäche, Faulheit der Bewegungen, Mattigkeit und Magerkeit des Körpers leiden, wahrzunehmen.

Was die Krankheiten anbelangt, bei welchen der Kumyss gebraucht werden kann, so wollen wir folgende insbesondere anführen:

1) Bei allen veralteten organischen Lungenleiden, gleichfalls bei Lungenleiden nervöser Art. Es ist aber zu bemerken, dafs bei dem organischen Lungenleiden der Kumyss mehr palliativ wirkt; gegen jeden Grad der Auszehrung, Blutspeien, Katarrh, Engbrüstigkeit kann der Kumyss mit gutem Erfolg gebraucht werden.

2) Beim Scorbut, bei welchem sich vorzüglich Flecken auf den Füfsen, Schmerzen und selbst Wunden zeigen.

3) Bei der Bleichsucht, im Fall, wo die Krankheit durch mangelhafte Blutbereitung bedingt ist.

4) Bei chronischer Wassersucht.

5) Bei Folgen einer Mercurialkur, wenn diese Folgen in Schwäche oder Dyscrasia mercurialis bestehen.

6) In kleinen Dosen ist der Kumyss mit gutem Erfolg bei Reconvalescenten eines Nieren- oder typhösen Fiebers anzuwenden, besonders in den Fällen, wo die gesunkenen Kräfte gestärkt werden müssen, oder die Haut zur Thätigkeit gebracht werden mufs.

7) Doch besonders entschieden und wohlthätig wirkt der Kumyss in den Krankheiten, welche von Mangel an Ernährung herrühren: dazu gehören alle Gattungen von Atrophie; oder bei Entkräftungen des Körpers, als Altersschwäche, nervöse und besonders Spinalirritation, Tabes senilis, nervosa, dorsualis.

Dr. Dahl bemerkt, dafs der Kumyss nie gänzlich die Auszehrung, welche schon einen hohen Grad erreicht hat, heilen kann, indem die Auszehrung zu den Krankheiten gehört, bei welchen die Säfte verdorben sind, und Kumyss kein blutreinigendes Mittel ist. Doch kann der Kumyss bei solchen Krankheiten als ein sehr nahrhaftes Mittel angesehen werden und heilt entschieden alle Diejenigen, welche Anlagen zur Auszehrung haben. — Bei den Kirgisen, welche viel den Kumyss als Getränk gebrauchen, trifft man äufserst selten einen Fall der Auszehrung an.

Vollblütige Personen, oder solche die Anlagen zur Apoplexie zeigen oder von apoplectischer Constitution sind, nebenbei an Blutandrang zu irgend einem Organ leiden oder Anlagen dazu haben, kann der Gebrauch von Kumyss nicht nützlich sein; — im Gegentheil, da durch den Kumyss die Vollblütigkeit vermehrt, der Process der Ernährung gesteigert wird, Schwindel, Ohrensausen, Apoplexie, Erbrechen und Durchfall hervorgebracht werden kann, so wirkt dieses Getränk eher schädlich als nützlich.

Besonders sind diese Folgen beim vielen Gebrauch des starken Kumyss zu befürchten. Er ist auch nicht anzuwenden bei Frauen (besonders vollblütigen) während der Schwangerschaft oder bei Leuten, welche an Infarcten der innern Theile des Darm- oder Bauchfells leiden.

Der Kumyss mufs in den Monaten Mai, Juni oder Juli bei warmer, reiner Landluft gebraucht werden. Dabei darf der Kranke keine Gemüthsbewegungen haben, ein heiteres, doch zugleich regelmäfsiges Leben führen; — man mufs früh schlafen gehen und mit dem Sonnenaufgang erwachen. Zuweilen mufs man vor der eigentlichen Kumyss-Kur ein paar Tage reine und frische Stutenmilch trinken; damit man regelmäfsigen Stuhlgang bekömmt; dieses letztere ist also bei Personen, welche an unregelmäfsigem Stuhlgang leiden, anzuwenden. Wenn der Kranke sich an die Stutenmilch gewöhnt hat, beginnt man die eigentliche Kumyss-Kur, anfänglich in kleinen Dosen. Ob man sogleich mit dem starken oder erst mit dem jungen oder schwächern Kumyss anfängt, hängt von dem Gesundheitszustande des Kranken ab. — Je mehr die Kräfte zunehmen, desto mehr kann man von dem Getränke brauchen. — Bei dieser Kur ist folgende Diät zu beobachten. Nicht zu viel Fleischspeisen: durchgängig alle Früchte, Beeren, Süfsigkeiten, alle Spirituosen und erhitzenden Getränke, Kaffee und Chokolade sind streng untersagt. — Das sind die Hauptregeln, welche beim Gebrauch des Kumyss beobachtet werden, doch können auch einige Abweichungen und Veränderungen dieser Regeln eintreten, sobald der behandelnde Arzt genaue und erprobte Kenntnisse über die Eigenschaften und den Gebrauch des Kumyss hat.

Der beste Kumyss wird im Orenburgischen Gouvernement bereitet; in den Gouvernements Stawropol, Taurien und auf dem Kaukasus wird er nicht so gut zubereitet. Im Orenburgischen Gouvernement wird besonders derjenige Kumyss recommandirt, welcher auf dem Gute des Herrn Tewtelew im Dörfchen Kilimow im Belebejschen Bezirk verfertigt wird. Nach Kilimow reist man bis zur Station Tupküldi längs der Ufaer Post-Strafse. — Von der Station Tupküldi bis Kilimow sind 35 Werst (5 deutsche Meilen). Unweit Kilimow (4 Meilen entfernt) liegt das Dorf Kapli, in welchem der Kumyss bei einem gewissen Timerke-Balgatin bereitet wird. Im Dorfe Masteew (liegt unweit Kapli) ist bei dem Mardi-Sultanow der beste Kumyss zu haben.

Personen, welche zum Gebrauch des Kumyss eine Reise unternehmen, könnten die nachfolgend angeführten Mafsregeln von Nutzen sein.

a) Von einem erfahrenen Arzte eine schriftliche Anweisung über den Gebrauch des Kumyss mitzunehmen. Diese Vorschrift mufs auch andeuten, ob der Patient die Kur fortsetzen soll, im Fall keine Besserung im Gesundheitszustande im Verlauf einiger Wochen (die Kur dauert 6 bis 7 Wochen), oder irgend eine nicht ganz günstige Veränderung eintritt.

b) Es ist nöthig, Tischwäsche und Geräthe mitzunehmen; Thee, guter Zucker und Waizen ist auch dort schwer zu bekommen, obgleich man wohl den Thee und Zucker mit Zubehör fast in jedem Hause antrifft.

c) Wenn man von einer Person begleitet wird, welche zu kochen versteht und überhaupt bedienen kann, so ist solche von grofsem Nutzen, da die Tataren den Braten, das Brod etc. auf eine ihnen eigene Art zubereiten, welche nicht Jedermann behagt. Es ist daher auch rathsam, gute Thontöpfe für die Milch und die heifsen Speisen mitzunehmen, welche Geschirre bei den Tataren selten, fast gar nicht, zu finden sind.

d) Um sich vor den Insekten zu schützen, ist nicht zu vergessen, Bettvorhänge mitzunehmen.

Obgleich man die Reise gewöhnlich im Sommer unternimmt, ist es sehr rathsam, eine warme Kleidung gegen die kalten und schneidenden Nordwinde und beständig kalten Nächte mitzunehmen.

e) Da man dort keine Lesebibliotheken findet, so kann und mufs man, um sich nicht zu langweilen, Bücher mitnehmen. Für einen Jagdfreund können die nöthigen Gewehre zu statten kommen, indem man grofse Jagdreviere vorfindet. Für Liebhaber vom Reiten einen guten Sattel etc.

f) Unverheirathete Leute müssen suchen, in Gesellschaft zu reisen, dann kömmt die Reise angenehmer und billiger zu stehen.

Diesen ausführlichen Mittheilungen wollen wir nun noch die interessanten Notizen folgen lassen, die uns Hr. Dr. Maydell zugesendet hat.

Während eines achtjährigen Aufenthaltes in Orenburg (1843—1851) habe ich häufig Gelegenheit gehabt, Kumyss-Kuren zu leiten, so dafs meine Beobachtungen, auf einer grossen Anzahl Krankheitsfälle beruhend, dazu geeignet sind, die Wirkung, so wie die Anwendungsweise dieses Mittels in bestimmte Schranken zu weisen.

Die Bereitungsweise ist eine ganz constante. Im Frühling, wenn in den Steppen in den grofsen Pferdeheerden die Stuten geworfen, beginnt unter allen Nomadenvölkern die Bereitung dieses allgemein unter den muhammedanischen Stämmen verbreiteten Nahrungsmittels. In ledernen, gut gereinigten und durchräucherten Schläuchen wird die frisch gemolkene Stutenmilch gesammelt, im Schatten aufbewahrt, und während sie von selbst in Gährung übergeht, häufig mit einem Holzstab umgerührt. — Unter Bildung von Kohlensäure geht die sehr zuckerhaltige Milch rasch in weinige Gährung über, so dafs im Verlauf von 48 Stunden das Getränk den gehörigen Grad derselben erlangt hat. In den Steppen ersetzt täglich die frische Milch die Masse des verbrauchten Kumyss, so dafs der Schlauch niemals leer wird. Je häufiger die Milch umgerührt wird, um so schmackhafter wird der Kumyss, und das Herumführen auf dem Rücken eines stöfsigen Kameels soll ihm den höchsten Grad von Wohlgeschmack verleihen. Er hat die Farbe und Dünnflüssigkeit frischer Milch, entwickelt, wenn er geschüttelt wird, in geringer Masse Kohlensäure, und ist von angenehm säuerlichem Geschmack. Die Pferde werden nicht besonders behandelt, aber gut wird der Kumyss nur dann, wenn die Stute frei in der Steppe weidet, sich von Federgras (stipa pennata) nährt, und der Boden, auf dem sie weidet, Kochsalz enthält. Hohe Hitzegrade sind ebenfalls nöthig, um dem Kumyss das ihm eigene Aroma zu verleihen. Diese Bedingungen sind nicht so unwesentlich, als man zuweilen annimmt, daher denn auch der Kumyss, der in der Anstalt des Dr. Witkow in Petersburg mit großer Sorgfalt von Tataren bereitet wird, durchaus ohne Wirkung bleibt. — Ein ähnliches Resultat giebt die Kumyss-Anstalt des Herrn Tewtelew, eines muhammedanischen Gutsbesitzers in der Nähe von Ufa am Fuße des Uralgebirges.

Die Wirkungsweise des Kumyss ist die eines thierischen Nahrungsmittels, verbunden mit der gefäßaufregenden Eigenschaft der Kohlensäure. Er findet seine Anwendung in allen Fällen von darniederliegender oder anomaler Ernährung, Schwäche als Folge überstandener acuter Krankheiten, Scrophulosis, Tuberculosis, Atrophien der Kinder, Bleichsucht, Menstrualanomalien in Folge von Kräftemangel, Scorbut u. dgl., nur muß als nothwendige Bedingung bei Anwendung dieses Mittels vollkommen gesunder Zustand des uropoetischen Systems angesehen werden, denn außer seiner nährenden und belebenden Eigenschaft, wirkt es stark auf die Nieren, welche unter häufigem Drang in großer Menge einen wasserhellen Urin absondern.

Als Gegenanzeigen können mit Bestimmtheit angenommen werden:

Neigungen zu activen Blutflüssen, habitus apoplecticus, Leber- und Milzstockungen und endlich organische Nieren- oder Blasenleiden.

Die Anwendungsweise ist folgende: mit dem Beginn der warmen Jahreszeit verläßt der Kranke die Stadt, und zieht entweder in ein Kosakendorf, in dessen Nähe sich Nomaden befinden, denn der Kosak geniefst aus Vorurtheil keine Stutenmilch, oder er zieht in die Horde (Aul) der Kirgisen, versieht sich mit Thee, Zucker, Zwieback (denn Brod kennt der Nomade nicht) und richtet sich in einem Filzzelt seine Wohnung ein. Aromatische Steppenluft, Bewegung und Kumyss sind die drei Mittel*), die oft unter meinen Augen Sterbenden Leben und Gesundheit wiedergegeben; beruht Hektik auf Desorganisation, so ist natürlich Heilung unmöglich, aber ich habe Kranke mit Cavernen in den Lungen im Verlauf des Sommers so weit sich erholen sehen, dafs ich einen groben Fehler in der Diagnose begangen zu haben glaubte, bis in der nächstfolgenden kalten Jahreszeit der tödtliche Ausgang mich dessen belehrte, dafs ich richtig diagnosticirt, aber auch, dafs der Kumyss ein Mittel sei, dem kein anderes zu vergleichen.

Das Bild, das uns Kranke bieten, die den Kumyss trinken, ist sehr stereotyp. Die ersten zwei Wochen zeigen Erscheinungen, die hervorgerufen sind durch die veränderte Lebensart, und durch die Wirkung des Kumyss auf den Darmkanal und die Nieren. Im Anfange nämlich ruft er Stuhlverstopfungen hervor, die nicht selten heftigen Blutandrang zum Kopf verursachen, und die ich durch Mittelsalze zu heben pflegte; der Urin ist wasserhell und verlangt häufig gelassen zu werden. Nach Verlauf von gewöhnlich zwei Wochen treten nicht selten leichte Durchfälle ein, die ich immer unbehandelt liefs, und die durch Naturhülfe geheilt wurden. Hat sich nun der Körper an dieses neue Nahrungsmittel gewöhnt, und der Kranke den Ekel überwunden, den oft der lederne Schlauch und der Gedanke an Pferdemilch hervorrufen, so sehen wir ihn gewöhnlich den Kumyss mit Gier in grofsen Massen geniefsen, nicht selten 25—30 Gläser, so dafs er oft seine einzige Nahrung bildet. Der Kranke hat ein Gefuhl von Wohlbehagen, das Gesicht ist geröthet, die Haut schwitzend, der Puls beschleunigt und voll, grofse Neigung zum Schlaf

---

*) Vergl. Anmerkuug zu S. 173! E.

und gewöhnlich starke Aufregung des Geschlechtssystems. — Jetzt gilt es, localen Hyperämien zuvorzukommen, und dazu dient starke körperliche Bewegung, welches bei der Unmöglichkeit, in den Steppen Spaziergänge zu machen, durch Reiten bezweckt wird. Diese Erscheinungen der Gefäfsreizung dauern oft einen Monat, und dann beginnt erst für den Kranken die Zeit, in der er wirklich Kräfte sammelt, was sich gewöhnlich durch Fettwerden anzuzeigen pflegt. Die Meinung des Volkes verbietet bei der Kumyss-Kur den Genufs von Mehlspeisen, ich habe aber bei der Fleischdiät immer das Essen grofser Quantitäten Reis und Weizenbrod gestattet, geistige Getränke sind streng untersagt. Die Gabe ist natürlich verschieden, anfänglich reicht man dem Kranken 2—4 Glas täglich, und überläfst es ihm selbst nach Belieben mit der Gabe zu steigen; gewöhnlich geniefsen sie schon nach 2—3 Wochen mit Wohlbehagen 15—20 Glas täglich.

Die Kirgisensteppen von Astrachan und Orenburg sind es, wo der Kumyss die gewöhnliche Nahrung der Nomaden im Sommer bildet; sie sind es auch, die gewöhnlich die kranken Russen bei sich aufnehmen. In den Steppen des südlichen Russland, wo keine Muhamedaner wohnen, wird kein Kumyss bereitet, — ob die Tataren in der Krim ihn trinken, ist mir unbekannt *).

*) Dass er bei den östlichsten Turkomanen, den Jakuten, stark im Gebrauch ist, habe ich oben erinnert. E.

Untersuchungen über Ilmenium, Niobium und Tantal.

Von

R. Hermann*).

Bereits vor längerer Zeit habe ich Untersuchungen über die tantalähnlichen Säuren des Aeschynits und Ytterilmenits mitgetheilt**) und theils damals, theils später, bei Gelegenheit der Untersuchungen der Tantalerze, angegeben, dafs die Säure des Aeschynits grofse Aehnlichkeit mit Niobsäure habe, sich aber doch durch ein viel geringeres spec. Gew. und eine etwas andere Zusammensetzung ihrer Natronsalze von der Niobsäure unterscheide; die Säure des Ytterilmenits sei aber ganz verschieden von der Niobsäure, weshalb ich das in dieser Säure enthaltene Metall Ilmenium nannte. Als später H. Rose seine Untersuchungen uber das Pelopium bekannt machte, erkannte ich, dafs die Ilmensäure grofse Aehnlichkeit mit Pelopsäure habe, dafs aber ihr spec. Gew. viel niedriger sei und dafs deshalb diese Substanzen auch nicht identisch sein könnten. Es schien mir übrigens möglich, dafs diese Verschiedenheiten durch Beimengung von Tantalsäure zu den Säuren des Columbits von Bodenmais bewirkt werden könnten. Diese

---

*) Aus Bull. de la Société Imp. des natural. de Moscou. 1855. No. 2.

**) Vergl. in d. Archive Bd. X. S. 260.

Unsicherheiten liefsen sich nur durch fortgesetzte Untersuchungen und Aufsuchung von Methoden beseitigen, mit deren Hülfe die verschiedenen tantalähnlichen Substanzen getrennt werden könnten. Anfänglich fehlte mir aber zu dieser Arbeit ein hinreichender Vorrath von Columbit von Bodenmais, und als ich später dieses Mineral in ausreichender Menge durch die Güte des Herrn Professor H. Rose und des Herrn Oberbergrath Fuchs erhielt, war Mangel an Zeit die Veranlassung, dafs diese schwierigen Untersuchungen länger hinausgeschoben werden mufsten als mir lieb war.

Ich habe mich bei dieser neuen Reihe von Untersuchungen vorzugsweise mit den metallischen Säuren des Tantalits von Kimito, des Columbits von Bodenmais, des Samarskits und Aeschynits vom Ilmengebirge beschäftigt.

Bei der Prüfung des Columbits von Bodenmais auf einen Gehalt an Tantalsäure, ergab es sich, dafs derselbe diese Substanz nicht enthalte. Das Tantalchlorid verhält sich nämlich gegen Salzsäure ganz anders, wie die Chloride der anderen tantalähnlichen Metalle. Das Tantalchlorid wird durch Salzsäure zersetzt und Tantalsäure abgeschieden, während die Chloride der anderen tantalähnlichen Metalle von Salzsäure ohne alle Zersetzung gelöst werden. Aufserdem habe ich den Grund der Verschiedenheit der Säure des Aeschynits von der aus Columbit von Bodenmais abgeschiedenen Niobsäure aufgefunden. Die Säure des Aeschynits ist nämlich keine Niobsäure, sondern eine der Niobsäure in ihren Eigenschaften sehr ähnliche und ihr analog zusammengesetzte Sauerstoff-Verbindung des Ilmeniums. Im Samarskit ist, neben Ilmensäure, dieselbe Substanz enthalten. Auch kann Ilmensäure in die Säure des Aeschynits umgebildet werden, wenn man mit ihr weifses Chlorid darstellt und dieses durch Wasser zersetzt. Die auf diese Weise aus Ilmensäure dargestellte Säure, verhielt sich in jeder Beziehung wie die Säure des Aeschynits. Ilmenium bildet also, ebenso wie Niobium, zwei verschiedene Chloride, ein gelbes und ein weifses. Die dem gelben Chloride äquivalente Säure ist die bisher von mir Ilmensäure genannte Substanz. Sie verhält sich sehr ähnlich, wie die aus dem gelben Chloride des Niobiums dargestellte und bisher Pelopsäure genannte Säure. Die dem weifsen Chloride des Ilmeniums äquivalente Säure ist die tantalähnliche Säure des Aeschynits und verhält sich sehr ähnlich, wie Niobsäure.

Es ist jetzt vor Allem nöthig, sich über die stöchiometrische Konstitution und die Nomenclatur der verschiedenen Oxyde der tantalähnlichen Metalle zu verständigen. Wir haben daher zu untersuchen, zu welcher Oxydations-Reihe der Metalle die tantalähnlichen Säuren gehören.

Es ist bereits früher nachgewiesen worden, dafs die im Mineralreiche vorkommenden Verbindungen der tantalähnlichen Säuren homöomorph mit Verbindungen der Titansäure und Wolframsäure seien. Pyrochlor, Mikrolith und Pyrrhit haben die Form des Perowskits, und Columbit, Samarskit, Ytterilmenit und Polykras haben die Form von Mengit und Polymignit. Ebenso werden in verschiedenen Mineralien die tantalähnlichen Säuren durch Titansäure und Zinnsäure vertreten. Es kann daher keinem Zweifel unterliegen, dafs die tantalähnlichen Substanzen zur Oxydations-Reihe des Zinns und Titans gehören. Aber es giebt auch Verbindungen von tantalähnlichen Säuren, die homöomorph mit Verbindungen der Wolframsäure sind; denn Columbit hat die Form von Wolfram und Fergusonit die von Scheelit. Ebenso werden in vielen Mineralien die tantalähnlichen Säuren durch Wolframsäure vertreten. Da nun, nach den bisherigen Annahmen, die Oxydations-Reihen des Wolframs und Titans verschieden sind; so würden die erwähnten Erscheinungen in Widerspruch mit den Lehren der Wissenschaft stehen, nach welchen die tantalähnlichen Säuren nicht gleichzeitig als isomorph mit Titansäure und Wolframsäure betrachtet werden können. Dieser anscheinend unlösliche Widerspruch wird aber gehoben, wenn man die Atomgewichte von Wolfram und Molybdän auf die Hälfte herabsetzt und die Säuren dieser Metalle, ebenso wie die Tantalsäure ($\underline{\dddot{\mathrm{T}}}\mathrm{a}$) nach den Formeln: $\underline{\dddot{\mathrm{W}}}$ und $\underline{\dddot{\mathrm{M}}}\mathrm{o}$ zusammengesetzt betrachtet.

Bei den tantalähnlichen Metallen lassen sich bis jetzt vier verschiedene Oxydationsstufen nachweisen. Nämlich braune Oxyde, die bei der Einwirkung von Zink auf Lösungen von Nióbsäure und Ilmensäure entstehen. Ferner zwei Säuren, die auf ein Atom Metall 1,5 und 2 Atome Sauerstoff enthalten, und beim Tantal noch ein Oxyd, welches auf 5 Atome Metall 6 Atome Sauerstoff enthält. Aufserdem kommen beim Niobium und Ilmenium noch graue Oxyde vor, die bei Einwirkung von reduzirenden Substanzen, namentlich Wasserstoff, Kohlenoxyd, Salmiak u. s. w. auf die glühenden tantalähnlichen Säuren entstehen. Die Natur dieser grauen, manchmal auch blau gefärbten Oxyde, ist aber noch nicht hinreichend aufgeklärt, um hier berücksichtigt werden zu können. — Sie sind offenbar ähnlich zusammengesetzt, wie die bunten Oxyde des Molybdäns und Wolframs, nämlich salzähnliche Verbindungen der höhern Oxydationsstufen der tantalähnlichen Metalle mit ihren niedrigeren.

Unter der Voraussetzung, dafs das Atomgewicht des Wolframs und Molybdäns nur halb so grofs sei, als bisher angenommen wurde, erhält man folgende Oxydations-Reihen der zur Tantal-Gruppe gehörenden Metalle:

1) Oxyde des Zinns:

Zinnoxydul = $\dot{Sn}$;
Zinnsäure = $\ddot{Sn}$.

2) Oxyde des Titans:

Schwarzes Titanoxydul = $\dot{Ti}$ (?)
Titansäure = $\ddot{Ti}$.

3) Oxyde des Wolframs:

Wolframoxydul (Braunes Wolframoxydul)
= $\dot{W}$, früher $\ddot{W}$;

Halbwolframigsaures Wolframoxydul (Blaues Wolframoxyd)
= $\dot{W}^2\ \underline{\dddot{W}}$, früher $\ddot{W}\ \dddot{W}$;

Wolframige Säure (Wolframsäure)

$= \underline{\dddot{W}}$; früher $\dddot{W}$.

4) Oxyde des Molybdäns:

Molybdänsuboxydul (Schwarzes Molybdänoxydul)

$= \underline{\dot{M}o}$, früher $\dot{M}o$;

Molybdänoxydul (Braunes Molybdänoxyd)

$= \dot{M}o$, früher $\ddot{M}o$;

Halbmolybdänigsaures Molybdänoxydul (Grünes Molybdänoxyd) $= \dot{M}o^2\ \underline{\dddot{M}o}$(?);

Molybdänigsaures Molybdänoxydul

$= \dot{M}o\ \underline{\ddot{M}o}$, früher $\ddot{M}o\ \dddot{M}o^2$;

Doppelt molybdänigsaures Molybdänoxydul (Blaues Molybdänoxyd $= \dot{M}o\ \underline{\dddot{M}o}^2$, früher $= \ddot{M}o\ \dddot{M}o^4$;

Molybdänige Säure (Molybdänsäure)

$= \underline{\dddot{M}o}$, früher $\dddot{M}o$.

5) Oxyde des Tantals:

Drittel tantaligsaures Tantaloxydul $= \dot{T}a^3\ \ddot{T}a$;

Tantalige Säure $= \underline{\ddot{T}a}$.

6) Oxyde des Niobiums:

Nioboxydul $= \dot{N}b$(?)

Niobige Säure (Pelopsäure) $= \underline{\ddot{N}b}$;

Niobsäure $= \ddot{N}b$.

7) Oxyde des Ilmeniums:

Ilmenoxydul $= \dot{I}l$(?);

Ilmenige Säure $= \underline{\ddot{I}l}$;

Ilmensäure (Säure des Aeschynits) $= \ddot{I}l$.

Die verschiedenen Verbindungen von Niobium und Ilmenium sind einander aufserordentlich ähnlich. Dies ist auch der Grund, weshalb sich sogar H. Rose, der sich doch bereits so vielfältig mit diesen Substanzen beschäftigt hat, zu meinem grofsen Bedauren, bis jetzt noch nicht von der Existenz des Ilmeniums hat überzeugen können. Es ist daher um so nöthiger, wiederholt auf die charakteristischen Unterschiede der verschiedenen Verbindungen der tantalähnlichen Metalle aufmerksam zu machen und sie noch schärfer in's Auge zu fassen.

Specifische Gewichte der tantalähnlichen Säuren.

Der Unterschied der spec. Gew. der tantalähnlichen Säuren ist sehr bedeutend, und da er zu gleicher Zeit leicht zu constatiren ist, so bietet er ein wichtiges Merkmal der verschiedenen Natur dieser Substanzen dar. Es betragen nämlich die spec. Gew. von:

Tantaliger Säure ($\underline{\ddot{Ta}}$) —	. . .	7,02—8,26
Niobiger Säure (Pelopsäure) ($\underline{\dddot{Nb}}$)	=	5,49—6,72
Niobsäure ($\dddot{Nb}$) =	. . . . . .	4,66—5,26
Ilmeniger Säure ($\underline{\ddot{Il}}$) =	. . . . .	4,80—5,00
Ilmensäure ($\ddot{Il}$):		
a) aus Samarskit	=	4,02
b) aus Aeschynit	=	3,95—4,20

Löthrohr-Verhalten der tantalähnlichen Säuren.

Die tantalige Säure giebt mit den Flüssen, sowohl in der äufseren als inneren Flamme, farblose Gläser.

Die niobige Säure (Pelopsäure) löst sich in der äufseren Flamme reichlich in Phosphorsalz zu einem farblosen Glase auf. Bei stärkerer Sättigung wird die Perle opalisirend und nimmt dann in der inneren Flamme eine bräunliche Färbung an.

Die ilmenige Säure verhält sich ganz ähnlich wie die niobige Säure. — Nur löst sie sich schwieriger auf und die bräunliche Färbung der gesättigten Perle in der inneren Flamme ist schwächer und oft kaum bemerkbar. Von der tantaligen Säure läfst sich die ilmenige Säure vor dem Löthrohre leicht dadurch unterscheiden, dafs in den Gläsern schwimmende ungelöste Partien der ilmenigen Säure in der inneren Flamme sogleich eine dunkelgraue Färbung annehmen, während die tantalige Säure weifs bleibt.

Die niobige Säure löst sich im Phosphorsalze reichlich zu einer in der äufseren Flamme farblosen Perle. In der innern Flamme wird das Glas violett, bei Ueberschufs von Säure rein blau. (H. Rose.)

Ilmensäure wird von Phosphorsalz reichlich gelöst, zu einer in der äufseren Flamme farblosen Perle. In der innern Flamme wird dieselbe bei Ueberschuss von Säure intensiv braun und so dunkel, dafs sie undurchsichtig wird. In keinem Falle habe ich mit reiner Ilmensäure ein blaues Glas erhalten können.

Verhalten der tantalähnlichen Säuren zu Galläpfeltinctur und eisenblausaurem Kali.

Wenn man die krystallisirten Natronsalze der tantalähnlichen Säuren in Wasser löst, dazu genannte Reagentien und hierauf Salzsäure in Ueberschufs setzt, so entstehen folgende Erscheinungen:

Die mit Galläpfeltinctur versetzten Flüssigkeiten geben Niederschläge, die folgende Farben zeigen:

tantalige Säure gelb;
niobige Säure orange;
Niobsäure ziegelroth;
ilmenige Säure licht-rothbraun;
Ilmensäure rothbraun, wie Eisenoxydhydrat.

Die mit eisenblausaurem Kali in Ueberschuſs versetzten Lösungen der Natronsalze der tantalähnlichen Säuren bleiben nach Zusatz von überschüssiger Salzsäure anfänglich ganz klar. Die Flüssigkeiten zeigen aber folgende Färbungen:

tantalige Säure schwefelgelb;

niobige Säure Niobsäure ilmenige Säure Ilmensäure	dunkelbraunroth, fast so dunkel wie rother Wein.

Nach einiger Zeit trüben sich die Flüssigkeiten und es setzen sich Niederschläge ab, deren Farbe ist:

tantalige Säure schwefelgelb;

niobige Säure Niobsäure ilmenige Säure Ilmensäure	braun, in verschiedenen Nüancen und zwar niobige Säure am hellsten, Ilmensäure am dunkelsten gefärbt.

Verbindungen der tantalähnlichen Metalle mit Chlor.

Tantal verbindet sich nur in einer Proportion mit Chlor zu $Ta^2 Cl^3$. Das reine tantalige Chlorid sublimirt in gelben Prismen, die beim Erwärmen leicht schmelzen und nach dem Erkalten wieder krystallisiren.

Niobiges und ilmeniges Chlorid haben eine gleiche stöchiometrische Constitution wie tantaliges Chlorid und auch eine ganz ähnliche äuſsere Beschaffenheit. Beide bilden gelbe Prismen, die in der Wärme leicht zu einer gelben Flüssigkeit schmelzen und beim Erkalten wieder krystallisiren.

Niob- und Ilmenchlorid sind nach den Formeln $Nb\, Cl^2$ und $Il\, Cl^2$ zusammengesetzt. Sie erscheinen gewöhnlich als weiſse schwammige Massen. Wenn sie aber bei stärkerer Hitze sublimirt werden, so krystallisiren sie in seidenglänzenden weiſsen Prismen.

Die Verbindungen des Niobiums und Ilmeniums mit Chlor sind alle leicht löslich in warmerconcentrirter Salzsäure. —

Zink färbt diese Lösungen sogleich braun und schlägt nach längerer Einwirkung braune Flocken aus denselben nieder, die ich für Oxydul halte. Nach Entfernung des Zinks nehmen diese braunen Niederschläge aus der Luft rasch Sauerstoff auf und werden wieder weifs.

Ganz verschieden verhält sich tantaliges Chlorid. Dasselbe wird nämlich von Salzsäure zerlegt, indem sich der gröfste Theil des Tantals als weifser Niederschlag von tantaliger Säure abscheidet. In der Salzsäure bleibt nur eine sehr geringe Menge von tantaliger Säure gelöst, die durch Zink nicht reducirt, sondern nach längerer Einwirkung des Zinks und nach Sättigung der Säure, in weifsen Flocken von tantaliger Säure abgeschieden wird.

Bei der Darstellung der gelben Chloride von Niobium und Ilmenium kann man ganz der Vorschrift folgen, die H. Rose für die Bereitung des gelben Niobchlorids gegeben hat. Es ist dabei unerläfslich, dafs man die Einwirkung von atmosphärischer Luft und von Wasserdämpfen so viel wie möglich ausschliefst. Letztere zersetzen die gelben Chloride sogleich in Salzsäure und niobige oder ilmenige Säure. Der Sauerstoff der atmosphärischen Luft dagegen oxydirt die gelben Chloride bei höherer Temperatur sogleich zu Acichloriden und scheidet dabei weifse Chloride ab. Die gelben Chloride können daher nicht unter Einflufs von atmosphärischer Luft sublimirt werden; diese Operation mufs stets in einem Strome von trocknem und ganz reinem Chlorgas vorgenommen werden. Die Darstellung des gelben Tantalchlorids ist weniger schwierig, da dasselbe durch den Sauerstoff der Luft nicht zersetzt wird. Man reibe 1 Theil tantalige Säure mit 2¼ Theilen Kohle und etwas Zucker recht innig zusammen, und glühe dieses Gemenge in einem bedeckten Tiegel gut aus. Die poröse Kohle bringe man in ein Porzellanrohr und glühe dasselbe zur Entfernung aller Feuchtigkeit zuerst in einem Strome von Kohlensäure und wenn sich keine Feuchtigkeit mehr zeigt, in Chlorgas. Die Operation ist beendet, wenn sich keine Dämpfe von Tantalchlorid mehr bilden. Im kalten Ende des Porzellanrohrs findet man einen gelben Anflug, der ein Gemenge von gelbem tantaligem Chloride und Tantal-Acichlorid ist. — Die Bildung von Acichlorid läfst sich nämlich bei diesen Operationen nie ganz vermeiden, weil die Kohle Wasserstoff enthält, der mit dem Sauerstoffe der tantaligen Säure während der Einwirkung des Chlors, Wasser bildet, welches einen Theil der gebildeten Chloride zersetzt. Jenes Gemenge von gelbem tantaligem Chloride und Acichloride bringe man in ein, an einem Ende verschlossenes geräumiges Glasrohr und erhitze es. Dabei sublimirt sich ein ganz reines tantaliges Chlorid, theils in gelben Prismen, theils in gelben Tropfen, die nach dem Erkalten ebenfalls in gelben Prismen krystallisiren. Das früher von mir untersuchte Tantalchlorid mit 40,0 pr. C. Chlor war jenes Gemenge von Tantalchlorid und Acichlorid. Es war mir nämlich damals noch unbekannt, dafs sich beim Glühen eines Gemenges von Tantalsäure und Kohle in Chlorgas Acichlorid bilden könne, und es ist mir erst später gelungen, durch Sublimation jenes Gemenges reines Tantalchlorid mit einem Gehalte von 50,66 pr. C. Chlor darzustellen.

Die weifsen Chloride von Niobium und Ilmenium können ganz so wie das tantalige Chlorid dargestellt werden. Im kalten Ende des Porzellanrohrs sublimirt sich ein Gemenge von gelbem und weifsem Chloride und von Acichlorid. Man bringe dasselbe in ein an einem Ende verschlossenes geräumiges Glasrohr und erhitze anfänglich nur schwach. Dabei sublimirt sich zuerst gelbes Chlorid. Wenn sich kein gelbes Chlorid mehr zeigt, so schiebe man ein zweites engeres an beiden Enden offenes Glasrohr in das erstere und erhitze das Gemenge von Neuem. Es entwickelt sich jetzt blos weifses Chlorid, das sich in dem zweiten Rohre, anfänglich im amorphen schwammigen Zustande, später, bei stärkerer Erhitzung des Gemenges im krystallisirten Zustande, als seidenglänzende Prismen absetzt. Die dem Gemenge ursprünglich beigemischten, zum Theil auch aus einem Theile der gelben Chloride durch den Sauerstoff der Luft neu gebildeten Acichloride, bleiben bei dieser Operation als ein graues Pulver zurück.

Die Analyse der Chloride der tantalähnlichen Metalle wird, wie folgt, ausgeführt. Das durch Sublimation gereinigte Chlorid wird in dem Glasrohre, in dem die Sublimation kurz vor der Analyse vorgenommen und nachdem der, das Acichlorid enthaltende Theil der Röhre, abgeschnitten worden war, gewogen; hierauf schütte man dasselbe in eine Lösung von doppelt kohlensaurem Natron und dampfe es mit dieser Lösung ein. Die eingetrocknete Salzmasse wird wieder in Wasser gelöst, und zuerst mit Salpetersäure und dann mit Ammoniak übersättigt und die ungelöste tantalähnliche Säure abfiltrirt. Die filtrirte alkalische Flüssigkeit wird wieder mit Salpetersäure übersättigt und mit salpetersaurem Silber gefällt. Das Gewicht des gefällten Chlorsilbers giebt das Aequivalent des in dem untersuchten Chloride enthaltenen Chlors, das von dem Gewichte des Chlorids abgezogen, das Gewicht des in ihm enthaltenen Metalls giebt. Wollte man anders verfahren, nämlich die Chloride mit Wasser, statt mit Natronlösung zersetzen, so entsteht der Uebelstand, dafs die abgeschiedenen tantalähnlichen Säuren nicht ganz unlöslich in Wasser sind, und auch durch Ammoniak nicht vollständig abgeschieden werden. Sie ähneln in diesem Zustande der aus Chlorsilicium abgeschiedenen Kieselsäure. Aber durch Eindampfen mit einer Lösung von überschüssigem doppelt kohlensaurem Natron, gehen die tantalähnlichen Säuren in den unlöslichen Zustand über.

Die quantitative Zusammensetzung der Verbindungen der tantalähnlichen Metalle mit Chlor, ist, bei gleicher stöchiometrischer Constitution, sehr merklich verschieden, woraus hervorgeht, dafs auch die Atom-Gewichte von Tantal, Niobium und Ilmenium verschieden sein müssen.

Es enthielten nämlich:

Tantaliges Chlorid	(Ta^2Cl^3):	Tantal	49,34	Chlor	50,66
Niobiges Chlorid	(Nb^2Cl^3):	Niobium	59,165	-	40,835
Ilmeniges Chlorid	($Il^2\ Cl^3$):	Ilmenium	57,56	-	42,44
Niobchlorid	($Nb\ Cl^2$):	Niobium	51,82	-	48,18
Ilmenchlorid	($Il\ Cl^2$):				
a) aus Samarskit:		Ilmenium	49,74	-	50,26
b) aus Aeschynit:		-	49,76	-	50,24
c) aus Fluo-Pyrochlor:			49,87	-	50,13

Natronsalze der tantalähnlichen Säuren.

Die krystallisirten Natronsalze der tantalähnlichen Säuren erhält man durch Schmelzen der Säuren mit überschüssigem Natronhydrat, Lösen der geschmolzenen Masse in möglichst wenig kochendem Wasser und Abkühlen der heissfiltrirten Lösung unter Ausschluss der Luft.

Die so erhaltenen krystallisirten Natronsalze der tantalähnlichen Säuren haben unter einander die gröfste Aehnlichkeit. Sie bilden gewöhnlich blättrige Aggregate prismatischer Krystalle, die die gröfste Aehnlichkeit haben mit den blättrigen Aggregaten, in denen die Eisprismen als Reif erscheinen. — Nur beim ilmensauren Natron habe ich aufser dieser Form auch büschel- und sternförmige Aggregate bemerkt. Letztere hatten ganz das Ansehen der Schneesterne und bestanden, wie diese, aus sechs Strahlen, die unter einander gleiche Winkel bildeten. Dies macht es sehr wahrscheinlich, dafs die Krystalle des ilmensauren Natrons zum hexagonalen Krystall-System gehören.

Die krystallisirten Natronsalze der tantalähnlichen Säuren sind in 13 Theilen kochenden und 24 Theilen kalten Wassers löslich. Enthält aber das Wasser überschüssiges Natronhydrat, so sind sie viel schwerer löslich. Wenn man daher zu einer concentrirten Lösung dieser Salze in reinem Wasser Natronlauge setzt, so fällt ein grofser Theil des gelösten Salzes sogleich als ein krystallinisches Pulver nieder.

Aufserdem erhält man mit den tantalähnlichen Säuren nur bei Gegenwart von überschüssigem Natronhydrat krystallisirte Salze. Löst man die krystallisirten Salze in möglichst wenig kochendem Wasser und läfst man diese Lösung erkalten, so erhält man jetzt keine Krystalle des gelösten Salzes wieder, sondern es scheidet sich ein weifses Pulver ab, welches mehr Säure enthält, als das gelöste Salz, und in der Lösung bleibt ein Salz mit überschüssigem Natron. Manchmal wird jenes weifse Pulver auch krystallinisch und erscheint dann in kleinen weifsen Kugeln, die aus concentrischen Aggregaten prismatischer Krystalle bestehen, wie die Wawellit-Kugeln. Ebenso ist das weifse Pulver, welches man erhält, wenn man die tantalähnlichen Säuren mit Natronhydrat schmilzt und das überschüssige Natronhydrat mit wenig Wasser auszieht, saures Salz.

Im Allgemeinen haben die tantalähnlichen Säuren grofse Neigung saure oder basische Salze zu bilden. Nur die tantalige Säure bildet beim Krystallisiren aus einer Lösung mit überschüssigem Natronhydrat neutrales Salz $= \dot{Na}\,\underline{\ddot{Ta}}$. Dasselbe ist bald mit 5, bald mit 7 Atomen Wasser verbunden.

Unter denselben Umständen erzeugen niobige Säure und Niobsäure, ilmenige Säure und Ilmensäure, Natronsalze die nach nachstehenden Formeln zusammengesetzt sind:

$$\dot{Na}^3\ \underline{\ddot{Nb}}^2 + 19\,\underline{\dot{H}};$$

$$\dot{Na}^3\ \underline{\ddot{Il}}^2 + 19\,\underline{\dot{H}};$$

$$\dot{Na}^2\ \ddot{Nb}^3 + 18\,\underline{\dot{H}};$$

$$\dot{Na}^3\ \ddot{Il}^4 + 20\,\underline{\dot{H}}.$$

Bei der Analyse dieser Salze wurde folgendes Verfahren befolgt. Die krystallisirten Salze wurden mit reinem Wasser abgewaschen und zwischen Papier getrocknet. Dabei mufs man aber rasch verfahren, weil diese Salze aufserordentlich leicht verwittern und dabei einen Theil ihres Wassers verlieren. Man trockne nur so weit, dafs das Salz das Papier nicht mehr näfst. Hierauf glühe man das Salz zur Bestimmung des Wasser-Gehalts. Beim Erhitzen verändern diese Salze ihre Form nicht, schmelzen auch nicht. Sie werden aber dabei undurchsichtig. Das geglühte Salz zerreibe man und schmelze es mit einer hinreichenden Menge von saurem schwefelsaurem Ammoniak. Dabei entsteht eine klare Salzmasse, die sich in kaltem Wasser ganz klar auflöst. Ammoniak fällt aus dieser Auflösung die tantalähnlichen Säuren in durchscheinenden Flocken, die auf einem Filter gesammelt, gut ausgewaschen und mit dem Filter verbrannt werden. Nach starkem Glühen bleiben die tantalähnlichen Säuren im reinen Zustande zurück. Der Natron-Gehalt wird aus der Differenz des Gewichts der reinen Säuren und der zur Analyse verwandten wasserfreien Natronsalze berechnet.

Man erhielt auf diese Weise folgende Zahlen, die ebenfalls den Beweis liefern werden, dafs Ilmenium und Niobium verschiedene Substanzen sind und verschiedene Atom-Gewichte haben.

Es gaben nämlich:

Tantaligsaures Natron ($\dot{Na}\,\underline{\dot{T}a}$): Tantalsäure

a) 80,28 Natron *a*) 19,72
b) 80,11 - *b*) 19,89

Niobigsaures Natron ($\dot{Na}^3\,\underline{\dot{Nb}}^2$): Niobige Säure:

a) 79,25 Natron *a*) 20,75
b) 79,16 - *b*) 20,84

Ilmenigsaures Natron ($\dot{Na}^3\,\underline{\dot{Il}}^2$): Ilmenige Säure

a) 77,47 Natron *a*) 22,53
b) 77,54 - *b*) 22,46
c) 77,58 - *c*) 22,42
d) 77,77 - *d*) 22,23

Niobsaures Natron ($\dot{Na}^2\,\dot{Nb}^3$): Niobsäure

a) 81,70 Natron *a*) 18,30

Ilmensaures Natron ($\dot{Na}^3 \ddot{\bar{Il}}^4$):

1) mit Säure aus Samarskit: Ilmensäure *a*) 79,18 Natron *a*) 20,82

2) mit Säure aus Aeschynit: Ilmensäure *a*) 79,16 Natron *a*) 20,84
b) 78,96 - *b*) 21,04

Hat man es mit Gemengen von Niobsäure und niobiger Säure, Ilmensäure und ilmeniger Säure zu thun, so bilden dieselben nicht immer Gemenge von Natronsalzen, die den normalen Salzen dieser Säuren entsprechen. Häufig entstehen dabei Doppelsalze, in denen mehr Natron enthalten ist. Ich habe solche Doppelsalze der Säuren des Niobiums und Ilmeniums entstehen sehen, in denen 24,9 und 28,39 pr. C. Natron enthalten waren. Letzteres Salz war namentlich die früher von mir für einfach ilmensaures Natron gehaltene Verbindung.

Verhalten der salpetersauren und schwefelsauren tantalähnlichen Säuren gegen concentrirte Salzsäure.

Wenn man die Natronsalze der verschiedenen tantalähnlichen Säuren in Wasser löst und zu diesen Lösungen Mineralsäuren in Ueberschuss setzt, so entstehen Niederschläge, welche Verbindungen der tantalähnlichen Säuren mit den zu ihren Lösungen zugesetzten Mineralsäuren sind. Mit Salzsäure entstehen also salzsaure, mit Salpetersäure salpetersaure und mit Schwefelsäure schwefelsaure tantalähnliche Säuren.

Besonders interessant sind die Verbindungen der Schwefelsäure mit den tantalähnlichen Säuren. Man kann drei verschiedene Arten solcher Verbindungen von Schwefelsäure mit tantalähnlichen Säuren unterscheiden, deren äufsere Beschaffenheit und deren Verhalten gegen concentrirte Salzsäure verschieden ist. Ich werde diese drei verschiedenen Verbindungen der Schwefelsäure mit tantalähnlichen Säuren: A-Sulphate, B-Sulphate und C-Sulphate nennen.

Die A-Sulphate der tantalähnlichen Säuren entstehen, wenn man dieselben mit ihrem achtfachen Gewichte sauren schwefelsaurem Kalis in klaren gluhenden Fluſs bringt und die feingeriebene Salzmasse so lange mit Wasser auswäscht, als dasselbe noch Schwefelsäure aufnimmt. Dabei bleiben Verbindungen zurück, die nach dem Trocknen ein lockeres, weiſses Pulver darstellen. In starker Glühhitze entwickeln diese Verbindungen Schwefelsäure und es bleiben die tantalähnlichen Säuren in reinem Zustande zurück, als weiſse Stücke, die bei gelindem Drucke zu einem weiſsen Pulver zerfallen.

Die B-Sulphate bilden sich, wenn man zu den Lösungen der tantalähnlichen Säuren in Salzsäure, Schwefelsäure oder schwefelsaures Kali setzt. Dadurch entstehen weiſse, pulverförmige Niederschläge, die in ihrem Aeuſsern groſse Aehnlichkeit mit den A-Sulphaten haben, die aber mehr Schwefelsäure enthalten, als letztere und die sich auch zum Theil gegen concentrirte kochende Salzsäure anders verhalten als die A-Sulphate. Durch Waschen mit Wasser verlieren sie Schwefelsäure und verwandeln sich in A-Sulphate.

Die C-Sulphate der tantalähnlichen Säuren bilden sich, wenn man ihre Natronsalze mit einer hinreichenden Menge von saurem schwefelsaurem Ammoniak schmilzt. Dabei werden die Natronsalze zerlegt und es bilden sich ganz klare Salzmassen, die sich in kaltem Wasser ganz klar lösen. Wenn man aber diese Lösungen erwärmt, so scheiden sich die C-Sulphate als der Thonerde ähnliche durchscheinende Niederschläge ab. Die C-Sulphate verlieren beim Waschen mit Wasser fortwährend Schwefelsäure und verwandeln sich endlich in Hydrate der tantalähnlichen Säuren.

Das Verhalten der Nitrate und der B-Sulphate der tantalähnlichen Säuren gegen concentrirte kochende Salzsäure ist sehr verschieden und bietet ein Hülfsmittel dar, um ilmenige Säure von Ilmensäure und niobige Säure von Niobsäure zu trennen. Bei Untersuchung dieses Verhaltens ist aber zu berücksichtigen, daſs die Niederschläge im frisch gefällten Zustande angewandt und rasch abfiltrirt werden müssen. Auch darf man sie nicht auswaschen. Läfst man die Niederschläge längere Zeit stehen, verliert man viel Zeit beim Filtriren oder wäscht man sie auf dem Filter aus, so gehen die Verbindungen der tantalähnlichen Säuren mit Salpetersäure und Schwefelsäure leicht in den unlöslichen Zustand über und man erhält fehlerhafte Resultate. Die Niederschläge müssen auf schnell durchlassendem grobem Filtrirpapier gesammelt werden und sogleich, nachdem sie eben abgetropft haben, noch feucht vom Filter genommen und mit einer Menge concentrirter Salzsäure gekocht werden, die nicht unter 5 Unzen Säure auf 20 Gran wasserfreier tantalähnlicher Säure betragen darf. Die feuchten Niederschläge zerreibe man mit der Salzsäure zur Entfernung aller Klumpen, schütte die ganz homogene Flüssigkeit in einen geräumigen Glaskolben und bringe sie im Sandbade zum Kochen. Hierauf setze man der sauren Flüssigkeit die doppelte Menge der angewandten Salzsäure kochendes Wasser zu.

Unter diesen Umständen verhalten sich die verschiedenen Verbindungen der tantalähnlichen Säuren mit Salpetersäure, wie folgt:

Das Nitrat der niobigen Säure (Pelopsäure) $\underline{\ddot{N}b}$, bleibt vollständig ungelöst, wenn es rein war. Ist der niobigen Säure viel Niobsäure beigemengt, so löst sich die niobige Säure gröfstentheils auf.

Das Nitrat der tantaligen Säure bleibt gröfstentheils ungelöst. Von 20 Gran tantaliger Säure blieben 15 Gran ungelöst und nur 5 Gran wurden von 5 Unzen kochender Salzsäure gelöst.

Das Nitrat der ilmenigen Säure verhält sich ganz so wie das Nitrat der tantaligen Säure. Der gröfste Theil bleibt ungelöst und nur ein kleiner Theil der ilmenigen Säuren wird von der kochenden Salzsäure gelöst. Ist aber der ilmenigen Säure viel Ilmensäure beigemengt, so löst sie sich gröfstentheils auf.

Die Nitrate der Ilmensäure und Niobsäure werden von

der kochenden Salzsäure vollständig gelöst, nachdem ihr ihre doppelte Menge kochendes Wasser zugesetzt wurde. Ohne Zusatz von Wasser bleiben die sauren Flüssigkeiten trübe von einer weifsen Ausscheidung, die unlöslich in concentrirter, aber löslich in verdünnter Salzsäure ist.

Was die Verbindungen der Schwefelsäure mit den tantalähnlichen Säuren anbelangt, so sind die A-Sulphate der tantalähnlichen Säuren alle unlöslich in kochender Salzsäure. — Eben so sind die B-Sulphate der niobigen und ilmenigen Säure unlöslich. Dagegen lösen sich die B-Sulphate der Ilmensäure und der Niobsäure vollständig in kochender Salzsäure auf.

Bemerkungen über die Trennung von Tantal, Niobium und Ilmenium, sowie über die Zusammensetzung des Columbits von Middletown.

Aus vorstehend beschriebenem Verhalten der Nitrate und Sulphate der tantalähnlichen Säuren gegen concentrirte kochende Salzsäure ergiebt sich, dafs es keine Schwierigkeit macht, niobige Säure von Niobsäure und ilmenige Säure von Ilmensäure zu trennen. Man behandele nämlich, wie später noch ausführlicher angegeben werden wird, die B-Sulphate dieser Verbindungen mit kochender Salzsäure, wobei sie zerlegt werden. Ebenso giebt das besondere Verhalten des tantaligen Chlorids gegen concentrirte Salzsäure ein Mittel an die Hand, tantalige Säure von den anderen tantalähnlichen Substanzen zu trennen. Man löse nämlich die Chloride in concentrirter Salzsäure. Dabei wird die tantalige Säure fast vollständig abgeschieden, während die anderen Chloride gelöst bleiben. Dagegen ist bis jetzt noch keine Methode bekannt, um Niobium von Ilmenium zu trennen. Dafs übrigens die im Samarskit, Aeschynit und Fluo-Pyrochlore enthaltenen Oxyde des Ilmeniums kein Niobium enthielten, dürfte aus der constanten Gleichheit der Zusammensetzung ihrer Natronsalze und Chloride unzweifelhaft hervorgehen. Wenn dieselben Gemenge gewesen wären, so hätten die aus diesen Mineralien abgeschiedenen Säuren gröfsere Schwankungen in den specifischen Gewichten und die mit ihnen dargestelltea Salze und Chloride gröfsere Schwankungen in ihrer Zusammensetzung zeigen müssen, als dies der Fall war. Die Ilmensäure aus Aeschynit hatte nämlich ein spec. Gew. von 3,95—4,20; die aus Samarskit von 4,02. Das Natronsalz der Ilmensäure aus Aeschynit enthielt 20,84—21,04 pr. C. das der Ilmensäure aus Samarskit 20,82 pr. C. Natron. Das weifse Chlorid der Säure aus Aeschynit enthielt 50,26 pr. C., das der Säure aus Samarskit 50,24 pr. C. und das der Säure des Fluo-Pyrochlors 50,13 pr. C. Chlor. Natronsalze der ilmenigen Säure aus Samarskit, die durch verschiedene Bereitungen dargestellt worden waren, nachdem man zuvor die ilmenige Säure den verschiedensten Behandlungen, theils durch Einwirkung von concentrirten Säuren, theils durch fractionirte Krystallisationen unterworfen hatte, gab stets eine constante Zusammensetzung, indem der Natrongehalt nur in den engen Gränzen von 22,23 bis 22,53 pr. C. schwankte, Differenzen die nicht gröfser sind, als sie gewöhnlich durch Beobachtungsfehler bewirkt werden. Es dürfte demnach die Annahme als gerechtfertigt erscheinen, dafs sowohl Aeschynit als Samarskit und Fluo-Pyrochlor von tantalähnlichen Substanzen nur ilmenige und Ilmensäure, ohne alle Beimengung von Oxyden des Niobiums enthalten. Dagegen können in anderen Mineralien Gemenge der Oxyde, des Ilmeniums und Niobiums enthalten sein. Um dies zu entscheiden, bleibt nichts übrig, als eine sorgfältige Vergleichung der specifischen Gewichte und der Zusammensetzung der Chloride und der Natronsalze dieser Gemenge mit denen der reinen Substanzen.

Ein solches Mineral, welches ein Gemenge von niobiger und ilmeniger Säure enthält, ist der Columbit von Middletown. Die in diesem Minerale enthaltene tantalähnliche Substanz wurde bereits im Jahr 1801 von Hatchett untersucht, für einfach gehalten und Columbium genannt. 1809 glaubte Wollaston zu finden, dafs das Columbium identisch sei mit Tantal, obgleich es Wollaston nicht entging, dafs die im

Columbite enthaltene metallische Säure ein geringeres spec. Gew. habe, als die Säure des Tantalits. — 1847 untersuchte H. Rose den Columbit von Middletown. Er fand, dafs die in diesem Minerale enthaltene metallische Säure im Allgemeinen die Eigenschaften hatte, wie die aus Columbit von Bodenmais abgeschiedene. Nur ihr spec. Gew. war niedriger, woraus H. Rose schlofs, dafs der Columbit von Middletown, ebenso wie der von Bodenmais, ein Gemenge von Niobsäure und Pelopsäure enthalte; nur wäre im amerikanischen Columbite, wegen seines geringeren spec. Gew. mehr Niobsäure und weniger Pelopsäure enthalten, als im bairischen. Später wurde der Columbit von Middletown auch von mir untersucht. Ich fand, dafs nicht allein das spec. Gew. der in diesem Minerale enthaltenen tantalähnlichen Säuren niedriger, als das der im Columbite von Bodenmais enthaltenen sei, sondern, dafs sie auch eine gröfsere Sättigungs-Capacität hatten; woraus ich schlofs, dafs der Columbit von Middletown, neben den Oxyden des Niobiums, auch Ilmensäure enthalten müsse.

Die Richtigkeit dieses Schlusses hat sich bei der kürzlich angestellten neuen Untersuchung der tantalähnlichen Säuren des Columbits von Middletown bestätigt. Da dieses Mineral das erste ist, in dem ein Zusammenvorkommen von Oxyden des Niobiums und Ilmeniums nachgewieden werden konnte, so wird die Untersuchung der tantalähnlichen Säuren dieses Minerals zugleich als Beispiel dienen können, wie aus Gemengen von Säuren des Niobiums und Ilmeniums, die nicht direkt geschieden werden können, die Quantität der Gemengtheile gefunden werden kann.

Der Columbit von Middletown wurde durch Schmelzen mit saurem schwefelsaurem Kali aufgeschlossen, die noch feuchte tantalähnliche Säure mit Schwefelammonium digerirt und dadurch etwas Zinnoxyd und Wolframsäure ausgezogen. Die von Schwefeleisen schwarz gefärbte tantalähnliche Säure wurde mit Salzsäure digerirt, wobei sich das Eisen löste und tantalähnliche Säuren zurückblieben, die stark ausgeglüht wurden. Die so dargestellten rohen tantalähnlichen Säuren waren jetzt ganz weiſs und hatten ein spec. Gew. von 5,10. Vor dem Löthrohre mit Phosphorsalz in der innern Flamme geschmolzen, entstand ein blaues Glas. Diese blaue Färbung war aber der tantalähnlichen Säure nicht eigenthümlich, sondern rührte von Wolframsäure her, die durch Schwefelammonium nicht vollständig aus der tantalähnlichen Säure ausgezogen worden war. Am Besten gelang es dieselbe vollständig abzuscheiden, wenn man die tantalähnliche Säure mit Natronhydrat schmolz, das Salz in kochendem Wasser löste und diese Lösung unter fortwährendem Umrühren in überschüssige Salzsäure goſs. Dabei wurden die tantalähnlichen Säuren gelöst und die Wolframsäure schied sich in weiſsen Flocken ab, die abfiltrirt werden konnten. Aus der sauren Lösung fällte jetzt überschüssiges Ammoniak tantalähnliche Säuren, die das Phosphorsalz nicht mehr blau, sondern braun färbten.

57 Gran dieses Gemenges von tantalähnlichen Säuren wurden mit Natronhydrat geschmolzen, in Wasser gelöst, mit Salpetersäure in Ueberschuſs versetzt und mit Ammoniak neutralisirt. Der Niederschlag bestand jetzt aus Verbindungen der tantalähnlichen Säuren mit Salpetersäure. Er wurde, ohne ausgewaschen zu werden, noch feucht vom Filter genommen, mit 15 Unzen concentrirter Salzsäure gekocht und zu der sauren Flüssigkeit 30 Unzen kochendes Wasser gesetzt. Dabei blieb der gröſste Theil der tantalähnlichen Säuren, nämlich 38 Gran ungelöst. Zu der filtrirten sauren Flüssigkeit wurden 600 Gran schwefelsaures Kali gelöst. Es bildete sich dabei nach und nach ein weiſser Niederschlag von B-Sulphaten. Nach 24 Stunden wurde die saure Flüssigkeit mit kohlensaurem Natron abgestumpft und zuletzt mit Ammoniak in geringem Ueberschuſs versetzt. Der Niederschlag wurde, ohne ausgewaschen zu werden, noch feucht vom Filter genommen und wieder mit 5 Unzen concentrirter Salzsäure gekocht. Jetzt blieben 5,75 Gran B-Sulphate ungelöst und aus der sauren Lösung fällte Ammoniak 13,25 Gran tantalähnliche Säure.

Man erhielt also aus jenen 57 Gran des Gemenges der tantalähnlichen Säuren des Columbits von Middletown:

Säuren aus der in Salzsäure unlöslichen Verbindung mit Salpetersäure	38,00 Gran
Säuren aus den in Salzsäure unlöslichen B-Sulphaten	5,75 -
In Salzsäure lösliche tantalähnliche Säure . .	13,25 -
	57,00 Gran.

Die in Salzsäure lösliche tantalähnliche Säure hatte nach dem Ausglühen ein spec. Gew. von 4,05. Sie färbte das Phosphorsalz stark braun und verhielt sich in jeder Beziehung wie Ilmensäure.

Das in Salzsäure unlösliche Gemenge der tantalähnlichen Säuren hatte ein spec. Gew. von 5,17. Es verhielt sich gegen Reagentien wie ein Gemenge von niobiger Säure und ilmeniger Säure und bildete mit Natron ein krystallisirtes Salz, das aus verworrenen Anhäufungen kleiner glasglänzender Prismen bestand. Dieses Salz enthielt im wasserfreien Zustande:

tantalähnliche Säuren	78,85
Natron	21,15
	100,00.

Da die Verbindungen der in diesem Natronsalze enthaltenen tantalähnlichen Säuren mit Salpetersäure und Schwefelsäure in concentrirter kochender Salzsäure unlöslich waren, und sich sonst ganz wie ein Gemenge von niobiger Säure und ilmeniger Säure verhielten, was sowohl durch das spec. Gew. als auch durch die quantitative Zusammensetzung des Natronsalzes bestätigt wird, so läfst sich die in diesem Gemenge enthaltene Proportion beider Säuren, aus der Zusammensetzung dieses Natronsalzes berechnen. Ilmenigsaures Natron ist nämlich nach der Formel $\dot{Na}^3\,\ddot{\underline{Il}}^2$ und niobigsaures Natron nach der Formel $\dot{Na}^3\,\ddot{\underline{Nb}}^2$ zusammengesetzt. — Die Formel obigen Gemenges der Natronsalze beider Säuren wäre demnach:

$$\dot{N}a^3 \left\{ \begin{array}{l} \underline{\dot{I}l}^2 \\ - \\ \underline{\ddot{N}b}^2 \end{array} \right. .$$

Das Atomgewicht des aus Columbit von Middletown dargestellten Gemenges von $\underline{\ddot{I}l}$ und $\underline{\ddot{N}b}$ beträgt, aus obigem Natronsalze berechnet 2185,95. Das Atomgewicht von $\underline{\ddot{I}l}$ ist 2042,0 und das von $\underline{\ddot{N}b}$ ist 2230,14. Jenes Gemenge bestand demnach aus 3,2 Theilen niobiger Säure und 1 Theil ilmeniger Säure. In 100 Theilen würden demnach die tantalähnlichen Säuren des Columbits von Middletown bestehen, aus:

Niobiger Säure .	58,44
Ilmeniger Säure .	18,26
Ilmensäure . . .	23,30
	100,00.

Bei dieser Art von Berechnung der Zusammensetzung von Gemengen von Oxyden des Ilmeniums und Niobiums hat man aber darauf zu sehen, dafs in dem Natronsalze, dessen Zusammensetzung der Berechnung zu Grunde gelegt wird, nur Säuren von gleicher stöchiometrischer Constitution enthalten sind, was durch vorhergehende Scheidung der Nitrate und B-Sulphate der tantalähnlichen Säuren vermittelst Salzsäure bewirkt werden mufs. In dem oben untersuchten Natronsalze waren nur $\underline{\ddot{I}l}$ und $\underline{\ddot{N}}$ enthalten. Wäre ihm $\ddot{I}l$ oder $\ddot{N}b$ beigemengt gewesen, so hätten Doppelsalze entstehen können, deren Natron-Gehalt sehr schwankend ist. Ich habe früher mit den ungeschiedenen tantalähnlichen Säuren desselben Stückes Columbit von Middletown, was auch zu diesen Untersuchungen diente, mit Natron ein basisches Doppelsalz erhalten, welches 25,38 pr. C. Wasser und 24,59 pr. C. Natron enthielt. Dieses Doppelsalz bestand demnach im wasserfreien Zustande aus:

		Sauerstoff	Gefunden	Berechnet
Niobiger Säure	44,07	7,94	1,26	1,26 *)
Ilmeniger Säure	13,77			
Ilmensäure . .	17,57	3,28	0,52	0,57
Natron . . .	24,59	6,29	1	1
	100,00.			

Dieses Doppelsalz war demnach:

$$3\,\dot{Na}\left\{\begin{matrix}\ddot{\bar{Nb}}\\ \bar{\bar{Il}}\end{matrix}\right. + 2\dot{Na}^2\,\bar{Il}$$

und im wasserhaltigen Zustande

$$3\,\dot{Na}\left\{\begin{matrix}\ddot{\bar{Nb}}\\ \bar{\bar{Il}}\end{matrix}\right. + 2\dot{Na}^2\,\bar{Il} + 35\,\dot{\underline{H}}.$$

Columbit von Middletown mit einem spec. Gew. von 5,80 und zwar dasselbe Stück, welches auch zu vorstehender Analyse der in diesem Minerale enthaltenen tantalähnlichen Säuren gedient hatte, gab bei meinen frühern Versuchen:

Wolframsäure . . .	0,26
Tantalähnliche Säuren	78,22
Zinnsäure	0,40
Eisenoxydul . . .	14,06
Manganoxydul . .	5,63
Magnesia	0,49
	99,06.

Nach vorstehender Analyse der in diesem Minerale enthaltenen tantalähnlichen Säuren würde der Columbit von Middletown bestehen, aus:

*) So steht in dem Originalaufsatz, es mufs aber heifsen $\frac{9}{7}$ = 1,2857. E.

			Sauerstoff	Gefunden	Berechnet
Wolframsäure .	0,26	0,05			
Niobige Säure .	45,71	6,14	8,28	1,81	1,80
Ilmenige Säure .	14,28	2,09			
Ilmensäure . .	18,23	3,40	3,48	0,76	0,80
Zinnsäure . .	0,40	0,08			
Eisenoxydul . .	14,06	3,12			
Manganoxydul .	5,63	1,26	4,57		1
Magnesia . . .	0,49	0,19			
	99,06.				

Die Formel des Columbits von Middletown wäre demnach:

$$3\,\dot{R}\left\{\begin{matrix}\underline{\ddot{Nb}}\\ \underline{\ddot{Il}}\end{matrix}\right. + 2\,\dot{R}\,\ddot{Il}.$$

Trennung der niobigen Säure von Niobsäure und Zusammensetzung des Columbits von Bodenmais.

Der Columbit von Bodenmais enthält ein Gemenge von niobiger Säure und von Niobsäure. Zu ihrer Scheidung verfahre man wie folgt. Man schmelze 20 Gran des Gemenges beider Säuren mit einer hinreichenden Menge von Natronhydrat und löse die Salzmasse in kochendem Wasser. Zu dieser Lösung setze man Salpetersäure in Ueberschuss und sättige hierauf mit Ammoniak. Dabei werden die tantalähnlichen Säuren vollständig in Verbindung mit Salpetersäure gefällt. Diesen Niederschlag bringe man sogleich auf ein Filter von grobem Papier und lasse ihn abtropfen, wasche ihn aber nicht aus. — Sobald der Niederschlag abgetropft hat, nehme man ihn noch feucht vom Filter und mische ihn recht gleichförmig mit 5 Unzen concentrirter Salzsäure, wobei man darauf zu sehen hat, dafs keine Klumpen bleiben.

Die saure Flüssigkeit giefse man in einen geräumigen Glaskolben, erhitze sie im Sandbade zum Kochen und setze ihr, sobald sie kocht, 12 Unzen kochendes Wasser zu. Hierbei wird die Niobsäure vollständig gelöst und die niobige Säure würde vollständig ungelöst bleiben, wenn sie rein gewesen wäre. Bei Gegenwart von Niobsäure löst sich aber stets ein grofser Theil niobiger Säure auf. Man sammle die ungelöste niobige Säure auf einem Filter und wiege sie. In der sauren filtrirten Flüssigkeit löse man 200 Gran schwefelsauren Kalis. Dabei scheidet sich nach und nach ein weisser Niederschlag ab, dessen Bildung nach 24 Stunden beendet ist. Man sättige jetzt die saure Flüssigkeit mit doppelt kohlensaurem Natron und fälle dadurch auch die in der sauren Flüssigkeit gelöst gebliebenen tantalähnlichen Säuren zusammen mit jenem Niederschlage. Man hat jetzt ein Gemenge von B-Sulphaten von niobiger Säure und von Niobsäure, so wie von Niobsäure-Hydrat vor sich. Man sammle den Niederschlag auf einem Filter und behandele ihn abermals, ganz so wie die Nitrate, mit 5 Unzen concentrirter Salzsäure, indem man den Niederschlag, ohne ihn zuvor auszuwaschen, noch feucht vom Filter nimmt, ihn mit der Säure kocht und kochendes Wasser zusetzt. Jetzt bleibt das B-Sulphat der niobigen Säure vollständig ungelöst, und in der sauren Flüssigkeit ist reine Niobsäure gelöst, die durch Ammoniak gefällt wird. Nach starkem Glühen dieser Niederschläge bleiben reine niobige und Niobsäure zurück.

Das zu dieser Analyse verwendete Gemenge von Niobsäure und niobiger Säure aus Columbit von Bodenmais hatte ein spec. Gew. von 5,71. Es zerfiel in:

Niobige Säure (Pelopsäure)	56,0
Niobsäure	44,0
	100,0.

Die abgeschiedene niobige Säure hatte ein spec. Gew. von 5,65 und die Niobsäure von 4,81.

Der Columbit von Bodenmais würde demnach, wenn man nachstehender Berechnung H. Roses Analyse dieses Minerals, mit dem spec. Gew. von 6,39, zu Grunde legt, bestehen aus:

		Sauerstoff		Gefunden	Angenommen
Niobige Säure (Pelopsäure) .	45,40	6,10		1,50	1,50
Niobsäure . .	35,67	6,15	6,23	1,54	1,50
Zinnsäure . .	0,45	0,08			
Eisenoxydul . .	14,30	3,17			
Manganoxydul .	3,85	0,86	4,05		
Kupferoxyd . .	0,13	0,02			
	99,80.				

Diese Proportion giebt für den Columbit von Bodenmais die Formel:

$$\dot{R}\,\underline{\ddot{N}b}^2 + 3\,\dot{R}\,\ddot{N}b\ ^{*})$$

Trennung der ilmenigen Säure und der Ilmensäure und Zusammensetzung des Samarskits, Ytterilmenits, Aeschynits und Fluo-Pyrochlors von Miask.

Bei der Trennung der Ilmensäure und ilmenigen Säure kann man ganz so verfahren, wie eben bei der Trennung der Niobsäure und niobigen Säure angegeben wurde. Der Unterschied der dabei eintretenden Erscheinungen besteht nur darin, dafs bei der Behandlung des Gemenges der Nitrate von ilmeniger und Ilmensäure mit concentrirter Salzsäure, nach Zusatz von kochendem Wasser, oft eine ganz klare Lösung entsteht, was seinen Grund darin hat, dafs ilmenige Säure bei Gegenwart von Ilmensäure, noch löslicher in kochender Salzsäure ist, als niobige Säure bei Gegenwart von Niobsäure. Nach Zusatz von schwefelsaurem Kali zu der salzsauren Lösung, entsteht nach und nach ein Niederschlag von B-Sulphaten. Wenn man nach 24 Stunden die saure Flüssigkeit mit doppelt kohlensaurem Natron sättigt und den Niederschlag von Neuem mit concentrirter Salzsäure behandelt, so bleibt das B-Sulphat der ilmenigen Säure ungelöst und in der sauren Lösung ist reine Ilmensäure enthalten.

*) Man nahm bisher an, für den den Columbit von Bodenmais:

$$\dot{R}^3\,\underline{\ddot{N}b}^2 + \dot{R}^3\,\underline{\ddot{P}p}^2$$

Vgl. Plattner Probirkunst mit dem Löthrohr etc. S. 275 E.

Das aus Samarskit erhaltene Gemenge von ilmeniger und Ilmensäure hatte ein spec. Gew. von 4,91. Bei der Analyse zerfiel es in:

Ilmenige Säure.	59,0
Ilmensäure . .	41,0
	100,0.

Die abgeschiedene ilmenige Säure hatte ein spec. Gew. von 4,80—5,0; die Ilmensäure dagegen von 4,02.

Samarskit mit einem spec. Gew. von 5,64 bestand nach meinen Versuchen aus:

		Sauerstoff		Gefunden	Berechnet
Ilmenige Säure .	33,25	4,88		0,67	0,64
Ilmensäure . .	23,11	4,31		0,59	0,57
Magnesia . . .	0,50	0,19	7,28		
Manganoxydul .	1,20	0,26			
Eisenoxydul . .	8,87	1,97			
Uranoxydul . .	16,63	1,84			
Yttererde . . .	13,29	2,64			
Ceroxydul, Lanthanerde .	2,85	0,38			
Gluhverlust . .	0,33				
	100,03.				

Diese Proportion giebt für den Samarskit die Formel:

$$3\dot{R}^2 \ddot{\underline{\mathrm{Il}}} + 4\dot{R}^3 \ddot{\mathrm{Il}}.$$

Bekanntlich hält H. Rose die tantalähnlichen Säuren des Samarskits für Niobsäure. In der That stimmt das spec. Gew. des im Samarskite enthaltenen Gemenges von Ilmensäure und ilmeniger Säure = 4,91 mit dem der Niobsäure = 4,66—5,26 überein. Aufserdem löst sich die Verbindung jenes Gemenges mit Salpetersäure vollständig in concentrirter Salzsäure auf; auch erhält man mit den im Samarskite enthaltenen tantalähnlichen Säuren ein weifses Chlorid, welches ganz die äussere Beschaffenheit des weifsen Chlorids des Niobiums hat.

Alle diese Erscheinungen stimmen so nahe mit denen welche man unter gleichen Umständen mit reiner Niobsäure erhält überein, dafs ich mich selbst durch dieselben zu der Annahme verleiten liefs, dafs der Samarskit Niobsäure enthalte. Dies ist aber nicht richtig. Denn wenn man mit den Säuren des Samarskits B-Sulphate darstellt und dieselben mit concentrirter Salzsäure behandelt, so werden sie zerlegt und man erhält Säuren, die sich in jeder Beziehung wie reine Ilmensäure und ilmenige Säure verhalten.

Durch Auffindung der Ilmensäure und ilmenigen Säure im Samarskite, fällt der wesentlichste Unterschied zwischen Samarskit und Ytterilmenit hinweg. Der Ytterilmenit unterscheidet sich nämlich vom Samarskite jetzt blos noch durch einen geringen, bis 5,9 pr. C. steigenden Gehalt von Titansäure und durch einen viel geringeren Gehalt von Uranoxydul. Beide Umstände bewirken, dafs das spec. Gew. des Ytterilmenits etwas niedriger ist, als das des Samarskits, nämlich 5,39—5,45 gegen 5,61—5,64. Da die Titansäure Ilmensäure vertritt, so folgt, dafs das im Ytterilmenite enthaltene Gemenge von tantalähnlichen Säuren, aus mehr ilmeniger Säure und weniger Ilmensäure besteht, als das im Samarskite enthaltene. Daher kommt es auch, dafs die mit diesen verschiedenen Gemengen dargestellten Natronsalze verschiedene Mengen Natron enthielten. Mit dem aus Ytterilmenite erhaltenen Gemenge von Ilmensäure und ilmeniger Säure entstand mit Natron ein basisches Doppelsalz, welches 28,39 pr. C. Natron enthielt, während mit dem aus Samarskit erhaltenen Gemenge ein Salz entstand, welches nur 21,5 pr. C. Natron enthielt.

Der Ytterilmenit bestand aus:

Ilmeniger Säure } Ilmensäure . . }	57,81
Titansäure . . .	5,90
Yttererde . . .	18,30
Eisenoxydul . .	13,61
Manganoxydul .	0,31
Kalkerde . . .	0,50
Uranoxydul . .	1,87
Ceroxydul } Lanthanerde } . .	2,27
	100,57.

Im Aeschynit ist reine Ilmensäure, mit einem spec. Gew. von 3,95—4,20 enthalten. Ihr B-Sulphat löst sich vollständig in kochender concentrirter Salzsäure auf und unterscheidet sich dadurch von den im Samarskit und Ytterilmenit enthaltenen Gemengen von Ilmensäure und ilmeniger Säure. Die Zusammensetzung des Aeschynits ist demnach:

		Sauerstoff		Gefunden	Berechnet
Ilmensäure .	33,20	6,19		1,99	2,00
Titansäure .	25,90	10,28		3,31	3,00
Ceroxyd . .	22,20	4,59		1,48	1,50
Ceroxydul .	5,12	0,76	3,10		
Lanthanerde	6,22	0,89			
Yttererde .	1,28	0,25			
Eisenoxydul .	5,45	1,21			
Glühverlust .	1,20				
	100,57.				

Diese Proportion giebt für den Aeschynit die Formel:

$$2\dot{R}\,\overline{\overline{Il}} + \underline{Ce}\,\ddot{T}i^3.$$

Die im Fluo-Pyrochlore von Miask enthaltene tantalähnliche Säure ist ein Gemenge von ilmeniger Säure und Ilmensäure. Das spec. Gew. der gemengten Säuren betrug 4,53. Durch Behandeln mit concentrirter Salzsäure zerfielen sie in:

Ilmenige Säure .	76,03
Ilmensäure . . .	23,97
	100,00.

Die abgeschiedene ilmenige Säure hatte ein spec. Gew. von 5,0. Sie gab ein Natronsalz, welches im wasserfreien Zustande bestand, aus:

Ilmenige Säure .	77,76
Natron	22,24
	100,00;

und ein weifses Chlorid, welches enthielt:

Ilmenium	49,87
Chlor	50,13
	100,00.

Beide Proportionen stimmen genau überein mit den entsprechenden Verbindungen der reinen ilmenigen Säure und des reinen Ilmeniums. Der Fluo-Pyrochlor von Miask kann also von tantalähnlichen Substanzen nur Oxyde von Ilmenium, ohne alle Beimengung von Oxyden des Niobiums oder Tantals enthalten. Die Zusammensetzung dieses Minerals ist demnach bei Benutzung der schon früher mitgetheilten Analyse:

		Sauerstoff		Gefunden	Berechnet
Ilmenige Säure .	46,25	6,79		0,959	1,00
Ilmensäure . .	14,58	2,72	4,66	0,658	0,66
Titansäure . .	4,90	1,94			
Ceroxydul, Lanthanerde .	15,23	2,03	7,08		
Yttererde . .	0,94	0,18			
Eisenoxydul . .	2,23	0,49			
Kalkerde . . .	9,80	2,80			
Magnesia . . .	1,46	0,55			
Kalium . . .	0,54	0,11			
Natrium . . .	2,69	0,92			
Fluor	2,21	0,94			
	100,83.				

menium,

Aus vorstehender Proportion folgt, dafs das Fluor im Fluo-Pyrochlore Sauerstoff vertrete. Die Formel dieses Minerals ist demnach:

$$\dot{R}\,\underline{\ddot{I}l} + \dot{R}^3 \left\{ \begin{matrix} \ddot{I}l \\ \ddot{T}i \end{matrix} \right. + 2{,}21 \text{ pr.C. } \underline{Fl}.$$

Specielle Bemerkungen über Tantal und einige seiner Verbindungen, so wie über die Zusammensetzung des Tantalits und Ytterotantalits.

In Betreff der stöchiometrischen Constitution der Tantalsäure sind die Ansichten sehr abweichend, indem für dieselbe die Formeln: $\underline{\dddot{T}a}$, $\dddot{T}a$ und $\ddot{T}a$ aufgestellt wurden. Es ist dies um so weniger zu verwundern, als bisher noch so wenig Vorkommen der Tantalsäure in mefsbaren Krystallen bekannt sind. Die Form des Tantalits ist zwar genau untersucht worden, aber sie stimmt nicht mit Formen von Mineralien mit sicher erkannter stöchiometrischer Constitution überein und giebt daher keinen Anhaltspunkt. Aufserdem kommt noch eine krystallisirte Verbindung vor, die Tantalsäure enthalten soll, nämlich der Fergusonit. Die Form dieses Minerals hat grofse Aehnlichkeit mit Scheelit. — Wenn es sicher wäre, dafs der Fergusonit ächte Tantalsäure enthalte, so würde dies darauf hindeuten, dafs die tantalige Säure isomorph mit wolframiger Säure sei, von der sie auch im Ytterotantalite vertreten wird. Aber es ist noch auszumitteln, ob im Fergusonite auch ächte Tantalsäure vorkommt, oder ob die in diesem Minerale enthaltene tantalähnliche Substanz nicht niobige Säure oder ilmenige Säure ist. Erst durch die Untersuchung der quantitativen Zusammensetzung der Verbindungen von Niobium und Ilmenium und des Verhaltens ihrer Sauerstoff-Verbindungen gegen Salzsäure, konnte es wahrscheinlich gemacht werden, dafs die Tantalsäure nach der Formel $\underline{\dddot{T}a}$ zusammengesetzt, und dafs sie demnach als tantalige Säure zu betrachten sei. Die tantalige Säure verhält sich nämlich gegen Salzsäure gerade so, wie niobige und ilmenige Säure; sie bildet Natronsalze, die mit den Natronsalzen dieser Säuren die gröfste Aehnlichkeit haben und giebt ein gelbes Chlorid, welches in seiner äufseren Beschaffenheit ganz mit den gelben Chloriden von Niobium und Ilmenium übereinstimmt.

Es wurde also angenommen, dafs die tantalige Säure nach der Formel $\dddot{\underline{Ta}}$ und das gelbe tantalige Chlorid nach der Formel $\overline{Ta^2 Cl^3}$ zusammengesetzt sei. Unter dieser Voraussetzung ist das krystallisirte tantaligsaure Natron $\dot{Na}\,\dddot{\underline{Ta}}$. Da nun das tantaligsaure Natron 19,72 pr. C. Natron und das gelbe tantalige Chlorid 50,66 pr. C. Chlor enthält, so erhält man, bei der Annahme dafs das Atom-Gewicht des Natrons 390,90 und das des Chlors 443,28 betrage, als Atom-Gewicht des Tantals folgende Zahlen:

Aus dem Natronsalze	645,67.
Aus dem tantaligen Chloride .	647,50.
Im Mittel also	646,59.

Hiernach würden die bis jetzt bekannten Verbindungen des Tantals folgende Zusammensetzung haben:

Tantalige Säure = $\dddot{\underline{Ta}}$.

		Berechnet
2 Ta	= 1293,18	81,17
3 O	= 300,00	18,83
$\dddot{Ta}$	= 1593,18	100,00.

Tantaliges Chlorid = $Ta^2 Cl^3$.

		Berechnet	Gefunden
2 Ta	= 1293,18	49,30	49,34
3 Cl	= 1329,84	50,70	50,66
Ta^2Cl^3	= 2623,02	100,00	100,00.

Wasserfreies tantaligsaures Natron $\dot{Na}\,\underline{\ddot{T}}$

		Berechnet	Gefunden a.	Gefunden b.
1 $\underline{\ddot{Ta}}$	= 1593,18	80,29	80,28	80,115
1 $\dot{Na}$	= 390,90	19,71	19,72	19,885
$\dot{Na}\,\underline{\ddot{Ta}}$	= 1984,08	100,00	100,00	100,000.

Das krystallisirte tantaligsaure Natron enthält verschiedene Proportionen von Wasser, nämlich 5 und 7 Atome. Diese Verbindungen bestanden aus:

$$\dot{Na}\,\underline{\ddot{Ta}}+5\underline{\dot{H}}$$

		Berechnet	Gefunden
1 $\dot{Na}\,\underline{\ddot{Ta}}$	1984,08	77,92	77,49
5 $\underline{\dot{H}}$	562,50	22,08	22,51
$\dot{Na}\,\underline{\ddot{Ta}}+5\underline{\dot{H}}$	= 2546,58	100,00	100,00.

$$\dot{Na}\,\underline{\ddot{Ta}}+7\underline{\dot{H}}.$$

		Berechnet	Gefunden
1 $\dot{Na}\,\underline{\ddot{Ta}}$	= 1984,08	71,58	71,15
7 $\underline{\dot{H}}$	= 787,50	28,42	28,85
$\dot{Na}\,\underline{\ddot{Ta}}+7\underline{\dot{H}}$	= 2771,58	100,00	100,00.

Berechnet man nach dem neuen Atom-Gewicht des Tantals die Zusammensetzung des braunen Tantaloxyds, des Schwefeltantals, des Tantalits und des Ytterotantalits, so erhält man für diese Verbindungen folgende Proportionen:

Braunes Tantaloxyd = $\dot{Ta}^{3}\,\underline{\ddot{Ta}}$.

Das braune Tantaloxyd entsteht nach Berzelius, wenn man tantalige Säure in die Spur eines Kohlentiegels, welche nur die Weite eines Federkiels haben darf, einpreßt und eine

Stunde lang im heftigsten Gebläsefeuer glüht. Es entsteht dabei eine ungeschmolzene, poröse, graue Masse, die ein dunkelbraunes Pulver giebt. Nach Berzelius nehmen 100 Theile des braunen Oxyds beim Glühen an der Luft 3,5—4,2, im Mittel also 3,85 Theile Sauerstoff auf und verwandeln sich dabei in 103,85 Theile tantalige Säure. Diese enthält 84,29 Theile Tantal. 100 Theile braunes Tantaloxyd bestehen demnach aus:

Tantal .	84,29
Sauerstoff	15,71
	100,00.

Eine solche Zusammensetzung entspricht der Proportion: $\dot{Ta}^3 \underline{\dddot{Ta}}$. Diese giebt nämlich:

	Berechnet	Gefunden
5 Ta = 3232,95	84,35	84,29
6 O = 600,00	15,65	15,71
$\dot{Ta}^3 \underline{\dddot{Ta}}$ = 3832,95	100,00	100,00.

Schwefeltantal = $\acute{Ta}^3 \underline{Ta'''}$.

Schwefeltantal bildet sich nach H. Rose durch Gluhen von tantaliger Säure in Dämpfen von Schwefelkohlenstoff. Es ist dem Graphit ähnlich, metallglänzend, grau, mild und abfärbend. Beim Erhitzen verbrennt es unter Bildung von schwefliger Säure zu tantaliger Säure. Berzelius fand, dafs dabei 100 Schwefeltantal 89,60—89,74, im Mittel also 89,67 tantalige Säure gaben. Diese enthalten 72,79 Tantal.

100 Theile Schwefeltantal bestehen demnach aus:

Tantal .	72,79
Schwefel	27,21
	100,00.

Eine solche Zusammensetzung entspricht der Formel: $\acute{Ta}^3 \underline{Ta'''}$; diese giebt nämlich:

	Berechnet	Gefunden
5 Ta = 3232,95	72,63	72,79
6 S = 1204,50	27,37	27,21
$\acute{T}a^3\,\overset{'''}{T}a$ = 4437,45	100,00	100,00.

Das Schwefeltantal ist demnach dem braunen Tantaloxyd analog zusammengesetzt.

Tantalit.

Die Zusammensetzung des Tantalits von Kimito ist schon früher, wie folgt, angegeben worden.

		Sauerstoff		Gefunden	Berechnet
Tantalige Säure	83,20	15,66	15,78	18,0	18
Zinnoxyd . .	0,60	0,12			
Eisenoxyd . .	8,00	2,40	2,63	3	3
Manganoxyd .	0,79	0,23			
Manganoxydul	6,69	1,50		1,71	2
	99,28.				

Die Formel des Tantalits ist demnach:

$$\dot{R}^3\,\underline{Ta}^2 + \ddot{R}\,\underline{Ta}^2.$$

Ytterotantalit.

Die Zusammensetzung des Ytterotantalits ist von Berzelius, H. Rose und v. Perez, wie folgt, gefunden worden:

Schwarzer Ytterotantalit.

Berzelius.

		Sauerstoff		Proportion
Tantalige Säure .	51,81	9,78	10,29	1,16
Wolframige Säure	2,59	0,51		
Yttererde	38,51	7,66	8,82	
Kalkerde	3,26	0,91		
Uranoxydul . . .	1,11	0,13		
Eisenoxydul . . .	0,55	0,12		
	97,83.			

Schwarzer Ytterotantalit.

H. Rose und v. Perez.

		Sauerstoff		Proportion
Tantalige Säure .	58,65	11,04	11,16	1,26
Wolframige Säure	0,60	0,12		
Yttererde . . .	21,25	4,22	8,84	
Kalkerde	7,55	2,14		
Uranoxydul . . .	3,94	0,46		
Eisenoxydul . .	6,29	1,39		
Talkerde	1,40	0,55		
Kupferoxyd . . .	0,40	0,08		
	100,08.			

Gelber Ytterotantalit.

Berzelius.

		Sauerstoff		Proportion
Tantalige Säure .	59,50	11,20	11,44	1,46
Wolframige Säure	1,25	0,24		
Yttererde . . .	29,90	5,95	7,83	
Kalkerde	3,29	0,94		
Uranoxydul . .	3,23	0,35		
Eisenoxydul . .	2,72	0,59		
	99,89.			

Schwarzer Ytterotantalit.

Berzelius.

		Sauerstoff		Proportion
Tantalige Säure .	57,00	10,73	12,40	1,90
Wolframige Säure	8,25	1,67		
Yttererde . . .	20,25	4,02	6,51	
Kalkerde	6,25	1,77		
Uranoxydul . . .	0,50	0,05		
Eisenoxydul . .	3,50	0,77		
	95,75.			

Im Ytterotantalit fanden sich also auf eine Proportion von Basen, die 1 Atom Sauerstoff enthielten, verschiedene Proportionen von tantaliger und wolframiger Säure, nämlich Quantitäten, die 1,16; 1,26; 1,46 und 1,90 Theile Sauerstoff enthielten. Hieraus geht deutlich hervor, dafs der Ytterotantalit heteromer ist und aus zwei Molecülen besteht, die zusammen krystallisiren und von denen das eine der Formel

$$\dot{R}^3 \left\{ \begin{matrix} \underline{\dddot{Ta}} \\ \dddot{W} \end{matrix} \right.$$

und das andere der Formel

$$\dot{R}^3 \left\{ \begin{matrix} \underline{\dot{Ta}^3} \\ \underline{W^2} \end{matrix} \right.$$

entspricht.

Specielle Bemerkungen über Niobium und einige seiner Verbindungen.

Die stöchiometrische Constitution der niobigen Säure und Niobsäure kann nicht zweifelhaft sein, da diese Säuren zwei Chloriden äquivalent sind, in denen bei gleichen Mengen von Metall, Quantitäten von Chlor enthalten sind, die sich zu einander wie 1,5 : 2 verhalten. Die beiden Säuren sind demnach $\underline{\dddot{Nb}}$ und $\ddot{Nb}$, und die beiden Chloride entsprechen den Formeln $Nb^2 Cl^3$ und $Nb Cl^2$.

Das Atomgewicht des Niobiums wurde, wie folgt, gefunden. Das krystallisirte niobigsaure Natron ($\dot{Na}^3 \underline{\dddot{Nb}}^2$) enthielt 20,75 und 20,84 pr. C., im Mittel also 20,795 pr. C. Natron. Hieraus ergiebt sich das Atomgewicht der niobigen Säure zu 2233,32 und das Atomgewicht des Niobiums zu 966,66.

Das gelbe Niobchlorid ($Nb^2 Cl^3$) enthielt 40,835 pr. C. Chlor. Hieraus ergiebt sich das Atomgewicht des Niobiums zu 963,48. Als Mittel dieser Versuche beträgt das Atomgewicht des Niobiums 965,07.

Hiernach würden die bis jetzt untersuchten Verbindungen des Niobiums folgende Zusammensetzung haben:

Niobsäure = $\ddot{\mathrm{N}}\mathrm{b}$.

			Berechnet
1 Nb	=	965,07	82,75
2 O	=	200,00	17,25
$\ddot{\mathrm{N}}\mathrm{b}$	=	1165,07	100,00.

Niobige Säure (Pelopsäure) = $\underline{\dddot{\mathrm{N}}\mathrm{b}}$.

			Berechnet
2 Nb	=	1930,14	86,55
3 O	=	300	13,45
$\underline{\dddot{\mathrm{N}}\mathrm{b}}$	=	2230,14	100,00.

Weifses Niobchlorid = $NbCl^2$.

			Berechnet	Gefunden
1 Nb	=	965,07	52,12	51,82
2 Cl	=	886,56	47,88	48,18
$NbCl^2$	=	1851,63	100,00	100,00.

Gelbes Niobchlorid oder niobiges Chlorid = $Nb^2 Cl^3$.

			Berechnet	Gefunden
2 Nb	=	1930,14	59,21	59,165
3 Cl	=	1329,84	40,79	40,835
$Nb^2 Cl^3$	=	3259,98	100,00	100,000.

Wasserfreies niobsaures Natron = $\dot{\mathrm{N}}\mathrm{a}^2 \ddot{\mathrm{N}}\mathrm{b}^3$.

			Berechnet	Gefunden
3 $\ddot{\mathrm{N}}\mathrm{b}$	=	3495,21	81,74	81,70
2 $\dot{\mathrm{N}}\mathrm{a}$	=	781,18	18,26	18,30
$\dot{\mathrm{N}}\mathrm{a}^2 \ddot{\mathrm{N}}\mathrm{b}^3$	=	4276,39	100,00	100,00.

Krystallisirtes 18fach gewässertes niobsaures Natron = $\dot{\mathrm{Na}}^2\,\ddot{\mathrm{Nb}}^3 + 18\,\dot{\underline{\mathrm{H}}}$

		Berechnet	Gefunden
$\dot{\mathrm{Na}}^2\,\ddot{\mathrm{Nb}}^3$	= 4278,39	67,87	68,26
$18\,\dot{\underline{\mathrm{H}}}$	= 2025,00	32,13	31,74
$\dot{\mathrm{Na}}^2\,\ddot{\mathrm{Nb}}^3 + 18\,\dot{\underline{\mathrm{H}}}$	= 6301,39	100,00	100,00.

Wasserfreies niobigsaures Natron = $\dot{\mathrm{Na}}^2\,\ddot{\underline{\mathrm{Nb}}}^2$.

		Berechnet	Gefunden a	Gefunden b
$2\,\ddot{\mathrm{Nb}}$	= 4460,28	79,19	79,25	79,16
$2\,\dot{\mathrm{Na}}$	= 1172,27	20,81	20,75	20,84
$\dot{\mathrm{Na}}^3\,\ddot{\underline{\mathrm{Nb}}}^2$	= 5632,55	100,00	100,00	100,00.

Krystallisirtes 19fach gewässertes niobigsaures Natron = $\dot{\mathrm{Na}}^3\,\ddot{\underline{\mathrm{Nb}}}^2 + 19\,\dot{\underline{\mathrm{H}}}$.

		Berechnet	Gefunden
$\dot{\mathrm{Na}}^3\,\ddot{\underline{\mathrm{Nb}}}^2$	= 5632,55	72,50	72,42
$19\,\dot{\underline{\mathrm{H}}}$	= 2137,50	27,50	27,58
$\dot{\mathrm{Na}}^3\,\ddot{\mathrm{Nb}}^2 + 19\,\dot{\underline{\mathrm{H}}}$	= 7770,05	100,00	100,00.

Specielle Bemerkungen über Ilmenium und die Zusammensetzung einiger seiner Verbindungen.

Das Ilmenium bildet, ebenso wie das Niobium zwei Chloride, in denen sich, bei gleicher Menge von Metall, die Quantitäten von Chlor wie 1,5 zu 2 verhalten. Ausserdem wird die Ilmensäure häufig durch Titansäure, die ilmenige Säure häufig durch wolframige Säure vertreten. Es kann daher keinem Zweifel unterliegen, daſs die Ilmensäure nach der Formel $\ddot{Il}$ und die ilmenige Säure nach der Formel $\dddot{\underline{Il}}$ zusammengesetzt sei.

Das Atom-Gewicht des Ilmeniums wurde durch Analysen des ilmenigsauren Natrons $= \dot{Na}^3\, \dddot{Il}^2$ und des weiſsen Ilmenchlorids $= Il\, Cl^2$ gefunden.

Das wasserfreie ilmenigsaure Natron gab bei vier Analysen mit Salz von verschiedener Bereitung: 22,23; 22,42; 22,46 und 22,53 pr. C., im Mittel also 22,41 pr. C. Natron. Das Atom-Gewicht der ilmenigen Säure würde demnach nach diesen Versuchen 2030,12 und das des Ilmeniums 865,06 betragen.

Das weiſse Chlorid enthielt bei zwei Versuchen, die mit den Chloriden aus der Säure des Samarskits und aus der Säure von Aeschynit angestellt wurden, in 100 Theilen: 50,24 und 50,26 pr. C., im Mittel also 50,25 pr. C. Chlor. Hieraus ergiebt sich das Atom-Gewicht des Ilmeniums zu 876,94.

Als Mittel beider Zahlen erhielt man also als Atom-Gewicht des Ilmeniums die Zahl 871,00.

Hiernach würden die bis jetzt untersuchten Verbindungen des Ilmeniums folgende Zusammensetzung haben:

Ilmensäure = $\dot{\mathrm{Il}}$.

		Berechnet
1 Il =	871,00	81,33
2 O =	200,00	18,67
$\dot{\mathrm{Il}}$ =	1071,00	100,00.

Ilmenige Säure = $\dddot{\underline{\mathrm{Il}}}$.

		Berechnet
2 Il =	1742,00	85,31
3 O =	300,00	14,69
$\dddot{\underline{\mathrm{Il}}}$ =	2042,00	100,00.

Ilmenchlorid = $\mathrm{Il\,Cl^2}$.

		Berechnet	Gefunden		
			Aus Samarskit	Aus Aeschynit	Aus Pyrochlor
1 Il =	871,00	49,56	49,76	49,74	49,87
2 Cl =	886,56	50,44	50,24	50,26	50,13
$\mathrm{Il\,Cl^2}$ =	1757,56	100,00	100,00	100,00	100,00

Ilmeniges Chlorid = $\mathrm{Il^2\,Cl^3}$.

		Berechnet	Gefunden
2 Il =	1742,00	56,71	57,56
3 Cl =	1329,84	43,29	42,44
$\mathrm{Il^2\,Cl^3}$ =	3071,84	100,00	100,00.

Wasserfreies ilmenigsaures Natron = $\dot{\mathrm{Na}}^3\,\dddot{\underline{\mathrm{Il}}}^2$.

		Berechnet	Gefunden			
			a	b	c	d
2 $\dddot{\underline{\mathrm{Il}}}$ =	4084,00	77,69	77,77	77,58	77,54	77,47
3 $\dot{\mathrm{Na}}$ =	1172,70	22,31	22,23	22,42	22,46	22,53
$\dot{\mathrm{Na}}^3\,\dddot{\underline{\mathrm{Il}}}^3$ =	5256,70	100,00	100,00	100,00	100,00	100,00.

19fach gewässertes ilmenigsaures Natron
$= \dot{Na}^3 \underline{Il}^2 + 19 \underline{\dot{H}}$.

		Berechnet	Gefunden a	Gefunden b
$\dot{Na}^3 \underline{Il}^2$	= 5256,70	71,10	70,75	70,50
19 $\underline{\dot{H}}$	= 2137,50	28,90	29,25	29,50
$\dot{Na}^3 \underline{Il}^2 + 19 \underline{\dot{H}}$	= 7394,20	100,00	100,00	100,00.

Wasserfreies ilmensaures Natron $= \dot{Na}^3 \dddot{Il}^4$.

		Berechnet	Gefunden Aus Aeschynit a	Gefunden Aus Aeschynit b	Gefunden Aus Samarskit
4 $\dddot{Il}$	= 4284,00	78,52	78,96	79,16	79,18
3 $\dot{Na}$	= 1172,70	21,48	21,04	20,84	20,82
$\dot{Na}^3 \dddot{Il}^4$	= 5456,70	100,00	100,00	100,00	100,00.

20fach gewässertes ilmensaures Natron
$= \dot{Na}^3 \dddot{Il}^4 + 20 \underline{\dot{H}}$.

		Berechnet	Gefunden a	Gefunden b
$\dot{Na}^3 \dddot{Il}^4$	= 5456,70	70,81	70,75	70,50
20 $\underline{\dot{H}}$	= 2250,00	29,19	29,25	29,50
$\dot{Na}^3 \dddot{Il}^4 + 20 \underline{\dot{H}}$	= 7706,70	100,00	100,00	100,00.

Aufser diesen Verbindungen wurde auch noch Ilmenium und Schwefelilmenium dargestellt.

Das Ilmenium erhält man beim Erhitzen von Chlor-Ilmenium in einem Strome von trocknem Ammoniak. Es bildet sich dabei ein schwarzes Pulver, welches grofse Aehnlichkeit mit Silicium hat. Wenn man dasselbe in die Flamme einer Weingeistlampe bringt, so entzündet es sich und verglimmt, wie Zunder zu weifser ilmeniger Säure.

Das Schwefel-Ilmenium kann wie das Schwefel-Tantal am Besten durch Glühen von ilmeniger Säure in einer Atmosphäre von Schwefelkohlenstoff dargestellt werden. — Es bildet ein graphitähnliches, graues, abfärbendes Pulver. Beim Erhitzen an der Luft entzündet sich das Schwefel-Ilmenium und verbrennt mit blauer Flamme zu schwefelsäurehaltiger ilmeniger Säure, die nach starkem Glühen reine ilmenige Säure zurückläfst. 82,50 Theile Schwefel-Ilmenium gaben dabei 75,00 Theile ilmenige Säure. Da diese 63,98 Theile Ilmenium enthalten, so bestehen 100 Theile Schwefel-Ilmenium aus:

Ilmenium	77,55
Schwefel	22,45
	100,00.

Eine solche Verbindung entspricht der Formel $\acute{Il}^2 \underline{\overset{'''}{Il}}$; diese giebt nämlich:

	Berechnet	Gefunden
4 Il = 3484,00	77,64	77,55
5 S = 1003,75	22,36	22,45
$\acute{Il}^2 \underline{\overset{'''}{Il}}$ = 4487,75	100,00	100,00.

Das Schwefel-Ilmenium hat demnach eine ähnliche stöchiometrische Constitution wie das Schwefeltantal und ist dem blauen Wolframoxyde analog zusammengesetzt.

Anton Puuhaara.

Ein finnisches Mährchen. *)

Zwei kundige Männer kamen auf ihrer Wanderung an einem Abend zu einer Hütte, wo sie um ein Nachtlager anhielten; **) allein in der Stube schlief schon ein vor ihnen angekommener Fremder, der ein reicher Fuchspelzhändler war, und da die Hausfrau krank lag, so wusste der Hausherr keinen besseren Platz mehr für die neuen Gäste, als oben auf dem Pferdestall. Die Männer waren damit zufrieden und begaben sich an den ihnen angewiesenen Ort, wo sie auch angenehm ruhen konnten, da es gerade eine schöne Sommernacht war. Um die mitternächtliche Zeit aber weckte sie ein klägliches Geschrei das aus der Stube kam; denn die Hausfrau hatte plötzlich Geburtswehen bekommen. Der jüngere Kundige sagte zu seinem Gefährten: 'Hilf diesem Weibe von seiner Qual; es ist

*) Aus der zweiten Lieferung der Suomen kansan satuja ja tarinoita, geordnet von Salmelainen.

**) Ein Kundiger oder Wissender (tietäjä, auch im Wissen Erfahrener tiedossa taitava), ist bei den Finnen ungefähr dasselbe was bei dem russischen Volke ein snachar (Archiv, Bd. 1, S. 590), welches Wort ebenfalls Wissender, Kundiger bedeutet. Gleichen Sinn hatte das táltos (lies táltosch) der alten Ungarn, das ihre Priester und Zauberer bezeichnete: diesem Worte zunächst kommt im finnischen talteva, scitus, prudens. Die 'Kundigen' der Finnen heilten Krankheiten durch Zauber, und blickten auch in die Zukunft.

traurig, sie wehklagen zu hören'; allein der Aeltere erwiederte: 'Noch ist nicht die rechte Zeit zum helfen', und wendete sich auf die andere Seite. Sein jüngerer Gefährte hub wieder an: 'die Zeit der Noth ist immer die rechte zum helfen', und zürnte uber den Zögerer. 'Nun, ich habe nach Kräften geholfen', versetzte dieser, und als er dies eben sagte, lag schon ein Knäblein in den Armen der Frau. Derjenige welcher zuerst gesprochen, frug weiter: 'Wol, was für ein Mensch soll denn seiner Zeit aus diesem Kinde werden?' Meines Bedünkens wird es der Erbe des reichen Kaufmanns, der jetzt in der Stube übernachtet,' entgegnete der Hauptkundige und schickte sich wieder an, zu schlafen.

Unterdess war der Kaufmann, ob des Geschreis in der Stube keine Ruhe findend, in den Hof hinausgegangen und hatte das Zwiegespräch der beiden auf dem Stalle liegenden Kundigen angehört. Dieses beschäftigte ihn die ganze Nacht dergestalt, dass kein Schlaf mehr in seine Augen kam. Nach vielem Ueberlegen fasste er endlich den Beschluss, jenes in der Nacht geborne Kind durch irgend eine List aus der Welt zu schaffen, damit die Weissagung der Kundigen zu Schanden würde. In dieser Absicht ging er am anderen Morgen zu dem Besitzer der Hütte, beklagte ihn, dass er als armer Mann so viele Kinder habe, und erbot sich, den Neugebornen als Pflegesohn zu erziehen. Nun, die Eltern waren gleich bereit dazu, verhoffend, dass ihr jüngstes Kind unter des reichen Mannes Obhut ein besseres Glück finden werde als in ihrem armen Hause. Darob sehr vergnügt, suchte der Kaufherr die Mutter auf alle Weise zufrieden zu stellen und gab ihr auch Geld zur Erziehung der anderen Kinder; er selbst reiste mit seinem kleinen Pflegling ab, und freute sich, als ob er ein recht gutes Geschäft gemacht hätte; gegen das Kind war er jedoch feindselig gestimmt. Als nun sein Weg durch einen dichten Wald führte, da ging er mit dem Säugling seitwärts ab, und hing ihn an den Ast eines Baumes, damit er im Walde verschmachtete. Allein was begab sich? Kaum war der Kaufmann mit seinen Pelzen weiter gegangen, da kam ein Holzfäller desselben Weges: dieser hörte ein Kindergeschrei, ging der Stimme nach, und sah zu seiner Verwunderung, wie jenes Knäblein jammernd an einem Aste hing. Er eilte sogleich auf den Baum zu, nahm das Kind herunter, und trug es in seinen Kleidern nach Hause. Dann verschaffte er ihm eine Amme und erzog es als wär es sein eignes gewesen. So wurde aus dem Knäblein ein schöner und stattlicher Knabe, den sein Pflegevater Anton nannte; aber des Dorfes Bewohner, als sie des Knaben Abkunft vernahmen, gaben ihm noch den Beinamen Puuhaara (Baumast).

Es vergingen ein Paar Jahrzehendé und Anton war mittlerweile zum jungen Mann erwachsen. Da traf sichs, dass jener reiche Fuchspelzhändler wieder in dieselben Gegenden kam, die er weiland besucht hatte. Er kehrte aber dieses Mal in der Hütte jenes Holzfällers ein, da er nicht mehr vor den Leuten, die ihm ihr Kind mitgegeben, erscheinen wollte. Spät am Abend hörte er zufällig, wie ein junger Mensch, der im Hause war, Anton Puuhaara gerufen ward, was ihm sonderbar vorkam. Er frug seinen Wirth, woher der Jüngling einen so wunderlichen Namen (Baumast) bekommen. Der Alte erklärte ihm die Veranlassung, und erzählte dabei, wie er diesen Burschen als Kind am Aste eines Baumes gefunden und, da er selbst ohne Kinder war, als Pflegesohn angenommen. Der Kaufmann erschrack und begriff nun Alles, allein er liefs sich nichts merken. Er sagté nur: 'Das ist einmal eine Geschichte! Etwas wunderlicheres habe ich nie erlebt.' Dann legte er sich nieder und sann auf eine List, wodurch er den Jüngling vernichten könnte, damit jene Weissagung, die ihn jetzt von Neuem quälte, nicht Wahrheit würde.

Die Nacht verging und der Morgen kam. Da sagte der Kaufmann zu dem Holzfäller: 'Ich habe daheim ein wichtiges Geschäft, kann aber jetzt nicht zurückkehren: würde nicht dein Pflegesohn einen Brief von mir nach Hause bestellen?' 'Das hat keine Schwierigkeit', versetzte der Holzfäller, und forderte Anton auf, den Brief des reichen Mannes an Ort und Stelle zu bringen, indem er dafür gute Belohnung verhoffte.

In dem Briefe hatte aber der Kaufmann seiner Familie befohlen, den Ueberbringer an einer Birke aufzuknüpfen die vor seinem Hause stand. Nichts Böses ahnend, übernahm Anton guten Muthes den Auftrag. Als er einen Tag gewandert war, kam er zum Fufs eines Berges, wo man im Schatten von Bäumen auf dem Moose angenehm ruhen konnte. Aus Müdigkeit liefs er sich hier nieder und schlief fest ein, den Brief des Kaufmanns in der Hand haltend. Da kamen zufällig zwei reisende Schüler an dieselbe Stelle; sie sahen wie der Brief des Schlafenden zwischen seinen Fingerspitzen steckte, und nahmen ihn aus Uebermuth, um den Inhalt zu lesen; dieser offenbarte ihnen des Schreibers tückische Schlauheit, und so beschlossen sie gleich, ihn selbst zu betrügen. Auf ihren Reisen waren sie mehrmals bei dem Kaufmann eingesprochen und kannten jedes Wesen das auf seinem Gute lebte. So setzte sich der Eine auf einen Stein und schrieb, des Kaufherrn Handschrift geschickt nachahmend, einen anderen Brief, worin der Befehl ganz anders und also lautete: 'Wenn der Ueberbringer dieses Schreibens ankommt, so gebet ihm unverzüglich meine Tochter zum Weibe; denn ich habe sie ihm versprochen. Ferner will ich, dass man meinem Hunde Musti, der vor Alter stumpf zu werden anfängt, eine Schnur um den Hals binde, und ihn an der Birke auf unserem Hofe aufknüpfe. Diese meine Befehle müssen vollstreckt sein, ehe ich heim kehre, sonst wird es euch schlecht ergehen.' Als der Brief geschrieben war, steckten ihn die Studenten dem Schlafenden zwischen die Finger und reisten weiter.

Anton erwachte endlich und setzte seinen Marsch mit Eifer fort, bis er auf das Gut des Kaufmanns kam, wo er das Schreiben abgab. Die Hausfrau verlas es laut im Beisein der ganzen Familie. Der Befehl kam Allen sonderbar vor; da sie aber an der Echtheit des Briefes nicht zweifelten, so gab man ohne weiteres Bedenken die Tochter dem Anton zur Frau, und hing den alten Musti an die grofse Birke.

Nach einigen Wochen kam der Kaufherr selbst zurück, und sah schon aus einiger Entfernung etwas Schwarzes an dem Baume hangen. Er war hocherfreut darüber, weil er glaubte, es sei Anton Puuhaara, trieb sein Pferd zu schnellerem Laufe an und sagte zu sich selbst: 'Ei mein vielwerther Anton, baumelst du jetzt in guter Ruhe? wol, meine Güter wirst du nicht mehr erben!' Im nächsten Augenblick war er angelangt; aber wie ganz anders ward ihm zu Muthe, als er den alten treuen Musti an der Birke hängen sah, und Anton ihm, von der Familie umgeben, leibhaft entgegen kam? Der Kaufherr sah gleich ein, dass Jemand dem echten Briefe einen falschen unterschoben haben müsse, allein er war viel zu klug, um darüber Verdruss merken zu lassen. Er wünschte Anton Glück zum Besitze seiner Tochter und sagte: 'Wol, da du mein Schwiegersohn geworden bist und muthmaſslicher Weise einst mein ganzes Vermögen erben wirst, so ziemt es, daſs du mit kühner That ein solches Vermögen verdienest. Ich habe immer darüber nachgedacht, was für ein Beruf wol der glücklichste wäre, und so wurde ich endlich Kaufmann; aber ich bin meiner kaufmännischen Bestrebungen satt geworden und sehne mich zu erfahren, welche Beschäftigung für mich die passendste von allen wäre. Um diese Kunde für mich zu erlangen, mache dich auf, reise nach Pohjola, und befrage die Louhi, wie der Mensch sein bestes Glück erfassen kann. Hast du die Kunde erlangt, so kehre wieder. *)

Da Anton keine Arglist ahnte, so zeigte er sich gleich bereit. Er ergriff den Wanderstab und brach auf nach dem fernen Pohjola. Als er schon eine Zeitlang gewandert war, kam er plötzlich vor einen grausigen Berg oder Teufelsfelsen, auf dessen Gipfel ein fürchterlich langer Mann von scheusslichem Ansehen stand, der ein zum Klumpen geballtes Gewölk, in welchem acht Wirbelwinde nisteten, auf seinem Kopfe

---

*) Pohjola ist ein nicht näher zu ermittelndes Land im hohen Norden (wahrscheinlich nicht Lappland, wie man lange annahm), das mit seiner Zauberin Louhi in den epischen Sagen Finnlands groſse Bedeutung hat und viel genannt wird.

trug.*) Als dieser Anton bemerkte, rief er ihm freundlich entgegen: ‚Wohin wanderst du, Söhnlein?' Anton nannte ihm das Land und seinen Auftrag. ‘Wol — entgegnete der Riese — so thu auch etwas für mich. Ich habe einen Garten der sonst die besten Früchte hervorbrachte; jetzt aber ist Alles abgestorben. Frage die Louhi, wie man meinem Garten wieder aufhelfen kann: ich gebe dir meinen besten Hengst mit auf die Reise.' Anton gelobte dies, erhielt den Teufels-Hengst, und setzte reitend seine Reise fort.**)

Nach einiger Zeit hörte er ein furchtbares Getöse, von dem die Erde erbebte, und kam alsbald zu einer grofsen steinernen Burg.***) Am Portale derselben stand ein Riese mit einem ungeheueren Schlüssel in der Hand. Diesen stiefs er von Zeit zu Zeit in das Loch des Schlosses, um das Portal zu öffnen; da der Schlüssel aber nicht im Schlosse sich drehen liefs, schlug der Riese wüthig mit der Faust gegen die Thorflügel, dafs die ganze Umgegend erdröhnte und das Fundament der Burg erschüttert ward. Dem Anton wurden vor Schrecken die Hosen am Leibe schlapp; als er aber etwas an den Lärm sich gewöhnt hatte, fasste er ein Herz, ging auf den Riesen zu, und bot ihm guten Tag. Dieser kratzte sich in seinem Unwillen hinter den Ohren und sagte, zu Anton gewendet: ‘Wohin des Weges, Söhnlein?' Anton nannte ihm das Land und seine Botschaft. ‘Nun, wenn du dahin reisest, so nimm auch meine Angelegenheit mit; und erkunde, wo der rechte Schlüssel zu meiner Burg ist, da ich das Thor

*) Wörtlich: der auf seinem Kopfe einen grofsen Haufen Wolken trug und in dessen Mütze acht Wirbelwinde ihr Nest hatten.

**) Wo wir ‚Teufel' übersetzen, steht im Texte Hiisi, nach Renvall ursprünglich ein ‘genius robustus et maleficus, in montibus et sylvis commorans.'

***) Dass man in Finnland unter ‚Riesen-Burgen' oder Teufels-Burgen' nichts anderes versteht, als Teufels-Berge, d. h. Berge aus Felsenmassen, die man inwendig ausgehöhlt und mit Portalen versehen denkt: dies ergiebt sich aus Vergleichung mit vorangehendem und folgendem.

nicht aufkriegen kann. Wenn du das erfährst, so verspreche ich dir meinen besten Schatz zum Lohne.' Anton gelobte dies, sagte dem Riesen Lebewohl, und ritt weiter.

Da der junge Mann einen Teufelshengst ritt, so machte er die Reise gar schnell, und in einem Nu befand er sich wieder vor einer Teufelsburg, die ein eben solcher Berg war, wie die vorigen. Auf dem Berge wuchs eine mächtig hohe Tanne, in deren Wipfel ein Riese safs, der einen ungeheuer langen Spiefs in der Hand hielt. An der Erde brannte ein grofses Feuer, in welchem der Riese vom Wipfel herab einen an seinem Spiefse steckenden ganzen Hirsch sich briet. Kaum hatte er Anton bemerkt, als er ihm zurief: 'Komm, Söhnlein, und nimm auch du dir ein Stück von dem Braten!' Anton, den der Hunger sehr quälte, besann sich nicht lange und jagte auf seinem guten Rosse herbei. Nachdem er sich satt gegessen, wollte er weiter, allein der Riese rief ihm nach: 'Warum so eilig, Söhnlein, und wohin reitest du von hier?' Als Anton ihm darauf Bescheid gegeben, fuhr der Riese fort: 'Wol, wenn du nach Pohjola kommst, so frage doch auch, warum ich immerfort auf dem Baume sitzen muss. Dann und wann gelingt es mir zwar, einen Hirsch oder sonst ein Wild aufzuspiefsen, wenn aber der Wald keine Beute liefert, so muss ich vor Hunger fast umkommen.' Anton übernahm gern den Auftrag, dankte für die Bewirthung und jagte auf seinem Hengste weiter.

Er hatte wieder ein schönes Stück Reise zurückgelegt, als er zu einem grofsen Flusse kam. An dem Ufer desselben stand ein Kahn, und im Kahne safs ein altes Weib mit krummem Kinne, das ein Steuer in der Hand hielt. Anton fragte die Alte, ob er in dem Kahne übersetzen könne. 'Das könnt' ihr freilich,' sagte sie, 'auch ist es meine Schuldigkeit, euch hinüberzusteuern; allein wo lasset ihr euer Pferd?' 'Hier am Ufer lass' ich's bis zu meiner Wiederkehr, denn es scheint hier gutes Futterkraut zu wachsen.' Er band sein Pferd ans Ufer und stieg zu der Alten ins Fahrzeug. Während der Ueberfahrt fragte sie ihn, warum er in ein so fernes Land sich begebe. Der Jüngling sagte ihr den Grund und frug dagegen ob er bis Pohjola noch weit habe. Die Alte entgegnete: 'Das Haus der Louhi ist nicht mehr fern von hier; beinahe seid ihr am Ende euerer Reise. Sobald ihr ans Land gestiegen, gehet nur ganz gerade fort, und bald werdet ihr Pohjola erblicken; dann aber fragt die Louhi doch auch, wie ich von dem sauern Geschäfte, die Wanderer hier überzusetzen, befreit werden kann; denn schon vierzig Jahre lang bin ich Fährfrau, und möchte nun, im Greisenalter, endlich ausruhen. Anton versprach ihr, worum sie gebeten; und ging, als er wieder am Lande war, zu Fuſse weiter. Bald kam er in eine angebaute Gegend und zu einem Bauerhofe, den er als Louhi's Haus erkannte. Er schritt eine Anhöhe hinab in den Vorhof und aus diesem in die Wohnstube.

In der Stube fand er nur Louhi's Tochter, die Brodteig knetete. Anton grüſste sie, setzte sich zu ihr auf die Bank, und frug nach der Frau des Hauses. Das Mädchen sagte: 'Meine Mutter ist jetzt nicht daheim; wollt ihr aber bis zum Abend verziehen, so könnt ihr sie heute noch sprechen.' Der junge Mann blieb also und plauderte zum Zeitvertreib allerlei mit dem Mädchen, das ihn seinerseits frug, von wannen und in welcher Angelegenheit er gekommen. Anton sagte: 'Da und dort bin ich her, und komme, um euere Mutter über allerlei Dinge zu befragen.' Auch sagte er, über was Alles er Auskunft wünschte. 'Ei — bemerkte das Mädchen — da wollt ihr ja Wichtiges erfahren, und über solcherlei giebt meine Mutter ungern Auskunft; doch erhaltet ihr sie vielleicht, wenn ihr meinem Rathe folgen wollt. Sobald es Abend wird, versteckt euch da hinter'm Ofen, auf dass die Mutter euch nicht sehe wenn sie heimkehrt: so könnt ihr genau hören was wir mit einander sprechen; und habt ihr den Bescheid auf euere Fragen vernommen, so schleicht euch in der Nacht wieder zum Hause hinaus und tretet den Rückweg an.' Ihr wisset schon, dass Anton ein schmucker Bursche war, und so meinte es das Mädchen gut mit ihm.

Anton verweilte also den ganzen übrigen Tag in der

Stube, mit Louhi's Tochter plaudernd; als es aber dunkel ward, begab er sich hinter den Ofen, wie ihm gerathen war. Endlich kam die Alte heim und frug ihre Tochter, ob in ihrer Abwesenheit Fremde da gewesen seien. 'Ja, Einer war hier — sagte diese — er wollte allerlei von euch wissen; da ihr aber nicht nach Hause kamt, so eilte er wieder fort, um von Andern Auskunft zu erhalten.' 'Oho — versetzte Louhi — was würde ich nicht gewusst haben das Andere besser wissen sollten! Hat der Fremde vielleicht gesagt, was er erkunden wollte?' 'Ja wohl — entgegnete die Tochter — vor Allem wollte er wissen, in was für einer Beschäftigung der Mensch sein bestes Glück erfassen kann. 'Ei sieh doch! der war ein schlauer Frager, und schwerlich würd' ich ihm dies geoffenbart haben; allein vergebens müht er sich ab, es von Anderen zu erkunden; denn ausser mir weiss es niemand, und ich selbst sag es nicht gern; jedoch, da es einmal hier zur Sprache gekommen, so will ich's dir sagen: sein bestes Glück verschafft sich der Mensch durch den Ackerbau; man muss die Bäume mit der Wurzel ausrotten, alle Steine zu Haufen tragen, und das Feld vom Unkraut säubern.' Die Tochter sprach: 'Ferner wollte der Mann erfahren, warum der Garten eines gewissen Riesen jetzt abstirbt, da er doch sonst so schön gewuchert hat.' 'Auch darauf hätt' ich die passende Antwort gewusst —' versetzte Louhi — im Garten des Riesen haust eine Schlange die ihn mit ihrem Athem austrocknet: wenn er die Schlange zwischen zwei Steinen tödtete, so würde der Garten wieder saftig werden und Alles darin lustig gedeihen. Hat der Fremde noch Anderes gefragt?' 'Ja — antwortete das Mädchen — er sagte, dass ein anderer Riese in seine eigne Burg nicht kommen könne, und wünschte deshalb zu wissen, wohin der rechte Schlüssel zur Burg gerathen ist, da er das Thor in keiner Weise öffnen kann.' 'Nun, das war einmal der Erkundigung werth! — sagte Louhi — der rechte Schlüssel liegt unter dem Thore; man braucht nur die obersten Dammsteine auszuheben, da wird er sich finden. Hat der Mensch noch weiter gefragt?' 'Ja —

sagte die Tochter — wieder ein anderer Riese soll schon Lebenslang auf einem Baume sitzen und möchte darüber belehrt sein, wie er endlich auf die Erde gelangen kann.' 'Nun, auch dazu bedarf es wenig — sagte Louhi — man braucht nur mit einem Stock aus Erlenholz an die Wurzel des Baumes zu rühren, so fällt gleich das ganze Wipfelstück als gediegenes Gold herunter und der Riese mit ihm, wo er dann nach Gefallen sich tummeln kann. Hat der Mensch sonst nichts mehr wissen wollen?' 'Nur das noch — sprach die Tochter — auf welche Weise jenes alte Weib, das in seinem Kahne die Reisenden über den Fluss schafft, von diesem Frohndienst erlöst werden könne.' 'O wie schwachsinnig ist die Alte! — sagte Louhi — wenn der erste Ueberzufahrende kommt, so soll sie ihn hinüber rudern, dann aber vor ihm ans Ufer springen und, mit der linken Ferse den Kahn ins Wasser zurückstofsend, also sprechen: 'Ich gehe fort, du bleibst hier!' Dann ist sie frei und der Andere muss ihr Geschäft übernehmen. Jetzt sind also die Fragen zu Ende?' 'Ja — sprach die Tochter — sonst hat der Mann nach nichts sich erkundigt.'

Anton Puuhaara hörte in seinem Versteck hinter dem Ofen das ganze Gespräch, merkte sich die Antworten der Louhi, und lauerte dann auf eine gute Gelegenheit, zu entkommen. Auch hörte er bald ein starkes Schnarchen, aus welchem er abnahm, dass die Alte nun schlief; da liefs er sich sachte aus seinem Winkel auf den Boden hinab, schlich auf den Zehen durch die Thür in den Hof hinaus, und trat emsig den Rückmarsch an. Als er wieder zum Ufer jenes Flusses kam, rief ihm die alte Fährfrau gleich entgegen: 'Habt ihr in meiner Sache was erfahren, lieber Fremdling?' 'Ei wie sollte ich das nicht — sprach Anton — bringe mich nur erst hinüber, so sag' ich dir's.' Die Alte that ihre Schuldigkeit und Anton sagte ihr dann, wie sie des harten Dienstes für immer ledig werden könne. Darob hocherfreut, dankte sie ihm vielmal, und setzte sich wieder in ihren Kahn, des nächsten Reisenden harrend, dem sie dieses Amt überlassen könnte. Anton schwang sich auf seinen, am Ufer zurückgebliebenen Hengst und setzte die Heimreise fort. Er kam zuerst wieder an den Berg wo er das Fleisch des Hirsches verzehrt hatte. Da safs der Riese noch im Wipfel der Tanne und rief ihm schon aus der Ferne zu: 'Sei gegrüfst, Söhnlein, hast du über meine Sache was erkundet?' 'Ei freilich — sprach Anton — warte nur einen Augenblick!' Darauf brach er einen Stab von einer Erle, schlug damit an des Baumes Wurzel, und sogleich fiel der Wipfel als Gold prasselnd an die Erde, und mit ihm der Riese. Als dieser so zum ersten Mal auf seinen Beinen stand, begann er vor Freude zu hüpfen und zu springen, und sprach zu Anton: 'Da du dieses Liebeswerk an mir gethan, womit soll ich dich belohnen?' 'Ich verlange keinen Lohn — sagte der Jüngling — willst du mir aber etwas schenken, so bitt' ich um einen Zweig von dem Wipfel der Tanne, in welchem du zur Erde gefallen bist.' Da brach der Riese einen ganzen Haufen goldner Zweige von dem abgefallenen Wipfel und verehrte sie Anton. 'Schönen Dank — sagte dieser — mit den Zweigen kann ich jetzt mein Pferd antreiben,' stieg auf dessen Rücken und sprengte weiter.

Zunächst kam er vor die andere Burg, an deren Pforte der Riese mit dem unrechten Schlüssel stand. Diesem sagte er, der rechte Schlussel liege unter dem Portale, und bekam des Burgherren besten Schatz zum Lohne, wie dieser ihm versprochen hatte. Von da führte ihn sein Weg nach der dritten Teufelsburg, deren Besitzer ihm jenen Hengst geliehen hatte. Zum Danke für die Weisung, wie er seinen Garten wieder saftig und fruchtbar bekommen könne, schenkte ihm der Riese das Pferd, und nun legte er auf dessen Rücken das letzte Stück Weg bis nach Hause zurück.

Der Schwiegervater stutzte sehr, als er Anton Puuhaara, dessen Tod er verhofft hatte, wieder heimkehren sah, und er fragte ihn unwillig: 'Hast du auf deine Erkundigung Bescheid erhalten, da du schon wieder zurück bist?' 'Ei wie sollte ich nicht? — sagte Anton — ich weiss schon Alles.' 'Nun, wodurch verschafft sich der Mensch sein bestes Glück?' frug der Kaufherr. 'Das thut er, wenn er den Acker bestellt' — antwortete Anton — und wiederholte dann, was Louhi hinzugesetzt hatte. Dem Kaufherren ging es sehr zu Herzen dass er seinen Eidam auch dieses Mal nicht los geworden war, aber am schlechtesten ward ihm zu Muthe, als er erfuhr, welchen Reichthum Anton auf der Reise erworben. Vor Neid darüber that er im Hause gar keine Arbeit mehr, sondern überliefs sein ganzes Gut dem Anton Puuhaara zur Obsorge, und wanderte desselben Weges, wie vorher Anton, um auch seinerseits etwas Kostbares zu erschnappen. Nach einiger Zeit kam er zu eben dem Flusse, über den Anton gefahren, und liefs sich von der Alten ans jenseitige Ufer steuern; aber kaum angelangt, sprang sie vor ihm ans Land, stiefs den Kahn mit ihrer linken Ferse in den Fluss zurück, und sagte: 'Ich gehe ab, du bleibst hier!' Da musste nun der reiche Fuchspelzhändler sein ganzes übriges Leben ein geplagter Fährmann sein. Bei Louhi aber hat Keiner mehr zu thun seitdem Anton Puuhaara solche Kunde erhalten, dass jeder Suomalainen (Finne) wissen muss, wie er zum besten Glücke gelangen kann. Anton Puuhaara bewirthschaftete seines Schwiegervaters Gut, auf welchem er mit seinem Weibe glücklich lebte; und er wurde des reichen Kaufmanns Erbe, wie jener Kundige bei seiner Geburt vorhergesagt hatte.

Arbeiten der morgenländischen Abtheilung der kaiserl. archäologischen Gesellschaft (Theil I. *)

In Herrn Saweljew's Vorrede zu diesem preisswürdigen Unternehmen lesen wir: 'Da die morgenländische Section der p. p. Gesellschaft ihre Abhandlungen über Alterthümer des Ostens, welche in den Denkschriften (Sapíski) dieser Gesellschaft von den Abhandlungen über classische und vaterländische Alterthümer nicht getrennt sind, den Orientalisten zugänglicher machen will: so hat sie den Beschluss gefasst, inskünftige alle den Osten betreffende Forschungen aus jenen Denkschriften auszuziehen und im Zusammenhang wieder abdrucken zu lassen, mit dem 6. Bande derselben anfangend.' Die voraufgegangenen fünf Bände enthalten gleichfalls viele Arbeiten aus dem Fache der morgenländischen Numismatik und Alterthümerkunde; von diesen sind am Ende dieses ersten Theils die Titel, unter beständiger Verweisung auf Band und Seite der Denkschriften, mitgetheilt. Dann kommen noch Auszüge aus den Protocollen der Gesammtsitzungen der Gesellschaft (1846—51) in welchen Nachrichten enthalten sind, die ihr über Entdeckungen und Neuigkeiten auf demselben Gebiete geworden. Von Abhandlungen enthält der erste Theil nur eine, nämlich Herrn Tisenhausen's ge-

*) Trúdy wostótschnago otdjelénija imperatórsk. archeológitscheskago óbschtschestwa. 1855.

krönte Preisschrift über die '*Samaniden-Münzen*' (Seite 1 bis 237), nebst '*Ergänzungen*' von Herren *Saweljew*, dem Secretare der Abtheilung (S. 238—265).

Verfasser der Preisschrift beginnt mit den allgemeinen Ergebnissen der Untersuchung kufischer Münzen überhaupt und der mit ihnen eng zusammenhangenden Frage über den mittelalterlichen Handel zwischen dem südwestlichen Asien und nordöstlichen Europa. Einen ansehnlichen Theil der ausgegrabenen Münzen jener Art bilden Dirhem's *samanidischer Emire*, einer Dynastie, welche mehr als ein Jahrhundert beinahe unabhängig vom Chalifate die besten Länder des muhammedanischen Ostens besafs. Ein Handel der so viele Münzen dieses Herrscherhauses nach Europa brachte, hat vorzugsweise mit Maverannehr, Chorasan, Charesm, und anderen Ländern, die unter der Samaniden-Herrschaft standen, vor sich gehen müssen, eine Thatsache, die durch schriftliche Zeugnisse vollkommen bestätigt wird. Der Araber *Mas'ûdi*, welcher in der ersten Hälfte des 10. Jahrhunderts, also in der blühendsten Periode jenes Verkehrs, lebte, sagt, wo er von Bulgar handelt:*) 'beständig ziehen Karawanen von ihnen [d. i. aus ihrem, der Wolga-Bulgaren, Lande] nach dem Lande Charesm, das zu Chorasan gehört, und von Charesm zu ihnen.' Die ungeheuere Zahl der im Norden sich vorfindenden Samaniden-Dirhem's berechtigt zu der Annahme dass die europäischen Kaufleute sie den im Handel kreisenden Münzen der übrigen Dynastien vorzogen. Dieser Umstand gab aber auch wahrscheinlich Anlass zur Anfertigung *falscher* Samaniden-Dirhem's, die nicht selten den ächten untermengt sind. Die Anfertigung solcher ging nach Tornberg von barbarischen (türkischen) Völkern aus, die an den Grenzen der Samanidenstaaten wohnten.

---

*) وَٱلْقَوَافِلُ مُتَّصِلَةٌ مِنْهُمْ إِلَى بِلَادِ خوارزم مِنْ أَرْضِ خراسان وَمِنْ خوارزم إِلَيْهِمْ

Die Geschichte der *S*amaniden war schon früher Gegenstand einiger Nachforschungen. Herr Tisenhausen giebt eine bündige Darstellung derselben nach Anleitung der besten bekannten Quellen (S. 20—30), welcher eine Beschreibung der vornehmsten Gebiete und Städte des *S*amanidenreiches sich anschliefst (S. 30—46). Residenz war Buchara, die damals an Wohlstand und Gelehrsamkeit blühende Vaterstadt des Abu-Abdallah Muhammed el-Buchari (geb. im 9. Jahrhunderts unserer Zeitrechnung), Verfasser einer grofsen Sammlung traditioneller Aussprüche des Propheten, des Buches الجامع الصحيح El-djâmi' el-sachîch (der glaubwürdige Sammler). *S*amarkand, das Marakanda der Griechen, Hauptstadt des Gebietes *S*ogd, bestand aus einer Citadelle, einer Stadt, und mehreren ummauerten Vorstädten. Hier wurde ausgedehnter Sclavenhandel getrieben und ein Schreibpapier fabricirt, wie es (nach Kaswini) sonst nur die Chinesen zu fabriciren wussten. Jakut und Kaswini sprechen von zwölf Thoren dieser Stadt, und sagen, zwischen je einem Thor und dem anderen sei der Abstand einer Parasangge (8—9 Werst) gewesen, während das heutige *S*amarkand überhaupt nur 13 Werst im Umkreise hat. In Binket oder Schasch prägte man vermuthlich die meisten Münzen; auch war eine Silbergrube in der Nähe dieser Stadt. Nördlich von dem ausgedehnten Gebiete gleiches Namens lag das Gebiet Ilak, berühmt wegen seiner Gold- und Silberbergwerke; im Osten von Schasch aber dehnte sich Fergana oder das heutige Chanat Kokand aus, der östlichste Theil Maweranneht's. Unter den übrigen Städten und Gebieten nennen wir noch Herat, welches (jetzt zu Afganistan gehörend) in neuester Zeit wieder politische Bedeutung erhalten. Die grofse Moschee dieser Stadt wurde stärker besucht als alle übrigen im Reiche. Herat's reizende Lage ergiebt sich aus folgendem Sprüchworte: 'Chorasan ist die Perlmuschel der Welt und Herat die Perle darinnen.'

Von S. 47 ab kommt eine genaue Topographie der Fundorte *s*amanidischer Dirhem's in und ausser dem Russischen

Reiche. Dann geht der Verf. auf Stoff, Form und überhaupt den ganzen Character dieser Münzen ein, und beschreibt eine Auswahl derselben in chronologischer Folge. An diese schliessen sich dann die Ergänzungen des Herrn Saweljew. Es folgen noch drei Register: 1) der Personennamen und Titel, die auf Samanidenmünzen erwähnt werden; 2) der Prägeorte oder Münzhöfe mit Wiederholung des Datums aller beschriebenen und hier (im Register) nach den Münzhöfen geordneten Dirhem's; 3) der verschiedenen Buchstaben, Wörter, Zeichen und Sprüche auf diesen Münzen.

S. 266—330 folgen die Auszüge aus den Sitzungs-Protocollen, denen wir Einiges entlehnen werden. Im September 1846 las ein Mitglied über eine tatarische Rüstung, die im kaiserl. Museum von Zarskoje Selo aufbewahrt wird. Sie gehörte muthmafslich einem Heerführer der Goldnen Orda, und scheint die einzige vollständige Rüstung dieser Art zu sein, die auf unsere Zeit gekommen. Eisenbleche befinden sich an Brust, Rücken und Ermeln des Panzerhemdes; ausserdem sind Schienen für Arme und Knie vorhanden. In das Bruststück sind vergoldete und in die Arm- und Kniestücke versilberte (arabische) Inschriften, wahrscheinlich Verse des Koran, eingeschnitten, aber durch Verwitterung unlesbar geworden. Der ganze Character dieser Rüstung und die kunstreiche Arbeit deuten ins 15. Jahrhundert. Die Ringe des Panzerhemdes stehen sehr dicht, und leisten jedem Schlag oder Hiebe grossen Widerstand; das merkwürdigste Stück der Arbeit nach aber ist ein stählerner Helm, reich geschmückt mit vergoldeten Auszackungen, Schnörkeln, eingelegten Zierrathen und Edelsteinen. Um den Helm hängt von vorn und hinten ein Schirm aus Panzerringen, ebenfalls mit Blechen; den Augen gegenüber stehen die Ringe weniger dicht, um das Sehen nicht zu verhindern. Von Schirmen dieser Art machte man im hohen Alterthum schon Gebrauch: auf dem berühmten Denkmale aus der Sasaniden-Zeit, dem Tachti Rustem, hat der Reiter (vielleicht Rustem selbst) einen ähnlichen Hauptschmuck und der Schirm daran reicht beinahe bis auf die

Mitte der Brust. — Im April 1847 legte Herr *S*aweljew unter anderen, im Namen ihrer Verfasser der Gesellschaft überreichten Werken eines 'Ueber die Kriegskunst und die Eroberungen der Mongolen' (o wojénnom iskústwje i sawojewánijach Mongolow, St. Petersburg 1847) vor, dessen Verf. Iwánin, Oberster beim Generalstabe, aus gründlichem Studium der Mongolenkriege die Ueberzeugung gewonnen hat, dass dieses Volk seine eigne Strategie und Taktik hatte, und dass die Eroberungen der Mongolen nicht allein der Gröſse ihrer Heere, sondern auch ihrer Geschicklichkeit zuzuschreiben seien. Mit umfassenden Nachforschungen in allen übersetzten morgenländischen Quellen verband der Verf. practische Beobachtung in den Kirgisen-Steppen, um die Zeit der Unternehmung gegen Chiwa. — Im April 1850 wurde durch Herrn *S*aweljew die Abbildung eines Metallspiegels mit arabischer Aufschrift vorgelegt, der in den Trümmern von *S*arai gefunden worden, desgleichen eines Stirnbandes*) oder, — wie *S*aweljew lieber annehmen möchte — Armbandes von tatarischer Arbeit, mit in dasselbe gefasstem Siegel, das eine arabische Inschrift hat. Der Spiegel, dessen Umkreis etwa zehn Werschok ausmacht, zeigt in sechs kleinen Kreisen eine und dieselbe Inschrift, deren Züge kufische Buchstaben aus dem 9.—11. Jahrhunderte. Die Worte lauten: عِزٌّ ودَوْلَةٌ وبَقَاءٌ لِصَاحِبِهِ d. h. Ehre, Macht und langes Leben seinem Besitzer! Das Stirnband (wenn es ein solches) besteht aus verschlungenen Ringen von reinem Golde; an jedem Ende ist ein Carneol eingefugt: der am einen Ende ist glatt, der am anderen aber mit einer verkehrt eingegrabenen arabischen Inschrift versehen die als Siegel gedient hat. Die Buchstaben sind kufische aus dem 13. oder 14. Jahrh.; sie stellen folgenden Reimspruch dar: أَطْلُبُ مَنْ يَهْوَانِي و أَرْغَمُ مَنْ يَنْهَانِي ich suche den, der mich

*) Russ. nadbrównik (etwas über den Brauen angebrachtes); tatar. kaschè, von kasch Augenbraue. Die Tatarinnen tragen diesen Schmuck unterhalb ihrer Kopfbinde welche urpek heisst.

begehrt und meide den der mich abwehrt. — In der Februarsitzung 1851 kam ein in der Statthalterschaft Kasan gefundenes kleines Goldblech mit Bild und Legende zur Sprache. An der einen Seite ist ein Oehr angebracht; in der Mitte des Blechs sieht man, in einem länglichen Viereck, die sehr rohe Figur eines gehenden Hundes mit erhobenem Schwanze, wie sie auf verschiedenen Münzen der Goldnen Orda, auf russisch-tatarischen des Wasilji Dmitriewitsch, und auf vielen rein russischen verschiedener Theilfürsten sich producirt, und um die vier Ränder läuft eine Inschrift in arabischen Buchstaben. Das Goldblättchen ist ein tatarischer Talisman oder Amulet, dergleichen noch jetzt im muhammedanischen Osten getragen werden. Die Legenden derselben bestehen meist aus Versen des Korans oder anderen frommen Sprüchen und Gebetformeln, mit Einmischung verschiedner kabbalistischen, an sich schon Niemand verständlichen, aber aus Unwissenheit noch mehr verstümmelten Ausdrücke. Man schreibt die Talismane auf Papier, gräbt sie in Stein, in Metall, oder stickt sie in allerlei Stoffe. Getragen werden sie, je nach ihrer Bestimmung, am Halse, an der Hand, oder am Gürtel; zuweilen hängt man sie Hausthieren und Vögeln an. Reiche Leute verwahren sie in prächtigen Beutelchen und Kästchen, und fassen sie in Ringe. Die russischen Tataren tragen sie meist in kleinen Beuteln an einem Band über der Schulter. Die Talismane sind zuweilen Muster calligraphischer Kunst und winzig feiner Schrift: ein ganzes grofses Capitel, ja der ganze Koran (!) wird so geschrieben dass er in einer Wallnuss oder einem Fingerringe Platz findet! Es giebt besondere Anleitungen zur Anfertigung verschiedener Talismane und Geisterbeschwörungen: im letzteren Falle lassen die Verfasser den Koran bei Seite und schreiben nur kabbalistische Wörter und Eigennamen derjenigen Geister, deren Mitwirkung bei irgend einem Vorhaben man für nothwendig hält. Auf dem in Frage stehenden Talismane liest man eine solche Vorladung der Geister. Die undeutlichen Buchstaben und die unsichere Orthographie gereichen dem Magier eben nicht zur Empfehlung; ganz verlässlich sind nur die ersten zwei Worte: رحانين [fur روحانين] كروبين [für كروبيون] d. i. Geister! Cherubim! — In der Maisitzung desselben Jahres stattete der Vorsitzende einen kurzen Bericht ab über Alterthumer der Halbinsel **Mangyschlak** am nordöstlichen Ufer des Kaspischen Meeres. Der obgedachte Oberst Iwanin communicirte Herrn *S*aweljew aus dem Fort Nowopetrow*s*k auf Mangyschlak Zeichnungen von Grabstätten, Copien von Inschriften und Münzen die er in der Erde gefunden. Diese Denkmäler gehören schon der muhammedanischen Zeit an, verrathen aber eine gewisse Kunst, die den heutigen (nomadischen) Bewohnern der Halbinsel unbekannt ist. Nach Hrn. *S*aweljew's Meinung mögen die ältesten derselben aus der Epoche der Charesm-Schahe, die meisten aus dem Zeitalter der Goldnen Orda sein. Augenscheinlich gab es einmal Cultur, Industrie und kaufmännische Thätigkeit auf dieser öden Halbinsel, wo jetzt die russische Flagge weht. Jakut, ein Schriftsteller vom Anfang unseres 13. Jahrhunderts, erwähnt schon Mangyschlak als eine starke Festung an der äussersten Grenze von Charesm: sie war vermuthlich einer der Stapelplätze zwischen Charesm und Itil. An eine blühende Epoche Mangyschlak's erinnern noch die ziemlich häufigen Trümmer steinerner Befestigungen, Gebäude und Grabmäler, desgleichen tiefer, mit behauenen Steinen ausgelegter Brunnen. Die hier vorgefundenen Silbermünzen sind aus der Regierungszeit D*j*anibek des ersten, welcher um die Mitte des 14. Jahrhunderts Chan der Goldnen Orda war.

Die Inschriften der Monumente haben sich so schlecht erhalten, dass man keine vollständig lesen kann. Das Aeussere dieser Grabdenkmäler verdient Beachtung: sie sind Alle aus behauenem Steine, mit Figuren von vertiefter oder erhobener Arbeit. Ihre Höhe erstreckt sich zuweilen auf 2 bis 4 *Saj*en (14—28 Fuſs engl.); sie liegen von Nordwest nach Südost. Gewöhnlich bilden sie drei Stufen oder Absätze aus eben soviel dicken Fliesen, von denen die unterste die längste und breiteste ist. In die oberste Fliese ist eine Vertiefung eingegraben, in welche, wie die Kirgisen sagen, das Fett gegossen wurde, das man an gewissen Tagen zum Andenken der Abgeschiedenen verbrannte (?). Andere Grabmäler haben die Form von Trapezien, wieder Andere gleichen Böten, abgestumpften Pyramiden, u. s. w. An den Seiten derselben sind, ausser Inschriften, Säbel, Piken, Flinten, Hämmer, Zangen, oder sonstige Werkzeuge ausgehauen: auf einem Denkmal sieht man einen Reiter mit zwei Hunden, einen Panther verfolgend.

Ueber das Studium der orientalischen Sprachen in Russland.

Von

Herrn P. Saweljew *).

Vor etwa siebzig Jahren, als es in Russland weder Philologen noch Orientalisten gab, welche diesen Namen verdienten, und die Zahl der letzteren auch im übrigen Europa äufserst beschränkt war, erschien plötzlich in St. Petersburg ein linguistisches Werk, das die gelehrte Welt durch die Neuheit seiner Aufgabe in Erstaunen setzte. Dieses Werk war keine streng gelehrte Arbeit, aber es war fruchtbar durch seinen Grundgedanken, werthvoll durch den Schatz der in ihm niedergelegten Data. Es war das berühmte „Vergleichende Wörterbuch aller Sprachen und Mundarten", dessen Idee in dem genialen Kopfe Catharina's II. entsprang und zuerst von Pallas, dann von Jankewitsch ausgeführt wurde. Bald nachher erschienen die ersten Versuche zur Vergleichung und Classification der Sprachen (Adelung's „Mithridates"), denen die philosophische Analyse der Sprachen durch Wilhelm von Humboldt, den Koryphäus der neueren Linguistik, folgte. Das russische „Vergleichende Wörterbuch" war auch in der Beziehung wichtig, dafs es alle Sprachen des Erdballs umfassen und vergleichen wollte. Das Studium der klassischen Sprachen, auf

---

*) Aus dem Russkji Wjestnik.

das man sich bis dahin beschränkt hatte, war für den europäischen Philologen ungenügend geworden, wie das Studium des Hebräischen und anderer semitischen Sprachen für den Orientalisten. Die gelehrten Eroberungen in Indien führten um jene Zeit das Sanskrit und die alten Sprachen Persiens in die Wissenschaft ein.

Im Augenblick des Enthusiasmus für die heiligen Sprachen der Veden und des Zend-Avesta und für die Ausbreitung des Gebietes der Linguistik wurden in Russland die ersten Lehrstühle der orientalischen Sprachen errichtet. Unter dem Namen der orientalischen Sprachen wurden von Alters her und fast bis auf unsere Zeiten nur die drei Hauptsprachen der muselmännischen Welt verstanden, nämlich das Arabische, Persische und Türkische — drei Sprachen von ganz verschiedenem Stamm, die fast nichts gemein haben als das arabische Alphabet. Diejenigen, die sich mit diesen drei Sprachen beschäftigten, wurden auch vorzugsweise mit dem Namen „Orientalisten" bezeichnet. Ohne Zweifel konnte eine solche Vereinigung dreier völlig verschiedener Sprachen auf einem Katheder nicht zum tieferen Studium derselben führen, wenn der Professor nicht eine specielle Vorliebe für eine von ihnen hatte und sie im Connex mit anderen stammverwandtnn Sprachen zu erforschen suchte. So ist z. B. für die Kenntnifs des Arabischen das Hebräische, Chaldäische, Samaritische, Aethiopische und Syrische nothwendig; für die des Persischen das Sanskrit, Zend und Pehlevi; für das Ottomanisch-Türkische die östlichen türkischen (tatarischen) Dialecte und das Mongolische. Die gelehrtesten Kenner des Arabischen in Deutschland und Frankreich waren immer zu gleicher Zeit kundige Hebraisten. Diese Sprachengruppe, die seit den Tagen des heiligen Hieronymus vorzugsweise die orientalische hiefs und sich durch eine bemerkenswerthe Einheit auszeichnet, wurde in Folge ihrer Beziehung zu den heiligen Büchern der Christenheit früher als andere, der Gegenstand eines tieferen Studiums von Seiten der europäischen Philologen. Daher bildete sich auch, hauptsächlich in den theologischen Facultäten der deutschen

Universitäten, eine orientalische Philologie, deren vornehmster Zweck in der Erklärung der biblischen Alterthümer bestand. Als sich das Bedürfnifs herausstellte, die Geschichte der übrigen Völker des Ostens in ihren Urquellen zu studiren, wurde der hebräisch-arabischen Sprachklasse auch die persische hinzugefügt, die eine ziemlich reiche historische Literatur besitzt, und endlich die türkische Sprache, wegen der politischen Verbindungen des ottomanischen Reiches mit Europa. In dieser Gestalt wurde zu Anfang des gegenwärtigen Jahrhunderts das Studium der orientalischen Sprachen und Literaturen aus Deutschland nach den russischen Universitäten verpflanzt.

Weder Kerr noch Bayer im verflossenen Jahrhundert, noch Klaproth zu Anfang des jetzigen, hatten trotz ihrer gelehrten Arbeiten den geringsten Erfolg auf die Heranbildung russischer Orientalisten. Diese Aufgabe war dem berühmten Frähn vorbehalten, der sich im Jahr 1807 in Russland niederliefs. Er förderte die Entwicklung der orientalischen Studien nicht allein durch seine zahlreichen Schriften, sondern auch durch die Rathschläge, die er dem Minister des Unterrichts und dem Präsidenten der Akademie der Wissenschaften ertheilte, der sich persönlich für die orientalischen Literaturen interessirte. Auf seinen Vorschlag wurden einige gelehrte Specialisten aus dem Auslande berufen, um die bei der Akademie und den Universitäten errichteten neuen Lehrstühle einzunehmen, und die Bestrebungen der einheimischen Orientalisten aufgemuntert, die ihm alle mehr oder weniger ihre Bildung oder ihr Fortkommen verdanken. Die Wirksamkeit Frähn's in dieser Beziehung begann mit seiner Versetzung nach Petersburg und seiner Ernennung zum ordentlichen Mitgliede der Akademie im Jahr 1817. Im folgenden Jahre wurden beim pädagogischen Haupt-Institut, das bald nachher zu einer Universität umgestaltet ward, Katheder der arabischen, persischen und türkischen Sprache eröffnet, für welche man zwei ausgezeichnete Schüler Silvestre de Sacy's, die Herren Charmoy und Demange, aus Paris kommen liefs. Einige Jahre später wurde beim asiatischen Departement des Ministeriums des Innern eine Schule der orientalischen Sprachen errichtet, deren Lehrstühle dieselben Herren Charmoy und Demange einnahmen, die in der Universität für das Fach der arabischen und türkischen Sprache den so eben von einer Reise nach Aegypten und Syrien zurückgekehrten ehemaligen Zögling der Universität Wilna, Herrn Senkowski, und für das Persische den aus Transkaukasien gebürtigten Mirsa Djafar Toptschibaschew zum Nachfolger erhielten. Als Adjunctus für die tatarischen Dialecte fungirte bei der Akademie auf kurze Zeit Herr Jarzew, gegenwärtig erster Dragoman im asiatischen Departement und ohne Zweifel der erste Kenner dieser Sprachen in Russland.

So erschienen in Petersburg zugleich mit Frähn mehrere Orientalisten, die gemeinschaftlich mit ihm die Literatur des muselmännischen Ostens bearbeiten konnten; doch haben von ihnen nur Senkowski und Charmoy durch wissenschaftliche Arbeiten einen Ruf erworben.

Es ist schwer, in wenigen Worten die gelehrte Thätigkeit des Nestors unserer Orientalisten vollständig zu charakterisiren, der die Freude hatte, am Schlusse seines Lebens sich zu überzeugen, dafs seine Bemühungen, den Grund zu einem wissenschaftlichen Studium des Ostens in Russland zu legen, nicht fruchtlos geblieben waren. Die Specialität Frähn's war der muselmännische Orient, in historischer, geographischer, linguistischer, ärchäologischer und numismatischer Beziehung. Mit einer tiefen Einsicht in das semitische Sprachsystem vereinigte er die Kenntnifs des Persischen, Türkischen und Tatarischen, deren er zu seinen historischen Untersuchungen bedurfte. Die muhammedanische Numismatik kann ihn als ihren Gründer betrachten. Um die russische Geschichte erwarb er sich ein unvergefsliches Verdienst, durch die Auffindung von Nachrichten über das alte Russland in den arabischen Schriftstellern, so wie durch die numismatischen Data, die er zur Beleuchtung der Frage über den Handel des nordöstlichen Europa's mit dem Orient beibrachte. Kurz, Frähn war einer von jenen nützlichen Ausländern, die Peter der

Grofse nach Russland zu ziehen wünschte — die ihre Wissenschaft im Lande heimisch zu machen und Zöglinge und Nachahmer heranzubilden suchen, nicht aber den akademischen Sessel als eine lucrative Sinecure betrachten, die ihnen die Möglichkeit gewährt, ihren Angehörigen zu ähnlichen Stellen zu verhelfen. Dabei war Frähn eine bemerkenswerthe Persönlichkeit — uneigennützig, rechtschaffen, ausschliefslich der Wissenschaft ergeben. Mit Recht schrieb der Präsident der Akademie, Graf Uwarow, als er von seinem Ableben unterrichtet wurde: „Seit dem Tode Silvestre de Sacy's betrauert die orientalische Literatur keinen gröfseren Namen; er war ein Lumen der Wissenschaft, einer von jenen Gelehrten, deren Geschlecht jetzt ausstirbt." Zur Beurtheilung seines Fleisses genüge die Angabe, dafs er über 150 Dissertationen durch den Druck veröffentlicht und 90 Hefte mit handschriftlichen Materialien zu neuen Arbeiten hinterlassen hat.

Neben den monumentalen Werken Frähn's erbleichen die Arbeiten unseres anderen Arabisten. Charmoy, der später sein Adjunctus in der Akademie wurde, ein guter Lehrer und Kenner der persischen und türkischen Sprache, war ein wissenschaftlicher Handlanger, nur zur Zusammenstellung von Varianten und grammatikalischen Annotationen fähig. Er hat einige historische, arabische und persische Texte (über den Feldzug des Tochtamysch, über die Slaven nach Masudi etc.) herausgegeben, die als gewissenhafte Arbeiten für ihren speciellen Zweck von Nutzen sind. Herr Dorn, der Nachfolger von Charmoy und nachher von Frähn selbst, hat eine höchst vielseitige Thätigkeit entwickelt; er gab afghanische, persische, äthiopische Texte heraus, beschrieb Manuscripte und Münzen, und übersetzte oder edirte eine grofse Anzahl Werke.

Frähn setzte lange Zeit seine besten Hoffnungen auf Senkowski. Dieser ausgezeichnete Polyglotte und Polyhistor, der ein eigenthümliches Sprachtalent besitzt, gab sich in den ersten Jahren seiner Professur an der petersburger Universität mit Eifer dem Studium der arabischen, persischen und türkischen Literatur hin, um daraus Materialien für seine künftigen Arbeiten zu schöpfen. Arabisch und Türkisch verstand er wie seine Muttersprache und beschäftigte sich auch mit dem Chinesischen und mit anderen Sprachen. Nachdem er in polnischer Sprache zwei Bände „Collectanea aus türkischen Annalisten" veröffentlicht, schritt er 1825 in Gemeinschaft mit seinem Reisegefährten im Orient, dem schwedischen Pastor Berggren, zur Herausgabe eines „französisch-arabischen Lexicons." Neunzehn Druckbogen in Quarto waren schon aus der akademischen Presse hervorgegangen, als die Herausgeber des Werkes sich trennten. Die Arbeit war von Senkowski allein redigirt; Berggren lieferte nur einen Theil der Materialien und wahrscheinlich die Mittel zur Herausgabe. Uebrigens gingen die unter der Aufsicht Senkowski's gedruckten Bogen nicht verloren; Berggren kam zwanzig Jahre später (1844) auf den Gedanken, sie in Upsala erscheinen zu lassen, indem er die fehlenden Bogen hinzufügte, die jedoch weit hinter den neunzehn ersten zurückstehen. Zur selben Zeit beschäftigte sich Senkowski mit einer Geschichte der Goldenen Horde, welche Frähn mit Ungeduld erwartete. Selbst nachdem Senkowski die journalistische Laufbahn betreten und die orientalische Literatur im Stich gelassen hatte, dachte der berühmte Akademiker ihn von neuem für dieses Fach zu gewinnen, indem er einen Preis auf die beste Geschichte der Goldenen Horde aussetzte; einer solchen Arbeit glaubte er niemand anders als Senkowski gewachsen. Im Jahr 1824 veröffentlichte Senkowski seinen Auszug aus einer kurz vorher aus Buchara erhaltenen persischen Chronik, in der die Geschichte der bucharischen Chane behandelt wird und die unter dem Titel „Supplément à l'histoire des Huns, des Turks et de Mongols" erschien. Ritter nennt den Verfasser „den trefflichen Bearbeiter der Usbekengeschichte." Silvestre de Sacy widmete dem Buche eine ausführliche Besprechung im „Journal des Savans", die Senkowski zu einigen Gegenbemerkungen im „Journal Asiatique" veranlafste. Im Jahr 1828 veröffentlichte er die bekannte, gegen Hammer gerichtete „Lettre de Tutundju-Oglou", die nicht wenig dazu beigetragen hat, die Autorität des wiener Orientalisten zu erschüttern. Hierauf beschränkten sich leider die gelehrten Arbeiten Senkowski's. Schon in den zwanziger Jahren begann er sich an dem „Sjéwerny Archiv" und an einem Almanach zu betheiligen, in welchen er Bruchstücke aus seinen Reisen und Uebersetzungen oder Nachahmungen orientalischer Märchen und Erzählungen drucken liefs. In der „Biblioteka dja Tschtenija" finden sich, aufser einigen Artikeln über Asien, eine Uebersetzung von ihm aus dem Arabischen des „Moallaka" Lebid's und aus dem Türkischen der „Essenz des Wissenswürdigen" von Resmi Ahmed Efendi *). In keiner Literatur giebt es musterhaftere Uebersetzungen; es ist unmöglich, den Geist, die Gedanken und theilweis selbst die Phraseologie des Originals treuer wiederzugeben.

Zu den gelehrten Verdiensten Senkowski's gehören auch seine Vorlesungen über arabische und türkische Sprache in der Universität. Niemand verstand es besser, seine Zuhörer mit dem Geist der vorgetragenen Sprache bekannt zu machen; auf Anlafs der zu erklärenden Worte setze er auch die Begriffe der Orientalen über Leben und Gesellschaft aus einander und beleuchtete sie vom historischen und ethnographischen Standpunkt. Nicht selten bestand die ganze Vorlesung aus zwei Versen der „Moallaka" oder „Kasyda" mit erklärendem Commentar. Von seinen Zöglingen erwarben sich drei, die Herren Wolkow, Grigorjew und Petrow, einen Namen in der orientalischen Literatur.

Wolkow war ein äufserst talentvoller und gelehrter Mann, eben so bewandert im Arabischen, Persischen und Türkischen, wie in den klassischen und den neueren Sprachen. Er war über 25 Jahre lang Adjunct und dem aufserordentlichen Professor des Arabischen und bekleidet zugleich das Amt eines Custos des asiatischen Museums der Akademie. Er studirte fleifsig die historische Literatur der Araber und Perser und

*) Vergl. dieses Archiv Bd. III. S. 19—20.

begann seine wissenschaftliche Laufbahn auf eine glänzende Weise, indem er der asiatischen Gesellschaft in Paris Nachrichten über Manuscripte einsandte, die der gelehrten Welt bisher unbekannt waren; so machte er Europa zuerst mit einer handschriftlichen „Geschichte der Kurden" bekannt, die noch jetzt nicht edirt ist. Ins Russische übersetzte er die Abhandlung „Ueber die Münzen der Chane des Djutschi-Uluss" und andere Dissertationen Frähn's. Da er jedoch ohne Aufmunterung und Unterstützung gelassen wurde und sein ganzes Leben in einer abhängigen Lage blieb, während andere, weniger begabte Leute Carrière machten, so entsagte er endlich allen gelehrten Arbeiten, mit Ausnahme der amtlichen, verfiel in Misanthropie, siechte hin und starb vor der Zeit.

Herr Grigorjew, jetzt Präsident der Orenburger Gränz-Commission, trat noch als Student mit einer Uebersetzung von Chondemir's „Geschichte der Mongolen" hervor (1834). Hierauf publicirte er seine Untersuchungen über die Chasaren und über die Feldzüge der alten Russen und lieferte mehrere umfangreiche Aufsätze über Asien fur das encyklopädische Lexicon. Nachdem er provisorisch als Docent der arabischen Sprache an der Petersburger Universität fungirt hatte, wurde er zum Professor am Richelieu-Lyceum in Odessa ernannt. Dort veröffentlichte er eine Rede „über die Beziehungen Russlands zum Orient", eine „Untersuchung über die kufischen Münzen", einen „Ausflug nach Constantinopel", gab krymische Jarlyks und eine Beschreibung krymischer Münzen heraus. In Moskau liefs er (1842) eine Dissertation „über die Glaubwürdigkeit der von den Chanen der Goldenen Horde dem russischen Clerus verliehenen Jarlyks" drucken. Aus Odessa nach Petersburg zurückgekehrt, übernahm er die Redaction des Journals des Ministeriums des Innern; indessen zogen ihn diese neuen Beschäftigungen von seinen orientalischen Studien nicht ab. Zum Ressort des genannten Ministeriums gehörten damals die in Russland zu Tage geförderten Alterthümer, und Grigorjew widmete seine Feder der Besprechung einiger durch diese Alterthümer angeregten Fragen. So entstanden seine Abhandlungen: „Ueber die Lage von Sarai", „Die Könige des cimmerischen Bosphorus nach ihren Denkmälern und Münzen", „Ueber eine mongolische Inschrift", die sich, nebst einer ziemlich umfangreichen Arbeit „über die hebräischen Secten" in dem erwähnten Journale finden. Die Errichtung der geographisch. und die der archäolog. Gesellschaft in Petersburg eröffneten seiner Thätigkeit einen neuen Spielraum. Für die Anzeigen (Iswjestija) des ersten dieser Vereine schrieb er viele geographische und ethnographische Artikel und für die Memoiren (Sapiski) des anderen einige numismatische Abhandlungen. In allen seinen Untersuchungen, so mannigfacher Art sie auch waren, bewährte sich Grigorjew als ein strenger und gründlicher Kritiker, der das von ihm erörterte Thema von allen Seiten zu beleuchten strebte. Seine Uebersetzung der „Mongolischen Geschichte" Chondemir's, ist bis jetzt die einzige in der europäischen Literatur; seine Bemerkungen über die Chasaren, über die Feldzüge der alten Russen, über die tatarischen Jarlyks, über Sarai haben zur Aufklärung dieser Gegenstände beigetragen oder einige noch ungelöste Fragen berührt, und in seiner Polemik mit dem Akademiker Schmidt über die mongolischen Schriftzeichen und Inschriften hat er sich als Kenner der mongolischen Sprache und der Alterthümer Central-Asiens bewiesen *).

Von Herrn Petrow wird weiter unten, bei Erwähnung der russischen Sanscritologen, die Rede sein.

Zu den in Petersburg gebildeten Orientalisten gehören noch die Herren Chanykow, Weljaminow-Sernow und Lerche. Herr Chanykow hat sich durch seine Reise nach Buchara und seine (von Bode ins Englische übersetzte) Beschreibung dieses Chanats bekannt gemacht. Seinem Aufenthalt am Kaukasus und in Persien verdankt die gelehrte Welt die Entdekkung und Erklärung vieler lapidarischen und handschriftlichen Denkmäler, die für die Geschichte des Orients von Wichtig-

*) Ueber die Arbeiten des Herrn Grigorjew vergl. unser Archiv Bd. I. S. 451 ff., Bd. IV. S. 40, 383 ff. und Bd. V. S. 38 ff.

keit sind; vor kurzem gelang es ihm, einen noch unedirten Theil der berühmten Geschichte Raschid-ed-din's aufzufinden. Die Arbeiten Chanykow's erscheinen im „Bulletin" der Akademie der Wissenschaften und in den Memoiren der geographischen und archäologischen Gesellschaft.

Herr Weljaminow-Sernow, der sich in Dienstgeschäften in Orenburg befand und Gelegenheit hatte, die Kirgisensteppe in allen Richtungen zu durchstreifen, erwarb dort eine gründliche Kenntniſs der tatarischen Localdialecte, die man vor ihm nicht näher untersucht hatte. Er lieferte bereits interessante „historische Nachrichten über die Kirgis-Kaisaken und die Beziehungen Russlands zu Central-Asien" (Band I. Ufa, 1853) und „historische Nachrichten über das Chanat Kokan" (im zweiten Bande der Sapiski Wostotschnago Otdjelenija Archeologitscheskago Obschtschestwa). Vor kurzem erhielt er aus Buchara ein bisher in Europa unbekanntes persisches Manuscript über die Geschichte der bucharischen Chane, mit deren Herausgabe er sich jetzt beschäftigt. Es wird zur Vervollständigung des Senkowski'schen „Supplément à l'histoire des Huns etc." dienen.

Herr Lerche hat die Kurden, ihre Geschichte, Ethnographie und Sprache zum Gegenstande seines speciellen Studiums gewählt. Das erste Heft seiner Untersuchungen „über die Kurden-Stämme" ist bereits, in russischer Sprache, im Druck erschienen. Um eine praktische Kenntniſs ihres Idioms zu erlangen, hat er die Anwesenheit einiger gefangenen Kurden im Inneren von Russland benutzt, indem er einige Zeit bei ihnen zubrachte.

Wir haben bisher nur von den petersburger Orientalisten gesprochen. Wenden wir uns jetzt nach Kasan, einer zweiten Pflanzschule derselben.

Nach der Abreise Frähn's wurde sein Katheder von seinem Landsmann Erdmann, einem emsigen, unverdrossenen Arbeiter eingenommen. Er schrieb viel in deutscher, lateinischer und zum Theil in russischer Sprache, übersetzte persische Gedichte in deutsche Verse, gab umständliche Beschreibungen des Münzcabinets der Kasaner Universität, historische Untersuchungen in drei Bänden zur Erklärung von zwei Seiten Text, Auszüge aus der Geschichte Raschid-eddin's und viele andere Schriften heraus. Ohne Zweifel waren seine Vorlesungen für die Zuhörer von Nutzen, da aus ihrer Mitte bald einige kundige Orientalisten hervorgingen. Eben so grofsen, wenn nicht gröfseren Antheil an der Bildung derselben hatten jedoch die Collegia des Mirsa Kasem-Bek über persische und türkische Sprache.

Mirsa Alexander Kasem-Bek, ein geborner Perser aus Rescht, siedelte schon in seiner Jugend nach Derbend und dann nach Astrachan über. Im Besitz einer guten orientalischen Erziehung — in der arabischen, persischen und türkischen Sprache, der muselmännischen Theologie und Jurisprudenz bewandert — traf er in Astrachan mit englischen Missionären zusammen, die er in den orientalischen Sprachen unterrichtete und von denen er selbst Englisch lernte. Er wurde durch sie mit dem Christenthum und der europäischen Wissenschaft bekannt, liefs sich von ihnen nach anglicanischem Ritus taufen und schrieb in arabischer Sprache, ein Buch über die Vorzüge des christlichen Glaubens vor allen anderen. Im Jahr 1826 wurde er als Lector an der Universität Kasan angestellt, im Jahr 1838 als ordentlicher Professor der orientalischen Sprachen bestätigt und im Jahr 1849 in derselben Eigenschaft nach Petersburg versetzt. Durch Geburt und Erziehung der muselmännischen Welt angehörig, kennt er die Sprache, die Sitten und den Geist des Orients, wie ein Eingeborner, während er zugleich der englischen, französischen und russischen Sprache mächtig ist und sich die Ideen und die literarische Bildung Europa's angeeignet hat. Durch seine zahlreichen Schriften und namentlich durch seine Text-Recensionen hat er sich um die Wissenschaft nicht geringe Verdienste erworben. Es wird hinreichen, die von ihm edirten historischen Werke: die sieben Planeten (Geschichte der Chane von der Krym) und Derbend-Namé (Geschichte von Derbend), den „Muchtasar-el-wikaje" oder Codex der Gesetzgebung nach chanefitischem Ritus, und seine türkisch-tatarische Grammatik zu erwähnen *). Viele kritische Artikel von seiner Feder sind in dem „Journal Asiatique" und in russischen Journalen abgedruckt. Seiner letzten Arbeit unter dem Titel: Utschobnyja posobija dlja wremennago kursa turezkago jasyka, wurde im Jahr 1855 die Demidow'sche Prämie zuerkannt.

Um den talentvollsten Zöglingen der orientalischen Facultät die Mittel zu geben, sich in den Sprachen Persiens und der Türkei zu vervollkommnen und den Orient, den sie bisher nur aus Büchern kannten, an Ort und Stelle zu studiren, entsendete 1842 die Universität Kasan zwei junge Orientalisten, die Herren Dittel und Berésin auf drei Jahre nach Persien, Syrien, Aegypten und die Türkei. Sie kehrten glücklich von ihrer Reise zurück und wurden zu Lehrstühlen — Dittel in der Petersburger, Berésin in der Kasaner Universität ernannt. Ersterer starb leider schon 1848 an der Cholera, ohne etwas herausgegeben zu haben als einen Bericht über seine Reise; er wollte sich vorzugsweise mit den Sprachen Persiens und dem Idiom der Kurden beschäftigen, für welche er schon viele Materialien gesammelt hatte. Berésin wurde hingegen in kurzer Zeit einer von unseren thätigsten Schriftstellern. Aufser zahlreichen in Journalen zerstreuten Aufsätzen, hat er zwei Bände von seiner „Reise im Orient", drei Hefte einer „Bibliothek morgenländischer Historiker", zwei Hefte Untersuchungen über die persischen und türkischen Dialecte, eine persische Grammatik, Bemerkungen über die Jarlyks der Tataren-Chane und eine Abhandlung über die Ruinen von Bolgary herausgegeben — lauter nützliche Arbeiten, welche zur Bereicherung der Wissenschaft dienen **).

---

*) Vergl. über die Grammatik des Mirsa Kasem-Bek dieses Archiv Bd. VIII. S. [illegible]7 ff.

**) Einen Auszug aus dem Reiseberichte des Herrn Berésin gab das Archiv Bd. V. S 377 ff.; über seine anderen Arbeiten siehe Bd. VIII. S. 646; Bd. IX. S. 551 ff.; Bd. XI. S. 181 ff. und 343.

Herr Gottwald, gleichfalls ein Zögling und nachher Professor der Kasaner Universität, entdeckte in der öffentlichen Bibliothek in Petersburg einen nicht unwichtigen historischen Text des Hamsa von Ispahan, den er auch herausgegeben hat. (Hamzae Isfahanensis annalium libri X. 1844.)

Herr Cholmogorow, Candidat derselben Universität und Professor am Lyceum zu Odessa, ist durch seine ausgezeichnete Kenntnifs der arabischen Sprache bekannt. Eine Abhandlung von ihm „über die Grundgesetze des Islam". findet sich in den gelehrten Memoiren (Utschonyja Sapiski) der Universität Kasan.

Als Hauptstadt des Tatarenthums hat Kasan auf die Bildung von Orientalisten auch aufserhalb der Universität eingewirkt. Unter ihnen ist Herr Iljinskji, Baccalaureus der geistlichen Akademie und ein gründlicher Kenner der tatarischen Dialecte, zu nennen, der auf Kosten der Regierung eine Reise nach der Türkei, Syrien und Aegypten unternahm, um sich in der arabischen und türkischen Sprache zu vervollkommnen. Herr Iljinskji lieferte für die Memoiren der archäologischen Gesellschaft eine Erklärung tatarischer Grabschriften und für die „Bibliothek morgenländischer Historiker" den Text einer tatarischen Chronik, die in Russland von einem tatarischen Prinzen geschrieben wurde und dem Zaren Boris Godunow gewidmet ist*). Ferner gab er in Kasan den arabischen Text Birkili-Efendi's heraus, der eine Synopsis der Hauptdogmen des Islam enthält, und bereitet jetzt den noch unedirten djagatarischen Text der berühmten „Memoiren Sultan Bober's" zum Drucke vor. Ein anderer Kenner der tatarischen Sprache, Herr Sablukow, hat die bekannte „Geschichte" Abulgasi's ins Russische übersetzt; der erste Theil dieser Uebersetzung erschien im dritten Bande der „Bibliothek morgenländischer Historiker."

Unter den geborenen Asiaten, die ihre Sprache in russischen Universitäten lehren, dürfen der Mirsa Djafar Top-

---

*) Vergl. Archiv Bd. XI. S. 342.

tschibaschew, dem viele petersburger Orientalisten eine gründliche Kenntnifs der persischen Sprache und Literatur verdanken, und der Scheich Muhammed Tantawi nicht übergangen werden. Mirsa Djafar ist in gleichem Mafse der türkischen, persischen, arabischen, armenischen und grusischen Sprache mächtig. Er beschäftigte sich namentlich mit der persischen Dichtkunst und ist selbst Poet. Um das Jahr 1820 übertrug er Mickiewicz' „krymische Sonette" ins Persische, welche Uebersetzung in Petersburg gedruckt wurde; aufserdem hat man von ihm persische und türkische Verse auf die Inauguration der Alexandersäule, aber der gröfsere Theil seines „Divan" existirt nur im Manuscript. Muhammed Ajad Tantawi, ein geborener Araber, zählt zu den gelehrtesten Scheichen Aegyptens und wurde nach Petersburg berufen, um die arabische Sprache im „Orientalischen Institut" des Ministeriums der auswärtigen Angelegenheiten vorzutragen. Nach dem Abgang Senkowski's von der Universität nahm er auch dessen Katheder ein. Scheich Tantawi ist einer der ersten Kenner des Arabischen. Von seinen gedruckten Schriften ist der „Traité de la langue arabe vulgaire" (1848) die wichtigste.

In Moskau, das sonst keinen Antheil an der Bearbeitung der orientalischen Sprachen und Literaturen nimmt, erschien unerwartet in den Jahren 1840 und 1841 eine colossale Arbeit, ein Denkmal der ottomanischen Lexikographie. Wir meinen das „französisch-arabisch-persisch-türkische Wörterbuch des Fürsten Alexander Handjeri, in drei starken Quartbänden, die Frucht eines dreifsigjährigen Fleifses und einer vollendeten praktischen Sprachkenntnifs. Handjeri war selbst Dragoman an der „glänzenden Pforte" und beabsichtigte das Wörterbuch zum Gebrauch seiner Standesgenossen. Dasselbe ist aber nicht nur fur den praktischen Gebrauch, sondern auch für das wissenschaftliche Studium des ottomanischen Idioms von hohem Nutzen *).

*) Herr Prof. Schott hat Bd. I. S. 192 ff. des Archivs über das „Dictionnaire" Handjeri's berichtet.

Es erhellt aus dieser kurzen Uebersicht der Arbeiten und Beschäftigungen unserer „muselmännischen Orientalisten", dafs diese vorzugsweise in der Herausgabe von historischen, mehr oder minder auf Russland, die ihm unterworfenen Völkerschaften und die benachbarten Länder Central-Asiens bezüglichen Texten und in Untersuchungen über mongolische und tatarische Alterthümer und im Umkreise des russischen Reichs aufgefundene numismatische Denkmäler bestanden. Die arabische und persische Literatur wurde fast nur in Verbindung mit der Geschichte der Mongolen, der Tataren oder Russlands selbst studirt. Auf tatarische Manuscripte wurde daher besondere Aufmerksamkeit verwendet. Ueberhaupt war es mit der arabischen und persischen Philologie ziemlich schwach bestellt; von dem tatarischen Dialecte erschienen dagegen mehrere Grammatiken und Vocabularien. Das Hauptbedürfnifs ist jetzt eine allgemeine vergleichende Grammatik der tatarischen Sprachen und ein vollständiges Wörterbuch. Zu dieser Arbeit sind die russischen Orientalisten verpflichtet, und die gelehrte Welt hat das Recht, sie von ihnen zu erwarten.

Wie die tatarische, ist auch die mongolische Philologie in Russland entstanden. Den Grund zum Studium der mongolischen Sprache legte Isaac Jacob Schmidt. Aus der Colonie Sarepta im Gouvernement Saratow gebürtig*), hatte er noch sehr jung, in Folge von Handelsverbindungen mit den Kalmücken, Gelegenheit, die kalmückische Sprache zu erlernen. Nachdem er sich als Commissionär der Sareptaer Brüdergemeinde in Petersburg niedergelassen, erhielt er die Stelle eines Buchhalters bei der russischen Bibelgesellschaft, die, von seiner Kenntnifs der kalmückischen Sprache unterrichtet, ihm die Uebersetzung des Evangelium Matthäi in dieselbe auftrug, welche Arbeit 1815 im Druck erschien. Hiermit begann seine gelehrte Laufbahn. Von warmem Eifer für die

*) Einem im Compte rendu der petersburger Akademie für 1847 enthaltenen Nekrolog I. J. Schmidt's zufolge (s. Archiv Bd. VII. S. 354) wurde derselbe nicht in Sarepta, sondern in Amsterdam geboren und kam erst in seinem 19. Jahre nach Russland. Es wäre interessant zu erfahren, welche von den beiden Angaben die richtige ist.

mongolische Sprache und ihre Literatur beseelt und von der Natur mit kühnem Selbstvertrauen begabt, unternahm er im Jahr 1818, ohne besondere wissenschaftliche Vorbereitung, die Klaproth'schen Ansichten über die Schriftzeichen der Uiguren zu bekämpfen. Durch diese Polemik wurde die Aufmerksamkeit auf ihn als einen Kenner der mongolischen Literatur hingelenkt. Im Jahr 1824 trat er mit einer gröfseren Arbeit „Forschungen im Gebiete der Bildungsgeschichte der Völker Mittel-Asiens, vorzüglich der Mongolen und Tibeter" auf. Zum Mitglied der Akademie der Wissenschaften erwählt gab er bald den Text und eine mit Anmerkungen versehene Uebersetzung des einzigen, bis jetzt bekannten mongolischen Historikers, *S*anang-*S*etsen, heraus, der übrigens nicht vor dem siebzehnten Jahrhundert geschrieben hat. Im Jahr 1830 erschien die „Grammatik der mongolischen Sprache", der Zeit nach die erste, auf die ein kurzes Wörterbuch derselben Sprache folgte. In den Memoiren der Akademie und einzeln gab Schmidt noch mehrere mongolische und tibetische Texte, mehrere Untersuchungen über den Buddhismus und endlich auch eine „Grammatik der tibetischen Sprache" (Petersburg 1839) heraus, bei der er sich auf die Arbeiten des Ungarn Csoma de Körös stützte. Ungeachtet der in allen seinen Untersuchungen bemerklichen Parteilichkeit für alles Mongolische, seines offenbaren Mangels an gründlicher Kritik und seiner Unkenntnifs der muselmännischen Quellen, die ihm mehr als einmal von Klaproth und dann von Grigorjew nachgewiesen wurde, hat Schmidt sich dadurch ein ehrenvolles Andenken erworben, dafs er sich zuerst speciell mit dem Mongolenthum beschäftigte, die erste Grammatik und das erste Wörterbuch dieser Sprache herausgab, obwohl diese Arbeiten noch bei seinen Lebzeiten durch das Erscheinen der gehaltvolleren Werke Kowalewski's verdrängt wurden *). Nach dem Tode Schmidt's nahm Herr Schiefner, ehemaliger Zögling der Petersburger Universität, seinen Platz in der Akademie ein.

*) Vergl. dieses Archiv Bd. I. S. 514 und Bd. VII. S. 354; wo das obige wegwerfende Urtheil hinlänglich widerlegt ist. E.

Mehr als sein Vorgänger mit dem heutigen Stande der wissenschaftlichen Bildung vertraut und mit der Kenntnifs des Mongolischen und Tibetischen auch die des Sanscrit und der finnischen Dialecte verbindend, hat er sich nicht ohne Glück der vergleichenden philologischen Methode zur Aufklärung vieler einzelnen Punkte der central-asiatischen Mythologie bedient und schon eine Anzahl kleiner Abhandlungen herausgegeben, wovon das „Leben Schakjamuni's" nach tibetischen Quellen als besonders interessant zu erwähnen ist *).

Noch vor Erscheinen der Schmidt'schen Grammatik wurde der Beschlufs gefafst, ein Katheder der mongolischen Sprache bei der Universität Kasan zu eröffnen. Da es an Gelehrten zur Besetzung desselben fehlte, so hielt es die Universität für das Rathsamste, zwei hinlänglich vorbereitete und mit den muselmännischen Sprachen bekannte junge Gelehrte auszuwählen und sie zur Erlernung des mongolischen Idioms nach Sibirien, zu den Mongol-Burjaten, reisen zu lassen. Die hierzu bestimmten künftigen Professoren des Mongolischen waren Herr Kowalewski, Candidat der Wilnaer Universität, und Herr Popow, ein Zögling der Kasaner. Sie wurden im Jahr 1828 nach Irkutsk abgefertigt, verbrachten zwei Jahre bei den Burjaten und in Urga, und Kowalewski hatte auch Gelegenheit, die russische Mission nach Peking zu begleiten. Nach Kasan zurückgekehrt, wurden sie zu Adjunct-Professoren der mongolischen Sprache ernannt (1833).

Kowalewski entwickelte sogleich eine eifrige wissenschaftliche Thätigkeit. Noch während seiner Reise sandte er für den „Kasanskji Wjestnik" Bruchstücke seines jenseits des Baikal und in der Mongolei geführten Tagebuchs ein; in Kasan arbeitete er eine „Beschreibung der sanscritischen, mongolischen, tibetischen, mandjurischen und chinesischen Bücher und Manuscripte der Universitäts-Bibliothek", eine „buddhistische Kosmologie" und andere Artikel für die Memoiren der Universität aus, veröffentlichte im Jahr 1835 seine „kurze

*) Besprochen im Archiv Bd. VIII. S. 204 ff.

Grammatik der mongolischen Büchersprache," 1836—1837 eine „Mongolische Chrestomathie" oder Sammlung von werthvollen Fragmenten der mongolischen Literatur, mit einem gelehrten Commentar, in zwei Bänden, und im Jahr 1842 den ersten Theil seines grofsen mongolisch-russisch-französischen Wörterbuchs, den er im Jahr 1844 (1850?) durch die Herausgabe des dritten Theils vollendete*). Diese beiden letzteren Arbeiten Kowalewski's haben, wie man mit Recht behaupten kann, den Grund zu dem wissenschaftlichen Studium der mongolischen Sprache und Literatur gelegt.

Das Beispiel Kowalewski's veranlafste auch Andere, sich mit der mongolischen Sprache zu beschäftigen. Zugleich mit ihm gab sein College Popow eine „mongolische Chrestomathie für Anfänger" heraus. Im Jahr 1841 liefs der Geistliche Schergin, Lehrer der mongolischen Sprache an der Kreisschule zu Nertschinsk, gleichfalls eine „Chrestomathie" erscheinen, die aus Sittensprüchen, Gebeten, Erzählungen, Fabeln und Gesprächen besteht, welche von ihm ins Mongolische übersetzt sind und welchen er ein kurzes mongolisch-russisches Wörterbuch hinzugefügt hat**). Die Grammatik der kalmückischen Sprache (wenn man überhaupt einen Dialect, der sich kaum von der gewöhnlichen Redeweise der Mongolen unterscheidet, eine Sprache nennen kann) hat ebenfalls Bearbeiter gefunden, zuerst in der Person des Herrn Popow, und dann in Herrn Bobrownikow, Baccalaureus der geistlichen Akademie in Kasan, der im Jahr 1844 eine „Grammatik der mongolisch-kalmückischen Sprache" herausgab***), welche zugleich die erste Grammatik der mongolischen Umgangs- und nicht der Bücher-Sprache ist. Es ist dies ein fleifsiges, gewissenhaftes Werk, ein neuer Schritt auf dem Gebiet der mongolischen Philologie.

In Kasan wurde auch ein bemerkenswerther, talentvoller Orientalist gebildet, der, ein geborner Mongole (Burjate), unsere Kenntnifs der centralasiatischen Welt nicht wenig zu be-

*) Eine Recension des Kowalewski'schen Lexicons findet sich im Archiv VIII. 651 ff. **) Ebend. II. 188 ff. ***) Ebend XI. 342.

reichern versprach. Wir meinen den bekannten Dordji Bansarow, der im Jahr 1855 durch einen frühzeitigen Tod hingerafft wurde. Durch seine Untersuchungen über alte mongolische Inschriften, seine Abhandlungen über den Schamanismus und die Paise oder Tafeln mit Verordnungen der Chane, hat er mehr als eine historische oder archäologische Frage berührt und zu deren Erläuterung beigetragen *).

Es ist seltsam, dafs die Sprache eines Volkes, das so lange dem russischen Reich unterworfen ist als die Grusier, erst in neuerer Zeit der Gegenstand eines speciellen Studiums wurde, und noch dazu nicht in Russland, sondern in Paris. Der ausgezeichnete Gelehrte und Kenner der armenischen Sprache Saint-Martin ist mit Klaproth wohl der erste in Europa gewesen, der sich mit der grusischen Sprache beschäftigte und zu seinen Arbeiten die grusischen Chroniken benutzte. Herr Brosset, Mitglied der pariser Société asiatique, erwählte das Grusische zu seiner wissenschaftlichen Lebensaufgabe. In Paris erschienen von ihm eine grusische Grammatik und einige Texte im Druck. Die petersburger Akademie der Wissenschaften ernannte ihn zu ihrem Mitgliede, übertrug ihm den bei ihr errichteten neuen Lehrstuhl und beraubte Paris seines Grusinologen. Herr Brosset liefs sich im Jahr 1837 in Russland nieder und hat jetzt bereits fast die ganze grusische Literatur erschöpft. Aufser zahlreichen speciellen Untersuchungen, die in den „Memoiren" und dem „Bulletin" der Akademie abgedruckt wurden, publicirte er an gröfseren Arbeiten: die „Geschichte Grusiens", von Wachtang, die „Beschreibung Grusiens", von Wachuscht, und die „archäologische Reise in Grusien und Armenien" **). In der Folge wurde auch an der petersburger Universität ein

*) Einen Nekrolog Bansarow's lieferte das Archiv Bd. XV. S. 237 ff.; Berichte über seine Schriften Bd. VIII. S. 212 ff.; Bd. IX. S. 558 ff. und Bd. XIV. S. 297 ff.

**) Ueber einige Arbeiten des Herrn Brosset vergl. dieses Archiv Bd. I. S. 522 ff.

Katheder der grusischen Sprache errichtet, den Herr Tschubinow, Herausgeber eines „Grusisch-russisch-französischen Wörterbuchs" und anderer gelehrten Hülfsmittel, einnahm *). Herr Josselian in Tiflis beschäftigte sich mit der Untersuchung vieler auf die Kirchen- und Civilgeschichte Grusiens bezüglichen Fragen **). Auch im „Sakawkasskji Wjestnik" und im „Kawkas" finden sich nicht wenige interessante Aufsätze über jenes Land von der Feder dortiger Gelehrten ***).

Die armenische Sprache und Literatur, mit der Herr Brosset sich gleichfalls beschäftigt, hat in Russland noch nicht einen einzigen Specialisten aufzuweisen, der sich durch nennenswerthe wissenschaftliche Arbeiten hervorgethan hätte. Allerdings sind einige russische Uebersetzungen von armenischen Historikern erschienen, unter Anderen von Moses Chorenensis (schon im Jahr 1809), aber diese Ausgaben entsprechen den heutigen Anforderungen der Wissenschaft nicht im mindesten. Von Herrn Chudobaschew wurde übrigens ein armenisch-russisches Lexicon herausgegeben. Unter den gegenwärtigen Lehrern dieser Sprache nennen wir Herrn Nasarianz, der in den „gelehrten Memoiren" der Universität Kasan eine „Uebersicht der Geschichte der haikanischen Literatur" (1846) erscheinen liefs, und Herrn Berojew, der eine „Elementarlehre der haikanischen (Schrift-) Sprache" und „kurze Skizze der haikanischen Volkssprache" (nach dem Astrachaner Dialect) geliefert hat. Aus der Druckerei des Lasarew'schen Instituts für orientalische Sprachen ist eine nicht geringe Anzahl armenischer Bücher und Broschüren hervorgegangen, die aber eben so wenig zur wissenschaftlichen Literatur gehören, als die in Kasan für die Tataren und in Wilna für die Juden gedruckten Bücher. Eine Ausnahme bildet die Dissertation des Docenten am Lasarew'schen Insti-

*) Vergl. Archiv Bd. I. S. 185 ff. und Bd. II. S. 659 ff.

**) Ebendaselbst Bd. III. S. 347 und Bd. IV. S. 424 ff.

***) Mehrere derselben wurden im Archiv u. a. Bd. XI. S. 167 ff.; Bd. XII. S. 358 ff.; Bd. XIV. S. 421 ff. mitgetheilt.

tut Herrn Ermin „Ueber die historischen Gesänge und Volkssagen des alten Armeniens" (1850), die aber ihre Bekanntmachung nur einer von Herrn Dulaurier in Paris veranstalteten französischen Bearbeitung verdankt.

Die hebräische Sprache wurde von Alters her in den russischen geistlichen Akademien docirt und von vielen Mitgliedern des Clerus erlernt; aber aufser der „kurzen hebräischen Grammatik" des Herrn Pawskji (1822) ist kaum etwas von unseren Hebraisten publicirt worden. An unseren Universitäten wurde erst jetzt ein Katheder dieser Sprache eröffnet und zwar in der petersburger orientalischen Facultät; er wurde dem gelehrten Hebraisten und Arabisten Herrn Chwolson übertragen, Verfasser eines umfassenden und interessanten Werkes „über die Sabäer und den Sabäismus", welches er nach arabischen handschriftlichen Quellen bearbeitet hat und welches ganz neue, wichtige Materialien zur Geschichte des Heidenthums in Syrien und Mesopotamien zur Zeit des Chalifats enthält. Herr Chwolson hat ebenfalls die Beschreibung der arabischen Manuscripte der Akademie der Wissenschaften übernommen.

Das in Europa noch so junge und für den Philologen unentbehrliche Studium des Sanscrit hat erst seit zwanzig Jahren in Russland Bürgerrecht erhalten. Doch kann man hierbei nicht umhin, eines Russen zu gedenken, der im verflossenen Jahrhundert durch Zufall nach Indien verschlagen dort eine gewisse Rolle spielte, Hindustanisch und Sanscrit lernte, eine Grammatik herausgab und Sanscrittypen nach Petersburg brachte, um hier Bücher in jenen Sprachen drucken zu können. Dieser Mann titulirte sich „ancien directeur du théâtre à la cour du Grand Mogol, directeur de la nouvelle imprimerie en lettres indiennes á St. Pétersbourg", und hiefs Gerasim Lebedew. Er war „aus einer geistlichen und zugleich adeligen Familie" im Jahr 1749 geboren und ein leidenschaftlicher Musikliebhaber. Voll Verlangen, sich in fremden Ländern umzusehen, fand er Mittel, im Jahr 1775 eine Anstellung bei der russischen Gesandtschaft in Neapel zu erhalten. Von dort begab er sich nach Paris und London und 1785 nach Indien. In Madras angekommen, trat er als Musicus in das Orchester des dortigen englischen Gouverneurs. Während eines zweijährigen Aufenthalts erlernte er die malabarische (tamulische) Localsprache, konnte aber, wie er sich ausdrückt, „zur Erkennung der brahmanischen Wissenschaft nicht gelangen", d. h. keinen Lehrer des Sanscrit finden. Um einen solchen aufzutreiben, wandte er sich 1787 nach Calcutta, wo er von der Musik lebte und nebenbei Bengalisch, Hindustanisch und die „Sprache der Brahmanen" oder Sanscrit studirte. Nach fünf Jahren war er des bengalischen Dialects so mächtig geworden, dafs er Theaterstücke aus dem Englischen in denselben übersetzen, auf die Bühne bringen und durch eingeborene Schauspieler darstellen lassen konnte. Der britische General-Gouverneur erlaubte ihm, ein Theater zu eröffnen, und der russische Abenteurer verschaffte dem anglo-indischen Publicum eine angenehme und edle Unterhaltung. Ob dies lange dauerte, wo Gerasim Lebedew noch war und was er noch that, ist unbekannt; wir wissen nur, dafs er im Ganzen zwölf Jahre in Indien weilte. Im Jahr 1801 finden wir ihn wieder in Europa, und zwar in London, wo er in englischer Sprache eine Grammatik der hindustanischen und anderer Mundarten Indiens veröffentlichte (A Grammar of the Pure and Mixed East-Indian Dialects. By Herasim Lebedeff. London, 1801). Nach Petersburg zurückgekehrt, wurde Lebedew zum Translator im Collegium der auswärtigen Angelegenheiten ernannt, erhielt von dem Kaiser eine bedeutende Summe zur Anlegung einer Druckerei mit „indischen Schriften" und druckte 1805 in derselben eine Abhandlung über den Brahmanismus unter dem Titel „Bespristrastnoje soserzanie sistem Wostetschnoi Indii Bramhenow, swjaschtschennych obrjadow ich i narodnych obytschajew", d. i. Unparteiische Anschauung der Systeme der Brahmanen Ostindiens, ihrer heiligen Ceremonien und volksthümlichen Gebräuche (173 SS. 4.). Wann und wo dieser merkwürdige Abenteurer sein Leben endete und was aus den von ihm mitgebrachten Handschriften und Curiositäten geworden ist, können wir nicht angeben. Im Jahr 1815 war er noch am Leben und diente im Collegium mit dem Range eines Hofraths; vermuthlich ist er bald darauf in Petersburg gestorben.

Ungeachtet seiner praktischen Kenntnifs der Sprachen Indiens und seines eifrigen Wunsches „indische Bücher" in Petersburg zu drucken, konnte Lebedew das Studium des Sanscrit nicht bei uns heimisch machen, dessen wissenschaftliche Bearbeitung damals kaum in Ostindien und England selbst begonnen hatte. Das Sanscrit wurde als ein exotisches Gewächs nach Russland verpflanzt und konnte hier lange nicht fortkommen. Als man ein Katheder dieser Sprache an der Akademie der Wissenschaften zu errichten beschlofs, wurde zum gründlichen Studium derselben ein Zögling der Universität Dorpat, Robert Lenz, ein Bruder des Physiker, im Jahr 1833 nach Bonn, Paris und London geschickt. Er machte schöne Fortschritte, gab das Drama „Urwasi" und andere Specimina eruditionis heraus und wurde, als er nach Petersburg zurückkehrte, Anfang 1836 zum Adjunctus der Akademie erwählt. Er widmete sich thätigst der Verarbeitung des von ihm im Auslande gesammelten Materials, lieferte für das Bulletin der Akademie eine Analyse der „Lalita-Vistura-Perrâna", eines der vorzüglichsten Sanscritwerke über Buddha, starb aber schon im Juli desselben Jahrs. Indessen war sein Verlust nicht unersetzlich. Es befand sich zur Zeit in Petersburg ein junger russischer Orientalist, der sich als Autodidakt die Sanscritsprache angeeignet und den Lenz mit seinen Rathschlägen unterstützt hatte. Wir reden von Herrn Petrow, einem der bemerkenswerthesten Linguisten.

Nachdem er zuerst das Arabische, Persische und Türkische unter Anleitung des Professor Boldyrew in Moskau studirt hatte, war Petrow zum Nachfolger desselben ausersehen worden und sollte, um sich in jenen Sprachen zu vervollkommnen, eine Reise nach Europa und dem Morgenlande unternehmen; bei seiner Prüfung in der petersburger Universität fand es sich jedoch, dafs es für ihn nützlicher sein werde, vor seiner Abreise noch eine Zeitlang die Vorträge der dortigen Professoren zu hören. Petrow besuchte fleifsig die Collegia Senkowski's, Charmoy's und des Mirsa Djafar, vervollkommnete sich bald zusehends in den drei muselmännischen Sprachen und lieferte einen Beweis seiner Kenntnisse in der Beschreibung der in der moskauer Universitäts-Bibliothek befindlichen, in denselben abgefafsten Manuscripte (1837). Ohne sich mit diesen drei Sprachen zu begnügen, machte sich der junge Linguist mit Benutzung der akademischen Sammlungen an das Studium des Sanscrit und des Chinesischen. Für das Sanscrit fand er in Lenz einen zuverlässigen Führer. Diese entschiedene Neigung und der offenbare Beruf Petrow's für die Sprachkunde konnten nicht umhin, die Aufmerksamkeit der Akademie auf ihn zu lenken. Der ehrwürdige Frähn erschien als sein Vermittler beim Minister des Unterrichts, und Petrow wurde auf Kosten der Regierung zum ferneren Studium des Sanskrit nach Deutschland, Frankreich und England abgefertigt. In dem Berichte der Akademie für 1837 heifst es: „Der junge Orientalist, Herr Petrow, hat sich der Akademie durch seine russische Uebersetzung einer Episode des Gedichts Adiatma-Râmâjana, unter dem Titel „Sitâ-Haranam", bekannt gemacht, welche Uebersetzung von erklärenden Anmerkungen und einer grammatikalischen Analyse begleitet ist. Man kann hoffen, dafs Herr Petrow, nachdem er sich einige Zeit in Berlin, Bonn, Paris und London aufgehalten, vollkommen im Stande sein wird, die Stelle des verstorbenen Lenz unter uns zu ersetzen." Die Akademie täuschte sich nicht in ihren Erwartungen. Petrow studirte in den europäischen Bibliotheken Alles, was sie für das Fach der Sanscrit-Literatur Bedeutendes darbieten, und konnte bei seiner Heimkehr den erledigten Platz vollständig ausfüllen. Aber man bedurfte eben eines Sanscritologen für den an der Universität Kasan errichteten Lehrstuhl dieser Sprache, den ersten in Russland, und Petrow mufste die Akademie verlassen, um denselben einzunehmen (1842). Er arbeitete fleifsig in Kasan, verfafste und setzte zum Theil selbst Sanscrit-Lehrbücher für seine Zuhörer („Sitâ-Haranam", „Ghata-Kaparam", „Sanskritskaja Antologia"), und machte zugleich das Publicum mit dieser Literatur vermittelst leichter Artikel bekannt, die er in verschiedenen russischen Journalen erscheinen liefs. Im Jahr 1852 nach der Universität Moskau als Professor des Sanscrit und der arabischen und persischen Sprache versetzt, arbeitete er zum hundertjährigen Jubiläum der Hochschule eine Denkschrift „über die wichtigsten Alphabete der orientalischen Sprachen, ihre Erfindung und ihre Hauptveränderungen" aus, die nachher in dem Werke: „Materialien zur Geschichte der orientalischen, griechischen, römischen und slavischen Schriftzeichen" (1855. Folio), mit Hinzufügung von acht Tafeln Proben der orientalischen Schreibekunst, abgedruckt wurde. Dieser Aufsatz hat dem Verfasser viele Mühe gekostet und konnte nur mit Hülfe ausgebreiteter linguistischer Kenntnisse compilirt werden. Es ist dies keine streng wissenschaftliche Untersuchung, sondern eine gedrängte Uebersicht des Gegenstandes nach Art des Artikels „Alphabets" in der grofsen französischen Encyklopädie des vorigen Jahrhunderts. Es ist nur zu bedauern, dafs Herr Petrow sich auf die „wichtigsten" Alphabete des Orients beschränkt und viele übergangen hat, für die ihm in Moskau keine Quellen zu Gebote standen; die Bibliothek der Akademie und die öffentliche Bibliothek in Petersburg hätten ihm gewifs die Materialien liefern können, die zur Vollständigkeit einer solchen Arbeit unentbehrlich sind. Für die vergleichende Sprachkunde in Russland ist von den Vorlesungen und Arbeiten des Herrn Petrow noch viel zu erwarten.

Zu gleicher Zeit mit Petrow widmete sich in Petersburg der Sanscrit-Sprache und Literatur Herr Bollensen, der später sein Nachfolger in der Universität Kasan wurde — ein äufserst kenntnifsreicher Indianist, der in befriedigendster Weise den Text des funfactigen Drama's des berühmten Kalidasa, betitelt „Urvasi", mit deutscher Uebersetzung und Commentar, edirt hat (Petersburg 1846). In Moskau beschäftigte sich mit dem Sanscrit Herr Kossowitsch, der jetzt bei der öffentlichen Bibliothek in Petersburg angestellt ist; er beschenkte das Publicum mit einigen indischen Dramen, nahm an der Beschreibung der Sanscrit-Bücher der genannten Bibliothek Theil und giebt in diesem Augenblick auf Kosten der russischen Section der Akademie der Wissenschaften ein „Sanscrito-russisches Wörterbuch" heraus *). — Im Auslande arbeitete in diesem Fache ein russischer Gelehrter, der Odessaer Trithen, der zuerst in Berlin und dann in Bonn das Sanscrit studirte und es im Studium desselben so weit brachte, daſs er sogar in England, dieser Heimath der Indologie, Aufmerksamkeit erregte und von dem berühmten Wilson, den man „den Fürsten des Sanscrit" genannt hat, zu seinem Gehülfen erwählt wurde. Trithen erhielt zuerst eine Anstellung bei der Universität Oxford, dann im British Museum, schrieb in englischer Sprache mehrere gehaltreiche Artikel über Indien (namentlich für die „Penny Cyclopaedia"), kehrte aber krank nach Odessa zurück, wo er vor kurzem gestorben ist.

In Bonn widmete sich auch dem Studium des Sanscrit der ehemalige Zögling der petersburger Universität Herr Böhtlingk, der im Jahr 1839 dort die Sanscrit-Grammatik Panini's herausgab. Nach Petersburg zurückgekehrt, erwählte ihn die Akademie 1842 zu ihrem Adjunctus. Seitdem hat er noch mehrere grammatische Untersuchungen über das Sanscrit veröffentlicht, während er zugleich das Gebiet der vergleichenden Philologie in den Kreis seiner Thätigkeit zog. Er behandelte die Grammatik der russischen, der türkisch-tatarischen, der jakutischen und der Zigeuner-Sprache, gab eine „Sanscrit-Chrestomathie" (Petersburg 1845) heraus und läſst seit 1853 auf Kosten der Akademie in Verbindung mit dem deutschen Philologen Roth ein umfassendes „Wörterbuch der Sanscritsprache" drucken. Ausserdem edirte er mit dem französischen Sanscritologen Rieux ein Lexicon der Sanscrit-Synonymen („Hemakandra's Abhidhânakintamani") und die gram-

*) Vergl. dieses Archiv Bd. IX. S. 620.

matischen Regeln Vopadewa's („Mugdhabodha"). Seinen Ruhm verdankt er der Entdeckung des Accents im Sanscrit.

Durch die „Jakutische Grammatik" des Herrn Böhtlingk, die er hauptsächlich nach Quellen, die ihm aus Sibirien zugingen, und mit Hülfe eines geborenen Jakuten ausarbeitete, hat er die gelehrte Welt zuerst mit diesem interessanten und originellen Zweige des türkischen Sprachstammes bekannt gemacht *); sie ist, wie alle andere Werke des Verfassers in deutscher Sprache geschrieben und kann daher von den sibirischen Kennern des Jakutischen nicht benutzt werden. Von russischen Gelehrten hat der verstorbene Doctor Figurin eine jakutische Grammatik im Manuscript hinterlassen **); mit derselben beschäftigt sich auch Herr Ogorodnikow.

Gleich der jakutischen Sprache hat auch die osetische eine wissenschaftliche Bearbeitung erfahren. Um sie gründlich zu studiren reiste der Kenner der finnischen Welt und ausgezeichnete Linguist Sjögren eigens nach dem Kaukasus, lebte unter den Oseten und brachte eine Grammatik und ein Wörterbuch ihrer Sprache zu Stande, durch welche sie in das Gebiet der Philologie gezogen wurde. Diese schätzbare Arbeit ist auch in russischer Sprache erschienen ***).

Dergleichen Untersuchungen über die Sprachen und Dialecte der in Russland lebenden Völkerschaften sind eine unabweisbare Pflicht der russischen Linguisten. Zum Unglück geschieht es oft, dafs praktische Sprachkenner, denen aber eine gelehrte Bildung abgeht, mit Arbeiten hervortreten, die für die Wissenschaft unbrauchbar sind; dies ist unter anderen bei dem „kleinen Wörterbuch mit Grammatik der Adige- oder

---

*) Vergl. Archiv Bd. VII. S. 351. Uebrigens theilte Herr Prof. Schott Bemerkungen über die jakutische Sprache schon Bd. III. S. 333 ff. des Archivs auf Anlafs eines von Herrn Dmitri Dawydow zusammengestellten Wortregisters derselben mit. Das erste gröfsere Wortregister dieser Sprache enthielt Erman's Reise II. 281 ff.

**) Vergl. Archiv Bd. XIII. S. 84.

***) Ueber Sjögren's osetische Grammatik s. Archiv Bd. IV. S. 641 ff.

tscherkessischen Sprache" der Fall, das 1846 von Herrn Lhuilier in Odessa herausgegeben wurde. Andrerseits machen sich aber auch Leute, die eine gewisse gelehrte Routine besitzen, nicht selten über Sprachen her, von denen sie nicht einen einzigen Ton gehört haben.

Es bleibt uns noch übrig, die Arbeiten der russischen Sinologen zu erwähnen. Sie rühren fast ausschliefslich von ehemaligen oder gegenwärtigen Mitgliedern unserer Mission in Peking her. Wir sehen aus den amtlichen Berichten, dafs fast jeder dieser Herren einige Schriften über China und manche von ihnen sogar umfangreiche Werke ausgearbeitet haben. Warum gehen alle diese Arbeiten verloren, die von einer oder der anderen Seite Licht auf das „Reich der Mitte" verbreiten könnten? Sollte ihre Herausgabe nur aus Mangel an pecuniären Mitteln unterbleiben? Aber Pater Hyakinth Bitschurin fand ja, wie aus seiner in den „gelehrten Memoiren der Akademie" mitgetheilten Autobiographie hervorgeht, für seine Werke ein so grofses Publicum, dafs er sie auf eigene Kosten veröffentlichen konnte! Allerdings ist in den letzten Jahren durch das asiatische Departement des auswärtigen Ministeriums eine Publication („Trudy tschlenow rossijskoi duchownoi missii w' Pekine") begonnen worden, die zur Aufnahme der neueren Untersuchungen über China bestimmt ist; allein von den älteren ist dabei keine Rede und sie scheinen mithin der Vergessenheit anheimfallen zu müssen. Selbst von Hyakinth, der so viel herausgegeben, existiren noch mehrere Werke im Manuscript, z. B. ein chinesisch-russisches Wörterbuch in neun und ein mandjurisch-chinesisch-russisches in vier Bänden. Erschienen sind von ihm: eine chinesische Grammatik, Text und Uebersetzung der „Trilogie", „Beschreibung von Tibet", „Memoiren über die Mongolei", „Beschreibung der Djungarei und Turkestans", „Beschreibung von Peking", „Geschichte der ersten vier Chane aus dem Hause Tschingis", „Geschichte von Tibet und Chuchunor", „Geschichte der Oiraten oder Kalmücken", „Ueber die Bewohner, Sitten, Gebräuche und Civilisation China's",

„Ueber den Ackerbau in China", „Statistische Beschreibung des chinesischen Reichs" und „Alte Geschichte der Völker Central-Asiens." Diese Werke sind ausschliefslich chinesischen Quellen entlehnt und haben die Wissenschaft mit vielen neuen Datis bereichert *). Während seines vierzehnjährigen Aufenthalts in der Hauptstadt von China hatte P. Hyakinth sich bis zu einem solchen Grade in den Geist des Volkes hineingelebt, dafs er sogar dessen Parteilichkeit für alles Chinesische theilte. Dieser jugendliche Enthusiasmus, der ihn noch im Alter von 75 Jahren beseelte, war die Haupttriebfeder seiner edlen, gelehrten Thätigkeit, schadete ihm aber auch dadurch, dafs er seinen wissenschaftlichen Anschauungen eine zwar ganz chinesische, aber mit den Forderungen der europäischen Kritik nicht vereinbare Einseitigkeit mittheilte. Bei alledem werden die Arbeiten des ehrwürdigen Hyakinth als Denkmäler seiner tiefen Kenntnifs China's und seines musterhaften Fleisses fortleben und lange als nützliches Material für Alle dienen, die sich mit dem Studium Central-Asiens beschäftigen.

Jede von unseren pekinger Missionen liefert bei ihrer Rückkehr nach Russland einen oder zwei gründliche Kenner der chinesischen Sprache, Specialisten in einem oder dem anderen Fache der chinesischen Literatur. Was könnten nicht die vereinigten Kräfte so vieler praktisch gebildeten Sinologen leisten! Unter den Zeitgenossen P. Hyakinth's hatte der ehemalige Student der Mission, Herr Leontjewskji, sich die Sprache und den Pinsel der Chinesen so angeeignet, dafs er den ersten Band der Karamsin'schen Geschichte ins Chinesische übersetzte. Wir wissen nicht, inwiefern dies zur Bereicherung der chinesischen Literatur beitragen mochte; das Studium China's vom europäischen Standpunkte hat schwerlich dadurch gewonnen.

Der Nachfolger P. Hyakinth's in Peking war P. Peter

---

*) Mehrere derselben wurden im Archiv Bd. I. S. 164 ff., 402 ff., 461 ff., Bd. IV. S. 579 ff. angezeigt.

Kamenskji, gleichfalls ein arbeitsamer und kenntnifsreicher Sinolog, welcher viele handschriftliche Arbeiten hinterlassen hat; im Druck ist nur ein „Catalog der in der Bibliothek der kaiserlichen Akademie der Wissenschaften befindlichen chinesischen und japanischen Bücher" (1818) erschienen. Herr Lipowzow beschäftigte sich in derselben Zeit vorzugsweise mit der mandjurischen Sprache; von ihm besitzen wir ein „Mandjurisches Lesebuch" (1839) und den „Codex des chinesischen Collegiums der auswärtigen Beziehungen" in zwei Quartbänden (1828).

Unter den heutigen Sinologen legen die PP. Awwakum und Palladji, der gegenwärtige Missionschef, schon die europäischen Anschauungen dem Studium China's zu Grunde. Der ehrwürdige Awwakum, der aufser der chinesischen Sprache auch die tibetische, mongolische und mandjurische studirt hat, ist der gelehrten Welt durch seine Uebersetzung einer mongol. Inschrift in sog. Quadrat-Alphabet bekannt *). Er hat vor kurzem an der japanischen Expedition des Grafen Putjatin theilgenommen. Vom P. Palladji sind eine Untersuchung „über die Handelsstrafsen in China und den ihm unterworfenen Ländern" (im 4. Bande der Sapiski Russkago Geographitscheskago Obschtschestwa) und zwei Aufsätze über den Buddhismus (in den Trudy tschlenow ross. duch. missii) erschienen. In eben diesen „Trudy" befinden sich interessante Artikel über die Mandjuren, von Gorskji, über die Bevölkerung und den Grundbesitz in China, von Sacharow, über den Buddhismus, vom P. Gurji, über die Beziehungen China's zu Tibet, vom P. Ilarion, über die chinesische Heilkunde, vom Doctor Tatarinow, und über die chinesischen Rechenbretter und Mittel zur Bereitung der Tusche und weifsen und rothen Schminke, von Herrn Goschkewitsch **).

*) Sie wurde im Archiv Bd. VI. S. 200 ff. ausführlich besprochen.

**) Auszüge aus den „Trudy" der russisch-chinesischen Mission enthält das Archiv Bd. XIV. S. 185 ff., 447 ff. und 486 ff., Bd. XV. S. 1 ff. und 349 ff.

Bisher hatten sich unsere Sinologen ausschliefslich in Peking selbst, unter gröfserem oder geringerem Einflufs des chinesischen Geistes, gebildet, was sich in der Folge unwillkürlich in ihrer eigenen Anschauungsweise abspiegelte. Zur wissenschaftlichen Vorbildung künftiger Sinologen wurde im Jahr 1837 ein Katheder der chinesischen Sprache und Literatur an der Universität Kasan errichtet und dem Archimandriten Daniil anvertraut, der sich in den Jahren 1820 bis 1830 mit der Mission in Peking aufgehalten hatte. Vorzugsweise von der chinesischen Philosophie angezogen, übersetzte er die „Philosophie des Confucius nach der Auslegung Mendse's", die so wie seine chinesische Chrestomathie mit Wörterbuch Manuscript geblieben ist. Im Jahr 1844 wurde an derselben Universität ein Lehrstuhl des Mandjurischen eröffnet und von Herrn Woizechowski, ehemaligem Arzte der pekinger Mission, eingenommen. Endlich wurde beschlossen, ebendaselbst ein Katheder des Tibetischen zu errichten, zu dessen Besetzung Herr Wasiljew ausersehen wurde, der schon den Grad eines Magisters der mongolischen Literatur erhalten hatte und der um die nöthige Kenntnifs jener Sprache zu erwerben im Jahr 1840 nach Peking reiste. Er verlebte zehn Jahre in der nördlichen Hauptstadt China's, sammelte die Materialien zu vielen gelehrten Arbeiten und wurde nach seiner Rückkehr Professor des Chinesischen erst in Kasan und dann in Petersburg. — Es ist im Interesse der Wissenschaft zu hoffen, dafs die Früchte seiner Studien bald herausgegeben werden und nicht, gleich denen unserer älteren Sinologen, verloren gehen mögen.

Wir müssen bedauern, dafs es jetzt an einer Publication fehlt, die als Organ für die Arbeiten der russischen Orientalisten dienen kann. In den zwanziger Jahren, als es ihrer bei weitem weniger gab als heutzutage, erschien ein Journal unter dem Titel „Asiatskji Wjestnik" (Fortsetzung des „Sibirskji Wjestnik"), das aus Mangel an Material einging. Dies würde jetzt gewifs nicht zu fürchten sein, wenn eine solche

Zeitschrift nur da wäre. Gegenwärtig existiren allerdings zwei Collectaneen, die ausschliefslich der morgenländischen Literatur gewidmet sind, aber eines derselben, die „Mélanges asiatiques", ist mit Artikeln in deutscher und französischer Sprache angefüllt, und in dem anderen, den „Arbeiten der orientalischen Section der archäologischen Gesellschaft", wird nur die Archäologie und Numismatik des Orients behandelt.

Ein Stück aus dem Leben der Uralschen Kasaken; ihr Fischfang im Uralflusse.

(Aus den Lebens-Erinnerungen des Majors Wangenheim von Qualen.) *)

Die Uralschen Kasaken sind nach Ritschkow's, Karamsin's und Lewschin's Forschungen unbezweifelt Abkömmlinge der Donschen Kasaken, welche — ungefähr im 15. oder 16. Jahrhundert — auf ihren Raubzügen in's Kaspische Meer die Mündung des Uralflusses (Jaik) entdeckten, und sich an den Ufern in dieser damals völlig unbewohnten Gegend ansiedelten. Von hier aus unternahmen sie während des Sommers ihre kühnen Raubzüge, plünderten, nach Lewschin, schon im Jahre 1580—1581 Sarattschik, die alte Residenz der Chane von der goldenen Orda, und beraubten handeltreibende Schiffe auf dem Kaspischen Meere oder die persischen Küstengegenden, so dafs der Schach von Persien über diese Räubereien in Moskau Klage führte, und zufolge dessen im Jahre 1655 eine Anzahl dieser räuberischen Kasaken zur Strafe nach Polen und Riga gegen die Feinde gesendet wurden. Dies war der erste Dienst, welchen sie der Krone leisteten. Peter der Grofse benutzte sie vielfach in seinen Feldzügen gegen Schweden und die Türken, aber erst unter der Kaiserin Katharina II.

---

*) Vergl. über den Verfasser in diesem Archive Bd. III. S. 549; Bd. V. S. 138; Bd. VI. S. 153, 489, 700; Bd. VII. S. 524; Bd. XII. S. 373.

wurde ihnen der Besitz ihrer Ländereien und das Recht der Fischerei wieder bestätigt, viele alterthümliche Verwaltungs-Formen aber für immer beseitigt, unter Anderem ihnen auch ihre Artillerie abgenommen, und im Jahre 1803 erhielten sie endlich eine gut geordnete Civil- und Militair-Verwaltung, die in späteren Jahren immer noch mehr verbessert wurde, und jetzt bilden sie in der grofsen Völkerzahl Russlands ein kleines glückliches Völkchen, das unermefslich grofse Ländereien erb- und eigenthümlich besitzt, weder Mangel noch Armuth kennt, und daher friedlich und gehorsam als ein in sich abgeschlossenes, militairisches Gemeindewesen, mit einer vielfach bewiesenen Tapferkeit, Treue und gränzenlosen Hingebung an Kaiser und Vaterland hängt.

Die Uralschen Kasaken sind ein wahres Mischlingsvolk. Durch Vermischung mit Tataren — den Ueberresten der goldenen Orda — mit Truchmenen, Persern und anderen Volksstämmen, hat sich ein schöner und kräftiger Menschenschlag mit einer eigenthümlichen National-Physiognomie herausgebildet, aus der aber bei einzelnen Individuen hier und da der Urtypus der verschiedenen Racen immer wieder hervortritt. Breite Schultern, feine schlanke Taillen, auffallend schöne Augen sind in der Regel vorherrschend. Das freie, ungebundene Leben, bedingt durch die grofsen Räumlichkeiten des Bodens, die allgemeine Wohlhabenheit und das gesunde Klima haben viel dazu beigetragen, einen so körperlich schönen Menschenschlag hervorzubringen. Wir finden hier noch so ein kleines Stück altrussischen Lebens. Die Kasaken sind gastfrei im allerhöchsten Grade, freundlich und gefällig gegen Jeden, dabei tapfer und aufserordentlich unternehmend, so dafs dem Uralschen Kasaken, wo es nur auf Tapferkeit, List und Gewandtheit ankommt, nichts unmöglich scheint, worüber ihre kühnen Raubzüge nach Persien und Chiwa des 16. und 17. Jahrhunderts, ihre Kämpfe mit Truchmenen, Kirgisen und die der letzten Kriege ein vollwichtiges Zeugnifs ablegen. — Viele alterthümliche Sitten und Gewohnheitsrechte, so wie der demokratische Geist des Volkswesens der früheren Jahrhunderte, als Folge dessen so viele unruhige Kämpfe und Raubzüge stattfanden, sind nun wohl längst einer besseren Ordnung gewichen, doch hat sich aus jener finstern Zeit immer noch ein etwas abgesonderter Kastengeist und ein zähes Festhalten an den alten Sitten nicht verwischen wollen.

In den zwanziger Jahren wurde ich von dem General-Gouverneur in Orenburg öft in Dienstverhältnissen nach der Stadt Uralsk gesendet, und damals fand ich in den höheren militairischen Zirkeln der Männer, welche sich bereits im Dienste bei der Garde und in der Armee gebildet, schon den feinen und gebildeten Weltton, der mit einem Anstrich von ritterlicher und freimüthiger Gradheit allen militairischen Kreisen eigenthümlich ist. Die Damen aber waren damals noch wenig zu sehen, und in Gesellschaften, wo sich Fremde befanden, entweder ganz ausgeschlossen, oder sie erschienen, wo es nicht zu vermeiden war, in ihrer sehr reichen und reizenden Nationalkleidung, mit einer von Perlen und kostbaren Steinen schimmernden Kopfbedeckung als wahrhaft lautlose Automaten, die sich einförmig mit Nüssen und Naschwerk beschäftigten und bei jeder Frage oder Annäherung eines Fremden errötheten oder sich scheu und ängstlich zurückzogen. Und doch waren diese Damen Gattinnen von verdienstvollen Obristen und Generalen, deren Decorationen nur auf dem Schlachtfelde erworben waren.

Im Jahre 1847, wo ich während einer geologischen Reise diesen fernen Winkel der Erde wieder besuchte, fand ich schon viele Lebenszustände sehr vortheilhaft verändert. Der Heeres-Ataman, General-Major H . . . ., der mir aus früheren Dienstjahren befreundet war, und seine Gemahlin, eine liebenswürdige, feingebildete Dame aus Esthland, haben durch Beispiel und freundliche Anregung die geselligen Formen des Lebens schon gröfstentheils umgeändert, so dafs, ohne Verwischung des wahrhaft Guten der alten Zeit, nur die frühere Scheu — der Mangel an Gemüthlichkeit — und die starre asiatische Abgeschlossenheit der Damenwelt schon viel verschwunden sind.

Eine Erscheinung aber, die sich bei anderen Truppen mit dem strengen Subordinations-Purismus nicht gut vereinigen würde, findet bei den Uralschen Kasaken statt, dafs nämlich die Rangordnung und strenge militairische Disciplin in allen Dienstsachen sich auf die wunderbarste Weise mit einer Art kameradschaftlicher Brüderlichkeit vermischt hat, die im Ausserdienstleben oft bis an eine kindliche Vertraulichkeit hinüberstreift, und doch in dieser heterogenen Mischung einen Corps d'Esprit*) bildet, der rein militairisch ist und niemals die hier so fein gezogene Gränze der Achtung und des Gehorsams überschreitet. Diese Art und Weise der Haltung des Kasaken gegen seine Vorgesetzten und Officiere liegt theils noch in der traditionellen Erinnerung ihrer alten Genossenschaft und den vielen Familienverbindungen unter einander, theils auch in den nicht auf individuellen, sondern gemeinschaftlichen Besitz ihrer Ländereien gegründeten corporativen Begünstigungen und der besonderen abgeschlossenen Lebensstellung.

Das Klima ist in diesen Ländern mehr trocken als feucht, wozu der gänzliche Mangel an Wäldern sehr viel beiträgt, nur in den Flufsniederungen finden sich kleine Spuren von Silberpappeln und Weidenarten, dabei berühren sich hier die gröfsten Extreme. Im Winter steigt die Kälte in der Stadt Uralsk unter 50° 10′ nördlicher Breite oft über 24° R. und die Schneegestöber, bekannt unter dem Namen Buran, haben in diesen Steppengegenden etwas wahrhaft Furchtbares. — Im Sommer aber ist oft mehrere Monate lang keine Wolke am Himmel zu sehen, die Hitze bleibt wochenlang über 30° R. im Schatten(?), man ist immerwährend in Schweifs gebadet, so dafs der ewig klare Himmel und die blendende Helle der einförmigen Steppe das Auge ermüden.

Die Obstcultur ist in der Stadt Uralsk noch sehr wenig entwickelt, aber weiter nach Süden zum Kaspischen Meere, unter dem 47. und 48. Breitengrade, reift in den Gärten der

---

*) Der Verf. meint vielleicht einen esprit de corps?? E.

reichen Kasaken schon eine vortreffliche Traube im Freien. Die Stadt Uralsk, wo der Heeres-Ataman und die Verwaltung ihren Sitz haben, wurde nach einem Brande in den zwanziger Jahren ganz neu aufgebaut und ist eine wirklich schöne Stadt mit gröfstentheils steinernen Gebäuden und mag wohl bis 20,000 Einwohner haben. Man ist wahrhaft überrascht, hier, nicht allein am Ende des Reichs, sondern auch der civilisirten Welt, nur durch den Uralstrom von Asien und der Kirgisensteppe getrennt, eine so belebte Stadt zu finden, wo fast jeder Uniform trägt und Handel und Wandel ein reges Leben führen. Denn nicht allein die Kasaken treiben Handel mit Fischen, Kaviar, Häuten, Talg, Schaaffellen u. s. w., sondern auch viele russische Kaufleute haben sich hier angesiedelt. Eine allgemeine Wohlhabenheit ist nun wohl auf den ersten Blick nicht zu verkennen, aber doch hat die Stadt und das Volksleben, in dem sich immerwährend Tataren, Kirgisen, Kalmükken u. s. w. unter den Kasakenuniformen herumbewegen, eine fremdartige Physiognomie, welche unwillkürlich an die Nähe Asiens erinnert.

Das Land der Uralschen Kasaken liegt am rechten Ufer des Uralflusses, des früheren Jaik, welcher hier die Gränze zwischen Asien und Europa ist und zugleich auch das Kasakenland in einer Linie von 670 Werst von der Kirgisensteppe trennt. Der Boden des Landes — unzweifelhaft einst der Urboden des alten Kaspischen Meeres — besteht gröfstentheils aus sandhaltigem Lehm, ein vortrefflicher Waizenboden, der ohne Dünger in guten Jahren das 15. bis 25. Korn Ertrag giebt und den herrlichen grofsen, etwas durchschimmernden Belaturka- und Kubanka-Waizen liefert. Die Goldhirse giebt auf frischem Boden das 200fache Korn und nebenbei werden Melonen und wahrhaft köstliche Arbusen (Wassermelonen) auf den Feldern in solcher Menge gezogen, dafs an Ort und Stelle ein ganzes Fuder nur ein bis zwei Rubel Silber kostet. Weiter nach Süden zum Kaspischen Meere wird der Boden mehr sandhaltig, untermischt mit Salzflächen, und in Guriew, an der Mündung des Uralflusses, sind die Ufer und das Delta mit so unabsehbaren Rohrfeldern bewachsen, dafs hier wenig oder nichts vom eigentlichen Kaspischen Meere zu sehen ist. In diesen Rohrwäldern des Deltas liegen eine Menge kleiner Inseln, welche von Millionen Möven, Pelikanen und anderen Wasservögeln belebt sind. — Nest an Nest beengt hier den Fufstritt des seltenen Wanderers und ein Schufs genügt, um ganze Wolken dieser Vögel mit kreischendem Geschrei aufzuscheuchen, welche gemüthlich hier auf diesen Inseln einen wahren Guano für die Zukunft fabriciren. Diese Gegend ist übrigens eine schauderhafte Oede, nur im Frühjahr lassen ganze Wolken von Mücken weder Menschen noch Thieren Ruhe. Daher schlafen auch die Kasaken während der Mückenperiode, im April, Mai und Juni entweder auf hohen Gerüsten, wo der Wind die Mücken verscheucht, oder unter einem aufgespannten Rahmen (Pollock)*) von dünner Leinwand, und zünden für das Vieh Rauchfeuer an.

Nach Norden zu gränzt das Land an die Gouvernements Orenburg und Samara, und hier erscheinen schon einzelne Parzellen der so merkwürdigen schwarzen Erde, welche wohl in Europa ihresgleichen nicht hat und keines Düngers bedarf. Der für die geringe Bevölkerung verhältnifsmäfsig noch zu grofse Landbesitz wird aber immer noch zu wenig für den Ackerbau benutzt. — Zwar ist der Boden in der Nähe der Stadt noch so ziemlich bebaut, auch finden sich im Innern des Landes viele einzeln hier und da liegende Ansiedelungen (Chutor) reicher Kasaken, die Ackerbau und Viehzucht treiben, im Allgemeinen giebt es aber noch unabsehbare Flächen, deren jungfräulicher Boden nie von einem Pflug berührt wurde. Diese wüstliegenden Gegenden werden aber gewöhnlich zu Viehweiden benutzt. — Reiche Kasaken besitzen oft 10—20000 von den Kirgisen erhandelte Schaafe mit dicken Fettschwänzen, welche nebst Kühen und Pferden hier in der Steppe weiden und von einem Orte zum andern wandern. Im Herbst werden dann Hunderttausende dieser Schaafe an

*) Wird sonst und offenbar richtiger polog geschrieben und demgemäfs ausgesprochen. E.

russische Kaufleute verhandelt, welche alle diese unförmlichen Fettschwänze in den Talgsiedereien verschwinden lassen, damit sie später als Talg- und Stearinlichte in ganz Europa herumwandern.

Gewöhnlich miethen die Kasaken nomadisirende Kalmükken, um diese grofsen Heerden zu hüten. Ich habe mehrmals Gelegenheit gehabt, solchen Heerden in der Steppe zu begegnen. Die Hirten, junge kräftige Kalmücken, auf Kameelen oder raschen Pferden reitend, fuhren dann immer ihre Familien mit sich herum. Wenn nun irgendwo auf mehrere Tage Halt gemacht werden soll, so wird sogleich eine leichte Filzhütte (Jurte) aufgeschlagen, und da viele Kalmücken noch Lamaiten sind, so werden von denen, welche gerade Götter oder Burchanen besitzen, diese zuerst aufgestellt und dann wird alles Uebrige ausgekramt. Eine solche Kalmückenwirthschaft, in welcher es nicht an Schmutz fehlt, mit Weibern und Kindern in fremdartiger Tracht mit braunen Mongolengesichtern, ist für den Fremden eine höchst wunderbare Erscheinung.

Der grofse Landbesitz, der Handel mit dem Innern Russlands und der Tauschhandel mit den Kirgisen bieten nun wohl dem Uralschen Kasaken grofsartige Erwerbsquellen, welche sich im Laufe der Zeiten noch unendlich mehr vergröfsern werden, aber dennoch ist der Fischfang im Ural von der Stadt Uralsk bis zum Kaspischen Meer auf einer Strecke von 475 Werst gegenwärtig noch die wahre Goldgrube des Landes, woran alle dienenden Kasaken des Landes Theil nehmen. Die Fischerei im Ural ist mehr ein Vergnügen, als eine Art Jagd, sie ist ein Zustand, wo sich kasakische Gewandtheit, Kraft und rasches Leben vor den Augen Aller auf eine vortheilhafte Art zeigen können. Sie ist ein Glücksspiel, da oft ein einfacher Kasak in ein paar Stunden, von Glück und Zufall begünstigt, eine Menge grofser Fische fängt, die 100 und mehr Rubel Silber werth sind, während sein naher Nachbar den ganzen Tag nicht eine Flosse mit seinem Haken herauszieht. Sie ist daher zugleich auch eine ergiebige Erwerbsquelle, an der Tausende Theil nehmen, und die aufser dem

Vergnügen noch eine grofse Masse Geld in's Land bringt. — Auch für den eigenen Bedarf im Lande ist der Fischfang sehr wichtig.

Die fast unglaubliche Menge aller Arten Fische, welche den Ural und die Nebenflüsse beleben und vom Kaspischen Meere immer wieder Zuflufs erhalten, sind, nebst Ueberflufs an Fleisch, die gewöhnliche Speise der Kasaken, — Gemüse ist wenig vorhanden und wird auch wenig geachtet, Fleisch und Mehl sind zwar vortrefflich und unglaublich billig, aber ohne Fische, sowohl frische, als gesalzene, oder an der Luft getrocknete (Balik) und ohne Kaviar, theils frischen, theils geprefsten, kann kein Kasak leben. Das ist die tägliche Speise, welche man das ganze Jahr hindurch in allen Häusern findet. Dieser so ganz frische, nur eben aus dem Fische genommene Kaviar ist aber auch etwas höchst Delicates. Der feine und vortreffliche Geschmack dieses Fischrogens an Ort und Stelle hat etwas ganz Eigenthümliches, welches dem in ferne Gegenden versendeten und gewöhnlich zu stark gesalzenen Kaviar gänzlich abgeht. Besonders wohlschmeckend ist der grofskörnige etwas gelbliche, sogenannte Bernstein-Kaviar, der aber als eine Seltenheit nicht in den Handel kömmt. Im Jahre 1847, als ich Uralsk zum letzten Male besuchte, kostete ein Pfund frischen Kaviars 20 bis 25 Kopeken Silber. Seit jener Zeit aber sind die Preise bedeutend gestiegen, da die Sendungen in's Ausland sich von Jahr zu Jahr vergröfsern. Aus allen diesen Gründen ist denn auch der Fischfang im Ural für den Kasaken ein wichtiger Gegenstand, und die Idee desselben durchdringt das ganze Volksleben. Die Kinder auf den Strafsen spielen Fischfang, in allen Kreisen wird von demselben gesprochen und mit Sehnsucht und freudefunkelnden Augen erwartet jeder Kasak die gesetzlich bestimmte Zeit, wo der allgemeine Fischfang beginnen soll.

Obgleich der Fischfang im Uralflusse schon oft beschrieben und nachgeschrieben worden, so ist dies doch von Augenzeugen in der neuern Zeit, wo sich alle Zustände des Lebens so sehr verändert haben, wohl nicht geschehen. Aufserdem ist auch der Gegenstand so höchst merkwürdig und im ganzen Erdenraume so einzig in seiner Art dastehend, dafs sich immer wieder neue Ansichten daran auffinden lassen, und das interessante Material ist noch lange nicht erschöpft.

Das Kaspische Meer enthält einen ungeheuren Reichthum an fetten und wohlschmeckenden Fischen, welche alljährlich um ihren Laich abzusetzen, in die Wolga und den Uralflufs stromaufwärts gehen. Unter ihnen ist das Geschlecht Acipenser mit rüsselförmigen Köpfen mit seinen vier Arten, dasjenige, welches die gröfsten Fische enthält und den schwarzen Kaviar liefert. Der gröfste von diesen Fischen ist der Hausen (Bjeluga), welcher nach den Aussagen alter Leute in früheren Zeiten oft in einer Gröfse von 40—50 Pud (2000 Pfund) gefangen worden und 5—6 Pud Kaviar gegeben haben soll. — Jetzt sind Hausen, die einen Faden lang, 15—20 Pud wiegen, schon eine Seltenheit.

Nach dem Hausen folgt in der Gröfse der Stör (Osetr oder Osetrina) mit dem Schipp, einer schlechtern Abart des Störs*). Der Stör-Kaviar wird für den besten gehalten, doch geben auch Viele dem vom Hausen den Vorzug. Dann folgt der Sewrjuga und der kleinste von Allen, der Sterled, welcher ausgewachsen, gewöhnlich nur zwei, höchstens drei Fufs lang ist. Frisch ist dieser Fisch aufserordentlich fett und wohlschmeckend und wird als Delicatesse sogar lebend mit grossen Kosten bis nach St. Petersburg gebracht. Sein Kaviar ist aber zu feinkörnig und schleimig, und wird daher weniger beachtet. Aufser diesen Acipenserarten wird der Uralstrom noch von weifsen Lachsen, grofsen Welsen, Hechten, Sandarten, Barsen und vielen anderen Fischen im Ueberflusse belebt. — Da nun, wie gesagt, die Fische zu gewissen Zeiten des Jahres immer stromaufwärts gehen wollen, auch gröfstentheils im Flusse überwintern, andere aber, wie z. B. der Sewrjuga, sobald sie gelaicht haben, wieder in's Meer zurückgehen, so hat man seit den ältesten Zeiten unterhalb der Stadt ein

*) Schip ist nach Pallas, Zool. Rosso-Asiat. Vol. III. p. 93, eine Bezeichnung für die älteren Individuen mit längerer Nase, im Gegensatz zu den mageren Jungen, welche Kosterki genannt werden. E.

Fischwehr (Utschug) errichtet, das alle Jahre neu gebaut und wobei der Strom von einem Ufer zum andern mit langen Balken gesperrt wird, um die grofsen Fische zu verhindern, stromaufwärts über die Gränzen des Kasakenlandes hinauszugehn. An dieser Fischsperre nun drängen und reiben sich die Fische, von ihrem Instincte getrieben, um gegen den Strom oder zurück in's Meer zu schwimmen, in einer solchen Menge und mit solchem Eifer, dafs es hier in der Tiefe von Fischen wimmelt, die in langen Reihen unter und über einander sich gegen das Fischwehr drängen. Es war im Sommer des Jahres 1824 oder 1825, als ein erst unlängst angestellter Civil-Gouverneur von Orenburg zum ersten Male die Stadt besuchte und mich zu seiner Begleitung wählte. Da es gerade in einer Zeit war, wo keine Fischerei stattfinden konnte, der Heeres-Ataman uns aber doch ein Stück des uralschen Fischerlebens zeigen wollte, so begleitete er uns zum Fischwehr, wo uns ein wunderbares Schauspiel erwartete.

Auf einen Wink des Heeres-Atamans sprang ein kräftiger und gewandter Kasak aus der uns umgebenden Menge, warf rasch Stiefeln und Oberkleider ab, nahm dann in die rechte Hand einen eisernen Haken, der an einen langen Strick gebunden war, dessen Ende von Kasaken auf dem Fischwehr gehalten wurde, schlug in der Eile das Kreuz, — dann ein geräuschloses Hinabgleiten — und der Kasak war unter dem Wasser verschwunden! — Es war eine lautlose Stille, Aller Augen auf die Oberfläche des Stromes gerichtet, und wir Fremde eine halbe Minute voller Erwartung der Dinge, die da kommen würden. Da bewegte sich der Strick — das gegebene Zeichen zum Heraufziehen — der Taucher erschien wieder auf der Oberfläche des Wassers, einen zappelnden Fisch, mit dem eisernen Haken in die Kiemen gefafst, hinter sich herschleppend, und in diesem Zustande wurden beide unter lautem Jubel der Kasaken an's Ufer gezogen.

Man denke sich nun unser Erstaunen bei dieser wunderbaren Erscheinung, wir blieben eine ganze Zeit lang lautlos, endlich nahm der Gouverneur zuerst das Wort und be-

20*

merkte mir in französischer Sprache: er glaube, dafs der Fisch wohl unten im Flusse bei dem Fischwehr angebunden gewesen sein müsse, denn in einem grossen Strome mit den Händen einen solchen Fisch zu fangen, sei doch eine wahre Unmöglichkeit. Der Heeres-Ataman ob er gleich die Sprache nicht verstand, begriff aber dennoch mit der bekannten Kasakischen Verständigkeit den Sinn der Rede, befahl eine lange, unten zugespitzte Stange zu bringen, und bat nun den Gouverneur, er möge mit Hülfe eines Kasaken es doch versuchen, neben dem Fischwehr die Stange unten in die Tiefe des Flusses hinabzustofsen. Das Experiment wurde, nachdem der Kasak vorher etwas sondirt und die Stange gehörig gerichtet hatte, mehrere Male versucht, und jedes Mal erhielt der Gouverneur einen so starken Ruck in die Hand, dafs er unwillkürlich die Ueberzeugung erhielt, immer auf einen Fisch gestofsen zu haben. Zuletzt wurde ihm sogar bei einem kräftigen Stofse, wo wahrscheinlich die Spitze der Stange recht getroffen und ein grofser Fisch verwundet sein mochte, die Stange durch den starken Ruck des Fisches aus der Hand gerissen. — Der Heeres-Ataman erklärte uns nun, dafs dies Kasakenkunststück gar nicht so schwer sei, wie es scheine, denn da sich eine grofse Menge Fische an den Balken des Wehres herumdränge und gegenseitig drücke und reibe, so würde der leise herabsinkende Mensch von den Fischen kaum bemerkt, und könne sich bei günstiger Gelegenheit und wenn der Kasak seine Sache nur gut verstehe, sogar die Herren da unten recht gemüthlich betrachten und nach Belieben wählen. Doch dürfe der Taucher den Fisch mit seinem eisernen Handhaken nur in die Kiemen fassen, welches aber ebenfalls nicht schwer sei, da der Fisch sie beim Wasser-Athmen immer öffne. Zufällig war der gefangene Fisch ein Roger. Das Ovarium wurde daher herausgenommen, etwas durcheinander gerührt, hierauf durch ein Sieb geprefst, wobei Fasern und Schleimhäute zurückblieben, zuletzt dann noch dieser durchgeprefste Rogen etwas gesalzen und der Kaviar war fertig, so dafs uns in der Wohnung des Heeres-Atamans ein ganz frischer Kaviar zum Frühstück vorgesetzt werden konnte, all ends in a meal! — So unwahrscheinlich auch diese Geschichte natürlicherweise erscheinen mufs, so ist sie doch in jenen fernen Gegenden eine allgemein bekannte Sache.

Ich berufe mich hier auf Pallas Tom. I. p. 283 etc., der über die Unmassen der Fische, welche sich in älteren Zeiten an dem Fischwehr drängten, um stromauf zu gehen, Folgendes sagt: „Dafs damals der Uralflufs durch einen Fischwehrenfang weiter abwärts zum Kaspischen Meere abgesperrt worden, und der Andrang von Sewrjugen oft so stark gewesen sei, dafs man gefürchtet habe, sie würden die Fischwehre durchbrechen, daher man die Fische mit blinden Kanonenschüssen verscheucht habe."

Im März, April und Mai ziehen die Acipenser-Arten am häufigsten aus dem Meere stromaufwärts und oft in grofsen Schaaren, am spätesten kommen die Sewrjugen. So zahlreich der Fischfang auch gegenwärtig noch immer ist, so hat doch nach den Aussagen alter Leute im Vergleich mit frühern Zeiten sowohl die Menge als auch die Gröfse der Fische bedeutend abgenommen. Viel mag wohl dazu beitragen, dafs die grofsen Fischereien in der Wolga und im Ural, bei Astrachan und im Kaspischen Meere selbst diese Abnahme veranlassen, denn schwerlich wird man sich einen Begriff davon machen können, welche ungeheuere Masse dieser schönen Fische theils gesalzen, theils steinhart gefroren oder in langen Streifen (Balik) an der Luft getrocknet, alljährlich verschickt und in dem ganzen grofsen russischen Reiche während der Fastenzeit consumirt wird. Anderseits mag auch wohl die von Jahr zu Jahr allmälig zunehmende Versandung der Strom-Mündungen des Urals mit Veranlassung sein, dafs die Zahl der grofsen Fische sich vermindert, denn mir erzählte ein Kasak in Guriew, er habe selbst gesehen, dafs im Frühjahre zu einer Zeit, wo der Fischfang im Ural noch verboten war, ein grofser Hausen bei der Mündung des Urals auf eine Sandbank gerathen, so dafs der Rücken des Fisches aus dem Wasser hervorgeragt, und das grofse Thier sich nur mit vieler Anstrengung aus dem Sandschlamme herausgewühlt habe, um in ein tieferes Wasser zu kommen.

Im Ural finden, aufser einigen kleineren, weniger bedeutenden, jetzt nur drei gemeinschaftliche grofse Fischereien statt, woran alle Kasaken Theil nehmen. Die Zeit und der Ort des Fischfangs, Gröfse der Fischergeräthe und das ganze Verhalten ist bei diesen Fischfängen auf das Genaueste bestimmt und wird mit militairischer Strenge befolgt. Der erste ist der Frühlings-Fischfang, der zweite der Herbstfang, beide mit Netzen, — und der dritte und merkwürdigste von Allen ist der Winter-Fischfang auf dem Eise (Bagrenie) mit 8 bis 10 Faden langen Stangen, an deren unterem Ende starke eiserne halbrunde und sehr geschärfte Haken befestigt sind. Dieser letztere Fischfang ist das interessanteste Stück im Leben der Uralschen Kasaken. Jedes Mal, wenn im Sommer ein Fischfang beginnen soll, wird unter den älteren Stabsofficieren ein Fischerei-Ataman gewählt, der für die bestimmte Ordnung sorgt, wann und wo die Fischerei beginnen soll, zugleich auch Streitigkeiten entscheidet und dem Alle nach militairischer Ordnung den strengsten Gehorsam schuldig sind. Täglich wird eine gewisse Strecke des Flusses angewiesen, die zum Fischen bestimmt ist und deren Gränze Keiner überschreiten darf; hat man diese des Abends erreicht, so erfolgt das Zeichen, die Fischerei hört auf und Alles begiebt sich an das Ufer in's Lager, wo Pferde und Wagen halten, gekocht und gebacken wird, und wo schon viele russische Kaufleute harren, um die Fische zu kaufen, einzusalzen und weiter zu schicken.

Bei Tagesanbruch wird wieder eine neue Strecke stromabwärts angewiesen, wo gewöhnlich das Zelt des Fischerei-Atamans aufgestellt ist. Das bunte Fischerleben fängt nun wieder von Neuem an, und so geht es alle Tage weiter, stromabwärts, bis ein paar Hundert Werst abgefischt sind und man endlich beim Kaspischen Meere anlangt, an welchem die Fischerei auf diese Art ein Ende hat. Bei der Frühlings-

Fischerei, bei welcher seltener einzelne Hausen und Störe erscheinen, welche aber nach der bestehenden Ordnung immer wieder zurück in den Fluſs zu werfen sind, werden vorzugsweise nur Sewrjugen und einzelne Lachse gefangen. — Die Herbst-Fischerei nimmt im October ungefähr 200 Werst von der Stadt Uralsk ihren Anfang und endet beim Kaspischen Meere.

Die Ordnung ist ganz dieselbe wie bei der Frühlings-Fischerei, nur daſs hier andere, weit stärkere Netze benutzt werden. Es ist bei diesen Fischereien ein wahres Vergnügen, zu sehen, wie der ganze Strom bis in weite Ferne von Menschen wimmelt, und wie die flinken Kasaken in ihren leichten Baudawen*) — kleine Kähne, in denen gewöhnlich nur ein Kasak sitzt — mit Blitzesschnelle über den Strom hin- und herschieſsen, mit auſserordentlich raschen und oft kühnen Wendungen ihrer Nuſsschalen sich, so weit es die Ordnung erlaubt, gegenseitig zuvorzukommen suchen, und wie bei dieser Gelegenheit dann und wann ein noch etwas unerfahrener junger Kasak in's Wasser plumpst, ohne sich im Geringsten etwas daraus zu machen, da jeder von ihnen vortrefflich schwimmen kann und im Wasser wie zu Hause ist. Dabei ist die rasche Entschlossenheit, Gewandtheit und das Savoir faire der Kasaken in allen Sachen, die nur entfernt an Gefahr erinnern oder Unternehmungsgeist verlangen, wahrhaft bewundernswürdig!

Diese Menschen, die so zu sagen im Flusse und im Meere aufgewachsen sind, würden vortreffliche Seeleute abgeben, wenn das Kaspische Meer nicht als ein groſser Binnensee so sehr abgeschlossen wäre. So viel aber bleibt wohl gewiſs, daſs wegen des tapferen und unternehmenden Geistes, welcher das ganze Uralsche Kasakenheer belebt, der Kasak die vielfachen Entbehrungen im Felde weniger empfindet, wie andere Menschen, für ein rauhes Klima gänzlich abgehärtet

*) So steht in dem Originalabdruck — aber gewiss fehlerhaft, anstatt: Baidaki oder Baidary.

ist und dafs derselbe endlich mit Gewandtheit jede Gefahr leichter überwindet, aber nur durch dies freie, wilde, und doch mit militairischer Disciplin geordnete rasche Fischerleben. Durch dieses wird der Kasak in seinem ganzen Habitus als Krieger sehr gekräftigt und in seinem Wesen wird eine gewisse Sicherheit, rasche Entschlossenheit und Thatkraft unterhalten, die ihn im Felde bekanntermafsen so vortheilhaft auszeichnen. Ich komme nun zu der dritten Art oder Winter-Fischerei, welche, wie gesagt, von allen die interessanteste ist.

Sobald im Spätherbst der Uralflufs anfängt sich mit einer leichten Eisrinde zu bedecken, welches gewöhnlich Ende November oder im December der Fall ist, suchen die Fische vorzugsweise die tieferen Stellen des Flusses auf, um hier reihenweise den Winter in einer Art von Ruhe zu verleben. Da sich aber der Boden des Uralflusses durch die Strömungen alljährlich verändert, so dafs die tieferen Lagerstellen der Fische nicht immer bekannt sein können, so merken sich die Kasaken, sobald der Flufs zufrieren will, diejenigen Stellen, wo die Fische an der Oberfläche erscheinen, um zu spielen, oder sie legen sich, sobald der Flufs nur eben zugefroren ist, auf das dünne und wie Glas durchsichtige Eis, bedecken den Kopf mit einem dunklen Tuche und können dann die grofsen Fische auf dem Grunde des Flusses ruhig liegen sehen. — Diese Andeutungen suchen sie dann bei der allgemeinen Winterfischerei zu benutzen. Der erste und kleinste Fischfang erfolgt gewöhnlich in den ersten Tagen des December, oft sogar schon Ende November, wenn das Eis noch sehr schwach ist, und dauert gewöhnlich nur einen Tag. Auch fischen hier blos eine gewisse Anzahl Kasaken, denn der Zweck desselben besteht eigentlich nur darin, nach altväterlicher Sitte eine Menge der schönsten Fische und des besten Kaviars als Präsent, wie es die Kasaken nennen, — so schnell wie möglich zum Kaiserlichen Hofe abzufertigen. Zu diesem Zwecke harren schon ein Officier und neun Dreigespanne mit raschen Pferden am Ufer. Die Fische und der Kaviar werden aufgeladen und mit sausender Eile geht es nun Nacht und Tag mit Postpferden bis nach Petersburg, von wo die Ueberbringer immer mit reichen Geschenken zurückkehren.

Der zweite eigentliche und allgemeine Fischfang oder das kleine Bagrinie erfolgt immer vor Weihnachten, dauert nur 8 Tage und endet 80 Werst von der Stadt Uralsk abwärts zum Kaspischen Meere in täglichen Stationen. Der dritte Fischfang oder das grofse Bagrinie fängt 80 Werst von der Stadt an und endet 180 bis 200 Werst von Uralsk. Jeder Kasak fischt für sich mit einem Fischhaken, denn jeder erhält nur einen Erlaubnifsschein, Officiere und Beamte verhältnifsmäfsig aber mehrere. Diese können, wenn sie sich nicht selbst das Vergnügen der Fischerei machen wollen, Leute miethen, dies hindert aber nicht, dafs mehrere Kasaken, welche Erlaubnifsscheine haben, sich gegenseitig helfen, Gesellschaften bilden (Artels) und die gefangenen Fische gemeinschaftlich theilen.

Als Fischergeräth hat jeder Kasak den oben beschriebenen langen Fischerhaken, mehrere kleine Haken an kurzen Stangen, um den Fisch herauszuziehen, wenn er schon gefangen ist, eine eiserne Brechstange zum Aufbrechen des Eises und eine Schaufel. In den früheren Zeiten wurde der Winter-Fischfang im Ural auf eine ganz andere Art betrieben, wie gegenwärtig. Alle Fischhaken wurden nämlich auf Schlitten gelegt, die immer mit den schönsten und oft auch recht wilden Pferden bespannt wurden. Die Tausende von Schlitten stellten sich in Reihen hinter einander auf, um, sobald das Zeichen gegeben wurde, in einer Art Wettlauf die Stelle zu erreichen, wo der Fischfang seinen Anfang nehmen sollte. — Von dem Getöse dieser wüthenden Jagd, bei welcher Einer dem Andern vorzukommen suchte, erdröhnte das Eis und wurden die Fische von ihren Lagerstellen aufgescheucht. Da aber bei dieser Art der Fischerei Unfälle nicht zu vermeiden waren und auch andere Unbequemlichkeiten stattfanden, so wurde die tolle Pferdejagd aufgegeben und man fischt gegenwärtig auf andere Weise.

Sobald der Tag erscheint, wo die Fischerei beginnen

soll, und der Fischerei-Ataman bestimmt werden, ist Alles schon voller Erwartung und Leben. Mancher Kasak kann vor Freude die ganze Nacht nicht schlafen und lange vor Tagesanbruch wird schon gekocht und gebraten, gegessen und getrunken. — Kaum zeigt sich der erste Schimmer der Morgenröthe, so ziehen die Tausende von Kasaken schon zum Flusse an den Ort, wo der Fischfang beginnen soll. Ihnen folgen eine Menge Russen und Kirgisen, welche als gemiethete Arbeiter für die Pferde zu sorgen haben, das Zelt oder die Filzhütte aufschlagen, Feuer von Strauchwerk anmachen und überhaupt alle Arbeiten verrichten, die nicht unmittelbar der Fischerei angehören, mit welcher sich der Kasak allein beschäftigt.

Hinter den Kasaken folgen grofse Züge russischer Kaufleute aus Uralsk und anderen Orten mit ihren vielen Fuhren und Arbeitern, welche den Fischzug immerwährend begleiten, die Fische, so wie sie aus dem Wasser kommen, sofort von den Kasaken kaufen, den Kaviar herausnehmen, einsalzen und in Tonnen schlagen, die Fische selbst aber, nachdem auch die sogenannte Hausenblase herausgenommen ist, entweder steinhart frieren lassen oder ebenfalls einsalzen, um Alles so rasch als möglich in's Innere des Reichs zu versenden.

Zusammen mit den Kaufleuten begleiten immer eine Menge Handelsleute oder Marketender den Fischzug, schlagen ihre leichten Hütten am Ufer auf, wo sie dann Hafer und Heu, Brod, Backwerk, Nüsse, Pfefferkuchen und anderes Esswerk verkaufen, dabei aber auch Thee und Branntwein verschenken. Hat der grofse Zug dieser Masse von Menschen und Thieren in langen Reihen endlich die Ufer des Flusses erreicht, so werden in der Eile eine Menge von 500 bis 1000 Filzhütten, leichte Zelte und andere kleine Wohnlichkeiten errichtet, die aber, da sie den Fischzug immer stromabwärts begleiten, nur auf kurze Zeit berechnet sind. Alles ist hier in reger Thätigkeit, um das Lager einzurichten, die Ufer wimmeln von Menschen und das Ganze gleicht einer grofsen Völkerwanderung. Endlich hat Alles einen Platz gefunden, am Ufer ist die Signalkanone aufgestellt und neben ihr steht der Artillerist mit der brennenden Lunte. Nun erhalten die Kasaken den Befehl, sich in langen Reihen an den beiden Ufern des Flusses aufzustellen, um hier das Signal zum Fischfange zu erwarten. Jeder Kasak schleppt die Fischhaken und Brechstangen hinter sich her und stellt sich an's Ufer, wo er gerade Platz findet, oder wo er glaubt eine tiefe Stelle und viele Fische zu finden.

Nachdem sich Alles geordnet und beide Ufer des Urals mit Kasaken besetzt sind, tritt endlich der Fischerei-Ataman aus seinem Zelte und geht langsam mitten auf den Fluſs, den vor dem Kanonenschusse kein Kasak betreten darf. Nun erfolgt eine wahre Todtenstille, Alles ist voller Erwartung und mit vorgebeugtem Oberkörper ist schon Jeder zum Sprunge bereit. Es ist ein wahrhaft interessanter Augenblick, diese Reihen so vieler kräftiger und lebensfroher Menschen lautlos und doch in höchster Aufregung zu sehen. Wie wunderbar schön dieses Alles ist, läſst sich nur unvollkommen beschreiben. Alle Gesichter strahlen voller Freude und Lust, die Augen entweder auf einen vorher ausgesuchten Fleck im Flusse oder starr auf den Fischerei-Ataman gerichtet, der das Zeichen zum Abfeuern der Kanone geben soll. Doch dieser übereilt sich nicht — er geht gemüthlich von einem Ufer zum andern und macht allerlei Bewegungen, um die Kasaken zu täuschen. Ist der Heeres-Ataman zufälligerweise gegenwärtig, so nimmt der Fischerei-Ataman seine Mütze ab und verbeugt sich ehrfurchtsvoll in der Richtung hin, wo dies oberste Haupt der Kasaken am Ufer steht. Dann giebt er endlich nach vielen Neckereien das geheime Zeichen, welches nur ihm und dem Artilleristen bekannt ist.

Die Kanone kracht, der dicke Rauch hat sich kaum aus der Mündung gewälzt, so entsteht in demselben Augenblicke ein wahrer Höllenlärm, denn das ganze Kasakenheer stürzt sich nun mit Geschrei und Jubel bunt durch einander auf's Eis. Jeder strebt nun mit rasender Hast nach einem vorher ausgesuchten Platz zum Fischen, oder wenn ihm ein Anderer schon zuvorgekommen, so wählt er eine andere Stelle, wie Eile, Zufall und Raum es gestatten. In einem Nu werden Tausende kleiner Löcher von ein paar Fufs im Durchmesser in's Eis gehauen — und an vielen Stellen, wo man gerade viele Fische erwartet, kaum 3—4 grofse Schritte von einander entfernt, und nun erhebt sich ein ganzer Wald von langen Fischerhaken, welche in diese Eislöcher bis auf ein oder zwei Fufs vom Grunde herabgesenkt und von den Kasaken in der Hand gehalten werden, damit der Fischer sogleich fühlen kann, wenn ein Fisch über den Haken geht, oder die Stangen berührt.

Ist dies nun der Fall, so zieht der Kasak mit einem schnellen Ruck die Stange aufwärts, der scharfe Haken fafst den Fisch unter dem Bauche in's Fleisch und er ist gefangen. Das Loch im Eise wird nun vergröfsert, der Fisch mit kleinen Haken noch besser gefafst, und endlich von einem Kasaken, oder mit Hilfe mehrerer, auf's Eis gezogen. Durch das Hin- und Herlaufen und das Geschrei der vielen Menschen, durch das Brechen der Eislöcher und durch die Tausende von langen Stangen, welche sich labyrinthisch in die Tiefe senken, werden die Fische von ihren Lagerstellen aufgeschreckt, streichen unruhig hin und her und gerathen nun immerwährend in die Fischhaken*). Dadurch wird auch bald das ganze Eis mit Blut bedeckt, es ist eine wahre Schlacht, und am Ufer häufen sich kleine Berge von Fischen, denn sobald nur ein Fisch am Haken sitzt, erscheinen auch schon Kaufleute auf dem Eise, um zu handeln und dem Kasaken seinen Fisch abzukaufen. Oft geschieht dies, wenn der Fisch noch unter dem Wasser ist und man seine Gröfse noch nicht kennt, in welchem Falle denn auf gut Glück gekauft und verkauft wird.

*) Ueber das gleiche Verhalten und den darauf begründeten Winterfang der Störe im Obj, vergleiche Erman Reise u. s. w. Abthl. I. Bd. 1. S. 537 u. f.; 555 u. a.

Mitunter trifft es sich auch, dafs ein langnasiger Schipp oder ein grofser Wels von 6—8 Pud gefangen wird und unten im Flusse schon am Haken festsitzt. Da aber der Wels wenig geachtet wird und auch keinen Kaviar giebt, so bietet der erfahrene Fischer, der schon seinen Fang, ohne ihn gesehen zu haben, am Gefühl des weicheren Fleisches und der Bewegung am Haken erkennt, den Fisch auf gut Glück zum Verkauf aus, wobei es an gewandter Ueberredung auch nicht fehlt. Findet sich nun ein noch unerfahrener Käufer, so wird ihm die Stange des Fischhakens in die Hand gegeben, er fühlt, wie der grofse Fisch zappelt und die Stange hin- und herrüttelt, und je wilder der Fisch da unten tobt, desto gröfser wird die Lust zum Kaufen und die Ueberzeugung, dafs doch nur ein grofser Hausen oder ein herrlicher Stör am Haken sitzen könne.

Mancher Kasak steht viele Stunden, ohne dafs ein Fisch auch nur seine Stange berührt. Er zieht seinen Fischhaken endlich aus dem Wasser, um einen andern Platz zu erwählen. Kaum aber hat er seine Stelle verlassen, so wird diese auch schon von einem Anderen eingenommen, der dann oft, durch Glück und Zufall begünstigt, gleich beim Herabsenken seines Hakens den herrlichsten Fisch herauszieht. Hat der Kasak lange nichts gefangen, so fühlt er auch wohl vorsichtig mit dem Fischhaken unten im Flusse herum, ob nicht ein vorbeistreichender Fisch die Stange berührt, welchen er dann durch einen kräftigen Ruck einzuhaken sucht. Ist der Fisch zu grofs und macht er da unten viel Lärm und Spektakel, indem er sich loszureifsen sucht, welches sehr oft gelingt, besonders wenn ihn der Haken nur am Schwanze gefafst hat, so ruft der Kasak seinen zunächst stehenden Nachbar zu Hülfe. Es wird nun noch ein Haken eingesetzt und der Fisch endlich mit vereinten Kräften auf's Eis gezogen.

Am vorsichtigsten und daher am schwersten zu fangen sind die grofsen Hausen von 15 bis 20 Pud (800 Pfund). Wird ein solcher Riesenfisch durch den fürchterlichen Lärm und das Getöse, wovon das ganze Eis erdröhnt, aufgeschreckt, so kommt er oft an die Oberfläche des Eises, um zu sehen, was da oben geschieht, oder er schwimmt schlau im halben Wasser. Berührt nun ein so grofser Knabe die Stange des 4 oder 5 Faden tiefer im Grunde liegenden Hakens, so erfordert es viel Schnelligkeit und Gewandtheit, den Haken so weit rasch heraufzuziehen, um den Fisch unter dem Bauche zu fassen. Oft zerbricht ein solcher Fisch die Stange, fährt in den Haken des Nachbarn, zerbricht auch diesen und sucht zu entkommen, was aber doch nur selten gelingt. Denn da überall auf dem Flusse Haken eingesenkt sind, so entsteht, wenn ein so grofser Fisch durchgeht, ein allgemeiner Lärm; Alle passen auf, wo sich die Stange rührt, und oft wird der Flüchtling doch eingefangen, unter allgemeinem Jubel und Zappeln des Fisches auf's Eis gezogen und wandert nun in die Hände der Kaufleute. So ein grofser Hausen, der 100 bis 130 Pfund Kaviar liefert, wird von den Kasaken für sehr listig gehalten.

Für den fremden Beobachter hat dies eigenthümliche Fischerleben einen so hohen Reiz, dafs man sich nicht satt sehen und nicht genug das rasche unternehmende Wesen der Kasaken bewundern kann. Fällt z. B., selbst bei starkem Froste, eine eiserne Brechstange durch das aufgeeisete Loch in den Strom, so wird hiervon nicht viel Wesens gemacht, der erste beste Kasak entkleidet sich, man bindet ihm einen Strick um den Leib, er taucht unter, findet die Brechstange und wird von seinen Kameraden wieder auf's Eis gezogen, hier kleidet er sich schnell an, macht das Kreuz, nimmt dann auch wohl einen Schluck Branntwein und geht nun, als wenn nichts vorgefallen wäre, ruhig wieder an seine Fischerei.

Höchst interessant war die Fischerei im December, ich glaube im Jahre 1847. Es war schon hohe Zeit, das Präsent zum Kaiserlichen Hofe abzufertigen. Der Ural war aber noch nicht ganz zugefroren, und in der Mitte gab es noch grofse Flächen offenen Wassers. Man versuchte wohl zu fischen, aber es wollte sich nichts fangen lassen. Endlich bemerkte ein Kasak, dafs sich eine Menge Fische, durch den Lärm aufgeschwächt, an der Oberfläche des offenen Wassers zeigten, wie nun aber da hinkommen? Doch ohne langes Besinnen wurde eine Eisscholle vom Rande abgehauen, ein rüstiger Kasak setzte sich darauf und schwamm nach der Mitte, vorsichtig mit dem Fischhaken im Wasser so lange herumfühlend, bis er endlich so glücklich war, einen recht grofsen Fisch mit dem Haken zu fassen. Nun aber wurde das Schauspiel erst recht interessant. Der Kasak konnte das grofse Thier nicht bändigen, es schleppte ihn mit der leichten Scholle hin und her, und zuletzt zog es ihn von der Scholle herab. Doch der Kasak hielt die Stange mit dem Fische immer fest, plätscherte im Wasser so gut es gehen wollte, und da er sich zuletzt dem Rande des Eises etwas näherte, so wurde ihm ein langer Haken vorsichtig in die Kleider gehakt, und nun Mensch und Fisch zusammen unter gränzenlosem Jubel auf's Eis gezogen.

Da nun das Kunststück so wunderbar geglückt war, so wurde eine grofse Eisscholle abgetrennt, mehrere Kasaken sprangen darauf, um den Feind mitten im Flusse anzugreifen. Dieser Fischfang war nun wohl mühevoll und ungewöhnlich, aber doch machte er den Kasaken eine allgemeine Freude, da das Kaiserliche Präsent nun zur bestimmten Zeit abgesendet werden konnte. Ist der Fischfang endlich an einem Tage beendet, so begiebt sich Alles in's Lager, es wird gegessen und getrunken, gekauft und verkauft, Fische eingesalzen und Kaviar gemacht. Die Tages-Ereignisse werden dann vielfach besprochen, es wird gelacht und gejubelt und die Ufer des Urals ertönen oft von heimathlichen Klängen des Gesanges, bis endlich ermattet von der Arbeit Alles in Schlummer sinkt. — Doch kaum graut der Morgen, so wird auch schon aufgebrochen, man zieht stromabwärts nach einer neuen Station, auf welcher die Fischerei eben so wie am ersten Tage wieder durch einen Kanonenschufs eröffnet wird. In dieser Weise rückt man alle Tage weiter vor, bis endlich der ganze Strom, so weit es bestimmt, völlig abgefischt ward, und alle Kasaken in ihre Wohnungen zurückkehren. — Die gefangenen Fische werden nun gröfstentheils in das Innere des Reichs gesendet, der herrliche Kaviar und die Hausenblase aber in ganz Europa herum geschickt. Die Winterfischerei ist nun beendet und erst im nächsten Frühjahr, wo wieder neue Schaaren von Fischen aus dem Kaspischen Meer aufwärts in den Strom ziehen und alle Gewässer sich auf's Neue füllen, beginnt das lustige Fischerleben wieder von Neuem.

„Materialien zur Mineralogie Russlands."

Von

N. Kokscharow.

Seitdem wir in diesem Archive (Bd. XIII. S. 325) den Anfang dieses, Heftweise ausgegebenen, Werkes besprochen haben, sind uns mehrere Lieferungen zu demselben zugekommen, durch welche ein erster Band (mit Seite 226) abgeschlossen und ein zweiter begonnen wird. Herr Kokscharow hat jetzt unsere Vermuthung, dafs er es mit dem Titel seines Buches nicht streng nehmen werde, in vollstem Mafse bestätigt, denn er erklärt zu Anfang des zweiten Bandes, er habe es nunmehr für zweckmäfsig gehalten, sich nicht auf russische Mineralien zu beschränken, sondern unter der nun einmal gewählten Ueberschrift alle seine mineralogischen Arbeiten zu publiciren. Nur der Atlas soll „seine ursprüngliche Form" (oder vielmehr seine frühere Bestimmung?) behalten, indem man darin nur Krystalle von russischen Mineralien abbilden, die „ausländischen Krystalle" dagegen, durch Holzschnitte im Text des Buches darstellen werde.

Zu den 10 Mineralspecies die in unserer früheren Anzeige erwähnt sind, hat der Verfasser jetzt Abhandlungen über die folgenden hinzugefugt:

11. Rothkupfererz.
12. Vesuvian.
13. Wolkonskoit.

14. Beryll
15. Perowskit.
16. Barsowit.
17. Spinell.
18. Pyrochlor.
19. Pyrrhit.
20. Sodalit.
21. Klinochlor.
22. Apatit.
23. Wernerit.
24. Brucit.
25. Glimmer.
26. Tschewkinit.
27. Nephelin.
28. Antimonglanz.
29. Pyrophyllit.
30. Tellursilber.
31. Tellurblei oder Altait.
32. Topas.
33. Chromeisen.
34. Molybdaenglanz.
35. Silberglanz.
36. Chlorsilber.
37. Bleiglanz;

und ausserdem unter dem Namen von Anhängen, mehrere zwischen diesen Artikeln ohne besondere Ordnung vertheilte Ergänzungen und Berichtigungen zu einzelnen derselben.

Wiewohl das wesentlichste Interesse von Herrn Kokscharows Arbeit in dem Streben nach monographischer Vollständigkeit besteht, von dem ihn selbst die Besorgniss vor einer gewissen Breite der Darstellung nicht abhält, so müssen wir uns doch hier mit summarischer Angabe der Resultate seiner Untersuchungen begnügen.

11. Rothkupfererz.

Die der Formel $\dot{Cu}$ entsprechende Zusammensetzung desselben und seine, dem regulären Systeme angehörigen, Krystallgestalten werden erwähnt, und verschiedene beobachtete Combinationen der letzteren auf Tafel IX. Fig. 1 bis 16 des Atlas dargestellt.

Die Flächen eines sogenannten Sechs- und Acht-Flächner welcher der Weiss'schen Bezeichnung

$$a : ma : na$$

entspricht und äufserst selten an den Krystallen von Gumeschewsk am Ural vorkommt, waren nicht eben genug, um eine Messung und dadurch eine Bestimmung der durch m und n angedeuteten Axenabschnitte, zu erlauben.

12. Vesuvian.

Die durch:

$$a : b : b = 0{,}537195 : 1 : 1$$

ausgedrückte Krystallform findet sich durch die meisten beobachteten Gestalten bestätigt. Vesuviane von den Kumatschinsker Bergen bei Poljakowsk, sollen aber Flächen besitzen, welche denen der ditetragonalen Pyramide ($_3P_3$ nach Naumann) so nahe kommen, dafs man sie durch $_{3,03}\cdot P_{3,03}$ ausdrücken müsste. Der sehr nahe liegenden Annahme, dafs diese Abweichung von dem durchschnittlich gültigen Axenverhältnifs, von einer Krümmung der Flächen herrühre, welche die Angabe ihrer Neigung verbietet, setzt der Verfasser das glänzende Ansehen dieser Flächen entgegen. Die chemische Constitution des Vesuvian erscheint auch nach Herrn K's. Zusammenstellungen noch nicht völlig bekannt.

13. Wolkonskoit.

Ein im Ochansker Kreise des Permschen Gouvernements vorkommendes derbes, undurchsichtiges und glanzloses Fossil vom specifischen Gewicht 2,2 bis 2,3 und geringer Härte (2,0 bis 2,5 der Mohs'schen Skale), für welches man mit Unrecht eine chemische Formel aufzustellen versucht hat, da die von einander stark abweichenden Analysen verschiedener Stücke, genugsam beweisen, dafs es nichts Anderes ist als ein Gemenge wasserhaltiger Silicate von Talkerde, Eisenoxyd und Chromoxyd. Für ein solches hatte es Berzelius gleich anfangs erklärt.

14. Beryll.

Die drei und einaxige Grundgestalt nach dem Ausdruck:

$$a : b : b : b = \sqrt{(0,248861)} : 1 : 1 : 1$$

genügt den mannichfaltigen Formen, die auch an den in Russland vorkommenden gewöhnlichen Beryllen und Smaragden beobachtet worden sind, und welche Herr Kokscharow auf 5 Tafeln seines Atlas (Tafel XII—XVI) dargestellt hat. Für eine der Pyramiden von welcher schmale Flächen an einem Berylle von Mursinsk bei Jekaterinburg beobachtet wurden, glaubt Herr Kokscharow wiederum den auffallenden Ausdruck ${}_{12}P\frac{13}{12}$ nach der Naumann'schen, oder $a : b : \frac{1}{12}b : \frac{1}{12}b$ nach der Weiss'schen Bezeichnung, aufstellen zu müssen. Zur chemischen Kenntnifs des Sibirischen Berylls werden die nahe übereinstimmenden und hinlänglich bekannten Analysen von Klaproth, von Du Ménil und von Thomson angeführt und ausserdem eine Analyse von Moberg, nach welcher sich der Finnländische Beryll durch einen Titansäuregehalt von 0,001 bis 0,003 seines Gewichtes, vor dem Sibirischen auszeichnet, mit dem er im Uebrigen ebenfalls nahe übereinstimmt.

Neben der Formel

$$(\dddot{Be} + \dddot{Al})\,\dddot{Si}^2$$

welche gewöhnlich als diesen Analysen entsprechend betrachtet wird, hat Herr Andrejew in Petersburg die andere:

$$\dot{Be}^3\,\dddot{Si} + \dddot{Al}\,\dddot{S}$$

vorgeschlagen, weil er die Beryllerde für ein Oxyd mit nur einem Atom Sauerstoff hält.

15. Perowskit.

Ein der chemischen Formel: $\dot{C}a\,\dddot{T}i$ entsprechendes, im regulären Systeme krystallisirtes Fossil vom spec. Gew. 4,0 bis 4,1, welches halbdurchsichtig und röthlich braun bis schwarz gefärbt ist. Ausser dem Würfel, dem Octaëder und Granatoëder, sind an dem Perowskit Flächen von den Pyramidenwürfeln:

$$ma : a : \infty a$$

$$\text{mit } m = \tfrac{1}{2} \quad m = \tfrac{1}{3} \quad m = \tfrac{1}{4} \text{ und } m = \tfrac{2}{3}$$

dem Pyramidenoctaëder:

$$\tfrac{1}{2}a : \tfrac{1}{2}a : a$$

und den Trapezoëdern:

$$ma : a : a$$

$$\text{mit } m = \tfrac{1}{2} \text{ und } m = \tfrac{1}{3}$$

beobachtet. Von Fundorten wird nur die Achmatower Grube im Ural erwähnt.

16. Barsowit

Das bis jetzt nur amorphe (an der Borsowka, zwischen Kyschtym und Kaslinsk am südlichen Ural vorgekommene) Fossil, welches G. Rose unter diesem Namen unterschieden hat, scheint dem Ausdruck

$$\dot{C}a^3\,\dddot{S}i^2 + 3\dddot{A}l\,\dddot{S}i$$

gemäfs zusammengesetzt, jedoch so dafs der Analyse zu Folge, im Vergleich mit den voraus gesehenen Bestandtheilen, gegen 0,03 Kalkerde fehlen und dagegen etwa 0,015 Talkerde hinzu getreten sein würden. Wahrscheinlich liegt hier einer von den vielen Fällen vor, in denen jetzt die mikroskopische Untersuchung von dünnen Schliffen der Fossilien heterogene Einschlüsse in denselben nachweist, durch welche beträchtliche Abweichungen der Analysen von den chemischen Formeln nicht als Widersprüche gegen die gewöhnliche Theorie, sondern vielmehr als eine nothwendige Folge derselben erscheinen, von welcher vielmehr das Ausbleiben unerklärlich sein würde.

17. Spinell.

Von den 3 unter dem Namen Chloro-Spinell, Ceylanit und Saphirin unterschiednen Varietäten, welche dem regulären Krystallsysteme angehören, und nach ihrer Zusammensetzung dem Ausdruck $\dot{R}\,\dddot{\bar{R}}$ entsprechen, insofern man unter der einatomigen Basis theils Talkerde, theils Eisenoxydul, und unter der dreiatomigen Thonerde und Eisenoxyd versteht, finden sich die beiden ersteren am Ural, die letztere sowohl in Finnland als in Transbaikalien an einem in den Baikal mündenden Bache Taloi.

18. Pyrochlor.

Ein im regulären Systeme krystallisirtes Fossil, von dem als Ilmengebirge unterschiedenen Theil des südlichen Ural, welches unter anderem Kalkerde, Thoroxyd, Ceroxydul, Lanthanoxyd, Niobsäure, Tantalsäure und Titansäure zu enthalten scheint, dessen Zusammensetzung aber nach den Analysen von Wöhler und Herrmann noch manchen Zweifeln unterliegt. Herr K. hat auf Tafel XVII einige Krystalle desselben abgebildet, welche ausser dem Octaëder, Würfel und Rhomboëder auch Trapezoëderflächen nach dem Ausdruck

$$a : a : ma$$
$$\text{mit } m = \tfrac{1}{2} \text{ und } m = \tfrac{1}{3}$$

zeigen.

19. Pyrrhit.

Das dem regulären Krystallsysteme angehörige Fossil von Mursinsk am mittleren Ural, welches Rose unter diesem Namen unterschieden hat, steht dem Pyrochlor nach seiner nur sehr unvollständig bekannten Zusammensetzung jedenfalls nahe. Da man von demselben nur die eine Stufe kennt, nach der es Rose unterschieden hat, so hat Herr K. der ursprünglichen Beschreibung (Poggendorfs Annalen Bd. XLVIII S. 562) nichts wesentliches hinzugefügt.

20. Sodalit.

Das der chemischen Formel:

$$\dot{Na}^3 \dddot{Si} + 3 \dddot{\overline{Al}} \ddot{Si} + Na \overline{Cl}$$

entsprechende dem regulären Krystallsysteme angehörige Fossil dieses Namens, kommt ebenfalls am südlichen Ural (im Ilmengebirge) vor.

21. Klinochlor.

Herr Kokscharow hat diesen für eine Chloritart aus Pensilvanien von Dana vorgeschlagnen Namen, einem Fossile von Achmatowsk bei Slatoust beigelegt, welches von dort schon lange bekannt und theils als Chlorit, theils als Ripidolith oder Fächerstein beschrieben worden war. Die Zusammensetzung soll der Formel:

$$(\dot{Mg}\cdot\dot{Fe})^3 \dddot{Si} + (\dddot{\overline{Al}}\,\dddot{\overline{Fe}}) \dddot{Si} + 2 \dot{Mg} \dot{H}^2$$

entsprechen und die Krystallgestalt nach Herrn K's. sehr fleifsigen Messungen dem Ausdruck:

$$a : b : c = 1{,}47756 : 1 : 1{,}73195.$$

Wir behalten uns vor auf die Einzelheiten seiner Untersuchungen dieses Fossiles zurückzukommen.

22. Apatit.

Die bekannten Vorkommen von ausgezeichneten Apatitkrystallen in den Smaragdgruben des Jekatrinburger Distriktes, im Slatouster Distrikt, an der Sljudinka in Transbaikalien, in den Tunkinsker Bergen des Irkuzker Gouvernements und in Finnland, und das Vorkommen von amorphem Apatit in der Kreideformation des mittleren Russland*), werden von dem Verfasser sehr ausführlich abgehandelt. Er stimmt der Ansicht bei, dafs die drei- und einaxigen Krystalle dieses Fossiles an verschiedenen Fundorten ein ziemlich verschiedenes Axenverhältnifs zeigen, und vielleicht als Grund desselben einen variablen Chlor- und Fluorgehalt der sich der Formel:

$$3\dot{C}a^3\ddot{\bar{P}} + Ca(\bar{F}l \cdot \bar{C}l)$$

anzuschliefsen scheint, besitzen. — Ob die allmälige Farbenänderung, welche die schönen Apatitkrystalle aus der (jetzt ersoffenen) Kupfer-Grube von Kirjabinsk im Mijasker Hüttenbezirke, durch den Einfluss des Tageslichtes erleiden, von einer chemischen Veränderung begleitet ist, bleibt zu entscheiden.

Mannichfaltige Combinationen

der sechsseitigen Pyramiden:

$$ma : b : b : \infty b$$

mit

$$m = \tfrac{1}{2} \quad m = 1 \quad m = \tfrac{3}{2} \quad m = 2 \quad m = 3.$$

$$ma : 2b : b : 2b$$

mit

$$m = 1 \quad \text{und} \quad m = 2$$

und

$$\frac{r}{l} \cdot \tfrac{1}{2}(ma : b : nb : pb)$$

mit

$$\begin{array}{ccc} m = 1 & m = \tfrac{1}{2} & m = 1 \\ n = \tfrac{1}{3} & n = \tfrac{1}{4} & n = \tfrac{1}{5} \\ p = \tfrac{1}{2} & p = \tfrac{1}{3} & p = \tfrac{1}{4} \end{array}$$

---

*) Vergl. in diesem Archive Bd. XIII. S. 447.

der sechsseitigen Prismen:

$$\infty a : b : b : \infty b$$

$$\infty a : 2b : b : 2b$$

$$\frac{r}{1} \cdot \tfrac{1}{2} \cdot (\infty a : b : \tfrac{1}{2}b : \tfrac{1}{2}b)$$

und der Tafel oder des sogenannten Basischen Pinakoïd

$$a : \infty b : \infty b : \infty b$$

hat der Verfasser auf drei Tafeln seines Atlas (Tafel XVIII, XIX und XX) dargestellt. Er erklärt seine Messungen an Apatiten aus den Jekatrinburger Smaragdgruben mit dem Axenverhältniss:

$$a : b : b : b = 0{,}734603 : 1 : 1 : 1$$

und an dem Apatite von Achmatowsk mit

$$a : b : b : b = 0{,}729405 : 1 : 1 : 1$$

vollkommen übereinstimmend, d. h. jene Krystalle beziehungsweise genau von denjenigen Formen, welche G. Rose den Apatiten von Ehrenfriedersdorf und denen aus der Eifel zuschreibt*). Dieses Resultat ist um so auffallender, da die

*) Es scheint mir nützlich sich bei dieser und bei ähnlichen Gelegenheiten, stets an die Differentialausdrücke zu erinnern, nach welchen die Veränderungen in den Werthen der messbaren Winkel, von kleinen Veränderungen der Axenverhältnisse abhangen. So hat man z. B. im gegenwärtigen Falle für die Variation der Neigung der Pyramidenflächen gegen die Ebene der b, in Bogenminuten die Beziehung:

$$du = \frac{da}{\sin 1'.(1 + m^2 a^2)}$$

d. h. mit den 4 oben genannten Werthen von m, nach einander

$$\frac{du}{da} = n.\log.3{,}48166, \quad n.\log 3{,}34993, \quad n.\log 3{,}19264, \quad n.\log 3{,}0388$$

Das oben namhaft gemachte da = —0,005 giebt daher die Zuwächse des u für die vier Pyramiden des Apatit:

—15′10″ —11′11″ —7′47″ —5′28″.

Eine Einheit der sechsten Stelle des Axenverhältnisses repräsentirt dagegen nur zwischen $\frac{1}{4}$ und $\frac{1}{11}$ der Bogensekunde, und es ist klar, dafs nicht blos diese Stelle völlig unbekannt ist und daher mit Unrecht als ein Messungsresultat angeführt wird, sondern dafs auch die Kenntniss der fünften Stelle jenes Verhältnisses eine

Messungen an Krystallen von einer fünften Localität (von Jumilla, Provinz Murcia in Spanien) auf ein drittes Verhältniss, nämlich

$$a = 0{,}7325 \cdot b$$

führen.

23. Wernerit.

Es werden von dieser Species als in Russland bekannt, nur solche Varietäten beschrieben die, wahrscheinlich in Folge einer theilweisen Zersetzung, undurchsichtig und kieselhaltiger geworden sind als der normale Wernerit, und welchen Rose den Namen Skapolith vindicirt hat. Da man aber jene durchsichtigen und normal constituirten Varietäten vom Vesuv als Mejonit aufführt, so ist der Gesammt-Name Wernerit jetzt ziemlich müfsig. — Die hier gemeinten Krystalle finden sich theils an der Sljudenka in der Nähe des Baikal, theils in Finnland. Ihre Krystallformen gehören dem zwei- und einaxigen Systeme an und sind hemiedrisch. Für ihr Axenverhältniss giebt Herr Kokscharow an:

$$a : b : b = 0{,}439253 : 1 : 1$$

und die Hemiedrie derselben scheint ihm eine sogenannte pyramidale, bei der unter anderen auch vierseitige Säulen mit der Hälfte ihrer Flächen vorkommen, nach den Ausdrücken:

$$\frac{r}{l} \cdot \tfrac{1}{2}(\infty a : b : \tfrac{1}{3} b)$$

und

$$\frac{l}{r} \cdot \tfrac{1}{2}(\infty a : b : \tfrac{1}{3} b)$$

In Bezug auf die chemische Zusammensetzung des Ska-

---

für krystallographische Messungen noch so gut als unerreichbare Schärfe und schon die Bestimmung einer Einheit der vierten Stelle sehr viel Umsicht und Sorgfalt von Seiten des Beobachters und ausserdem noch Krystalle von nicht grade häufiger Beschaffenheit erfordert. Erman.

polith wiederholt der Verfasser die von Rammelsberg u. A. gemachten Zusammenstellungen von Resultaten der Analyse, welche sich theils dem Ausdruck

$$\dot{R}^3 \dddot{Si}^2 + 2\dddot{Al} \dddot{Si}$$

theils an

$$3\dot{R} \dddot{Si} + 2\dddot{Al} \dddot{Si}$$

mehr oder weniger anschliefsen.

24. Brucit.

Die im Serpentin von Pyschminsk im Jekatrinburger Distrikte vorkommenden blättrigen Massen, die G. Rose als Brucit bezeichnet hat, enthalten wie dieser: $\dot{Mg}\,\dot{H}$, ausserdem aber Kohlensäure, welche in dem eigentlichen Brucit nicht bemerkt ist. Sie scheinen dem drei- und einaxigen Krystallsysteme anzugehören. Das Axenverhältniss ihrer Formen ist aber noch unbekannt.

25. Glimmer.

Die seit einem halben Jahrhundert in jedem krystallographischen Werke wiederkehrende Frage, ob der Glimmer immer zu der von Weiss sogenannten 6 und 6gliedrigen (dirhomboëdrischen) oder bisweilen und vielleicht immer, zu der 3 und 3-gliedrigen (rhomboëdrischen) Abtheilung seines drei- und einaxigen Krystallsystemes zu rechnen, und welcher der Werth der dritten Krystallisations-Axe sei, den man zu dem schon von Hauy erkannten und seitdem nie bezweifelten Verhältniss

$$1 : \sqrt{3}$$

für die beiden anderen hinzuzunehmen habe, lässt auch Herr K. wiederum unentschieden. In seiner ausführlichen Abhandlung über dieses Fossil wird den optisch-einaxigen Varietäten die hexagonale oder 3 und 3-gliedrige Abtheilung des drei und einaxigen Systemes mit einem Fragezeichen zugeschrieben und, nach einer ungefähren Messung von Kobell in München, welche auch schon von Breithaupt und Naumann in gleicher Weise benutzt worden ist, als Hauptform eine sechsseitige Pyramide, für welche

$$a : b = 2,7168 : 1$$

stattfinden würde. — Zu Messungen taugliche Exemplare des einaxigen Glimmer, der unter anderem bei Miask am südlichen Ural vorkommt, hat der Verfasser nicht gesehen.

Für den optisch-zweiaxigen Glimmer hat Herr K. einige Messungen an einem Krystall vom Vesuv gemacht. Die von ihm beobachteten Flächenwinkel sind so gut als identisch mit denjenigen, welche G. Rose (in Poggendorf's Annalen der Physik, Bd. 61 S. 383) ebenfalls nach Messungen am Glimmer vom Vesuv bekannt gemacht hat, und sie lassen sich durch die Axenverhältnisse:

$$a : b : c = 1,64656 : 1 : 0,57735$$
$$= \sqrt{(2,7112)} : 1 : \tfrac{1}{3}\sqrt{3}$$

darstellen.

Die Tafeln XXVI, XXVII und XXVIII von Herrn Kokscharow's Atlas, enthalten interessante Abbildungen von Krystallen dieser Glimmervarietät, für welche die vorliegende Aufzählung der Russischen Fundorte leicht noch vermehrt werden könnte.

26. Tschewkinit.

Bekanntlich eine bisher nur derb vorgekommene Verbindung von Silikaten mit Titansäure, Cer und dessen gewöhnlichen Begleitern, Lanthan und Didym. Ausser dem von Herrn Lisenko „aus der Gegend von Miask" nach Berlin gebrachten, und von G. Rose beschriebenen Exemplare dieses Fossiles, sind auch jetzt nur noch 3 oder 4 andere in Petersburger und Moskauer Sammlungen gelangt. Eine grosse Zahl von angeblichen Stücken des Tschewkinit in eben diesen Sammlungen, werden jetzt für sogenannten Ural-Orthit, mithin für eine Verbindung von nahe denselben Bestandtheilen, welche sich gleichfalls keiner chemischen Formel unterwerfen läfst, gehalten.

27. Nephelin.

Nach seinen Messungen an einem Nephelin-Krystalle vom Aetna, giebt Herr Kokscharow für die Hauptform dieses, zum drei- und einaxigen Systeme gehörigen Fossiles, den Ausdruck:

$$a : b : b : b = 0{,}838926 : 1 : 1 : 1.$$

Nach den gegenseitigen Abweichungen der bisher an Nephelin-Krystallen gemessenen Winkel, ist aber kaum die vierte Stelle in dem Zahlwerthe für a bis auf eine Einheit sicher. Für die chemische Zusammensetzung des Nephelin, wird der von Scherer als Resultat seiner Analyse gegebene Ausdruck:

$$(\dot{N}a\,\dot{K})^3 \cdot \dddot{Si} + 2\ddot{\bar{Al}}\,\dddot{S}$$

angeführt. In Russland ist der eigentliche Nephelin noch gar nicht gefunden worden, sondern nur die als Eläolith aufgeführte derbe Varietät desselben, welche im südlichen Ural unter ganz ähnlichen Verhältnissen wie in Norwegen vorkommt.

28. Antimonglanz.

Herr K. hat als eigene Erfahrung über das Werner'sche Grauspiefsglanzerz, welches mit dem jetzt sogenannten Antimonglanz identisch nach dem Ausdruck:

$$\bar{Sb}\,S^3$$

zusammengesetzt ist, zu erwähnen, dafs es auch nahe bei Beresowsk (Blagodatnoi rudnik) im Jekatrinburger Ural vorkommt. Es sind ihm einige, leider undeutliche, Krystalle desselben von dort zugekommen, und er hat dagegen von den anderweitig angeführten Russischen Fundorten des Antimonglanzes und namentlich von Ust-Neiwinsk am Ural und von Smeïnogorsk am Altai, dergleichen nicht erhalten. Für das Rhombische Octaëder, welches die Hauptform des Antimonglanzes ausmacht, wird das, einigen von Mohs gemessenen Flächenwinkeln entsprechende, Axenverhältniss:

$$a : b : c = 1 : 0{,}978665 : 0{,}965652$$

angeführt. Da aber jene Winkel noch um mehrere Minuten unsicher sind, wie die Vergleichung der Resultate beweist, welche verschiedene Beobachter mit etwa gleichen Hülfsmitteln für dieselben erhalten haben, so wären die zwei letzten Stellen der Verhältnisszahlen besser unerwähnt geblieben.

29. Pyrophyllit.

Ein Fossil von noch unbekannter Krystallgestalt, dessen Zusammensetzung ziemlich nahe mit dem Ausdruck:

$$\dot{M}g \cdot \dddot{S}i^2 + 9\ddot{\bar{A}}l \cdot \dddot{S}i^2 + 9\dot{\bar{H}}$$

übereinkommt. Es findet sich in kuglichen Zusammenhäufungen von, wie es scheint, rechtwinklich vierseitigen Prismen, in den Quarzgängen, welche zwischen Beresowsk und Pyschminsk im Jekatrinburger Distrikt aufsetzen *) — und wurde daselbst unter dem Namen straliger Talk schon früh bemerkt, jedoch erst 1829 durch Herrn Herrmann in Moskau fur eine besondere Species erkannt. Seinen Namen gab man ihm wegen der Eigenschaft sich in der Löthrohrflamme in Blätter zu theilen **).

30. Tellursilber.

Das in der Sawodinsker Grube an der Buchtarma im Altai brechende Tellursilber, wurde früher mit Silberglanz und

*) Diese Gänge stehen daher wohl in dem Talkschiefer der zwischen den beiden genannten Orten das Ausgehende bildet? Vergl. Erman Reise u. s. w. Abth. I. Bd. 1. S. 397.

**) Da der Apophyllit bereits wegen derselben Eigenschaft einen fast gleichlautenden Namen besitzt, so war diese Wahl nicht eben glücklich zu nennen. E.

mit Antimonsilber verwechselt, besitzt aber nach G. Roses Analyse (Annalen der Physik Bd. 94 S. 64) eine mit dem Ausdruck:

$$Ag.Te$$

bis auf eine Beimengung von Eisen und Kupfer, welche dem Gewichte nach 0,002 bis 0,005 des Ganzen beträgt, übereinstimmende Zusammensetzung. Die Krystallform dieses Fossiles ist nach Herrn K. noch unbekannt, denn die Angabe von Hess über dieselbe, beruht höchst wahrscheinlich auf einer Täuschung durch Eisenkiese welche in dem Altaischen Tellursilber eingesprengt sind und über denen sich eine Art von Afterkrystallen abgeformt hat.

31. Tellurblei oder Altait

ist an denselben Stücken wie das eben genannte Fossil ebenfalls von G. Rose bemerkt und wegen seines bis jetzt einzigen Vorkommens bei Sawodinsk im Altai von Haidinger mit dem zweiten der angeführten Namen belegt worden. Von den früher als Blättererz und Weisstellurerz beschriebenen Bleihaltigen Tellurerzen, scheint sich dieses Altaische durch die Abwesenheit von Gold, Antimon und Schwefel zu unterscheiden. Man besitzt indessen von demselben auch jetzt nur die vorläufige Analyse, durch welche Rose zur Unterscheidung desselben veranlasst wurde.

32. Topas.

Nach Anführung des Ausdrucks:

$$a : b : c = 1,80487 : 1,89199 : 1$$

für das Axenverhältniss der rhombischen Grundform des Topases und des von Rammelsberg aufgestellten Ausdruckes:

$$(6\ddot{\overline{Al}}^3 \cdot \dddot{Si}^2 + 3\overline{Al} \cdot \overline{Fl}^3 + 2Si\overline{Fl}^3)$$

für seine chemische Beschaffenheit theilt der Verfasser seine Beobachtungen über die Krystallgestalt der ihm zugekommenen Uralischen und Nertschinsker Topase mit. — Von diesen höchst mannichfaltigen und interessanten Flächencombinationen sind bis jetzt gegen 60 durch 112 Figuren auf den Tafeln XXIX—XXXVIII des vorliegenden Atlas dargestellt, während man in dem Text die Winkelmessungen angegeben findet, aus denen der Verfasser auf die oben bezeichnete Grundform des Topases geschlossen hat.

33. Chromeisen.

Die Zusammensetzung des im regulären Systeme krystallisirten Chromeisen würde durch den allgemeinen Ausdruck

$$\dot{R}\,\dddot{\bar{R}}$$

darstellbar sein, welcher unter andren dem specialisirten:

$$(\dot{Fe}, \dot{Mg})\,(\dddot{\bar{Cr}}, \dddot{\bar{Al}})$$

entspricht, wenn nicht das durch Moberg nachgewiesenen Vorhandensein von Chromoxydul im Chromeisen dieses Resultat der früheren Analysen zu modificiren zwänge. — Für die bekannten Vorkommen des Uralischen Chromeisen theils in derben Massen, theils fein eingesprengt im Serpentin und lose in den Platin- und Goldseifen, hat Herr K. einige Localitäten aufgezählt.

34. Molybdaenglanz.

Von diesem sehr allgemein verbreiteten Fossil, welches nach vielen Analysen einem Bisulfurete oder dem Ausdruck:

$$\overset{,,}{Mo}$$

gut entspricht, sind in Russland die Vorkommen am Ilmensee bei Miask, am Odontschalon im Nertschinsker Bezirke, auf der Woitzker Grube im Gouvernement Olonez und auf mehreren Gruben in Finnland bekannt. Herr Kokscharow schliefst aus der drillingsartigen Verwachsung, welche die sechsseitigen Tafeln des Nertschinsker Molybdaenglanzes zeigen, dafs die Grundform des Fossil überhaupt nicht, so wie man bisher angenommen, zu den hexagonalen, sondern entweder zu den rhombischen oder zu Naumann's monoklinoëdrischen zu rechnen sei. Die Abbildung, durch die er die betreffende Erscheinung erläutert, scheint dasselbe Verhältniss darzustellen, welches schon Leonhard durch die Worte:

„Krystalle mit Streifen auf der P-Fläche die „einander kreuzen unter Winkeln von 120° und „60°; meist eingewachsen auch sternförmig „gruppirt"

geschildert hat *).

35. Silberglanz.

Das bekanntlich mit diesem Namen bezeichnete einfache Silber-Sulfuret oder; $\acute{Ag}$, krystallisirt im regulären System. Es ist in Russland theils von Smeïnogorsk im Altai, theils von der jetzt auflässigen Grube Blagodatnoj bei Jekatrinburg bekannt, d. i, von der einzigen, auf der man bis jetzt am Ural etwas anhaltendere Silbererze gefunden hat.

36. Chlorsilber oder Hornerz

welches dem Ausdruck

$$Ag\,Cl$$

entspricht und im regulären Systeme krystallisirt, findet sich ebenfalls in beträchtlicher Menge zu Smeïnogorsk am Altai und ausserdem auf der Krjukower Grube desselben Bezirkes **).

37. Bleiglanz.

Von diesem viel verbreiteten Fossile hat Herr Kokscharow die bis jetzt bekannten Fundorte am Ural, am Altai und

---

*) Handbuch der Oryktognosie. Heidelberg 1821. S. 163.

**) Man vergl. in d. Arch. Bd. III. S. 124 u. f.; Bd. V. S. 333 u. f.; Bd. VII, S. 19 u. f. und namentlich S. 22 und 30 und die zugehörigen Karten.

in dem Nertschinsker Bezirke, in Liefland, in Finnland und am Kaukasus unter Angabe der Gesteine, die es führen kurz aufgezählt.

Ueber die Nachträge zu der Beschreibung einzelner Fossilien, welche der Verfasser, wie schon erwähnt, zwischen die ursprünglichen Abhandlungen zwanglos eingeschaltet hat, behalten wir uns vor, nach Abschluss des Werkes zu berichten, hoffen aber dafs selbst der vorstehende Auszug genügt, um in demselben die Arbeit eines der sorgfältigsten und geschicktesten Krystallographen erkennen zu lassen. — Sehr wünschenswerth wäre es, wenn von vielen der abgehandelten Fossilien nun auch die optischen Eigenschaften gehörig untersucht würden. Unter andrem ist dazu auch der Herausgeber dieses Archives sowol gut ausgerüstet als gern bereit, sobald Herr Kokscharow ihm einigermafsen durchsichtige Bruchstücke der betreffenden Fossilien mittheilt.

Ueber die Mineralien welche in den Uralischen Goldseifen vorkommen.

Nach dem Russischen

von

Herrn Barbot de Marny *).

Die ersten Aufzählungen der Fossilien, welche den sogenannten Goldschutt am Ural ausmachen, findet man in der Abhandlung von Herr Karpinskji und in dem Reiseberichte von G. Rose wie folgt:

> Gediegenes Gold, Gediegenes Platin, Gediegenes Kupfer, Gediegenes Blei, Gediegenes Iridium, Osmio-Iridium, Zinnober, Bleiglanz, Eisenkies, Kupferkies, Kupferglanz, Magneteisen, Chromeisen, Titaneisen, Eisenglanz, Brauneisenstein, Anatas, Rutil, Pyrolusit, Malachit, Bergkrystall, Achat, Chalzedon, Carneol, Bitterspath, Schwarzer Schörl, Stralstein, Pistazit, Granat, Serpentin, Asbest, Diallagon, Hornblende, Korund, Diaspor, Diamand**),

so wie auch:

---

*) Gorny Jurnal 1855. No. 4.

**) Nach Karpinskji im Gorny Jurnal 1840 No. 2. und in diesem Archive Bd. II. S. 545 u. f.

Zeilanit, Zirkon, gelber Cyanit und Borsowit*).

Seitdem ist dieses Verzeichnifs noch vermehrt worden durch den Diamantspath den Herr *Sokolow* anführt**) und durch die folgenden später bemerkten Fossilien:

Smaragd***), Puschkinit†), Brucit††) und Rother Topas§).

In den Proben von Gebirgsarten und Fossilien, welche ich aus den Goldwäschen erhalten habe, die für verschiedene Privatbesitzer an dem Kamenka-Bache und an anderen Zuflüssen des Ui§§) in den Ländereien des 6. Regiments der Orenburgschen Kosaken bearbeitet werden, finden sich nun folgende Fossilien, welche man in dem Uralischen Goldschutt bisher nicht bemerkt hat:

Rubin, Rother und Weisser Korund, Grüner und Blauer Cyanit, Olivin und Chrysoberyll.

Es folgt hier eine kurze Beschreibung derselben:

1. Korund.

Der gewöhnliche krystallisirende Korund kommt in den genannten Orenburger Wäschen ziemlich häufig vor und zwar theils von rosenrother, blauer und grauer Färbung, theils völlig weifs. Seine Krystalle sind sechsseitige Säulen die bis zu

---

*) Nach G. Rose Reise nach dem Ural u. s. w. Bd. II, S. 453 u. 584.

**) Rukowodstwo k' Mineralogji oder Anleitung zur Mineralogie, so wie auch schon in d. Arch, Bd. II, S. 551.

***) Gorny Jurnal 1842. 3, S. 475.

†) Wagner in Bullet. de la Soc. des Naturalist. de Moscou 1841 und Oserskji Verhandl. d. R. K. Miner. Ges. 1842. S. 66.

††) Romanowskji in Gorny Jurnal 1849. 1. S. 273.

§) Barbot de Marny G. J. 1854. No. 3.

§§) Die Kamenka fällt in die *Samarka* und diese in den Ui der sich in den Tobol ergiefst.

2 Centimeter Länge haben und an beiden Enden von äufserst glänzenden Flächen eines Blätterdurchgangs begränzt sind. Auf den Seitenflächen sind sie glasglänzend. Im Bruche kleinmuschlig und sie sollen die Eigenschaft des sogenannten Asterismus in hohem Grade besitzen. — Sie ritzen den Topas sehr stark, sind in Säuren unlöslich, vor dem Löthrohr unschmelzbar und erhalten gepulvert mit Kobaltsolution nach heftigem Glühen eine bläuliche Färbung. Ihr specifisches Gewicht beträgt etwa 3,9, konnte aber wegen Unreinheit *) nicht genau bestimmt werden. — Man bemerkt meistens verschiedene Färbungen an jedem dieser Krystalle, und namentlich sind Rosenroth mit Blau, und Blau mit Weiss in der Weise verbunden, dafs die an der Oberfläche rosenrothen Individuen auf dem Querbruche Festungsähnliche blaue Räume zeigen. Der Kern solcher Krystalle ist dann immer blau, während die an der Oberfläche blauen Exemplare einen rothen Kern zu haben pflegen. Auf dieselbe Weise sind auch die blauen und weifsen Krystalle aus, einander umschliefsenden (hohlen), Prismen von diesen beiden Färbungen zusammengesetzt. Ihre Breite erreicht fast 1 Centimeter. Aufser diesen Krystallen kommen von dem Korund auch Geschiebe von feinkörnigem oder blättrigem Bruche und von blauer und weifser Färbung vor. Es gehören diese wahrscheinlich zum dichten Korund und zum Diamantspath. Bisher war in Russland noch kein Fundort des Korundes bekannt.

2. Rubin.

Unter den rosenrothen Korundkrystallen finden sich an den Kanten durchscheinende und bisweilen auch ihrer ganzen Masse nach ziemlich durchsichtige. Sie sind sehr schön

*) Der Verf. fügt noch hinzu: „und weil diese Krystalle stark abgerieben sind." Dieser Umstand kann doch aber unmöglich auf ihr spec. Gew. von Einfluss sein! D. Uebers.

Karminroth gefärbt und verdienen daher den Namen von orientalischen Rubinen. Dergleichen Rubinstücke, die bis zu 1 Centimeter lang vorkommen, sind zwar stark abgerieben, zeigen aber dennoch ziemlich deutliche Krystallflächen, welche zu etwas zusammengesetzteren Gestalten wie die des Korund gehören. Man erkennt namentlich eine 6-seitige Säule der zweiten Art die mit 6 Flächen zugespitzt und mit dem Haupt-rhomboëder verbunden ist. Die Flächen der letzteren sind weit weniger entwickelt als die des Prisma.

Ein hiermit ganz übereinstimmender Krystall ist bei Hauy Traité de minéralogie, 1823. Atlas 48, Fig. 118 unter dem Namen bisalterne abgebildet. Ich habe mit einem Anlegegoniometer gefunden:

$$S:S = 120^\circ$$
$$S:O = 90^\circ$$
$$O:P = 122^\circ$$
$$S:P = 136^\circ.$$

Zu diesen Flächen treten bisweilen noch die einer zweiten Pyramide, es ist wahrscheinlich die häufig vorkommende, die dem Ausdruck $\frac{4}{3}P2$ entspricht. Ein mit der Endfläche (OR) paralleler Blätterdurchgang ist bisweilen sehr deutlich. Der Bruch ist kleinmuschlig und der Glanz auf den Flächen schwach, im Bruch aber äusserst stark. Zugleich mit allen Abänderungen des Korunds kommen sehr abgeriebene Rutil-Krystalle vor.

3. Smaragd.

Von diesem Fossil ist ein rissiges, halb durchsichtiges und etwas unter Mandelgroſses Geschiebe vorgekommen. Es ist dieses der zweite Smaragd den man am Ural gefunden hat, indem schon 1842 ein Exemplar dieses Fossiles in dem Bache Schemeika vorkam.

4. Chrysoberyll.

Ich rechne, wiewohl mit einigem Zweifel, zum Chrysoberyll gelblich grüne, an den Kanten durchscheinende Geschiebe, die härter sind als Korund. Sie besitzen einen in Fettglanz übergehenden Glasglanz. Uebrigens hat Dufrénoi schon 1849 das Vorkommen von Chrysoberyllen am Ural behauptet *).

5. Olivin.

Dieses Mineral kommt in kleinen, unförmlich abgeriebnen Stückchen vor, welche weder Krystallflächen noch blättrigen Bruch zeigen. Ihre Farbe variirt vom Olivengrün bis zum Weingelben. Sie sind fast völlig durchsichtig, von klein muschligem Bruch, vor dem Löthrohr unschmelzbar, härter als Feldspath und vom specif. Gew. 3,027. — Einige Stücke davon, die man gefasst hat **), sind von schönem Ansehn und äusserst glänzend.

6. Cyanit.

Abgeriebne Cyanit-Krystalle finden sich in grofser Menge und bisweilen von 3,5 Centimeter Länge und 1 Centimeter Breite. Es kommen deren blau, grün und grau gefärbte vor, und zwar so, dafs die blauen stets gröfser sind als die grünen.

Der blaue Cyanit variirt vom Viol- bis zum Himmelblauen, auch sind bisweilen beide Färbungen an einerlei Exemplar in Folge des Dichroismus sichtbar. Die Endkrystallisa-

*) Etude comparatine les sableso aurifères, in Annales des mines 1849. 4eme Série. t. XVI. p. 121.

**) Die also wahrscheinlich auch geschliffen waren?
D. Uebers.

tion ist meist abgerieben, an den Seitenflächen ist aber der Winket von 116° messbar. Diese Krystalle sind meistens halbdurchsichtig und lassen sich leicht in säulenförmige Stücke zerlegen. Sie sind glasglänzend, namentlich auf dem Blätterdurchgang — bisweilen auch von Perlmuterglanz. Ihr spec. Gew. beträgt 3,665.

Der grüne Cyanit ist Meergrün und zeichnet sich vor dem blauen durch gröfsere Reinheit, Regelmäfsigkeit und Durchsichtigkeit aus. Ein Blätterdurchgang ist an ihm nicht zu bemerken, sondern nur der kleinmuschlige Bruch. Die Form seiner Krystalle stimmt mit der von Dufrénoi in seinem Traité de minéralogie 1845. tom. IV. pl. 146. fig. 2. angegebenen überein. Mit einem Anlegegonyometer habe ich an ihnen folgende Winkel gefunden:

$$M:g' = 131^\circ$$
$$g':T = 122^\circ$$
$$T:M = 106^\circ.$$

An den hier genannten Fossilien zeigen sich durchaus keine Spuren einer fruhern Einwachsung, so dafs ihre ursprüngliche Lagerstätte ganz unbestimmt bleibt.

Ansichten über die von Herodot sogenannten Skythen.

Von

Herrn Eichwald.

(Aus einem Briefe an den Herausgeber. *)

Ich halte die Tschuden für die alten Skythen und bin überzeugt, dafs die alten Griechen das Wort Tschud nicht anders sprechen und schreiben konnten, als wie sie es mit ihrem Scyth zu schreiben versuchten. Da ohne Zweifel die Tschuden Finnen waren (noch jetzt existirt ja dieser Stamm im Norden Russlands mit dem Namen Tschud), so ist es wohl sehr wahrscheinlich, dafs auch die Skythen zum Finnenstamme gehörten. Ich habe aufserdem noch Aorsen und Siraken zu Finnen gerechnet und in ihnen die heutigen Ärsen und Syranen angenommen und ziehe endlich auch die Komanen dahin, was weiter nicht auffallen wird, wenn man bedenkt, dafs die Syraenen sich selbst Komi nennen und die Kama bei ihnen ebenso heifst. Die Komanen errichteten auf ihren Grabhügeln Steinbilder, die noch jetzt in grofser Anzahl in Südrussland existiren und dort kamennyja baby genannt werden; auch diese Steinbilder finden sich im Altai, da, wo früher Finnenstämme wohnten. Die Skythenfrage geht jetzt ihrer Entscheidung mit Riesenschritten entgegen. Es sind vor 2 Jahren die

*) Auf eine Russische Abhandlung desselben Verfassers über denselben Gegenstand werden wir später zurückkommen. E.

Gräber der königlichen Skythen aufgefunden worden, dieselben Königsgräber, von denen Herodot so viel erzählt. Sie finden sich in einem sehr grofsen Tumulus, 80 Werst westlich von Jekaterinoslaw und bestehen aus der grofsen viereckigen Todtenkammer, in der die königliche Leiche beigesetzt ward, aus einem schmalen Gange, der zu ihr führt und in der die getödteten Pferde des Königs beigesetzt wurden und aus einem andern daran stofsenden Gewölbe, worin der Wagen aufbewahrt ward, auf dem die königliche Leiche von Dorf zu Dorf geführt ward. Alle drei Abtheilungen der mehrere Klafter unter der Erdoberfläche befindlichen Gewölbe, enthielten aufser den Pferdegerippen auch die Gebeine und Schädel von Menschen und jene sowohl wie diese wurden von goldenen Schmucksachen begleitet, wiewohl nicht in so grofser Menge, als man dies erwartet hatte, weil aus allem hervorging, dafs diese unterirdischen Grabkammern schon vor Jahrhunderten beraubt worden waren. Man sieht noch jetzt die wieder verschütteten Eingänge, die damals in die Tiefe geführt wurden, um zu dem Königsgrabe zu gelangen. Der königliche Wagen ist noch am wenigsten beraubt worden, aber das Holz zeigte sich so sehr verweset, dafs es unmöglich war, auch nur ein Rad vollständig zu Tage zu fördern; alles zerfiel in Staub und nur die goldnen Nägel und andere aus Türkis geschliffenen Knöpfe, hatten sich erhalten und wurden reichlich gesammelt. Der Wagen hatte 4 Räder und grade sie waren mit diesen goldnen Nägeln beschlagen, deren Köpfe zuweilen aus Türkisknöpfen bestanden. Herr Saweljew, der im vergangenen Sommer die Untersuchungen geleitet hat, beschäftigt sich gegenwärtig mit der Beschreibung dieser merkwürdigen Grabstätte.

Zur ostasiatischen Bücherkunde.

Herr Wasiljew in Petersburg hat in seinen Mélanges Asiatiques (Th. 2, S. 562 ff.) einen recht anziehenden Artikel mitgetheilt, unter der Ueberschrift: Notice sur les ouvrages en langues de l'Asie orientale, qui se trouvent dans la bibliothèque de l'université de St.-Pétersbourg. Wir erfahren aus demselben dass die gröſsten litterarischen Schätze auf den Gebieten der chinesischen, tibetischen, mongolischen und mandschuischen Litteratur den Bibliotheken des ostasiatischen Departements, der Academie der Wissenschaften und der Universität angehören. Die letztgenannte Sammlung zählt ihre Existenz erst nach Monaten; sie ist vollständig von Kasan herübergekommen in Folge des Schlieſsens der morgenländischen Abtheilung an der Universität dieser Stadt und ihrer Uebertragung nach Petersburg. Die Geschichte dieser Bibliothek gehört also ganz nach Kasan.

Mongolische Werke. Die Herren Kowalewski und Popów waren schon 1829 zu den Buräten jenseit des Baikal geschickt worden, einem Mongolenstamme, dessen lange Trennung von Tibet und der eigentlichen Mongolei ihm vielleicht eine stärkere nationale Färbung und gröſsere Anhänglichkeit an seine Religion bewahrt hat als in der eigentlichen Mongolei zu bemerken, deren Bevölkerung, da sie unter dem Einflusse des chinesischen Elementes steht, dem Rom des Orients, d.i. der Stadt Hlassa, weniger andächtige Blicke zuwendet. 'Unsere Reisenden' — so sagt der Verfasser — 'konnten daher in den transbaikalischen Steppen wenigstens dieselben litterarischen Hülfsmittel finden wie im ganzen Mongolenlande, Bücher jedoch ausgenommen, deren Anschaffung ihnen zu viel gekostet hätte.' *) Doch hat der Erfolg dieser Erwartung nicht ganz entsprochen. Prüft man den Catalog den Herr Kowalewski nachmals abfasste, so überzeugt man sich, dass die meisten und wichtigsten Werke von denen er Kunde giebt, aus Peking gekommen, oder ohne grofse Beschwerden und Kosten in dieser Stadt gekauft werden konnten, denn man findet sie da jederzeit vorräthig in Buchhandlungen die ausschliefslich tibetische und mongolische Texte drucken. Diese Buchhandlungen sind Zubehöre zweier lamaischen Tempel und zugleich Niederlagen der Holztafeln vieler anderswo geschnitzter Texte.**) Dem Herren Wasiljew gelang ebendaselbst eine nicht gar grofse aber sehr gute Nachlese, denn er erwarb gewisse Werke, von denen er behauptet, dass Buräten sie nie würden veräussert haben. Es sind meist Uebersetzungen aus dem Tibetischen; wie es denn überhaupt nur sehr wenige mongolische Originalwerke giebt: zu diesen gehört eine Biographie des Tsonkava, und das historische Altan tobtschi, verwandt mit Sanang Setsen's bekannter Chronik. Von ersterem hatte der Verfasser bereits 1851 ein schönes Exemplar (von dem aber nur einige Blätter geblieben sind) nach Kasan geschickt; das Exemplar des anderen aber verehrte er Herren Kowalewski.

Tibetische Werke. Die Sammlung derselben in Petersburg ist viel reicher als die der mongolischen, was zum Theil in der grofsen Entwicklung und Fortpflanzung dieser Litteratur seinen Grund hat. Hier wie dort ist jedoch das Meiste buddhistisch-religiös; zwar haben die Tibeter auch Dich-

---

*) Was für litterarische Hülfsmittel ausser Büchern sind hier gemeint?

**) Der chinesische Bücherdruck ist bekanntlich meist stereotyp, so dass für jede Blattseite eine Tafel aus weichem Holze genommen wird, in welche man den Inhalt der Seite erhoben ausschnitzt, um ihn dann, mit Tusche überstrichen, auf dünnes Papier überzutragen.

tungen, dramatische Werke und selbst Uebersetzungen indischer Epopöen; aber ein Europäer bekommt dergleichen ausser dem tibetischen Lande nicht leicht. Fur jetzt besitzt die Bibliothek nur eine Sammlung verschiedner Sprachlehren und Abhandlungen über Verskunst, eine Geschichte und Geographie Tibets, und, als Complement zur letzteren, Beschreibungen verschiedner Klöster; ferner eine Sammlung obrigkeitlicher Schreiben des Hofes zu Peking und officieller Berichte des Dalai-Lamas an denselben: auch beschränkt sich die ganze profane Litteratur Tibets auf die erwähnten Topica. *) Anlangend den Buddhismus, so besitzt Petersburg jetzt schon alles Bedeutende, was auf dem Gebiete dieser Religion in Tibet geschrieben worden und die gröfsten Schätze dieses Faches sind für den Augenblick Eigenthum der Universität. Herr Wasiljew hatte alle mögliche Sorgfalt angewendet um tibetische Werke zu erwerben; er war mit den bedeutendsten lamaischen Geistlichen Peking's, desgleichen mit allen Kaufleuten die aus Tibet kamen, in Verbindung getreten, und hatte so die Genugthuung, eine grofse Anzahl Bücher zu bekommen, die in Hlassa und seinen Umgebungen gedruckt waren. Die Bibliothek besitzt durch ihn den Dandjur, eine Sammlung von 225 Bänden, die alle indischen Religionswerke enthält welche aus dem Sanskrit ins Tibetische übersetzt sind. Die Abwesenheit der anderen grofsen Sammlung, des Gandjur, in der Universitäts-Bücherei wird aufgewogen durch die Exemplare dieses Werkes im asiatischen Departement und auf der Academie der Wissenschaften. Das zweite ist zu Amdo im östlichen Tibet gedruckt und steht äusserlich dem ersteren sehr nach, ist ihm aber hinsichtlich der Correctheit des Textes vorzuziehen. Tibetische Texte die zu Peking gedruckt sind, enthalten viele Fehler, da die Drucktafeln von Chinesen geschnitzt werden, die weder Sprache noch Schrift der Tibeter

*) Rechnet der Verfasser Dichtungen und dramatische Werke zur geistlichen Litteratur? Die letztern sind übrigens ohne Zweifel auch aus dem Sanskrit übersetzt.

verstehen.*) Ausser den besten dogmatischen und mystischen Werken, die zum Theil nicht in den Dandjur gehören, hat die Bibliothek tibetische Werke über die Geschichte des Buddhismus, in Indien und anderwärts.

Chinesische Werke. Gewöhnlich erwähnt man im Vereine mit diesen auch die in der Mandjusprache erschienenen Bücher; da aber die ganze sogenannte Litteratur der Mandju's nur Uebersetzungen aus dem Chinesischen aufweist, so begnügt sich der Verfasser hinsichtlich dieser Litteratur daran zu erinnern, dass Alles was nur irgend in mandjuischer Sprache gedruckt oder geschrieben sei, in den öffentlichen Bibliotheken Petersburgs zusammengenommen Platz gefunden habe. Einige Bücher von altem Datum sind selbst in Peking Seltenheiten geworden; denn das Studium dieser Sprache ist in der Capitale der mandjuischen Dynastie heutiges Tages dermafsen gesunken, dass die chinesischen Buchhändler, da sie keine Mandjuwerke mehr absetzen können, sie als Futter der Blätter chinesischer Werke zu verwenden anfangen. Die Eroberer Chinas sind geistig und sprachlich in der eroberten Nation aufgegangen; daher sind Uebersetzungen chinesischer Werke in die ursprüngliche Muttersprache ersterer bald überflüssig geworden; man hat mit Uebersetzen eingehalten und das verhältnissmässig wenige, was in dieser Hinsicht zu Tage gefördert ward, liegt unbenutzt. Die gebildeten Mandju's ge-

*) Der Verf. nimmt hier Gelegenheit, von dem ungemeinen technischen Talent der Chinesen einen Begriff zu geben. Um die Zeit seiner Anwesenheit liefs ein mongolischer Fürst in einer Buchhandlung von Peking eine prächtige Copie des Gandjur anfertigen, deren Preis ungefähr 15tausend Rubel B. gleichkam. Sie sollte in Goldschrift auf schwarzem, geglättetem und stark gefüttertem Papier ausgeführt werden. Der Unternehmer wählte einige zwanzig junge Knaben, ersuchte einen Lama, sie tibetisch lesen zu lehren, und nach Verlauf eines Monats copirten sie schon sehr zierlich. Den Mongolen kommen übrigens tibetische Bücher meist ausserordentlich theuer, da sie es für Sünde halten um den Preis zu feilschen, ein Umstand der von Speculanten in unverschämter Weise ausgebeutet wird.

stehen unbedenklich, dass sie, wenn es ihnen zuweilen einfällt, eine Version in der Sprache ihrer Väter zu lesen, oft am chinesischen Originale (wenn dieses beigedruckt ist) sich Raths erholen: das Chinesische ist für sie Mittel zum Studium des Mandjuischen, aber nie umgekehrt. Die vornehmsten Werke in Mandjusprache sind Uebersetzungen der canonischen Bücher, doch ohne die zahlreichen Commentare welche die Chinesen über diese Werke geschrieben. Von Werken aus den Gebieten der Medicin, Landwirthschaft, u. s. w. ist keines übersetzt, ebenso kein geographisches. Nur im Fache der Gesetzgebung kann man diese Litteratur als sehr umfassend und vollständig betrachten; es ist dies eine Ehrensache für die Dynastie, welche, indem sie Gesetze giebt und Verfügungen erlässt, zugleich einem besonderen Ausschusse deren Uebertragung ins Mandschuische anvertraut. Die Bibliothek der Universität besitzt eine Reihe Verordnungen oder Decrete aller Kaiser des regierenden Hauses, bis zur Regierung des verstorbenen Tao-kuang;*) dann eine zahlreiche Sammlung von Gesetzen (Ucheri kooli bitche, d. i. 'Buch der gesammelten Gesetze') die unter Kian-lung erschienen. Eine wahre bibliographische Seltenheit ist ein handschriftliches Tagebuch aller Geschäfte die in der Präfectur Sachalian ula (des Amurstroms), seit ihrer Errichtung bis 1810, verhandelt worden. Dieses Tagebuch enthält sehr interessante Data über das Land und seine Beziehungen zum Russischen Reiche. Herr Wasiljew hat der geographischen Gesellschaft einen Auszug aus demselben, betreffend die Existenz eines Vulcans in den Umgebungen von Mergen chota (im chinesischen Daurien) mitgetheilt.

Nach seinem Bericht über die mandjuischen Werke kommt der Verfasser wieder zurück auf die Entstehung der (jetzt in Petersburg befindlichen) Kasaner Bibliothek. Nach seiner Rückkehr aus dem Baikal-Lande publicirte Herr Kowalewski

*) Da ihre Veröffentlichung erst nach dem Tode des jedesmaligen Kaisers stattfindet, so stehen die des Letztgenannten (starb 1850) noch zu erwarten.

den Catalog der von ihm für die Bibliothek mitgebrachten Bücher (1833). Im Jahr 1837 brachte der Lama Nikitujew einige kalmykische und tibetische Werke aus den Steppen der Kalmyken; *) zu diesen gehörte schon Târanât'a's Geschichte des Buddhismus in Indien, deren tibetischen Text Nikitujew für Kowalewski ins Mongolische übersetzte. Im selben Jahre wurde ein Lehrstuhl des Chinesischen errichtet: der Archimandrit Daniel, damals Professor dieser Sprache, überliefs alle seine Bücher (für 4000 Rubel B.) der Universität, und von jener Epoche datirt die chinesische Sammlung. Die meisten Bücher des Pater Daniel waren ausser canonischen und philosophischen Werken der Chinesen, christlich-religiösen Inhalts. Der Verf. nimmt hier Gelegenheit (mit grofsem Rechte) zu sagen: 'Aus den Uebersetzungen von der Hand christlicher Missionare kann man zwar nimmermehr die chinesische Sprache lernen, obgleich es Leute giebt die dies anzurathen scheinen; auch sind solche Uebersetzungen keineswegs immer glücklich; als bibliographische Seltenheit bietet die Sammlung jedoch ein hohes Interesse, und es würde jetzt sehr schwer sein, eine ähnliche zu veranstalten.' Da die christlichen Tempel in China geschlossen worden sind und der Druck solcher Werke die vom Christenthum handeln, daselbst verboten ist, so müssen diejenigen Bewohner Korea's welche Christen geworden, christliche Bücher sehr theuer bezahlen. Zur Zeit der Anwesenheit des Paters in Peking waren die letzten catholischen Glaubensboten eben daran, China für immer zu verlassen; bei ihrem Aufbruche aber überliefsen sie alle Kirchengüter der russischen Mission und schenkten deren Mitgliedern eine kostbare Sammlung europäischer wie chinesischer Werke, einschliefslich der Schränke: aus dieser Sammlung nun hatte der Pater Daniel wahrscheinlich die seinige gebildet. Seitdem erbte die Bibliothek eine kleine Anzahl Bücher des verstorbenen Inspectors Sosnizki, weiland Pater Daniels Gefährten während seines zehnjährigen Aufenthalts in China. Da kam das Jahr

---

*) Dieser Lama war Inspector am Gymnasium zu Kasan.

1840, und der Verf. dises Artikels ward auf eine gleiche Zahl Jahre nach China geschickt. Die Universität versah ihn reichlich mit Hülfsmitteln; namentlich erhielt er jedes Jahr 700 Rubel B., von welcher Summe er die eine Hälfte zu Bezahlung seiner Lehrer, die andere zu Beschaffung von Büchern verwenden durfte. Es gelang ihm für ungefähr 5000 Rubel eine ebenso reiche als gut gewählte Sammlung zu erwerben, deren chinesischer Theil (an Umfang wie an innerem Werthe) Alles übertreffen dürfte was das ganze übrige Europa in dieser Art besitzt.

Es ist hinsichtlich der Preise ein gewaltiger Unterschied, ob man morgenländische Bücher an Ort und Stelle oder in Europa anschafft. Als Beispiel sei nur angeführt, dass ein Roman in chinesischer und mandschuischer Sprache, das Kin-ping-mei, den Herr W. mit 7 R. B. (28 Franken) bezahlte, bei Pariser Buchhändlern für 600 Franken (!!!) ausgeboten wird. Uebrigens kann man in China selbst beim Einkauf von Büchern sehr übervortheilt werden, wenn man nicht practisch genug ist und mit zuviel Rücksichten verfährt. Herr W. sagt: 'Wir mussten uns vor Allem der Vormundschaft gewisser Schurken entziehen, die, ein unangenehmes Erbstück unserer Vorgänger, unsere Missionare beständig belagerten. Aus übertriebener russischer Grofsmuth hatte man diesen Leuten nie auch nur etwas abzuhandeln versucht: so bekamen die Abschreiber für jedes Wort (Schriftzeichen) ein Kupferstück (tsian); wir handelten ihnen soviel ab, dass sie mit einem Kupferstück für je zehn Schriftzeichen fürlieb nahmen! Unsere Vorgänger machten ihre Ankäufe in einer und derselben Bücherhandlung; wir knüpften zu diesem Zwecke überall Bekanntschaften. Doch kam es nicht gleich anfangs zu einem glücklichen Ergebnisse: in der ersten Zeit geriethen wir oft in Schlingen, denen wir, selbst wenn sie offenbar genug waren, nicht immer ausweichen konnten. Die zehn mitgebrachten Jahrgänge der Pekinger Statszeitung z. B. kosteten uns dreimal mehr als den Eingebornen. Man brachte uns diese Zeitung alle Morgen in folgender Verfassung: ein Heft Berichte der Regierungsbeamten, schlecht gedruckt, ohne Datum, nebst angeheftetem Beiblatte, die Decrete und Verordnungen des Kaisers enthaltend; dieses Letztere blieb uns, aber das Heft wurde am anderen Morgen wieder verlangt, um anderen Lesern mitgetheilt zu werden; später erhielten wir es in schlechtem Zustande zurück, und oft war selbst die Nummer eine andere. Wir empörten uns über solchen Missbrauch, verabschiedeten den Zeitungsträger und liefsen einen anderen kommen; dieser aber wagte keinen Eingriff in das Einkommen seines Kameraden. Was blieb uns übrig? Wir schlossen wieder Frieden mit Jenem, unter der Bedingung, dass er uns um denselben Preis ein Heft einer besseren Ausgabe lieferte, die zugleich vollständig wäre. In den letzten Jahren unserer Anwesenheit hatten wir alle Bücherläden kennen gelernt; die Buchhändler waren von unserer Genauigkeit im Bezahlen der Rechnungen und von der guten Qualität unseres Geldes überzeugt geworden; sie bewarben sich wetteifernd um unser Vertrauen und wir bezahlten sie nicht mehr theuerer als die Eingebornen. Man bilde sich aber nicht darum ein, dass der Einkauf von Büchern in Peking eine leichte Sache sei, dass wir nur ein Verzeichniss einzuschicken brauchten um das Gewünschte sofort zu bekommen. Man findet in den Buchhandlungen nichts vorräthig als Werke welche die gewöhnliche Geistesnahrung chinesischer Gelehrten ausmachen: canonische Bücher, Wörterbücher, Ausarbeitungen über gegebene Texte, u. dergl. Alles dies kommt in enormer Menge aus dem Süden und ist sehr wolfeil, da man die Preise solcher Bücher nur nach ihrem Volumen stellt. Ganz anders verhält sich's mit anderen werthvollen Büchern, denen man nachspüren muss, um ihrer habhaft zu werden: einige derselben sind vor zweihundert Jahren gedruckt; die meisten im vorigen Jahrhundert, und die betreffenden Drucktafeln sind entweder zerstört oder dermafsen beschädigt, dafs sie nicht mehr Dienste thun. Wir mussten daher warten bis irgend ein Gelehrter irgend eines der angedeuteten Werke einem Bücherhändler aus Noth verkauft hatte. Daher war es meine tägliche Beschäftigung, das Lieu li tsch'ang, den Mittelpunct des Buchhandels in Peking, zu besuchen, damit andere Käufer nicht so leicht mir zuvorkämen wo es einen guten Fund galt.'

'Während meiner zehnjährigen Abwesenheit machte die Universität von anderen Seiten mehrere bedeutende Erwerbungen, was mir immer rechtzeitig angezeigt ward, damit ich keine unnöthige Ausgabe machte. Im Jahr 1844 verliefs Pater Daniel sein Catheder und wurde durch den seligen Woizechowski ersetzt; auch dieser trat seine Büchersammlung an die Bibliothek ab. Da er in Peking als Arzt gedient hatte, so zeichnete sich seine Sammlung durch medicinische Werke aus. Aber den wichtigsten Zuwachs erhielt die Bibliothek damals durch die Academie der Wissenschaften welche ihre Doubletten an sie abtrat: bei dieser Gelegenheit wurden das T'ai Ts'ing i t'ung tschi und das T'ai Ts'ing hoei tian, Werke die jetzt ebenso selten als theuer geworden, Eigenthum derselben.*)'

Dem sehr ausführlichen Bericht über die chinesische Sammlung wollen wir einiges entlehnen. 'Man würde sehr irren' — sagt der Verf. — 'wenn man glaubte, der Genius China's habe kein anderes System, als das nach Confucius benannte, hervorgebracht. Dieses letztere hat zwar längst allen übrigen Theorien den Preis abgewonnen; wir finden aber dass schon vor Confucius, dann parallel mit dem Anwachs seiner Lehre, und selbst nachdem diese obgesiegt, der chinesische Geist in andere Bahnen sich warf.' Alle diese Bahnen laufen endlich in der eclectischen Lehre der Tao-sse zusammen, welche für jeden Aberglauben, für jeden Traum der Phantasie ein Asyl bietet. Es gelang Herren W. nicht, ein vollständiges Exemplar der Sammlung Tao-tsang aufzutreiben, obschon sie zu Kanghi's Zeit in Peking gedruckt worden; dies kommt daher weil die Tao-Lehre im Süden ihre meisten Anhänger gefunden hat. Die Bücherei besitzt

*) Das erstere ist die ausführlichste amtliche Beschreibung, das andere die grofse Gesetzgebung der heutigen Dynastie.

nur ein Tsi jao, d. h. eine Auswahl der wichtigsten, diese Lehre betreffenden Schriften in 28 Bänden.

Die grofse und wichtige Litteratur des Buddhismus ist ein anderes bedeutendes Element der philosophischen und religiösen Civilisation China's; sie hat offenbar nicht bloss auf die Intelligenz, sondern auch auf die Sprache (?) und zum Theil sogar auf die Erscheinung des Neu-Confucianismus ihren Einfluss geübt. Diese Litteratur besteht im Chinesischen theils aus Uebersetzungen nach dem Sanskrit, theils aus Originalwerken. Der Buddhismus hat während seiner langen Existenz in Indien nie aufgehört, sich zu entwickeln, d. h. Werke in Buddha's Namen hervorzubringen und ist also der genaueste Mafsstab für die Entwicklung der Civilisation in Indien selber. Wir finden in dieser Litteratur mehr positives Material zur Kenntniss der alten Sitten und Gebräuche Indiens, seiner Alterthümer und selbst seiner Geschichte und Einrichtungen, als irgend sonst wo. Wie dem aber sei, Alles beweist, dass der Buddhismus allmälig von allgemeinen Regeln zu Besonderheiten übergegangen ist, von trivialen (?) und subjectiven Ideen zu abstracteren und nebelhafteren, *) bis er zuletzt in Mysticismus versank. Es ist auch ausser Zweifel, dass während dieser Entwicklung in seinem Schofse verschiedne Systeme entstanden die sich in einander bekämpfende Schulen verwandelten. Jede dieser Schulen hat ihre eigne, von den übrigen nicht anerkannte Litteratur. Um nun nicht irre geleitet zu werden, muss man sich hüten, die Lehre einer Schule allein zur Führerin zu wählen. Die chinesische Uebersetzung buddhistischer Bücher, die man in eine Sammlung unter dem Namen San ts'ang (die drei Schatzkammern) gebracht, und welche über 1600 gröfsere oder kleinere Tractate begreift, ist beinahe vollständig Eigenthum der Bibliothek. Unter den Originalwerken sind nur die wichtigsten ausgewählt worden, darunter merkwürdige Reisen buddhistischer Mönche.

Was die Litteratur der muhammedanischen Chinesen

*) Was für Gegensätze sind dies?!

betrifft, so hat Herr W. von dieser nur zwei kleine Bücher sich verschaffen können, obgleich es viele geben soll, was auch gar nicht zu verwundern, da der Islam schon so lange in China existirt und daselbst so verbreitet ist. Man zählt in Peking allein über 20000 muhammedanische Familien, die 13 Moscheen besitzen; ausserdem giebt es auf dem Wege von Peking in die Mongolei ganze Dörfer muhammedanischen Glaubens; aber der Mittelpunct des Islams in diesem Theile Chinas befindet sich zu Lin-tsing-tscheu in der Provinz Schan-tung, woselbst auch die Tafeln zum Drucke muselmännischer Werke aufbewahrt werden sollen. Doch hat nicht der Norden Chinas allein muselmännische Bewohner: die berühmten Moscheen zu Hang-tscheu und Jang-tscheu beweisen dass es auch Muselmänner im Südwesten giebt, während der wahre Kern der Bevölkerung dieses Glaubens ohne Zweifel den nordwestlichen Provinzen Schan-si und Kan-su angehört. Wendet man sich von Kan-su gegen Süden, so findet man deren in Sse-tchuan und endlich sogar in Jün-nan. Alle Muslemin Chinas sprechen natürlich von Kind auf die chinesische Sprache, obschon sie nach ihrer Versicherung arabischer Abkunft sind; sie tragen die gewöhnliche chinesische Kleidung und scheeren nicht einmal ihr Haupt.

Es ist schade dass man bis jetzt ein Hauptwerk ihrer Litteratur, das Hoei-hoei kiao juan-lieu (Ursprung und Fortgang der muhammedanischen Lehre) in Europa nicht besitzt; denn dieses behandelt, wie schon sein Titel sagt, die Geschichte des Islam, und dürfte viel neue Aufschlüsse geben.

Anlangend die Geschichte Chinas, so besitzt die Bibliothek alle Hauptwerke in diesem Gebiete, mögen sie nun einen amtlichen Character haben oder selbständig von Privatpersonen abgefasst sein. Dasselbe gilt hinsichtlich der geographischen und der encyclopädischen Schätze.

Jetzt noch ein Blick auf das Fach der schönen Litteratur. Legenden, Erzählungen, Romane und Dramen betrachtet man in China als Erzeugnisse müssiger Köpfe, die eines civilisirten Menschen wenig würdig; ja sie finden nicht einmal in litterarischen Catalogen Platz. Aber Trotz dieser officiellen Ungunst lässt sich der eifrigste Anhänger des Confucius oft von ihrer Lectüre fortreissen; auch giebt es immer hochgebildete Pfleger dieser 'niederen Schriftstellerei', wie sie in China genannt wird, obgleich die Autoren durchaus keine zeitlichen Vortheile von ihren Arbeiten haben und obgleich der Ruf ihrer Schöpfungen nur sehr langsam sich ausbreitet. — Bei uns dreht sich das Interesse eines Romans oder eines Dramas fast immer um Liebe; in China ist von dieser Leidenschaft sehr häufig gar nicht die Rede. Für den vortrefflichsten aller chinesischen Romane erklärt der Verf. das Hung leu mung (Traum im rothen Pavillon), in welchem ein Sujet von hohem Interesse in reizender Prosa abgehandelt sei. Er behauptet sogar, dass es sehr schwer sein würde, etwas mit diesem Romane vergleichbares zu finden, selbst in Europa. Die p. p. Bibliothek besitzt in Allem 125 Titel von Erzählungen, historischen Berichten, Romanen in Prosa und Versen, Liedern und Bühnenstücken, noch ungerechnet eine grofse Sammlung der letzteren welche 60 Stück begreift.

Verhandlungen der gelehrten Estnischen Gesellschaft.

Das zweite Heft des dritten Bandes dieser Zeitschrift (1856) enthält sechs Artikel, unter denen der letzte für deutsche Leser die gröſste Anziehungskraft haben muss; denn er besteht aus einer estnischen Volkssage, nach mündlichem Referate wörtlich niedergeschrieben von Herren Lagus, und ins Deutsche übertragen von Herren Kreutzwald in Werro, aber wiederum leider ohne Hinzufugung des estnischen Textes. Wir lassen die Uebertragung hier folgen:

'Als Altvater Himmel, Erde, Sonne, Mond und die glänzenden Sterne erschaffen hatte, machte er einen Garten, und fing an, für denselben allerlei Gethier zu schaffen. Der seitwärts stehende Judas sah dieses Werk mit neidischen Blicken an, und beschloss, für sich einen Teufelsgarten *) anzulegen; er machte für denselben auch mancherlei Thiere, wie Esel, Pferde und andere Hörner und Krallen tragende Geschöpfe, desgleichen Vögel, aber er vermochte nicht, ihnen Lebensodem zu geben und musste darum zu Altvater gehen, guten Rath zu holen. Der bei seiner Arbeit gestörte Altvater antwortete ärgerlich: 'Hast du es verstanden sie zu schaffen, so musst du sie auch beleben können.' Judas, wie ein ächter Zigeuner, lieſs sich nicht abweisen, sondern quälte mit seinen Bitten so

---

*) Paharäti aed, aus paharät Teufel, und aed Zaun, Garten.

lange den Altvater, bis dieser endlich, die Bitte erfüllend, zu ihm sprach: 'Zieh dir die Bauchhaut vom Leibe und mache daraus einen Dudelsack.' Der Judas achtete die Schmerzen nicht welche ihm das Abschinden der Haut verursachte; er streifte dieselbe eiligst vom Bauche und machte sogleich einen Dudelsack daraus. In diesen begann er Luft zu blasen, und siehe da! alle von ihm gemachten Geschöpfe erwachten zum Leben. Da sie aber in des Teufels Garten keine Nahrung vorfanden, fingen sie an einander zu verfolgen und zu verzehren. Judas, der in allen Dingen klüger sein wollte als Gott der Schöpfer, hatte seinen Geschöpfen lange Schnauzen, grofse Hörner, lange Schweife, starke Hauzähne und scharfe Krallen geschaffen. Aber dass seine Thiere einander aus Hunger zerrissen, dies gefiel dem Meister nicht; daher begab er sich abermals zum Altvater, um sich guten Raths zu erholen. Dieser gab ihm den Bescheid: 'Lass die Thiere in meinen Garten kommen, dort werden sie keinen Mangel an Futter haben und nicht mehr aus Hunger einander zerreissen.' Dieser Vorschlag mundete dem Judas zwar nicht, allein das Mitleid gegen seine Geschöpfe gewann diesmal die Oberhand. 'Gut,' sprach er, ich will sie Dir lieber überlassen, als dass sie einander verzehren.' Hierauf ging Altvater mit ihm zum Teufelsgarten und rief das von Judas gemachte Vieh zu sich; doch mit Ausnahme des Esels hörte Niemand auf seinen Ruf; nur der Esel schlich sachte aus dem Garten. Altvater merkte sogleich, es sei nothwendig, die fremden Geschöpfe zuerst seine Strafruthe fühlen zu lassen, bevor er sie an Gehorsam gewöhnte. Zu dem Behufe schuf er eine Menge kleiner Geräuschmacher (kössitajad), als Fliegen, Mücken, Bremsen u. dergl., und warf von denselben eine Handvoll durch die Pforte in des Teufels Garten hinein. Sämmtliche von Judas gemachte Geschöpfe wurden im Garten unruhig und drängten sich zuletzt durch die offne Pforte heraus. Altvater hatte seinen Schöpferstab (nach Anderen eine Sense) quer vor der Pforte niedergelegt, indem er sprach: 'Damit die Geschöpfe nicht alle gleicherlei Gestalt behalten, sollen diejenigen, welche mit ihren

Füſsen den Stab berühren, mit Klauen, die über ihn springen, mit Hufen versehen werden.' Manche von den kralligen Thieren und fleischgierigen Vögeln sprangen und flogen über den Gartenzaun, während Altvater an der Pforte beschäftigt war, und behielten daher ihre alte, aus dem Teufelsgarten mitgebrachte Gewohnheit einander zu zerreissen. Als die Katze eben vom Gartenzaun herunterspringen wollte, bekam sie von Altvater einen Schlag auf die Schnauze; daher schreibt sich ihre kurze Schnauze und der Umstand her, dass sie ihre Nahrung nicht durch Schärfe des Geruchs, sondern des Auges suchen muss. Des folgsamen Esels Lohn war: 'durch das Geschmeiss der Geräuschmacher niemals beunruhigt zu werden.'

Dass die Sage in ihrer jetzigen Gestalt aus christlicher Zeit sein müsse, beweist der Name Judas, unter welchem hier der Teufel zu verstehen. Man betrachtete den Verräther des Heilands (trotz seiner durch Selbstmord genugsam beurkundeten Reue) als ein so gewisses Eigenthum des Teufels, dass er mit diesem allmälig sich identificirte, und am Ende mochte Judas Ischariot für eine bloſse Incarnation des Erbfeindes der Menschheit passiren. Wie dem aber auch sei, die estnische Sage stellt den Satan-Judas nicht gerade als Princip des Bösen, mehr als ein tölpisches, mit Gott gleichsam rivalisirendes und doch seines Rathes bedürftiges Wesen dar, als einen neidischen Gottesaffen, der sich lächerlich macht.

Ein anderer Artikel, von Dr. Wendt, ist überschrieben: 'Urwäldliches aus America und Vorgeschichtliches aus Livland.' Der Verf. beginnt mit einem ausführlichen Berichte über sechs Bände der, von der Smithsonian Institution zu Washington besorgten, Contributions to Knowledge, soweit dieses wichtige Werk Untersuchungen über Alterthümer Nordamericas gewidmet ist. Dann führt er an, dass die 'Estnische gelehrte Gesellschaft', fast gleichzeitig mit jener ultraoceanischen Zusendung (einem Austausche gegen ihre 'Verhandlungen') ein analoges Geschenk von Dr. Brandt aus Opotschka erhalten habe. Herr Brandt hat sich schon lange mit Untersuchung der alten Gräber in Polnisch-Livland beschäftigt, und die 'Ergebnisse seiner Mühen' sind wesentliche Beiträge für die Museen in Riga und Dorpat gewesen. Im September 1854 hatte er, in Gemeinschaft mit dem Grafen Sievers, abermals einige zwanzig Gräber auf dem Gute Wysokoje bei Opotschka aufgedeckt und die daselbst gefundenen Alterthümer der E. G. geschenkt. Brandt unterscheidet drei Arten Gräber:

Die erste Art kommt häufiger im Witepskischen vor, als im Pleskauischen. Es sind runde, selten ovale, mehr oder weniger kegelförmige Erdhügel von verschiedner Gröfse, zuweilen mit Bäumen bewachsen. Die gröfsesten stehen in der Mitte, die kleinsten mehr nach den Umkreisen der ganzen Gruppe. Alle haben oben in der Mitte eine mehr oder minder tiefe Grube, umgeben von einem ringförmigen Erdrand, und oft findet man oben und zur Seite grofse Feldsteine. Diese Gräber kommen gewöhnlich in gröfseren Gruppen vor, und stehen ziemlich dicht, so dass es oft aussieht, als wären es Hügel, zwischen denen man die Erde ausgegraben; oft gleichen sie alten Verschanzungen.

Die zweite Art sind eben solche Hügel, nur ohne die characteristische Vertiefung oben. Diese kommen im Pleskauischen häufig vor, auch im Sebesch'schen Kreise (Witepsk), nur vereinzelt aber im Lutzin'schen und zwar in Gruppen der ersten Art.

Die dritte Art sind lange Gräber, die gleichfalls nie eine Vertiefung von oben haben. Diese findet man nie mit Gräbern der ersten Art, wol aber mit denen der zweiten gemeinschaftlich; sie bilden oft kleine Gruppen. Der Lutzin'sche Kreis entbehrt ihrer ganz, dafür aber hat der Sebesch'sche und das Gouvernement Pleskau sie aufzuweisen.

Alle diese Monumente sind auf dem ursprünglichen Boden der Art aufgeschüttet, dass man das umliegende Erdreich, meist Sand, zuweilen mit Lehm gemischt, benutzte. In denen No. 1 (doch nur im Witepskischen) finden sich auch absichtlich gelagerte Steine; diese kommen vor: 1) in Reihen am

Füfse des Hügels, 1—2 Fufs von einander; hier sind es gewöhnlich kleine Feldsteine die gleichsam zur Bezeichnung des Grabes dienen; 2) um das Gerippe herum liegend, wie zum Schutze desselben; hier sind es gespaltene flache Granitstücke und Kalksteinplatten, die aber ebenfalls in kleineren oder gröfseren Zwischenräumen stehen. Nur einige dieser Gräber scheinen ein wahres Gewölbe aus auf einander gelegten grofsen Feldsteinen gehabt zu haben, aber leider sind solche meist durch Schatzgräber zerstört. Endlich finden sich auf dem Urboden, gewöhnlich in der Mitte des Grabes, 2 bis 3 gröfsere Steine als Stütze des Todten.

Die Gräber No. 1 und 2 enthalten immer nur ein menschliches Gerippe; in den sehr grofsen, oft kleinen Bergen (?) gleichenden, die wahrscheinlich vornehme Personen beherbergten, findet man auch Reste von Pferde-, Hunde- und Vögelknochen. Die Lage der Skelette war sehr verschieden: im Lutzin'schen sitzend, kauernd, durch Steine gestützt, von Steinen und Holz umlagert, nur selten auf dem Rücken liegend; im Sebesch'schen und Opotschka'schen immer liegend, meist auf der rechten Seite, und nie mit Steinen und Holz. Waren Erstere stets ohne Schädel,*) so fand man bei den Anderen immer das ganze Skelett. Die Richtung der Todten ist dort meist und hier stets in der Weise dass sie das Gesicht der aufgehenden Sonne zukehren. Dort wie hier lagen einige Todte, doch nur wenige, zwischen Holzbohlen, oder vielmehr auf solchen. In No. 3 (den langen Gräbern) fiudet man immer viele Gerippe und zwar scheinen diese zu liegen, zu kauern oder zu stehen, die Hände nach oben gerichtet.

Die langen Gräber enthalten sehr viel Asche, nur selten Ueberreste von Holzstücken oder Kohle. In denen No. 1 ist dagegen weniger Asche, aber mehr Kohlen- und Holzreste unmittelbar bei dem Skelette, auch Holzbohlen, zwischen denen die Körper lagen. Im Pleskauischen stöfst man in No. 1

*) Ein als Mumie erhaltener Körper erwies deutlich, dass die Schädel abgeschnitten wurden.

und 2 erst auf Erde; dann kommt eine starke Schicht Asche mit Kohlen und Holzresten, dann wieder eine Schicht von einigen Fufs Erde, endlich das Skelett. Ueberall aber fand ein theilweises Anbrennen oder Verbrennen der Leichen statt.

Aschenkrüge, oder irdene Gefäfse verschiedner Form, aus einem Gemische von Lehm und kleinen Quarz- und Granitstückchen bestehend, ungebrannt, sind nur in den Gräbern der zweiten und dritten Classe, nie in denen der ersten, anzutreffen. In der zweiten Art kommt stets nur ein Krug vor, oft zu Füfsen, öfter zur Seite des Gerippes, umklammert von dem rechten Arm des Todten; in der dritten Gattung findet man mehrere Krüge, die ausserdem stets der Oberfläche näher sind, als die Skelette. Meist sind die Krüge leer, und muthmafslich gab man den Abgeschiednen Speise in denselben mit, wie noch jetzt bei Beerdigungen in jenen Gegenden das Essen eine grofse Rolle spielt.

Ueber die Alterthümer in den Gräbern bemerkt Dr. Br., dass Schmucksachen aus Bronze besonders in den Pleskauischen häufig seien, desgleichen eiserne Waffen und Geräthschaften; sauber gearbeitete Steinwaffen finden sich häufiger im Witepskischen. Die der E. G. übersandten zwei Münzen (beide Samaniden-Dirhem's, resp. aus den Jahren 952—3 und 986—7 unserer Zeitrechnung) waren die ersten die Dr. B. überhaupt in alten Gräbern gefunden hat. Von den vorgefundenen Metallsachen behauptet er, sie seien durch Tauschhandel von Finnischen Völkern aus dem Norden gekommen; von den Perlen aber (aus Knochen, Glas und Stein), dass sie aus dem Süden stammen, wie ihre Applicatur mit Gold und Silber, ihre Löthung und Mosaikarbeit zu ergeben scheine.

Das Volk welches die Gräber im Pleskauischen aufgeworfen hat, darf man nicht in einem mythischen Zeitalter suchen: es sind die Kreewitschen oder Kreewingen gewesen, von denen geschichtlich erwiesen ist, dass sie in den Jahren der Prägung jener Münzen bereits hier wohnten.

Der Verfasser schickt beiden Berichten eine Parallele nach zwischen den Ergebnissen archäologischer Forschungen in America und im Russischen Reiche (namentlich dessen nordwestlichen Theilen), wobei das Uebergewicht entschieden auf jene Seite fällt. Nicht nur umfassende Untersuchungen auf dem ganzen weiten Gebiete, sondern vorzugsweise ein tactvolles, vorurtheilsfreies Forschen tritt uns entgegen; die Geschichtsforschung kann schon mit dem gewonnenen Resultate einer bestimmt bezeugten, obwohl namenlosen Vergangenheit der nordamericanischen Urwälder vorwärtsschreiten zu den beredten Jahrhunderten europäischer Invasion.

In einem dritten Artikel: 'Ueber die einfachen Zahlwörter der westfinnischen Sprachen', liefert Herr Neuss, der rühmlichst bekannte Herausgeber der 'Ehstnischen Volkslieder' (Reval 1850) eine Critik eines Schriftchens des Finnen Europäus, worin dieser die Zahlwörter der finnisch-ungarischen Sprachen mit denen des indisch-europäischen Stammes zusammenwirft.*) Herr Europäus laborirt nemlich an der fixen Idee, die finnischen Stämme seien eines Stammes mit den Indo-Germanen, und diese Idee hat sein Geblüt dermafsen erhitzt, dass ihm zu ihren Gunsten wahrer Unsinn willkommen ist, während er über vernünftige Gegengründe, wie der Hahn über die Kohlen, hinwegfährt. Ein rechtes Abstractum des bedenklichen Zustandes seiner letzten Folgerungen liefert insonderheit das eben angedeutete Schriftchen, auf welches er so stolz war, dass er es in deutscher Uebersetzung über ganz Deutschland verbreitet wissen wollte. Die Critik von Seiten des Herren Neuss ist im Allgemeinen gut gelungen; aber es fehlt diesem Forscher auf dem betreffenden Gebiete der höhere Standpunkt, sonst würde er, besonders wo es auf die Bildung der Wörter für 8 und 9 ankommt, mehrere Behauptungen (z. B. auf Seite 94) behutsamer emittirt haben. Auch können wir einige Verwunderung darüber nicht zurückhalten, dass Herr Neuss mit Schott's Abhandlung: 'das Zahlwort in der tschudischen Sprachenclasse etc.' (Berlin 1854) absolut un-

*) Komparatif framställning af de Finsk-ungerska språkens räkneord. Helsingf. 1853.

bekannt zu sein scheint, denn wir wollen uns den Umstand, dass er derselben mit keiner Silbe erwähnt, nur auf diese Art deuten. Sollte die erwähnte Abhandlung Herren N. einmal zufällig in die Hände gerathen, so möchten wir ihm vor Allem empfehlen was auf Seite 11, und auf Seite 13 bis 21 gesagt ist.

Die drei letzten Artikel (im Hefte aber die drei ersten) sind respective überschrieben: 'Der von dem Generale des Jesuitenordens Mutius Vitellescus für die verwittwete Fürstin Catharina von Siebenbürgen am 15. Juli 1638 ausgestellte Gnadenbrief', von Herrn Santo. — 'Geschichtlicher Nachweis der zwölf Kirchen des alten Dorpat', von Herrn Thräner. — 'Geschichtliches zur Verfassung der Kirchengemeinden Dorpats', von Herrn Beise. Die beiden letztgenannten haben nur örtliches Interesse. Der erstgenannte enthält historische Untersuchungen, besonders über die erwähnte Fürstin und ihren Gemahl (den bekannten Fürsten Betlen Gábor), nach vorgängigem Abdruck des (lateinischen) 'Gnadenbriefs', dessen Original einem Privatmanne in Narwa gehört, und welcher nichts anderes ist, als eine jener geistlichen Galanterien, womit der Jesuitenorden, wie die römische Curie selbst, so oft die Fürsten für seine Interessen zu gewinnen versuchte und verstand. Die Uebertragung des, durch der frommen Ordensglieder Gebete, Fasten und Andachtsübungen gewonnenen Segens auf die fürstliche Frau, an welche das Ehrendiplom gerichtet ist, entspricht vollkommen der, der römisch-catholischen Kirche ausschliefslich eigenthümlichen Lehre von der Verwaltung des Schatzes guter Werke und Verdienste durch den Priesterstand. Wir wollen das ganze Schreiben, dessen Aechtheit kaum angezweifelt werden kann, hier folgen lassen:

Mutius Vitellescus Societatis Jesu praepositus generalis Serenissimae Catharinae principi ex almo stemmate Brandenburgico natae, duci Transsylvaniae. Salutem in Domino sempiternam. — Facit Celsitudinis Vestrae virtus ac pietas et in nostram hanc societatem benevolentia ac merita requirunt, ut quicquid a nobis mutui obsequii in Domino referri possit, id ei jure ac merito debitum esse existimemus. Quamobrem cum nostrum hunc in Celsitudinem Vestram animum nullis aliis rebus quam spiritualibus obsequiis declarare valeamus, pro ea auctoritate, quam nobis Dominus in hac nostra societate concessit, Celsitudinem Vestram omnium et singulorum sacrificiorum, orationum, jejuniorum et reliquorum denique bonorum operum ac piarum tum animae tum corporis exercitationum, quae per Dei gratiam in universa hac minima societate fiunt, participem facimus eorumque plenam communicationem ex toto cordis affectu in Christo Jesu impertimur. In nomine Patris etc. — Insuper Deum Patrem D. nostri Jesu Christi obsecramus, ut concessionem hanc de coelo ratam et firmam habere dignetur ac de inexhausto ejusdem dilectissimi filii sui meritorum thesauro ipse inopiam supplens Celsitudinem Vestram omni gratia ac benedictione in hac vita cumulet ac deinde aeternae tandem gloriae corona remuneret.

In der Mitte des oberen Randes befindet sich auf blauem und rothem Grunde, von goldnen Strahlen umgeben, die bekannte Jesuiten-Chiffre I. H. S. mit dem Kreuze über und mit drei Nägeln unter dem mittelsten Buchstaben. Die Schrift ist sehr deutlich und calligraphisch schön mit schwarzer Tusche, und bei solchen Worten, welche sich auf Gott, Christum, oder den Titel der Fürstin beziehen, mit Gold aufgetragen.

Ueber *Semenow's* Uebersetzung der Ritter'schen Erdkunde.

Die mit vielen Zusätzen des Uebersetzers (aus Quellen welche seit 1832 veröffentlicht worden) vermehrte, russische Bearbeitung eines Theils der Erdkunde Ritters, von Herrn P. *Sé*menow, ist 1856 erschienen.*) Ein gelehrter Beurtheiler dieser Arbeit (Herr Berjósin) lässt sich zuerst über die starken und schwächeren Seiten der deutschen Fundgrube vernehmen; er läugnet nicht, dass die Geographie erst durch Ritter zu einer Wissenschaft erhoben sei, behauptet aber, an dem unerfreulichen Forterscheinen trockner und geistloser geographischer Handbücher habe die unwieldiness des deutschen Werkes einige nicht abzuläugnende Schuld. Ritter hat viele und oft schwer verständliche neue Bezeichnungen gewählt, die bei ihm, wie bei germanischen Gelehrten überhaupt, gröfstentheils fremden Sprachen entlehnt sind; er schreibt ausserdem öfter gedehnt und schleppend, und lässt sich manchmal zu unnöthiger Ausführlichkeit hinreissen. Vor Allem ist es aber die Menge dicker und enggedruckter Bände, was den gröfseren Leserkreis, desgleichen Epitomatoren und Compendienschreiber abschreckt: man staunt über den colossalen Fleiss des Mannes und — lässt die Früchte dieses Fleisses unbenutzt liegen.

---

*) Sie begreift nur diejenigen Länder welche in unmittelbarer Beziehung zu Russland stehen: China, unabhängige Tatarei, *Sibirien* und Persien.

Der russische Uebersetzer muss diese Uebelstände wohl gefühlt haben, denn seine Vorrede beginnt gewissermaſsen mit einer Entschuldigung wegen der Wahl gerade dieses Werkes, dessen Schwerfälligkeit ihm nicht weniger einleuchtet als der hohe Rang den es in der Wissenschaft einnimmt. Auch bekennt Herr *S.*, dass er selbst, um das Original möglichst treu wiederzugeben, auf Leichtigkeit des Stils verzichtet habe — ein Umstand, den Herr Berjósin beklagt, indem die Arbeit auf solche Weise nimmermehr gemeinnützlich oder allgemein anziehend werden könne. Desto gröſsere Gerechtigkeit lässt der Recensent den sachlichen Verdiensten *Sémenow's* widerfahren, der sich zu seinem Unternehmen überaus vielseitig und gewissenhaft vorbereitet hat; seine ausserordentlich reichen Zugaben, die fast eine ganze Hälfte des Bandes ausmachen, sollen, wie verlautet, sogar ins Deutsche übersetzt werden. Diese sind theils geographischer, theils historischer Art: die letzteren haben viel gröſseren Umfang, und unter ihnen gebührt die erste Stelle einer Untersuchung über die historische Beziehung des kalten Berglandes der südlichen Mandjurei, des Flussgebietes Liao-he und eines Theiles der südlichen Mongolei, zur heiſsen Niederung von Tschili, als nordöstlichster Provinz des eigentlichen Chinas.

Herr B. verweilt nur bei Nachforschungen über den sogenannten 'Priester Johannes' in Mittelasien. Es ist bekannt, dass die nestorianischen Christen bereits vor Tschinggis Chan mit ihrer Lehre bis China vordrangen; aus dem mongolischen Stamme Kerait hatten Viele das Christenthum angenommen, der Beherrscher dieses Stammes wird aber Ung Chan genannt. Vermöge jener, den Morgenländern zu allen Zeiten eignen Prahlerei übertrieben die Nestorianer ihre Erfolge, und aus ihren Nachrichten, den genannten Fursten und seinen Staat betreffend, erbaute sich, unter Mitwirkung von Missverständnissen, das imaginaire Reich eines Priesters Jovang, d. i. Johannes, von welchem so lange und so viel in Europa gefabelt worden ist. Die Identität unterliegt keiner Art von Zweifel: um aber die Frage ins rechte Licht zu stellen und gewisse Irrthümer in dem, die Kerait betreffenden Abschnitte der 'Erdkunde' zu berichtigen, theilt der Recensent aus Raschid-ed-din's (persisch geschriebener) Geschichte der Mongolen das Capitel über jenes mongolische Volk in russischer Uebersetzung mit, nur solche Stellen weglassend, die nicht unmittelbar zur Sache gehören. Die Wichtigkeit des Inhalts bestimmt uns, nach dieser russischen Version eine Deutsche zu liefern:

Der Stamm Kerait, seine Geschlechter und Zweige, und einige ihn betreffende Ueberlieferungen, mit Ausnahme solcher, welche in Tschinggis-Chan's Geschichte und anderen Geschichten ihre Stelle finden sollen.

Dieses Volk hatte ehrenwerthe Beherrscher aus seinen eignen Stämmen, und zu damaliger Zeit besafs es in jenen Gegenden gröfsere Macht als andere Völker. Die Lehre Jesu — möge er selig sein! — gelangte zu ihnen und sie nahmen seinen Glauben an. Sie sind ein mongolischer Schlag: ihre Wohnsitze befinden sich am Onon und Keluran (lies Kerulen), im Lande Mogolistan und in den an China grenzenden Ländern. Sie hatten viele Zwistigkeiten mit zahlreichen Nachbarstämmen, insonderheit den Naiman. Um die Zeit Jesukei-Bahadur's und (seines Sohnes) Tschinggis war ihr Gebieter Ung-Chan; dieser stand mit Beiden in freundschaftlichem Verhältniss und sie leisteten ihm öfter Hülfe. Endlich aber gab es Entzweiung und einen Krieg, in dessen Folge die Kerait Gefangene und Sclaven des Tschinggis wurden.

Die Kerait zerfallen in viele Geschlechter, deren gemeinsamer Gebieter Ung-Chan war.

Der Grofsvater des Ung-Chan hiefs Mergus; man nannte ihn Mergus Bujuruk Chan. Damals waren die Stämme der Tatar sehr grofs und mächtig und bezeugten den Selbstherrschern von Tschin und Djurdje nicht immer Unterwürfigkeit.*)

---

*) Unter Tschin (China) ist das Südreich, unter Djurdje aber das

In dem beschriebenen Zeitraum gab es ein Oberhaupt der Tatar-Fürsten das man Nor Bujuruk Chan benannte, und sie hatten ihren Aufenthalt in der Gegend Boir Nor. Eines Tages benutzten sie eine Gelegenheit, bemeisterten sich des Herrschers der Kerait (d. h. des Mergus), und lieferten ihn dem Kaiser der *Djurdje* aus, welcher ihn, an einen hölzernen Esel genagelt, tödten liefs. Nach einiger Zeit schickte die Gemahlin des Mergus, ihres Namens Chutugei Chariltschi, folgende Botschaft an den Stamm Tatar (der ihr benachbart wohnte): 'Ich möchte den Herrscher der Tatar, Nor Bujuruk, mit hundert Hämmeln, zehn Stuten und hundert Undir Kumy*s* bewirthen' (unter Undir versteht man sehr grofse Säcke aus zusammengenähten Fellen, die auf Wägen geladen werden: jeder Sack fafst 500 Pfund Kumy*s*). Sie wollte für ihren Mann Rache nehmen; daher steckte sie hundert rüstige und von Kopf bis zu Fufs bewaffnete Männer in diese Säcke. Die Hämmel wurden vorangeschickt und den Speisemeistern des Tatar-Chans zum Kochen übergeben, mit der Bemerkung dass der Kumy*s* um die Zeit des Mahles auf Wägen ankommen würde. Als man nun beim Schmause safs, langten die hundert Wägen mit den Säcken an; sie wurden entfrachtet, die Streiter schlüpften heraus, fielen im Vereine mit anderen Dienern der Fürstin über den Chan her, tödteten ihn und mit ihm die meisten Tatar welche dort sich vorfanden.

Jener Mergus hatte nun zwei Söhne: der eine hiefs Kutschar Bujuruk, — der andere Gurchan. Diejenigen Gurchane welche im Lande Mawerannahr und in Turkestan Gebieter waren, sind aus dem Stamme Kara-Chatai *), aber dieser Gurchan war (wie gesagt) Sohn des Mergus der Kerait. Von

---

Nordreich zu verstehen, in welche beiden China schon Jahrhunderte vor der Eroberung durch die Mongolen getheilt war. Jenes, dessen gewöhnliche Grenze gegen Norden der Grofse Kiang ausmachte, hatte einheimische Kaiser, wogegen die des Nordreichs (erst Chitan, nachmals *Djurdje*) tungusische Eroberer waren.

*) Vergl. Schott's Abhandlung: 'das Reich Karachatai oder Si-Liao.' Berlin 1850.

den Söhnen des Kutschar Bujuruk hiefs einer Togrul; die Kaiser von Tschin aber nannten ihn Ung-Chan. *) Seine Brüder hiefsen Erke Kara, Bai Timur Taischi, Buka Timur und Ilka Sengun. . . . . Nach dem Tode des Vaters ward Ung-Chan (Togrul) als Hüter der Grenzen angestellt, und sein zweiter und dritter Bruder regierten an des Vaters Stelle. Plötzlich brach Ung-Chan auf, tödtete die Beiden, und bemeisterte sich der Herrschaft. Da entfloh Erke Kara zu den Naiman, mit deren Hülfe er wiederkehrte und Ung-Chan zur Flucht zwang. Aber der Vater des Tschinggis unterstützte diesen, schlug Gurchan (Erke Kara?) in die Flucht, und setzte Ung-Chan an seinen Platz. Jetzt kam dessen Onkel Gurchan gezogen, verjagte ihn und nahm zum zweiten Mal seine Stelle ein. **) Tschinggis unterstützte Ung Chan, vertrieb den Gurchan und setzte jenen wieder auf den Thron. Endlich war Ung Chan in seiner Herrschaft befestigt.

Einst kam einer von den Heerfuhrern des Bujuruk-Chan, des Herrschers der Naiman, mit einem Heere angerückt: sein Name war Keksuv Sairak. Sie plünderten die Wohnstätten der Brüder Ung Chan's und einige seiner Heiligthümer. Ung Chan schickte einen Sohn des Sengun mit Heeresmacht, den Feind zu verfolgen; er selbst flehte Tschinggis um Hülfe an, und diese blieb nicht aus, wie seines Orts zu lesen sein wird.

Djakembo ***) hatte vier Töchter: die eine, ihres Namens

*) Genauer hätte der Perser so sich ausgedrückt: sie verliehen ihm den Titel Ung. Dieses Ung ist nemlich eine blofse Verderbung des rein chinesischen Uang oder Wang, welches weiland die chinesischen Kaiser selbst, nachmals aber nur ihre Vasallen ersten Ranges bezeichnete.

**) Es scheint also, dass Erke Kara schon nach dem ersten Erfolge nicht sich selbst, sondern den Oheim auf des Vaters Thron gesetzt hatte. Darum ist auch wol ein paar Zeilen vorher gesagt, Tschinggis habe den Gurchan (nicht, wie zu erwarten stand, den Erke Kara) verjagt.

***) Ein anderer Name des Ilka Sengun (s. oben), den er angeblich von den Tangutern erhielt.

Abka Bike, begehrte Tchinggis für sich, die andere, Biktuimisch Kutschin, für seinen ältesten Sohn Djutschi; die dritte, Surchuktei Bike, für seinen jüngsten Sohn Tului. Sie wurde Mutter des Monke, Chubilai, Chulagu und Arik-Buga. Die vierte Tochter verheirathete er an den Sohn des Gebieters von Ongut. Man erzählt, dass Tschinggis, nachdem der Stamm Ongut sich ihm unterworfen hatte, auch diese in seine Gewalt bringen wollte, dass es ihm aber nicht gelang, sie aufzufinden.

Ung Chan hatte zwei Söhne: Sengun und Aikur. Aikur hatte eine Tochter Namens Dukur: diese begehrte Tschinggis für seinen Sohn Tului; nachmals begehrte sie Chulagu, dessen älteste Gemahlin sie ward. Ung-Chan's Tochter, welche die Mutter des Sengun ihm geboren hatte, verlangte man für Tschinggis; allein die Bewerbung wurde nicht angenommen, weshalb er einen Groll behielt; sie hiefs Djor Bike. Die Tochter des Tschinggis, welche man für den Sohn Sengun's verlangte, hiefs Kutschin Bike; nachmals verheiratheten sie der Bruder und die Mutter des Tschinggis mit Chutu Kurkan vom Stamme Churlas.

Als Ung Chan zum letzten Mal wider Tschinggis kämpfte, ward er geschlagen und floh; allein es ergriffen ihn Tajang Chan's Heerführer an einem Orte Negun Usun. Da ihr Hass gegen Ung Chan grofs war, so tödteten sie ihn und brachten seinen Kopf dem Tajang. Dieser aber misbilligte was sie gethan, indem er sagte: 'warum habt ihr einen so grofsen Fürsten getödtet? Ihr hättet ihn mir lebendig ausliefern sollen.' Er liefs den Kopf in Silber einfassen und behielt ihn eine Zeitlang aus Ehrfurcht, indem er ihn auf seinen Thron legte. Eines Tages sagte Tajang zu diesem Kopfe: 'sprich etwas!' worauf der Kopf — so erzählt man — seine Zunge zu verschiednen Malen aus dem Munde streckte. Die Grofsen des Tajang sagten: 'das bedeutet nichts Gutes: es wäre ein Wunder wenn uns kein Unglück zustiefse.' Und so kam es auch.

Sengun floh mit einigen Leuten von dem Orte wo man seinen Vater erschlagen hatte. An der Grenze des Mongolenlandes ist eine Stadt Inschan:*) durch diese zog er und ging nach Tibet, wo er zu bleiben gedachte. Die Tibeler hiefsen ihn weiter fliehen, seine Leute zerstreuten sich, und er verliefs das Land. An der Grenze von Tschin und Kaschgar liegt ein Gebiet Kuschen.**) Daselbst war ein Sultan, seines Namens Kylydj Kara. Dieser traf den Sengun an einem Orte Tschacharkach und tödtete ihn mit Weib und Tochter. Einige Zeit nachher unterwarf er sich dem Tschinggis.

Soweit die Erzählung des Raschid-ed-din, aus welcher manche Unrichtigkeit in den beiden Artikeln der 'Erdkunde' über den 'Priester Johannes' verbessert werden kann. Um das frühe Erscheinen dieses Priesters mit dem späteren Ung Chan in Einklang zu bringen, muss man hypothetisch annehmen, dass der chinesische Hof schon vor Togrul den Titel Ung (Wang, vergl. oben) an Fürsten der Kerait verabfolgte; die Annahme des Christenthums aber von Seiten der Kerait hatte schon geraume Zeit vor Tschinggis Statt gefunden. Wäre Herr Sémenow mit dem Berichte des Persers bekannt gewesen, so würde er z. B. einen bei Abulgasi erwähnt sein sollenden Tayrell und einen bei Arabern vorkommen sollenden Pisuca weggemerzt haben; an die Stelle Gurchan's wäre nicht ein nie existirender Gjaur Chan getreten u. s. w.

Nach Vollendung des Druckes seiner Uebersetzung ist Herr Sémenow in den Altai gereist. Man darf nicht bezweifeln dass persönliche Bekanntschaft mit den Oertlichkeiten ihn in den Stand setzen werde, eine künftige Ausgabe mit neuen geographischen Ergänzungen zu bereichern; besonders ist wünschenswerth, dass er sich's angelegen sein lasse, die historischen Irrthümer des deutschen Originals zu berichtigen, denn diese sind in nicht geringer Zahl.

---

*) Inschan nennen die Chinesen nicht eine Stadt, sondern eine Bergkette in der südlichen Mongolei.

**) Es ist wohl Kutsche (zwischen Ak-su und Karaschar) gemeint.

Drei Tarchanische Jarlyk's (Mandate).

Herausgegeben von

Herren I. N. Berjósin.*)

Vorliegende Abhandlung, deren Zusendung wir wiederum der Güte des Herren Verfassers verdanken, ist die zweite eines Cyclus von dreien. Die erste, welche das Jarlyk (Mandat) des Tochtamysch an Jagailo (Jagiello) zum Vorwurf hat, und die dritte, betitelt 'Innere Einrichtung der Goldnen Orda', sind bereits im Jahrgang 1852 des Archivs (S. 181 ff.) angezeigt. Wegen der Bedeutung des mongolischen Wortes tarchan verweisen wir auf S. 183 des erwähnten Jahrgangs; über Jarlyk aber erfährt man etwas Näheres im ersten Bande des Archivs (S. 178), und im vierten (S. 50).

Die auf uns gekommenen Mandate einiger Chane sind die alleinigen ächten Urkunden von einem gewissen Umfange, welche die Goldne Orda vollständig hinterlassen hat; und

---

*) Russischer Titel: Tarchannyje Jarlyki Tochtamyscha Timur-Kutluka i Saadet-Gireja, s wwedeniem, perepisju, perewodom i primjetschanijami, isdannyje I. Berjósinym, professorom Kasanskago universiteta, d. i. T. J. des Tochtamysch, Timur Kutluk, und Saadet-Girej, mit Einleitung, Umschreibung und Anmerkungen, herausgegeben von I. B., Prof. an der Univers. zu Kasan.

nimmt man noch Münzen hinzu, eine zwar sehr authentische aber auch sehr dürftige Quelle, so hat man alles Aechte genannt, was an Quellen zu einer Geschichte der einstigen tatarischen Beherrscher Russlands übrig geblieben ist. Die bisher vorhandenen Uebersetzungen waren sehr fehlerhaft und konnten also den Nichtkenner der türkischen Originale zu unrichtigen Folgerungen verleiten.

Zuerst kommt das Mandat des Timur Kutluk an die Reihe. Das Original desselben hatte der verstorbene J. von Hammer durch einen Gesandten seiner Regierung aus Constantinopel erhalten und mit einer Umschreibung in arabische Schrift samt deutscher Uebersetzung im 6. Bande der 'Fundgruben des Orients' abdrucken lassen. Jenes Original, dessen lithographirtes Facsimile auf vier Seiten den Hammer'schen Artikel begleitet, ist in alttürkischer (sogenannter uigurischer) Sprache und mit uigurischen (mongolischen) Buchstaben geschrieben: der Schriftzug ist ziemlich elegant und vor dem des Mandates Tochtamysch's an Jagiello durch gröfsere Schnörkeleien und andere Zierrathen ausgezeichnet: man kann sagen dass der eine zum anderen sich verhält wie ein verziertes Cursiv zu gewöhnlicher Schrift. Hammer erhielt das Original mit zwischenzeiliger Umschreibung aller Wörter (in rother Dinte), die er unverändert abdrucken liefs. Nach dieser (wahrscheinlich aus dem 17. Jahrhundert stammenden) Umschreibung allein hat er das Mandat übersetzt: sie ist an vielen Stellen unrichtig, aber die Uebersetzung enthält auch selbständig ansehnliche Auslassungen und andere Fehler.

Timur Kutluk (d. i. Timur der glückliche) war bekanntlich ein Chan der Goldnen Orda, der im Jahre 1397 zur Regierung kam. Das von ihm ertheilte Jarlyk gehört zu den tarchanischen, d. h. sein Besitzer, ein gewisser Muhammed, dessen Voraltern bereits Tarchane gewesen, wird mit seinen Kindern in derselben Würde bestätigt, und eben zu diesem Zwecke hat er das Schreiben empfangen. In den tarchanischen Jarlyk's werden gewöhnlich die Verpflichtungen gegen den Staat aufgezählt, von welchen der Besitzer als Tarchan befreit ist: diese Aufzählung ist nicht in allen übereinstimmend; da aber die Geschichte von Tarchanen verschiedner Grade nichts meldet, so darf man annehmen dass sie alle gleichen Rang und gleiche Privilegien hatten.

Der Herausgeber lässt seiner kurzen Einleitung den Text in arabischer und in mongolischer Schrift folgen. Wir begnügen uns, einige Anmerkungen hervorzuheben. Die Worte Edegu baschlyk (No. 3) heissen '(mit) E. an der Spitze' oder '(deren) vornehmster E. ist.' Das erstere Wort, welches Hammer in seiner Uebersetzung ausfallen liefs, weil er das andere nicht verstand, ist ein Name, und zwar derselbe welcher im Jarlyk des Tochtamysch an Jagiello in der Form Idiki erscheint: so hiefs ein Nogajer-Fürst, der Timur Kutluk's mächtigste Stütze war. — Das Wort schusun (No. 13) bedeutet, wie schüsü im mongolischen, s. v. a. Ration, Diäten, tägliche Beköstigung; daher war schusundji ein die Verabfolgung der Rationen beaufsichtigender Beamter.*) — No. 22 finden wir die in Sprachlehren bis jetzt unbekannte Form didimis (für didik) 'wir haben gesagt', welche in dem tatarisch geschriebenen Geschichtswerke Djâmi'-ut-tevarich sehr gewöhnlich ist. Schon ihre ganz regelmässige Bildung lässt diese erste Person Pluralis der Vergangenheit älter erscheinen als das jetzt allgemeine didik, mag dieses nun entstanden sein wie es wolle;**) dazu kommt aber noch, dass die Jarlyk's ein der Wurzel zugegebenes duk, dik überhaupt nicht kennen, woraus man schliefsen darf dass dieses, auch sofern es ein Nomen actionis anzeigt, erst späteren Ursprungs ist. — No. 23. Fur Kyrk jer (40 Männer),

*) Schusun entspricht dem altrussischen korm (Atzung, Futter). Ausser den Würdenträgern erhielten es Gesandte, Botschafter, russische und auswärtige Couriere. Ob korm aus dem germanischen Korn entstanden ist, da die Rationen hauptsächlich in Getreide bestehen mochten? Ref.

**) Nach Analogie des tatarischen di-di-mis für di-dik müsste man z. B. im Osmanischen gel-di-mis sagen für das allein gebräuchliche gel-dik (wir sind gekommen).

was Name eines Gebietes in der Krym, hat die von Hammer benutzte Abschrift des Jarlyk's fälschlich kyrk bir (die Zahl 41), weshalb in der Version 'ein und vierzigstes Gebiet' steht. Kyrk jer ist das Kirkor der russischen Chroniken und Abulfeda's Kirker. Diese Festung und Tschufut-kale werden als eine Oertlichkeit gerechnet. Da das besagte Gebiet im Texte ein Tuman genannt wird, so ergiebt sich hieraus, dass die von den Mongolen überkommene Eintheilung in Tuman's in der Goldnen Orda ziemlich lange beibehalten wurde.

Das zweite Mandat hat Tochtamysch einem gewissen Bek Hadji ausgestellt. Dieses und das dritte wurden zuerst mit schönem Facsimile und mit Jarzow's Uebersetzung herausgegeben durch Herren Grigorjew;*) die Version des zweiten war aber bereits im Jahre 1841 publici juris, und nach ihr ist eine deutsche angefertigt, die man im ersten Bande unseres Archivs (S. 178 ff.) lesen kann. Das Jarlyk ist noch etwas älter als Tochtamysch's Mandat an Jagiello, und folglich das älteste von allen im Originale bekannt gewordenen. Gleichwol ist es schon in (hängender) arabischer Schrift geschrieben. Es scheint, dass die Goldne Orda von dem angestammten uigurisch-mongolischen Schriftcharacter nur in Schreiben an fürstliche Personen oder zum besten solcher Gebrauch machte.

Das dritte Jarlyk, aus der ersten Hälfte unseres 16. Jahrhunderts, hat einen Giraj der Krym zum gnädigen Aussteller. Diesem Gnadenbriefe ist das grofse, dem des Tochtamysch ähnliche Siegel Hadji-Giraj's mit kufischer Inschrift in rother Farbe, und zwar an drei Stellen aufgedrückt, ausserdem oben das Ringsiegel des Sa'adet-Giraj in schwarzer Farbe.**)

---

*) Odessa, 1844.

**) In dem Ringsiegel steht mit gewöhnlichen arabischen Buchstaben und sehr lesbar: '*Sa'adet-Giraj Chan, Sohn des Chanes Mengli-Giraj.*'

Von diesem *Sa*'âdet-Giraj berichtet *Sa*'id Risâ, Verfasser einer Geschichte der Krym'schen Chane, nur sehr wenig. Seinen Nachrichten zufolge bestieg *Sa*'adet den Thron nach Ermordung des Gasi-Giraj (1523), konnte aber nur 3 bis 4 Jahre in Ruhe regieren; denn Islam-Giraj, ein Bruder des Ermordeten, trat plötzlich als dessen Rächer auf, und bekämpfte den *Sa*'adet mit solcher Ausdauer, dass dieser endlich (1532) dem Thron entsagte und nach Constantinopel übersiedelte, wo er 6 Jahre später starb. Ausführlicher handeln die russischen Chroniken von diesem Chane. Das Jarlyk ist zwei Monate vor der Ermordung Gasi's, also auch vor der Thronbesteigung des *Sa*'âdet, angefertigt, und dieser Umstand erklärt wol den Abdruck des chinesischen Siegels Hadji-Giraj's. *)

Der Gnadenbrief dieses Fürsten ist von den tarchanischen der vollständigste hinsichtlich der vielen darin aufgezählten Würden und Aemter. Man ersieht aus demselben, dass die Krym'schen Chane, wenn nicht der That nach, so wenigstens auf dem Papier, die Verfassung der Goldnen Orda beibehaltend, nur einiges hinzufügten.

---

*) Hadji (um 1441) war der Grofsvater. Warum ist nicht das Siegel Mengli's. des Vaters *Sa*'âdet's († 1514) gewählt, der doch ebenfalls Chan gewesen? Ausserdem ist *Sa*'âdet wenigstens auf dem Ringsiegel schon Chan genannt. Die Buchstaben der Legende desselben stehen ungefähr so durcheinander:

بن

ت د

كراى سعا

خان

كراى منكلى

خان

In der Mitte ungefähr erscheint auch das Wappen der Giraj's. Dieser Familienname ist persisch und steht für Girâi djihân Ergreifer d. i. Eroberer der Welt, also gleichbedeutend mit Djihângir Welteroberer.

Unter den Anmerkungen zum zweiten Jarlyk ist vor Allem wichtig die über den Unterschied zwischen Daruga und Baskak (S. 43—46). Zu der Note über bachschi oder bakschi (S. 54—55) bemerken wir, dass auch die Mandschu's dieses Wort besitzen und zwar in der Form faksi, womit man jede Art von Geschicklichkeit, auch List und Schlauheit bezeichnet. Leider ist, besonders im zweiten und dritten dieser Gnadenbriefe, noch so Manches Sache der Conjectur und 'umwölkt und dunkel.'

Die deutschen Colonien in der Nähe der Krymschen Halbinsel und die Rossheerden in den südlichen Steppen.

(Schilderungen aus Kleinrussland.) *)

Russland zählt gegenwärtig über 300000 Colonisten verschiedener Abstammung und von verschiedenen Confessionen. Die ersten Ansiedler wurden im Jahre 1763 von der Kaiserin Katharina II. nach Russland berufen und jeder von ihnen erhielt zum Anbau fünfundzwanzig bis dreifsig Desjatinen Land geschenkt. — Sie standen unter einer besondern Behörde, welche den Namen eines Fürsorge-Comités für Fremde führte. Besondere Vorrechte und Privilegien erleichterten den neuen Ansiedlern ihre ersten Einrichtungen und begründeten auf eine dauerhafte Weise ihr späteres Wohlergehn. Seitdem ist die Bevölkerung der Colonien in fortwährendem Wachsen begriffen und ein schlagendes Beispiel dazu ist die grofse Sarepta-Colonie, deren Einwohnerschaft nach sicheren Belegen sich alle zweiundzwanzig bis fünfundzwanzig Jahre fast verdoppelt.

Werfen wir jetzt einen Blick auf diese Ansiedelungen in den Steppen des Chersonschen Gouvernements und behalten

*) Aus den in der Petersburger Zeitung 1856 No. 231 bekannt gemachten Reisenotizen eines Ungenannten. Ueber die Mennoniten-Colonien in Russland vergl. man in diesem Archive Bd. XII. S. 429.

wir dabei, als die eigenthümlichsten in ihrer Art, besonders die Ansiedelungen der Mennoniten im Auge, von denen die meisten auf der grofsen Landstrafse von Kertsch nach Jekaterinoslaw belegen sind, welche über die Arabat'sche Landzunge, Melitopol und Orjechow die ganze Gegend mit jener Stadt verbindet.

Alle diese Colonien, deren Anzahl nach dem russischen Local-Ausdrucke sich auf zwanzig Nummern beläuft, tragen theils deutsche, theils russische, theils tatarische Benennungen. Sie liegen in kleinen Entfernungen eine von der andern und bieten im Aeufseren viel ähnliches mit den kleinen Handelsstädten des inneren Deutschlands: die Landstrafse geht regelmäfsig durch die Hauptgasse welche die ganze Colonie von einem Ende zum andern durchschneidet.

Jedem Hauseigenthümer ist die Verbindlichkeit auferlegt nicht nur einen kleinen eigenen Garten anzulegen, dessen einer Theil mit Fruchtbäumen, der zweite mit Laubholz, der dritte aber mit Maulbeerbäumen bepflanzt ist, sondern auch gemeinschaftlich mit der ganzen Colonie einen grofsen und allgemeinen Baumgarten zu unterhalten, welcher auf dieselbe Weise eingetheilt und von ungeheuren Dimensionen ist, die von der Bevölkerung und von dem Landbesitz der Colonie abhängen.

Dergleichen Baumschulen haben bereits den wohlthätigsten Einflufs auf die nackten südlichen Steppen ausgeübt; wo man sonst wersteweit keinen Strauch zu Gesicht bekommen konnte, wandelt man jetzt ganze Strecken lang gemächlich dahin im Schatten der üppigen Pflanzungen, welche durch die fleifsigen Hände der Mennoniten gehegt und gepflegt werden. Nach und nach werden sich diese Steppen in einen grofsartigen und unermefslichen Park verwandeln!

Eine zweite Obliegenheit der Mennoniten-Colonien besteht darin, dafs jedes Ackerfeld mit lebendigen Hecken eingezäunt werden mufs. Diese Gehege gerathen auf dem fruchtbaren jungfräulichen Boden auf das Herrlichste, geben dem Wanderer Schatten und Ruhe, dienen der für die dürstende

Steppe so unentbehrlichen Feuchtigkeit zum Anhalt und Sammlungspunkt und bieten endlich einen Schutz gegen Sturm und Ungewitter, indem diese, besonders der von den Kleinrussen so gefürchtete Ostwind, an denselben einen Damm finden, gegen den ihr Andrängen fruchtlos sich bricht oder dessen verderbliche Wirkung wenigstens bedeutend gemildert wird. — Aber auch der Graswuchs gedeiht im Schutze dieser lebendigen Hecken vorzüglich und ganze Strecken Landes, welche noch vor wenigen Jahren nur spärliche Halme hervorbrachten oder auch eine durchaus kahle, ausgedörrte und verbrannte Oberfläche darboten, sind jetzt mit saftigen Kräutern bedeckt, Dank sei es der atmosphärischen Feuchtigkeit, welche sich an den neuangelegten Hecken zu sammeln und den Boden zu befruchten vermag. In den letzten Jahren wo die Heupreise in der Ukraine und in der Krym eine ungewöhnliche Höhe erreicht hatten, waren die Mennoniten im Stande selbst weit entfernte Ortschaften mit diesem unentbehrlichen Bedürfnifs der Landwirthschaft zu versorgen.

Alle Colonien haben, wie schon gesagt, eine grofse Hauptstrafse welche von zwei bis drei Quergässchen durchschnitten wird. Die Häuser sind ohne Ausnahme von Holz auf steinernem Fundamente gebaut, mit der Fronte und der Eingangsthür nach der Strafse, was ihnen ein freundliches und gastliches Ansehen giebt und so vortheilhaft gegen die blinden, fensterlosen Häusermassen in der Krym absticht, die noch aus der Tatarenzeit herstammen. Sie haben meist zwei, häufig aber auch drei Stockwerke und hohe, spitze, roth oder schwarz gestrichene Giebeldächer. Vor allen Häusern sind Gärtchen angelegt, wie in der „Gartenstrafse" in Moskau oder im grossen Prospect auf Wasili-Ostrow in St. Petersburg. Hier findet man nicht selten auch kleine Pavillons, welche den weiblichen Gliedern der Familien während der drückenden Tageshitze als Badehäuser dienen. Ein Ziehbrunnen mit Radwinde und blauangestrichenem Wassertroge und Schöpfeimern darf vor der Wohnung eines wohlhabenden Mennoniten niemals fehlen, und dieser Ueberflufs an Wasser, schon an und für sich so wohlthuend in südlichen Gegenden, hat auch für die allgemeine Reinlichkeit die erspriefslichsten Folgen. Rechts und links von den Wohnhäusern stehen in derselben Reihe die Wirthschaftsgebäude, die Werkstätten und Wagenschuppen, und weiter hinten kommen die Ställe, Schaafhürden, Schlächtereien, Vorrathskammern und Eiskeller. In jeder Ansiedelung steht ein Pfosten mit einer metallenen Tafel, auf welcher der Name der Colonie sowie die Zahl der Häuser und Einwohner derselben angegeben ist.

Das ganze Leben und die Gemeindeordnung der Mennoniten haben viel Eigenthümliches. Aller Luxus, jeder überflüssige Staat ist bei ihnen verbannt, und theure Zeuge, grelle und bunte Farben aus der Kleidung der Männer wie der Frauen gänzlich ausgeschlossen.

Beide Geschlechter kleiden sich heute noch gerade so wie sich einst ihre Altvordern gekleidet haben und Niemandem fällt es ein eine Veränderung darin zu treffen oder gar die Tagesmoden mitzumachen: sogar der Ausdruck fehlt ihnen um den Begriff der Mode zu bezeichnen und diese Einfachheit erspart ihnen eine Menge unnützer Ausgaben und setzt sie in den Stand ihre sauererworbenen Capitalien auf eine vernünftigere und vortheilhaftere Art anzuwenden, als sie in Petersburg und Moskau für Putz und Tand zu verschleudern.

Die Männer tragen dieselben grünen Tuchjacken wie ihre Urgrofsväter, dieselben schwarzen enganschliefsenden Beinkleider wie vor fünfzig Jahren, was ihre grofsen, mit Nägelschuhen versehenen Füfse allerdings noch unförmlicher erscheinen läfst; auf dem Kopfe haben sie alterthümliche Mützen mit ungeheurem Oberleder und im Sommer einen Strohhut.

Die Weiber sind durchgängig in blaue Mieder, kurze wollene Röcke und schwarze Schürzen gekleidet; das Haar wird auf den Schläfen in kleine Zöpfe geflochten und auf dem Kopfe in Form eines Korbes zusammengewunden; um den Hals kommen gewöhnlich einige Perlenschnüre: ein Schmuck der sich von Geschlecht zu Geschlecht forterbt und nie erneuert zu werden braucht. Alle Mädchen und Frauen ohne Ausnahme tragen blaue Strümpfe an den Füfsen, was ihnen bei vielen ihrer Beschäftigungen denn auch gar sehr zu Statten kommt und zugleich ein nomen et omen abgiebt: denn sie sind nicht nur sehr flink und behende in der Wirthschaft, sondern auch überaus fertig mit der Feder: nicht nur dafs sie ihre Bücher und Rechnungen vortrefflich in Ordnung zu halten wissen, die meisten von ihnen führen auch besondere Tagebücher über ihr ganzes Leben, und viele schreiben auch sogar Artikel für die Zeitschriften, deren zwei in den Colonien regelmäfsig erscheinen.

Beide Geschlechter besitzen bei den Colonisten ein gut Theil Phlegma *), aber die Männer wie die Frauen sind vielleicht eben aus dieser Ursache im höchsten Grade vernünftig, arbeitsam, thätig, spersam und reinlich. Wie aller Luxus, so sind auch die schönen Künste und mancher unschuldige Zeitvertreib bei ihnen verpönt: so z. B. die Musik, — und das Tanzen gilt für eine Todsünde. Ueberhaupt kommen die beiden Geschlechter wenig zusammen und die Mennoniten behaupten dafs aus einem nähern Umgange zwischen ihnen nur Leichtsinn, Charakterlosigkeit und Flüchtigkeit entstehen würden. Sie beachten aber nicht dafs diese gänzliche Entfremdung der männlichen und weiblichen Jugend von einander, wiederum andere nachtheilige Folgen mit sich bringt: die jungen Bursche werden finster, verschlossen und rauh, und bringen ihre Mufsestunden mit Trinken und Knasterrauchen zu, während der Charakter der jungen Mädchen in lächerliche Empfindelei und geschraubte Sentimentalität ausartet, welche im Lesen der abgeschmacktesten Ritterromane ihren gröfsten Genufs findet. Auch fallen die Ehen bei den Mennoniten selten besonders glücklich aus, da Braut und Bräutigam sich gewöhnlich vor der Hochzeit kaum dem Namen nach kennen.

---

*) Vielleicht ist es die Friesische Herkunft der, freilich schon um 1536 zusammengetretenen, Mennoniten, die sich noch an diesen späten Nachkommen ausspricht!

D. Herausg.

Die Gemeinde-Obrigkeit hält es übrigens für Pflicht auch das Privatleben der Colonisten zu überwachen, und wenn ein Glied der Ansiedlung durch seine Handlungen, durch seine anstöfsige Aufführung oder durch Ungehorsam und Widerspenstigkeit gegen die Anordnungen der Ortsbehörde die allgemeine Mifsbilligung verdient hat, so wird der Angeschuldigte in's öffentliche Bethaus geladen, wo ihm der Vorsitzer des Gemeinderaths seinen Lebenswandel vorhält, ihn zur Besserung ermahnt, oder, je nach der Schwere des Vergehens, ihm im Namen der ganzen Ansiedelung aus der Gemeinde ausschliefst. Der auf diese Weise verstofsene Colonist hat alsdann Ehre und guten Namen, Habe und Gut verloren; selbst seine Familie, sein Weib und seine Kinder gehören ihm nicht mehr und Niemand darf ihm eine hülfreiche Hand bieten. — Ihm bleibt ein einziges Mittel sein Leben zu fristen: er mufs sich bei einem andern Colonisten als Tagelöhner oder als Knecht verdingen. So vergehen Monate und Jahre. Wenn nun der Sträfling sich gebessert, nach Verlauf einer geraumen Zeit, nach fünf Jahren etwa, — wird er wieder in das Bethaus berufen und ihm hier der Ausspruch seiner Richter mitgetheilt: wie sie seinem Wandel aufmerksam gefolgt seien und erkannt hätten dafs sein jetziges Betragen seine Vergangenheit wieder gut gemacht habe; dafs ihn daher die Gemeinde wieder aufnehme und ihm sein früheres Vermögen, welches bis dahin von einer niedergesetzten Vormundschaft verwaltet worden, zurückerstatte. — Dankbar und gebessert kehrt der Reuige in seine Familie und die bürgerliche Gesellschaft zurück.

Die Thätigkeit der Colonisten und die wohlthätigen Mafsregeln der Regierung haben in verhältnifsmäfsig kurzer Zeit diese ganze Gegend zu einem wahren Paradiese umgeschaffen. Unter den Mennoniten giebt es viele Familien, die bei ihrer Ansiedelung in Russland nichts besafsen als Lust und Liebe zur Arbeit und einen guten Vorrath an landwirthschaftlichen Kenntnissen, und die sich jetzt nicht nur im Wohlstande befinden, sondern sogar über bedeutende Reichthümer zu gebieten haben. Die Namen des Hrn. Fein und Cornies *), Besitzers der schönen Güter Toschtschanak und Juschanly, sind allgemein bekannt und Jedermann spricht von diesen Männern mit Achtung und Verehrung.

Seit seiner Ankunft in Russland bis zu seinem Todestage ist Hr. Cornies ununterbrochen das Haupt und der beständige Vorstand der Mennoniten-Ansiedelungen gewesen. Seine Redlichkeit, sein gesunder Verstand, sein praktischer Sinn und seine Kenntnisse in allen Zweigen der Landwirthschaft, das sind charakteristische Grundzüge die sich ziemlich allgemein bei den Mennoniten wiederfinden; aber die hohe europäische Bilduug und die scharfsinnige Auffassung des Gegenstandes welche man in seinen landwirthschaftlichen, technischen und industriellen Schriften bemerken kann, sind Eigenthümlichkeiten des Mannes die ihm allein angehören. Auch hat Herr Cornies während seiner langjährigen und segensreichen Wirksamkeit nicht allein seinen Landsleuten und Glaubensgenossen die wichtigsten Dienste geleistet, sondern durch Beispiel, Rath und That den wohlthätigen Einfluſs den er auf die Colonien ausübte, auch auf alle anderen Kinder seines neuen Vaterlandes und namentlich noch auf verschiedene nichtrussische Bewohner der südlichen Steppen auszudehnen gewuſst. — So sind, Dank seinem Eifer und den fürsorglichen Anordnungen der Regierung, die wilden, nomadisirenden Nogaier gegenwärtig ein ansäſsiges und arbeitsames Volk geworden. Vor allen Dingen suchte er ihnen Zutrauen einzuflöſsen, was ihm auch immer gelang, und befreundete sich mit ihnen; dann nahm er einige der anstelligsten als Arbeiter in sein Haus und unterwies sie nach und nach in allen Zweigen der Landwirthschaft: er lehrte sie Hütten und Häuser bauen, den Acker bestellen, Holzbäume pflanzen und Obstbäume veredeln; er verbesserte ihre Rinder-, Schaaf- und Pferdezucht, er richtete

---

*) Johann Cornies, geb. den 29. Juni 1789 in Danzig, gestorben den 13. März 1848. (Beil. zum Unterhaltungsbl. Oct. 1848.) Vergl. über diese in d. Colonie erscheinende Zeitschrift in d. Arch. Bd. XII. S. 429.

Tabackspflanzungen und führte den Seidenbau ein, wobei er kein Opfer scheute an Zeit, an Geld und an Mühe. Dann, nach einigen Jahren, entliefs er sie wieder zu den Ihrigen, wo sie ihrerseits unter ihren halbwilden Landsleuten bereitwillige Proselyten für die neue Civilisation fanden. — An passenden Stellen, am Ufer der Flüsse und Seen bauten sie vorerst Erdhütten, später kleine Bretterhäuser, diese erweiterten sich nach und nach, und gegenwärtig sind manche Ansiedelungen der Nogaier *) kaum mehr zu unterscheiden von den Dörfern der deutschen Colonisten. Die Regierung folgt dieser segensreichen Entwicklung mit wachsamem Auge und die gröfste Strafe für den nogaischen Landwirth, dessen Trägheit und Unreinlichkeit sich bisweilen der neuen Ordnung der Dinge noch nicht vollkommen zu fügen vermag, ist, wenn er die Hauptstrafse verlassen und seine Wohnung in einer Nebengasse aufschlagen soll. Schon die Androhung dieser Mafsregel bringt gewöhnlich die gewünschte Wirkung, das heifst vollkommene Besserung hervor. Ganz auf dieselbe Weise verfuhr Herr Cornies mit den Tataren, Hebräern und Molokanen und überall wurden seine Bemühungen mit dem günstigsten Erfolge gekrönt. Als 1825 Kaiser Alexander I. und 1837 Nikolai I. nebst anderen Mitgliedern des Hofes die Mennoniten-Colonien besuchten, hatte Herr Cornies die Ehre sie in seinem Hause aufzunehmen. Später, im Jahre 1845, beehrte ihn auch S. K. H. der Grofsfürst Konstantin Nikolajewitsch mit einem Besuche auf dem schönen Vorwerke Juschanly, und bei Cornies Tode, welcher drei Jahre später erfolgte, umstand die ganze Bevölkerung aus der Nähe und Ferne, Russen, Deutsche, Nogaier, Tataren und Hebräer, mit Dank und Schmerz erfüllt, die Gruft ihres Wohlthäters **).

Wie schon oben gesagt, denkt keiner dieser Colonisten daran seine althergebrachte Lebensweise zu verän-

*) Z. B. die Nogaische Muster-Colonie Ackermann. (Beilage zum Unterhaltungsblatt.)

**) Ebendaselbst, October 1848.

dern, trotz des Wohlstandes und selbst des Reichthums der den meisten von ihnen zu Theil geworden. Bei einem der wohlhabendsten Mennoniten brachte ich einen ganzen Tag zu und hatte Gelegenheit in dieser Hinsicht viel Interessantes und Charakteristisches kennen zu lernen. Der greise Hausherr hat jetzt über Millionen zu verfügen und eigenthümlich genug klingt es wenn er im Gespräch, hier von einem „Fleckchen Acker", dort von einem „Stückchen Steppe" erwähnt. Unter diesen „Fleckchen und Stückchen" müssen nämlich Tausende von Desjatinen Land verstanden werden und diese bescheidenen Verkleinerungsworte bringen einen fast komischen Eindruck hervor. — Uebrigens steht alles bei ihm im besten Einklange, und trotz seiner reichen Einkünfte sind es seine eigenen Töchter die ihm das einfache Mittagbrod bereiten, seine baumwollenen Nachtmützen waschen und eigenhändig für die Gäste ihres Vaters, welche immer auf das freundlichste aufgenommen werden, das schönste und weifseste Bettzeug hervorholen. Ein anderer Mennonit, noch reicher als der eben erwähnte, pflegte in einem kleinen, einspännigen Karren seine weitläufigen Ländereien zu befahren, auf denen seine zahllosen Heerden an Rindvieh, Schaafen und Pferden weideten, und verheirathete zuletzt seine einzige Tochter an seinen Knecht oder Hirten, Tschaban *) wie er hier zu Lande genannt wird, wobei er es ganz natürlich und vollkommen in der Regel fand, dafs der Schwiegersohn und einstige Erbe nach wie vor seinen Pflichten oblag, das heifst den ganzen Sommer über die beschwerliche und ermüdende Aufsicht über das Vieh führte, und sich nur während der kurzen Wintermonate von der harten Arbeit am Heerdfeuer ausruhen und sich des Familienlebens erfreuen durfte. Uebrigens geschieht Alles dieses keineswegs aus Geiz oder auch nur aus allzugrofser Sparsamkeit, sondern theils aus hergebrachter Sitte, theils aus

*) Tschaban oder Tschoban, im Persischen Wächter oder Hüter, ist aus dieser Sprache in's Tatarische und von da in's Russische übergegangen.

wohlüberlegtem Grundsatz. Die Väter haben mit Mühe und Arbeit ihr Brod verdient und ihren Wohlstand errungen, und die Söhne sollen eben das thätige, einfache und patriarchalische Leben führen wie ihre Vorfahren.

Aber bei Erwähnung des bedeutenden oder vielmehr unermeſslichen Viehstandes der Colonisten bietet sich Gelegenheit überhaupt über diesen Theil des Privatbesitzes, der zugleich einen wichtigen Zweig des Nationalreichthums ausmacht, etwas ausführlicher zu sprechen.

Die Schaaf- und Pferdezucht hat, namentlich in den letzten Jahren, in den Steppen des südlichen Russlands eine hohe Entwickelung erreicht, und eine Schilderung des eigenthümlichen Lebens der dortigen Hirten und Treiber, die mit ihren wilden Pfleglingen rastlos umherwandern, dürfte in vielfacher Hinsicht von Interesse sein. Wir finden darin ein neues Bild des Steppenlebens und zu gleicher Zeit einen neuen Beleg für den Wohlstand der dort angesiedelten Colonisten und für den Reichthum Neurusslands überhaupt.

Unter dem Ausdruck „wilde oder Steppenpferde" dürfen übrigens nicht durchaus freie, herrenlose und ungezähmte Thiere verstanden werden, die man erst jagen muſs wie ein Stück Wild um sie als Beute davonzuführen. Dergleichen Geschöpfe mögen allerdings noch in den unermeſslichen Flächen des Kirgisenlandes und im Gebiete des Aralsees existiren: in den Neurussischen Steppen aber haben alle Heerden ihren bestimmten Eigenthümer, groſse Grundbesitzer, welche aus Mangel an Ackerbau treibenden Kräften, ihr Land nicht anders benutzen können, als daſs sie nur einen geringen Theil davon bearbeiten und ungeheure Strecken desselben zahllosen Heerden von Hornvieh, Schaafen und Pferden zur Weide überlassen. Auf diese Weise wird auch aus den weniger fruchtbaren Ländereien Vortheil gezogen und das fette Steppengras, das sonst unbenutzt verwelkte, bietet jetzt den Heerden ein vortreffliches Futter.

Wenn ein Gutsbesitzer eine Heerde anlegen will, so kauft er gewöhnlich einige wenige Stuten und ein Paar Hengste, welche zur Zucht in die Steppe getrieben werden. Die Füllen bleiben bei den Müttern und so vermehrt sich nach und nach die Heerde, bis sie aus einer bestimmten Anzahl von Thieren besteht, nämlich aus so vielen als die Besitzung des Eigenthümers ernähren kann, ohne den Ackerbau und die anderen Zweige der Landwirthschaft zu beeinträchtigen. Die Gröfse der Heerde hängt also natürlich von der der Weideplätze ab und oft besteht ein solcher Tabun aus nur 100, zuweilen aber auch aus 800 bis 1000 Pferden. Mitunter trifft es sich auch, dafs ein einzelner Grundeigenthümer verschiedene Rossheerden besitzt, die zusammen wohl zehntausend Köpfe zählen: diese grofsen Heerden werden aber gewöhnlich in mehre kleine Abtheilungen getrennt, von denen jeder ihre besondern Weideplätze angewiesen sind. Erst wenn die Heerde zahlreich genug ist, beginnt der Besitzer Vortheil davon zu ziehen und einzelne Thiere zu verkaufen, was denn von Jahr zu Jahr in gröfserer Menge geschieht, während bis dahin die Thiere zu gar nichts gebraucht wurden und auf denselben Weiden lebten und starben wo sie geboren worden, dadurch aber eben zur vollen Entwickelung und Ausbildung ihrer Kräfte gelangten, welche sie auch in ungeschwächtem Maafse auf ihre Nachkommenschaft vererben konnten. Nur bisweilen wurden einzelne Pferde zur Landwirthschaft benutzt: von da an aber besucht die Heerde regelmäfsig die benachbarten Jahrmärkte und Messen, wo Kaufliebhaber und Remonte-Officiere Gelegenheit haben sich die Waare anzusehen und die ihnen zusagenden Thiere auszuwählen.

Die ganze Pflege des wilden Pferdes in der Steppe besorgt der Rosshirt, der sogenannte „Tabunschtschik".

Und eigenthümlich ist das Wesen und das Treiben dieser Leute. In ganz Europa, Ungarn vielleicht ausgenommen, lassen sich keine Typen auffinden die dieser scharfausgeprägten Persönlichkeit ähnlich wären. Nur der Guancho in den Pampas von Südamerika erinnert an den südrussischen Rosshirt, aber auch jener trägt die Kennzeichen seiner Vermischung von romanischem und mexikanischem Blut, während in diesem der Slawe (?) vorherrscht mit allen ihm angeborenen Eigenthümlichkeiten.

Wollen wir ihn uns jetzt näher betrachten.

Der Schaafhirt und der Hornvieh-Treiber sind im Vergleich zum Tabunschtschik wahre Sybariten; sie führen einen Karren mit sich, in welchem ihre Lebensmittel liegen und der ihnen zugleich als Speisekammer und als Schlafgemach dient. Nicht so der Rosshirt: die Wildheit seiner Schützlinge, die Schnelligkeit ihrer Bewegungen, die Eile womit er seine Heerde von Ort zu Ort, von Wiese zu Wiese, von einem Jahrmarkt zum andern treiben mufs, verbieten ihm selbst an den Karren, diese erste und hauptsächlichste Bequemlichkeit des Nomaden auch nur zu denken. Tag und Nacht hängt er im Sattel und folgt auf Wegen und Stegen, durch Dick und Dünn allen Kreuz-Quersprüngen seiner unbändigen Zöglinge. Er speist zu Pferde, zu Pferde ruht er aus und zu Pferde schläft er, wenn es ihm nämlich die Mühen und die Verantwortlichkeit seines Gewerbes zufällig erlauben einige Augenblicke Schlaf oder vielmehr halbwachen Schlummers zu geniefsen. Rechts und links am Sattelknopf und im Rücken hängen seine wenigen Geräthschaften, zu deren Fortschaffung der Stadtbewohner einer ganzen Reihe von Fuhren bedürfte.

Wenn alle andern Menschen der Ruhe pflegen und nach den Beschwerden des Tages im Schlafe Erholung suchen, dann beginnt für den Rosshirten die angestrengteste Arbeit, die Nachtwache. Auf den weiten, öden, menschenleeren Weideplätzen mufs er rastlos seine Heerde umreiten, denn gerade zur Nachtzeit drohen seinen Schützlingen die meisten Gefahren von Sturm und Ungewitter, von Menschen und Thieren. Im Regen und Schneegestöber hat der Hirt mehr zu leiden als seine Rosse, welche sich wenigstens abwenden können, während er unaufhörlich umherzuspähen und dem Ungewitter ins Gesicht zu blicken, die erschreckten Thiere zusammenzutreiben, die Zurückgebliebenen anzuspornen, die Verirrten aufzusuchen, die Widerspänstigen zu bändigen gezwungen ist. — Unterläfst er diese Pflichten nur einen Augenblick, so läuft er

Gefahr seine ganze Heerde in der Steppe auseinandergesprengt zu sehen, wo dann häufig die schönsten Füllen eine Beute der Wölfe und die vorzüglichsten Rosse ein Raub noch schlimmerer Gesellen, der Pferdediebe werden. Zu diesem Zwecke also und um den Elementen trotzen zu können, ist auch die Kleidung dieser Leute eine durchaus eigenthümliche. Der Rosshirt oder „Tabunschtschik" trägt gewöhnlich ein Wams und Beinkleider von Rinds- oder Pferdehaut, die rauhe Seite nach innen, und was sonst ein Pferdeherz erwärmte schützt jetzt eine Menschenbrust vor Kälte und Feuchtigkeit. Auf dem Kopf hat er eine hohe, cylinderförmige Mütze von schwarzem oder braunem Schaafsfell gestülpt und als Gürtel einen breiten Lederriemen umgebunden, an welchem allerlei Sächelchen hängen: Geldmünzen, Metallstücke, Perlen von Bernstein und alle die verschiedenen Curiositäten und Antiquitäten die ihm auf seinen Wanderungen aufstofsen (??) *): das ist, in verkleinertem Mafsstabe der Nipptisch des Tabunschtschik. Da er gewöhnlich auch Arzt ist, d. h. da er ein halbes Dutzend mehr oder weniger erprobter Mittel weifs gegen alle möglichen Uebel bei Menschen und Vieh, so finden an diesem Gürtel auch die Instrumente dieses Nebengewerbes ihren Platz. Ueber die ganze Kleidung kommt noch ein Ueberwurf mit einer grofsmächtigen Kaputze, welche bei schlimmem Wetter über Mütze, Kopf und Gesicht gezogen wird und Oeffnungen hat für die Augen, die Nase und den Mund, ungefähr wie das Visier bei den alten Ritterhelmen. In schönen Tagen bleibt die Kaputze auf dem Rücken zurückgeschlagen und dient dem Rosshirten als portative Vorrathskammer. Dazu kommt noch ein Brodsack, ein Fläschchen mit Branntwein und eine grofse

*) Dafs diese Art von Schmuck bei den meisten Asiatischen Urbewohnern characteristisch und altherkömmlich ist, und dafs sie, wie vieles andre, an dem slavischen Ursprung der dortigen Pferdehüter zweifeln macht, bedarf wohl kaum der Erinnerung. Es ist viel wahrscheinlicher dafs die dortigen Russen die ersten tabuni oder Pferdeheerden zugleich mit deren Hirten, den Türkischen Stämme, die sie unterjochten, abgenommen haben.

Wasserflasche, denn in den Steppen gebricht es häufig auf weiten Strecken selbst an diesem ersten Lebensbedürfniss. — Endlich noch die Bewaffnung des echten Rosshirten: diese besteht in einer langen Hetzpeitsche, einem Lasso, und dem eisenbeschlagenen Knüttel, welcher sowohl zum Hauen wie zum Schleudern gebraucht wird. Der Lasso ist bekanntlich nichts anders als ein Strick von ungefähr 15 Arschin 35 Fuss Länge, an dessen einem Ende eine Schlinge angebracht ist, die der Mann mit bewunderungswürdiger Geschicklichkeit dem zum Voraus bezeichneten Pferde um den Hals zu werfen versteht, worauf er es mit Riesenkraft zu Boden reisst und es dann gänzlich in seiner Gewalt hat.

Auf diese Weise ausgerüstet hat der Tabunschtschik alles was er braucht: Pferd und Sattel sind ihm Schlafkammer und Küche, Vorrathshaus und Arsenal. So sprengt er durch die Steppe und beherrscht als unumschränkter Gebieter seine wilden Schutzbefohlenen, leitet ihren Gang, schlichtet ihre Zwistigkeiten, schützt sie gegen die Anfälle der Wölfe und hält sie zusammen wenn Sturm und Schneegestöber die Heerde zu zerstreuen drohen.

Am meisten Noth und Mühe machen ihm die alten, wilden Hengste, die tyrannischen Sultane des Tabun, welche immerfort darnach streben sich despotische Obergewalt über ihre Mitbrüder anzumassen und daher mit diesen in beständigem Streit und Hader, in ununterbrochenen Schlägereien und Beissereien leben. Diese unbändigen Geschöpfe, in der Steppe geboren und gealtert, die oft funfzehn bis zwanzig Jahre lang darin gehaust und einen Stall nie mit Augen gesehen haben, wollen nichts wissen von Gehorsam und Unterwerfung. Durch ihre Widerspänstigkeit bringen sie die Treiber auf's Aeusserste, und es ereignet sich nicht selten, dass der Tabunschtschik in solchen Fällen vor den Eigenthümer der Heerde hintritt und bestimmt erklärt: „zusammen mit einem solchen Hengste könne er nicht länger dienen und einer von ihnen beiden müsse den Tabun verlassen." Alsdann wird der Delinquent verkauft oder für eine Zeitlang in einen dunkeln Stall gesperrt, wo er Gelegenheit hat „fern von Madrid" über die Folgen seiner Unbändigkeit nachzudenken.

Früh erschöpft durch die Entbehrungen und Mühseligkeiten ihres harten Lebens, erreichen die Rosshirten selten ein hohes Alter; von Krankheiten aber wissen sie nichts, und haben im Grunde auch gar keine Zeit krank zu sein und keine Mufse sich zu pflegen. Ihr Lohn ist sehr bedeutend, indem sie gewöhnlich fünf bis sechs Rubel Bank-Assignationen für die Verpflegung eines jeden einzelnen Pferdes jährlich empfangen, was also bei einer Heerde von Tausend Stück fünf bis sechstausend Rubel ausmachen würde. Dagegen aber mufs ein solcher Oberhirt auch wieder einige Cameraden miethen, deren für eine solche Anzahl von Thieren wenigstens drei erforderlich sind; er mufs für diese und für sich selbst auf eigene Kosten Sattelpferde halten, und ist verbunden aus eigenen Mitteln dem Grundeigenthümer die Thiere zu ersetzen, welche im Laufe des Jahres durch seine Schuld gefallen oder zu Schaden gekommen sind. Man sieht also, dafs auch seine Ausgaben ziemlich hoch angeschlagen werden müssen, besonders wenn man den Pferdediebstahl in Anschlag bringt, der noch vor nicht gar langer Zeit in den Steppen so zu sagen im Grofsen betrieben wurde und fast ein besonderes Gewerbe ausmachte, wo dann der Hirte in einer einzigen unglücklichen Nacht unersetzliche Verluste erleiden konnte. — Jetzt ist es allerdings anders und ein wachsamer, flinker und behender Rosshirt, der Menschen und Thieren eine heilsame Furcht vor seiner Person einzuflöfsen versteht, ist wohl im Stande, besonders wenn das Glück ihn begünstigt, in wenigen Jahren ein ganz hübsches Capitälchen zusammenzuschlagen und sich damit ein ruhiges und sorgenloses Alter zu bereiten. Aber gewöhnlich sind sie so begierig nach immer neuem Erwerb, dafs die Habsucht sie stets zu wiederholten Unternehmungen verleitet, wo dann meistentheils auch das so mühsam Erworbene zuletzt verloren geht und sich der Oberhirt auf seine alten Tage wiederum als Knecht verdingen mufs. —

Uebrigens giebt es auch noch jetzt, und sogar unter den

Tabuntschiki selbst, arge Pferdediebe *). Der fremde Reisende, wenn er an der Landstrafse Halt macht und seine Pferde ausspannt um sie in der Steppe grasen zu lassen, thut immer wohl daran, auf die vorübertreibenden Rosshirten ein wachsames Auge zu haben. Sie scheinen nur mit ihrer eigenen Heerde beschäftigt, aber nähern sich allmälig und unmerklich auch den fremden Thieren. Der Abend dunkelt und die Nacht bricht herein — sie aber sehen in der Finsternifs wie die Eulen: in einem Nu hängt die Schlinge am Halse der fremden Pferde und unaufhaltsam, ehe der Eigenthümer noch etwas gemerkt oder auch nur geahnt, treibt die ganze Heerde weit hinweg in die unermefsliche Steppe hinein. Ist nun der Raub geglückt, so sind die Tabuntschiki viel zu klug um das gestohlene Gut mit sich herumzuführen. — In einer einzigen Nacht legen sie dann eine Strecke von vierzig bis funfzig Werst zurück und überliefern ihre Beute andern Rosshirten aus einer fremden Gegend, mit denen sie aber in beständigem Verkehr sind und nächtliche Zusammenkünfte halten. Diese sind ihre getreuen Helfershelfer und stets des Signals gewärtig die ihnen zugeführten Pferde in Empfang zu nehmen und so weit hinwegzutreiben, dafs für den unglücklichen Eigenthümer sehr bald jede Spur verschwunden und alle Hoffnung verloren ist jemals wieder in den Besitz derselben zu gelangen. Die alten, verlassenen Mongolengräber dienen dabei als höchst geeignete Punkte zu diesen geheimnifsvollen Zusammenkünften, die weite Steppe ist ein ungeheurer Bazar und Felsspalten und Höhlungen, die Cassen und Geldbörsen worin die Capitalien niedergelegt und aus denen die Zahlungen geleistet werden.

Mitten im mühevollen und beschwerlichen Leben der Rosshirten treffen sich auch einzelne Tage oder Nächte wo sie sich einer wilden Lust, einer ausgelassenen Fröhlichkeit hingeben. Baares Geld haben sie gewöhnlich im Ueberflufs, wenigstens mehr als sie mit dem besten Willen in der einsamen Steppe verthun können, und ausserdem ist der Judenwirth in

*) S. Gerlow's Werk, S. 166.

der Schenke immer bereit ihnen Credit zu geben, soviel sie nur immer begehren mögen: er weiſs, daſs ihm nichts dabei verloren geht, denn in diesem Punkte sind sie durchaus ehrlich. Dann wird vor einer solchen Schenke Halt gemacht und gejubelt und gezecht bis an den lichten Morgen. Am andern Tage, wenn die Sonne schon hoch am Himmel steht und die Tabunschtschiki ihren Rausch ausgeschlafen haben, besteigen sie ihre Rosse und sprengen den vorausgetriebenen Heerden nach, um wieder für Wochen, Monate und ganze Jahre das einförmige und einsiedlerische Leben zu beginnen, das sie von Jugend an geführt und ohne Zweifel bis in ihr spätestes Alter führen werden.

Im Frühling, wenn das junge Gras emporschieſst und die Steppen im schönsten Sommerschmuck prangen, dann schwelgen auch die Heerden auf der fettesten, saftigsten Weide. Nur die durch den Winter ausgehungerten Wölfe schweifen umher und suchen ein verlassenes Füllen niederzureiſsen oder ein schwaches, hinkendes Thier von seinen Genossen abzuschneiden: denn niemals werden sie es wagen eine wohlbewachte Heerde offen anzugreifen. Und auch bei vereinzelten Ueberfällen ergeht es meistentheils den Räubern übel genug. Wenn die andern Pferde den Wolf bemerken, so verfolgen sie ihn wüthend und halten ihn so lange auf, durch Schlagen und Treten, bis der Knüttel des Treibers dem Feinde das Garaus macht.

Im Sommer haben die Heerden viel auszustehen von der Hitze und vom Durst. Dann weiden sie nur des Nachts in möglichst feuchten Niederungen, gegen Morgen aber verlieren die Pferde allen Appetit und hören auf zu fressen. Sie ziehen auf die höher gelegenen Ebenen, wo der Wind freies Spiel hat und verhältniſsmäſsig wenigstens, noch einige Kühlung verbreitet: denn um Mittagszeit sind die Niederungen zu wahren Glutöfen geworden. Auf der Steppe ist weit und breit kein Schatten zu finden, aber der Instinkt lehrt die Pferde sich nach Möglichkeit vor den Sonnenstrahlen zu schützen. Sie stellen sich dicht an einander in einen Kreis, die Köpfe nach dem Mittelpunkte gewendet, und auf diese Weise wirft jedes einen wenn auch geringen aber dennoch erfrischenden Schatten auf seinen Nachbarn. So verbleiben sie mit hängender Mähne und gesenkten Ohren, in kleine Parthien getheilt, ganze Stunden lang unbeweglich: nur von Zeit zu Zeit schütteln sie ungeduldig mit den Köpfen um sich etwas Luft und Kühlung zuzufächeln. Die Hirten sind ebenfalls in Kreisen auf dem Boden gelagert, stumm und regungslos wie ihre Thiere. Endlich tritt der erfrischende Herbst ein, für die Steppe ein zweiter Frühling: Gras und Kräuter grünen aufs Neue, die Wasser fliefsen reichlicher, die Heerde erholt sich und sammelt Kräfte zu den bevorstehenden Strapatzen und Entbehrungen des herannahenden Winters.

Anfang oder Mitte October werden die Rossheerden gewöhnlich heimwärts getrieben: wenn aber das gute Wetter anhält, so verbleiben sie in der Steppe so lange wie möglich, das heifst bis das erste Schneegestöber die Herrschaft des Winters ankündigt. Die Folgen dieser ersten Schneestürme sind verderblich und hundert Gerüchte von Unglücksfällen durchfliegen die Steppe: hier hat ein Eigenthümer hundert Pferde verloren, die vom Winde in den Liman *) getrieben wurden und ertranken; dort sind einem andern Gutsbesitzer zweihundert Stück Vieh in einem tiefen Thalgrund verschneit worden und ohne Rettung umgekommen u. s. w. u. s. w. Noch schlimmer für die Hirten und Heerdenbesitzer sind aber die häufigen Herbstnebel, so dick und undurchdringlich dafs man in der Steppe keine zehn Schritt vor sich das Geringste unterscheiden kann. Eilig suchen dann die Hirten ihre Heerde in einen Haufen zu sammeln, den sie unablässig umkreisen um ihn beisammen zu halten. Oft aber treten diese Nebel so plötzlich und unerwartet ein, dafs zum Zusammentreiben der Pferde keine Zeit bleibt und dann, besonders wenn sich bös-

*) Liman wird ein Landsee unweit der Meeresküste genannt, der sich durch das Ueberfluthen der Meereswogen gebildet hat und zuweilen durch einen Arm mit dem Meere zusammenhängt.

gesinnte Menschen die Gelegenheit zu Nutze machen, ist der Untergang der Heerde unvermeidlich.

Zum Verkauf werden die Rossheerden nach den benachbarten Jahrmärkten getrieben, am häufigsten nach Balta und Berditschew. Dort werden weitläufige Plätze eingezäunt oder mit Seilen umspannt, und diese dienen der Heerde zum Tummelplatz während der ganzen Dauer des Markts. Der Eigenthümer sitzt am Eingange und die Pferdeliebhaber und Käufer gehen vor den Seilen auf und ab um die Waare in Augenschein zu nehmen und sich einzelne Stücke auszusuchen. Von dem Verkäufer kann man nicht verlangen dafs er die Pferde einfängt und den Kauflustigen vorführt. Jede solche Zumuthung weist er unwillig zurück. „Nein — sagt er — das sind wilde Steppenpferde. Seht selbst zu und wählt selbst. Dieses Ross ist so alt und jenes so: dafür stehe ich; es kostet so und so viel. Aber es vor dem Verkauf einfangen zu lassen, das will ich nicht riskiren: es macht viel Mühe und Scheererei und am Ende kann auch das Pferd noch dabei beschädigt werden. . . . . Indessen versucht's: gebt dem Hirten ein gutes Trinkgeld, vielleicht unternimmt er es, und wenn der Fang glücklich abläuft, nun . . . . dann habt ihr gewonnen!" —

Und darin hat er vollkommen recht, denn es geschieht oft, dafs durch einen unvorsichtigen oder allzuheftigen Ruck mit der Schlinge ein Pferd für immer verdorben wird. Uebrigens werden die gröfsten Einkäufe nicht auf den Jahrmärkten gemacht, sondern auf den Weideplätzen selbst. Die Grofshändler und Remonte-Officiere besuchen eine Heerde nach der andern, erkundigen sich wie viel taugliche Thiere von einer bestimmten Gröfse und Farbe zu haben sind und befördern sie dann, wenn sie deren eine hinlängliche Anzahl beisammen haben, an ihren Bestimmungsort.

Beim Empfang der Pferde wird eigentlich nur das Gebifs genau besichtigt, um über ihr Alter Gewifsheit zu erlangen: über Alles andere geht man gemeiniglich ziemlich leicht hinweg, indem bei dieser „wilden Waare" durchschnittlich gerechnet, ein Stück ungefähr eben so viel werth ist wie das andere, und die guten oder bösen Eigenschaften jedes einzelnen Pferdes erst später, bei angewandter Pflege und Dressur, sich entwickeln und immer deutlicher hervortreten, was denn auch die bedeutenden Unterschiede in den Preisen hervorbringt.

Jetzt bleibt nur noch übrig einige Worte über den Winter zu sagen, welcher für die armen Pferde eine Zeit der Noth und der härtesten Entbehrungen ist. Sie haben vom Hunger, von der Feuchtigkeit und von der Kälte viel zu leiden, was alles zusammen Krankheiten und nicht selten den Tod vieler Thiere zur Folge hat. Die Einhägung die ihnen zum Winterquartier dient, ist nur mit einem Erdwall und einem breiten Graben umgeben; Ställe sind gänzlich unbekannt und nur eine grobgezimmerte Bretterwand gewährt ihnen etwas Schutz vor den heftigen Nordstürmen, und ein halbverfallenes Schuppendach schirmt sie nothdürftig vor Schnee.

Zu Anfang des Winters läfst sich unter dem Schnee noch einiges grüne, vom Herbst zurückgebliebene Gras hervorscharren; auch hat der Hirte noch einiges Heu und Stroh vorräthig und wirft den Thieren hier und da einige Bündel davon vor, um sie bei Kräften zu erhalten.

So arbeitet man sich bis zum Januar durch, aber dann hat der Mangel auch seinen Höhepunkt erreicht. Frost und Stürme dauern nach wie vor, aber alle Vorräthe sind erschöpft und die ausgehungerten Pferde bekommen nichts mehr zu fressen als Stoppeln die man zum Decken der Dächer und Schilf das man zur Feuerung eingesammelt hatte: in ganz aufserordentlichen Fällen werden sogar die Stroh- und Schilfdächer der Hütten abgedeckt und den Thieren als Futter vorgeworfen.

Endlich, mit Mühe und Noth, erreicht man den Frühling, und schwach, abgemagert und krank zieht die Heerde wieder auf die Weide hinaus: oft sind aber im Winter auch viele Pferde als Opfer der erlittenen Entbehrungen und der Sorglosigkeit ihrer Eigenthümer gefallen, und dann sind mehrere Jahre erforderlich um die Heerde wieder vollzählig zu machen. In solchen Hungerjahren, sagt der Verfasser der „Oeconomischen Statistik Russlands", sind die Heerdenbesitzer bereit ihr Letztes wegzugeben, nur um ihre Pferde am Leben zu erhalten. Sie wenden sich an habsüchtige Speculanten und Heuwucherer, die schon seit vielen Jahren ihr Heu aufbewahrt haben, in Erwartung eines so „glücklichen Zeitpunkts", und ihr Korn zusammengescharrt für eine „günstige Gelegenheit". Diese öffnen jetzt ihre Speicher und schlagen ihre Vorräthe zu fabelhaften Preisen los. Kartoffeln und Rüben, Mais und Brod dienen als gemeinschaftliche Nahrung für Menschen und Vieh; der Hirt theilt den letzten Bissen mit seinen Schützlingen und das Gefühl des Erbarmens besiegt sogar den dem Menschen angeborenen Geiz.

Russisches Schauspielerleben *).

Der Anfang des Jahrs 1816 war für mich aus verschiedenen Gründen ein höchst trauriger; aber mein Kummer wurde noch gröfser als ich erfuhr, dafs das Theater in Kursk eingehe. Das Haus der Adels-Versammlung, in welchem sich das Theater befand, sollte umgebaut werden und, wie es hiefs, würden die hierzu nöthigen Arbeiten gegen zwei Jahre dauern. Während dieser Zeit konnte man natürlich nicht darin spielen, und ein eigenes zu errichten hatten die Entrepreneure kein Geld. Ganz vernichtet reiste ich aufs Land, wo ich aus Verzweiflung die Rollin'sche Geschichte in der Uebersetzung des Tredjakowskji von einem Ende bis zum anderen durchlas. Ausgangs Juli erhalte ich plötzlich ein Schreiben von einem der ehemaligen Theaterunternehmer, nämlich von P. E. Barsow. Er meldete mir, dafs er einen Ruf aus Charkow von Stein erhalten habe, der ihn bitte, noch Jemand für komische

*) Ein im Russkji Wjestnik mitgetheiltes Bruchstück aus den Memoiren des Schauspielers Schtschepkin, der als Komiker in seinem Vaterlande einen grofsen Ruf erworben hat, und dessen Aufzeichnungen man als Beitrag zu der in Europa vollständig unbekannten Geschichte des russischen Provinzialbühnenwesens nicht ohne Interesse lesen wird. Wie es scheint, war S. ursprünglich Leibeigener einer Gräfin W(oronzow?) im Gouv. Kursk, die ohne Zweifel, wie viele russische Grofse, ein Haustheater besafs, auf dem er seine erste dramatische Bildung erhalten haben mag.

Rollen zu engagiren, weshalb er sich mit dieser Einladung an mich wende. Wäre ich hiermit zufrieden, so möchte ich nach Kursk kommen und von dort mit ihm nach Charkow reisen; dort sei etwas zu verdienen. Meine Freude zu beschreiben, ist unmöglich. Der Gedanke, in Charkow zu spielen, entzückte mich. Ich wufste, dafs in Charkow schon längst ein Theater bestehe und dafs man dort Alles spiele; und da dort auch eine Universität war, so müsse das Publicum gebildeter sein und folglich auch gröfsere Ansprüche machen. Dieser letzte Umstand flöfste mir, bei aller meiner Freude, auch einige Besorgnifs ein; mit einem Worte, ich begann Furcht zu haben. Indessen erinnerte ich mich, dafs von der Charkower Truppe schon ein gewisser Muraschkin bei uns gespielt habe, der doch auch „die Sterne nicht vom Himmel herunter langte"; aufserdem hatte ich den berühmtesten Charkower Bühnenkünstler, Herrn Götz, gesehen, der auf der Durchreise durch Kursk den „Sohn der Liebe" gab *); an ihm war viel Gutes, aber im Ganzen stand unser Barsow doch höher. Nachdem ich mir alles dieses überlegt, fafste ich wieder etwas Muth und bat ohne Zeit zu verlieren die Gräfin W* um Urlaub, indem ich ihr mit einem gewissen Stolz erklärte, dafs ich einen Ruf von dem Theater in Charkow erhalten hätte. Sie entliefs mich mit der scherzenden Ermahnung: „Sieh zu, dafs du dich nicht blamirst!" Reisefertig war ich bald. Dem Vater und der Mutter war es angenehm, dafs von der ganzen Truppe Barsow nur mich und keinen anderen eingeladen hatte: ich müsse doch etwas bedeuten. Selbst meine Frau fühlte sich, ungeachtet der Trennung, durch einen solchen Ruf geschmeichelt. So küfste ich denn meinen Aeltern die Hand, empfing ihren Segen und zwei Rubel in Kupfergeld, umarmte meine Frau und meine Kinder und reiste in den ersten Tagen des August ab, um Barsow von dort aus nach Charkow zu begleiten.

Ich werde nicht erzählen, wie ich nach Kursk gelangte,

---

*) Wahrscheinlich Kotzebue's „Kind der Liebe."

wie wir dann zusammen mit Lohnpferden nach Charkow abgingen; es lief Alles in sehr gewöhnlicher Manier ohne besondere Abenteuer ab. Charkow erreichten wir am 15. August, ungefähr zehn Uhr Morgens, und hielten bei der Wohnung des Schauspielers Ugarow an, den Barsow schon kannte und mit dem er in Briefwechsel stand. Ugarow selbst trafen wir nicht zu Hause; er war zur Probe des Lustspiels „Don Juan" von Molière gegangen. Dies erfuhren wir von Ugarow's Frau, einer sehr liebenswürdigen und äufserst schönen Person, die uns mit der gröfsten Freundlichkeit aufnahm, uns ein Zimmer anwies, uns Thee und Kaffee vorsetzte und bat, dafs wir uns von der Reise ausruhen möchten. Barsow war hierzu auch fast bereit, aber mir liefs „Don Juan" keine Ruhe. Ich hatte Molière fast ganz durchstudirt, obwohl auf unserem Theater nicht mehr als drei von seinen Stücken gespielt wurden. Den „Don Juan" hatte man nicht geben können, weil unsere Bühne weder mit Versenkungen, noch mit Flugwerken versehen war, und in diesem Stücke die Furien erscheinen und mit Don Juan davon fliegen. Alles dieses interessirte mich und regte mich auf, und ich bat meinen Freund Barsow dringend, mit mir ins Theater zu gehen und der Probe beizuwohnen. Barsow willigte ungern ein. Ich zog meinen einzigen schwarzen Frack an, mein Camerad schminkte sich ein wenig — er war kokett — und so begaben wir uns nach dem Theater. Der Anblick desselben enttäuschte mich vollständig; in einer Stadt wie Charkow hatte ich mir unter dem Theater ein schönes Gebäude gedacht, und sah statt dessen etwas, das eher einer Bretterbude glich. Als wir über eine halbverfallene Treppe zur Bühne hinaufstiegen, konnten wir anfangs wegen der Dunkelheit nichts unterscheiden; sobald wir uns endlich zurechtzufinden begannen, stellte Barsow, der schon mit den hiesigen Theaterunternehmern bekannt war (es gab ihrer zwei: Stein, einen Deutschen, und Kalinowski, einen Polen), mich ihnen als den tüchtigsten von seinen Collegen vor. Zugleich machte er mich mit unserem Wirth, dem ersten Komiker der Charkower Bühne, Ugarow, bekannt. Ugarow war ein merkwürdiger Mensch — ein kolossales Talent. Ich kann mit gutem Gewissen sagen, dafs ich ein gröfseres nie gesehen habe. Natürlichkeit, muntere Laune, Lebendigkeit, die wunderbarsten Mittel — Alles vereinigte sich in ihm, aber leider spielte er ganz ohne Methode, wie es eben ging (na awos). Glückte es ihm jedoch, irgend einen Charakter richtig aufzufassen, so war es, meiner Ueberzeugung nach, unmöglich, sich etwas Vollendeteres vorzustellen. Zum Unglück ereignete sich ein solcher Fall nur ausnahmsweise, da das Denken für ihn eine Nebensache war, aber trotzdem rifs er das Publicum durch das ihm eigenthümliche Leben und heitere Wesen hin. Als Mensch wie als Schauspieler schienen in ihm die verschiedenartigsten Eigenschaften durcheinandergemengt; in seltsamer Unordnung mischte sich Gutmüthigkeit mit Spitzbüberei, Kunstliebe mit Spielsucht und Hang zur Lüderlichkeit. Ein guter Familienvater, war er um den letzten beiden Leidenschaften zu fröhnen bereit, seine Familie ohne einen Bissen Brod zu lassen. Doch genug von ihm; ich kann nicht die Hälfte von dem erzählen, was über diese merkwürdige Persönlichkeit zu sagen wäre. Ich werde nur hinzufügen, dafs ich in der Folge bei allen seinen Mängeln ihn stets als Menschen liebte und als Talent achtete.

Nachdem man uns mit einander bekannt gemacht, nahm er mich sogleich beim Arm und führte mich zu der Frau Kalinowski's mit den Worten: „Anna Iwanowna Kalinowskaja, unsere erste Actrice — ein Weib mit Feuer!" Unterdessen setzte die Truppe die durch unseren Eintritt unterbrochene Probe von „Don Juan" fort. Kalinowski spielte den Don Juan und Ugarow den Leporello. Als ich auf den Dialog der handelnden Personen zu horchen begann, wurde ich ganz bestürzt; ich kannte Molière's „Don Juan", aber dies war ein ganz anderer. In der That war der Charkower „Don Juan" aus dem Polnischen von einem Herrn Petrowski übersetzt, der offenbar der russischen Sprache nicht ganz mächtig war; seine Version war ein solcher Galimatias, dafs ich nicht begriff, wie man ein derartiges Stück in einer Universitätsstadt spielen könne. Um das Unglück vollzumachen, sprach Kalinowski mit polnischem Accent! Aus Bescheidenheit sagte ich darüber kein Wort, konnte mich aber nicht enthalten, Kalinowski zu fragen, wie die letzte Scene eingerichtet sei, in der die Furien erscheinen. „Gegenwärtig — antwortete er — wird diese Scene nicht einen solchen Effect machen wie früher. Es pflegte ein Decorationswechsel stattzufinden: die Bühne stellte die Hölle vor, die Furien stürzten oder flogen herein oder stiegen aus der Tiefe empor und schleppten Don Juan fort. Dies geht nicht mehr, da auf der Reise von Krementschug der Regen die Farben von der Decoration abwusch, welche die Hölle vorstellte, und jetzt wird daher einfach eine Furie von oben herabfliegen, Don Juan ergreifen und ihn forttragen." — Aha! dachte ich, also hat man hier Maschinerie, und ging mich auf der Bühne umzusehen, bemerkte jedoch zu meinem Erstaunen nichts als einige Balken, welche sehr treuherzig quer über der Bühne lagen. Ich schämte mich weiter zu fragen und so meine Unwissenheit zu zeigen, um so mehr da ich eine Volksschule besucht und dort die Anfangsgründe der Mechanik gelernt hatte — wenigstens die Kraft des Hebels, den Nutzen des Flaschenzuges und die Wirkung des Krahns kannte; aber hier war nichts dergleichen zu entdecken. Mit Ungeduld erwartete ich das Ende der Probe, in der Voraussetzung, dafs man auch das Flugwerk probiren würde; aber nein! Die Probe ging zu Ende, und als ich Kalinowski fragte, ob man nicht auch den Flug versuchen wolle, erwiederte er: „Es ist nicht nöthig; die Maschine ist zweckmäfsig construirt und braucht keine Probe." Ich begriff nicht, wie ich die Maschine nicht hatte finden können.

Wir waren bei Kalinowski zu Mittag eingeladen. Ich werde nicht alle Liebenswürdigkeiten der Wirthin und alle Bonmots Ugarow's wiedergeben. Gegen Ende des Mittagsmahls trat ein Mann von sehr grofser Statur, in einem langen blauen Oberrock, mit einem Kuschak umgürtet, die Haare rund um den Kopf geschnitten aber mit glattgeschorenem Bart herein und sagte, sich zu Kalinowski wendend: „Osip

Iwanowitsch, ich bitte um Geld für die Maschine." Ich fuhr von meinem Sitze auf. „Welche Maschine?" rief ich. „Nun, um Don Juan in die Höhe zu ziehen", antwortete man mir. Ich bat um Erlaubnifs, mir die Maschine anzusehen. „Bring' sie herein", sagte Kalinowski zu dem langen Oberrock, der, wie ich später erfuhr, der erste Theater-Maschinist war. Er ging hinaus und kehrte bald zurück mit zwei dicken Riemen, ungefähr wie diejenigen, die als Springfedern bei Droschken gebraucht werden. Beide Riemen waren mit starken eisernen Schnallen versehen. In die Mitte des einen war mit Pechdraht ein eiserner Haken von ansehnlicher Gröfse befestigt und an dem anderen befand sich ein eben so starker eiserner Ring. Ich verstand den Mechanismus nicht und fragte, was man damit machen werde. Da nahm Kalinowski den Riemen mit dem Haken und gürtete ihn sich mit der Schnalle um den Leib, so dafs diese nach hinten und der Haken nach vorne kam. „Dieser Gürtel — sagte er — mit dem Haken nach vorne, wird um die Furie geschnallt, und um Don Juan wird der andere mit dem Ring hinten befestigt. Wenn nun die Furie von oben herabfliegt, umfafst sie mit einem Arm Don Juan, steckt mit dem anderen den Ring in den Haken und trägt ihn davon." — So, dachte ich; dann habe ich mich eben nicht recht umgesehen, irgendwo mufs ein Krahn und Flaschenzug sein. Diese Ueberzeugung steigerte sich zur Gewifsheit, als ich den Maschinisten sagen hörte: „Osip Iwanowitsch, geben Sie mir gefälligst noch Geld für ein Tau, das alte ist ganz verfault." Indem er ihm das Geld reichte, setzte Kalinowski hinzu: „Aber vergifs nicht, das Tau mit schwarzer Farbe anzustreichen, damit es weniger bemerklich sei."

Mit unsäglicher Ungeduld erwartete ich den Abend, um ins Theater zu gehen; der Mechanismus spannte meine Neugier auf die Folter. Um sieben Uhr kamen wir endlich nach dem Theater. Ich eilte sogleich auf die Bühne, um Alles recht sorgfältig in Augenschein zu nehmen und die Maschinerie aufzusuchen. Nach langem Nachforschen fand ich auch wirklich etwas: zwischen der zweiten und dritten Coulisse hing in der Mitte der Bühne von einem Querbalken zum anderen, ein runder Holzblock, von welchem zwei ungeheure Nägel 1½ Werschok von einander hervorragten. Außerdem befand sich ein ganz ähnlicher Holzblock auf demselben Querbalken und mit eben solchen Nägeln versehen, hinter den Coulissen. Alles dieses war vorher nicht da gewesen. Ich suchte den Mann im langen Oberrock auf und fragte ihn, wozu diese Holzblöcke bestimmt seien. „Das ist die Maschine um Don Juan in die Höhe zu ziehen", war die Antwort. — „Aber wie denn? Bitte, belehren Sie mich." — „Sie sehen doch die beiden Nägel auf jenem Block hinter den Coulissen? Ein Tau wird zwischen durchgezogen und bis zur Mitte der Bühne gespannt, wo es wieder zwischen die Nägel am anderen Holzblock durchgeht: sehen Sie? Die Furie sitzt oben auf dem Querbalken, das Tau wird ihr hinten festgebunden und wenn sie herabfliegen soll, werden die Nägel das Tau nicht abgleiten lassen und die Furie wird ruhig zur Erde niedersinken." Wie so? wird es durch einen Krahn hinaufgezogen? fragte ich. „Nein — erwiederte der lange Rock — einfach durch Menschenhände." Aber es ist eine schwere Last, warf ich ein. „I nun — versetzte er — hinter den Coulissen sind immer viele Leute, und außerdem wollen wir das Tau mit Fett einschmieren; dadurch geht es leichter."

Ich schüttelte den Kopf und begab mich nach dem Parquet. Die Vorstellung begann: Ugarow erregte allgemeines Entzücken, und selbst Kalinowski, an dessen polnischen Accent das Publicum sich augenscheinlich gewöhnt hatte, wurde zu wiederholten Malen applaudirt. Vor dem fünften Akt konnte ich mich nicht enthalten, wieder hinter die Coulissen zu gehen, wo die Furie schon auf ihrem Querbalken saß und etwa ein Dutzend Leute das Tau festhielten. „Wer macht denn die Furie?" fragte ich. „Mein Gehülfe, Minjew," erwiderte der Maschinist. Ich kehrte ins Parquet zurück, um das Ende des Stücks abzuwarten. Endlich näherte sich die Catastrophe: Don Juan ruft in der Verzweiflung die Furien an! Da erscheint plötzlich aus den Soffiten in der Mitte des Theaters ein Paar rothe Stiefel, dann ein weisser Unterrock mit Tressen und schliesslich die ganze Figur der Furie. Ihr Costüm genau zu beschreiben bin ich nicht im Stande: eine Art Schärpe war ihr um die Schultern geworfen, und auf dem Kopf trug sie etwas, das einer Krone mit Hörnern ähnlich sah. Aber das Beste kam nach: sobald die Furie ihren Balken verlassen hatte und am Tau hing, begann dieses, da es neu war, sich von der Last zu strecken und auszudehnen, und da die Furie langsam heruntersank, so drehte sie sich erst ein Dutzendmal um und um, wodurch ihr natürlich etwas schwindelig wurde (sie hatte schon so, um sich Muth zu machen, einen guten Schluck getrunken). Auf terra firma gelangt, konnte sie anfangs nichts unterscheiden; mit der einen Hand hielt sie den Haken und mit der andern suchte sie Don Juan, aber in einer ganz entgegengesetzten Richtung. Kalinowski vergisst in seiner Wuth, dass er auf der Bühne ist, und schreit laut: „Canaille! Hieher! hieher!" Endlich tappt die Furie ihren Weg bis zu Don Juan, umschlingt ihn mit einem Arm und bemüht sich mit dem anderen den Ring durch den Haken zu stecken, kann jedoch damit nicht zu Stande kommen. In Verzweiflung fasst Kalinowski, um der Sache abzuhelfen, mit der Hand nach seinem Ring, während er zugleich die Furie mit Scheltworten überhäuft; aber Alles umsonst: die Furie kann sich durchaus nicht an Don Juan festhaken. Das Publicum begleitete diesen ganzen Auftritt mit tobendem Gelächter, in das sich Zischen und ironische Bravorufe mischten. Alles dieses war für mich etwas Unerhörtes und versetzte mich in eine wahre Bestürzung. Ich stürzte auf die Bühne, riss dem Maschinisten die Schnur aus der Hand und liess den Vorhang nieder. Und da hätte man sehen sollen, mit welchem Grimm Don Juan über die Furie herfiel und ihr den Kopf zu zerzausen begann ... So endete die Vorstellung von „Don Juan".

Untersuchungen über die Elasticität, welche während der Jahre 1850 bis 1855 in dem Petersburger Physikalischen Observatorium angestellt wurden.

Von

A. F. Kupffer.

Obgleich es stets ein und dieselbe Kraft ist welche die verschiedenen Elasticitätserscheinungen hervorbringt, so pflegt man dieselbe doch für feste Körper als Dehnungs-Elasticität, Torsions-Elasticität und Biegungs-Elasticität zu unterscheiden, je nachdem sie sich durch eine Verlängerung von Fäden oder Scheiben, durch eine Torsion derselben Körper oder durch deren Biegung äufsert. Der Zweck der Untersuchungen in dem Petersburger physikalischen Observatorium, dessen reiche Ausstattung wir bereits in diesem Archive Bd. VIII, S. 512 bis 617 bei Gelegenheit von Hrn. Kupffers Maassvergleichungen geschildert haben, war die Constanten dieser drei Wirkungen oder die sogenannten Elasticitätscoëfficienten für einerlei Körper einzeln zu bestimmen, um sodann ihre gegenseitigen Beziehungen mit denjenigen zu vergleichen, welche sich durch mathematische Betrachtungen ergeben haben.

Ein Messingdrath welcher nach (Russischen) Zollen gemessen, eine Länge von 191,5 und einen Halbmesser von 0,079825 besafs, wurde zuerst auf Torsionselasticität untersucht. Während das obere Ende dieses Drathes befestigt war, trug er an seinem unteren Ende einen horizontalen Hebel, durch dessen Mittelpunkt er hindurchging und an welchem in gleichen Abständen von diesem Mittelpunkt zwei gleiche Gewichte befestigt waren. Nachdem dieses System um die Axe des Drathes gedreht worden war *), wurden sowohl die Dauer als die Amplituden der Schwingungen, die es um dieselbe ausführte mit äusserster Schärfe gemessen.

Nennt man nun:

r den Horizontalabstand der mit p bezeichnetem Gewichte von der Axe des Drathes;

A die bereits auf ihren Werth für unendlich kleine Amplituden reducirte Dauer einer Schwingung;

J das Trägheitsmoment des Hebels
i - - eines Gewichtes p
} ein jedes in Beziehung auf eine senkrechte Axe durch den betreffenden Schwerpunkt;

π das Verhältnifs des Umfanges eines Kreises zu seinem Durchmesser;

g die am Beobachtungsorte in der Zeiteinheit durch die Schwere ausgeübte Beschleunigung **)

---

*) Ich habe durch gesperrte Schrift die Stellen dieser Bearbeitung bezeichnet, die der Verf. nicht unmittelbar angiebt, welche mir aber aus dem Zusammenhange zu folgen und zur Deutlichkeit nöthig zu sein scheinen. E.

**) Nach Herrn Lütkes, durch Vergleichung mit London erhaltener, Bestimmung der Länge des Sekunden-Pendels in Petersburg beträgt g für diesen letzteren Ort 386,590. Kupffer.

In Pariser Linien und für die Breite φ im Meeresniveau, soll nach Bessels Messungen gelten,

$$g = \pi^2 . 439,3054 (1 + 0,00518405 . \sin^2\varphi)$$

mithin für

$$\varphi = 60° 0'$$

(welches wohl um nicht mehr als 1 Minute von der, nicht näher bezeichneten, Breite des gemeinten Punktes von Petersburg abweichen und n das Kraftmoment, welches am unteren Ende des Fadens angebracht, denselben um einen der Einheit gleichen Bogen dreht, so ist:

$$n = \frac{\pi^2 (J + 2i + 2pr^2)}{g \cdot A^2}$$

Wenn man den Versuch wiederholt, nachdem die Gewichte p in den Abstand r_1 von der Fadenaxe gebracht sind, dann A_1 anstatt A findet, so hat man

$$n = \frac{\pi^2 (J + 2i + 2pr_1^2)}{g \cdot A_1^2}$$

und durch Verbindung mit dem Vorigen auch:

$$n = 2p \cdot \frac{\pi^2}{g} \cdot \frac{r^2 - r_1^2}{A^2 - A_1^2}$$

Zwei Versuche haben ergeben:

---

kann) und somit ohne einen Zweifel über die letzte der angegebenen Stellen:

$$g = 4352,627$$

oder da 1 Pariser Linie = (n. log 8,948480) Engl. Zoll,

$$g = 386,5731 \text{ Engl. Zoll.}$$

Die in Petersburg beobachtete Schwere übertrifft hiernach die interpolirte oder normale, um etwa $\frac{1}{13000}$ ihrer eignen Gröſse oder, was dasselbe sagt, die beobachtete Pendellänge ist daselbst um nahe an $\frac{1}{30}$ Par. Linie gröſser als die interpolirte — insofern man schlieſslich die in Russland und in England eingeführten Zolle einander absolut gleich zu setzen hat. Eine entgegengesetzte Abweichung der beobachteten von der interpolirten Schwere würde dagegen für Petersburg eintreten, wenn man den Werth des Russischen Zolles so anzunehmen hätte wie ich ihn aus allen von Herrn Kupffer angeführten Vergleichungen abgeleitet habe! Vergl. in diesem Archive Bd. VIII. S. 565 und folgende. — Es wird daher bei dieser Gelegenheit von neuem äusserst wünschenswerth, die am angeführten Orte ausgesprochenen Zweifel über einige Punkteder Petersburger Maaſsvergleichungen beseitigt und dadurch dieser mühevollen Arbeit den Werth ertheilt zu sehen, dessen sie fähig ist, welcher aber von einem Andern nicht ergänzt werden kann.

Erman.

$$p = 120 \text{ Pfund }^{*})$$
$$r^2 = 1296,864$$
$$r_1^2 = 236,621$$
$$A^2 = 4446,410$$
$$A_1^2 = 1205,097$$

Durch Einführung dieser Werthe folgt:

$$n = 2,00422.$$

Nennt man

μ das Kraftmoment durch welches ein Cylinder, dessen Höhe und dessen Radius der Längeneinheit gleich sind, um die Bogeneinheit gedreht wird, wenn auf sein unteres Ende gewirkt wird, während das obere fest ist;

n die analoge Gröfse für einen Cylinder von Länge l und Radius ϱ

und bezeichnet mit

δ die Verlängerung die der zuerst genannte Cylinder durch einen der Gewichtseinheit gleichen Zug erhält,

so ist

$$\mu = \frac{nl}{\varrho^4} \; ^{**})$$

und nach Poisson's Analyse:

$$\delta = \frac{1}{5\mu}$$

Mit den oben erwähnten Werthen:

$$l = 191,5$$
$$\varrho = 0,079825$$
$$n = 2,00422$$

---

*) Wahrscheinlich Russische Pfunde über deren Bedeutung dies. Arch. Bd. VIII. S. 575 zu vergleichen ist. E.

**) Mit anderen Worten der aus Coulombs Versuche folgenden Satz, daß die Torsionskraft n eines Cylinders seiner Länge umgekehrt und dem Quadrate seines Querschnittes direkt proportional ist. E.

folgt:

$$\delta = 0{,}000000021158.$$

Es wurde nun mit dem zur Beobachtung der Torsionsschwingungen gebrauchten Apparate auch die Verlängerung des Messingdrathes von 191,5 Zoll Länge durch ein an seinem unteren Ende befestigtes Gewicht gemessen. Dieses Ende wurde zu diesem Zwecke mit einer in zehntel Linien getheilten Skale versehen. — Nachdem man darauf die horizontale optische Axe eines fest aufgestellten Mess-Mikroskopes auf einen der mittleren Striche dieser Theilung gerichtet hatte, wurde ein Gewicht von 400 Pfd. an dem Faden befestigt. Sein unteres Ende sank dadurch um eine beträchtliche Quantität, welche mit dem Mikroskope gemessen wurde. Dieselbe war indessen gleich der Summe der wirklichen Verlängerung des Fadens und derjenigen Erniedrigung welche das gusseiserne Gestell, an dem sein Ober-Ende befestigt war, durch einen Druck von 400 Pfund erfahren hatte. Um diese letztere Gröfse gesondert zu messen, wurde ein zweites horizontales Mess-Mikroskop auf das untere Ende einer Eisenstange gerichtet, die eben so lang war wie der Faden und deren oberes Ende mit dem Faden-Träger zusammenhing. Diese Stange welche ursprünglich zur Messung der Faden- oder Drathlänge bestimmt war, sank durch jede Erniedrigung des oberen Endes, so dafs die an ihr gemachte Beobachtung eine direkte Ablesung jener Erniedrigung ersetzte.

Das zweite Mikroskop zeigte in der That beträchtliche Einwirkungen des Gewichtes von 400 Pfund, welche von den Ablesungen am ersten Mikroskope abgezogen wurden. Vor Anhängung der 400 Pf. war der Metallfaden oder Drath durch das Gewicht des Hebels, d. h. durch etwa 150 Pf., gespannt und seine Gesammtbelastung während der Dehnungsversuche betrug daher 550 Pfund. Mit der ursprünglichen Belastung von 150 Pfund zeigte sich die Länge des Drathes während der ganzen Dauer der Versuche, d. h. zwei bis drei Monat lang, unverändert und sie kehrte auch genau zu ihrem früheren Werthe zurück, nachdem die Vermehrung der Last um 400 Pfund einige Stunden lang gedauert hatte. Es wird hierdurch bestätigt dafs die bei diesen Versuchen ausgeübten Dehnungen die Elasticitätsgränze des Drathes nicht überschritten.

Es ergab sich nun dafs der beschriebene Drath bei 184,5 Zoll Länge durch ein Gewicht von 400 Russischen Pfunden um 0,21638 gedehnt wurde oder um

0,00054095 durch 1 Pfund.

Es folgt:

$$\delta = 0{,}000000018683$$

ein Resultat welches nur etwa $\frac{4}{5}$ des aus den Torsionsbeobachtungen abgeleiteten gleich ist.

Von demselben Messingdrathe wurde sodann auch die Biegungselasticität untersucht, indem man, während sein eines Ende befestigt und das an diesen gränzende Element der Stabaxe horizontal war, sein anderes Ende mit einem ebnen Spiegel versah, dessen Normale mit dem nächsten Element der Stabaxe zusammenfiel. Dieser zeigte dann die Neigungen, welche die Stabaxe an ihrem freien Ende sowohl an und für sich, als nach Anhängung von Gewichten besafs, in bekannter Weise, mit Hülfe einer vor ihm aufgestellten senkrechten Skale.

Durch zahlreiche Versuche ergab sich, dafs wenn man setzt:

$$\delta = \frac{r^4}{2}\cdot\frac{\varphi\cdot\sin 1'}{l\cdot L(p'+p'')}$$

die Zahl δ (für einerlei Körper) constant wird, insofern man bezeichnet mit:

- r den Halbmesser des Drathes oder Stabes;
- l die Länge desselben zwischen dem angehängten Gewichte p'' und dem festen Ende des Drathes;
- p' dasjenige Gewicht welches an dem freien Ende angebracht der Axe des Drathes dieselbe Biegung geben würde, wie sein eignes Gewicht und das des Spiegels;
- L den Abstand zwischen der Vertikale durch das feste Ende und der durch den Schwerpunkt von p''

und mit

φ die in Minuten ausgedrückte Neigung der Spiegel-Normale gegen den Horizont.

Da L, φ und p'' nach Willkür geändert werden konnten, so erhielt man zur Bestimmung der beiden unbekannten und für einerlei Körper beständigen Gröfsen p' und δ eben so viele Bedingungsgleichungen als man Versuche anstellte.

Durch Anwendung dieses Ausdruckes auf die Versuche mit dem in Rede stehenden Messingdrath ergab sich:

$$\delta = 0{,}000000018873$$

ein Werth, der mit dem noch direkter, d. h. durch die Drehungsversuche gefundenen äusserst nah übereinstimmt*).

Ein Eisendrath von etwa derselben Länge wie der bisher erwähnte Messingdrath, und von dem Radius 0,1138, wurde denselben Versuchen unterworfen und ergab durch die Torsionsschwingungen:

$$\delta = 0{,}000000010934$$

und durch den Biegungsversuch:

$$\delta = 1{,}00000001048.$$

Auch hier geben die Biegungsversuche einen kleineren Werth von δ als die Torsionsschwingungen. Der Quotient des letzteren durch das erstere Resultat ist aber

für den Eisendrath:

1,0430

und für den Messingdrath:

1,1211

und hiernach stehen die Ergebnisse beider Methoden für verschiedene Körper auch nicht einmal in gleichem Verhältnisse.

---

*) Durch die Wahrnehmung dafs der zuletzt genannte Ausdruck, für einerlei Substanz einen hinlänglich constanten Werth behält, während die in ihm eingehende Veränderliche p'' und deren Functionen L und φ sich ändern, war aber wohl nicht erwiesen dafs diese Constante der früher mit δ bezeichneten Gröfse, d. h. dem Reciproken des Elasticitätscoëfficienten für die fragliche Substanz gleich sein müsse. Sie könnte, wie es uns scheint, ganz ebensowohl irgend ein Vielfaches dieses Coëfficienten nach einer anderweitig zu bestimmenden Zahl ausdrücken. E.

Zur Ermittelung des Einflusses welchen das Härten, das Anlassen und andere Bearbeitungen der Metalle auf ihren Elasticitäts-Coëfficienten ausüben, sind Transversalschwingungen von Blechen und Stäben aus verschiedenen Arten von Eisen, Stahl, Gusseisen und Messing beobachtet worden. Nur vorläufig und unter Vorbehalt einer vollständigen Reduction dieser Versuche wird angeführt, dafs die genannten Umstände einen starken Einfluss auf den Elasticitäts-Coëfficienten ausüben. So wurden aus einem gewalzten Bleche ein Streifen parallel mit derjenigen Richtung geschnitten, welche die Cylinder des Walzwerkes bei der Darstellung des Bleches gehabt hatten und ein zweiter Streifen senkrecht auf diese Richtung. Für den ersteren Streifen fand sich δ kleiner und mithin (da δ den reciproken Elasticitäts-Coëfficienten ausdrückt) der Elasticitäts-Coëfficient gröfser als für den zweiten. — Man sieht hieraus dafs das Walzwerk die Elasticität der Metalle in derjenigen Richtung vermindert, in der dieselben beim Durchgang durch die Cylinder ausgedehnt werden.

Da das Härten, Anlassen und andere ähnliche Processe ihre nachgewiesene Wirkung auf den Elasticitäts-Coëfficienten, höchst wahrscheinlich in Folge einer veränderten Lage der Mollekeln ausüben, so war man vorauszusetzen veranlasst, dafs Metalldräthe, die man durch Anhängung eines Gewichtes an ihr unteres Ende verlängerte, eine den Verlängerungen proportionale Veränderung ihres Elasticitäts-Coëfficienten zeigen würden. Um diese Ansicht zu prüfen, beobachtete man die Torsionsschwingungen des mehrgenannten Messingdrathes auf die oben (S. 400) beschriebene Weise, mit Hülfe des mit dem Drathe verbundenen horizontalen Hebels, aber nacheinander mit der ursprünglichen Anordnung des Apparates und nach Anhängung eines beträchtlichen Gewichtes unterhalb jenes Hebels und in der Verlängerung der Drathaxe. Es wurde hierdurch die Spannung des Drathes beträchtlich vermehrt, ohne dafs eine bedeutende Veränderung der Schwingungszeit erfolgen konnte. Man konnte daher die Reduction der letzteren auf den für den leeren Raum gültigen

Werth vernachlässigen, weil sie für beide zu vergleichende Beobachtungen bis auf unmerkliches identisch sein musste.

Folgende waren die Resultate, die sich, wie gesagt mit dem oben erwähnten Messingdrathe, ergaben:

1) Vor der Anhangung eines Gewichtes an den Hebel:

Trägheitsmoment des Hebels allein:

$$J = 21181,2$$
$$\Delta = 16,3835$$

2) Nach Anhängung von 200 Pfund an den Hebel:

Trägheitsmoment des Hebels und des Gewichtes:

$$J = 23174,0$$
$$\Delta' = 17,1521.$$

an hat nun bei gleichbleibender Länge und Dicke des Drathes (für die reciproken Elasticitäts-Coëfficienten Δ und Δ' beim 1. und 2. Versuch) die Beziehung:

$$\frac{\Delta'}{\Delta} = \frac{J}{J'} \cdot \frac{\Delta'^2}{\Delta^2}$$

und es ergiebt sich für den vorliegenden Fall:

$$\frac{\Delta'}{\Delta} = 1,00178.$$

Der Werth von Δ hat also zugenommen in Folge der Verstärkung der Spannung durch ein Gewicht von 200 Pfund.

Wir haben oben (S. 404) gesehen, dafs die Länge desselben Drathes durch den Zug von 400 Pfunden um 0,21638 zunahm und demnach durch Anhängung von 200 Pfunden um 0,10819. Dividirt man diesen Werth durch die Länge des Drathes, welche bei dem in Rede stehenden Versuche 184,5 betrug, so erhält man

0,000586.

Die Mollekeln des Drathes hatten sich also von einander entfernt in dem Verhältniss von

1 : 1,000586

und es ergab sich demnach die beobachtete Abnahme der Elasticität sehr nahe gleich dem dreifachen der gleichzeitigen Zunahme der Entfernungen der Mollekeln. Die Molekularanziehungen sind hiernach dem Cubus der Molekularentfernungen umgekehrt proportional.

Ein oder zwei Versuche sind freilich nicht ausreichend, um ein so wichtiges Gesetz zu begründen. Es wurde aber von Herrn Kupffer eine weit gröfsere Anzahl von ähnlichen Versuchen angestellt, und deren vollständige Mittheilung nach erfolgter Reduction versprochen.

Da der Luftwiderstand und die Reduction auf den leeren Raum, durch die man denselben eliminirt, einen beträchtlichen Einfluss auf alle Resultate von Torsionsschwingungen ausüben, so mussten direkte Versuche über diese Punkte angestellt werden. Man liefs zu diesem Ende nach einander in der Luft und im leeren Raume einen Hebel schwingen, der dem umgebenden Mittel eine grofse Widerstandsfläche darbot, und welcher an einem Messingdrath befestigt war. Dieser Hebel war 21,0 Zoll lang und 11,4 Zoll hoch. Seine widerstehende Oberfläche, welche durch die Verlangerung des Aufhängungsfaden in zwei gleiche Hälften getheilt wurde, betrug demnach 239,4 Quadratzoll.

Um die Dauer der Schwingungen abzuändern, konnten zwei einander gleiche Gewichte an die beiden Enden des Hebels gehängt, und dadurch das Trägheitsmoment beträchtlich vermehrt werden.

Dieser Hebel hing in einer cylindrischen Büchse von Messing, deren Inhalt etwa 10000 Kubikzoll betrug (sie hatte 25 Zoll Durchmesser und 20 Zoll Höhe) und welche in einen messingenen Hohlkegel auslief, in dem sich der Aufhängungsfaden befand. Die Dauern und die Amplituden der Schwingungen des Hebels wurden mit Hülfe eines Spiegels beobachtet, den man zwischen ihm und dem Unter-Ende des Fadens eingeschaltet hatte, und welcher das Bild einer auf der einen Wand der Büchse angebrachten Theilung in ein Fernrohr mit horizontaler Axe reflectirte, dessen Objectiv luftdicht in die Büchse eingesetzt war. Zur Evacuirung dieses Gefäfses diente eine Luftpumpe mit continuirlicher Drehung und mit zwei

Stiefeln von 5 Zoll innerm Durchmesser, die Herr Krause in Petersburg nach einem neuen Prinzip construirt hat. Sie wird später in den Annalen des Physikalischen Observatorium beschrieben werden.

Die ersten Beobachtungen haben folgende Resultate gegeben:

1) Obgleich der Hebel seine Schwingungen in einem fast völlig leeren Raume ausführte, erlitten deren Amplituden eine beträchtliche Abnahme — zugleich aber eine schwächere als in der Luft. Diese Schwingungen halten auch je nach ihren Amplituden eine verschiedene Dauer wie man aus folgenden Zahlwerthen ersieht:

a. Im leeren Raume:

Anzahl der Schwingungen	Amplitude *)	Dauer einer Schwingung
0—50	25°,17	95,6892
50—100	17°,86	95,6034
100—150	12°,66	95,5408

Man findet leicht aus diesen Angaben dafs die Reduction auf unendlich kleine Bogen, den Amplituden proportional ist und dafs sie 0,0119 für jeden Grad derselben beträgt. Die Dauer einer unendlich kleinen Schwingung ist 95,39108. Man sieht auch dafs die Amplituden selbst, ungefähr im geometrischen Verhältniss der Anzahl der Schwingungen abnehmen und dafs diese Abnahme etwa $\frac{1}{3}$ für die Dauer von 50 Schwingungen oder für 4780″ beträgt.

b. In Luft:

Anzahl der Schwingungen	Amplitude	Dauer einer Schwingung
0—50	25°,31	96,3536
0—50	21°,63	96,3066
50—100	8°,59	96,2104

Hier beträgt die Abnahme der Amplituden fast $\frac{2}{3}$ für 50 Schwingungen. Sie ist also nahe doppelt so grofs wie im

*) Ob diese Werthe für den Anfang oder für die Mitte des daneben bezeichneten Zeitraums gelten, wird nicht gesagt. E.

leeren Raume. Zugleich zeigt sich die Dauer der Schwingungen beträchtlich vermehrt. Auf unendlich kleinen Bogen reducirt beträgt sie 96,1423. Die Reduction auf unendlich kleinen Bogen ist auch hier proportional mit der Amplitude und beträgt 0,00835 (wenn der Grad als Bogeneinheit genommen wird) d. h. beträchtlich weniger als im leeren Raume.

Dieselben Versuche wurden darauf für eine gröfsere Geschwindigkeit wiederholt, welche man durch Abnahme der Gewichte von den Hebel-Enden leicht erhielt, denn durch diese wurde, ohne Aenderung der beschleunigenden Kräfte, das Trägheitsmoment beträchtlich vermindert.

Es ergab sich:

a. Im leeren Raume:

Anzahl der Schwingungen	Amplitude	Dauer einer Schwingung
0—86	16°,83	39,5063
86—176	5,56	39,4693

Hier nehmen die Amplituden noch schneller ab und namentlich um fast ⅔ in 3377″.

Die Dauer einer auf unendlich kleinen Bogen reducirten Schwingung ist 39,4511.

Der Coëfficient für die Bogenreduction ist 0,00328, d. h. er findet sich der Dauer der Schwingungen fast proportional *).

---

*) Bezeichnet man aber diesen Coëfficienten mit C und C' für die zwei Versuche im leeren Raume, bei denen die Schwingungsdauern D und D' heissen mögen, so erhält man nach obigen Angaben:

$$\frac{C}{C'} = 3,521$$

$$\frac{D}{D'} = 2,416$$

d. h zwei Werthe die nichts weniger als einander gleich sind.

E.

b. In der Luft:

Die Amplituden nahmen so schnell ab, dafs man nicht im Stande war, zwei sich einander anschliefsende Beobachtungsreihen zu erhalten.

Die folgenden Werthe gehören daher zu zwei gesonderten Reihen.

Anzahl der Schwingungen	Amplitude	Dauer einer Schwingung
9	7,80	40,5200
9	14,16	40,6666

Dauer einer Schwingung in unendlich kleinem Bogen: 40,4854.

Diese Beobachtungen bedurften der Vervollständigung; man konnte aber aus ihnen schon folgende Schlüsse ziehen:

1) Die Amplitude der Torsionsschwingungen eines Metalldrathes, nimmt sowohl im leeren Raume wie in der Luft mit der Zeit ab. Der Luftwiderstand ist also nicht der einzige Grund von der Abnahme dieser Amplituden.

Wenn ein Metalldrath schwingt, so erfährt seine Gleichgewichtsstellung, auf welche man doch alle ihn bewegenden Kräfte zurückführen muss, eine fortwährende Verrückung, in dem Sinne der Schwingungsbewegung. Diese Gleichgewichtslage schwingt also mit dem Drathe selbst, um eine mittlere Stellung, welche dieselbe ist wie die des Drathes, wenn er ganz zur Ruhe gekommen ist. Bei der Biegung giebt es eine ähnliche Erscheinung. Wenn eine Stange die an dem einen Ende eingespannt und am andern frei ist, durch irgend eine auf das freie Ende wirkende Kraft, aus ihrer Gleichgewichtslage entfernt wird; so erreicht die Biegung ihr Maximum nicht sogleich, sondern erst nach Verlauf von mehr oder weniger Zeit und wenn die Wirkung der Kraft vorüber ist, so kommt die Stange nicht sogleich, sondern erst nach einiger Zeit zu ihrer Ruhelage zurück. Ihre Gleichgewichtslage hat also eine momentane Veränderung erlitten. Man ersieht hieraus, dafs die Gleichungen von deren Erfüllung das Gleichgewicht der elastischen Körper abhängt, eine Function der Zeit als eines ihrer Glieder enthalten müssen *).

2) Die auf unendlich kleinen Bogen reducirte Schwingungsdauer ist in der Luft gröfser als im leeren Raume. Die Reduction auf den leeren Raum und mithin auch das Umgekehrte derselben oder die Zunahme, welche die Schwingungsdauer durch Luftwirkung erfahren hat, ist um desto gröfser, zu je kleinerer Schwingungsdauer sie gehört. Nach den vorstehenden Versuchen war diese Reduction auf den leeren Raum der Kubikwurzel der Dauern umgekehrt proportional. Zur Auffindung des wahren Gesetzes dieser Erscheinungen bedarf es weit mannichfacherer Versuche, aber man sieht schon hier dafs, wenn die Schwingungen des Hebels verzögert werden durch diejenige Luftmenge welche er in Bewegung setzt und zum Theil mit sich fuhrt, diese Menge um so kleiner ist, je kleinere Dauer man den Schwingungen gegeben hat. Herr Kupffer glaubt eine Erklärung dieses Verhaltens in dem Umstande zu finden, dafs die Wirkung der Stöfse, welche die Schwingungen des Hebels ausüben und deren Richtung von einer Schwingung zur anderen ihr Zeichen ändert, sich um desto weiter erstreckt, je später sie auf einander folgen. Es wird hiernach eine um desto gröfsere Luftmasse in Bewegung gesetzt, je gröfser die Dauer der Schwingungen ist.

Um die Ableitung des Elasticitäts-Coëfficienten der Metalle (der Gröfse $\frac{1}{\delta}$ nach der Bezeichnung auf S. 403) aus beobachteten Transversalschwingungen eines Bleches, dessen eines Ende eingespannt ist, genauer zu vollziehen, wurde die Dauer dieser Schwingungen vergröfsert, indem man ein Gewicht an dem freien Ende des Bleches befestigte. Ein auf diese Weise beschwertes Blech wird gleichzeitig durch zwei Kräfte getrieben, nämlich durch die Elasticität und durch die Schwere. Um diese beiden Kräfte zu trennen, hat man nur

*) Vergl. Webers Untersuchungen über die Elasticität der Seidenfäden in Poggendorfs Annalen der Physik. XXXIV.

zwei Beobachtungen anzustellen, bei denen sich das Gewicht nach einander unter und über dem Befestigungspunkte in der Vertikale desselben befindet Im ersten Falle werden die Schwingungen des Bleches durch die um die Schwerwirkung vermehrte Elasticität, im zweiten Falle durch die um die Wirkung der Schwere verminderte Elasticität erzeugt.

Da nun die Kräfte den Quadraten der Schwingungsdauer umgekehrt proportional sind, so wird, wenn man dieselben für die genannten zwei Lagen des Gewichtes mit t und t' bezeichnet, so wie mit T und mit ϑ die Dauer einer Schwingung desselben Bleches wenn es respektive ohne Schwere und unelastisch wäre:

$$\frac{2}{T^2} = \frac{1}{t^2} + \frac{1}{t'^2}$$

$$\frac{2}{\vartheta^2} = \frac{1}{t^2} - \frac{1}{t'^2} \text{ *)}$$

und demnach:

$$\frac{\vartheta^2}{T^2} = \frac{t_1^2 + t^2}{t_1^2 - t^2}$$

Es ist aber dieser Quotient gleich dem Verhältniss der Einwirkung der Elasticität zu der Einwirkung der Schwere auf das Blech.

Um diesen Ausdruck durch die Erfahrung zu prüfen, wurde eine sehr schwere, gusseiserne Vorrichtung angewendet, welche aus einer mit drei Fufsschrauben versehenen vertikalen Säule bestand, welche an ihrem oberen Ende eine horizontale Axe trug. Mit dieser Axe waren an dem einen ihrer Enden eine

---

*) In Herrn Kupffer's Abhandlung sind die linken Seiten dieser Gleichungen nur halb so gross angesetzt wie oben — aber mit Unrecht, denn wenn man mit J das Trägheitsmoment des schwingenden Körper, mit π das Verhältniss der Kreisperipherie zum Durchmesser bezeichnet und mit S und E die Wirkungen der Schwere und der Elasticität, so hat man:

$$\frac{1}{T^2} = \frac{E}{\pi^2 J}, \quad \frac{1}{\vartheta^2} = \frac{S}{\pi^2 J}, \quad \frac{1}{t^2} = \frac{E+S}{\pi^2 J}, \quad \frac{1}{t'^2} = \frac{E-S}{\pi^2 J}$$

und hiernach das Obige. B.

Klemme zur Einspannung des Bleches verbunden und an dem anderen Ende ein nach Willkür zu änderndes Gegengewicht, dessen Wirkung auf die Säule der jedesmaligen Gesammtwirkung, der Klemme, des Bleches und des an diesem gehängten oft sehr bedeutenden Gewichts gleich gemacht wurde. Die Klemme besteht aus zweien sehr ebenen viereckigen Platten, von denen eine mit der genannten horizontalen Axe ein Stück bildet, während die andere von derselben getrennt werden kann. Das Ende des Bleches wird mittelst vier Schrauben, welche nahe an den Ecken der Platten durch dieselben hindurchgehen, zwischen ihnen befestigt und ausserdem gehen durch die bewegliche Platte noch drei kleinere Schrauben, welche das Blech in dreien ganz nahe an seinem Austritt aus dem horizontalen Rande der Klemme gelegnen Punkten drükken und jede Fortpflanzung der Bewegung über diesen Rand hinaus verhindern. Die horizontale Axe ist um ihre Mittellinie drehbar. — Man kann daher der auf diese Linie senkrechten Axe der Figur des Bleches jede beliebige Neigung gegen den Horizont geben und daher auch namentlich diejenigen zwei Neigungen, bei welchen dieselbe mit der Schwerrichtung zusammenfällt. Um diese zwei Lagen genau zu erhalten, wird ein tragbares Passageinstrument so aufgestellt, daſs seine optische Axe den Vertikalkreis beschreibt, in welchem die genannte Horizontalaxe liegt, und ein zweites Passageinstrument so, daſs seine optische Axe einen gegen den genannten senkrechten und zugleich durch eine der Seitenkanten des Bleches hindurchgehenden Vertikalkreis beschreibt. — Das Blech ist jedenfalls senkrecht wenn jene Seitenkante ihrer ganzen Länge nach mit den optischen Axen dieser beiden Instrumente zusammenfällt. Offenbar kann dieser Bedingung nur dann für die beiden Stellungen des Bleches genügt werden, wenn dessen Seitenkante auf die Horizontalaxe des Apparates senkrecht steht. Man darf deshalb das Blech nicht eher festklemmen, als wenn diese letzte Bedingung streng erfullt ist. Die Drehung der horizontalen Axe um 180°, durch welche sie die eine und die andre der anzuwendenden Lagen erhält, erfolgt theils aus dem Groben, aus freier Hand, theils mit beliebiger Feinheit, mit Hülfe einer Schraube. Um die Länge des schwingenden Bleches zu erfahren, wird dessen Austritt aus der Klemme mit einer Stahlspitze durch eine feine Linie bezeichnet und dann der Abstand dieser Linie von dem freien Rande des Bleches nach Herausnahme desselben aus der Klemme scharf gemessen.

Die in dieser Weise verwendeten Bleche liefs man theils für sich, theils mit einem Gewichte beschwert, schwingen. Dieses Gewicht besteht aus zweien ziemlich starken Messingplatten, welche Kreiscylinder von überall gleicher Höhe darstellen und durch eine Queraxe verbunden sind. Diese Queraxe hat eine Längsspalte, durch welche das Blech frei hindurchgeht. Dieses wird endlich mittelst zweier Stahlschrauben welche durch die Mittelpunkte der Platten gehen und in Spitzen enden, mit diesen Platten in feste Verbindung gebracht. Das zugleich mit dem Bleche schwingende Gewicht hat daher mit ihm eine durch zwei Punkte gegebene grade Linie gemein, und eben diese Linie enthält auch den Schwerpunkt des Gewichtes.

Diese Linie ist ferner senkrecht auf die Längenaxe des Bleches, durch welche sie hindurchgeht und man kann sie dem freien Rande des Bleches so nahe legen als man will. Die Platten (welche das Gewicht ausmachen) liegen endlich auch mit der Axe der Schwingungen parallel und bieten der umgebenden Luft nur eine kleine Widerstandsfläche dar. Es wurden zuerst dergleichen Plattenpaare die von $\frac{1}{2}$ bis zu 15 Pfund wogen, angefertigt, darauf aber die Anwendung von noch schwereren beschlossen, um Schwingungen von noch dickeren Blechen oder Stangen zu beobachten.

Die erwähnten Spitzen der Stahlschrauben treffen in früher eingebohrte kleine Höhlungen, deren Abstand von dem freien Rande des Bleches leicht gemessen werden kann. Man erhält daher den Abstand des Schwerpunktes des Gewichtes von dem eingeklemmten Rande völlig scharf.

Um die Schwingungsdauern genau zu messen, wird das Fernrohr des zuerst genannten Passageinstruments, auf eine horizontale Theilung gerichtet, die man so auf das Gewicht geklebt hat, dafs sie durch dessen Schwerpunkt hindurchgeht und denselben mit Null bezeichnet. Es werden dann die Zeit eines ersten Durchganges dieses Schwerpunkts durch die Absehenslinie, so wie auch die eines folgenden nach 100, 200 oder 1000 Schwingungen des Bleches, an einem Chronometer beobachtet und zugleich die Amplitude der Schwingungen mit Hülfe der erwähnten Theilung. Die Einheiten derselben werden dann, nach Ermittelung der Länge des schwingenden Bleches, in die übliche Kreistheilung verwandelt. Dergleichen Beobachtungsreihen wurden stets nach einander mit dem Gewichte unter und über dem eingeklemmten Rande des Bleches beobachtet, wobei es sich von selbst versteht, dafs das bei der letzten Stellung gebrauchte Gewicht nicht so grofs sein durfte, dafs es eine Biegung des Bleches bewirkte. Dieses muss vielmehr während es das Gewicht an seinem obern Ende trägt, völlig grade und ohne eine Neigung nach der einen oder der andern Seite bleiben.

Die Bleche oder Metallstäbe, welche zu den hiernächst zu beschreibenden Versuchen gebraucht wurden, sind von Herrn Repsold mit grofser Sorgfalt angefertigt worden und können als mathematisch richtige Parallelopipeda betrachtet werden. Ihre Breite und Dicke sind mit dem bei den Maafsvergleichungen gebrauchten Mikrometer (vrgl. in diesem Arch. Bd. VIII. S. 561) gemessen worden *).

---

*) Mithin mittelst der von Bessel so genannten Anschiebecylinder, aus denen aber für den Petersburger Comparateur nicht der ganze Vortheil gezogen wurde, den ihre endliche Anlegung an ein Fühlniveau und demnach der Ausschluss von jeder optischen Vergleichung gewährt. Herr Kupffer gebrauchte sie vielmehr in Verbindung mit einem Messmikroskope und einer auf ihnen angebrachten Theilung. Vergl. Bessel, Darstellung der Untersuchungen u. s. w. welche durch die Einheit des Preussischen Längen-

Seien nun:

L die gesammte Länge des Stabes;

P dessen Gewicht;

a dessen Breite;

b dessen Dicke;

l die Länge des schwingenden Theiles oder der Abstand des freien Randes des Stabes von der eingeklemmten Linie;

p das Gewicht dieses schwingenden Theiles;

l' der Abstand des Schwerpunktes des an dem freien Rande befestigten Gewichtes von der eingeklemmten Linie;

p' die Gröfse dieses Gewichtes;

i das Trägheitsmoment des Stabes in Beziehung auf den festen Punkt *);

i' das Trägheitsmoment des am freien Ende befestigten Gewichtes in Beziehung auf den festen Punkt;

q das Trägheitsmoment des Gewichtes in Beziehung auf seinen Schwerpunkt (d. h. wohl: in Beziehung auf eine durch diesen Schwerpunkt gehende Parallele zur eingeklemmten Linie);

J das Trägheitsmoment des Stabes und des an seinem freien Ende befestigten Gewichtes in Beziehung auf den festen Punkt;

---

maafses veranlafst wurden. Berlin 1839, und über Maafsvergleichungen in Russland in d. Arch. a. a. O.

*) In diesem Ausdruck und den ihm ähnlichen folgenden, dürfte wohl unter festem Punkt der Durchschnitt der eingeklemmten Linie des Bleches oder Stabes mit dessen Axe der Figur zu verstehen sein. Da aber das Trägheitsmoment eines Körpers nicht in Beziehung auf einen Punkt, sondern nur auf eine durch diesen Punkt gehende gerade Linie genommen werden kann, und da die hier in Betracht kommenden Trägheitsmomente alle, auf die während der Schwingungen feste Axe zu beziehen sind, so ist anstatt des Obigen wohl zu lesen theils in Beziehung auf die eingeklemmte Linie, theils in Beziehung auf eine Parallele mit der eingeklemmten Linie. E.

m das Schwere-Moment des Stabes in Beziehung auf den festen Punkt;

m' das Schwere-Moment des am freien Ende befestigten Gewichtes, ebenfalls in Beziehung auf den festen Punkt;

M das Schwere-Moment des Stabes und der an ihm befestigten Gewichte;

λ die Länge des einfachen Pendels, welches isochronisch schwingen würde, mit dem durch das Gewicht beschwerten Stabe, wenn derselbe unbiegsam und um die eingeklemmte Linie frei drehbar wäre;

τ die Dauer der Schwingungen dieses Pendels;

t die wirkliche Dauer der Schwingungen des Stabes, wenn er in senkrechter Lage mit dem Gewichte nach unten eingeklemmt ist;

t_1 die Dauer der Schwingungen des Stabes, wenn er in senkrechter Lage, mit dem Gewichte nach oben eingeklemmt ist;

T die Dauer der Schwingungen welche stattfinden würde, wenn der Stab ohne Schwere wäre und nur die Elasticität auf ihn wirkte;

θ die Dauer der Schwingungen des Stabes, wenn er unelastisch wäre und nur durch die Schwere bewegt würde;

σ die Länge des einfachen Pendels von der Schwingungsdauer ϑ;

g die terrestrische Schwere *);

π das Verhältniss des Kreisumfanges zum Durchmesser;

$\frac{1}{\delta}$ der Elasticitäts-Coëfficient der Substanz des Stabes und daher δ die Verlängerung, welche ein Würfel

*) Nach dem Folgenden ist die in der Zeiteinheit stattfindende Beschleunigung durch die Schwere und nicht der Fallraum während der ersten Zeiteinheit gemeint. E.

dieses Metalles, dessen Seite der Längen-Einheit gleich ist, durch den Zug der Gewichts-Einheit erfährt, wenn derselbe senkrecht gegen die Grundfläche des Würfels gerichtet ist;

$\frac{1}{\delta}$ derselbe Elasticitäts-Coëfficient *) für den Cylinder, dessen Axe und dessen Radius der Längen-Einheit gleich sind und auf welchen der Zug ebenfalls senkrecht gegen die Grundfläche reicht.

Man erhält dann folgende Beziehungen:

$$p = \frac{Pl}{L}$$

$$i = \frac{p \cdot l^2}{3} \text{ **)}$$

$$i' = p' \cdot l'^2$$

$$J = i + i' + q \text{ ***)}$$

$$M = m + m'$$

$$\lambda = \frac{J}{M}$$

$$\sigma = \frac{g\vartheta^2}{\pi^2}$$

$$\frac{1}{\delta} = \frac{\pi}{\delta'}$$

so wie nach dem Vorhergehenden:

---

*) Soll wohl heissen: die analoge Verlängerung. E.

**) Vollständig

$$i = \frac{pl^2}{3} + \frac{pb^2}{12}. \qquad \text{E.}$$

***) Den obigen Erklärungen nach, sollten die zwei letzten Ausdrücke heissen:

$$i' = p'.l'^2 + q$$

und

$$J = i + i' \qquad \text{E.}$$

$$T^2 = \frac{2t_1^2 \cdot t^2}{t_1^2 + t^2}$$

$$\theta^2 = \frac{2t_1^2 \cdot t^2}{t_1^2 - t^2}$$

Euler hat nun für prismatische Stäbe, deren Schwingungsdauer $= T$ ist, den folgenden Ausdruck aufgestellt:

$$\frac{1}{\delta'} = \frac{\pi^2 \cdot l^3 \cdot p}{a \cdot b^3 g \cdot T^2}$$

Er hat dabei vorausgesetzt dass die Schwingungen ohne jeden Einfluss der Schwere erfolgen, und dieses tritt in der That vollständig ein, wenn der Stab in einer horizontalen Ebene schwingt, und in angenäherter Weise auch, wenn seine Schwingungen zwar in einer beliebigen Ebene erfolgen, aber mit grofser Schnelligkeit. Euler wollte in der That nur diese Fälle betrachten. Mit den unten angeführten Versuchen, bei denen der schwingende Stab mit einem Gewichte belastet war, stimmt dieser Ausdruck daher auch nicht überein. Um aber aus diesen Versuchen Werthe von $\frac{1}{\delta'}$ zu erhalten, welche sowohl (wenn sie sich auf einerlei Substanz beziehen), unter einander übereinstimmen, als auch mit denen durch Biegungsversuche für dieselbe Substanz erhaltenen muss man das Resultat der Euler'schen Formel mit $\sqrt{\frac{\sigma}{\lambda}}$ oder mit $\frac{\vartheta}{\tau}$ multipliciren, so dafs man erhält:

$$\frac{1}{\delta'} = \frac{\pi^2 \cdot l^3 p}{ab^3 \cdot g T^2} \cdot \sqrt{\frac{\sigma}{\lambda}}.$$

Man kann diesen Ausdruck verallgemeinern, indem man substituirt:

$$\frac{9i}{2p} \cdot \lambda \quad \text{anstatt } l^3$$

$$\frac{2t_1^2 \cdot t^2}{t_1^2 + t^2} \quad \text{anstatt } T^2$$

und

$$\frac{2t_1^2 \cdot t^2}{(t_1^2 - t^2) \cdot \sigma} \text{ anstatt } \frac{\pi^2}{g}$$

Schreibt man dann noch J anstatt i *), so erhält man:

$$\frac{1}{\delta'} = \frac{9J}{2} \cdot \frac{1}{ab^3} \cdot \frac{t_1^2 + t^2}{t_1^2 - t^2} \cdot \sqrt{\frac{\lambda}{\sigma}} \cdot$$

Nach diesem Ausdruck sind die folgenden Beobachtungen berechnet worden. Der Werth von q oder das Trägheitsmoment des Gewichtes nach einer Axe, welche durch dessen Schwerpunkt, senkrecht gegen die Schwingungsebene gerichtet ist, wurde mit:

$$q = \tfrac{1}{8} p' \varrho^2$$

berechnet, wenn ϱ den Durchmesser (le diamètre) der Cylinder, welche dieses Gewicht ausmachen, bedeutet **).

Von den Metallverbindungen welche gewöhnlich verarbeitet werden, zeigt sich das Messing am veränderlichsten in seiner Textur und seinen physikalischen Eigenschaften. Es wurden neun Stangen aus demselben untersucht:

Nummer 1 und 2 von gehämmertem Messing;
- 2 und 3 von gegossenem Messing;
- 5 und 6 von gewalztem harten Messing aus England.

*) Die erste und die vierte Substitution heissen zusammen:

$$\frac{9J}{2p} \lambda \text{ anstatt } l^3$$

und allerdings wird:

$$\frac{9J}{2p}\lambda = \frac{9J'}{2pM} = \frac{9\left(\frac{l^2 p}{3} + l_1{}^2 p' + q\right)^2}{lp^2 + 2pp'l'}.$$

wenn man

$$p' = q = 0$$

voraussetzt, d. h. wenn die Stange unbelastet schwingt, zu l^3. In dem Original steht daher wohl durch einen Druckfehler

$$\frac{gi}{2p}\lambda \text{ anstatt } \frac{9i}{2p} \cdot \lambda.$$

**) Hier ist ein Versehen vorgefallen, indem man oben entweder Halbmesser anstatt Durchmesser oder $\tfrac{1}{2} p' \varrho^2$ anstatt $\tfrac{1}{8} p' \varrho^2$ zu setzen hat. Ob die folgenden Zahlwerthe hierdurch afficirt sind, lässt sich nicht beurtheilen, weil die Werthe von ϱ nicht angegeben werden. K.

Diese Proben stammen aus verschiedenen Fabriken und mögen daher wohl auch chemisch verschieden sein.

Nummer 7 von weichem gegossenen Messing;
- 8 von demselben, aber stark gehämmert;
- 9 von demselben, stark gewalzt.

Die drei zuletzt genannten Stangen wurden aus einerlei Stück gearbeitet, welches aus der Fabrik von F. Hasse in Lübeck entnommen und aus 2 Theilen Kupfer und 1 Theil Zink zusammengesetzt ist. Die Länge der Stangen variirte zwischen 51,25 und 52,3 Russischen Zollen.

Ihre Breite betrug nahe an 1 Zoll. — Die Dicke aber 1 Linie für die als Nummer 1, 2 und 6, und 2 Linien für die durch Nummer 3, 4, 5, 7, 8 und 9 bezeichneten *).

Diese Dimensionen wurden durch die oben erwähnten Mittel aufs genaueste bestimmt. Die Anführung der betreffenden Einzelheiten wäre aber unnütz, und folgen daher hier dergleichen nur für eine Beobachtungsreihe, um den Gang dieser Arbeit zu erläutern.

Stab No. 3.

Gesammtlänge des Stabes (L)	51,4370
Breite (a)	0,99964
Dicke (b)	0,18648
Gewicht (P)	3,25684
Specifisches Gewicht gegen Wasser bei $13\frac{1}{2}°$ Réaum.	8,4978

*) Unter Linien scheinen hier Zehntel Zolle verstanden und die obigen Angaben der Dicken nur ganz ungefähre zu sein, denn es wird hiernächst für Nummer 3 die Dicke zu 0,18648 Zoll angeführt, welches von 2 Zehntelzollen um fast $\frac{1}{15}$, von zwei gewöhnlich sogenannten Linien oder Zwölftel Zollen aber um nahe an $\frac{1}{9}$ abweicht.

Versuch I.

Länge (l) des schwingenden Theiles des Stabes, von dem Austritt aus der Klemme bis zu dem freien Ende 47,3785

Gewicht (p) 2,99986

Trägheitsmoment (i) 2244,620

Schwermoment (m) 71,0645

Der Stab schwingt mit Gewichten die an seinem freien Ende befestigt sind, und es ist:

$$l' = 47{,}1316$$
$$p' = 9{,}29767$$

$$i' = 20653{,}600$$
$$q = 41{,}840$$
$$i = 2244{,}620$$
$$J = 22940{,}060$$

$$t_1 = 8'',3898 \qquad m = 71{,}065$$
$$t = 0'',70197 \qquad m' = 438{,}211$$
$$M = 509{,}276$$

Es folgen:

$$\lambda = 45{,}0445$$
$$\sigma = 38{,}8749$$
$$\sqrt{\frac{\lambda}{\sigma}} = 1{,}07643$$
$$\vartheta' = 0{,}0000000575450.$$

Versuch II.

Länge des schwingenden Theiles des Stabes . . 40,578

Gewicht 2,56928

Trägheitsmoment 1410,170

Schwermoment 52,1281

Der Stab schwingt mit einem Gewichte:

$$l' = 40{,}338$$
$$p' = 12{,}08711$$

$$i' = 19667{,}600$$
$$q = 54{,}392$$
$$i = 1410{,}170$$
$$J = 21132{,}162$$

$$m = 52{,}1281$$
$$m' = 487{,}5700$$
$$M = 539{,}6981$$

$$t_1 = 2'',9370$$
$$t = 0{,}6375$$

Mithin:

$$\lambda = 39{,}1555$$
$$\sigma = 33{,}5661$$
$$\sqrt{\frac{\lambda}{\sigma}} = 1{,}08006$$

und $\delta' = 0{,}0000000574547.$

Versuch III.

Länge des schwingenden Theiles (l)	25,880
Gewicht (p)	1,6386
Trägheitsmoment (i)	365,841
Schwermoment (m)	21,204

Der Stab schwingt mit einem Gewichte für welches betragen:

1) $l' = 25{,}640$
$p' = 15{,}81611$

$$i' = 10397{,}662$$
$$q = 95{,}494$$
$$i = 365{,}841$$
$$J = 10858{,}997$$
$$m = 21{,}204$$
$$m' = 405{,}525$$
$$M = 426{,}729$$

$$t_1 = 0{,}6925$$
$$t = 0{,}4195$$

Es folgen:

$$\lambda = 25{,}4471$$
$$\sigma = 21{,}7780$$
$$\sqrt{\frac{\lambda}{\sigma}} = 1{,}08096$$
$$\delta' = 0{,}0000000568511.$$

2) $l' = 25,640$
$p' = 25,10903$

$$i' = 16506,920$$
$$q = 254,230$$
$$i = 365,841$$
$$J = 17126,991$$
$$m = 21,204$$
$$m' = 643,795$$
$$M = 664,999$$

$t_1 = 1'',2396$
$t = 0,4885$

Es folgen:

$$\lambda = 25,7549$$
$$\sigma = 22,1313$$
$$\sqrt{\frac{\lambda}{\sigma}} = 1,07827$$
$$\delta' = 0,0000000570257.$$

Die nach einander für den Stab Nummer 3 gefundenen Werthe von δ' geben also folgende Zusammenstellung:

Angewandte Belastungen p'	I	II	III
9,29767	$l = 47,3785$ $\delta' = 0,57450.10^{-7}$	$l = 40,578$	$l = 25,880$
12,087		$\delta' = 0,57457.10^{-7}$	
15,48409			$\delta' = 0,568511.10^{-7}$
25,10903			$\delta' = 0,570257.10^{-7}$
Mittel	$\delta' = 0,57450.10^{-7}$	$\delta' = 0,57457.10^{-7}$	$\delta' = 0,569334.10^{-7}$

Mittlere Werth von

$$\delta' = 0,0000000573127.$$

In dem Folgenden sind alle für Messingstangen gefundenen Werthe von δ' zusammengestellt, von denen ein jeder aus einer grofsen Reihe von Beobachtungen folgt:

Geschmolzenes Messing:

		Spec. Gew.
Nummer 2	$\delta' = 0{,}736286.10^{-7}$	8,2169
- 4	$\delta' = 0{,}782550.10^{-7}$	8,2676
- 7	$\delta' = 0{,}620950.10^{-7}$	8,3089

Im Mittel für geschmolzenes Messing:

$\delta' = 0{,}0000000713262.$

Hartes gewalztes Messing:

		Spec. Gew.
Nummer 5	$\delta' = 0{,}588655.10^{-7}$	8,4465
- 6	$\delta' = 0{,}555808.10^{-7}$	8,4930
- 9	$\delta' = 0{,}569716.10^{-7}$	8,5746

Im Mittel für hartes gewalztes Messing:

$\delta' = 0{,}000000057193.$

Gehämmertes Messing:

		Spec. Gew.
Nummer 1	$\delta' = 0{,}563857.10^{-7}$	8,5600
- 3	$\delta' = 0{,}573127.10^{-7}$	8,4970
- 8	$\delta' = 0{,}546431.10^{-7}$	8,6045

Im Mittel für gehämmertes Messing:

$\delta' = 0{,}0000000561138.$

Erinnert man sich dafs der gewöhnlich sogenannte Elasticitäts-Coëfficient (und mit ihm auch das was man allgemein die Gröfse der Elasticität eines Körpers nennt E.) dem δ' umgekehrt proportional ist, so lassen sich die Resultate der eben erwähnten Versuche folgendermafsen zusammenfassen:

Die Elasticität der verschiedenen Messing-Arten ist sehr verschieden und namentlich um so gröfser, je mehr das untersuchte Metallgemisch durch die Bearbeitung condensirt worden ist.

Das gegossene Messing ist demgemäfs weit weniger elastisch als das gewalzte oder gehämmerte.

Diese Beziehung folgt besonders deutlich aus den Versuchen mit den Nummern 7, 8 und 9, welche von einerlei Messingstück entnommen waren. Auf diese hat das Hämmern stärker gewirkt als das Walzen.

Die Elasticität nimmt mit der Dichtigkeit zu; auch haben die genannten Theile desselben Stückes durch die Bearbeitung starke Dichtigkeitsveränderungen erlitten.

Die geschmolzene Probe hatte das spec. Gew. 8,3089 die hart gewalzte war dagegen bis zum spec. Gew. 8,5746 und die gehämmerte bis zu 8,6045 verdichtet.

Das geschmolzene Messing ist immer mehr oder weniger porös und die Oberfläche enthält sogar dem bloſsen Auge sichtbare Hölungen. Dieser Umstand hat wahrscheinlich auf das gefundene spec. Gew. gewirkt. Er dürfte aber kaum den ganzen Unterschied zwischen der Dichtigkeit dieser Proben und der der gewalzten, welcher mehr als $\frac{1}{30}$ beträgt, erklären.

Mit Eisenstäben welche sehr nahe dieselben Dimensionen wie die Messingstäbe hatten, ergaben sich folgende mittlere Resultate:

			Spec. Gew.
Englisches Schmiedeeisen			
	No. 8	$\delta' = 0{,}0000000313736$	7,6411
	No. 9	306967	7,7503
Schwedisches Schmiedeeisen			
	No. 10	297377	7,8315
	No. 11	298404	7,7913
Gewalztes Bandeisen			
	No. 12	317225	7,6432
	No. 13	316745	7,6467
Eisenblech.			
a) in der Richtung des Walzens	No. 2	36012	7,6763
b) senkr. auf d. Richt.	No. 1	33151	7,6775

Man sieht hieraus daſs das Schwedische geschmiedete Eisen die gröſste Elasticität und zugleich auch die gröſste Dichtigkeit besitzt. Das Englische geschmiedete Eisen No. 8

stimmt in diesen Eigenschaften mit dem gewalzten Englischen überein.

Das Eisenblech ist weit weniger elastisch als das zu Bändern gewalzte Eisen. Die Elasticität des Bleches ist auch, wie schon oben erwähnt, in der Richtung des Walzenganges noch geringer als in der darauf senkrechten.

Von Stahl wurden Stäbe von nahe denselben Dimensionen wie die eisernen angewendet und damit gefunden:

			Spec. Gew.
Weicher gewalzter Stahl	No. 5	$\delta' = 0{,}0000000297952$	7,835
Weicher Guss-Stahl	No. 6	300623	7,833
Desgl.	No. 7	297506	7,842
Geschmiedeter Engl. Stahl	No. 14	300946	7,835
Desgl.	No. 15	301229	7,832

Die verschiednen Stahlarten unterscheiden sich demnach so lange sie noch ungehärtet sind, weit weniger wie die Eisen- und Messingarten nach ihrer Elasticität und ihrer Dichtigkeit. Versuche mit gehärtetem Stahl konnten aus Mangel an genugsam regelmäfsigen Stangen noch nicht angestellt werden; blieben aber vorbehalten.

Von weichem Gusseisen ergaben:

		Spec. Gew.
Stab No. 3	$\delta' = 0{,}0000000559288$	7,1242
- No. 4	$\delta' = 0{,}0000000564137$	7,1302

Die folgenden Versuche wurden mit Stäben angestellt, welche nicht dieselbe Regelmäfsigkeit wie die von Herrn Repsold gearbeiteten besafsen:

		Spec. Gew.
Platin	$\delta' = 0{,}0000000358438$	21,122
Silber	$\delta' = 0{,}0000000803825$	10,494
Gold	$\delta' = 0{,}0000000843180$	19,264

Es folgen, hier zu bequemerer Anwendung für Diejenigen welche die auf das Meter bezognen Maafse und Gewichte gebrauchen, die (in Millimetern ausgedrückten) Verlängerungen, welche metallische Stäbe von 1 Meter Länge und 1 Millimeter Querschnitt durch Anhängung von 1 Kilogramm erfahren *).

		Verlängerung eines 1 Meter langen Stabes von 1 Quadrat-millimeter Querschnitt durch 1 Kilogramm
Gegossenes Messing	No. 2	0,0045667
	No. 4	48536
	No. 7	38513
Gewalztes Messing	No. 5	36510
	No. 6	34473
	No. 9	35336
Gehämmertes Messing	No. 1	34572
	No. 3	35547
	No. 8	33892

*) Im Allgemeinen erhält man aus Angaben der oben mit δ' für eine bestimmte Maafs- und Gewichtseinheit bezeichneten Gröfse, die mit δ'_1 bezeichnete Verlängerung eines Stabes, durch ein Gewicht von p Einheiten der früheren Art, wenn seine Länge l Einheiten und die Seite seines quadratischen Querschnitts q Einheit der neuen Art enthält, von denen eine jede mit n Einheiten der früheren gleich ist durch:

$$\delta'_1 = \delta' . \frac{p}{q^2 n} . l$$

In dem gegenwärtigen Falle ist

$$p = \frac{1 \text{ Kilogramm}}{1 \text{ Russ. Pfd.}} = n . \log 0,38773$$

$$n = \frac{1 \text{ Millimeter}}{1 \text{ Engl. Zoll}} = n . \log 8,59517$$

$$l = 1000$$

$$q = 1$$

und mithin:

$$\log \frac{\delta'_1}{\delta'} = 4,79256$$

welches in der That der Logarithmus ist, durch dessen Addition zu den Logarithmen der früher angeführten Werthe von δ' die Logarithmen der hier von Herrn Kupffer gelieferten Zahlen entstehen.

E.

Geschmiedetes Engl. Eisen	No. 8	0,0019459
	No. 9	19040
Geschmiedetes Schwed. Eisen	No. 10	18444
	No. 11	18465
Gewalztes Bandeisen	No. 12	19676
	No. 13	19646
Eisenblech in der Richtung des Walzens	No. 2	22336
senkrecht auf diese Richtung	No. 1	20561
Weicher gewalzter Stahl	No. 5	27971
Weicher gegossener Stahl	No. 6	28221
Geschmiedeter Engl. Stahl	No. 7	27926
	No. 14	28252
	No. 15	28279
Weisses Gusseisen	No. 3	34689
	No. 4	34990
Platin		22232
Silber		49857
Gold		52297.

Bei den bisher erwähnten Versuchen befand sich an den Stäben, deren Schwingungen beobachtet werden sollten, zu Anfang des Versuches, das freie Ende senkrecht über oder unter dem eingespannten. Die Dauer ihrer Schwingungen hing daher, ausser von ihrer Elasticität, auch noch von der Schwerkraft ab und es gelang nur durch eine künstliche Trennung dieser beiden Kräfte, die Einwirkung der Schwere auf das Pendel zu bestimmen, welches während seiner Bewegung seine Gestalt fortwährend änderte. Ein elastischer Stab ist in der That nur beim Durchgang durch seine Ruhelage auf einen Augenblick grade, besitzt aber zu jeder andern Zeit die eigenthümliche Gestalt, welche man die elastische Curve zu nennen pflegt. Man bedurfte einer genauen Rücksicht auf diesen Umstand *) um aus den vorstehenden Versuchen den

*) Hier ist wohl die Analyse von Euler gemeint von der oben S. 421 Gebrauch gemacht wurde. E.

Elasticitäts-Coëfficienten abzuleiten, und es zeigte sich dafs es keinesweges erlaubt ist bei der Rechnung die Schwingungen eines elastischen Stabes mit den senkrechten Schwingungen eines graden Stabes zu verwechseln.

Wenn dagegen das eine Ende eines elastischen Stabes in der Weise eingespannt ist, dafs die Ruhelage desselben eine horizontale wird, so übt die Schwere gar keinen Einfluss auf dessen Schwingungen, insofern nur der Stab in dem vertikalen Sinne breit genug ist, um sich durch sein eignes Gewicht und durch das an seinem freien Ende befestigte nicht merklich zu biegen. Das Trägheitsmoment eines solchen Stabes muss aber auch in diesem Falle ebenso continuirlichen Aenderungen unterworfen sein wie dessen Gestalt und man kann daher auch in diesem Falle nicht den aus der Theorie des Pendels abgeleiteten Ausdruck auf dessen Schwingungen anwenden.

Die angestellten Versuche über welche keine Einzelheiten mitgetheilt werden, schienen dagegen die folgende Beziehung zu bestätigen:

$$\frac{1}{\delta'} = \frac{9\pi^2 \cdot J \cdot l^2}{2gab^3 \cdot T_1^2} \cdot \sqrt{\frac{\sigma}{\lambda}}$$

wenn man bezeichnet mit:

T_1 die Dauer der horizontalen Schwingungen eines elastischen Stabes;

und mit den anderen Buchstaben dieselben Gröfsen für die sie weiter oben gebraucht wurden.

Wenn der Stab ohne ein angehängtes Gewicht schwingt, so geht dieser Ausdruck über in:

$$\frac{1}{\delta'} = \frac{\pi^2 \cdot p \cdot l^3}{g \cdot ab^3 \cdot T_1^2} \cdot \sqrt{\frac{\sigma}{\lambda}}$$

Im Vergleich mit den für senkrecht schwingende Stäbe gültigen Formeln (oben S. 421) führen diese Ausdrücke zu folgenden Gleichungen:

1) Für die mit einem Gewicht an ihrem freien Ende belasteten Stäbe:

$$\frac{T_1^2}{T^2} = \frac{l}{\lambda}$$

1) Für die unbelasteten Stäbe:

$$T_1 = T.$$

Die Transversalschwingungen der Metallstangen von kreisrundem Querschnitt befolgen, wenn ihre Ruhelage senkrecht ist, dieselben Gesetze wie die der bisher unter dem Namen von Stäben oder Blechen verstandenen parallelopipedischen. Die Formeln mittelst deren man ihren Elasticitäts-Coëfficienten aus den beobachteten Gröfsen abzuleiten hat, unterscheiden sich von den oben für den entsprechenden Fall gebrauchten, nur durch das was das verschiedene Trägheitsmoment des schwingenden Körpers in sie einführt, mithin durch die Substitution von

$$\frac{3}{2\pi\varrho^4}$$

an die Stelle von

$$\frac{9}{2ab^3}$$

wenn ϱ den Halbmesser des Cylinders bedeutet.

Es wird daher für diese:

$$\frac{1}{\delta'} = \frac{3}{2\pi\varrho^3} \cdot \frac{t_1^2 + t^2}{t_1^2 - t^2} \sqrt{\frac{\lambda}{\sigma}}$$

Die Verlängerung δ welche ein Cylinder, dessen Höhe und dessen Radius der Maafseinheit gleich sind, durch die Gewichtseinheit in der Richtung seiner Axe erfährt, folgt dann aus:

$$\delta = \frac{\delta'}{\pi}$$

Es wurden in dem Petersburger Observatorium bis jetzt nur wenige Versuche mit cylindrischen Stäben angestellt. Eine Messingprobe und zwei Eisenproben ergaben indessen auf diesem Wege folgende Werthe:

Messingdrath $\delta' = 0{,}0000000586168$
$\varrho = 0{,}079825$
Eisendrath No. 3 $\delta' = 0{,}0000000322363$
$\varrho = 0{,}1138$
Eisendrath No. 3 $\delta' = 0{,}0000000326845$
$\varrho = 0{,}080992$
Spec. Gew. $= 7{,}5326.$

Die cylindrischen elastischen Stäbe sind noch ferner in Beziehung auf ihre Biegung untersucht worden. Der dazu gebrauchte Apparat besteht in einem Schraubstock oder einer Klemme, mit welcher, bei horizontaler Lage der Axe des Stabes, das eine seiner Enden fest gemacht wird, während das andere mit einem Gewichte beschwert ist. Die Normale der Staboberfläche an diesem freien Ende ändert dann ihre Neigung gegen den Horizont um den sogenannten Neigungswinkel *), theils durch das eigene Gewicht des Stabes, theils durch die hinzugefügte Belastung, und man misst die Werthe dieses Neigungswinkels für verschiedene Belastungen, mittelst eines an dem freien Stab-Ende befestigten Spiegels. Wenn man auf diesen das Fernrohr eines Vertikal-Winkelmessers richtet, dessen Fadennetz Tageslicht erhält **), so liegt die optische Axe des Fernrohrs alsdann in einer Normale des

---

*) In Herrn Kupffers Bericht steht: die Neigung des freien Stab-Endes gegen den Horizont werde Neigungswinkel genannt. Dieser Ausdruck ist aber nicht ganz klar und wenn man unter dem Ende des Stabes dessen Endfläche verstehen will, nicht richtig, weil dann der Neigungswinkel nicht zugleich mit dem Gewichte verschwinden würde.

**) Es ist hier die vom Ocular-Ende aus erfolgende Beleuchtung der Fäden gemeint, welche am leichtesten ausgeführt wird, wenn man mit einem durchsichtigen Spiegel vor dem Ocular-Ende, das von dem Objective gelieferte Bild in das Auge leitet. Dieses Mittel wurde bekanntlich vor langer Zeit von Bessel in die astronomische Praxis eingeführt, ist aber vor Kurzem als angeblich neue Erfindung, unter dem Namen des Helmholzschen Augenspiegels äusserst berühmt geworden.

Spiegels, wenn man das Fadennetz mit seinem von dem Spiegel und von dem Objective gelieferten Bilde zusammenfallen sieht.

Man kann daher (durch Vergleichung der Lagen des Fernrohrs welche solche Coïncidenzen lieferten) die Neigungswinkel für das freie Stab-Ende messen.

Gleichzeitig wurde die Senkung dieses Endes und namentlich desjenigen Punktes, an welchem das Gewicht wirkt und der Abstand dieses Punktes von dem eingespannten Stab-Ende mit großer Sorgfalt gemessen.

Aus diesen Versuchen ergaben sich folgende Resultate:

1) wenn man den Neigungswinkel mit . . . . φ
die Senkung mit . . . . d
und den Horizontal-Abstand zwischen dem Angriffspunkte des Gewichtes und dem eingespannten Stab-Ende mit L

bezeichnet, so findet man:

$$d = \tfrac{2}{3} \cdot L \cdot \operatorname{tg} \varphi$$

Insofern dieses Gesetz für jeden Punkt der elastischen Curve gelten sollte, obgleich es nur für den Angriffspunkt der Belastung aus den Beobachtungen geschlossen wurde, so erhält man für jene Curve die Gleichung:

$$y^3 = ax$$

in welcher die (zu einander rechtwinklichen) Coordinaten y und x von dem eingespannten Ende an, und zwar die x in vertikaler und die y in horizontaler Richtung gezählt sind *).

*) Es wäre dann nämlich

$$d = x$$
$$L = y$$
$$\operatorname{tg}\varphi = \frac{dx}{dy}$$

und den Beobachtungen entsprächen:

$$\frac{3 . dy}{y} = \frac{2 . dx}{x}$$

und daher

Es ist diese die Gleichung einer Parabel der zweiten Ordnung mit zweien Zweigen, von denen der eine diejenige Gestalt darstellt, welche der Stab durch eine nach Art der Schwere von oben nach unten wirkende Kraft annimmt, der andere aber die Gestalt welche er durch eine (gleiche) von unten nach oben wirkende Kraft erhalten würde.

Der Parameter dieser Curve ist:

$$a = \frac{L^3}{d^2}$$

und es wird sich später zeigen dafs dieser Werth umgekehrt proportional mit: pd ist, wenn man mit

p das an dem freien Stab-Ende angebrachte Gewicht bezeichnet.

Mit anderen Worten ist also $\frac{1}{a}$ proportional mit der Kraft die man gebraucht, um das Gewicht p zu der Höhe d zu erheben oder, was dasselbe sagt, mit der Arbeit der elastischen Kraft des Stabes *).

2) Die Neigungswinkel sind immer den Momenten der Belastung proportional, d. h. man hat immer:

$$\varphi = C \cdot L \cdot p$$

wo C eine Constante bedeutet **).

$$\log\text{nat}\ y^3 = \log\text{nat}\ x^2 + \text{Const}$$

oder

$$y^3 = ax^2$$

wenn man mit a eine willkürliche Constante bezeichnet.

E.

*) Wenn alles hier gesagte genau zutreffen sollte, so müsste aber der Spiegel und das eigne Gewicht des Stabes ihn gar nicht biegen.

E.

**) Herr Kupffer sagt hier er habe früher angegeben (Compte rendu etc. pour 1850 p. 11), dafs der Neigungswinkel dem Produkte aus der Belastung und dem Cosinus dieses Winkels proportional sei. Jetzt erkläre er diese Angabe für irrig. Wir verstehen aber nun nicht, wie Herr K. diesen Irrthum habe bemerken können — denn

3) Wenn man die Länge des Stabes zwischen dem eingespannten Ende und dem Angriffspunkt mit l bezeichnet, so findet man, dafs die Gröfse:

$$\frac{\varphi \cdot l}{d}$$

für jeden Werth der Länge und der Belastung des Stabes unverändert bleibt.

4) Man hat nun auch:

$$\tfrac{1}{2}d = L \cdot \operatorname{tg}\varphi$$

und da fur sehr kleine Werthe von φ

$$\operatorname{tg}\varphi = \varphi \cdot \sin 1'$$

und zugleich

$$L = l$$

wird, so folgt:

$$\frac{\varphi l}{d} = \frac{3}{2 \cdot \sin 1'} = 5156{,}6$$

wenn φ in Minuten ausgedrückt wird.

5) Wenn man sich einen Faden von kreisförmigem Querschnitt vorstellt, von welchem sowohl die Länge als der Radius, der Einheit gleich sind, der an seinem oberen Ende befestigt, an dem unteren mit der Gewichtseinheit belastet ist, und wenn man dann mit

δ dessen Verlängerung durch diese Belastung bezeichnet, so muss man nothwendig setzen:

$$\delta = \tfrac{1}{2} \cdot \varrho^4 \cdot \frac{\varphi \cdot \sin 1'}{l \cdot L \cdot p}$$

wo ϱ den Halbmesser des (zu den Biegungsversuchen angewandten) Stabes bedeutet.

---

da die beobachteten Werthe von φ stets äusserst klein blieben, so scheint es kaum möglich auf empirischem Wege zu entscheiden, ob sie mit p oder mit dem nur unmerklich davon verschiednen

$$p \cos\varphi$$

proportional waren. E.

Es ist nämlich diese die einzige Verbindung zwischen den (beobachteten) Werthen von φ, l und Lp welche einen constanten Werth von δ liefert *).

Hat man nur Werthe von d (anstatt der Neigungswinkel φ) beobachtet, so erhält man:

$$\delta = \tfrac{3}{4}\varrho^4 \cdot \frac{d}{l^2 L \cdot p}.$$

Für Stäbe mit rechteckigem Querschnitt gilt dagegen:

$$\delta' = \pi \cdot \delta = \tfrac{1}{4} \cdot \frac{\varphi}{l} \cdot \frac{ab^3}{Lp} \cdot \sin 1'.$$

Unter Annahme dieser (empirischen) Gesetze der Biegung, konnten nun die Elasticitäts-Coëfficienten von drehrunden und von parallelepipedischen Stäben an den beobachteten Werthen abgeleitet werden. Um von der Festigkeit des Einspannungspunktes dieser Stäbe ganz unabhängig zu werden, wurden dieselben zwischen zwei Spitzen geklemmt, die einander auf einerlei Horizontal-Linie gegenüber lagen. Es wurden darauf an beiden freien Enden des Stabes zwei einander gleiche Gewichte gehängt und die Neigungswinkel dieser beiden Enden auf die bisher beschriebne Weise an zweien Vertikalkreisen abgelesen, sowie auch der Horizontalabstand beider Enden sorgfältig gemessen.

Um eine Abweichung von der vorausgesetzten Coïncidenz der Spiegelnormalen mit den (Axen der Figur) der beiden Stab-Enden zu eliminiren, sind für die Neigungswinkel die arithmetischen Mittel aus je zwei Ablesungen gesetzt, welche sich vor und nach einer halben Drehung des Stabes um seine Axe der Figur ergaben.

Wenn die Länge des Stabes zwischen den zwei Angriffspunkten der Gewichte mit . . . . $2l$
der Horizontalabstand dieser Punkte mit . . . . $2L$
das auf den Angriffspunkt eines Belastungs-Gewichtes bezogene Gewicht einer Stabhälfte und des Spiegels mit . . . . p'

*) So sagt Herr Kupffer, aber man könnte ja anstatt $\tfrac{1}{4}$ eine beliebige andre Zahl setzen! E.

und jenes Belastungs-Gewicht selbst mit . . . p''
bezeichnet wird, so hat man dem Vorhergehenden nach
für drehrunde Stäbe:

$$\delta = \tfrac{1}{4}\varrho^4 \cdot \frac{\varphi \cdot \sin 1'}{lL\cdot(p'+p'')}$$

und für parallelopipedische Stäbe:

$$\delta' = \tfrac{1}{4}\cdot\frac{\varphi}{l}\cdot\frac{ab^3}{lL\cdot(p'+p'')}\sin 1'.$$

Man macht nun zuerst eine Beobachtung ohne Belastung und erhält z. B. für einen parallelopipedischen Stab die folgende Bedingungsgleichung:

$$\delta' = \tfrac{1}{4}\cdot\frac{\varphi}{l}\cdot\frac{ab^3}{Lp'}\cdot\sin 1'.$$

Alsdann hängt man das Gewicht p'' an und erhält die zweite Gleichung:

$$\delta' = \tfrac{1}{4}\cdot\frac{\varphi}{l}\cdot\frac{ab^3}{L(p'+p'')}\cdot\sin 1'.$$

Diese beiden Ausdrücke enthalten die zwei Unbekannten δ' und p' die nun aus ihnen bestimmt werden *).

Hat man mehr als zwei solcher Beobachtungen mit verschiedenen Werthen von p'' angestellt, so besitzt man auch mehr als zwei Bedingungsgleichungen, von denen man dann z. B. die beiden äussersten zur Bestimmung von p' gebrauchte demnächst aber einen Werth von δ' aus einer jeden der übrigen Gleichungen berechnete um das Mittel aller dieser Werthe beizubehalten.

Da eine jede einzelne Beobachtung eine lange Zeit erfordert, so muss man sich vor der Anwendung zu starker Gewichte durch welche man den Elasticitätsgränzen des Körpers nahe kommen würde angelegentlich hüten.

*) Da man aber das p' durch Messungen und Wägungen auch direkt bestimmen kann, so dürfte wohl eine erfreuliche Controle der nur empirischen Theorie dieser Erscheinung in der Vergleichung solcher direkt bestimmten Werthe von p' mit denjenigen gelegen haben, welche aus der oben erwähnten Elimination folgten. Vergl. auch oben S. 405 und weiter unten wo eben dieser Theorie widersprochen wird. E.

Es wurden durch diese Methode unter anderen die folgenden Zahlwerthe erhalten:

Parallelopipedischer Stahlstab	No. 5	$\delta' = 0{,}0000000296020$
desgl.	No. 6	$\delta' = 0{,}0000000301055$
Parallelopipedischer Platinstab		$\delta' = 0{,}0000000358600$
Drehrunder Messingstab		$\delta' = 0{,}0000000592913$
Drehrunder Eisenstab	No. 3	$\delta' = 0{,}0000000329270$

Es hat sich also namentlich für die parallelopipedischen Stäbe durch Biegungsversuche höchst nahe derselbe Elasticitäts-Coëfficient wie durch Beobachtung von Transversalschwingungen ergeben. Für die drehrunden Stäbe war der aus den Schwingungen geschlossene Werth wahrscheinlich deswegen ein wenig kleiner als derjenige welchen die Biegungsversuche liefrten, weil jeder Punkt von dergleichen Stäben fast nie in einer Ebene, sondern in einer Ellipse schwingt, und weil man deshalb die (angenommene) Dauer einer Schwingung um etwas vermindern muss.

In dem Bericht über die Fortsetzung der Biegungsbeobachtungen, welche im Jahre 1853 erfolgte, wird die angewandte Methode dahin recapitulirt, dafs jeder Versuch aus vier Ablesungen bestand. Nachdem nämlich der mit einer Axe in seiner Mitte und mit je einem Planspiegel an seinen Enden versehene Stab auf die dazu bestimmten Axenlager und zwischen den mit ihm in einerlei Ebene beweglichen Absehenslinien zweier Vertikalwinkelmesser oder Höhenkreise gelegt worden war, richtete man diese Absehenslinien zur Coïncidenz mit den Spiegelnormalen, und zwar bei jeder der zwei möglichen Lagen der Stabaxen gegen ihre Lager, mit dem unbelasteten Stabe und mit demselben nach Anbringung von Gewichten. In dem als unbelastet bezeichneten Zustande des Stabes wurde, wie bereits oben angedeutet, eine Biegung desselben nicht blofs durch dessen eignes Gewicht veranlasst, sondern auch durch die Wirkung der Schwere auf die Spiegel und auf die in jeder Hälfte befindlichen Haken und Schale zur Anbringung der Belastungsgewichte. Das auf die

Drehungsaxe bezogene Schwermoment dieser Körpertheile, wurde auch für die in Rede stehende Fortsetzung der Biegungsbeobachtungen, nicht direkt durch Messungen und Wägungen ausgemittelt, sondern als eine willkürliche Constante aus den Ablesungen eliminirt.

Herrn Kupffers desfallsige Auseinandersetzung bleibt uns indessen etwas unklar, in Folge einiger Druckfehler und, wie es scheint, auch wegen Auslassung einer Definition. Sie lautet in vollständiger Uebersetzung:

„Das Mittel der zwei ohne Belastung angestellten Beobachtungen (No. 1 und 3) giebt diejenige Biegung des Stabes, welche von dessen eigenem Gewicht und von dem Gewicht der Spiegel, der Haken, an denen die Schalen aufgehängt werden und dieser zur Aufnahme der (Belastungs-) Gewichte bestimmten Schalen herrührt. Sie sei φ.

„Das Mittel der zwei Beobachtungen die mit (Belastungs-) Gewichten angestellt worden sind (No. 2 und 4), giebt die Biegung des Stabes, welche von dessen eignem Gewichte, von dem Gewichte der Spiegel, der Haken und der Schalen und von den (Belastungs-) Gewichten herrührt. Sie sei φ'.

„Sei p' das Gewicht der Stabhälfte mit ihrem Spiegel, ihrem Haken und ihrer Schale, bezogen auf den Aufhängungspunkt der Schale.

„Sei p'' das Gewicht, welches man bei den Beobachtungen No. 2 und 4 in jede Schale gelegt hat.

„Sei $2l$ die Länge des Stabes zwischen den zwei Aufhängungspunkten.

„Sei L der Horizontalabstand zwischen dem festen Punkt und dem Aufhängungspunkt jedes Gewichtes oder die Länge des Hebelarmes, an dessen Ende jedes Gewicht wirkt, so dafs Lp', $L'(p'+p'')$ die Momente der Gewichte p' und $p'+p''$ bedeuten.

„Seien a und b die Breite und die Dicke der Stäbe und

„ε sei der Elasticitäts-Coëfficient, d. h. das Gewicht welches man anwenden müsste um die Länge eines ähnlichen

Stabes, dessen Querschnitt der Einheit gleich wäre, durch einen Zug in der Richtung seiner Axe, zu verdoppeln *).

„Wir werden daher erhalten:

$$\delta' = \frac{1}{\varepsilon} = \tfrac{1}{4} \cdot \frac{\varphi'}{l} \cdot \frac{ab^3}{L'(p+p'')} \cdot \operatorname{tg} 1' \;{}^{**})$$

wo:

$$p' = p'' \cdot \frac{\varphi L'}{\varphi' L - \varphi \cdot L'}$$

„Um nach dieser Formel zu rechnen, muss φ in Minuten ausgedrückt sein.

„Auf diese Weise ist der Elasticitäts-Coëfficient von verschiedenen Stäben berechnet und mit demjenigen verglichen worden, welchen Transveraslschwingungen ergeben hatten."

Dass eine vollständige Anerkennung dieser Angaben des Verfassers unmöglich ist, leuchtet von selbst ein, denn wenn man die gar nicht definirte Gröfse L' ebenso wie p' für eine aus den Beobachtungen zu schliefsende nähme, so sollte man überhaupt die drei unbekannten Werthe L', p', δ' mit Hülfe der zwei Gleichungen bestimmen, welche den beiden abgelesenen Winkeln φ und φ' entsprechen, d. h. etwas Unmögliches leisten.

Herr Kupffer muss wohl demnach unter L und L' nichts weiter als die beiden Horizontalabstände der Belastungsschneide von den Stäben verstehen, welche respektive vor und nach der Auflegung der Belastungsgewichte anzunehmen sind. Der erste derselben ist direkt messbar, der zweite dagegen durch das Gesetz der elastischen Curve und durch die zum Theil unbekannte Belastung $(p'+p'')$ an den ersten gebunden. Die

*) δ' ist die lineare Ausdehnung eines Würfel dessen Seite gleich ist einem Russischen oder Englischen Zoll, welche hervorgebracht wird durch 1 Russisches Pfund. 1 Russisches Pfund = 409,512 Grammes. 1 Russ. Zoll = 0,0253994 Metres. Anm. d. Verf.

**) p steht wahrscheinlich für p'. E.

Voraussetzung anzugeben, unter welcher das L' aus dem L berechnet worden ist, scheint vergessen worden zu sein *).

Es werden sodann folgende wichtige Beobachtungsresultate mitgetheilt:

Messing:

Stab No. 1 von gehämmertem Messing

$$\delta' = 0{,}0000000562686.$$

Transversalschwingungen haben gegeben:

$$\delta' = 0{,}0000000562083.$$

Die Belastung p'' welche in jeder Schale wirkte, bestand nur aus einem Viertelpfund, und in Folge davon war die gesammte Biegung, welche sie in Verbindung mit dem Gewicht der übrigen Theile des Systemes hervorbrachte nur 877',4. Nach Anwendung eines halben Pfundes in der Gewichtsschale jeder Hälfte, kam der Stab, wenn er wieder entlastet wurde, nicht wieder zu seiner ursprünglichen Lage zurück und es war daher die Elasticitätsgränze überschritten worden.

Stab No. 2 von gegossenem Messing.

Dieser Stab besteht aus einem so weichen Metalle, daſs ihn schon das Gewicht der Spiegel und Schalen über seine Elasticitätsgränze hinaus brachte. Seine Biegung nahm allmälig zu, ohne daſs eine Belastung hinzugefügt wurde. Ein Stillstand erfolgte erst nach geraumer Zeit und nachdem jede Schale mit $\frac{1}{16}$ Pfund versehen worden war, neigten sich beide Enden weit stärker und kamen erst nach mehreren Stunden zur Ruhe. Nach erfolgter Entlastung war die Gestalt des Stabes bleibend geändert. Die Ablesungen konnten daher kein genaues Resultat geben.

Es fand sich:

$$\delta' = \frac{1}{\varepsilon} = 0{,}000000070606$$

*) Man vergl. jedoch das Spätere aus dem Bericht über das Jahr 1854, wo eine wahrscheinlich auch hier zu benutzende Angabe vorkommt.

während die Transversalschwingungen gegeben hatten:

$\delta' = 0,0000000719097$ für eine Länge von 48,49
$\delta' = 0,0000000739550$ - - - - 35,548
$\delta' = 0,0000000750211$ - - - - 25,7925.

Der Stab war daher nicht homogen, sondern besafs eine von dem eingespannten Ende gegen das freie zunehmende Elasticität. Die Transversalschwingungen würden daher auch das δ' noch kleiner als 0,0000000719097 gegeben haben, wenn man sie für ein Stabstück von mehr als 48,49 Länge beobachtet hätte.

Stab No. 3. Gehammertes Messing wie No. 1, aber etwa doppelt so dick. Es wurden zwei verschiedene Gewichte von 0,25 und 0,50 angewendet.

Das erste gab:

$$\delta' = 0,000000057670$$

das zweite:

$$\delta' = 0,000000057557.$$

Durch Transversalschwingungen fand man:

$$\delta' = 0,000000057313.$$

Nach stärkeren Belastungen kam der Stab nicht zu seiner ursprünglichen Lage zurück. — Es wurde dann bei der Rechnung für φ diejenige Ablesung angewendet, welche man nach Hinwegnahme der Belastung gemacht hatte. Auf diese Weise sind nun:

$\delta' = 0,0000000577402$ für 1 Pfund Belastung
$\delta' =$ 575103 - 2 - -
$\delta' =$ 574823 - 3 - -

Sehr verschiedene Belastungen für denselben Stab führten zu nur wenig verschiedenen Werthen von δ', und der Verfasser sieht hierin den Beweis für die Richtigkeit der angewandten Rechnungsvorschrift.

Stab No. 4. Aus demselben gegossenen Messing wie No. 2, aber von doppelter Dicke. Bei Belastungen mit 1 Pfund in jeder Hälfte, fand eine Wiederkehr des Stabes zu gleicher Gestalt erst nach mehrmaligen Wiederholungen statt. Die Belastung mit 2 Pfunden hatte, auch als sie zum letzten Mal angewandt wurde, noch eine kleine Gestaltveränderung verursacht. Sie wurde aber nicht oft genug angewendet, um angeben zu können ob und wann endlich eine Unveränderlichkeit eingetreten sein würde.

Man erhielt:

$\delta' = 0{,}0000000782484$ für 1 Pfund Belastung
$\delta' =$ 784330 - 2 - -

Die Transversalschwingungen haben folgende ziemlich verschiedene Werthe geliefert:

$\delta' = 0{,}0000000774013$
$\delta' =$ 790946
$\delta' =$ 797368

Im Mittel $\delta' = 0{,}0000000784122$

so dafs sich die Resultate der Biegungsversuche auch hier zuverlässiger als die der Schwingungsbeobachtungen zeigen.

Stab No. 5. Englisches, hartes, gewalztes Messing ($2l = 52{,}332$, $a = 0{,}98954$, $b = 0{,}18224$). Der Stab kam immer und noch bei Belastung mit 3 Pfunden in jeder Hälfte, sehr scharf zu seiner ursprünglichen Lage zurück. Das Walzen hatte also die Elasticitätsgränze beträchtlich erweitert.

Es ergab sich:

$\delta' = 0{,}0000000593412$ für 1 Pfund Belastung
$\delta' =$ 593412 - 2 - -
$\delta' =$ 592654 - 3 - -

Aus den Transversalschwingungen folgte dagegen:

$\delta' = 0{,}0000000588655.$

Stab No. 6. Aus hartem, gewalztem Englischen Messing und von denselben Dimensionen wie der vorhergehende, mit Ausnahme der Dicke, welche nur 0,09332 betrug.

Man fand:

$\delta' = 0{,}0000000548574$ für 0,25 Pfund Belastung
$\delta' =$ 544371 - 0,50 - -

Die Transversalschwingungen gaben folgende Resultate:

$\delta' = 0{,}0000000553820$
$\delta' = 564861$
$\delta' = 568941$
$\delta' = 545609$

und zwar das letzte unter den günstigsten Umständen.

Die Stäbe 7, 8 und 9 wurden aus einerlei Metallstück entnommen und erhielten genau gleiche Dimensionen. Namentlich $l = 51{,}250$, $a = 0{,}90138$, $b = 0{,}19109$.

Stab No. 7 aus gegossenem Messing.

$\delta' = 0{,}0000000623721$ mit 1 Pfund Belastung
$\delta' = 625840$ - 2 - -

Die Transversalschwingungen gaben im Mittel:

$\delta' = 0{,}000000062095$

unter den günstigsten Umständen aber:

$\delta' = 0{,}000000062357$
$\delta' = 62541.$

Stab No. 8. Aus demselben aber stark gehämmerten Metall

$\delta' = 0{,}0000000551254$ bei 1 Pfund Belastung
$\delta' = 551990$ - 2 - -
$\delta' = 551306$ - 3 -
$\delta' = 549742$ - 5 - -

Der Stab wurde nur durch die Belastung mit 5 Pfunden um nicht voll 1 Minute bleibend gebogen, war aber nach Einwirkung und Hinwegnahme der schwächern Belastungen immer scharf zu seiner ursprünglichen Gestalt zurückgekommen.

Nach Transversalschwingungen

$\delta' = 0{,}0000000546431.$

Stab No. 9. Aus demselben stark gewalzten Metall

$\delta' = 0{,}0000000572082$ mit 1 Pfund Belastung
$\delta' = 573784$ - 2 - -
$\delta' = 572488$ - 3 -
$\delta' = 570913$ - 5 - -

Die Transversalschwingungen haben gegeben:

$\delta' = 0{,}0000000574401$ für eine Länge von 47,8
$\delta' = 567373$ - - - - - 25,7.

Gusseisen.

Es wurden den Biegungsversuchen dieselben zwei Stäbe von sehr weichem Gusseisen unterworfen, von denen Transversalschwingungen beobachtet worden waren. Ein jeder von ihnen hatte 51 Zoll Länge und 1 Zoll Breite. Die Dicke betrug für den mit No. 3 bezeichneten 1 Linie, für den zweiten unter No. 4 aufgeführten aber 2 Linien.

Das Gusseisen scheint sehr enge Elasticitätsgränzen zu besitzen, d. h. es erhält schon nach Hinwegnahme einer verhältnissmässig schwachen Belastung eine Gestalt, welche zwischen der ursprünglichen und der während der Belastung vorkommenden liegt. Die hierdurch ersichtliche, bleibende Verschiebung der Mollekeln zeigt sich um so gröfser, je stärker und je dauernder die Belastung gewesen ist.

Die durch eine bestimmte Belastung bewirkte elastische Biegung eines solchen Stabes ergiebt sich daher, wenn man von der während der Belastung gemachten Ablesung an seinem Ende, nicht die vor der Belastung, sondern die nach Hinwegnahme derselben gemachte Ablesung abzieht *). Die auf diese Weise in Rechnung genommenen Beobachtungen an Gusseisen, geben aber weit weniger übereinstimmende Resultate wie die Ablesungen an messingnen, stählernen und eisernen Stäben.

Die als allgemeine Grundlage der Rechnung vorausgesetzte Proportionalität zwischen den Biegungswinkeln und den Belastungen, scheint für Gusseisen nicht gültig und unter dieser Voraussetzung berechnete Werthe von δ' ergeben sich namentlich um desto gröfser, aus je gröfseren Belastungen sie geschlossen wurden **).

*) Von vorn herein scheint auch diese Modification des Verfahrens willkürlich und vielmehr für den mit φ bezeichneten Winkel, irgend ein unbekannter aber wahrscheinlich zwischen der ersten und zweiten Ablesung für denselben enthaltener Werth anzunehmen. E.

**) Diese Erfahrung von Herrn Kupffer ist offenbar in einem höchst folgereichen Zusammenhange mit der neuerlich von A. Erman und

Sie waren wie folgt:

1. Für den Stab No. 3. vom spec. Gew. 7,124.

$\vartheta' = 0,0000000622724$ für $(p'+p'')$, d. h. eine Gesammtbelastung jeder Hälfte gleich 1,000

$\vartheta' = 0,0000000636762$ für $(p'+p'')$, d. h. eine Gesammtbelastung jeder Hälfte gleich 1,125

$\vartheta' = 0,0000000653590$ für $(p'+p'')$, d. h. eine Gesammtbelastung jeder Hälfte gleich 1,375

die Transversalschwingungen haben dagegen gegeben:

$$\vartheta' = 0,0000000559288.$$

2. Für den Stab No. 4 von spec. Gew. 7,130.

$\vartheta' = 0,000000058910$ für $(p'+p'')$ oder eine Gesammtbelastung jeder Hälfte gleich 1

$\vartheta' = 0,000000060165$ für $(p'+p'')$ oder eine Gesammtbelastung jeder Hälfte gleich 2

$\vartheta' = 0,000000062086$ für $(p'+p'')$ oder eine Gesammtbelastung jeder Hälfte gleich 3

$\vartheta' = 0,000000063698$ für $(p'+p'')$ oder eine Gesammtbelastung jeder Hälfte gleich 4.

P. Herter untersuchten und bestätigten Thatsache, dafs Gusseisen nach starken Ausdehnungen durch Erwärmung, eine bleibende Volumveränderung erfährt, und dafs der Betrag dieser Vergröfserung durch jede Wiederholung derselben Erwärmung wächst. Die bleibenden Volumincremente, welche successive Erwärmungen (um 800 bis 960° Réaum.) herbeiführten, scheinen die Glieder einer geometrischen Reihe mit echtgebrochenem Exponenten zu bilden. Der Gesammtbetrag der permanenten Ausdehnung zeigte sich um desto gröfser, je gröfser der Graphitgehalt des untersuchten Roheisens, je geringer die Menge des in ihm chemisch gebundenen Kohlenstoffs und je kleiner demnach dessen spec. Gewicht war. Diese permanente Volumzunahme war demgemäfs äusserst klein (nur $\frac{1}{4}$ der für graues Roheisen gültigen) für sogenanntes Spiegeleisen, dessen Graphitgehalt sehr gering, und welches dagegen sehr reich an gebundenem Kohlenstoff ist, so wie auch ein spec. Gewicht von 7,6153 besitzt. Vergl. in Poggend. Annalen der Physik über die permanente Ausdehnung des Gusseisens von A. Erman und P. Herter. Wir werden auf eine Vergleichung dieser Resultate mit denen der Petersburger Versuche später zurückkommen. E.

Aus den Transversalschwingungen folgt:

$$\delta' = 0{,}0000000559288.$$

Versuche über die thermische Ausdehnung der auf Elasticität untersuchten Metalle.

Die anzuwendende Methode sollte darin bestehen, dafs der auf Elasticität untersuchte Stab an einem seiner Enden mit prismatischen Schneiden, an dem andren mit einer messingnen Pendellinse, von welcher nur der Schwerpunkt an ihm befestigt war, versehen, und dafs durch passend gewählten Abstand der Linse von der Schneide, einer Schwingung dieses Körpers durch die Schwere sehr nahe eine Sekunde Dauer gegeben, darauf aber, mittelst einer an der Linse befestigten Skale und der Absehenslinie eines fest aufgestellten Fernrohrs, diese Dauer, bei zugleich abgelesenem Schwingungsbogen, genau beobachtet wurde, während sich das Pendel nach einander in zweien um 25° bis 30° R. verschiedenen Temperaturen befand.

Die für Messing und für Gusseisen ausgeführten Versuche ergaben die linearen Ausdehnung bei Erwärmungen um 1° R.:

für den Stab aus gegossenem Messing No. 7 0,000025727
für den Stab aus gehämmertem Messing No. 8 0,00002498.

Da, wie oben erwähnt, diese beiden Stäbe aus einerlei Metallstück entnommen waren, so zeigt dieses Resultat dafs das Hämmern die thermische Dilatabilität vermindert hatte. Durch dieselbe Operation war das spec. Gew. gewachsen und zwar verhielten sich von dem Stab No. 7 zu dem Stab No. 8 die Ausdehnungen wie 1,030 : 1,000
die spec. Gewichte wie 1,000 : 1,035,
d. h. beide Eigenschaften waren zu einander bis auf sehr geringes umgekehrt proportional.

Für den gusseisernen Stab No. 4 betrug die Ausdehnung für die Erwärmung um 1° R.:

0,000018910.

Der Bericht über die in Rede stehenden Arbeiten aus dem Jahre 1854 erwähnt zuerst, dafs die Versuche über Biegung mit sehr starken Messingcylindern fortgesetzt wurden, um gröfsere Gewichte anwenden und den Einfluss der Härtung durch Compression (l'écrouissage) auf die Elasticität der Metalle ergründen zu können. Diese cylindrischen Stäbe waren hinlänglich stark um nach einander, indem man sie durch einen Drathzug gehen liefs, eine grofse Anzahl von immer dünneren Dräthen zu liefern. Sie versprachen daher genauere Resultate wie die Anwendung von gleich ursprünglich dünnen Dräthen, von denen es schwer gewesen sein würde, den Durchmesser mit hinlänglicher Genauigkeit zu bestimmen.

Herr Kupffer sagt ferner dafs er zu gleicher Zeit das in seinen früheren Berichten angeführte Gesetz wiederum geprüft habe, nach welchem, wenn man mit

$2l$ die Länge eines in seiner Mitte befestigten und an seinen Enden mit gleichen Gewichten belasteten, drehrunden Stabes, mit

φ die Biegung, mit

d die Senkung (an einem seiner Enden) und mit

L den Horizontalabstand seines einen Endes von dem festen Punkte*)

bezeichnet, die Beziehung:

$$L \operatorname{tg} \varphi = \frac{3d}{2}$$

stattfindet.

Die Senkungen der beiden Enden wurden mittelst zweier senkrechten Skalen, die in Zehntellinien getheilt waren und Hundertellinien zu schätzen erlaubten, gemessen. Diese Skalen waren zwischen den Belastungsgewichten und den Haken, an welche diese gehängt wurden, eingeschaltet und man beobachtete ihre senkrechten Verrückungen an zweien mit Horizontalfäden versehenen festen Mikroskopen.

---

*) Es ist wohl die Drehungs-Axe des Stabes gemeint?

E.

Die hauptsächlichsten Resultate dieser Versuche waren die folgenden:

Messingstab No. 3.

Radius des Stabes (ϱ) 0,33622
Länge des Stabes zwischen den zwei Aufhängepunkten *) 67,175
Spec. Gew. bei 13¼° 8,3569

1. Bemerkung:

p' bezeichnet das Gewicht der Hälfte des Stabes, des Spiegels, des Hakens und der Schale, bezogen auf den Aufhängungspunkt (dem am Ende des Stabes gelegenen) **) und

p'' die Belastung die man in die Schale gelegt hat und welche die Biegung die man messen will, hervorbringt.

2. Bemerkung:

Die in der folgenden Tafel angegebenen Biegungen sind Mittel aus den Werthen, welche man vor und nach der Umkehrung des Stabes abgelesen hat.

			No. 1
No. 1	$p'' = 0$	$L = 33{,}585$	$\varphi = 43',67$
No. 2	$p'' = 5$	$L' = 33{,}579$	$\varphi' = 100{,}63$
No. 3	$p'' = 10$	$L = 33{,}569$	$\varphi = 158{,}38$
No. 4	$p'' = 20$	$L = 33{,}528$	$\varphi = 272{,}71$

*) Entre les deux points de suspension, dieses muss, wenn der zuletzt genannte Werth der Zeichen beibehalten wird, bedeuten: zwischen einem Haken für die Belastung und der Drehungsaxe des Stabes. E.

**) Der, wie es uns scheint, nicht ganz klare Ausdruck: ein auf den Aufhängungspunkt bezognes Gewicht (un poids rapporté au point de suspension), soll hier wohl so viel bedeuten, wie dasjenige Gewicht welches, wenn der Stab ohne Schwere wäre, an der Belastungsschneide angebracht, demselben — bei der gegebenen Lage seiner Drehungsaxe — dieselbe Biegung seines Endes (φ) ertheilen würde, welche er in der Wirklichkeit durch die Gewichte der genannten Theile des Systemes erhält. E.

Wir haben hier die Bezeichnungen des Originalberichtes streng beibehalten, vermuthen aber dafs in den mit No. 3 und No. 4 anfangenden Zeilen L' anstatt L und φ' anstatt φ stehen muss.

Dieses vorausgesetzt, scheint Herr Kupffer im gegenwärtigen Fall das L' aus dem L durch direkte Beobachtung der Senkung d des Stab-Endes nach dem Ausdruck:

$$L \operatorname{tg} \varphi = \tfrac{3}{2} d,$$

abgeleitet zu haben — welcher wenn man annimmt dafs

mit L' für L

auch φ' und d' für φ und d

eintreten und dafs φ' und φ immer kleine Winkel sind, zu

$$L' = \frac{L \operatorname{tg} \varphi}{\operatorname{tg} \varphi'} \cdot \frac{d'}{d} = L \cdot \frac{\varphi \cdot d'}{\varphi' \cdot d}$$

führt. Es ist nur auffallend, dafs der Verfasser zuerst sagt, er habe dieses Gesetz prüfen wollen, darauf aber nicht die zu dieser Prüfung führenden Beobachtungs-Werthe (d' und d), sondern nur berechnete Werthe anfuhrt (die von L' und L), welche die Richtigkeit des zu Prüfenden voraussetzen. Auch wird die oben (S. 442) namhaft gemachte Schwierigkeit in sofern nicht gehoben, als bei den dort vorkommenden Beobachtungen eine Vorrichtung zur Messung der Senkungen d und d' nicht erwähnt ist und dafs somit, selbst unter Annahme des hier zu prüfenden Gesetzes, keine praktisch nutzbare Abhängigkeit des L' von dem L vorhanden zu sein scheint. — Die bei Gelegenheit der Beobachtungen im Jahre 1852 erwähnte Bemerkung, dafs man

1) bei genugsam kleinem Werthen von φ, L mit l, d. h. mit der halben Stablänge verwechseln und dann

2) $d' = \frac{2\varphi' \cdot l}{3} \cdot \sin 1'$ ganz unabhängig von der Belastung welche das φ' erzeugt hat, setzen könne, würde zu:

$$L' = L$$

führen und giebt mithin noch weniger den gewünschten Aufschluss über Herrn Kupffers Verfahren zur Ableitung eines von der Einheit verschiedenen und veränderlichen Werthes von

$$\frac{L'}{L}$$

In dem Bericht für 1854 heisst es nun ferner:
wenn man diese Werthe (von p', p'', L, L', φ, φ') in die Ausdrücke:

$$p' = p'' \cdot \frac{\varphi L'}{\varphi' L - \varphi L'}$$

und

$$\delta' = \frac{1}{s} = \tfrac{1}{2}\pi \cdot \frac{\varphi' \cdot \varrho^4}{l L'(p' + p'')} \cdot \sin 1'$$

substituirt, so erhält man nach einander:

$\delta' = 0{,}0000000589875$ für No. 1 und No. 2
$\delta' =$ 594167 - No. 1 - No. 3
$\delta =$ 593994 - No. 1 - No. 4

Transversalschwingungen, bei denen derselbe Cylinder respektive mit 25 und mit 50 Pfund beschwert war, hatten gegeben:

$\delta' = 0{,}0000000598785$
$\delta' =$ 595765.

Messingcylinder No. 4.

Radius des Cylinders (ϱ) 0,2669
Länge des Cylinders zwischen den zwei Aufhängungspunkten . . . 64,220
Spec. Gew. $13\frac{1}{4}°$ . . . . 8,3325.

$p'' = 0$ $L = 32{,}110$ $\varphi = 82',60$
$p'' = 5$ $L' = 32{,}060$ $\varphi' = 214{,}60.$

Es folgen:

$p' = 3{,}12088$
$\delta' = 0{,}0000000595200.$

$p'' = 0$ $L = 32{,}110$ $\varphi = 82{,}80$
$p'' = 10$ $L' = 32{,}000$ $\varphi' = 347{,}25$

und somit

$$p' = 3{,}11696$$
$$\delta' = 0{,}0000000597393.$$

Das δ' ist also für den Cylinder No. 4 etwas gröfser als für No. 3, so dafs wiederum mit gröfserer Dichtigkeit ein kleinerer Werth von δ oder eine gröfsere Elasticität eingetreten ist.

„Bei einer zweiten Reihe von Beobachtungen wurden auch die Senkungen der Stab-Enden abgelesen und folgende Zusammenstellung erhalten:

p''	L	φ	d
0	32,06	82',583	0,514
5	32,02	215',083	1,337
10	32,01	346',333	2,159

„Der Ausdruck:

$$\tfrac{1}{3}L \cdot \operatorname{tg}\varphi = d$$

giebt nun anstatt der drei beobachteten Werthe, der Reihe nach

0,514
1,331
und 2,155.

„Es findet eine fast vollständige Uebereinstimmung statt und man kann daher jenen mehrerwähnten Ausdruck als durch die Erfahrung genugsam bestätigt betrachten *)."

---

*) Wenn man ein jedes d mit dem daneben angegebenen L und φ verbindet, so ergiebt sich die Uebereinstimmung sogar noch etwas vollkommener als die oben erwähnte ist, indem dann die berechneten Werthe werden:

0,5135
1,3373
und 2,1572.

Herr Kupffer scheint also weniger die strenge Proportionalität eines jeden L' (nach der obigen Bezeichnung) mit dem Werthe

$$d' \cdot \operatorname{ctg}\varphi'$$

im Auge gehabt zu haben, als vielmehr die für jeden bestimmten Stab hinlänglich nahe stattfindende Constanz von

$$d' \cdot \operatorname{ctg}\varphi'.$$

Fortsetzung der Beobachtungen über Torsionsschwingungen.

Herr Kupffer giebt zuerst noch eine genauere Beschreibung des Apparats, von dem wir das wesentlichste auf S.400 und 401 erwähnt haben. Der zur Beschwerung des Drathes dienende horizontale Hebel, hatte jetzt vollständig die Einrichtung eines genauen Wagebalken, war aber nicht blofs wie dieser mit einem, sondern mit mehreren Paaren von sogenannten Gewichtsschneiden oder dreiseitigen Prismen zur Aufhängung von Gewichten, versehen, von denen sich je zwei in einerlei Abstand und auf entgegengesetzten Seiten vom Schwerpunkt des Hebels befanden. Auch besafs dieser Hebel, ebenfalls nach Art eines Wagebalken, noch eine in seiner Mitte und um etwas über seinem Schwerpunkt gelegne Schneide, welche ihr scharfes Ende nach unten kehrte, während das der übrigen nach oben gerichtet war. Ueber diese griff ein am unteren Ende des zu untersuchenden Drathes befestigter Bügel, so dafs der Hebel mit diesem Drathe verbunden und dennoch um eine horizontale und zu seiner Längsrichtung senkrechte Axe drehbar blieb. Das Ober-Ende des Drathes war in einer Klemme befestigt, die auf einem sehr soliden gusseisernen Stative von 5,5 Meter Höhe ruht — auch wurde der Drath nahe an dem erwähnten Bügel seines Unter-Endes mit einem Planspiegel versehen und das von diesem reflektirte Bild einer um einen Punkt in der Drathaxe beschriebenen Kreistheilung, genau in der bei magnetischen Beobachtungen üblichen und hinlänglich bekannten Weise zur Messung der

---

Um, nach jener Bezeichnung, die Unterschiede der einzelnen L' oder deren Werthe nach dem gemessenen L zu berechnen, würden demnach selbst Ablesungen der zu jedem φ' gehörigen Senkung d' nicht sehr geeignet sein — und es kommt hierzu noch, dafs von einer Messung dieser Senkung (d') nur für einen der Cylinder die Rede ist, nicht aber für diejenigen früher erwähnten für welche einzelne L' wie es scheint aus dem gemessenen L berechnet worden sind.

E.

Schwingungsdauern und zur Ablesung der zugehörigen Schwingungsbogen benutzt.

Nachdem die Ausdrücke noch einmal wiederholt worden sind, die von dergleichen auf unendlich kleine Bogen reducirten Schwingungsdauern zu dem Elasticitäts-Coëfficienten $\frac{1}{\delta}$ des schwingenden Drathes führen, und welche wir auf S. 402 und 403 bereits vollständig mitgetheilt haben, folgen alle Einzelheiten einer Beobachtungsreihe, über welche wir uns auf folgendes Wesentlichere beschränken.

Der durch Torsion schwingende Körper war ein Eisendrath von 0,2276 Durchmesser und 187,7 Länge. An jeder von zweien um je 36,0120 von der Fadenaxe entfernten Schneiden des Belastungshebel hing ein Gewicht von 120 Pfund. Der (nicht weiter berücksichtigte) Barometerstand war 30,25 Russ. Zoll bei $+13\frac{1}{8}^{\circ}$ R. Temperatur des Quecksilbers. Die demnächst angeführten mittleren Amplituden für eine Reihe von Schwingungen sind aus der zu Anfang und zu Ende derselben stattfindenden unter der Voraussetzung berechnet, daſs auch bei dieser Art von Bewegung ihre Abnahme in der Zeiteinheit ihrer jedesmaligen Gröſse proportional ist oder, was dasselbe sagt, daſs ihre Logarithmen der Zeit proportional abnehmen.

Anzahl der Schwingungen	Dauer	α Mittlere Amplitude	A' Mittlere Dauer einer Schwingung	Temperatur des Drathes R.
196	76′39″,55	16°,0968	23″,46709	14°,37
194	75 50,06	9,5545	23,45392	14,47
196	76 34,6	6,1965	23,44265	14,45
160	62 29,90	4,4660	23,43688	14,32
338	131 59,87	3,0340	23,43157	14,33
252	98 23,73	1,9872	23,42750	14,33
426	166 18,90	1,2183	23,42466	14,33
1490	581 34,57	0,3611	23,41918	14,28

Ein jeder der beobachteten Werthe von A' würde bekanntlich, wenn es eine Parallelkraft, wie die Schwere oder

der Erdmagnetismus gewesen wäre, der sie bewirkt hätte, mit den zugehörigen in Graden ausgedruckten Amplituden a und mit der auf unendlich kleine Bogen reducirten Schwingungsdauer A durch den numerischen Ausdruck:

$$A = A'\{1 - 0{,}1904 . 10^{-4} . a^2 - 0{,}3324 . 10^{-9} . a^4 \dots\}$$

verbunden sei. — Für die vorliegenden Zahlen findet dieses nicht statt. Herr Kupffer hat vielmehr zuerst bemerkt, daſs die entsprechende Relation für Torsionsschwingungen entweder vollständig oder doch hinlänglich nahe, von der Form:

$$A = A'\{1 - \psi \cdot \sqrt{a}\}$$

sei, in welcher

ψ eine von der jedesmaligen Beschaffenheit des schwingenden Drathes abhängige Constante bedeutet.

Die Werthe

$$A = 23{,}40804$$

bei der Temperatur $+14^{\circ}{,}36$ R. und

$$\psi = 0{,}00061636$$

stellen z. B. die vorstehenden Beobachtungen mit einem Eisendrathe in der That sehr genügend dar, während eine ähnliche Reihe von Schwingungsdauern mit einem Stahldrathe (von 0,07205 Durchmesser bei 187,60 Länge) einen nahe 17mal kleineren Einfluss der Amplitude auf die Dauern der Schwingungen zeigte.

Sie gab namentlich für diesen Stahldrath:

$$\psi = 0{,}00003736.$$

Herr Kupffer benutzt dieses wichtige Ergebniss zunächst zu der Bemerkung, daſs man diesen eigenthümlichen Einfluss der Amplituden auf die Dauer von Torsionsschwingungen weder (allein) durch den Luftwiderstand erklären könne (vergl. oben S. 410 die Versuche über diesen Punkt), noch durch irgend ein etwa demgemäſs angenommenes allgemeines Gesetz der elastischen Kräfte, man möge namentlich die Wirkung derselben dem Zuwachs der Entfernungen zwischen den Mollekeln proportional oder von diesem Zuwachs in einer andren Weise abhängig voraussetzen. Vielmehr sei der jedesmalige Werth von ψ die Folge einer Eigenschaft, die von einem Metall zum anderen, ja sogar zwischen verschieden bearbeiteten Stücken desselben Metalles variire. Die Gleichgewichtslage des schwingenden Drathes, auf welchen man alle ihn treibenden Kräfte zurückführen müsse, erleide selbst Verrückungen und zwar immer in der Richtung des jedesmaligen Schwingung. — Diese Gleichgewichtslage (position) schwingt zugleich mit dem Drathe um eine mittlere Lage (position), welche die Lage des in Rede befindlichen Drathes ist *). Es scheint dafs die Theilchen der festen Körper die Eigenschaft besitzen, sich nicht nur so von einander zu entfernen, dafs sie dabei einen ihren Ausweichungen proportionalen Widerstand ausüben, sondern auch noch ausserdem ohne alle Reaction, übereinander gleitend. Da die Flüssigkeiten eben diese Eigenschaft im augenfälligsten Maafse besitzen, so schlägt Herr Kupffer vor, sie bei festen Körpern die Zerfliefsbarkeit derselben zu nennen.

Den Coëfficienten ψ hätte man dann den Zerfliefsungs- oder den Flüssigkeits-Coëfficienten zu nennen. Die Hämmerbarkeit der Metalle und vielleicht auch ihre Härte scheint von eben diesem Werthe abzuhangen. Es soll aber erst durch fernere Beobachtungen ausgemacht werden, wie weit diese Analogie sich erstrecke.

Dieser Zerfliefsungs-Coëfficient variirt auch bei Gleichheit der Metalle, denn zwei andere Eisendräthe von 0,04801 und 0,08099 Halbmesser (rayon) gaben respektive:

$$\psi = 0{,}000393$$

$$\text{und } \psi = 0{,}000494.$$

Für zwei Messingdräthe von 0,09514 und 0,0807 Halbmesser wurde nach einander gefunden:

---

*) Soviel wir sehen, kann dieser schon einmal vorgekommene, aber nicht klare Ausdruck, nichts anders heissen als dafs der Drath durch seine Elasticität nicht vollkommen dieselbe Gestalt anzunehmen strebt, welche er besafs ehe er gewunden wurde. Ein direkter Beweis dieses Satzes ist aber nicht möglich, weil der Drath am Ende jeder halben Schwingung, in Folge der Trägheit, jene Gleichgewichtsgestalt wieder verliert. E.

$$\psi = 0{,}000284$$
und $\psi = 0{,}000930$.

Vorzüglich stark sind aber die Unterschiede dieser Werthe für verschiedene Metalle, so gaben:

Platin $\psi = 0{,}0001376$
Silber $\psi = 0{,}0003650$
Gold $\psi = 0{,}000300$ *).

Zu genauerer Ermittelung des Einflusses den der Luftwiderstand auf die beobachteten Torsionsschwingungen ausgeübt hatte, wurden die Beobachtungen mit einigen der Drähte wiederholt, nachdem man an die Stelle der schweren cylindrischen Gewichte, die sich bisher an dem Belastungshebel befunden hatten, völlig gleichgestaltete aber sehr leichte Hohlcylinder aus Pappe, die mit Goldpapier überklebt waren, anbrachte. Die Trägheitsmomente dieser Körper in Bezug auf ihre Axe der Figur, wurden zuvor in der hinlänglich bekannten Weise, durch den Einfluss bestimmt, den sie auf die Schwingungsdauer eines Systemes von gegebenem Trägheitsmomente ausübten, wenn sie demselben, unter Coïncidenz ihrer Axe mit der Axe der Drehung, hinzugefügt wurden.

Es ergab sich daſs dergleichen Körper ausser dem (sehr kleinen) Einfluss, den sie durch ihr Trägheitsmoment ausüben und nach Abzug desselben, die Schwingungsdauer des gewundenen Drathes mit dem sie in Verbindung gebracht sind, einigermaaſsen erhöhen.

So zeigten drei mit No. 1, 2 und 3 bezeichnete Pappcylinder, deren Dimensionen nicht angegeben sind, welche aber respektive mit Gewichten von 200, von 120 und von 40 Pfunden einerlei Gestalt hatten, folgende Einflüsse:

*) Wenn diese Angaben nicht durch Druckfehler entstellt wurden, so sind doch aber die Quotienten der Werthe für verschiedene Metalle noch kleiner als der für die zwei Messingdräthe, welcher 3,28 beträgt, während das ψ für Silber nur 2,65mal gröſser ist als das für Platin. E.

Ursprüngliche Schwingungsdauer 14″ mit einem Stahldrath.

Abstand der Körper vom Drath	Verlängerung der Schwingungsdauer durch den Körper: No. 1	No. 2	No. 3
36,0120	0″,0428	0″,0261	0″,0107
15,3825	0″,0109	0″,0091	0″,0038
Ursprüngliche Schwingungsdauer 27″			
36,0120	0″,0249	0″,0148	0″,0061
25,700	0″,01850		

Herr Kupffer versuchte nun dergleichen beobachtete Verzögerungen durch die nur angenäherte, aber wegen der Kleinheit der gesuchten Correctionen wohl ausreichende Annahme darzustellen, dafs das Trägheitsmoment des jedesmal bewegten Körpers um das einer Luftmasse vermehrt werde, welches von der Gröfse und Lage jenes Körpers abhänge, und somit durch Versuche ermittelt werden könne.

So wurde z. B. durch das mit No. 1 bezeichnete Paar von Hohlcylindern die Schwingungsdauer eines beschwerten Messingdrathes von dessen Axe es um 36,0120 abstand von

21″,4405

auf 22,0425

vermehrt.

Bei der zuerst genannten Schwingungsdauer war genau

das Trägheitsmoment des Systemes 36286,0

und demnach bei der zweiten Schwingungsdauer

das Trägheitsmoment des Systemes 38350,5

oder eine Zunahme von 2064,5

von diesen kamen nun auf die Hohlcylinder nur . . 1841,6

und es blieb daher eine Vermehrung des Trägheitsmomentes um 222,9

die den beiden von den Hohlcylindern 1 mit fortgerissenen Luftmassen zuzuschreiben war. Versuche mit demselben Drath aber bei einer ursprünglichen Schwingungsdauer von 41″, ergaben für das Trägheitsmoment derselben fraglichen Masse

183,0

und wiederum für dieselbe wurde mit Hülfe des Stahldrathes gefunden bei Schwingungsdauern von respektive 14″ und 27″,5

187,7

und 158,0.

Bei der verhältnissmässigen Kleinheit des Einflusses den diese Gröfse auf das gesuchte Endresultat ausübt, begnügt sich Herr Kupffer mit der Annahme, dafs sie nur durch Beobachtungsfehler von ihrem mittleren Werthe

187,9

verschieden ausgefallen sei und dafs man mithin diese Zahl für das Trägheitsmoment der von den Pappcylindern No. 1 in Bewegung gesetzten Luftmasse annehmen, so wie auch überhaupt voraussetzen dürfe, dafs eine dergleichen Masse nur von dem Volumen und der Gestalt des sich bewegenden Körpers abhänge; dagegen aber für beliebige Dauern der zu reducirenden Schwingung dieselbe bleibe.

Da in Bezug auf eine gegebene Drehungsaxe das Trägheitsmoment eines Körpers der Summe derjenigen beiden Trägheitsmomente gleich ist, die man nach einander für jenen Körper in Beziehung auf eine durch seinen Schwerpunkt gezogene Parallele zu jener Axe und für das im Schwerpunkt vereinigt gedachte Gewicht des Körpers in Beziehung auf die wirkliche Drehungsaxe erhält, so könnte man das Gewicht der in Rede stehenden Luftmasse berechnen, indem man deren Trägheitsmoment in Beziehung auf eine durch ihren Schwerpunkt gelegte Parallele zur Drehungsaxe, von der so eben beigebrachten Zahl abzöge und den Rest mit dem Quadrate des Abstandes der Drehungsaxe von dem Schwerpunkt jener Masse dividire. Es lässt sich indessen über die Dimensionen und das eigne Trägheitsmoment jener Luftmasse durchaus kein anderer Aufschluss gewinnen, als dafs das letztere sehr klein und daher bis auf Geringes zu vernachlässigen sein müsse. Man erhält daher eine gewiss ziemlich angenäherte Vorstellung von dem Gewicht der fraglichen Luftmenge, indem man die zuletzt angegebene Zahl mit dem Quadrat des Abstandes 36 und 120 dividirt. Es ergiebt sich dafs (die beiden) Pappcylinder No. 1 bei dem Abstande 36 und 120 von der Drehungsaxe und unabhängig von der Dauer ihrer Schwingungen die Masse

0,14489

oder ungefähr 2898 Kubikzoll, welches dem zweifachen ihres beiderseitigen Volumen nahe gleich sein soll, in Bewegung gesetzt haben.

Für die Hohlcylinder No. 2 ergiebt sich aber in derselben Entfernung von der Drehungsaxe aufgehängt das

Trägheitsmoment 87,6 für 14″,5 Schwingungsdauer
- 93,5 - 27,5 -
oder im Mittel 90,6

und daraus das Gewicht der in Bewegung gesetzten Luftmasse: 0,069891

und endlich für die Hohlcylinder No. 3 als sie sich ebenfalls um 36,0120 von der Drathaxe entfernt befanden:

Trägheitsmoment der bewegten Luft 38,4 bei 27″,3 Schwingungsdauer

Trägheitsmoment der bewegten Luft 35,4 bei 14″,2 Schwingungsdauer

Im Mittel 36,9.

Es folgt für das Gewicht der von diesen beiden Cylindern in Bewegung gesetzten Luft

0,028454.

Als sich eben diese Hohlcylinder in der Entfernung 15,3825 von der Drehungsaxe befanden ergab sich:

Trägheitsmoment der bewegten Luftmasse:

für die Cylinder No. 1 36,1 bei 14″,0 Schwingungsdauer und daher Gewicht der Luft 0,15257

für die Cylinder No. 2 30,0 bei 14,0 Schwingungsdauer und daher Gewicht der Luft 0,12678

und für die Cylinder No. 3 9,5 bei 14,0 Schwingungsdauer und daher Gewicht der Luft 0,04015.

Für die Cylinder No. 1 ist das gefundene Gewicht der Luft fast gleich für beide Abstände von der Axe; die Cylinder 2 und 3 scheinen dagegen bei kleinerem Abstande von der

Axe mehr Luft in Bewegung gesetzt zu haben. — Indessen können diese scheinbaren Abweichungen sehr wohl von Beobachtungsfehlern herrühren, welche (relativ) auf die Bestimmung dieser äusserst kleinen Werthe großen Einfluss ausübten.

Man durfte also den Luftwiderstand mit hinlänglicher Vollkommenheit für ausgeschlossen annehmen, nachdem man jedem in Rechnung zu bringenden Gewichte, das Gewicht der Luftmasse, welche es in Bewegung setzte, hinzugefügt hatte. So war demnach anzunehmen:

400,1449 anstatt 400
240,0699 - 240
80,0285 - 80.

Diese Correctionen sind den Gewichten proportional und machen $\frac{1}{2788}$ derselben aus, d. i. das 2,4fache des Gewichtsverlustes, den sie durch den Auftrieb der sie umgebenden Luft erleiden *).

Der Widerstand der Luft gegen den Belastungshebel wurde ebenfalls dadurch bestimmt, daß man zwei ihm an Länge äusserst gleiche, die Hälfte seiner Breite besitzende, hohle und mit Goldpapier überzogene Körper aus Pappe anfertigte. Diese konnten entweder neben einander gelegt und verbunden werden, und begränzten dann einen dem des Hebel völlig gleichen Raum oder über einander um eine (in der Widerstand-Richtung?) genau doppelt so große Oberfläche zu besitzen. Diese Vorrichtung wurde während der Schwingungs-Versuche unter dem wirklichen Hebel befestigt, so daß sie sich zugleich mit ihm bewegte und je nach der vorerwähnten Anordnung die widerstehende Oberfläche entweder

*) Man kann über diesen Punkt die ähnlichen, aber ihrer Natur nach weit genaueren Resultate vergleichen, welche Bessel bei seinen Pendelversuchen in Königsberg und in Berlin erhalten, so wie auch, in den diese Versuche betreffenden Abhandlungen zugleich mit dem was von der Theorie dieser Erscheinung bekannt ist, veröffentlicht, hat. E.

verdoppelte oder verdreifachte *). Es fand sich auf diese Weise, dafs der Hebel eine von der Dauer seiner Schwingungen durchaus unabhängige Menge von Luft in Bewegung setzte, und dafs man daher um sie in Rechnung zu bringen, das Trägheitsmoment des Hebels nur um eine kleine Quantität, die gleich

$$34{,}1$$

gefunden wurde, zu vermindern habe **). Es beträgt dieses etwa $\frac{1}{360}$ von dem eignen Trägheitsmomente des unbelasteten Hebels.

Nachdem auf diese Weise alle Reductionen ermittelt waren, die man an die beobachteten Dauern von Torsionsschwingungen eines Metalldrathes anzubringen hat, nämlich

1) die Zurückfuhrung auf ihren Werth bei unendlich kleinen Schwingungsbogen;

2) die Reduction auf eine constante Temperatur ***); und

3) die Elimination des von der Luft ausgeübten Einflusses,

konnte zu der wichtigen Frage übergegangen werden: ob die Spannung auf den oben mit n bezeichneten Werth einen Einfluss ausübe und ob im Falle eines solchen Einflusses, derselbe für die verschiedenen Metalle gleich oder verschieden ist. Man liefs zu diesem Ende einen und denselben Drath mit sehr verschiedenen Belastungen schwingen. Das Resultat der ersten Versuche dieser Art ist bereits oben mitgetheilt (S. 408). Sie wurden im Jahre 1851 angestellt.

Es folgte aus ihnen dafs der Werth von n abnehme, wenn

---

*) Dieses scheint mir gemeint zu sein, vielleicht wurde aber bei der ersten Stellung das hohle Parallelopiped nur zur Bedeckung des vollen gebraucht. E.

**) Nämlich das aus Schwingungsdauern abgeleitete oder empirische Trägheitsmoment, muss vermindert werden, wenn man das den Dimensionen und dem Gewichte des schwingenden Körpers entsprechende wahre oder theoretische Trägheitsmoment erhalten will. E.

***) In Beziehung auf diese wird, so viel wir sehen, erst in dem Verfolge dieser Berichte etwas beigebracht. Siehe weiter unten. E.

dessen Spannung wächst und dafs, wenn man zugleich unter Anwendung des Gewichtes und mit dem durch n' bezeichneten Werth von n, die Verlängerung Δ beobachtet, welche die Drathlänge l bei seinem Eintritte erlitten hat, die Beziehung:

$$n' = n\left(1-3\cdot\frac{\Delta}{l}\right)$$

bestehe. Es wurde daraus geschlossen dafs die Elasticität der Dräthe den Cuben der Mollekulardistanzen in denselben umgekehrt proportional sei oder auch ihrem jedesmaligen Volumen, wodurch dann eine auch für feste Körper stattfindende Gültigkeit des (Mariotteschen) Gesetzes für die Elasticität der Gase begründet wäre. Man könnte dann die festen Körper als durch die Cohäsion sehr stark verdichtete Gase betrachten und annehmen dafs das Elasticitätsgesetz, welches in der Proportionalität zwischen den Verlängerungen und den sie bewirkenden Belastungen oder auch zwischen den Volumenveränderungen und dem Gesammtdrucke besteht, nur innerhalb sehr enger Gränzen gelte.

Die folgenden Betrachtungen von Herrn Kupffer sollen indessen zu Zweifeln gegen diese Hypothese veranlassen.

Wenn man mit

l die Länge des Drathes; mit

ϱ seinen Halbmesser; mit

$\frac{\Delta}{l}$ seinen Verlängerungscoëfficienten, d. h. den Zuwachs

bezeichnet, den die Längeneinheit des Drathes durch den Zug der Gewichtseinheit erleidet, so werden nach der von Poisson entwickelten Theorie gleichzeitig:

$$l \text{ zu } l+\Delta$$

und

$$\varrho \text{ zu } \varrho\left(1+\tfrac{1}{4}\frac{\Delta}{l}\right)\text{*)}.$$

---

*) So schreibt Herr Kupffer diesen Ausdruck. Es wird durch ihn, da Δ und l positiv sind, eine Zunahme der Fadendicke ausgedrückt

Die Thatsache dafs die Dicke des Drathes zugleich mit seiner Länge abnimmt, ist nicht zu bezweifeln: nur der von Poisson angewiesene Zahlwerth ist noch nicht vollständig erwiesen *).

Da diese Formänderung auf den Werth des Torsionsmomentes Einfluss ausüben könnte, hat Prof. Neumann auf

---

während doch gleich darauf die betreffende Veränderung eine Abnahme dieser Dicke (un retrécissement du rayon) genannt wird. Auch in der folgenden Note schreibt der Verfasser

$$\varrho\left(1+\alpha.\frac{\Delta}{l}\right)$$

d. h. das Pluszeichen in der Klammer, sagt aber freilich nicht ausdrücklich dafs α eine positive Gröfse vorstellt. E.

*) Der Verf. führt hier einige Versuche von Prof. Neumann in Königsberg an, bei welchen bewiesen wurde dafs, wenn eine parallelopipedische Metallstange durch Gewichte an ihren beiden Enden, gebogen wird, die Seitenflächen derselben sich gegen einander neigen und zwar in der Weise dafs sie sich, genugsam verlängert, über der Stange schneiden würden. Es folgt daraus ein seitliches Zusammenrücken der Längsfasern der Stange an denjenigen Stellen, wo sich die Mollekeln, der Länge nach, von einander entfernt haben, und ein Auseinanderrücken jener Längsfasern an den, der Länge nach, comprimirten Stellen. Herr Neumann hat ferner gefunden dafs ein Metalldrath bei zunehmender Spannung, beständig an Volumen zunimmt *), bis dafs man seine Elasticitätsgränze erreicht. Sobald aber diese Gränze mit der Belastung überschritten wird, so dafs der Drath nach Aufhebung derselben nicht wieder zu seiner ursprünglichen Gestalt zurückkehrt, finden die etwa vor dem Zerreissen noch eintretenden Verlängerungen ohne Volumenzunahme statt. Er hat auch bemerkt dafs, wenn man mit

$$\varrho\left(1+\alpha.\frac{\Delta}{l}\right)$$

den Werth bezeichnet, den ϱ in Folge der elastischen Verlängerung annimmt, α nicht immer gleich $\frac{1}{4}$, sondern je nach der Beschaffenheit des Metalles variabel ist.

*) Dies würde ohne sie vollständig zu erweisen eine Zunahme der Drathdicke wahrscheinlich machen, welche mit der eben erwähnten Erfahrung an einer gebogenen Stange und mit dem oben in Worten genannten Satze im Widerspruch, dagegen aber mit der oben angeführten Formel übereinstimmend wäre. Man hat hier eine in dergleichen Dingen nicht erwünschte Freiheit der Wahl!! Erman.

Herrn Kupffers Bitten diese Frage analytisch behandelt und als Resultat seiner Untersuchung mitgetheilt dafs, wenn man (in dem obigen Sinne):

$$n' = n\left(1 - \eta \cdot \frac{\Delta}{l}\right)$$

setze, der Coëfficient η zwischen 1 und 3 variiren könne, ohne dafs man nöthig habe, eine gleichzeitige Veränderung des Elasticitäts-Coëfficienten oder eine Ausnahme von dem Elasticitäts-Gesetze anzunehmen. Der Verfasser bemerkt, dafs es in der That sehr auffallend sei, von seinen Versuchen dem Coëfficienten η grade den gröfsten der als möglich bezeichneten Werthe angewiesen zu sehen. Neue Versuche mit einem Stahldrathe haben aber wieder dasselbe Resultat gegeben und eben wegen des theoretischen Interesses, welches sie nun gewonnen haben, wird hiernächst alles auf dieselben bezügliche angegeben.

Es wird zuerst bemerkt dafs die Reduction der Schwingungsdauern auf den für unendlich kleine Amplituden gültigen Werth, für Stahldräthe noch genauer als fur Messingdräthe erfolgen kann, weil der Werth von ψ für erstere weit kleiner ist wie fur die letzteren. Ebenso übt auch die Temperatur auf die Elasticität des Stahles einen kleineren Einfluss als auf die des Messings.

Um die Spannung des Drathes recht bedeutend zu machen, wurden Gewichte von 40 bis 200 Pfund an sein unteres Ende befestigt. Es war zu diesem Ende an dem Belastungshebel und etwa 6 Zoll unter dessen Zusammenhang mit dem Drathe, ein Haken angebracht, welcher so genau in der Verlängerung der Axe des Drathes lag, dafs der Hebel nach angebrachter Belastung genau horizontal blieb.

Die Beobachtungen bestanden nun in Folgendem:

1) Man liefs den Hebel allein schwingen und darauf nach Anbringung von 200 Pfund an dem genannten Haken. Das Trägheitsmoment des hierzu gebrauchten Gewichtes konnte, wegen der regelmässigen Form desselben genau berechnet

werden. Dieses Gewicht bestand namentlich aus einem messingenen Cylinder, der oben in einen Ring aus demselben Metalle auslief.

Es ergab sich:

$$n' = n\,(1 - 0{,}001266).$$

2) Man liefs darauf den Hebel mit zwei Gewichten von 120 Pfund schwingen, welche ein jedes auf einer andern Seite und in 36,0120 Abstand von der Drathaxe aufgehängt waren und dann mit denselben Gewichten, nachdem sie in ähnliche Lage aber in 15,384 Abstand von der Drathaxe gebracht waren. Dieselben Schwingungsbeobachtungen wurden noch einmal nach Anhängung eines Gewichtes von 200 Pfund an den in der Verlängerung der Drathaxe befindlichen Haken wiederholt. Die Verbindung von zwei solchen Beobachtungen giebt n nach dem Ausdruck:

$$n = p \cdot \frac{\pi^2}{g} \cdot \frac{(r^2 - r_1^2)}{(A^2 - A_1^2)}$$

(wenn A und A_1 die Schwingungsdauern bezeichnen).

Es folgte aber:

$$n = 2{,}94105$$
$$\text{und } n' = 2{,}94760$$

mithin der Quotient beider Resultate:

$$\frac{n'}{n} = 1{,}001541.$$

Dieser Werth ist vom Luftwiderstande unabhängig; man hat zwar für p denjenigen Werth anzuwenden, welcher durch Vermehrung des angebrachten Gewichtes um das Gewicht der in Bewegung gesetzten Luft entsteht. Aus dem Quotienten beider mit einerlei Belastung erhaltenen Resultate geht aber die für p eingesetzte Zahl ganz heraus.

3) Wurden an den Hebel gehängt:

a) die Gewichte von 200 Pfund in dem Abstande von 36,0120 und zu jeder Seite der Drathaxe;

b) dieselben Gewichte ebenso, aber in dem Abstande 15,2832 von derselben Axe.

Die Schwingungsdauern welche man unter diesen Anordnungen beobachtete, ergaben also einen zu der Belastung von 400 Pfund gehörigen Werth von n.

Man hing darauf an den Belastungshebel:

c) die Gewichte von 40 Pfund in dem Abstand 36,0120 jeder Seite des Drathes;

d) dieselben Gewichte ebenso in dem Abstand 15,2832 und es folgte aus den auf diese Weise beobachteten Schwingungsdauern der zu 80 Pfund Belastung gehörige Werth von n. Beide Werthe (d. h. der für 400 und der für 80 Pfund Belastung gültige) wurden für den Einfluss des Luftwiderstandes corrigirt und gaben dann:

$$\frac{n'}{n} = 1{,}002225$$

für einen Belastungsunterschied von 320 Pfund oder:

$$\frac{n'}{n} = 1{,}0013906$$

für den Belastungsunterschied von 200 Pfund. —

Das Mittel aus den drei Werthen welche sich auf den genannten Wegen nach einander ergeben hatten, ist:

$$n' = n\,(1 - 0{,}001399)$$

für die Spannung durch 200 Pfund Belastung.

Direkte Beobachtungen haben gezeigt dafs der senkrechte Zug von 200 Pfund Gewicht

$$\frac{\Delta}{l} = 0{,}000382$$

ergiebt. Es liegt dieser Werth sehr nah an einem Drittel des so oben gefundenen $\frac{n'}{n}$.

Wenn man den früher gefundenen Werth

$$n = 2{,}94105$$

in den Ausdruck:

$$\delta = \frac{\varrho^4}{5nl}$$

substituirt, zugleich mit:

$$l = 187{,}736$$

und

$$\varrho = 0{,}0072203$$

so erhält man:

$$\delta = 0{,}0000000098450$$

und

$$\frac{\varDelta}{l} = 0{,}00037930.$$

Die Transversalschwingungen haben gegeben:

$$\delta = 0{,}0000000098047.$$

Gelegentlich theilt der Verfasser auch noch die folgenden Resultate einiger Versuche über die Gröfse δ mit, die er früher, nach derselben Methode aber mit unvollkommenen Hülfsmitteln, angestellt und beschrieben hatte *).

		Spec. Gew.	δ
Eisendrath	No. 1	7,575	0,00000001088
Eisendrath	No. 2	7,533	1132
Messing	No. 1	8,476	2139
Platin		20,962	1269
Silber		10,485	2854
Gold		19,161	2974
Messing	No. 2	8,354	2228
Eisendrath	No. 3	7,621	1092
Stahldrath	No. 4	7,7572	0,000000009845.

Den Bericht über die in Rede stehenden Arbeiten während des Jahres 1855, beginnt der Verfasser mit der Bemerkung dafs von der Göttinger wissenschaftlichen Gesellschaft die Bestimmung des Einflusses der Wärme auf die Elasticität, zu einer Preisaufgabe gemacht worden sei. Dieser Umstand veranlasste ihn, seine schon früher unternommenen Untersuchungen über diesen Gegenstand, in einer nun auseinanderzusetzenden Weise, zu vervollständigen. Herrn Kupffers demnächst erfolgter Zusammenstellung seiner Versuche ist dann

*) Mem. de l'Académie des Sciences de St. Petersbourg. VI. Série. Science de phys. etc. T. V. (1849) p. 233.

auch von der Göttinger Gesellschaft am 18. November 1855 der ausgesetzte Preis zuerkannt worden.

Diese Untersuchungen über den Einfluss der Wärme auf die Elasticität zerfielen in die Bestimmung:

1) der Wirkung, den eine noch fortdauernde Erwärmung auf die Elasticität der festen Körper ausübt und
2) der Veränderung ihrer Elasticität, welche die Körper beibehalten, nachdem die Temperaturerhöhung aufgehört hat.

Man ersieht aus dem Folgenden dafs diese beiden Einwirkungen sehr verschieden, ja oft einander entgegengesetzt sind. Während die Zunahme der Temperatur eines festen Körpers noch fortdauert, nimmt seine Elasticität immer ab. Wenn aber jene Erwärmung aufgehört hat und der Körper zu seiner ursprünglichen Temperatur zurückgekehrt ist, so findet man seine Elasticität bald vermindert, bald vermehrt.

Der Einfluss der Wärme auf die Elasticität variirt ausserdem noch je nach der besonderen Aeusserung, die man von der letzteren in Betracht zieht. Da sich für Stangen und Dräthe die Elasticität, wie oben erwähnt, als Drehungs-, Biegungs- und Torsionselasticität äussert, und da ausserdem von einer jeden dieser Ausserungen entweder die Gleichgewichtsbedingungen oder die Bewegungen, welche sie hervorbringt, betrachtet werden können, so giebt es sechs Erscheinungen auf welche man den fraglichen Einfluss der Wärme untersuchen kann, nämlich:

die Verlängerungen der parallelopipedischen oder runden Stäbe und die Longitudinalschwingungen derselben;
die Biegungen eben dieser Stäbe und ihre Transversalschwingungen und
die Torsionen derselben und ihre Torsionsschwingungen.

Da diese Erscheinungen nur verschiedene Aeusserungen ein und derselben Kraft sind, so müssten sie dem Elasticitäts-Coëfficienten einerlei Werth anweisen. Die Einfachheit des

Elasticitäts-Gesetzes wird aber leider, durch Umstände die man noch bei weitem nicht vollständig kennt, scheinbar modificirt. Eine der merkwürdigsten unter diesen unbekannten Einwirkungen äussert sich dadurch, dafs ein Stab welcher durch eine äussere constante Kraft gebogen oder gewunden wird, nach einander zwei verschiedene Gleichgewichtszustände annimmt. Der erste zeigt sich unmittelbar nachdem die Einwirkung der Kraft sich eingestellt hat und der Elasticität das Gleichgewicht hält. Der zweite tritt dagegen allmälig und erst nach Verlauf eines, oft mehrere Tage dauernden, Zeitraumes ein. Der elastische Stab weicht also noch eine Zeitlang der äusseren Kraft und erreicht erst dann seinen endlichen Gleichgewichtszustand. Ebenso tritt auch nach dem Aufhören der äusseren Kraft der ursprüngliche Zustand nicht sogleich ein. Der Stab kehrt jedoch nach einer gewissen Zeit zu diesem Zustand zurück, zum Beweise dafs er durch die einwirkende Kraft nicht aus den Gränzen seiner Elasticität herausgebracht worden war. Diese Erscheinungen sind von Gauss und Weber an Seidenfäden aufs genaueste untersucht und unter dem Namen der elastischen Nachwirkung beschrieben worden (in den Comm. Soc. Gottingensis). Die Petersb. Beobachtungen haben gezeigt, dafs eben diese Wirkung auch an den Torsionsschwingungen von Metalldräthen hervortritt, indem durch sie diejenige bereits erwähnte Vermehrung der Schwingungsdauer bewirkt wird, welche der Quadratwurzel aus den Amplituden proportional ist. Der von dem Verf. Zerfliefsungs-Coëfficient genannte Werth, der mit jener Nachwirkung zusammenhängt, zeigte sich sehr verschieden, sowohl nach der chemischen Beschaffenheit des Metalles für welches man ihn findet, als auch nach der Bearbeitung die dieses Metall erlitten hatte. Er ergiebt sich viel kleiner für Stahl als für Messing und ausserdem veränderlich, je nach der Härtung durch Condensation oder Ablöschen.

Nach den folgenden Versuchen wird er auch durch die Wärme geändert.

An die Stelle des oben S. 458 aufgestellten Ausdruckes;

$$A = A'(1-\psi\sqrt{a})$$

glaubt der Verfasser nach ausgedehnteren Versuchen jetzt setzen zu müssen:

$$A' = A\left(1+k\varrho\sqrt{\frac{a}{l}}\right)$$

wenn wiederum mit

ϱ der Halbmesser, mit

l die Länge des angewandten Drathes und mit

k endlich eine nur von den elastischen Eigenschaften desselben abhängige Zahl

bezeichnet werden. Es wird daher nun dieser Coëfficient k der eigentliche Zerfliefsungs- und Dehnbarkeitscoëfficient genannt und angenommen, dafs sein Werth die gröfsere oder geringere Leichtigkeit ausdrückt, mit der die Mollekeln des betreffenden Körpers sich, ohne Veränderung ihrer Abstände, verschieben. Diese Eigenschaft äussert sich vorzüglich bei den Versuchen über das Torsionsgleichgewicht und über die Torsionsschwingungen. Sie vergröfsert den Coëfficienten der elastischen Ausdehnung, den man aus gegebenen Torsionswinkeln oder aus beobachteten Dauern von Torsionsschwingungen ableitet.

Da man nun aber zu verschiedenen Werthen dieses Coëfficienten der elastischen Ausdehnung gelangt, je nachdem man denselben entweder aus der Biegung und den Transversalschwingungen oder aus der Torsion und den Torsionsschwingungen berechnet, so konnte sich wohl auch der Einfluss der Wärme auf die Elasticität verschieden ergeben, wenn man ihn nach einander durch diese beiden Beobachtungsarten zu bestimmen suchte. Sie mussten daher beide nach einander in Anwendung gebracht werden.

Einfluss der Temperatur auf die Biegungs-Elasticität.

Es ist oben gezeigt worden dafs, wenn man mit t_1 und mit t die Schwingungsdauern eines vertikal gestellten elastischen Stabes bezeichnet, während respektive sein oberes und sein unteres Ende mit einem Gewichte beschwert sind, der Ausdruck:

$$\frac{t_1^2+t^2}{t_1^2-t^2}$$

der elastischen Kraft des Stabes proportional ist.

Da bei der Beobachtung von t_1 die treibende Kraft in dem Unterschiede zwischen der Elasticität und der Schwerkraft besteht, und da sich durch die Wärme nur die erstere merklich ändert (denn die durch Temperaturerhöhung hervorgebrachten Dimensionsänderungen des Stabes üben nur einen unmerklichen Einfluss), so war eine beträchtliche Abhängigkeit des t_1 von der Temperatur zu erwarten. Diese Vorhersehung wird durch die Versuche im vollsten Maafse bestätigt. Die Veränderungen des t_1 werden namentlich um so gröfser, je näher man das Schwermoment dem Antriebe der Elasticität gleich gemacht hat, wobei jedoch immer ein kleiner Ueberschuss des letzteren über das erstere bleiben muss, damit der Stab sich nicht verbiege, sondern bei senkrechter Stellung ein stabiles Gleichgewicht besitze.

Man erfüllte diese Bedingungen folgendermafsen:

Der Stab wurde mit seinem unteren Ende befestigt und darauf das an ihm angebrachte Gewicht nach seiner Gröfse und seinem Abstande vom Befestigungspunkt so regulirt, dafs sich die Schwingungsdauer sehr grofs zeigte. Man beobachtete diese Dauer bei verschiedenen Temperaturen des Stabes, z. B. bei der gewöhnlicheren des umgebenden Raumes, bei einer beträchtlich höheren und bei einer weit niedrigeren. — Hierauf wurde das beschwerte Ende des Stabes nach unten gebracht, die mit dieser Stellung eintretende Schwingungsdauer aber nur bei einer Stabtemperatur beobachtet, weil dieselbe von dieser Temperatur fast ganz unabhängig ist.

Es bezeichnen nun

t die Dauer der Schwingungen bei der gewöhnlichen Temperatur θ, während das freie Ende des Stabes nach unten gekehrt ist;

t_1 die Schwingungsdauer bei derselben Temperatur, wenn sich das freie Ende oben befindet;

t_1^1 für dieselbe Stabstellung die Schwingungsdauer bei der Temperatur θ' und endlich

β die Abnahme der Elasticität für einen Temperaturzuwachs um 1° R., in Theilen der (bei dem Mittel der Versuchs-Temperaturen stattfindenden) Elasticität, so ist:

$$\beta = \frac{1}{\theta - \theta'}\left(\frac{(t_1^{1\,2} + t^2)}{(t_1^{1\,2} - t^2)} \cdot \frac{(t_1^2 - t^2)}{(t_1^2 + t^2)} - 1\right)$$

Um die Temperatur des schwingenden Stabes zu erniedrigen, gebrauchte man einen Kasten aus starken Brettern, der auf festen eisernen Unterlagen ruhete und mit zweien abwechselnd zu schliefsenden Oeffnungen versehen war. Mittelst einer dieser Oeffnungen stand der Kasten mit dem Beobachtungszimmer in Verbindung, durch die andere Oeffnung mit der Strafse, so dafs man in das Innere nach einander die Luft aus diesen beiden Räumen einlassen, und abwechselnd die in dem ersteren fast beständige Temperatur von + 15° und die in dem anderen oft bis zu —20° bis —25° sinkende herstellen konnte. Die Oeffnung gegen das Beobachtungszimmer war mit zweien einander parallelen und durch eine Luftschicht von nahe an zwei Zoll Dicke getrennten Glasscheiben geschlossen. Diese verhinderten vollständig den Einfluss der Temperatur des Zimmers auf das Innere des Kastens und liefsen dennoch, mittelst eines in jenem ersteren Raume aufgestellten Fernrohrs, den in dem zweiten befindlichen Apparat deutlich sehen.

Das untere Ende des Stabes war in einen mit drei Fufsschrauben versehenen Schraubstock gespannt, so dafs man den Stab völlig senkrecht stellen konnte. An dem oberen Stab-Ende wurde jedesmal eines der aus zweien Cylindern von drei bis sechs Zoll Durchmesser und ½ Zoll Höhe bestehenden Gewichte befestigt. Die Cylinder welche eines dieser Gewichte ausmachten, hatten beim Gebrauche ihre Axen auf einerlei Horizontalen und waren, mittelst eines mit dieser Axe parallelen Querstückes, verbunden, durch welches die Befestigung an dem Stabe erfolgte. Der gemeinsame Schwerpunkt der beiden Cylinder kam auf diese Weise genau in der Längsaxe des Stabes und nahe an deren Ende zu liegen.

Die Schwingungsdauern und die Amplituden wurden mit Hülfe einer Skale gemessen, die auf dem eben genannten Gewichte aufgeklebt war. Herr Kupffer beschreibt nun noch aufs umständlichste das Verfahren durch welches man in dem fest aufgestellten Fernrohr die Amplituden abliest und denjenigen Chronometerschlag erfährt, bei welchem sich der erste und darauf irgend ein Durchgang des Nullpunktes der Skale durch einen in dem Fernrohr angebrachten Vertikalfaden ereignet. Da aber dieses Verfahren einem Jeden vollständig bekannt ist, der sich mit der Beobachtung irgend einer Art von Eintritten, sei es eines Gestirnes oder eines schwingenden Punktes, in eine Absehenslinie beschäftigt hat, so können wir sie hier übergehen.

Thermometer welche so nahe als möglich neben dem schwingenden Stabe hingen, gaben die Temperatur der ihn umgebenden Luft an und man sorgte stets dafür, dafs sich diese Temperatur vor Beginn des Versuches mit der des Stabes genugsam abgeglichen hatte, um beide identisch vorauszusetzen.

Die Erhöhung der Stabtemperatur über die des Beobachtungszimmers, erfolgte mit Hülfe eines grofsen kupfernen Kastens mit doppelten Wänden, in dessen Innerem die Schwingungen des Stabes in derselben Weise vor sich gehen konnten, wie bei den niedrigeren Temperaturen. Der Zwischenraum beider Wände des Kastens hing aber, mittelst einer durch den Fufsboden des Beobachtungszimmers hindurchgehenden Röhre, mit einem unterhalb dieses Zimmers aufgestellten Kessel zusammen, in welchem man Wasser im Kochen erhielt und dadurch jenen Zwischenraum mit Dämpfen von nahe an $+80°$R. füllte, ohne die Beobachtungen zu behindern.

Im Innern dieses Kastens und in verschiedenen Höhen waren wiederum Thermometer zur Ablesung der Stabtemperatur angebracht, auch war der Kasten, grade so wie zuvor erwähnt, an denjenigen Stellen wo man ihn durchsichtig brauchte, mit gehörig schliessenden Doppelscheiben versehen. Man erhielt nun folgende Resultate:

A. Einfluss der Wärme auf die Elasticität der Metalle, bei Temperaturen welche die gewöhnliche (wohl 15° R.) übertreffen.

Silber.

Aus dem reinsten Silber welches in der Petersburger Münze zu erhalten war, wurde ein parallelopipedischer Stab von 0,111 Dicke und 0,895 Breite angefertigt *) und den Beobachtungen unterworfen. Die Länge seines schwingenden Theiles betrug 44,5 und man hatte früher für ihn gefunden:

$$\delta' = 0{,}0000000803825.$$

a) Das freie und belastete Ende des Stabes ist nach oben gekehrt:

Temperatur	Schwingungsdauer
+ 13°,6	7,0000
+ 13°,8	7,0500
+ 13°,8	7,0400
Mittel + 13°,7	7,0300 = t_1

Temperatur	Schwingungsdauer
—0,6	5″,800
—0,5	5,8070
—0,7	5,7708
—0,6	5,7926 = t_1^1

b) Das belastete Ende des Stabes ist nach unten gekehrt

$$t = 0'',66181.$$

Man findet mit diesen Werthen:

$$\beta = 0{,}000589$$

Unter Anwendung anderer Gewichte und anderer Längen des schwingenden Theiles gab derselbe Stab

*) Die Maafseinheit ist überall wo nicht das Gegentheil gesagt wird der Russische Zoll. E.

$$\beta = 0{,}000558$$
$$\beta = 0{,}000562$$

so dafs man im Mittel annehmen kann:

$$\beta = 0{,}000568.$$

Messing:

Es wurden 9 Messingstäbe von 52 Zoll Länge, 1 Zoll Breite und 0,1 bis 0,2 Dicke angewendet und zunächst deren specif. Gewichte folgendermafsen bestimmt:

Bezeichnung des Stabes:		Spec. Gew.
No. 1.	Geschlagnes Messing . . .	8,5598
No. 2.	Gegossenes Messing . . .	8,2176
No. 3.	Geschlagnes Messing . . .	8,4977
No. 4.	Gegossenes Messing . . .	8,2615
No. 5.	Gewalztes Englisches Messing	8,4465
No. 6.	desgleichen andre Art . . .	8,4930
No. 7.	Gegossenes Messing . . .	8,3089
No. 8.	Stark gehämmertes Messing .	8,6045
No. 9.	desgl. und gewalztes Messing	8,5746.

Die drei zuletzt genannten Stäbe wurden aus einerlei gegossenem Messingstück geschnitten, so dafs die Unterschiede ihrer specif. Gewichte und ihrer elastischen Eigenschaften nur von der Bearbeitung und nicht von der Zusammensetzung herrührten.

Messingstab No. 1:

1. Versuch:

a. Das Gewicht ist oben:

Temperat.	Dauer einer Schwingung	Temperat.	Dauer einer Schwingung
+13°,7	12″0882	−11°,4	7,0938
+13,7	12,1757	−11,2	7,1000
+13,7	12,1229 = t_1	−11,3	7,0969 = t_1'

b. Das Gewicht ist unten:

$$t = 0'',6765$$

und demnach

$$\beta = 0{,}00047956.$$

2. Versuch. Durch Vermehrung der schwingenden Länge und der Belastung wurden erhalten:

a. Das Gewicht ist oben:

Temp.	Dauer der Schwing.	Temp.	Dauer der Schwing.
+15,60	11″,0100 = t′	−5°,05	7″3630 = t′,

b. Das Gewicht ist unten:

$$t = 0{,}6807$$

und hieraus

$$\beta = 0{,}0004596.$$

Im Mittel also:

$$\beta = 0{,}0004696.$$

Durch ganz ähnliche Versuche fand man für den

Stab No. 2. $\beta = 0{,}0005255$
Stab No. 3. $\beta = 0{,}0004731$
Stab No. 4. $\beta = 0{,}0005405$
Stab No. 5. $\beta = 0{,}0005363$
Stab No. 6. $\beta = 0{,}0004575$
Stab No. 7. $\beta = 0{,}0005051$
Stab No. 8. $\beta = 0{,}0004813.$

Es haben also die Stäbe aus gegossenem Messing No. 2, 4 und 7 einen gröfseren Coëfficienten ergeben als die Stäbe von hartem gewalzten oder gehämmerten Metall derselben Art. Nur der Stab No. 5 macht eine Ausnahme.

Platin $\beta = 0{,}0002011$ *)

*) Hier folgt in dem Französisch geschriebenen Originalberichte noch die uns völlig unerklärliche Angabe

Glace: $\beta = 0{,}0001242.$

Von den zwei Bedeutungen des Wortes glace, nämlich Eis und zu Platten verarbeitetes Glas, scheint uns an die erste zu denken so gut als unmöglich und die zweite auch kaum annehmbar, weil sie nicht ohne einige Erklärungen über die Eigenthümlichkeiten der dazu erforderlichen Versuche gegeben sein würde. E.

sehr weiches Gusseisen:

1. Art No. 4. β = 0,001840
2. Art No. 3. β = 0,001618

Stahl:

Gewalzter No. 5 β = 0,0003478
Englischer geschmiedeter No. 15 β = 0,0003198
Gussstahl No. 6 β = 0,0002419
Andre Art Stahl No. 7 β = 0,0002988
Engl. geschmiedeter No. 14 β = 0,0002555.

Eisen:

Geschmiedetes Schwedisches No. 10 β = 0,0004555
Englisches gewalztes Bandeisen No. 12 β *).
Andere Art Eisen No. 12 β = 0,0004626
Engl. geschmiedetes Eisen No. 9 β = 0,0003760
Blechprobe nach dem Walzengang geschnitten No. 1 β = 0,0004583
desgleichen senkrecht gegen die vorige Richtung geschnitten No. 2 β = 0,0004252

Kupfer β = 0,0005520
Zink β = 0,0006444
Gold β = 0,0003937
Blei β = 0,0003035.

Ueber die Veränderungen der Elasticität der Metalle durch Temperaturen welche die gewöhnliche übertreffen.

Die folgenden Resultate ergaben sich durch Erwärmungen, welche dem Kochpunkt des Wassers nahe kamen:

Messing:

Stab No. 1 β = 0,0004764.

---

*) Hier steht:

β = 0,0000446

was aber mit dieser offenbar verdruckten Angabe gemeint sei, bleibt unbestimmt. E.

Derselbe hat durch Erkältung unter die Normaltemperatur

$$\beta = 0,0004596$$

gegeben, wonach der Einfluss der Erwärmung auf die Elasticität dieses Metalles mit der Temperatur zugleich zu wachsen scheint.

Stab No. 2 $\beta = 0,0005258$

Durch Erkältungen war gefunden $\beta = 0,0005255$

Stab No. 6 $\beta = 0,00050044$

und durch Erkältungen $\beta = 0,0004757$

Die Stäbe No. 1 und 6 waren von hartem, geschlagenen oder gewalzten Messing und von beträchtlicher Dichtigkeit. No. 2 war von gegossenem, weichen und wenig dichten Messing. Die Wärme scheint also um desto weniger Einfluss auf die Elasticität dieses Metalles zu üben, je härter und je dichter es ist. Oben wurde auch nachgewiesen, dafs die elastische Dehnbarkeit von No. 2 stärker ist als die von No. 1 und 6. — Vorzüglich bemerkenswerth ist aber, dafs der Einfluss der Wärme auf die Elasticität der harten und dichten Sorte zugleich mit der Temperatur wächst, während er auf die weiche Sorte No. 2. bei beiden Versuchstemperaturen derselbe war.

Für die drei aus einem Stück entnommenen Stäbe No. 7, 8 und 9, von denen aber der erste unverändert gelassen, die beiden anderen durch Hämmern oder Walzen gehärtet worden waren, fand man:

Messing No. 7 $\beta = 0,0005396$

Messing No. 8 $\beta = 0,0004716$

Messing No. 9 $\beta = 0,0004813.$

Eisen:

Schwedisches geschmiedetes Eisen No. 11

Spec. Gew. 7,7913 $\beta = 0,0003809$

$\delta = 0,0000000298408.$

Engl. gewalztes Bandeisen No. 13

Spec. Gew. 7,6467 $\beta = 0,0004884$

$\delta = 0,0000000316745$

für dasselbe durch Erkältung $\beta = 0{,}0004625$.
Man sieht dafs auch für das Eisen der Einfluss der Erwärmung auf die Elasticität abnimmt, wenn die Dichtigkeit und die Elasticität gröfser werden.

Gusseisen No. 3. Spec. Gew. 7,1242 $\beta = 0{,}001618$ ebenso wie für Erkältungen. Der Einfluss der Erwärmung auf die Elasticität des Gusseisens ist also ausserordentlich grofs und namentlich fast das Vierfache von dem für Stabeisen stattfindenden *).

Die elastische Dehnbarkeit des Gusseisens ist ebenfalls gröfser und namentlich fast das Doppelte von der für das Stabeisen stattfindenden. Es ist für das erstere:

$$\delta = 0{,}000000055929.$$

Kupfer.

Kupferdrath	$\beta = 0{,}0005983$
derselbe nachdem er roth glühend gewesen	$\beta = 0{,}0005422$.

II. Einfluss der Temperatur auf die Torsionselasticität.

Während die Torsionsschwingungen von Dräthen beobachtet wurden, denen man verschiedene Temperaturen gab, war an dem Unter-Ende derselben ein schwerer messingener Cylinder befestigt, dessen Axe der Figur in der Verlängerung des Fadens lag und welcher mit einer Theilung auf seiner Mantelfläche versehen war. — Mit einem, 15 Fufs von dem Drathe entfernten, Fernrohr wurden die Durchgangszeiten desjenigen Striches dieser Theilung durch die Absehenslinie beobachtet, der sich beim Gleichgewicht des Fadens in dieser Linie befand und ausserdem die Amplituden der Schwingungen. Der Apparat befand sich in dem cylindrischen Kasten mit doppelten Wänden, in welchem auch die Transversalschwin-

*) Vergl. unsere Anmerkung zu S. 444. E.

gungen bei verschiedenen Temperaturen beobachtet wurden. Wenn t die Schwingungsdauer des Drathes bei der Normaltemperatur, t' die Schwingungsdauer desselben bei der um n Grad höheren Temperatur bedeutet und β_1 die Abnahme der Elasticität des Drathes für eine Erwärmung um 1°, in Theilen der ursprünglichen Elasticität, so erhält man:

$$\beta_1 = \frac{1}{n}\left(\frac{t'^2}{t^2} - 1\right)$$

Es ergab sich auf diese Weise für:

Kupferdrath vom Durchmesser 0,0393.

$$\beta_1 = 0,0002634.$$

Durch die Transversalschwingungen wurde gefunden

$$\beta = 0,0005983.$$

Stahldrath. Claviersaite, sehr weich von 0,041 Durchm.

$$\beta_1 = 0,0005885.$$

Messingdrath sehr weich. Durchmesser etwa 0,1

$$\beta_1 = 0,0006982.$$

Messingdrath sehr hart. Durchmesser 0,05

$$\beta_1 = 0,0004258$$

derselbe, nachdem er rothglühend gewesen

$$\beta_1 = 0,0004816.$$

III. Von den bleibenden Elasticitätsveränderungen welche die Wärme in den Metallen hervorbringt.

Es wurden Transversalschwingungen angewendet um dergleichen Einflüsse wahrzunehmen, und zwar beobachtete man zuerst die Schwingungsdauer t_1 während bei gewöhnlicher Temperatur der Stab in senkrechter Lage eingeklemmt und an seinem oberen Ende beschwert war. Darauf gab man dem Stab die Erwärmung, deren Einfluss untersucht werden sollte, ohne etwas an seiner Lage zu ändern, bestimmte dann die mit t_1^1 bezeichnete Schwingungsdauer, welche nach der Erwärmung bei gleicher Lage und Belastung des Stabes eintrat, und endlich die mit t bezeichnete Dauer einer Schwingung, welche stattfand, wenn das untere Ende belastet war. Auf diese haben die Elasticität und daher auch deren Zuwächse einen verhältnifsmäfsig so geringen Einfluss, dafs es gleichgültig ist, ob man sie vor oder nach der Erwärmung beobachtet. Man hat dann:

$$\frac{n'}{n} = \frac{(t_1'^2 + t'^2)(t_1^2 - t^2)}{(t_1'^2 - t'^2)(t_1^2 + t^2)}.$$

Platin.

Ein Stab aus diesem Metall von 0,2 Dicke, 2 Breite und 56 Länge gab folgende Resultate:

	Dauer der Transversalschwingungen mit freiem Ende oben	Dauer der Transversalschwingungen mit freiem Ende unten
ohne Belastung am freien Ende:	0″,28150	0,33075
mit einer Belastung No. 1:	1,8750	0,67050
mit einer stärkeren No. 2:	8,3258	0,71775.

Nachdem nun dieser Stab mit einer Berzeliusschen Weingeistlampe möglichst stark, aber nicht bis zum Weissglühen, erwärmt worden war, ergaben sich:

	Dauer der Transversalschwingungen mit freiem Ende oben:
ohne Belastung am freien Ende;	0,3800
mit der Belastung No. 1:	1,8427
mit der Belastung No. 2:	6,3320.

Die Elasticität des Stabes hatte also zugenommen. Gleichzeitig war derselbe um 0,005 kürzer geworden.

Die beiden letzten Versuche gaben:

$$\frac{n'}{n} = 1,010$$

Derselbe Stab wurde darauf zwischen zwei polirten Stahlcylindern um ein Drittel seiner Länge gestreckt, wodurch seine Dicke nahe um denselben Bruch abnahm, seine Breite aber nur um weniges. Nach einer zweiten Erwärmung mit der Berzeliusschen Lampe war die Elasticität wieder gewachsen und ebenso, aber viel weniger, nach einer dritten. Die Länge des Stabes war um weniges kleiner geworden.

Ein Platindrath wurde platt gehämmert und zwischen polirten Stahlwalzen gestreckt, darauf wieder zur Rothgluth erwärmt. Nach der Abkühlung war seine Elasticität im Verhältnisse 1:1,0139 gewachsen. Ebenso verhielt sich derselbe Drath, als er bis zur Dicke 0,088 ausgezogen, und auch als er dann noch einmal gehämmert worden war. Seine Elasticität wuchs immer durch die Erwärmung.

Kupfer. Ein Kupferdrath von 0,04 Dicke erhielt durch Weissglühen eine beträchtlich stärkere*) Elasticität. Für einen anderen Drath von 0,15 Dicke zeigte diese Abnahme*) das Verhältniss 1:1,087802. Ein gewalzter Kupferstab der nicht bis zur Rothgluth erwärmt worden war, zeigte im Gegentheil eine Zunahme**) in dem Verhältniss

1:1,02095.

Messing.

Zwei Messingstäbe von 0,1 Dicke und von einer etwas geringeren, zeigten übereinstimmend, nach einer um etwas unter der Rothgluth gelegenen Erwärmung, eine Elasticitätszunahme im Verhältniss:

1:1,01696.

Ein anderer Drath gab folgende Resultate:

	Elasticität
Vor den Erwärmungen	1,00000
Nach Erwärmung mit einer kleinen Weingeistlampe	1,03094
Desgleichen und nach Erwärmung bis zum Weissglühen	0,99105
Desgleichen und nach Erwärmung mit einer stärkeren Lampe	0,98872
Desgleichen und nach Erwärmung mit sechs Flammen der ganzen Länge nach	0,98041

*) Genau so steht in Herrn K's. Bericht: avait augmenté sa force elastique und dann folgt: cette diminution. E.

**) Auch dieses ist wörtlich übersetzt. E.

Silber. Die Erwärmung eines Stabes mit der Berzelius'schen Lampe, vermehrte dessen Elasticität im Verhältniss; 1 : 1,00673.

Zink. Mehrmalige, dem Schmelzpunkt nahe kommende, Erwärmungen eines gewalzten Stabes, vermehrten dessen Elasticität im Verhältniss 1 : 1,02196. Gegossenes Zink zeigte dagegen gar keinen Einfluss der Erwärmung auf die Elasticität.

Stahl. Ein prismatischer Stahlstab hatte eine beträchtliche Elasticitätsvermehrung erfahren, nachdem man ihn, in einem gusseisernen Kasten in Thon eingebettet, fast bis zum Schmelzpunkt des Gusseisens erwärmt hatte.

Desgl. Ein anderer mit der Berzelius'schen Lampe erwärmter Stab im Verhältniss 1 : 1,01122.

Desgl. Ein dritter bis zum Gelb- und nachher noch einmal bis zum Blau-Anlaufen erwärmt, im Verhältniss: 1 : 1,05452.

Desgl. ein gehärteter ebenso behandelt, im Verhältniss 1 : 1,06551.

Man sieht also, dafs das Weichermachen oder Anlassen des Stahles von einer Elasticitätszunahme begleitet ist.

Eisen. Ein weicher Eisenstab, der mit der Berzelius'schen Lampe zuerst bis zum Gelbanlaufen und darauf bis zum Blau- und Grau-Blauanlaufen erwärmt worden war, hatte etwas an Elasticität verloren.

Gold. Ein bis zum Weichwerden erwärmter Goldstab, fand sich, nach dem Erkalten, weit weniger elastisch als zuvor.

IV. Der Einfluss der Temperatur auf den Zerfliessungs-Coëfficienten oder die secundäre Elasticität.

Die, wie mehrmals erwähnt, durch die Abnahme der Schwingungsbogen bei Transversalschwingungen sich äussernde secundäre Elasticität, konnte durch Beobachtung der Grössen gemessen werden, welche die Bogen zu verschiedenen

Zeiten besafsen, während sich der senkrecht gestellte und oben belastete Stab in Schwingungen befand. Man bestimmte namentlich die Anzahl von Schwingungen, nach denen jedesmal die Amplitude von dem gröfsten Werthe den man ihr geben konnte, ohne die Elasticitätsgränzen zu überschreiten, bis zu 3,5 Bogenminuten abnahm. Die secundäre Elasticität ist um desto gröfser, je kleiner die hierzu nöthige Anzahl von Schwingungen ausfällt.

Silber: 30 Schwingungen bei der Normaltemperatur,
62 Schwingungen bei — 10° R.

Derselbe Stab mit stärkerer Belastung machte 175 Schwingungen bei der Normaltemperatur, 82 Schwingungen nachdem er bis fast zum Weissglühen erwärmt worden war und dadurch einen Elasticitätszuwachs im Verhältniss 1 : 1,00613 erfahren hatte.

Diese Beobachtungen zeigen, dafs die secundäre Elasticität zunimmt, wenn die eigentliche Elasticität durch eine Temperaturerhöhung abnimmt, dafs aber nach einer bis zum Weichwerden gegangenen Erwärmung beide Arten von Elasticität sich vergröfsert finden.

Messing. . . Verhält sich wie Silber.

Kupfer. . . Nach Erwärmungen unter der Weissgluth, findet man die secundäre Elasticität vermindert, die eigentliche Elasticität aber vermehrt. Ein jeder dieser Einflüsse wurde entgegengesetzt, wenn die Erwärmung bis zum Weissglühen gestiegen war.

Zink. . . . . Nach erfolgter Erwärmung des Zinkes bis zum Gelbwerden durch Oxydation, war die secundäre Elasticität vermindert, die eigentliche Elasticität stark vermehrt.

Platin. . . Nach jeder Erwärmung bis zum Weissglühen zeigte sich die secundäre Elasticität vermindert, die eigentliche Elasticität vermehrt.

Gusseisen. Die secundäre Elasticität wird durch jede Erwärmung stark vermehrt, so dafs die Schwingungen einer gusseisernen Stange schon bei der Temperatur von 80°, sehr schnell unsichtbar werden.

Stahl .... Mit steigender Temperatur nimmt die secundäre Elasticität des Stahles zu, so wie bei allen untersuchten Metallen. Der gehärtete Stahl zeigt nach dem Anlassen eine Abnahme der secundären und eine Zunahme der eigentlichen Elasticität. — Ist aber weicher Stahl bis zum Weissglühen erwärmt worden, so zeigen sich, nach dem Abkühlen, beide Arten von Elasticität vermehrt, im Widerspruch mit den Erfahrungen an den übrigen Metallen.

Eisen .... Die secundäre Elasticität nimmt zu, bei steigender Temperatur, ebenso wie bei den übrigen Metallen.

Gold. .... Verhält sich ebenso, aber nach der Abkühlung zeigt sich die secundäre Elasticität vermehrt und die eigentliche Elasticität vermindert.

In der überwiegenden Mehrzahl der Metalle wächst also zugleich mit der Temperatur auch die secundäre Elasticität. Nach der Abkühlung zeigt sich, ebenfalls in den meisten, eine Abnahme der secundären und eine Zunahme der eigentlichen Elasticität, wenn die Erwärmung die Weissgluth nicht erreicht hat, während nach der Abkühlung die auf das Weissglühen folgt, in den meisten Fällen eine Umkehrung des letzteren Verhaltens stattfindet.

Reclamation aus Petersburg.

Es ist uns mit Beziehung auf den Artikel über Hrn. Schiefners Uebersetzung der Kalevala (Band XVI, S. 115 ff.), eine höchst wichtige, schriftliche Notiz zugekommen, worin wir aufmerksam gemacht werden, dass auf S. 116 (Z. 10 und 14) für Krug, Korb, und für Krüge, Körbe zu setzen sei; dass ferner Herr Schiefner, als er vakkanen (Schachtel s. ebds.) fälschlich mit Nagel übersetzte, an vaajanen gedacht habe. Obgleich nun auch das letztere nicht eigentlich Nagel bedeutet, sondern (nach Renvall) Keil (cuneus) und Pfahl (palus terrae infixus), so mag die Entschuldigung dennoch gelten. Damit aber so interessante Dinge dem deutschen Publicum nicht lange vorenthalten bleiben, theilen wir sie brevi manu mit. Sch.

Der Balchasch-See und der Fluss Ili.

Während die Augen Europa's auf den Kampf im Orient geheftet waren und Russland, von zahlreichen Feinden angegriffen, seine Kräfte auf die Defensive beschränken zu müssen schien, war es ruhig damit beschäftigt, seine Herrschaft über die entlegensten Regionen Asiens auszudehnen. Es bemächtigte sich der Mündung des Amur und der Ufer des Tatarischen Canals und breitete sich zugleich am Balchasch-See aus, dessen Umgebungen es unter dem Namen des Siebenstromlandes (*Semirjetschinskji* krai) dem Kaiserreich einverleibte. Ueber diesen bisher fast unbekannten Theil Central-Asiens, der jetzt von Herrn *Semenow*, dem Uebersetzer von Ritter's „Erdkunde," bereist wird, berichtet das Mitglied der Russischen geographischen Gesellschaft W. Kusnezow im „Wjestnik" des genannten Vereins Nachstehendes.

„Im Jahr 1852 wurde auf Anordnung des General-Gouverneurs von West-*Sibirien* beschlossen, den Balchasch-See zu erforschen, der in der Kirgisen-Steppe liegt und die im nördlichen Theil der Steppe nomadisirenden Kirgisen gleichsam von den südlichen abschneidet. Am Flusse Lepsa wurden zwei Karbasen mit den dazu gehörigen Böten gebaut, und die aus einem Offizier des Topographen-Corps und 40 Mann Kosaken bestehende Expedition war im Sommer desselben Jahres schon auf dem Balchasch. Die erste Fahrt lief zwar unglücklich ab: der gröfste Theil des See's blieb unerforscht; indessen gewann man dadurch die Ueberzeugung, dafs alle Flüsse, die sich in das nordöstliche Ende des See's ergiefsen, zur Schifffahrt nicht geeignet sind. Im Jahr 1853 ward die Expedition von neuem abgefertigt, der es jetzt zur Pflicht gemacht wurde, vorzugsweise den Flufs Ili zu untersuchen, welcher von der Südseite in den Balchasch fällt, dem Gebirge Sawlagai gegenüber, das das nördliche Ufer des See's bildet. Bei der Rückkehr des Officiers, der die Expedition befehligte, nach Omsk, wurden von ihm folgende Nachrichten erhalten. Die Länge des Balchasch-See's von Nord-Ost nach Süd-West beläuft sich auf 600 Werst, die Breite von Norden nach Süden ist nicht gleich und steigt von 8 bis auf 80 Werst, die gröfste Tiefe beträgt 10 *Sajen*. Die Südküste des See's ist abschüssig und in weiter Ausdehnung mit Schilf überwachsen, jenseits dessen eine aus Sandhügeln bestehende Steppe sich bis zu den Vorgebirgen des Alatau hinzieht. Diese Steppe ist als eine Fortsetzung der „Hungersteppe" zu betrachten, welche Russland von den anderen asiatischen Reichen scheidet. Die Steppen Gobi, Schamo, Bedjapak-Dola, die Steppe, die den Aral-See umgiebt und sich bis zum Kaspischen Meer erstreckt, bilden einen einzigen, ununterbrochenen, sandigen oder steinigen Strich, ohne Vegetation und fast ohne Wasser. Der Flufs Ili mündet in den Balchasch in drei Armen, deren Zwischenraum in einer Ausdehnung von etwa 8 Werst als eine niedrige, mit Schilf bedeckte Ebene erscheint. An der Mündung des Ili angelangt, fuhr die Expedition den mittleren Arm desselben hinauf und verfolgte den Fluss bis zum Posten Ilijsk, dem letzten auf dem Wege von der Festung Kopalsk nach Wjernoje. Obwohl hierdurch bewiesen wurde, dafs die Communication zu Wasser auf dem Balchasch und Ili bis zum Posten dieses Namens möglich sei, so war es doch nothwendig, sich genauer darüber zu unterrichten, ehe man zum Bau der zur Navigation jener Gewässer bestimmten Fahrzeuge schritt. Demzufolge wurde im Jahr 1854 von dem Kaufmann Kusnezow aus Kolywan und dem Hofrath Paklewskji-Kosell eine neue Expedition unter der Leitung des Taraer Kaufmanns Grabinskji ausgerüstet. Der General-Gouverneur von West-Sibirien, der von dem Erfolge dieser Unternehmung wichtige Vortheile für den russischen Handel und die Sicherheit des Trans-Ili-Landes hoffte, befahl demselben Officier, dem er die Explorationen in den Jahren 1852 und 1853 anvertraut hatte, sich an dieser Privat-Expedition zu betheiligen. Der von Grabinskji über die von ihm unternommene Reise abgestattete Bericht giebt folgende Resultate:

In der Nähe des Flusses findet sich Tannenholz, das zum Bau von Fahrzeugen tauglich ist, an drei Orten. Erstens, 80 Werst vom Posten Ilijsk, an den Quellen des Flusses Talgar, auf welchem man es hinabflöſsen kann, indem man zwei oder drei Stämme zusammenfügt. Der Talgar fällt eine Werst unterhalb des Postens in den Ili. Zweitens, an den beiden Quellen des Baches Almaty, von wo man es auf der Achse nach dem 100 Werst entfernten Ilijsk schaffen müſste. Drittens, am Bache Keskelen, wo man es gleichfalls 40 Werst zu Lande und 50 Werst zu Wasser transportiren müſste. Der Keskelen fällt 4 Werst unterhalb des Postens Ilijsk in den Ili.

An der Nordseite des Balchasch giebt es ebenfalls Tannenholz, das zum Schiffbau gebraucht werden könnte, allein es befindet sich 285 Werst von dem See, in den Bergen von Karkaralyn, von wo man es zu Lande nach dem Balchasch zu bringen hätte.

Der Fluſs Ili hat eine Breite von 40 bis 150 *Sajen*, die Tiefe des Fahrwassers ist 1½ bis 7 Arschin. An der Mündung befinden sich jedoch vier Sandbänke oder kleine Barren, jede von nicht mehr als 2 *Sajen* Breite, wo die Tiefe höchstens 20 bis 24 Werschok beträgt. Sie werden durch den von dem Wellenschlag des Sees gegen das Ufer angespülten Sand gebildet. Die Breite des Haupt-Fahrwassers ist 10 bis 15 *Sajen*, die Strömung in der Nähe des Postens Ilijsk etwa 4½ Werst die Stunde. An den schmaleren Stellen, wo die Ufer steil und von Bergen eingeschlossen sind, ist die Strömung am stärksten, an der Mündung aber geringer. Die Schifffahrt kann vom April bis zum November betrieben werden. Der Fluſs Ili bedeckt sich um den 8. December mit Eis und geht um den 10. März auf. Das Steigen des Wassers beginnt gegen die Mitte Juni; die gröfste Erhöhung des Wasserniveaus ist beim Posten Ilijsk etwa 4, bei der Mündung 2 Arschin; mit dem 1. August fängt das Wasser wieder an zu fallen. Ungefähr 15 und 40 Werst unterhalb des Postens befinden sich Felsen-Cataracten, auf welchen die Tiefe nicht über 1¾ Arschin beträgt. Da alle von Grabinskji veranstalteten Messungen der Flufstiefe mit den im November 1853 von Nifantjew*) vorgenommenen übereinstimmen, so kann man voraussetzen, dass die hier angegebene Tiefe die allergeringste ist; im Laufe des Juni, Juli und August mag sie gröfser sein.

Die Ufer des Ili sind in einer Ausdehnung von 200 Werst unterhalb des Postens ziemlich hoch und zur Pferde-Schleppschifffahrt (Bitschewnik) geeignet. Im Augustmonat schlagen dort die Kirgisen ihre Lagerstätten auf, indem sie an den Bergabhängen bei der Festung Wjernoje hinabsteigen. Weiterhin sind die Ufer niedrig, mit Schilf überwachsen, und werden von den Kirgisen zu Winterlagern benutzt; erst 40 Werst von der Mündung werden sie wieder höher. Von dem Posten Ilijsk bis zum Balchasch-See fuhr Grabinskji 21 Tage — vom 14. September bis zum 5. October. Die Länge dieser Fahrt schätzt er auf 520 Werst.

Von der Mündung des Flufses Ili fuhr die Expedition am 8. October Morgens in den Balchasch ein und nahm ihren Curs nordwestlich nach dem gegenüber liegenden Ufer. Die Karbase ging bei günstigem Winde unter allen Segeln und legte um 2 Uhr Nachmittags bei einer der Inseln Utsch-Aral an, die dem nordwestlichen Ufer am nächsten liegt. Die Länge der Insel ist 15 Werst; in der Mitte befindet sich eine Einfahrt oder Bucht, die bei Stürmen eine äusserst bequeme Rhede für Schiffe abgiebt. Diese Bucht hat eine Länge von

*) Im Original steht: Lifantjew, ohne Zweifel durch einen Druckfehler, da hier nur der Reisende Nifantjew gemeint sein kann, der vor einigen Jahren den Balchasch und Issyk-Kul besucht hat.

D. Uebers.

1½, eine Breite von 1 Werst und am Eingang von dem See von 20 *Sajen*; die Tiefe ist am Eingang 2½, in der Mitte 3 bis 5 Arschin. Der Boden ist Sand, mit kleiner Galka (?), die Ufer sind rings mit Unterholz und Schilf bewachsen. Nachdem die Expedition diese Bucht am 9. October verlassen hatte, fuhr sie den See entlang nach Osten, indem sie sich in der Nähe des nördlichen Ufers hielt, das im Allgemeinen hoch und felsig ist und viele Buchten und Einschnitte hat; doch wird die Einfahrt in dieselben und die Navigation des Ufers überhaupt durch Klippen erschwert. Sichere und zum Anlegen von Fahrzeugen geeignete Buchten wurden drei entdeckt: 1) in der Bucht, wo sich das Grab des Kosaken Bogdaschin befindet; 2) in einer der Buchten *S*ory-Tschogan, und 3) in der Bucht Bertys, wo ein Hafen errichtet werden mufs. In diese letztere Bucht mündet ein See, in welchem Fahrzeuge mit Bequemlichkeit überwintern können. Die Expedition langte dort am 18. October an. Die Fahrt von der Insel Utsch-Aral ging meistentheils bei ungünstigem Winde vor sich, und statt zu segeln, wurde die Karbase dabei oft gerudert oder an einem Schleppseil fortgezogen. Die Länge des von der Mündung des Ili bis zur Bai, wo man einen Hafen anlegen will und die eine Tiefe von 3 bis 3½ Arschin hat, zurückgelegten Weges wird von Grabinskji auf 300 Werst berechnet; wenn man jedoch quer über den See nach der Bai segelt, ohne sich längs dem nördlichen Ufer zu halten, so vermindert sich die Entfernung auf 150 Werst.

Der Balchasch-See friert in den letzten Tagen des November über und wird im April vom Eise befreit. Das Steigen des Wassers (Pribyl) beträgt 1 bis 2 Arschin. Der Balchasch ist mit Unrecht für einen Salzsee gehalten worden; sein Wasser ist meistens frisch und trinkbar. Nur die Ränder der Buchten und die auf Salzgründen (Solonzy) befindlichen Untiefen haben ein bitter-salziges Wasser.

Der Landweg vom Balchasch zum Karkaralinskji Prikas führt auf einer Strecke von 80 Werst durch die Hungersteppe. Hiervon kann man auf 50 Werst nur dadurch Wasser bekommen, dafs man Brunnen gräbt. Weiterhin geht der Weg den Torkau und andere kleine Flüsse entlang. Im Torkau ist 150 Werst von der Mündung nur im Frühjahr Wasser zu finden; im Sommer und Herbst trocknet er auf der Oberfläche aus, behält aber eine Strömung, die sich im Flufsbette unter kleinen Galka (?) verbirgt, und bildet an einzelnen Stellen kleine Seen. Näher nach dem Karkaralinskji Prikas zu führt der Weg durch Gegenden, die eben so futter- als wasserreich sind. Auf dem Wege liegt 50 Werst von Karkaraly ein Posten, der bei der Bleigrube des Kaufmanns Popow errichtet ist. Die ganze Entfernung von Balchasch bis Karkaraly beträgt 350 Werst.

Aus allen diesen Angaben geht zur Genüge hervor, dafs eine Wasser-Communication durch den Balchasch-See und den Flufs Ili bis zum Posten Ilijsk, 40 Werst von der Festung Wjernoje, möglich ist. Ohne Zweifel ist die Herstellung dieser Communication mit bedeutenden Hindernissen verknüpft; aber diese Hindernisse sind gegen den Nutzen nicht in Anschlag zu bringen, den die Eröffnung einer solchen Verbindung für den russischen Handel und die Wohlfahrt des ganzen Trans-Ili-Landes haben wird. Die Festung Wjernoje dürfte in commerzieller Beziehung hierdurch eine ausserordentliche Wichtigkeit gewinnen, indem die grofsen Handelsstädte Taschkent, Kaschgar und Kuldja, nur 300 Werst von diesem Punkte entfernt und nicht durch eine unfruchtbare Steppe von demselben getrennt sind. Ausserdem ist anzunehmen, dafs der Ili selbst bis Kuldja, der Hauptstadt des westlichen China, schiffbar sein wird.

Bis jetzt gehen noch die Waaren nach Kuldja von Semipalatinsk über Ajagus und die Festung Kopal, von wo aus sie durch das Thal von Karatal' und über die Bergkette des Alatau nach dem ersten chinesischen Militairposten gelangen. Die Entfernung von Omsk bis Kuldja beträgt 1800 Werst. Aber dieser Weg kann nur unter den gröfsten Beschwerden zurückgelegt werden und der Waaren-Transport von Semipalatinsk findet meistens auf Kameelen statt. Jeder Kaufmann, der mit Kuldja Handel treibt, muſs schlechterdings seine eigenen Kameele besitzen; im entgegengesetzten Fall trifft die Beförderung seiner Waaren auf unüberwindliche Hindernisse. Die Kosten des Transports von Omsk kommen auf 2 Rubel 25 Kop. pro Pud zu stehen, was den Preis der russischen Waaren ungemein vertheuert, während die Asiaten, die ihre eigenen Kameele haben, fast gar nichts für den Transport berechnen. Aus diesem Grunde ist es den russischen Kaufleuten bei den gegenwärtigen Communicationsmitteln ganz unmöglich, mit den asiatischen zu concurriren, um so mehr, da in China hauptsächlich nur billige Waare, die immer verhältnissmässig schwer von Gewicht ist, begehrt wird und einen Absatz findet.

Durch die Herstellung einer Verbindung über dem Balchasch-See und auf dem Flusse Ili werden alle Nachtheile des gegenwärtigen Handelsweges beseitigt. Von Omsk nach Karkaraly rechnet man 750 Werst, von Karkaraly bis zum Balchasch auf der vorgeschlagenen Route 330 Werst, auf dem Balchasch und dem Ili bis zum Posten dieses Namens zu Wasser etwa 700 Werst, von dem Posten Ilijsk zu Lande bis Kuldja 300 Werst, im Ganzen 2080 Werst. Obschon dieser Weg etwas länger ist als der oben erwähnte, so wird der Transport auf demselben doch bedeutend billiger zu stehen kommen, weil die Landroute 500 Werst kürzer ist, als die jetzt bestehende über Kopal, und auf dieser Strasse der Transport bequem zu Wagen stattfinden kann. Als Beispiel für die Schwierigkeit der gegenwärtigen Route genügt es, auf die Preise hinzuweisen, die auf derselben für den Waarentransport bezahlt werden: von Semipalatinsk bis Ajagus, auf halbem Wege nach Kopal, kostet letzterer nicht mehr als 15 bis 20 Kopeken das Pud, während man von Ajagus bis Kopal 90 Kop. oder, wenn man für den ganzen Weg von Semipalatinsk nach Kopal accordirt, 1 Rubel bezahlen muſs. Von Kopal nach Kuldja fuhrt die Strasse durch Gebirge und bietet noch grössere Schwierigkeiten dar, als die von Ajagus nach Kopal. Die jetzt projectirte Strasse von Korjakowo nach Balchaschewo ist dagegen vollkommen eben. Hinter Karkaraly läuft sie in der Nähe von Flüssen, deren Ufer hinlängliches Futter liefern, so dass es nur auf einer dem See zunächst liegenden Strecke von 70 Werst nöthig sein wird, Fourage bereit zu halten. Der Boden ist auf diesem ganzen Wege meist Thon mit kleinen Steinen. Alle Lasten können per Achse transportirt werden. Von dem Posten Ilijsk bis Kuldja führt die Strafse an den Vorsprüngen des Alatan entlang, die sich nach dem Ili zu allmählig abdachen. Auch hier können Frachtwagen ungehindert passiren."

Zur Vervollständigung obiger Nachrichten über die Navigation des Balchasch und Ili dient ein von demselben Herrn Kusnezow an die Redaction des „Wjestink" gerichtetes, aus Omsk vom 1. September 1856 datirtes Schreiben. „Ich beeile mich," heifst es darin, „Ihnen die Berichte mitzutheilen, die ich mit dieser Post aus dem Sieben-Strom-Lande erhalten habe. Unser erstes, im Balchasch-Hafen gebautes Fahrzeug, welches am 15. Mai nach dem Flufse Ili abging, ist am 11. August glücklich am Posten Ilijsk angelangt und wird am 5. September den Rückweg antreten. Ich bedauere ungemein, dafs wir dieses Jahr nicht schon versuchen können, die Schifffahrt bis nach Kuldja auszudehnen, da die Erlaubnifs hierzu von Seiten der Regierung noch nicht erfolgt ist. Durch diesen Umstand wird die Einführung von Dampfschiffen gegen unseren Willen um ein Jahr hinausgeschoben. Die Entfernung von Wjernoje nach Kuldja wird zu 400 Werst angeschlagen. Ohne jedoch diese Strecke genau untersucht zu haben, kann man über die Bauart des Dampfschiffs nichts bestimmen, um so mehr, da jenseits der chinesischen Gränze, unweit Kuldja und in der Nähe des Ili, von der einen Seite die Ausläufer des Alatan enden und von der anderen die Erhöhungen der schneebedeckten Bergkette, welche den See Issyk-Kul einschliefst, beginnen. Es ist sehr möglich, dafs sich an diesem Punkte das Bedürfnifs herausstellen wird, die Kraft der Schaufelräder durch den Cabestan zu ersetzen. Indefs ist wenigstens die Frage über die Schiffbarkeit des Balchasch und des

Ili praktisch entschieden. Viele Hindernisse haben wir bei diesem Unternehmen angetroffen, die uns sowohl durch die öde und wilde Natur der Gegenden, in welchen es vor sich gehen mufste, als durch die Weisheit der Menschen (?) entgegengestellt wurden. Auch in pecuniärer Beziehung kommt uns dieser Schifffahrtsversuch theuer zu stehen; allein die Wichtigkeit der Sache entschädigt für persönliche Beschwerden wie für materielle Verluste. Ich weifs überhaupt nicht, ob wir von diesem Unternehmen pecuniäre Vortheile geniefsen werden; Sie wissen die Ursachen, warum ich dies bezweifeln mufs; aber wir bedauern unsere Verluste nicht im mindesten: es ist das eine Nebensache. Die Eröffnung einer Route über den Balchasch und Ili ist für die Regierung und noch mehr für den russischen Handel wichtig, da sie den bequemsten Weg nach dem westlichen China und den anderen Staaten Central-Asiens darbietet. Unser Streben wird ohne Zweifel mit der Zeit Nachahmung finden. Die Hindernisse, mit denen dieses Unternehmen fürs erste noch zu kämpfen hat, ruhren zum Theil von der vollständigen Unkenntnifs der Bedingungen einer gedeihlichen industriellen Entwickelung her. Doch sind wir überzeugt, dafs im gegenwärtigen Augenblick, wo Rufsland zu einem entschiedenen Fortschritt auf dem Wege der Aufklärung und des Gewerbfleifses berufen scheint, keinerlei Schwierigkeiten die Verwirklichung dessen verhindern werden, was ein so dringendes Bedürfnifs bildet und wovon die Erhöhung des Wohlstandes des umfangreichen und mit mannigfachen Gaben der Natur gesegneten Sieben-Strom-Landes abhängt.

Das Zucker-Sorgho (Sorghum saccharatum), das die Aufmerksamkeit der (Petersburger) ökonomischen Gesellschaft und vieler kundigen Landwirthe auf sich gezogen hat, ist auf meine Veranlassung an verschiedenen Punkten des Siebenstromlandes gesäet worden und gedeiht vortrefflich. Man schreibt mir vom 23. August, dafs 60 Werst von Kopal die Saamen bereits reifen und der Saft in den Halmen äusserst zuckerreich ist. Ich habe mich daher in meinen Vermuthungen nicht getäuscht;

ob es möglich sein wird, eine Fabrik anzulegen, hängt wieder von Umständen ab. So viel ist jedoch sicher, dafs diese Pflanze in dem Lande gebaut werden kann. Die Taschkenten und Tschelokosaken*) werden sich ohne Frage mit dem Anbau dieses nützlichen Gewächses beschäftigen, besonders da der Getreidebau wegen des Mangels an Absatz keine Vortheile darbietet.

Aufser dem Sorgho hat man in diesem Jahre versuchsweise amerikanischen und türkischen Taback, Waid-Saffler, Saffran und die Kardendistel gesäet. Wie mir gemeldet wird, verspricht man sich von allen diesen Versuchen ein günstiges Resultat."

---

*) Tschelokosaken nennt man in jener Gegend ein Geschlecht von Abenteurern, die mit den alten Saporogern Aehnlichkeit zu haben scheinen und zum Theil durch russische Deserteure und Verbannte recrutirt werden. D. Uebers.

Semenow's Reise nach dem Issyk-Kul.

Wir lassen dem vorstehenden Berichte ein in demselben Hefte des „Wjestnik" enthaltenes Schreiben des Herrn Semenow über seine Expedition nach dem Trans-Ili-Lande und dem Issyk-Kul folgen, aus welchem wir bereits nach der „Sjéwernaja Ptschelà" einen kurzen Auszug*) gegeben haben. Dasselbe ist von Almaty (Fort Wjernoje) 18. (30.) September 1856 datirt.

„Da ich bis jetzt weder Zeit noch Mittel hatte, einen ausführlichen Bericht über die Ergebnisse der von mir im Auftrage der Geographischen Gesellschaft unternommenen Reisen und Forschungen abzustatten, so eile ich wenigstens Ihnen in einem kurzen Schreiben mitzutheilen, wo ich gewesen bin und was ich im Laufe des gegenwärtigen Sommers angefangen habe. —

Nach meiner Ankunft in Sibirien mufsten zwei weit von einander entfernte Landstriche meine Aufmerksamkeit vorzugsweise auf sich ziehen, sowohl ihrer Wichtigkeit im Allgemeinen halber, als weil sie in den beiden folgenden Bänden meiner Uebersetzung von Ritter's Asien behandelt werden sollen. Es sind dies der eigentliche Altai-Bezirk und der südöstliche Theil unserer Kirgisensteppe, wovon letzterer in den zweiten, ersterer in den dritten Band des Werkes hineingehört.

Im Altai zogen mich vor Allem seine höchste Berggruppe,

---

*) Vgl. in diesem Bande des Archiv's S. 159—59.

Bjelucha und die Katuner Säulen (Katunskije stolby) an, als besonders interessant für Beobachtungen im Fache der physischen Geographie, und am südöstlichen Ende der Kirgisensteppe das Trans-Ili-Land und namentlich der See Issyk-Kul, der noch von keiner wissenschaftlichen Untersuchung berührt und nur von Hörensagen bekannt ist. Mein eifrigster Wunsch war daher, im Laufe des gegenwärtigen Sommers entweder die Bjelucha zu ersteigen oder nach dem Issyk-Kul vorzudringen. Beide Untersuchungen waren mit solchen Schwierigkeiten und Hindernissen verknüpft, daſs ich allerdings wenig Hoffnung hatte, sie glücklich auszuführen. Schon zur Zeit meiner Durchreise durch Omsk hatte ich, nach den von mir dort eingezogenen Erkundigungen, den Gedanken an das zweite Unternehmen fast aufgegeben, indem ich es für ganz impracticabel hielt, und es blieb mir nur übrig, das erste zu versuchen.

Ich erreichte Barnaul in der letzten Hälfte des Juni und erst gegen Ende dieses Monats wurde es mir durch die gefällige Mitwirkung des Ober-Bergdirectors möglich gemacht, nach dem Altai selbst und zwar zunächst nach Smeïnogorsk zu gelangen. Dort bereitete ich mich zu der beschwerlichen Reise nach den Katuner Säulen vor, welche die ganze kurze Sommersaison im Altai bis zum ersten Schneefall im Gebirge, d. h. bis Anfang August, in Anspruch nehmen sollte. Den Rest des Herbstes wollte ich zu einem Ausfluge in die wärmeren Regionen der Kirgisensteppe benutzen. Aber eine unerwartete Krankheit, die mich drei Wochen in Smeïnogorsk zurückhielt, veränderte meinen ganzen Plan. Ich beschäftigte mich während dieser Zeit mit dem Studium der im dortigen Bergamt befindlichen Materialien zur Kenntniſs des Altai, war aber erst am 20. Juli wieder so bei Kräften, daſs ich meine Reise fortsetzen konnte. Es war jetzt schon zu spät, mich nach der Bjelucha zu begeben; auch konnte ich den Hauptzweck, der mich dahin rief — die Bestimmung des höchsten Punktes des Altai, so wie die Höhe der Schneelinie und der Gletscher (ledniki), nicht mehr erreichen, weil mein Barometer verdorben war. Ich beschränkte mich deshalb auf eine Besichtigung des ganzen westlichen Randes des Altai, einen Besuch der Uba- und Ulba-Thäler und der wichtigsten Bergwerke und die Ersteigung eines der höchsten Piks (Bjelki) der Ulba-Gruppe, des Jwanowskji, bei Riddersk.

Um dann noch den schönen Herbst zu benutzen, der im Süden länger anhält, eilte ich am 1. August über Semipalatinsk nach der Kirgisensteppe, deren Zutritt mir auf Befehl des General-Gouverneurs von West-Sibirien eröffnet wurde. Ich durchreiste langsam die ganze weite und interessante Region von Semipalatinsk bis zum Fort Kopal, überall verweilend, wo für die Erdkunde fördernde Beobachtungen sich anstellen liefsen. An zwei Punkten gelang es mir, die Gipfel der hohen Berge zu ersteigen, die den Gränzen des ewigen Schnee's nahe liegen und bereits stellenweise mit Schnee bedeckt waren: namentlich in der Kette Karatan, nicht weit von Kopal, und in der Kette Alamak, jenseits dieser Festung, bei dem Flusse Koksu, über welchen hinaus die Untersuchungen unserer letzten gelehrten Reisenden Alex. Schrenk und Wlangali sich kaum erstreckt haben.

Nachdem ich den Koksu überschritten, setzte ich auch über den Ili und gelangte zu Ende August nach dem Trans-Ili-Lande, zu der Festung Wjernoje oder der Stadt Almaty, wie sie die Eingeborenen nennen, also bis zu der entferntesten russischen Niederlassung in Central-Asien. Almaty liegt ungefähr unter derselben Breite mit Pisa und Florenz, im Quellgebiete des Keskelen, am Flüfschen Almatinka und am Fufse der majestätischen Gruppe des riesigen Kungi-Tau, einer schneebedeckten Bergkette, welche den Issyk-Kul von der Nordseite begränzt. Nach einer Reise von 300 Werst durch öde Berge und weite Sandsteppen brachte die Ankunft in Almaty am Abend des 27. August einen magischen Eindruck auf mich hervor. An diesem Abend ging es lebhaft zu in diesem entfernten Winkel Rufslands. Die schöne, lange, neu erbaute hölzerne Kaserne war glänzend erleuchtet; in jedem Fenster brannten helle Lichter. Auf einem weiten Platze warfen Reihen von brennenden Lampen und Feuertöpfen einen hellen Schein auf die Umrisse der noch unvollendeten Gebäude und verliehen ihnen das Ansehen von stattlichen, fertig gebauten Häusern. Der Platz wimmelte von russischem Volk; in seiner Mitte prangte der illuminirte Namenszug des Kaisers. Militairmusik und Chorgesang belebten mit ihren Tönen das Bild. Die rasch aufbluhende Stadt Almaty feierte den Krönungstag ihres Monarchen in diesem entlegenen und fast unbekannten Gränzstück Rufslands mit eben so patriotischer Freude, wie er im Herzen des Reichs, in der alten Hauptstadt begangen wurde. Und alles dieses geschah unter dem wolkenlosen Himmel des von der Natur gesegneten Südens, in einer warmen Sommernacht, nur von dem leichten Winde erfrischt, der aus den Bergschluchten heraus die aromatischen Düfte der reifen wilden Aepfel über die Atmosphäre verbreitete, denen die Stadt Almaty ihren Namen verdankt.

Die Gebirgskette Kungi-Tau erstreckt sich von Ost nach West, ungefähr in der Parallele des Elborus (43° n. Br.), zwischen dem Keskelen und dem Turgen', einem anderen östlicheren und nicht unbeträchtlichen Zuflusse des Ili, erhebt sich weit über die Gränzen des ewigen Schnees und übertrifft an Höhe ohne Zweifel alle nördlicheren Schneegebirge Asiens, als den Alatan, Tarbagatai und Altai. Der dreiköpfige Riese Talgarnyn-Tau, der sich genau im Centrum der ganzen Bergkette, an den Quellen des Talgar, eines anderen Nebenflusses des Ili, befindet, ist in einen blendenden Mantel von ewigem Schnee gehüllt und wetteifert vielleicht sogar in seiner absoluten Höhe mit dem Montblanc. Der ganze Kamm des Gebirges zwischen dem Keskelen und Turgen' ist so hoch, dafs es in diesem Zwischenraum nicht einen einzigen, einigermafsen gangbaren Bergpafs giebt, der von Almaty zu dem in gerader Linie nicht mehr als 60 Werst entfernten Issyk-Kul führte. An seinen beiden Enden senkt der Kungi-Tau sich dagegen merklich: im Westen jenseits des Keskelen, im Osten jenseits des Turgen', und dort sind mehr oder weniger brauchbare Communicationen mit dem Issyk-Kul aufgefunden worden

Nur wird durch den Umweg, den man nehmen mufs, die Entfernung von Almaty bis zum Issyk-Kul so vergröfsert, dafs sie auf der westlichen Route 180, auf der östlichen 250 Werst beträgt. Nur auf einem von diesen Wegen konnte ich mich dem Issyk-Kul nähern, was mir übrigens durch die Gefälligkeit der Localbehörden von Almaty, namentlich des Chefs der Kosakenbrigade und des Aufsehers der Grossen Horde, sehr erleichtert wurde.

An der Westseite des Sees nomadisiren die uns noch feindlichen Stein- oder Schwarzen Kirgisen, vom Stamme *Sara-Bagisch* oder Urman, an der Ostseite aber der unter russischer Botmässigkeit stehende, zur selben Völkerschaft gehörige Stamm der Beger. Die Wahl der Route konnte daher nicht zweifelhaft sein. Indessen hatten auch die Beger nach einem blutigen Kampfe mit den *Sara-Bagisch*, sich vom östlichen Ufer des Issyk-Kul zurückgezogen, welches um die Mitte des gegenwärtigen Sommers unbewohnt geblieben war und nur von den Urmanen auf ihren Baranta's oder Raubzügen gegen die uns unterworfenen Tribus-Beger, von den Stein-Kirgisen, und Atban, von der Grofsen Horde, besucht wurde. Trotzdem beschlofs ich mit einer kleinen Escorte von zehn Kosaken wo möglich über die hohen Bergpässe Assyn-Tau und Tabulga-Su nach dem Issyk-Kul vorzudringen. Wirklich gelang es mir, durch diese Pässe alle parallelen Grathe zu überschreiten, in welche der Kungi-Tau auf seiner östlichen Seite zerfällt, und längs dem Flusse Tub bis zu dem Rande des stürmischen, hellblauen Issyk-Kul hinabzusteigen, dessen salzige Wogen, an jenem Tage heftig aufgeregt, sich donnernd über sein östliches Ufer brachen. Hier bestimmte ich mittelst des Hypsometers die Temperatur des Wasser-Siedepunkts und folglich auch die absolute Höhe des Issyk-Kul. Das Resultat kann ich jedoch, da mir hypsometrische Tabellen fehlen, noch nicht angeben.

Das breite Thal des Flusses Tub und des ihm parallel fliefsenden Djirgalak scheidet den Kungi-Tau von dem riesigen, schneebedeckten Musart, der den See von der Südseite einschliefst. Wenn der Kungi-Tau nur ein Nebenzweig der berühmten Himmelsgebirge oder des Tjan-Schan ist, so ist der Musart (Mustagh, Kirgisyn-Alatan) die unmittelbare Fortsetzung desselben. Ich befand mich demnach am Fufse des Tjan-Schan (Thian-Shan), dessen Gipfel, von einem breiten, ewigweifsen Schleier bedeckt, mir kolossaler schienen als der Montblanc und Monterosa. Hier war ich nur eine Tagereise (50 Werst) von dem Gebirgspafs Sanka oder Djanka entfernt, der in das warme Kaschgarien und die kleine Bucharei zu den durch ihre Trauben und Granatäpfel berühmten chinesischen Städten Turpan (Usch-Turpan) und Aksu führt. Durch diesen trotz seiner enormen Höhe bequemen Pafs kann der russische Handel sich einen Weg in das Herz Asiens, nach den reichen und blühenden Handelsstädten Kaschgar und Jarkan (Yarkand) bahnen. Nach Turpan hatte ich an der Mündung des Tub nur noch 200 Werst; es lag mir mithin näher als Almaty.

Nicht weniger glucklich ging meine Rückreise nach Almaty von statten, auf einem weiteren Umwege durch die Gebirgsschlucht Saitasch. Wir trafen weder auf Baranta's, noch auf Tiger; und Wölfe und Bären konnten uns nicht gefährlich sein. Am 16. September langte ich wieder in Almaty an, nach einer vierzehntägigen Wanderung, auf der ich 500 Werst zurückgelegt hatte, indem ich bei Tage fast nicht vom Pferde kam und die Nächte unter dem Schutz eines leichten Linnenzeltes zubrachte.

Ich werde mich jetzt zwei oder drei Tage ausruhen und breche dann in westlicher Richtung nach dem Flusse Tschu (Tschui) auf, jenseits dessen, nur sechs Werst von seinem Ufer, die uns feindlichen Kokaner Festungen Tokmak und Pischpek liegen. Diese neue Reise wird meine Beobachtungen über die plastische und geognostische Structur des Kungi-Tau vervollständigen, auf welchem ich gegen meine Erwartung nicht eine Spur von vulkanischen Gesteinen antraf, indem der ganze Bergrücken aus Sienit, Granit, Diorit und Porphyr bestand. Nachdem ich den Tschu besucht, werde ich den Rückweg nach Semipalatinsk antreten, wo ich um die Mitte des Octobermonats einzutreffen hoffe."

Ueber jenen zweiten, in westlicher Richtung unternommenen Ausflug nach dem Issyk-Kul enthalten die in russischen Blättern mitgetheilten Sitzungs-Protocolle der Geographischen Gesellschaft folgenden Auszug des von Herrn Semenow eingegangenen Berichts: „Meine zweite Reise zum Flusse Tschu hat einen Erfolg gehabt, der meine Erwartungen übertrifft. Ich habe nicht allein den genannten Fluſs überschritten, sondern bin auf diesem Wege an den Issyk-Kul gelangt, und zwar an sein westliches Ende, welches bisher noch von keinem Europäer besucht worden war. Vom Fort Wjernoje (Almaty) ging ich westwärts einige 30 Werst weit längs dem Fuſse der Bergkette Kungi-Alatau und überschritt die Flüsse Almatinka, Aksai, Keskelen, Tschemolgan, Kara-Kesten und Kesten. Von dem letzteren wandte ich mich, den Lauf des Fluſses aufwärts verfolgend, gegen Süden und drang in der Schlucht Suok-Tjube quer über die Bergkette Kungi-Alatau, die hier unter die Linie des ewigen Schnees herabsinkt. Im Morgennebel verlieſs ich dieses Defilé, in dem wir die Nacht zugebracht, stieg in das Thal des Tschu, etwa 20 Werst oberhalb des Forts Tokmak, hinab und erreichte den Fluſs an der Stelle, wo er seinen bisherigen Lauf von Süden nach Norden plötzlich in einen ost-westlichen verändert. Von hier folgte ich dem Tschu aufwärts durch den Engpaſs Buasch, durch welchen er sich mühsam einen Weg bahnt, ehe er in das Thal eintritt, in welchem sich die Festungen Tokmak und Pischpek befinden. Da mir eine steile Felswand den Weg versperrte, sah ich mich genöthigt, eine tiefe und gefährliche Furth über den Tschu zu durchwaten und meine Reise auf dem linken Ufer des Flusses fortzusetzen. Dieser Umstand hinderte mich, zum Flusse Kebin zu gelangen, dem beträchtlichsten Zufluſs des Tschu auf der rechten Seite oder, richtiger ausgedrückt, dem nördlichsten Quellstrom des ganzen Systems, der mich, meiner Ansicht nach, in das Centrum des Kungi-Alatau hätte führen müssen. Da ich nun die Mündung des Kebin, von der ich durch den tiefen und reifsenden Tschu getrennt war, nicht erreichen konnte, verfolgte ich den letzteren aufwärts und gelangte endlich zu dem Punkte, wo der Tschu dem Issyk-Kul am nächsten kommt. Dort fand ich die Lösung der interessanten Frage über ihren hydrographischen Zusammenhang. Der Tschu ist kein Ausflufs des Issyk-Kul, wie Ritter und die anderen europäischen Geographen geglaubt haben; er entspringt im Schnee des Mustagh und tritt in das Thal der Umgegend des Issyk-Kul 5 Werst vom westlichen Ufer dieses See's. Der Zwischenraum zwischen dem See und dem Flufs besteht aus einer nur sehr wenig nach Ost geneigten Ebene; aber auf dem westlichen Theile desselben findet der Tschu die viel stärkere Neigung eines Längenthals, in welches er mit einer Gewalt stürzt, die es ihm möglich macht, sich quer durch die südliche Kette des Kungi-Alatau über die Schlucht Buasch einen Weg zu bahnen. Von der Biegung des Tschu fliefst in den Issyk-Kul auf einer sehr schwach geneigten Ebene eine schmale und tiefe Wasserader, die wie ein Bewässerungscanal aussieht und Kutemalda heifst. Die Burut oder Stein-Kirgisen erzählten mir, dafs ihrer Tradition zufolge dieser Canal vor langer Zeit von ihren Vorfahren gegraben wurde, um den Tschu in den See zu leiten, dafs sie aber diesen Zweck nicht erreicht hätten. Eine andere Wasserverbindung zwischen dem Tschu und dem Issyk-Kul existirt nicht.

Am Ufer des See's befand ich mich im Lager des kriegerischen Stammes der Sara-Bagisch (s. oben). Ich prüfte meine Beobachtungen hinsichtlich der Höhe des See's und erhielt für die beiden Enden dasselbe Resultat. Danach liegt der Spiegel des Issyk-Kul mehr als 3600 Fufs über dem Meere, während das Fort Wjernoje, am nördlichen Abhange des Kungi-Alatau, nur 1900 Fufs hoch liegt. Der See nimmt also das Plateau zwischen dem Kungi-Alatau und dem Tjan-Schan ein und ist in das Gebirge eingebettet.

Vom Issyk-Kul kehrte ich auf dem kürzesten Wege (180 Werst) nach dem Fort Wjernoje zurück, indem ich quer über den Kungi-Alatau und seine beiden Parallelketten ging; ich überschritt die erste in der Schlucht Durenyn-Assy, stieg in das tiefe Thal des bereits erwähnten Kebin hinab, welches die beiden Ketten trennt, gelangte durch die Schlucht Kebin-Assy über die zweite und begab mich durch das schöne Thal des Keskelen nach Wjernoje. Die beiden Pässe waren mit Schnee bedeckt und es hielt schwer, sie zu übersteigen."

Der Kreis Tara im Gouvernement Tobolsk.

Nach dem Russischen des Herrn G. Kolmogorow.

Nach der definitiven Vernichtung der Freiheit Nowgorod's durch Johann den Schrecklichen und nach der Eroberung der weiten Räume des nördlichen Sibiriens durch Jermak und später durch die Zaren von Moskau selbst, namentlich aber während der unruhigen Zeiten der falschen Demetrier, wanderten die Bewohner der Provinz Nowgorod, theils freiwillig, theils gezwungen, in hellen Haufen nach dem fernen Sibirien aus. Sie halfen die ersten Ostrogs oder Städte — Tjumen, Tobolsk, Beresow, Tara, Surgut gründen, und bildeten dort Ackerbau treibende Gemeinden. Es ist bekannt, dafs diese Ostrogs errichtet wurden, um die unterworfenen Völkerschaften im Zaum zu halten und sich gegen die benachbarten Stämme zu schützen, welche als Bundesgenossen des vertriebenen Chan Kutschum und seiner Nachkommen das von den Russen occupirte Gebiet bedrohten. In dieser Absicht wurde zur Anlegung eines befestigten Postens oder Ostrog 30 Werst von der Mündung des Flusses Tara, der von der linken Seite in den Irtysch fällt, geschritten, welcher später, da man diese Localität nicht zweckmässig fand, nach der gegenwärtigen Stelle verlegt wurde. Die Gründung der Stadt Tara, als der fünften nach Tjumen, Tobolsk, Beresow und Surgut, erfolgte im Jahre 1594 durch den zum ersten Wojewoden derselben bestimmten Knjas Andréi Jelezkji. Ein Blick auf die Karte zeigt, dafs die russische Regierung, ohne die eroberten Länder zu kennen, doch in den ersten zehn Jahren (von 1584 bis 1594) die Punkte besetzt hatte, deren Lage in strategischer Hinsicht am besten geeignet war, ihre Herrschaft zu sichern. Zur Zahl dieser Punkte gehörte damals auch die Stadt Tara, die, wie alle anderen, unter den noch feindlich gesinnten Eingeborenen von Leuten erbaut wurde, die mit den Waffen in der Hand dahin kamen. Zum Bau der Stadt Tara sammelte sich in Tobolsk eine Abtheilung von 1500 Mann, bestehend aus Tataren, kriegsgefangenen Polen, Litthauern, Tscherkessen, Kosaken und Strelizen — die letzteren zählten 155 Mann. Nachdem sie einige Fahrzeuge mit Mundvorräthen beladen, theilte sich diese Mannschaft in zwei Parteien: die eine zu Pferde, welche die neue Stadt gegen die Angriffe des in der Steppe umherschweifenden Kutschum decken sollte, die andere, welche die Schiffe geleitete und sich, an Ort und Stelle angelangt, mit Errichtung der Häuser beschäftigte. Die Spuren der Polen und Litthauer haben sich noch bis zum heutigen Tage in den Namen einiger Familien erhalten, die in der Stadt und dem Kreise Tara leben, als Dobrowolski, Panowski etc.

Es ist natürlich, dafs die Bevölkerung der neuen Stadt, die aus so verschiedenartigen Elementen zusammengesetzt war und zu der sich in den ersten Jahren alle möglichen Landläufer gesellten, sich wenig um religiöse Dogmen kümmerte und ihren Glauben — ob orthodoxen, katholischen oder mohammedanischen — im Laufe der Zeit völlig vergafs. Aufserdem waren es meist unverheirathete Leute, welche genöthigt waren, sich Frauen unter den Eingeborenen zu suchen, diese durch Gewalt oder durch Kauf erwarben, mit ihnen ohne ehelichen Segen Kinder zeugten, sich oft mehrere auf einmal zulegten und diese dann wie Sclavinnen behandelten. Bei einem so in die Welt gesetzten Geschlecht war von Religion keine Rede; nur dem Namen nach war ihm das Christenthum von den Vätern her bekannt. Die im Jahre 1621 zu Tobolsk errichtete Eparchie hatte nicht die Mittel, alle Ostrogs und Städte zugleich mit Seelenhirten und Religionspredigern in hinlänglicher Zahl zu versehen. Endlich vollendete die Reform der Kirchenbücher durch den Patriarchen Nikon die Verwirrung in den Geistern der neuen Bewohner Sibiriens, und unter anderen auch der Stadt Tara. Tjumen und Tara wurden damals die Pflanzstätten jener Secten, die sich in der Folge über ganz Sibirien verbreiteten. Tara trieb seinen Fanatismus so weit, dafs es sich im Jahre 1722 gegen die Verordnungen der Regierung aufzulehnen wagte und sich dadurch den Zorn Peters des Grossen und eine harte Strafe zuzog; die Rädelsführer und Hauptschuldigen wurden hingerichtet. Auf ihren Gräbern wurden hölzerne Kreuze ohne Inschrift errichtet; von solchen Kreuzen finden sich noch jetzt einige Dutzend in den Umgebungen der Stadt. Von diesen Executionen erhielten die Bewohner von Tara, wie man glaubt, den Beinamen Kolowitschi (von Kol, Pfahl). Uebrigens haben die Einwohner von fast allen Städten Sibiriens ihre Spitznamen; so heifsen die Tjumener Kortschajniki (von Kortschaga, der Asch zum Kwafsteige), die Jalutorowsker Koschkoderniki (Ankerzieher?), die Tomsker Olenitschi (von olen, Rennthier) u. s. w.

Mit der Gründung von Tara endete die Herrschaft des Chan Kutschum in Sibirien. Noch bei Annäherung der Expedition, die sich zur Erbauung der Stadt auf Fahrzeugen den Irtysch hinauf zog, hatte Kutschum seinem Sohn Alei aufgetragen, die Ajalymer Tataren von dort weg und weiter nach Süden zu führen; aber der von dem Fürsten Jelezkji mit 170 Mann detaschirte Pismenny Golowà Domojirow erreichte die Flüchtlinge, nahm gegen sechzig Familien gefangen und metzelte die übrigen, so wie die Leute Kutschum's, nieder. Im folgenden Jahre, 1595, unternahm derselbe Domojirow von Tara aus an der Spitze einer 483 Mann starken Schaar um die Mitte des März eine Expedition auf Schneeschuhen gegen die Barabinzen und gegen Kutschum, der sich mit seinen Anhängern in ihren Lagerplätzen verborgen hielt. Die Eroberer von Sibirien zogen nicht allein ohne Wege durch Steppen und Wälder, bei einem Sajen tiefen Schnee und mehr als 20°

starker Kälte, sondern auch über eine vollständige Wüste, auf einer Entfernung von 300 Werst, indem sie Waffen, Munition und Lebensmittel auf wenigstens einen Monat mit sich schleppten. Was konnte solchen Leuten widerstehen? Viele von den Barabinzen-Gemeinden wurden unterworfen, die Widerspenstigen umgebracht und einer der vornehmsten Häuptlinge Kutschum's, der Mirsa Tschangul, mit mehreren seiner Leute als Gefangener nach Tara geführt. Indessen fuhr Kutschum noch immer fort, die Russen und die ihnen unterthänigen Tataren zu harceliren. Ein dritter Feldzug gegen ihn wurde von Tara aus durch den neu ernannten Wojewoden Knjas Iwan Masalskji im Sommer des Jahres 1598 unternommen. 700 Russen und 300 Tataren, alle zu Pferde, suchten unter seiner Anführung Kutschum lange in den weiten Steppen auf, überfielen sein Lager, erlegten den gröfsten Theil seiner Krieger und machten die Weiber und Kinder und die vornehmen Tataren zu Gefangenen. Das Lager selbst wurde von den Siegern ausgeplündert. Kaum rettete sich Kutschum mit einigen seiner Söhne und Mirsa's durch die Flucht; er entwich nach der *Djungarei*, wo er von der Hand der Kalmücken eines gewaltsamen Todes starb. Die Russen kehrten mit ihrer Beute und ihren vornehmen Gefangenen nach Tara zurück, von wo die letzteren nach Moskau geschickt wurden. Von dieser Zeit an war die Herrschaft Russlands in Tara, seinem Bezirke und dem gröfsten Theil der Barabinzen-Steppe befestigt.

Tara, das mehr als ein Jahrhundert nach seiner Erbauung als eine Grenzstadt gegen *Djungarien* oder das Kalmücken-Land und die Kirgis-Kasaken betrachtet wurde, vergröfserte sich zusehends und gelangte zu einer gewissen Blüthe. Hierzu trug Manches bei: die Hauptstrafse, welche von Tobolsk durch diese Stadt in das entferntere Sibirien führte, und der sich entwickelnde Handel mit den Kalmücken, mit Buchara und Taschkent; aus diesen Ländern kamen unaufhörlich grofse Caravanen nach Tara und begaben sich dahin zurück. Um die Handelsverbindungen fester zu knüpfen, liessen sich die

Bucharen, von allen Ausländern zuerst, familienweise in Tara nieder, wo ihre Nachkommen, meist betriebsame Kaufleute, noch heute existiren und eine besondere Gemeinde bilden. Dieser Umstand beweist, dafs der Handel mit den Russen in der ersten Zeit ihrer Herrschaft in Sibirien für die Bewohner Centralasiens äufserst vortheilhaft gewesen sein muss, indem die Bucharen ihre Fabrikate und Naturerzeugnisse ohne Zweifel gegen kostbares Pelzwerk und Silber absetzten. Die Communicationen Rufslands mit seinen centralasiatischen Nachbarn fanden fast bis zu Ende der Regierung Peters des Grofsen durch Tara statt, von wo aus die feindlichen Invasionen zurückgeschlagen und militairische Expeditionen und Gesandtschaften nach dem Inneren Asiens abgefertigt wurden.

Der Kreis Tara gränzt im Norden an die Quellen der Flüsse Demjanka und Jugan und an die Wasserscheide dieser Flüsse, jenseits der sich die Wuste von Surgut ausdehnt; im Osten an den Kreis Kainsk des Gouvernements Tomsk und die Barabinzensteppe; im Westen an die Kreise Tobolsk und Ischim, und im Süden an den Kreis Omsk. Der ganze Flächenraum ist noch nicht vermessen, wozu gegenwärtig auch kaum die Mittel vorhanden sind, da er nördlich vom Irtysch mit dichten Waldungen und Morästen bedeckt und zur festen Ansiedlung nicht geeignet ist. Annähernd kann man jedoch das Areal des Kreises auf wenigstens 8 Millionen Desjatinen schätzen *).

Der Kreis Tara bildet mit den Kreisen Omsk, Ischim,

*) Nach der Aufnahme der Offiziere des Generalstabes vertheilte sich die Bodenfläche des Kreises Tara im J. 1847 folgendermaassen: Gebäude 18094⅛, Ackerland 123125, Wald 3802227, Busch 70356⅛, Wiesen und Triften 342047, Strafsen 1197¾, Sümpfe, Salzlaken und Unland überhaupt 3487330⅝, Wasser 221705, im Ganzen 8707552 1/24 (?) Desjatinen. (Diese Anmerkung findet sich im russ. Original, scheint aber mit der Angabe des Textes, dafs der Kreis noch nicht vermessen sei, im Widerspruch zu stehen.)

Tobolsk, Beresow und einem Theil von Surgut und Narym eine ungeheure Ebene zwischen den Bergketten des Ural, Karakaly, Altai und Sajan und deren Ausläufern, die sich bis zu den Küsten des Eismeers erstrecken. Das Terrain des ganzen Kreises, welches im Vergleich mit den Nachbarkreisen etwas vertieft erscheint, ist fast überall flach und eben; nur längs dem östlichen Ufer des Irtysch läuft ein Höhenzug, der aus dem Kreise Tobolsk heraustretend, sich von der einen Seite bis zum Flusse Tara fortzieht, dem er in das Gouvernement Tomsk hineinfolgt, von der anderen aber in verschiedenen Windungen und Erhebungen (uwaly) sich bis zum Kreise Omsk ausdehnt. Die Waldregion ist gröfstentheils mit kleinen Hügeln bedeckt und von Schluchten und Wasserrissen (rytwiny) durchschnitten, die durch den geschmolzenen Schnee gebildet werden. Der Boden ist im Allgemeinen Humus mit thoniger Unterlage und überall, aufser in den feuchten Sümpfen, zum Ackerbau geeignet. Selbst die ungeheuren Wälder von 200 und mehr Werst im Umfang, die sich nördlich vom Irtysch ausdehnen und hier zu Lande Urmany genannt werden, sind in weiten Strichen mit Humuserde, dicht mit Birken und anderem Gehölz überwachsen, bedeckt. Obwohl die hiesigen, aus zersetzten vegetabilischen Stoffen bestehenden, moosbedeckten Sümpfe — die Sybune und Tundren — weite Strecken einnehmen, so bieten sie doch nicht den traurigen, einförmigen Anblick dar, der das Land an den Küsten des Eismeeres charakterisirt, welches nur Moos als Speise der Rennthiere hervorbringt; es erheben sich vielmehr aus ihnen Inseln mit dichten Wäldern und der mannigfachsten Vegetation, mit fruchtbarem, culturfähigem Boden. Wenn diese Gegend heute noch fast durchgängig als eine von zahlreichen Flüssen und Bächen durchschnittene Wüste erscheint, so liegt dies einzig an der spärlichen Bevölkerung; die Zeit wird kommen, wo sie dem Menschen reichlichen Nutzen gewähren und die Mühen des Ackerbauers und des Hirten mit freigebiger Hand belohnen wird. —

An stehenden und fliessenden Gewässern hat der Kreis

Tara Ueberfluſs. Von den Seen zeichnen sich durch ihre Gröſse aus: Uwatskoje, an der Grenze des Kreises Tobolsk, 30 Werst in der Länge und 15 in der Breite, Omgut und Rachtowo in der Nähe des Irtysch, wovon jeder eine Länge von 10 bis 15 und eine Breite von 8 bis 10 Werst hat, Ulugul', *Seketa*, die beiden Seen Artew, Itew mit einer Insel, Tschigatowo und Utetschje, welche resp. 10 bis 20 Werst lang und 5 bis 15 Werst breit sind. Sie nehmen alle eine Menge kleiner Flüsse und Bäche auf. Seen von geringerem Umfang finden sich in allen Districten des Kreises und namentlich am Irtysch in groſser Zahl; die letzteren nennt man *Starizy*, weil sie sich angeblich aus dem alten Bette des Flusses gebildet haben und durch Canäle mit ihm verbunden sind. Sie zeichnen sich alle durch ihren bewundernswürdigen Reichthum an Fischen verschiedener Arten aus. An den Kreis Tara stoſsen auch die groſsen Seen von Wasjugan. Der Hauptfluſs dieser Region ist der majestätische Irtysch, der in zahllosen Windungen von Südwesten nach Nordosten in einer Ausdehnung von wenigstens 500 Werst durch den ganzen Kreis strömt. Im Frühjahr überfluthet er seine Ufer bis zur Entfernung von einigen Dutzend Werst, und selbst in der trockenen Jahreszeit hat er eine Breite von 1¼ Werst und eine Tiefe von 5 bis 20 *Sajen*. An Fischen besitzt er hier einen gröſseren Reichthum als in den benachbarten Kreisen. Von der rechten Seite flieſsen in den Irtysch: die Tara, die aus den Wasjugan-Sümpfen an der Grenze des Kreises Kainsk hervorströmt und einen Raum von mehr als 200 Werst durchläuft; der Ui, der Schisch und der Tui, haben einen Lauf von 200 bis 300 Werst, eine Breite von 10 bis 15 *Sajen* und eine Tiefe (auſser bei Hochwasser) von 2 bis 5 *Sajen* und darüber. Alle diese Flüsse sind ziemlich reiſsend und haben durchsichtiges Wasser von vortrefflichem Geschmack. Ihren Ursprung nehmen sie in den Seen und Sümpfen von Wasjugan; an den Quellen schwach, sammeln sie erst in den Wäldern ihre Gewässer in einem Bette, das durch die von beiden Seiten in dasselbe fallenden, zahlreichen Waldbäche sich allmälig erweitert. Von kleineren, 1 bis 5 *Sajen* breiten Flüssen, die ohne Zweifel in denselben Morästen entspringen und sich in die erwähnten vier Ströme und in den Irtysch selbst auf dieser Seite ergiefsen, giebt es eine unzählige Menge. Die bemerkenswerthesten von ihnen, wegen der Schnelligkeit ihres Laufes und der Reinheit ihres Wassers, sind die Utjuba und die Kojura, die in den Schisch münden. Die Ufer von allen diesen Flüssen und Bächen sind mit mächtigen Urwäldern bedeckt, in welchen Thiere verschiedener Art hausen; sie geben daher die trefflichsten Jagdreviere ab und werden von den russischen Bauern des Irtyschlandes und den Ureinwohnern als geheiligte Wälder (sapowjednyje ljesà) betrachtet. Im Allgemeinen finden sich in der Nähe dieser Gewässer keine festen Ansiedlungen; nur am linken Ufer des Ui sind in den vierziger Jahren einige Saimki (Weiler von 4 bis 10 Bauerhöfen) entstanden, und an der Mündung des Schisch und Tui in den Irtysch haben sich, aufser einigen Eingeborenen, Landleute aus verschiedenen Gemeinden niedergelassen, welche zwei ziemlich ansehnliche Dörfer unter dem Namen Schischtamotskaja und Tuiskaja bilden. Von der linken Seite, dem Hauptsitz der Bevölkerung des Kreises, nimmt der Irtysch, neben vielen kleineren Flüssen, auf: die Oscha, mit ihrem Zuflusse Ajen, der in den Sümpfen des Omsker Kreises entspringt, und den Ischim, der aus dem Ischimer Kreise hervortritt. Die Oscha hat eine Breite von 5 bis 8 *Sajen*, eine Tiefe von 1 bis 5 Arschin und durchfliefst einen Raum von mehr als 150 Werst; der Ischin, 40 bis 50 *Sajen* breit und 2 Arschin bis 3 *Sajen* tief, bewässert in dem Kreise Tara eine Strecke von etwa 200 Werst. Beide Flüsse sind im Vergleich mit den oben genannten weniger bewaldet und haben einen geringeren Reichthum an Fischen; dagegen bieten ihre Ufer, wie die der kleineren Flüsse, die schönsten Heuschläge und Triften und Aecker mit dem fettsten Humusboden dar. Der Irtysch ist in der ganzen Ausdehnung des Kreises und selbst während der trockenen Jahreszeit für die gröfsten Pferde-Schleppschiffe (konowodnyja suda) mit einer Tragfähigkeit von

100000 Pud schiffbar; der Schisch, der Tui und der Ui sind zur Hochwasserzeit nur für kleine Fahrzeuge und im Sommer nur für grofse Böte schiffbar. Die übrigen Flüsse könnten zwar zur Zeit der Fluthen beschifft werden, sind aber grösstentheils mit Mühldämmen versperrt; übrigens wird weder auf ihnen, noch selbst auf dem Irtysch (mit Ausnahme der Kronschiffe mit Salz) eine Schifffahrt betrieben, da der Landtransport billiger zu stehen kommt. Für ökonomische und industrielle Zwecke haben dieselben bis jetzt fast gar keinen Nutzen. An Wasser ist in dem Kreise solcher Reichthum, dafs Brunnen nur selten gegraben zu werden brauchen.

Da es im Kreise Tara an Bergen und bedeutenden Anhöhen fehlt, so besitzt er auch keine edlen Metalle oder Gesteine. Von Kupfer- oder Eisenerzen und Steinkohlen ist keine Rede; an den Ufern mehrerer Flüsse soll sich jedoch Salpeter finden. Dagegen sind die Erzeugnisse des Pflanzen- und Thiercreihs eben so zahlreich als mannigfaltig. Man baut Winter- und Sommerweizen, Roggen, Gerste, Hafer, Erbsen, Hirse, Buchweizen, Mohn, Hanf, Flachs, Früchte verschiedener Arten, Gurken, Arbusen, Melonen; Gemüse, als Petersilie, Pastinaken, Salat, Senf u. s. w. werden mehr in den städtischen Gärten, auf dem Lande nur von wohlhabenderen Leuten gebaut. Farbepflanzen zum Fabrikgebrauch werden nicht gezogen, sie finden sich aber in den dem Klima angemessenen Gattungen im wilden Zustande vor. Dutzende von Quadratwersten sind dicht mit officinellen Kräutern besäet, wie mit verschiedenen Arten Trifolium, Thymian, Betonien, wilder Camille, Schafgarbe, Steinklee, Baldrian, Wurmfarrn, Wermuth, Swjeroboi (hypericum perforatum), Matimatschicha (Tussilago farfara), wildem Lauch, Anis, Cichorien etc.; unter diesen Kräutern findet sich auch Queckengras (pyrei, triticum repens) und Feldsenf (polewaja gortschiza, erysimum officinale); die Ufer der stehenden Wasser sind mit Lopuschnik (?) und Kuwschintschik (nymphaea lutea) bedeckt. Von Blumen bemerkt man hauptsächlich mehrere Arten Maiblümchen, wilde Hyacinthen, Glockenblumen, Tulpen, Barskaja spjes (lychnis chalcedonica), Ringelblumen, Kornblumen, Hahnenkamm, die wohlriechende Platterbse, Tatarskoje mylo (?) u. a. Ueberhaupt bedecken sich im Juli und August die unübersehbaren Ebenen des Kreises Tara mit einem bunten, prachtvollen Teppich von Pflanzen, Blumen und Sträuchern, der das Auge am Ende durch den Glanz und die Mannigfaltigkeit seiner Farben ermüdet. Von Niemand beachtet, blühen und verwelken die Blumen, ohne daſs Jahrhunderte hindurch eine menschliche Hand sie berührt. Eine Ausnahme findet nur statt, wenn in manchen Jahren die Gräser besonders dicht und hoch (nicht unter eine Arschin) wachsen, wo sie dann stellenweis zu Heu gemäht werden. Die Heuschläge sind in zwei Klassen zu theilen: die einen liegen an den oft überschwemmten Ufern der Flüsse und Bäche, wo die Gräser nach dem Ablaufen des Wassers rasch und dicht wachsen und nicht selten eine Höhe von zwei Arschin erreichen; die anderen in den lichteren Birken- und Lindengehölzen, wo sie, durch das Laub der Bäume vor der Sonne geschützt, gleichfalls bis zur Höhe von einer Arschin und darüber emporschieſsen. Die niedrigeren Gräser werden nicht gemäht; sie breiten sich an beiden Ufern des Irtysch unangetastet über weite Strecken aus und werden nur selten im Spätherbst zu Triften benutzt. Auf den Wiesen, in den Gehölzen und Wäldern, lässt man nach dem Schmelzen des Schnees den Brand ein (puskajut pal), d. h. das vorjährige dünne Gras wird angesteckt, wobei mitunter auch eine Menge Bäume zu Grunde gehen. Zwei Tage später bricht schon das frische Gras aus der Erde hervor.

Die Familie der Pilze ist im Tara-Lande sehr zahlreich. Auſser den giftigen Muchomory (Fliegenschwämmen) und Pogany, wachsen vorzugsweise in den Wäldern und Büschen der Borowik (Rothpilz), der Beresowik (Birkenschwamm), der Osinowik (Erlenschwamm), Grusd (Pfefferschwamm), Ryjik (Reizker, agaricus deliciosus), die Wolnjanka (agaricus cinnamomeus), Dubjanka (Gallapfel?), Openka (agaricus fragilis), Champignons, weiſse Pilze und Bjelänki (agaricus Gleditschii); letztere namentlich in den Sümpfen, die im August und September viele Werst im Umkreis mit diesen Schwämmen überwuchert sind. Beerengewächse und Sträucher nehmen ebenfalls bedeutende Räume ein. Die Hauptgattungen derselben sind: die Wald- und Garten-Erdbeere, Moltebeere, Knjajnika (rubus arcticus), Steinbrombeere, Himbeere, Heidelbeere, Rauschbeere, Preifselbeere, Moosbeere, Johannisbeere, Traubelkirsche, Eberäsche, die Mafsholderstaude und der Weifsdorn. Alle jene Beeren sind in so enormen Quantitäten vorhanden, dafs sie den Bedarf weit übersteigen und meistens uneingesammelt bleiben. Kirschen und andere zartere Fruchtarten finden sich in dem Kreise nicht, obwohl Kirschen z. B. in den Nachbarbezirken Ischim und Omsk wild und in grofser Menge zwischen den Streifen Ackerlandes wachsen. Hopfen und andere nützliche Gewächse sind gleichfalls überall im wilden Zustande vorhanden. Die gröfsere Hälfte des Kreises Tara ist jedoch mit dichten, undurchdringlichen Urwäldern bedeckt über die wir an einer anderen Stelle berichtet haben*).

Das Thierreich ist ebenfalls in grofser Zahl und Mannigfaltigkeit vertreten. Von wilden Thieren finden sich graue und, seltener, schwarze Wölfe, gelbe, rothe, auch schwarzbraune Füchse, rothe und in den entfernten Urmanen schwarze, grau gefleckte Zobel, so wie einzelne weifse, Eichhörnchen, Fischottern, Hermeline mit Haar von ausgezeichneter Schönheit und Weifse, Iltisse, Burunduke (sciurus striatus), Kaninchen, Hasen, wilde Ziegen und Katzen; ferner Luchse, Rennthiere, Elennthiere und Bären, letztere vorzugsweise in den Trans-Irtyscher Urmanen. Viel seltener kommen Biber vor. Die kostbaren Pelzthiere, Fuchs und Zobel, suchen die Bauern, wenn sie noch jung sind, in ihren Häusern und Scheunen zu halten; aber in der Gefangenschaft gehen ihnen die Haare aus oder verlieren ihren Glanz und ihre Geschmeidigkeit, und bei der ersten Gelegenheit entfliehen die Thiere in den Wald. Die gewöhnlichen Hausthiere, Pferde, Kühe etc. werden mit

*) Der Verfasser verweist hier auf eine im 16ten Bande des J. M. W. D. enthaltene Beschreibung der Waldungen des nordwestlichen Sibiriens, die uns nicht zu Gesichte gekommen ist.

Erfolg und in ziemlich bedeutender Menge gezogen. Der Race nach sind diese Thiere ein Gemisch der kalmückischen mit der russischen, und Pferde, Kühe und Schafe sind daher im Allgemeinen klein, mager und schwächlich; nur in den südlichen Districten des Kreises und längs der grofsen Poststrafse fängt man an Pferde und Hornvieh von vortrefflicher kirgisischer Race zu ziehen, namentlich an den Stellen, wo sich mehr Wiesenkraut findet und der Erdboden etwas salzhaltig ist. Der gesammte Viehstand weidet nicht, wie in den angränzenden Kreisen Ischim, Omsk und einem Theil von Kainsk, des Winters in den Wiesen und Steppen, sondern wird mit dem Heu gefüttert, das überall in Fülle bereitet wird. Wilde Wald-, Steppen- und Wasservögel giebt es in grofser Zahl. Man findet Goldadler (berkut, aq. nobilis) und andere kleinere Adlerarten, Uhu's, Eulen, Käuze, Saatkrähen, Habichte, Geier, Falken, Raben, Spechte, Schwalben u. a.; grofse und kleine Birkhühner, Rebhühner, Feld- und Wald-Haselhühner, ungeheure Auerhähne u. a.; Schwäne, Kraniche, Gänse, Baumgänse (kosarka), Enten mancherlei Art, Taucher, Schnepfen verschiedener Gattungen, Feldhähne, Möven, Meerschwalben u. a. Von Singvögeln: graue und schwarze Drosseln, Finken, Zeisige, Pyrole (iwolga, oriolus galbula), Holzheher, Braunellen, Feld- und Waldlerchen, Ziserinchen (tschetschot, fringilla linaria), Blaukehlchen, Stieglitze, Beutelmeisen, Kuckucke, Wachteln, Gimpel u. dergl. Davon überwintern in hiesiger Gegend nur die Holzheher, Stieglitze, Kohlmeisen und wenige andere; die übrigen kommen im März an, brüten im Sommer ihre Jungen aus und fliegen gegen Ende September nach südlicheren Regionen fort*). Nachtigallen bilden im Kreise Tara eine Seltenheit, obwohl sie in den nahen Bezirken Tjumen und Jalutorowsk sehr gewöhnlich sind. Hausvögel — Enten, Gänse, Puten, Hühner werden zwar in der Stadt und auf dem Lande in bedeutender Menge gezogen, aber bei der Unlecker-

*) Diese Daten können natürlich nur approximativ sein, da die Ankunft und der Abzug der verschiedenen Vogelarten bekanntlich nicht gleichzeitig stattfinden.

haftigkeit der Bauern, dem Ueberflufs an Lebensmitteln und den niedrigen Verkaufspreisen derselben wird die Vogelzucht im Allgemeinen nur aus Liebhaberei und auch dann nur vom weiblichen Geschlechte betrieben.

Nächst dem Kreise Beresow nimmt der von Tara wegen seines Fischreichthums nicht allein die erste Stelle in der ganzen Statthalterschaft Tobolsk ein, sondern kann auch mit den in dieser Beziehung gesegnetsten Districten Sibiriens, Jenisеisk und Irkutsk, verglichen werden. Aufser den unermefslichen Wasserflächen, mit denen er bedeckt ist, begünstigt auch der Schlammboden der Moräste das Leben und die Ernährung des Fischgeschlechts. Obwohl im Irtysch auf seinem ganzen fast 3000 Werst langen Lauf Fische jeglicher Art und namentlich der Stör, der Sterläd und die Quappe massenweise gefangen werden, so giebt es doch nirgends eine solche Fulle an Fischen von geringerem Werth — Hechte, Barsche u. dergl., als im Kreise Tara. Selbst die benachbarten Kreise Tobolsk und Omsk, durch welche der Irtysch gleichfalls mehrere hundert Werst hindurchströmt, haben keinen so reichen Fischfang, und der letztgenannte Bezirk insonderheit erhält die geringeren Fischarten in enormen Massen aus Tara. Wie es scheint, hat dies seine Ursache darin, dafs in dem Kreise Tara, der gleichsam einen gegen den Tobolsker und namentlich gegen den Omsker Bezirk vertieften Kessel bildet, der Irtysch ruhiger als in anderen Localitäten fliefst und daher mehr nährende, für das Leben und die Befruchtung der Fische geeignete Stoffe absetzt, und zwar sowohl in dem Flusse selbst, als in seinen zahlreichen *Starizen*. In der That bietet der ganze lange Lauf des Irtysch in keiner anderen Gegend so viele solcher *Starizen* dar, von denen manche eine Tiefe von 10 *Sajen* erreichen. Zwischen den Städten Ust-Kamenogorsk und Omsk, auf einer Strecke von fast 1000 Werst, hat der Irtysch nicht eine einzige *Starize*, und wenn sich auch im Kreise Tobolsk dergleichen finden, so sind sie doch von geringerem Umfang, seichter und daher fischarm. Die bedeutende Vertiefung des Tara-Landes ist auch an den furchtbaren Ueberschwemmungen des Irtysch zu erkennen, der oft neue See'n und Durchbrüche nach niedrigeren Stellen bildet, was in den benachbarten Kreisen nicht stattfindet; so wie an der Breite und Tiefe des Flusses, die hier, wie gesagt, auch in der trockenen Jahreszeit resp. 1¼ Werst und 5 bis 20 *Sajen* erreicht, während er in dem Omsker und selbst in dem Tobolsker Kreise gewöhnlich nur 300 bis 400 *Sajen* in der Breite und 3 bis 10 *Sajen* in der Tiefe hat. Aufserdem fallen hier in den Irtysch, neben zahllosen Bächen, eine Menge grofser Zuflüsse, die ihren Ursprung in dem unermefslichen Wasserbecken der Wasjuganskser See'n, einem vielleicht seit Erschaffung der Welt unberührten Fischrevier, nehmen; wogegen der Irtysch von der Uba in der Provinz *Semipalatinsk* bis zur Om bei Omsk auf einer Strecke von etwa 800 Werst nicht einen einzigen Flufs von nur mittelmäfsiger Gröfse weder aus der Kirgisensteppe noch aus dem Gouvernement Tomsk aufnimmt. In den anderen zahlreichen See'n, die nicht mit dem Irtysch in Verbindung stehen, in den Districten Rybinsk, Ajewsk, Bergalitsk u. a. wimmelt es gleichfalls von denselben geringeren Fischarten, am meisten aber von Karauschen.

Reptilien und Insecten besitzt der Kreis Tara in grofser Mannigfaltigkeit; in den feuchteren Localitäten ist ihre Zahl unendlich; Schlangen, Eidechsen, Frösche und anderes Gewürm mittler Gröfse werden in den Trans-Irtyscher Urmanen auf jedem Schritt angetroffen; in den kleinen See'n hausen zahllose Blutegel. Die Schlangen und Eidechsen sind hier nicht so giftig wie in den südlichen Bezirken und in der Kirgisensteppe; den Bifs der Schlangen heilt man leicht vermittelst einiger adstringirender Kräuter. Während der Sommerhitze erscheinen verschiedene Insectengeschlechter, Käfer, Fliegen, Schmetterlinge und das ganze zahllose geflügelte Heer in den waldigeren und feuchteren Gegenden in solchen Massen, dafs sie oft die Luft verfinstern und dafs man auf den Feldern und selbst in den Häusern Feuer anzünden mufs, um Menschen und Vieh durch den Rauch zu schützen. In dieser Zeit schlafen die Landleute gewöhnlich unter Pologi (Vorhängen von dünnem Zeug, Moskitonetzen) und gehen auf die Arbeit in Haarmasken, die das Gesicht bedecken. Blasenfüfse (moschki), Mücken, Spinnen und Libellen von enormer Gröfse sind gleichfalls in endloser Menge vorhanden. Von Insecten, die für das Getraide und überhaupt für die Vegetation schädlich, sind im Kreise Tara namentlich die Grashüpfer zu bemerken; indessen ist der Schaden, den sie den Früchten zufügen, von geringer Erheblichkeit. Heuschrecken giebt es gar nicht, ebenso wenig wie spanische Fliegen, obgleich man diese Insectenarten schon im Kreise Omsk antrifft; von Ameisen finden sich verschiedene Gattungen.

Die Versuche, die Bienenzucht in dieser Gegend einzuführen, sind bisher ohne Erfolg geblieben, obwohl die Bienen in dem Tomsker, Kolywaner und zum Theil in dem Kainsker Bezirk fortkommen, die an Tara gränzen und fast unter einer Breite mit ihm liegen. Das Mifsglücken jener Versuche ist weder der Strenge des hiesigen Klimas, noch dem Mangel an honigführenden Kräutern zuzuschreiben; es liegt nur an der Unkunde und der Nachlässigkeit, mit der sie betrieben werden. Die Versuche wurden von Kaufleuten, reichen Bürgern und eigentlich nur zum Vergnügen unternommen, indem sie die im Winter angeschafften Bienenstöcke im Frühjahr in ihren Saïmken und Gärten aufstellten, die nicht immer für das Leben und die Nahrung dieser Insecten geeignet waren. Als Erwerbszweig hat man sich, so viel mir bekannt, im Kreise auf die Bienenzucht noch nicht gelegt, ohne Zweifel weil die anderweitigen natürlichen Reichthümer des Landes den Unterhalt der Bewohner auch ohnedem bis zum Ueberflufs sichern.

Die Temperatur der Luft in dem Kreise Tara unterscheidet sich merklich von der der Kreise Tobolsk, Tjumen, Tarinsk und einiger Theile von Surgut und Narym, des Beresow'schen Landes nicht zu gedenken. Das Klima ist eher mit dem der südlichen Bezirke des Gouvernements: Omsk, Ischim und Kurgansk zu vergleichen. Von diesen südlichen Landstrichen, die sich durch Trockenheit des Bodens auszeichnen, wehen oft südwestliche Winde, die von Wäldern nicht unterbrochen werden, während die unermeſslichen Urmane von Tobolsk und Surgut vor den nördlichen schützen. Aus diesem Grunde erfreut sich Tara beinah überall einer verhältniſsmäſsig eben so milden Luft als die südlicheren Theile des Gouvernements. Im Allgemeinen stellt sich das Thauwetter in den letzten Tagen des Februar ein, um welche Zeit der Schnee in den Niederungen zu schmelzen beginnt; den Frühling aber muſs man erst von der Mitte des April an rechnen, indem die Nächte und Morgen im März häufig noch so kalt sind wie tief im Winter. Um die Mitte des April langen die Zugvögel an; mit ihrer Erscheinung beginnen auch die Flüsse aufzugehen, welche andauernde Ueberschwemmungen hervorbringen; in den ersten Tagen des Mai schlagen die Bäume aus und es zeigen sich die ersten Blätter, in den Feldern Spuren der Vegetation und Frühlingsblumen. Der April und Mai zeichnen sich unter den Frühlingsmonaten durch schöne, beständige Witterung, mitunter jedoch auch durch Regen und Nässe aus; um diese Zeit findet die Getraide-Aussaat statt. Im Laufe des Märzmonats und Anfangs April steigt die Kälte, vorzüglich Nachts, noch bis 10 und 15 und mehr Grade Réaumur, bei Tage und von der Mitte des April an hat man bisweilen über 10 Grad Wärme. Im Mai erreicht die Wärme oft 15 bis 20 Grad, und um die Mitte dieses Monats bedecken sich die Aecker, Wiesen, Wälder und Sträucher mit einem dichten, hellen Grün, das Wintergetraide beginnt zu reifen und die Luft ist mit aromatischen Düften geschwängert. Der Sommer beginnt mit dem Juni, seltener mit der Mitte des Mai, und dauert bis um die Mitte September. Während des ganzen Sommers wechseln kurze, aber reichliche Regengüsse mit länger anhaltender Hitze ab, obwohl es hiermit nicht in allen Jahren gleich ist. Bei trockener Witterung ist der Juni und Juli immer schwül und drückend; die Hitze steigt in diesen Monaten nicht selten bis auf 35° (doch nicht im Schatten?!). Starke Gewitter mit Windstöſsen und Stürmen kommen in allen Sommermonaten vor; sie ziehen aber meistens strichweise von Süden und Westen und stehen gewöhnlich nur gegen 30 Minuten, in Ausnahmsfällen gegen 1 Stunde über einem Ort. August ist der beständigste und schönste Monat im Jahr; im Laufe desselben findet die Haupt-Getraideärndte statt und die Wärme hält sich auf 20 bis 25° R. Der Herbst tritt in der Mitte, bisweilen schon in den ersten Tagen des September ein, mit Reif, Nebel und empfindlich kalten Nächten; aber bei stiller Luft ist die Temperatur oft bis in die Mitte des October ganz sommermäſsig. Anhaltende Herbstregen kommen nur in wenigen Jahren vor. Die Vögel beginnen ihren Abzug gegen das Ende September. Die kleineren und mittleren Flüsse und See'n bedecken sich um die Mitte des October mit Eis; der Irtysch und die gröſseren See'n gegen Ende desselben Monats. Der erste Schnee fällt in einzelnen Jahren schon zu Ende September, aber auf nicht lange — auf einen oder zwei Tage; vor den lauen Südwinden und der warmen Sonne schmilzt er wieder, und man hat dann oft von neuem die schönste Sommerwitterung. Der anhaltende Winterschnee fällt bei ruhigem Wetter in den ersten Tagen des November und bedeckt in zwei- bis dreimal 24 Stunden die Erde über eine Arschin hoch. Vom Anfang des September an fällt das Thermometer allmälig und zeigt gegen Ende October bis 10° Kälte. Der Winter wird von den ersten Tagen des November ab gerechnet; der Schneefall dauert diesen ganzen Monat hindurch bei einem Frost von 10 bis 20° und stillem Winde, und bedeckt am Ende desselben den Kreis stellenweise bis zur Höhe von zwei *Sajen*. In dem Gebüsch und den weniger dichten Wäldern fällt sogar noch mehr Schnee; in den Urmanen hingegen liegt er bei weitem nicht so hoch, zum Theil kaum eine Arschin. In den Nachbarkreisen Kainsk, Omsk und Ischim bedeckt er selbst in den schneereichsten Wintern die Erde bis zu einer Höhe von nicht mehr als 2 Arschin, was gleichfalls zum Beweise der gröſseren Vertiefung des Kreises Tara dient. In den Monaten December und Januar ist der Frost am heftigsten und steigt bis über 30°; im Allgemeinen hält sich jedoch die Temperatur zwischen 18 und 25°, indem sie durch die südlichen und westlichen Winde gemildert wird, die den Einfluſs der Polarkälte brechen. Der Wind ist in seiner Richtung unbeständig, weht aber fast ununterbrochen, mit Ausnahme der Sommermonate; er verändert sich in der Regel nach Sonnenauf- und Untergang, seltener um Mittag. Die gröſste Stärke entwickelt er zur Zeit des Frühlings- und Herbst-Aequinoctiums; des Winters verwandelt er sich häufig in einen Buran, der sogar die Poststraſse bis zu einem solchen Grade versperrt, daſs man sie von neuem traciren muſs, und im Sommer treibt er Gewitterwolken mit Platzregen, Donner und Hagel zusammen. Hagelschläge, die die Feldfrüchte auf weite Strecken hin vernichten, finden indessen nicht statt. Durch den Einfluſs des Windes wird die Temperatur merklich gemäſsigt, sowohl in Hinsicht der Kälte als der Hitze. Seine Richtung ist vorwiegend Südwest und Nordwest, seltener nördlich und am allerseltensten östlich. Die Nebel verbreiten sich hauptsächlich zur Herbstzeit Morgens über die See'n und Moräste und verschwinden um Mittag. Eine andere starke Ausdünstung, die sich häufig im Winter unter dem Namen Kopot' (Rauch), im Sommer unter dem Namen Marewo (Mirage) zeigt, hält mitunter mehrere Tage an; die nächsten Gegenstände erscheinen dann wie von einem dünnen Schleier bedeckt, und die Sonne und der Mond als feurige Kugeln, ohne Strahlen. Regenbogen bilden sich fast nach jedem Gewitter; das Phänomen der fallenden Sterne (Sternschnuppen) wird den ganzen November hindurch bemerkt; dagegen sind die Nordlichter äuſserst selten. Im Ganzen ist das Klima des Landes Tara für das Gedeihen aller seiner geographischen Lage angemessenen Gewächse zuträglich; die Beständigkeit desselben nach Verhältniſs der Jahreszeiten ist, mit unbedeutenden Ausnahmen, so groſs, daſs die Landesbewohner (*starojily*) sich in ihren wirthschaftlichen Beschäftigungen eben so regelmäſsig nach der Jahreszeit wie nach der Uhr richten können.

Die Temperatur der Luft hat einen mächtigen Einfluſs auf den Lebensorganismus. Im Kreise Tara grassiren im Frühjahr und Herbst Katarrhal- und kalte Fieber, welche nicht selten tödtlich sind. Diese Krankheiten rühren von dem Wechsel der Temperatur her, d. h. von dem Uebergang von Kälte zur Wärme und umgekehrt, oft auch von Diätfehlern und von Mangel an Vorsicht in der Kleidung. Die russische Bevölkerung bedient sich gegen diese Uebel gewisser Hausmittel, namentlich purgirender und diaphoretischer, die oft vom Tode retten, wogegen die Muhammedaner, der Prädestinationslehre treu, durchaus keine Vorkehrungen treffen und daher in hitzigen und kalten Fiebern die sichere Beute des Todes werden.

Unter den Kindern richtet die Ruhr jedes Frühjahr furchtbare Verheerungen an. Diese Krankheit hat ausschliefslich in der Unvorsichtigkeit der Mütter ihren Grund, die schon im ersten Monat ihre Kinder mit Kuhmilch zu nähren anfangen, welche in Folge des jungen Krauts, das von dem Vieh mit Begierde verschlungen wird, sich in ein starkes Abführungsmittel verwandelt. Ob es gewisse Kräuter giebt, die mehr laxirende Stoffe enthalten als andere, oder ob die vorherrschende, anhaltende Feuchtigkeit des Bodens in dieser Gegend zur Erzeugung derselben beiträgt, habe ich nicht feststellen können; allein die im Frühling genossene Kuhmilch scheint nicht nur bei Kindern, sondern auch bei Erwachsenen Diarrhöen zu verursachen. Ich war in vielen Familien Zeuge, dafs, wo die Mütter den Kindern die Brust reichten oder sie mit Brei von irgend einer Graupenart nährten und ihnen Thee zu trinken gaben, die Kinder gesund blieben, während die mit Kuhmilch genährten einige Tage nach dem ersten Austreiben des Viehs auf die Weide an der Ruhr starben. Die Cholera hat sich noch niemals im Tara-Lande gezeigt, eben so wenig wie in ganz Sibirien, mit Ausnahme der Kreise Tobolsk, Tjumen, Kurgansk und Jalatorowsk — in letzterem nur in schwachem Grade.

Zu den Krankheiten, selbst zu den erblichen, rechne ich die Trunksucht (sapoi), die unter den Bewohnern des Kreises und der Stadt Tara mit grofser Heftigkeit wüthet. Manche wollen die Trunksucht nicht als Krankheit anerkennen, aber mit Unrecht; wer davon befallen ist, verliert den Verstand, die Willenskraft, das Schamgefühl und läfst sich im bewufstlosen Zustande zu Handlungen hinreifsen, die er in helleren Augenblicken verabscheut.

Im Juni und Juli, zur Zeit der gröfsten Sommerhitze, werden Menschen, Pferde, nicht selten auch das Rindvieh von der sogenannten sibirischen Pest (sibirskaja jaswa) ergriffen, die dem westlichen Sibirien eigenthümlich, im östlichen dagegen unbekannt ist. Wie es scheint, wird die sibirische Pest durch die Ausdünstungen der Moräste und Teiche erzeugt und verbreitet, die aus den in Fäulnifs übergegangenen Körpern unzähliger organischer Wesen, mit den auf ihnen und von ihnen lebenden Myriaden von Insecten, bestehen.

Die Stadt Tara liegt unter 56° 55′ nördl. Breite und 91° 45′ östl. Länge, nahe dem linken Ufer des Irtysch, 574 Werst von Tobolsk und fast im Mittelpunkt ihres Kreises. Die grössere Hälfte der Stadt, die auf einem 7 bis 10 Sajen hohen Erddamm liegt, heifst die Bergseite (nagornaja), und die andere, am Fufse des Dammes, die Thalseite (podgornaja). Der Irtysch fliefst in einer Entfernung von einer Werst von der Bergseite und überschwemmt alljährlich mit seinen Frühlingsfluthen die ganze Thalseite. Die untere Stadt wird von einem unweit des Dammes hervorstürmenden Bache durchschnitten, der in der dürren Jahreszeit fast austrocknet. Er heifst die Atkarka und hat seine Quelle in einem Sumpf, der den Namen des gebratenen (jarenoi) führt. In dem unteren Theile der Stadt und den angränzenden Wiesen läuft das Wasser nach den Ueberschwemmungen nicht so bald ab, und sie gewähren beinah den ganzen Sommer hindurch den Anblick eines Morastes. Längs der oberen Hälfte der Stadt zieht sich ein völlig trockener und waldloser Streif Landes in einer Breite von 2 bis 5 Werst, weiterhin aber dehnen sich 30 Werst in die Runde offene oder mit kleinem Holz versehene Moore aus, kleine See'n oder Schluchten mit tiefen Abhängen und Quellwasser auf dem Grunde derselben, runde oder längliche mit Ackerfeldern bedeckte Hügel und einzelne Wälder von

Birken, Tannen, Cedern (Zirbeln) u. s. w. Jenseits des Irtysch, 5 Werst von dem Ufer, liegen die städtischen Wiesen, mit Gruppen von Sträuchern und Unterholz. Die der Stadt gehörigen Viehweiden haben einen Umfang von 7800 Desjatinen. Nach den neuesten Ermittlungen zählt die Stadt Tara 968 Häuser, von denen 38 das Eigenthum von Edelleuten und Beamten sind, 2 von Ehrenbürgern, 5 von Geistlichen, 36 von Kaufleuten, 642 von Bürgern, 44 von Bauern, 42 von Colonisten, 37 von Bucharen und anderen Fremden (Muhammedanern), 12 von Kosacken und 110 von Soldaten; aufserdem giebt es 6 steinerne Kirchen des orthodoxen Ritus, 1 steinerne und 4 hölzerne Kapellen, 1 steinerne zweistöckige Moschee, 2 hölzerne Brücken (über die Atkarka und die Jarenaja), einen hölzernen Kaufhof (gostiny dwor), 2 ungepflasterte Marktplätze, 4 Kirchhöfe, 3 Stände am Irtysch zum Wasserschöpfen und Wäschespülen und gegen 100 Küchengärten.

Die Zahl der Einwohner orthodoxen und muhammedanischen Glaubens beträgt 6000, wovon die Mehrheit, gegen 4000 Seelen, zur Klasse der Mjeschtschane oder Klein-Bürger gehört. Der Bevölkerung und der commerziellen Bedeutung nach nimmt Tara die vierte Stelle unter den Städten des Gouvernements ein, indem es in dieser Beziehung nur von Tobolsk, Tjumen und Omsk übertroffen wird; in industrieller Hinsicht steht es jedoch den meisten anderen nach, und die Einkünfte der Stadtgemeinde belaufen sich auf nicht mehr als 3000 Silberrubel jährlich.

Zum Volksunterricht besitzt Tara eine Kreis- und eine Parochialschule; bei letzterer wurde im verflossenen Sommer auch eine Klasse für Mädchen eröffnet. In beiden werden 150 Kinder von Bürgern und Bauern aus den benachbarten Ortschaften unterrichtet. Die bei der Moschee befindliche muhammedanische Schule wird von den Kindern der in der Stadt und der Umgegend wohnenden Tataren besucht, die schreiben und den Koran lesen lernen; ihre Zahl beläuft sich auf höchstens 50. Von wohlthätigen Anstalten hat Tara ein Armenhaus (bogadjelnja), in welchem 10 Greise, Krüppel,

Blödsinnige und Waisen verpflegt werden, und drei Krankenhäuser: das städtische, das Gefängnifs-Hospital und das Lazareth, in denen jährlich etwa 400 männliche und 200 weibliche Patienten behandelt werden. Eine eigene Kron- oder Privat-Apotheke giebt es in der Stadt nicht (!); die bei den verschiedenen Krankenanstalten fungirenden Aerzte erhalten ihre Medicamente aus der Kron-Apotheke in Tobolsk und dem Bureau der allgemeinen Fürsorge (Prikas obschtschestwennago Prisrjenija).

Die Zahl der Handwerker in Tara wird auf 500 geschätzt, die aber keine Zünfte bilden; sie bestehen meistens aus Zimmerleuten, Schmieden und Glasern, die in der Sommerzeit wenigstens zur Hälfte, nicht allein in ihrem heimathlichen Bezirk, sondern auch in den benachbarten und noch entfernteren Kreisen auf die Wanderung gehen. Die Glaser und Fensterrahmmacher von Tara sind im Gouvernement Tomsk und besonders in der Provinz Semipalatinsk berühmt, und die Arbeiten der hiesigen Schmiede, Beile, Tschety (feine Aexte, in Gestalt von Spaten, mit hölzernem Griff, zum Hauen von feinem Holze) und eiserne Spaten sind bei den Kirgisen und sogar in den chinesischen Gränz-Districten gesucht. Die Schneider, die Verfertiger von Schuhwerk und Ledersachen verschiedener Art finden gleichfalls einen raschen Absatz für ihre Fabrikate auf den Jahrmärkten der benachbarten Kreise. Etwa dreifsig Familien beschäftigen sich mit der Verfertigung von mancherlei Gegenständen aus Linden- und anderem Bast (motschalo und lub). Die Taraer Matten (rogoji) sind ihrer Güte und Billigkeit halber geschätzt. Man zählt 15 gröfsere und 30 kleinere Gerbereien, Seifensiedereien und Talgbrennereien, welche bedeutende Quantitäten ihrer Waare produciren. In den ersteren sind 80 bis 100 Arbeiter permanent und etwa 200 auf Zeit angestellt; in den letzteren werden die Arbeiten fast ausschliefslich von den Eigenthümern verrichtet, die zum Kleinbürgerstande gehören. Die zur Herstellung aller dieser Fabrikate nöthigen Materialien werden an Ort und Stelle gewonnen, die Färbestoffe aber, als schwarzer und rother Sandel, schwarzer

Vitriol, Alaun etc., auf der Irbiter Messe eingekauft. Die in den kleineren Gerbereien zubereiteten Häute von allen möglichen Sorten und Gröfsen werden im Orte selbst verbraucht oder auf den benachbarten Jahrmärkten abgesetzt und zum Theil nach der Kirgisensteppe und den Chanaten Mittelasiens ausgeführt; die Seife wird gleichfalls auf den zahlreichen Jahrmärkten der benachbarten Kreise veräufsert und der Talg von den grofsen Handlungshäusern des Landes aufgekauft. Kaufleute aller drei Gilden und handeltreibende Bauern sind in der Stadt etwa funfzig eingeschrieben, deren Gesammtcapital von ihnen auf 180000 Silber-Rubel angegeben wird. Fünf von den Handlungshäusern gehören zur ersten und zweiten Gilde, wovon zwei einen ausgebreiteten Grofshandel in Kjachta, Tschugutschak, Kuldja, der Kirgisensteppe, in Taschkent und Buchara treiben. Die von ihnen in der Stadt und Umgegend, so wie in den angränzenden Bezirken aufgekauften Gegenstände — Talg, Seife und Leder — werden in grofsen Partieen nach Irbit, zum Theil auch nach Katherinenburg und Schadinsk gebracht; von dort wird die Fettwaare nach Archangel und den Häfen des Schwarzen Meeres abgefertigt, die Häute und Juchten aber gehen nach Kjachta, Tschugutschak, Kuldja, der Kirgisensteppe und Centralasien. Talg wird jährlich gegen 20000 Pud geliefert, zum Werth von circa 600000 Silber-Rubeln, das Pud im Durchschnitt zu 3 Rubel gerechnet; Seife *) gegen 15000 Pud, im Werthe von 500000 S.-R., das Pud zu 3 R. 50 Kop. bis 4 R. angenommen **). Auch auf diesen Verkehr übt das Welthandels-Monopol der Engländer einen Einflufs aus. Die grofsen Handlungshäuser in Katherinenburg und Schadrinsk, welche directe Communicationen mit den Hafenplätzen haben, werden von dem gegenwärtigen Stande des englischen Marktes unterrichtet oder errathen den künftigen, und bestimmen darnach jeden Herbst die Preise,

*) Im Original steht, wahrscheinlich durch einen Druckfehler, Oel — maslo statt mylo.

**) Wie man sieht, ist hier entweder bei Angabe der Quantität eine Null zu wenig oder bei der des Werths eine Null zu viel gesetzt!!

namentlich für den Talg. Auf Grund derselben wird auch die Taxe an Ort und Stelle festgesetzt, und die Producenten (Bauern) erhalten nicht eine Kopeke mehr. Häute gröfserer Sorte, welche ungegerbt 1 Rub. 60 Kop. bis 3 Rubel das Stück kosten, werden etwa 100000 bereitet, die eine Summe von 600000 Rubel repräsentiren; kleinere Schaf- und Kalbfelle ungefähr 15000 Stück für 10000 Rubel. Die Taraer Handelsleute kaufen auch Pelzwerk zum Wiederverkauf in Irbit ein; nach Kjachta werden wegen der geringen Güte dieser Waare nur sehr kleine Partieen expedirt, hauptsächlich Eichhörnchen. Thee und andere Producte China's und Centralasiens, Vieh aus den Steppen u. s. w. gehen direct nach Irbit und Nijni-Nowgorod zur Messe und nach Moskau; das Vieh auch nach Petropowlowsk. Der Umsatz des auswärtigen Handels der erwähnten fünf Häuser beläuft sich wenigstens auf die Summe von einer Million Silber-Rubel jährlich.

Einige von den hiesigen Kaufleuten und alle in den Gilden der Stadt eingeschriebene Wjasnikower*) treiben ihren Handel auf dem Lande in folgender Weise. Sie geben den gröfsten Theil der von den Irbiter und Nijnier Messen bezogenen Waaren den Prikaschtschiks (commis-voyageurs) in Commission, unter Angabe des Verkaufspreises, jedem beispielsweise für die Summe von 4000 bis 6000 S.-R. So wie diese Waaren verkauft werden, schicken die Eigenthümer ihren Commissionären von Zeit zu Zeit neue aus ihren in der Stadt befindlichen Niederlagen und empfangen dagegen von ihnen Geld oder Naturproducte, die sie zu Geld machen können. Diese Commissionäre sind meistens Wjasnikower und Leibeigene und werden selten durch einen förmlichen Contract gebunden. Von einem oder zwei Knaben und einem Arbeiter, um nach den Pferden zu sehen, begleitet, fahren sie das ganze Jahr lang im Kreise und auf den Jahrmärkten der angränzenden Bezirke umher und bieten im Sommer ihre Waaren in

*) Die Hausirer oder sogenannten Ofeni. Vergl. Archiv VI 697 ff. und XV 167 ff.

Baloganen und unter Zelten, des Winters in den Bauerstuben feil. Aufser einem jährlichen Gehalt von 200 bis 300 S.-R., geniefsen sie oft durch Uebereinkunft mit ihren Principalen einer Tantième von 10 bis 20 pro Cent auf den im Laufe des Jahres realisirten Gewinn. Hiervon, so wie von dem, was er für die Waaren noch über den ihm aufgegebenen Verkaufspreis bekommen kann, mufs der Prikaschtschik nicht allein selbst leben, sondern auch für den Unterhalt der Knaben, des Arbeiters und der Pferde sorgen, die Reparatur der Fuhrwerke und Zelte und die übrigen Reisekosten bestreiten. Da indessen im Lande Tara Brod, Fleisch, Fische, Fourage und alle Lebensbedürfnisse buchstäblich fast umsonst zu haben sind, so stellen sich diese Kosten ungemein niedrig. Ich bin mehr als einmal Zeuge gewesen, dafs ein solcher wandernder Laden, nachdem er vier oder fünf Tage in einem Dorfe Geschäfte betrieben, für Quartier und Unterhalt mit einem Stücke Zits zu einem Kleide für die Wirthin, das einen Verkaufswerth von 1 Rubel 50 Kop. haben mochte, bezahlte, während dem Prikaschtschik durch die von ihm abgesetzten Waaren, die er einige Procent höher als den ihm aufgegebenen Preis berechnete, ein Gewinn von 25 S.-R. zuflofs. Es giebt Taraer und Wjasnikower Kaufleute, die von zwei bis zehn solcher Commissionäre haben, welche man stschoty (Calculatoren) nennt und deren Erlös für jeden durchschnittlich etwa 5000 S.-R. im Jahre beträgt. Einige von ihnen kommen vor den beiden Jahrmärkten zur Stadt, um das Geld abzuliefern und neue Waaren in Empfang zu nehmen; alle aber zu Ende Januar's, vor der Irbiter Messe, wo sie dann für das ganze Jahr mit ihren Principalen abrechnen und ihr Gehalt, ihre Procente und eine kleine Zulage von dem mitgebrachten Gelde als Prämie erhalten. Im Allgemeinen mufs man sagen, dafs die Prikaschtschiks das Vertrauen ihrer Brodherren nicht mifsbrauchen; Rechtshändel wegen Kassendefecte kommen selten vor, und obgleich man die Kaufleute mitunter klagen hört, dafs sie von ihren Reisenden bestohlen werden, so gehören dergleichen Fälle doch zu den Ausnahmen. Von diesen Geschäfts-Operationen ist der Kramhandel in Tara ganz abhängig, der sonst, wie in allen anderen Kreisstädten, sehr unbedeutend ist.

Getraide-, Frucht- und Holzhandel ist in der Stadt Tara fast ganz unbekannt, indem jeder Einwohner seinen Grund und Boden hat und sich in Fülle mit Allem versorgt, was er zu seinem Lebensunterhalt bedarf. Die Bürger und städtischen Bauern, welche die Hauptmasse der Bevölkerung bilden, säen so viel Getraide, dafs es nicht nur für sie selbst, sondern auch zum Verkauf ausreicht; die übrigen kaufen Mehl und Graupen, die von den Landleuten aus den benachbarten Dörfern zu Markte gebracht werden. Der Handel mit Fleisch, Fischen und Wild ist gleichfalls unbedeutend; die Schlächter haben nur im Sommer guten Absatz für ihre Waare, im Winter aber schlachten alle Hauseigenthümer, die ohne Ausnahme ihren eigenen Viehstand, zahlreiche Schafe u. s. w. besitzen, ihren Bedarf selber. Die minder bemittelten Einwohner fangen in jeder Jahreszeit Fische in beliebiger Menge im Irtysch und den benachbarten Bächen und See'n, und schiefsen und fangen alle Arten Wild. Sogar die Beamten, Kaufleute und Kleinhändler kaufen nur selten Fleisch, Fisch und Wild, da sie selbst Vieh und Vögel halten.

In der Stadt Tara werden zwei Jahrmärkte abgehalten: der Mariae Verkündigungs-Markt (Blagowjeschtschenskaja), vom 20. März bis zum 20. April, und der Katherinen-Markt, vom 24. November bis zum 20. December. Auf dem ersteren ist der Umsatz unbedeutend; zum letzteren bringen die Landleute und Eingeborenen eine ungeheure Menge Fett- und Bastwaaren, im Ganzen für 50000 Silber-Rubel. Auf diesem Jahrmarkt werden auch Leinwand, Fleisch, Wild, gefrorene Fische, Cedernüsse, Beeren und andere Rohproducte für die Summe von 20000 S.-R. feilgeboten. Rauchwerk, als Hasen, Eichhörnchen, Hermeline und Bärenhäute, kommt nicht viel zu Markt. Zum Einkauf dieser Artikel und zum Verschleifs der Fabrik- und Manufacturwaaren, wozu, aufser den Läden, eigene Balagane errichtet werden, treffen hier mit den am Orte angesessenen Kaufleuten und Bauern die Händler und

Commissionäre aus den benachbarten Städten und Kreisen, namentlich aus Kainsk, Omsk und Ischim, zusammen. Die Fett- und Bastwaaren und alle Naturproducte werden ganz ausverkauft; die Ladenbesitzer lösen in dieser Zeit jeder von 500 bis 1000 Rubel, und einige auswärtige Droguerriewaarenhändler bis 2000 S.-R. Während dieses Winterjahrmarkts werden in der Stadt einige Garküchen und etwas in der Art eines Wirthshauses eröffnet, und in manchen Jahren sieht man auch herumziehende Taschenspieler und Puppentheater.

In anderen Beziehungen bietet die Stadt Tara nichts dar, was sie von den übrigen Landstädten Sibiriens und des Europäischen Rufslands unterscheidet, mit Ausnahme etwa eines bemerkenswerthen Wohlstandes und eines Ueberflusses an den zum täglichen Leben nothwendigen Gegenständen, den man anderswo vergeblich sucht. (J. M. W. D.)

Wasiljew's graphisches System der chinesischen Schrift*).

Herr Professor Wasiljew in St. Petersburg entwickelt in einer so betitelten Abhandlung eine von ihm erfundene bequemere Methode zu Erlernung des chinesischen Schriftsystems. Da das Erlernen mehrer Tausende der nothwendigsten Schriftzeichen nach dem bisherigen Schlendrian sehr viele Zeit erfordert, so muss man die Bemühungen dieses Gelehrten mit vielem Danke anerkennen, um so mehr, als ein künftiger glücklicher Erfolg für uns kaum einem Zweifel unterliegt.

Der Verfasser beginnt mit Betrachtungen über den vorwiegend phonetischen Character des chinesischen Schriftsystems. Schon in den ersten Zeiten der Entwicklung der Sprache entstanden, liefs diese Schrift, da jedes ihrer Zeichen von jeher ein ganzes Grundwort darstellte, sämmtliche Grundwörter in starrer Einsilbigkeit. Von den zusammengesetzten aus mehren einfachen Gruppen bestehenden Schriftzeichen wurden die meisten mit der Zeit halb ideographisch und halb phonetisch. Die oft wiederkehrende phonetische Gruppe bezeichnet bis auf den heutigen Tag nicht in allen Fällen einen und denselben Laut (Gesammtlaut), und kann demnach nie als zuverlässiger Führer zur Aussprache eines uns noch un-

*) Grafitscheskaja sistema kitaiskich ieroglifow. Steht im Journal des Ministeriums der Volksaufklärung.

bekannten Zeichens dienen; ebenso wird auch ein und derselbe Laut nicht immer durch eine und dieselbe phonetische Gruppe dargestellt *). Solche Abnormitäten berechtigen uns aber lange nicht, die chinesische Schrift als von der Lautsprache ganz unabhängig zu betrachten; im Gegentheil, beide stehen in engem Zusammenhange, wie schon aus der gewaltig überwiegenden Zahl der halbphonetischen Schriftzeichen sich ergiebt. Unter der Dynastie Sung II. zählte man überhaupt 24235 Schriftzeichen: von diesen waren nur 1827 rein ideographisch, in 715 einfache und 1112 zusammengesetzte Bilder zerfallend, dagegen 22,408 halbphonetisch. Dazu kommt noch, daſs wir, die Schriftzeichen der ersten beiden Categorieen prüfend, unter ihnen solche entdecken, die bereits auſser Gebrauch gekommen: hier zeigt sich unverkennbar eine frühe Tendenz, aus den Bildern bloſse phonetische Zeichen zu machen. Nach dem Sung wuchs die Zahl der Schriftzeichen noch um ein Bedeutendes; das berühmte (zu Anfang des vorigen Jahrhunderts abgefasste) Wörterbuch Kaiser Kanghi's enthält deren 35416; unter den 11000 neuen Zusammensetzungen ist aber keine einzige, die nicht zur halb-phonetischen Classe gehörte.

Wenig über 1000 Charactere bilden also nach obigem die Grundlage der ganzen chinesischen Schrift, deren Reichthum uns jedoch nicht zu erschrecken braucht; denn von allen 35000 und mehr Schriftzeichen, die das ebengenannte Wörterbuch erklärt, ist kaum ein Drittheil in wirklichem Gebrauche. Freilich können auch zehntausend Zeichen nicht geringe Mühe machen, aber nur, wenn man sie ohne Methode, und auf die Erfahrung allein sich verlassend, erlernt. Am Gerathensten scheint es nun, vor Allem die Charactere der ersten zwei Categorieen (einfache und zusammengesetzte Bilder, sofern sie nur Begriffe, nicht Laute darstellen), als das Fun-

*) Die Ursache davon ist wahrscheinlich darin zu suchen, daſs die Schrift in verschiedenen Provinzen die lauter selbständige Staaten bildeten, und also unter dem Einfluſs der Dialecte entstand.

dament aller übrigen, anzugehen; statt dessen aber hält man sich an die 214 Classenhäupter, was zwar eine national-chinesische, aber mit vieler Unbequemlichkeit verbundene Methode.

Das phonetische System ist in Callery's Wörterbuche (betitelt Systema phoneticum linguae Sinicae, 1841) vollständig entwickelt. Was Herr W., der dem trefflichen sardinischen Missionar sonst alle Gerechtigkeit widerfahren lässt, an diesem Werke vorzugsweise tadeln mufs, ist der Umstand, dafs Callery die von ihm angenommenen 1040 Gruppen in numerische Ordnung gebracht und auf diese Weise verwandte Gruppen aus einander gerissen hat. Doch hier beginnt die eigne und selbständige Methode des Verfassers.

Herr W. versichert, ganz selbständig auf das System Callery's gekommen zu sein; als er nachmals mit dessen Wörterbuche Bekanntschaft machte, fand er darin mit Freuden die Bestätigung seiner eignen Idee'n, und es that ihm gar nicht leid, dafs ihm Jemand zuvorgekommen. Aber die Uebereinstimmung Beider erstreckt sich nur bis zu einer gewissen Grenze: der sardinische Glaubensbote liefert ein vollständiges Wörterbuch; Herrn Wasiljew's vornehmster Zweck war, Anfängern die ursprünglichen und nothwendigsten Gruppen, d. h. dasjenige, was gleichsam die Einleitung zum Gebrauche seines Lexicons bilden soll, übersichtlich vorzulegen. Bis jetzt hat man die chinesische Schrift überhaupt nur von Seiten der Idee betrachtet, welche bei Erfindung der Schriftzeichen zum Grunde gelegen; daher giebt es zweierlei lexicalische Einrichtung: nach Classenhäuptern, und nach Lauten. Beides hat mit der Schrift als solcher, d. h. mit den Schriftzügen, aus welchen die Charactere bestehen, nichts gemein: diese Schriftzüge sind aber, richtig verstanden, ungefähr dasselbe, was in anderen Schriftarten ein Alphabet. Man kann nemlich nicht unbemerkt lassen, dafs auch die einfachen Gruppen eine Reihe gradueller Verflechtungen der verschiednen Züge (unter einander) ausmachen, und in solcher Verflechtung erscheint mit jedem neuen Striche ein neues Wort, ein neuer Begriff. Für den Anfänger ist es nun eine Quelle grofser

Confusion, wenn er nicht ab ovo mit der stufenweisen Entstehung, zunächst einfacher Gruppen, sich vertraut machen kann. Lenkt der Lehrer von Anbeginn des Schülers Aufmerksamkeit auf diesen Gegenstand, so wird ein neues Schriftzeichen diesem nicht blofs keine Belästigung des Gedächtnisses sein; es wird sogar, ob Gemeinsamkeit der Abkunft, das Behalten eines vorangegangenen Schriftzeichens erleichtern. Suchen wir den Schatz der Schriftsprache ohne System zu memoriren, wie sauer wird es uns dann, die Verschiedenheit da zu merken, wo Zugabe eines Striches oder Zuges ein ganz neues Schriftzeichen erzeugt! Als der Verf. die Auswahl derjenigen Charactere machte, die man dem Lernenden zunächst vorlegen soll, da beschäftigte ihn weniger ihre Erklärung, als die Vertheilung derselben in einer Ordnung, welche die beste und genaueste wäre. Er behauptet nicht, dafs auch seine Methode ganz ohne Mängel sei, hält aber die Hauptsache — und wohl mit Recht — bereits für gethan. Nicht so bald war ihm klar geworden, dafs jede Gruppe einen dominirenden Strich habe, mit welchem die Striche zweiten Ranges verschiedentlich in Verbindung treten; dafs es der Bequemlichkeit halber nöthig, die alleruntersten Züge zu nehmen und ihre allmälige Entwicklung zu verfolgen; dafs man auf ganz gleiche Weise von den unteren Gruppen zu den oberen oder von denen rechts zu denen links übergehen müsse. Die Menge der Gruppen ist sehr grofs, aber der verschiedenen Grundstriche sind höchstens acht. „Ist nun — fragt der Verf. — ein auf acht Grundstriche basirtes Wörterbuch nicht zweckmäfsiger als eines, das dem Lernenden 214 Classenhäupter oder mehr denn 1000 phonetische Gruppen (ohne genetische Ordnung) anmuthet?" Die letzteren werden in seinem projectirten Lexicon nach der Ordnung der Schriftzüge gereiht sein, und so wird man sie viel leichter merken als die gerühmten Classenhäupter, obgleich ihre Zahl weit gröfser ist.

Die Regeln der Benutzung eines solchen Wörterbuches kann man demnach so zusammen fassen: Wenn das Schriftzeichen nur eine Gruppe (von Strichen, also eine einfache) ausmacht, so sieh zuerst, was für ein Grundstrich unten steht; dann ist dir einstweilen bekannt, in welcher von den acht Hauptabtheilungen das Schriftzeichen zu suchen; nimm dann den nächsten Strich (von oben oder rechter Hand), suche dessen Fachwerk in derselben Abtheilung, und da wirst du die ganze Reihe verschiedener Combinationen von Strichen, deren eine die verlangte Gruppe ist, in guter Ordnung vorfinden. Besteht ein Schriftzeichen aus mehreren Gruppen, so wähle die ganze unterste oder (wenn sie einander nebengeordnet) die äusserste rechte, suche ihre Stelle wieder nach der angedeuteten Methode und bald wird es dir vor die Augen treten.

Seine Methode nennt Herr W. die graphische, zum Zeichen seiner Achtung vor Herrn Callery, der öfter im Systema phoneticum auf die Verwandtschaft gewisser Gruppen mit anderen hinweisend, dieses Wortes sich bedient. Er hat die ganze Arbeit in zwei Theile getheilt: der erste ist eine Uebersicht aller Gruppen, welche entweder der phonetischen Categorie zum Grunde liegen oder gar nicht hinein gehören, d. h. nicht mit Classenhäuptern zusammenstehen, oder nur eine Uebergangsstufe zur Bildung anderer Gruppen ausmachen. Nach Möglichkeit suchte er ungebräuchlichen Gruppen auszuweichen, weil er Anfänger im Auge hatte, deren Gedächtnifs nicht mit unnöthigen Formen belastet werden soll. Er nahm eigentlich nur die zwei ersten Categorieen auf — die nachbildende und die abgezogene (abstracte); aber sie werden gröfser durch Varianten und Abkürzungen, deren man von Anfang nicht entbehren kann, da sie besonders in Büchern und Ausgaben die für das Volk bestimmt sind, überaus zahlreich uns begegnen. Zu Erleichterung des Gedächtnisses war der Verf. nach Möglichkeit bemüht, zu zeigen, wie irgend eine Gruppe oder Form da gebraucht wird, wo sie an den von ihr eingenommenen Platz nicht gehört; auch hier entdeckt der Lernende eine Reihe Annäherungen und Varianten. Dieser erste Theil ist wohl der allerwesentlichste.

Der zweite Theil gehört in die phonetische Categorie. Dieser wird mit Callery's Wörterbuche im wesentlichen von gleichem Inhalte sein. Die Zahl der Schriftzeichen ist bei Herrn W. oft geringer als bei Callery, und oft bedeutender, indem viele, die sein Vorgänger übergangen hat, von ihm aufgenommen sind. Bei Abfassung eines ganz vollständigen Wörterbuches wird die Zahl der phonetischen Gruppen natürlich gröſser, aber viele derselben begegnen uns äusserst selten; andere kommen nur in Begleitung eines oder zweier Classenhäupter vor. Wenn eine Gruppe mit zwei oder mehr Classenhäuptern vorkommt, so daſs eines derselben gleichsam eine neue phonetische Gruppe bildet, die einen beschränkten Gebrauch hat, so stellt er sie mit der ursprünglichen Gruppe zusammen, um so mehr, als auch die Aussprache beider identisch zu sein pflegt. Solche zwiefache phonetische Gruppen vermiſst man bei Callery gewöhnlich. Auſserdem hat Letzterer oft sehr gebräuchliche Gruppen hinweggelassen, weil der Laut den sie darstellen, ihm nicht in sein System zu passen schien. Bei W. ist die phonetische Seite ebenfalls vorwiegend, aber nur in Folge naturgemäſser Anordnung der graphisch vertheilten Schriftzeichen: 'Wenn wir — sagt er — einem aus zwei oder mehren Gruppen gebildeten Schriftzeichen begegnen, so stellen wir es, wenn auch keine dieser Gruppen den Laut bezeichnet, doch an den Platz, den es einnehmen würde, wenn es phonetische Bezeichnung enthielte: dies ist kein geringer Vortheil des graphischen Systems. Callery musste, seinem System zufolge, viele Gruppen ausfallen lassen; das unsrige wird bei Vollständigkeit des Wörterbuches noch deutlicher und zugänglicher. . . . . Es ist hohe Zeit, daſs wir ein chinesisch-russisches Wörterbuch besitzen, und das meinige wird der erste Versuch zu einem solchen sein.' Der Verf. will dieses Werk jedoch nur den Bedürfnissen der Anfänger anpassen und bei Angabe der Bedeutungen hauptsächlich das Callery'sche zum Muster nehmen. In diesem russisch-chinesischen Lexicon wird übrigens die Aussprache der Schriftzeichen in der Mundart von Peking, als welche für Ruſslands Beziehungen zu China die wichtigste, mitgetheilt sein.

Als Probe seines Systems läſst der Verfasser das Verzeichnifs der phonetischen Gruppen, so wie es bei Callery zu finden ist, in der neuen graphischen Ordnung folgen. Einleitend steht aber ein kleines Verzeichnifs von mehr als 200 aus mehr oder weniger Strichen bestehenden einfachen Gruppen, unter acht Grundstriche geschaart. Ein Theil dieser einfachen Gruppen präsidirt bei den Gruppen-Combinationen im folgenden grofsen Verzeichnisse. Zusammen 25 lithographirte Blätter.

Wir glauben nun das wesentliche des Inhalts dieses Artikels gewissenhaft ausgezogen zu haben, müssen aber unser Bedauern aussprechen, dafs mehrere Stellen wegen fehlender Illustration durch Beispiele uns nicht ganz verständlich sind. Alle Vorzüge der Methode des Herrn Verfassers können erst, wenn sein versprochenes Wörterbuch gedruckt erscheint, ins wahre Licht treten. Sch.

Historische Nachrichten über Kokand, vom Chane Muhammed Ali bis Chudajar Chan.[1]

Im Jahre 1840 herrschte in Kokand der Sohn Omar's, Muhammed Ali, bekannt bei den Eingebornen unter dem volksthumlichen Namen Madali Chan[2]. Bis dahin hatte er im Rufe eines thätigen und tapferen Fürsten gestanden[3]; in jenem Jahre aber änderte er plötzlich seine Handlungsweise; er dachte nicht mehr an Eroberungen, entsagte aller Thätigkeit, sperrte sich in sein Harem ein, und ergab sich ungemessenen Ausschweifungen. Die Ursach dieser plötzlichen Veränderung sucht man in der um jene Zeit erfolgten Hinrichtung des Minbaschi Hakk Kuly[4], eines erfahrenen und wohlgesinnten Mannes, welcher den Fürsten mit seinen weisen Rathschlägen geleitet hatte.

---

[1]) Der Verfasser, Herr Weljaminow-Sernow, hat während mehrjährigen Aufenthalts in Orenburg und auf einer zwischen 1851 und 1852 unternommenen Reise durch das Westliche Sibirien und die Steppe der Kirgis-Kaisak alle Thatsachen die dieser Artikel enthält, mit grofser Sorgfalt gesammelt und glaubt für die Wahrheit seines Berichtes einstehen zu können.

[2]) Alle Mittel-Asiaten, unter ihnen auch die Kirgis-Kaisak, bedienen sich oft, im Sprechen wie im Schreiben, gewisser Namen in abgekürzter und verstümmelter Form. Solche Abkürzungen sind für einen und denselben Namen immer dieselben; hier einige Beispiele: Muhammed Ali wird Madali und Aljan; Arsalan wird Artschekej; Ir Muhammed, Ilikej; Muhammed Djan, Mambet; Muhammed Amin, Madamin.

[3]) Der Anfang seiner Regierung ist genau beschrieben im Jahrgang 1849 der Denkschriften der Russ. geograph. Gesellschaft.

[4]) Minbaschi heifst Chef über Tausend, osmanisch Bimbaschi. Dieser Würdenträger ist die erste Person nächst dem Fürsten.

Die verderblichen Folgen der schlechten Verwaltung liessen nicht auf sich warten. Alles murrte, und die ersten Magnaten beschlossen Empörung. Im Jahre 1841 entstand eine Verschwörung; an derselben betheiligten sich die vornehmsten Würdenträger vom damals herrschenden Stamme der *Sarten* [1], namentlich ein Minbaschi, dessen Name unbekannt und welcher an Hakk Kuly's Stelle getreten, ferner Leschker, der Kuschbeg [2]) von Taschkend, der Kasy-kaljan [3]), der Heerführer *Jsa* Chod*j*a, und Andere. Diese Personen vereinigten sich in geheimer Berathung darüber, den Muhammed Ali vom Throne zu stürzen und entweder Schir Ali, Sohn des Alim Chan, oder Murad Bej, Sohn des Had*j*i Bej, an seine Stelle zu setzen. Der erste dieser zwei Prätendenten hatte von Kindheit an unter den Kyptschakern nomadisirt [4]), die ihn ob seiner Uneigennützigkeit und strengen Lebensweise hochschätzten; der andere verweilte mit seiner ganzen Familie in Chiwa, wo er seine Tochter dem Chane Allah Kuly zum Weibe gegeben.

Lange berathschlagten die Verschwornen darüber, wie sie ihren Plan ins Werk setzen sollten. Da sie nicht stark genug sich fühlten, um auf eigne Faust eine Umwälzung zu bewerkstelligen, richteten sie endlich an ihren nächsten und mächtigsten Nachbarn, den Emir Na*s*r Ullah Bahadur Chan von Buchara, die Bitte um ein Hülfsheer. Dies war im höchsten Grade übereilt gehandelt; denn der Emir nährte schon lange unversöhnliche Feindschaft wider Kokand, und lauerte nur auf eine Gelegenheit, um in dessen Angelegenheiten sich einzumengen

---

[1]) Die Bevölkerung von Kokand besteht aus zwei Hauptracen: Türken oder Usbeken, welche Einwanderer, und Tad*j*iken oder *Sarten*, welche die Urbewohner des Landes sind.

[2]) Kuschbeg, wörtlich Vogel-Herr, also Vogler, Falkner, ist Ehrentitel der Statthalter der vornehmsten Städte und Gebiete.

[3]) Kasy-kaljan ist der Oberrichter, die höchste Gerichtsperson im Staate; man wählt ihn immer aus den Chod*j*a's, den Nachfolgern des Muhammed.

[4]) Die Kyptschaker sind ein Stamm der Usbeken, welcher theilweise im Chanate Buchara zwischen Kjetta-Kurgan und *Samarkand* nomadisirt.

und das Land in Besitz zu nehmen. Der Fehlgriff war so grofs, dafs Nasr Ullah selber, als jenes Ansuchen ihm zukam, die Aufrichtigkeit desselben bezweifelte und es ablehnte. Er bildete sich ein, die Kokander wollten sein Heer listiger Weise in ihre Grenzen locken und bei erster guter Gelègenheit aufreiben. Nach Empfang des abschlägligen Bescheides hätten die Verschwornen sich bedenken sollen; statt dessen schickten sie ein zweites Gesuch an den Emir. Jetzt rüstete Nasr Ullah; er rückte am 2ten April 1842 mit 18000 Mann aus seinen Grenzen, und am 17ten desselben Monats lagerte er schon 15 bis 16 Werst von der Stadt Kokand.

Die Kunde von dem plötzlichen Erscheinen des Feindes in der Nähe der Residenz jagte Muhammed Ali panischen Schrecken ein. Ein Frieden, selbst ein schimpflicher, erschien ihm als einziges Rettungsmittel. Auf seinen persönlichen Befehl gingen sein ältester Sohn Muhammed Amin, sein Kuschbeg Leschker, und der Kasy-kaljan zu Unterhandlungen ins feindliche Lager ab. Man stellte ihnen folgende Bedingungen: 1) sollte der Fürst von Kokand sich als Vasallen Buchara's bekennen; 2) sollte er gestatten, dafs beim Gebete in den Moschee'n des Reichs der Emir statt seiner genannt würde; 3) sollte er geloben, alles Geld auf des Emir's Namen umprägen zu lassen.

Nasr Ullah empfing die Unterhändler sehr freundlich. Zum Zeichen besonderer Huld, befahl er seinen Magnaten, sie in einem besonderen Zelte zu bewirthen. Darauf schickte er den Prinzen und den Kasy-kaljan zurück, den Kuschbeg aber liess er zu sich kommen und hielt mit ihm ein Zwiegespräch das länger als eine Stunde dauerte. Leschker sagte ihm, die Bewohner der Residenz, Vornehme wie Geringe, hätten keineswegs die Absicht, ihren Fürsten zu beschützen, sie seien vielmehr jeden Augenblick bereit, das Heer von Buchara einrücken zu lassen. Als der Emir dies vernommen, schickte er den Kuschbeg an Muhammed Ali und liefs ihm sagen dafs er ohne Aufschub zu persönlichen Erörterungen im Lager sich einfinden möge.

Man kann sich den Schrecken des Chans vorstellen, als er diese Aufforderung erhielt; denn Folge leisten hiefs in diesem Falle sich dem beinahe gewissen Verderben Preis geben. Der Fürst wollte sich des Rathes seiner Verwandten und Magnaten erholen, aber Keiner leistete ihm Gehorsam. Jetzt erst errieth er die verrätherische Gesinnung der ihn umgebenden Personen. Mit kummervollem Herzen, ein Opfer der Willkür des Schicksals, beschloss er zu fliehen; so raffte er seine Kostbarkeiten zusammen, lud sie auf hundert Wagen, nahm seine Familie und tausend Mann Gefolge, und floh auf dem Wege nach Namangan.

Nach der Flucht Muhammed Ali's begaben sich der Kuschbeg Leschker, der Kasy-kaljan und Andere als Abgeordnete zum Emir und schlugen ihm vor, in die verwaiste Residenz einzurücken. Nasr Ullah schickte aus Vorsicht ein Truppencorps mit Kanonen voran. Hinter diesen zog er ruhig und feierlich in die Stadt und liefs sich im Palaste der Nachkommen Narbuta's nieder.

Die ersten Schritte des Emirs nach der Einnahme von Kokand bewiesen deutlich, in welcher Absicht er gekommen und was er dem Lande sein wollte. Alle Befürchtungen ergaben sich als begründet. In der schmeichelnden Hoffnung unumschränkter Gebieter von ganz Mawerannahr zu werden, wollte Nasr Ullah die jetzt erlangte Herrschaft über Kokand um keinen Preis fahren lassen und dies reiche Gebiet für immer mit seinem Staate vereinigen. Er begann damit, dafs er die Residenz seinen Soldaten zur Plünderung überliefs. Der Despot war nemlich von seinem mittelasiatischen Standpuncte überzeugt, die Furcht würde ihm den Gehorsam des Volkes mehr als jedes andere Mittel sichern. Die bucharischen Krieger machten sich, wie Jeder denken kann, die Erlaubnifs ihres Gebieters mit grofsem Eifer zu Nutze: ihre Zügellosigkeit überstieg jede Grenze. Sie raubten den Einwohnern alles Eigenthum, sogar der Geistlichkeit ihre Bücher, und selbst Weiber und Kinder erlitten schmähliche Behandlung. Das Plündern dauerte vier volle Stunden, worauf der Emir es einzustellen befahl. Am folgenden Tage wurden die Einwohner gezwungen, die ihnen gestern geraubten Dinge wieder zu kaufen, doch mit Ausnahme des Goldes, Silbers und anderer Kostbarkeiten, welche in den Schatz des Emirs wanderten.

Auf die Plünderung der Residenz folgte bald ein anderer Gewaltstreich. Nasr Ullah liefs dem Muhammed Ali und dessen ganzer Familie nachspüren. So schwach und verachtet der seines Thrones verlustige Chan war, so sah der Emir doch einen Rivalen in ihm, und wollte ihn, was es auch kosten möchte, in seine Macht bekommen. Auch dieses Mal war das Geschick ihm günstig: einige Kokander erboten sich seinen Befehl zu vollstrecken, und schon wenige Tage nach Empfang der allerhöchsten Erlaubnifs brachten sie den Chan, dessen Weiber und Kinder gefesselt an den Hof. Muhammed Ali hatte, wie wir gesagt, auf seiner Flucht den Weg nach Namangan eingeschlagen. Am ersten Tage legte er eine sehr kurze Strecke zurück, und machte sich fertig, an irgend einem unbedeutenden Oertchen zu übernachten. Am folgenden Morgen bemerkte er zu seiner gröfsten Verwunderung, dafs ihm von tausend Begleitern nur drei Mann geblieben; die Uebrigen waren zur Nachtzeit aus einander gestoben, und hatten alle seine Habe mitgenommen! Beim Anblick dieses neuen Unglücks gerieth der Chan in äufserste Verzweiflung. Nicht wissend wo er sich verstecken sollte, entschlofs er sich zu einem sehr gewagten Schritte: er wollte nach der Residenz umkehren, persönlich am Hofe erscheinen, und daselbst um Schonung bitten, in der Hoffnung, dafs sein Feind, der Emir, nicht mit dem Blute eines Herrschers sich beflecken würde, der ihm freiwillig seinen Gehorsam anbot. Aber kaum war er in der Stadt angelangt und hatte in einem Garten zum Thee sich niedergesetzt, als er plötzlich von denselben Kokandern die ihn aufzusuchen versprochen hatten, erkannt ward. Weder Bitten noch Thränen retteten den unglücklichen Fürsten; er wurde festgenommen. Denselben Kundschaftern gelang es dann auch, alle Glieder seiner Familie, die sich an verschiedenen Orten befanden, zu ergreifen [1]).

Mit der Gefangennehmung des Chans glaubte Nasr Ullah sein Ziel vollständig erreicht zu haben. Seiner Meinung nach war ihm Kokand für immer unterworfen, das Volk durch die Plünderung gebändigt, jeder Gegner vernichtet. Es blieb ihm, wie er glaubte, nichts mehr übrig, als seine Gewalt in gesetzmäfsige Form zu kleiden, ein System der Verwaltung in dem neu erworbenen Lande zu begründen, den Muhammed Ali aus der Welt zu schaffen, und dann, nach Buchara heimgekehrt, die Früchte des leichten Sieges zu geniefsen. Er berief einen Staatsrath, dessen Mitglieder von Seiten der Kokander der Kuschbeg Leschker, der Kasy-kaljan und Andere waren, von Seiten Buchara's der Kuschbeg Irdane und der Kasy-kaljan [2]). Gleich bei seinem Eintreten in den Saal der Berathung erklärte Nasr Ullah mit lauter Stimme, dafs er Kokand für immer seinen Besitzungen beizähle und deswegen alle ob ihres Einflusses gefährliche Grofsbeamten dieses Landes mit nach Buchara zu nehmen gesonnen sei; was Muhammed Ali und dessen Familie betreffe, so wolle er diese, als Kronprätendenten, hinrichten lassen; die Stadt Kokand und die zu ihrer Gerichtsbarkeit gehörenden Orte sollten durch bucharische Statthalter verwaltet werden. Diese Worte waren ein harter Schlag für die zum Rathe gehörenden Eingebornen; denn trotz allen Enttäuschungen hatte doch Keiner von ihnen erwartet, dafs der Despotismus bis zu diesem Aeufsersten gehen würde. Der Kuschbeg Leschker und der Kasy-kaljan, Beide tief erschüttert, entschlossen sich, das Wort wider den Emir zu erheben. Mit ihnen stimmte sogar Irdane, ein hochbejahrter und sehr rechtschaffener Mann. Der Inhalt ihrer Vor-

---

[1]) Die Weiber des Muhammed Ali schickte der Emir auf vierzig Araba's nach Buchara.

[2]) Ein Kasy-kaljan hat in Buchara weit weniger Bedeutung und Macht, als in Kokand. Sein Amt besteht in Prüfung bürgerlicher Rechtshändel bei denen die Gerichtskosten die Summe von 500 Till nicht übersteigen.

stellungen war ungefähr folgender: „Eure Hoheit will ein Land, das Sie treuherzig aufgenommen, in eine Provinz Ihres Reiches verwandeln, will Ihre eignen Statthalter über Kokand setzen, den Muhammed Ali vernichten und die Grofsbeamten wegführen. Wozu alle diese harten und strengen Mafsregeln? Warum den allgemeinen Hafs auf sich ziehen der Euerer Hoheit nur verderblich sein kann? Wird es nicht mehr zu Euerem Vortheil sein wenn Ihr Euch bestrebt, durch Wohlthaten des Volkes Liebe zu gewinnen, und wenn Ihr vor der Rückkehr nach Buchara irgend Einen von der Dynastie Narbuta mit den Rechten eines Najib (Vasallen) auf den Thron setzet? Freilich wird Kokand alsdann nicht Euere Provinz sein: dafür werdet Ihr aber die Oberherrschaft uber das Land behalten. Euere Macht, wenn Ihr sie nicht auf Tyrannei gründet, wird dauernd und ewig sein." Nasr Ullah hörte diese Vorhaltungen mit sichtbarem Mifsvergnügen. Als die Opposition ihre Reden geendigt hatte, blickte er seinen Kasy-kaljan mit Bedeutung an. Dieser, ein listiger und verschlagener Mensch, der Typus eines bucharischen Höflings, verstand was der Fürst von ihm wollte. Er trat von seiner Seite als Redner auf, und bemühte sich, die Unrichtigkeit dessen was die Gegenpartei geltend gemacht, darzuthun. Den Muhammed Ali bezeichnete er nicht blofs als gefährlichen Gegner, sondern dazu noch als einen Missethäter der seine eigne Stiefmutter geheirathet [1]), und schon deswegen mit seiner ganzen Familie den Tod verdient habe. Der Emir billigte (wie man sich denken kann) die Worte des Kasy-Kaljan, und befahl sogleich die Vollstreckung dessen, was er bei seinem Eintritt ausgesprochen. Der gefangene Chan, dessen ältester Sohn, Bruder und Mutter wurden in den Saal der Versammlung geführt und im Beisein der Mitglieder hingerichtet. Gleichzeitig ergriff man die 250 höchsten Würdenträger und schickte sie mit ihren Familien

[1]) M. Ali hatte wirklich seine Stiefmutter, die Gemalin des verstorbenen Omar Chan, zum Weibe genommen. Nasr Ullah heirathete sie nach M. Ali's Tode, liefs sie aber hinrichten, als er von seinem zweiten Zuge gegen Kokand zurückgekehrt war.

unter Escorte nach Buchara. Am anderen Tage beglückte Nasr Ullah sämmtliche Städte des Landes mit bucharischen Statthaltern. Zum Oberstatthalter des Chanats ernannte er den Ibrahim Dadcha, und liefs ihm 600 Mann Soldaten als Garde. Dann kehrte er mit dem ganzen Heere nach Buchara zurück; er hatte in der Stadt Kokand nur zwölf Tage verweilt.

Mit ungewöhnlichem Aufwande zog Nasr Ullah in seine Residenz ein. Leute, die ihn damals gesehen, versicherten, er sei gar nicht wieder zu erkennen gewesen, so hochmüthig, unzugänglich und seines Ruhmes voll habe er gegen seine ganze Umgebung sich benommen. Gleich am Abend des Tages seiner Ankunft siedelte er in einen seiner Paläste aufserhalb der Stadt über, zog ein prächtiges Gewand von Kaschmir-Schawl's an, und liefs den Gesandten von Chiwa, Schukur Ullah Bej, zu sich rufen. Diesem verkündete er hochmüthig, dafs er jetzt seiner nicht mehr bedürfe, und dafs er, wenn er wolle, in seine Heimath zurückkehren könne. Schukur Ullah wanderte, beschenkt mit Geld und Effecten, unter bucharischer Escorte nach Chiwa zurück, und begegnete auf seinem Wege dem Machrem Ata Nijas, der von Allah Kuly abgeschickt war um Nasr Ullah zur Eroberung des Chanates Glück zu wünschen [1]).

Der Triumph des Emirs sollte aber bald ein Ende nehmen. Drei Monate nach der Einnahme von Kokand, im Sommer 1842, brach in dieser Provinz eine Empörung aus, und die Macht der Bucharen stürzte hier eben so schnell wieder zusammen als sie aufgebaut worden war. Die näheren Umstände werden in folgender Art erzählt. Nach dem Abzuge seines Fürsten begann Ibrahim Dadcha das ihm untergebene Volk zu drücken. Es mufste alle in Buchara bestehenden Auflagen ohne Ausnahme zahlen und aufserdem noch den vierten Theil seiner Erndten in die Staatskasse abliefern. Verzweiflung trieb die Eingebornen zu dem Entschlusse, das ihnen verhafste Joch

---

[1]) Machrem (Vertrauter, d. h. des Chans) ist in Chiwa ein Ehrentitel der höchsten Würdenträger.

abzuwerfen. Sie schickten heimlich ein Schreiben an die in den Grenzen von Kokand nomadisirenden Kyptschaker, worin sie diesen Stamm beschworen, ihnen bei ihrer vorhabenden Empörung und Erhebung des Schir Ali auf den Herrscherthron Hülfe zu leisten. Die Kyptschaker weigerten sich anfänglich, bald aber wurden sie anderen Sinnes und griffen zu den Waffen. Angeführt von Schir Ali und Isa Chodja, rückten sie in dichtgedrängter Schaar gegen die Hauptstadt an. Kaum waren sie unter den Mauern erschienen, als die Kokander auf ein vorher verabredetes Zeichen über die Bucharen herfielen. Der Erfolg war ein glänzender: die überrumpelten Soldaten des Emirs wurden fast Alle niedergehauen. Ibrahim Dadcha und sein ihm als Gehülfe zugeordneter Bruder Ishak retteten sich mit Mühe durch die Flucht; Schir Ali zog sofort in die Stadt ein, besetzte die Hofburg, und wurde unter freudigem Jauchzen des Volkes zum Chan ausgerufen.

Die Kunde von der Empörung brachte den Nasr Ullah in rasende Wuth. Zuerst bestrafte er Ibrahim und Ishak, und liefs ihre Habe einziehen. Dann beschied er in gröfster Rathlosigkeit den Irdane zu sich. „Meine beste Provinz ist dahin — rief er ihm zu — jetzt ersinne ein Mittel, dafs ich sie wieder kriege!" Der Kuschbeg rieth ihm ein Heer zu sammeln und gegen Kokand zu marschiren. Er rechnete darauf, dafs die Kyptschaker, wenn sie von dem Anrücken der bucharischen Armee hörten, darob erschrecken und in ihre Steppe zurückziehen, die Kokander aber, auf ihre eigne schwache Kraft angewiesen, gezwungen sein würden, sich zu ergeben. Der Emir billigte diesen Rath, und rückte im Herbste 1842 an der Spitze von 20000 Kriegern gegen Kokand ins Feld. Die 250 Würdenträger dieses Landes, die er als Gefangene zurückhielt, nahm er mit sich, denn er befürchtete, sie möchten, seine Abwesenheit benutzend, durch Vermittlung des Schukur Ullah Bej, welcher damals in Buchara verweilte [1]),

[1]) Schukur Ullah war, nachdem ihn Nasr im Sommer 1842 nach Chiwa zurückgeschickt hatte, von Allah Kuly wieder an den Emir abgeordnet worden.

mit dem Chane von Chiwa in geheimen Bund treten; Letzterer war nemlich nur dem Scheine nach ein Freund des Emirs, besonders seitdem dieser beinahe des ganzen Landes Mawerannahr sich bemeistert hatte.

Bei Kokand angelangt, belagerte Nasr Ullah diese Stadt und forderte die Einwohner zu sofortiger Uebergabe auf. Die Garnison erwiederte abschläglich. In den ersten Tagen unternahm der Emir nichts, und befahl nicht eher einen regelmäfsigen Angriff, bis er sich überzeugt hatte, dafs die Kyptschaker, im Widerspruche mit Irdane's Meinung, durchaus nicht verzagten und fest entschlossen waren, den Schir Ali zu beschützen.

Zu den 250 Würdenträgern von Kokand, die im bucharischen Lager als Gefangene sich befanden, gehörte ein geborner Kyptschaker, seines Namens Musulman Kuly, mit dem Beinamen Tschulak [1]), der unter Muhammed Ali als Jüsbaschi (centurio) gedient, ein Mann von ungemeinem Verstande und seltnen Fähigkeiten. Dieser Musulman Kuly unternahm die Rettung seiner Mitbürger. Er schmeichelte sich in die Freundschaft des Emirs ein und versprach ihm, die Uebergabe von Kokand zu erwirken. Nasr Ullah war in solchem Grade unvorsichtig, dafs er an die Ergebenheit seines neuen Freundes glaubte und ihm Erlaubnifs gab, in die Stadt zu gehen. Das eben hatte Musulman Kuly erstrebt. Zu den Belagerten gelangt, predigte er ihnen mit grofsem Eifer, dafs sie bis zum letzten Tropfen Blutes sich schlagen möchten. Das Volk, welches schon lange den Jüsbaschi hoch achtete, hörte seine Aufforderung mit Freuden. Eine übernatürliche Tapferkeit beseelte die Besatzung, und alle Mittel des Widerstands wurden noch verstärkt. Bis dahin war die Stadt von einem Walde und einem unbedeutenden Walle umgeben gewesen: die Einwohner hieben den Wald um und führten eine hohe und dicke Mauer auf, zur Nachtzeit arbeitend und eine Schicht mit Erde,

---

[1]) Tschulak heifst auf tatarisch Krüppel; diesen Beinamen hatte der besagte Mann weil er hinkte.

die andere mit Holz bekleidend. Auch machten sie beständig Ausfälle; auf einem derselben erlitt das bucharische Heer, da ihm keine Zeit geblieben war, sich in Schlachtordnung zu stellen, eine furchtbare Schlappe.

Im höchsten Grade aufgebracht, nahm der Emir sich vor, nicht eher abzuziehen, bis er der Stadt sich bemeistert hätte. Musulman Kuly, jetzt einsehend, dafs mit Gewalt nichts auszurichten sei, nahm zur List seine Zuflucht. Er schrieb an die Magnaten von Buchara einen Brief folgenden Inhalts: „Während ich bei euch verweilte, verspracbet ihr mir, euren Fürsten im Verlaufe des gegenwärtigen Krieges zu tödten; jetzt ist's wohl an der Zeit, dafs ihr euer gegebenes Wort haltet." Dieses Schreiben schickte Tschulak vorsätzlich direct an die feindlichen Vorposten; es wurde, wie er erwartete, in Beschlag genommen und dem Emir ubergeben. In derselben Minute kam, als wäre es verabredet gewesen, ein Courier mit der Kunde, dafs der Chan von Chiwa, durch die Kokander angereizt, in die ihm benachbarten bucharischen Wohnorte eingedrungen sei, sie geplündert und einige tausend Familien gefangen fortgeschleppt habe [1]). Entsetzen ergriff den Emir: auf der einen Seite für sein Leben, auf der anderen für die Integrität seines Reiches zitternd, zögerte er keinen Augenblick, hob die Belagerung auf, und trat den Rückzug an, nachdem er die bei ihm befindlichen 250 Würdenträger frei entlassen [2]). Die Belagerung hatte 40 Tage gedauert.

Mit dem Abzuge der Bucharen kehrten Ruhe und Frieden in Kokand ein. Wie man erwarten konnte, erhielten die Kyptschaker, als Befreier des Vaterlands, alle obrigkeitlichen

---

[1]) Dieser Ueberfall hatte den Chiwaern ungeheuere Beute eingetragen. Auf den Antheil des Chans, der, wie herkömmlich, ein Fünftel beträgt, kamen allein 15000 Stück Hammel. Allah Kuly liefs allen gefangenen bucharischen Familien je 10 Tanap (0,375 Desjatinen) Land in der Umgegend von Kuni Urgendj anweisen; auch erhielten diese Familien auf 10 Jahre Befreiung von allen Abgaben.

[2]) Nur der Kuschbeg Leschker machte sich die ihm geschenkte Freiheit nicht zu Nutze und blieb freiwillig bei dem Emir.

Aemter an Stelle der Sarten. Muhammed Kuly wurde Minbaschi, und den übrigen angesehenen Personen aus ihrer Mitte vertraute man Städte und Gebiete. Schir Ali erwies sich als ein rechtschaffener und sanftmüthiger Herrscher. Er begann schon seine Regierung mit einer That, die ihm Ehre machte, indem er den Leichnam des Muhammed Ali vor vielem Volke ausgraben liefs, und mit der ganzen Geistlichkeit das Leichengebet über ihm sprach. Dann übergab er ihn wieder der Erde und liefs über dem Grab eine schöne Capelle errichten.

Dritthalb Jahre lang blieb die Ruhe in Kokand ungestört; aber im Jahre 1845 gab es neue Unruhen. Der Urheber war Murad Bej, eine fürstliche Person, die immer in Chiwa sich aufgehalten, aber nach dem Tode Allah Kuly's mit dessen Sohn und Nachfolger Rachim Kuly sich entzweit hatte und nach Buchara geflohen war. Etwa ein Jahr lang verweilte dieser Mann bei dem Emir, ohne irgend was zu thun. Endlich kam es Nasr Ullah in den Sinn, ihn zu seinem Nutzen zu verwenden. Er beredete ihn zu einem Versuche, den Schir Ali vom Throne zu stürzen, und verhiefs ihm militairische Unterstützung unter der Bedingung, dafs er im Falle guten Erfolgs als Vasall von Buchara sich bekennte. Murad ging in diesen Vorschlag, da er seiner Eigenliebe schmeichelte, mit Freuden ein. Im Sommer 1845 setzte er sich mit einer Abtheilung der Truppen des Emirs gegen Kokand in Bewegung.

In der Residenz des Chanates argwöhnte niemand die drohende Gefahr. Zum gröfsten Unglück war Muhammed Kuly mit dem Heere abgezogen, um Abgaben einzusammeln und Schir Ali ohne allen Schutz. Diese Umstände kamen Murad aufserordentlich zu Statten. Als er sich überzeugt hatte, dafs die Residenz ohne Garnison war, zog er sofort ein, besetzte die Hofburg, ergriff den Schir Ali, tödtete ihn, und liefs sich als Vasallen des Emirs ausrufen. Aber dieser Titel war sein Verderben. Das Volk, darob erbittert, dafs es den ihm verhafsten Namen Nasr Ullah's wieder hörte, schickte sogleich die Kunde des Vorgefallenen an Musulman Kuly. Der Minbaschi rückte mit seinem ganzen Heere heran. Von der letzten Station aus ersuchte er Murad schriftlich um Erlaubnifs, in die Stadt kommen zu dürfen. Murad schlug ihm dies ab. Jetzt besann sich der „Lahme" nicht lange. Er drang mit seinen tapferen Kyptschaken stürmend in Kokand ein, umringte die Burg, nahm den Usurpator gefangen und liefs ihn hinrichten. Darauf proclamirte er den Sohn des Schir Ali, den damals 18jährigen Muhammed Chudajar (d. i. auf persisch Gottesfreund, also Gottlieb!) als Chan von Kokand. Murad Bej hatte in Allem sieben Tage geherrscht; das von ihm mitgebrachte Heer rettete sich durch die Flucht nach Buchara.

Mit der Thronbesteigung des Chudajar begann für Kokand eine schwere Zeit. Der Chan war zu jung, um regieren zu können; so kam die Gewalt natürlicher Weise in Musulman Kuly's Hände, der aufserdem Schwiegervater des jungen Fürsten war. Dieser Magnat, der zweimal das Vaterland vom Feinde errettet hatte, verstand es leider nicht, von seinem Glücke weisen Gebrauch zu machen. Ehrsucht verwirrte ihm den Kopf, und er dachte bei Allem was er unternahm, nur an sein persönliches Interesse. Seine Tyrannei wurde besonders dadurch unheilvoll, dafs alle diejenigen, die an der Spitze der Verwaltung standen, dem Beispiele des Reichsverwesers folgten, denn er mufste ihnen, als Werkzeugen und Stützen seiner Macht, durch die Finger sehen.

Die Dictatorwürde des „Lahmen" dauerte fünf Jahre lang, d. h. bis 1850. In diesem Jahre wurde der Chan volljährig, und begann der Vormundschaft des Schwiegervaters überdrüssig zu werden. Unter den Kyptschaken selber fanden sich Mifsvergnügte, die eine Empörung verabredeten; diese kam 1851 zum Ausbruche. Der Statthalter von Margalan, der von Uratübe, und der von Chodjend, alle drei Kyptschaken, suchten den Kuschbeg von Taschkend, der Nar Muhammed hiefs und vornehmster Districtverweser des Chanates war, zu überreden, dafs er mit ihnen wider Kokand zöge, um den

Musulman Kuly zu tödten. Nar Muhammed war lange unschlüssig. Die Anderen versprachen ihm endlich, dafs er Minbaschi werden solle, falls ihr Unternehmen gelänge. Das wirkte: er sammelte die Seinen, bewegte sich gegen die Hauptstadt, und schlug unweit derselben, beim Flusse Syr Darja ein Lager. Dort wollte er den Statthalter von Margalan erwarten, der ihm entgegenrückte. Man weifs nicht, warum dieser zögerte; aber seine Verspätung rettete den „Lahmen." Er erfuhr zu rechter Zeit, was man gegen ihn im Schilde führte, zog mit seiner Armee aus Kokand, nahm zwischen Nar Muhammed und dem Zauderer eine Stellung, und schnitt ihnen jede Communication ab. Als der Kuschbeg von Taschkend diesen schlechten Erfolg sah, marschirte er eilig wieder nach Hause; der Statthalter von Margalan aber ging aus Furcht ins feindliche Lager und gab vor, er sei den Kokandern, nicht aber den Empörern, zu Hülfe gekommen. Seine schlaue Entschuldigung rettete ihn nicht vor Strafe: er wurde seines Amtes entsetzt.

Im Anfang des Jahres 1852 brach zwischen Musulman Kuly und Nar Muhammed grimmige Feindschaft aus. Veranlassung dazu war folgender Umstand: der Kuschbeg von Taschkend zahlte 40000 Ducaten jährlicher Abgabe in drei Terminen. Diese Abgabe kam an den Oberschatzmeister (dostarchantschi) in Kokand. Der damalige Verwalter des besagten Amtes, statt diese Summe vollständig zu registriren, hielt einen Theil davon zurück, und theilte ihn mit seinen Freunden und Verwandten, dem Nar Muhammed und dem ersten Secretar (risalatschi). Dabei wäre nun keine grofse Gefahr gewesen, wenn der Oberschatzmeister auch dem Minbaschi etwas davon abgegeben hätte, was er aber aus Habsucht oder irgend einem anderen Grunde unterliefs. Als nun Musulman Kuly durch einen besonderen Beamten, seines Namens Mursa Baschi Ma'asum, der in Taschkend wohnte und über die Handlungen des Kuschbeg wachte, von diesem Mifsbrauch erfuhr, fühlte er sich schwer verletzt, und eines Tages forderte er in voller Versammlung des Rathes, bei welcher er präsidirte [1]), von dem Oberschatzmeister und ersten Secretare Rechenschaft wegen ihrer Verwendung der Abgaben im Verlaufe einiger Jahre. Ihres rechtswidrigen Verfahrens überwiesen, begannen sie doch sich zu rechtfertigen und zu streiten, endlich zogen sie gar ihre Säbel und warfen sich auf den Minbaschi. Man hinderte sie mit Mühe an Vollstreckung des Mordes. Nach der Sitzung richtete Musulman Kuly ohne Aufschub eine Klage an den Chan, und bestand darauf, dafs beide Excedenten bis zum Ergebnisse des gegen sie einzuleitenden Processes von ihren Aemtern suspendirt würden. Davon in Kenntnifs gesetzt, flohen diese mit ihrem Anhange nach Taschkend. Zu den Flüchtlingen gesellte sich bald auch der Kuschbeg von Chodjand. Auf's Aeusserste entrüstet, verlangte der Minbaschi im Namen des Chans von Nar Muhammed die Auslieferung aller Drei, und forderte ihn selbst auf, nach Kokand zu kommen, damit er sich verantwortete. Der Kuschbeg von Taschkend weigerte sich entschieden, auf diese Forderungen einzugehen und traf Anstalten zur Vertheidigung seiner Stadt. Da erschien im März 1852 ein Heer aus Kokand unter Anführung des „Lahmen" und des Chans, und belagerte Taschkend. Es waren 40000 Mann mit 8 Geschützen. Obgleich aber ihre Zahl so bedeutend war, obgleich sie das Wasser des Syrtschik ableiteten, und der Widerstand der Stadtbewohner, die von der Belagerung sehr litten und grofse Lasten zu tragen hatten, ein unfreiwilliger heifsen konnte, mufsten die Kokander dennoch am 23sten März wieder abziehen. Eine der vornehmsten Ursachen des Mifslingens war die Verrätherei des Kuschbeg von Margalan, der 8 Tage vorher mit 600 Mann zu den Belagerten überging.

Das erfolglose Unternehmen gegen Taschkend hatte für den „Lahmen" sehr nachtheilige Folgen. Seine persönlichen Feinde, Nar Muhammed, der Dostarchantschi, der Rysalatschi,

---

[1]) Dieser Rath war, als Chudajar den Thron bestieg, aus Kyptschakern gebildet. Den Vorsitz führte der Minbaschi; Mitglieder waren der Schatzmeister, der erste Secretar und noch zwei Grofsbeamte.

und die Kuschbege von Chodjand und Margalan, aufgemuntert dadurch, dafs ihr Ungehorsam ungestraft geblieben, schlossen sich enger an einander. Zu ihnen stiefsen alle die zahlreichen unzufriedenen Kyptschaker, welche, bis dahin an die Unbesiegbarkeit des Minbaschi glaubend, ihr Uebelwollen öffentlich kund zu geben nicht gewagt hatten. So stand bereits im April desselben Jahres eine ansehnliche und mächtige Oppositionspartei schlagfertig. Von Chudajar selbst behauptete man dafs er dieser Partei sich zuneigte.

Musulman Kuly merkte sehr bald die Gefahr, in der er schwebte und suchte sie abzuwenden. Er gebrauchte Schmeichelworte und Drohungen, um seine Gegner aus einander zu sprengen und die eigentlichen Rädelsführer, d. h. Nar Muhammed und dessen vier Verbündete, nach Kokand zu locken. Alles vergebens; man richtete die Antworten auf alle seine Vorschläge nicht an ihn, sondern an den Chan, und schrieb in bestimmten Ausdrücken, es könne erst dann von Ergebung die Rede sein, wenn der Minbaschi seines Amtes enthoben sei.

Die Noth zwang den „Lahmen" wieder, die Waffen zu ergreifen. Unterm 16ten Juni 1852 belagerte er Taschkend mit 30000 Mann und 8 Geschützen, und wiederum in Begleitung des Chans, den er in der Residenz allein zu lassen sich fürchtete. Dieser zweite Feldzug war für Musulman Kuly unheilvoll; er verlor auf demselben seinen ganzen Einflufs. Sein Sturz erfolgte in folgender Art. Als der Minbaschi mit dem Heere gegen Taschkend rückte, waren dort schon lange Mafsregeln zur Vertheidigung getroffen, und in allen benachbarten Festungen, die zur Gerichtsbarkeit Nar Muhammed's gehörten, wurden die einer Hinneigung zum Feinde verdächtigen Befehlshaber abgesetzt und mit anderen dergleichen vertauscht. Taschkend mit Gewalt zu nehmen, war beinahe unmöglich. Nachdem Musulman Kuly eine Zeitlang unter den Mauern dieser Stadt gelegen, schickte er eine nicht grofse Abtheilung des Heeres gegen die Stadt Turkistan; er selber zog mit dem übrigen Heere gegen Niasbek. Diese Festung liegt im Oberlande des *Salarka* und des *Syrtschik*, welche bei

Taschkend vorbeifliefsen. Der „Lahme" gedachte die Festung zu nehmen, das Bette beider Flüsse abzuleiten, und auf diese Weise dem Nar Muhammed und dessen Heere das Wasser zu entziehen [1]). Die Belagerung von Niasbek zog sich in die Länge. Als der Minbaschi sah, dafs er der Citadelle nicht so leicht Meister werden würde, veränderte er seinen Plan. Er begnügte sich, das Wasser abzuleiten, liefs vor Niasbek nur ein kleines Beobachtungscorps von 300 Mann in einem nahen, von ihm selbst erbauten Fort, und rückte mit der Hauptarmee gegen Tschemkend, das in drei Tagen genommen war. Um diese Zeit erfuhr man aber im Lager der Kokander, dafs die Taschkender jene vor Niasbek zurückgelassenen 300 Mann zersprengt und das Wasser wieder zu sich in die Stadt geleitet hätten. Der „Lahme", bestürzt von einer so unangenehmen Kunde, legte sogleich 300 Mann Besatzung in das eroberte Tschemkend, und eilte mit dem ganzen übrigen Heere, um Niasbek wieder anzugreifen. Am Ufer des Syrtschik stiefs er auf die Armee von Taschkend, und hier entschied sich sein Schicksal. Noch vor Anfang der Schlacht, und zwar als die Kokander eben angreifen sollten, ging Chudajar plötzlich mit einem ansehnlichen Theil des Heeres zum Feinde über. Dieser unerwartete Vorfall flöfste den Anhängern des „Lahmen" Schrecken ein. Die Kokander flohen ohne Schwertstreich, eine Menge von ihnen fiel und an die Tausend ertranken im Syrtschik. Musulman Kuly rettete sich mit Mühe aus der Gefangenschaft. Mit kleinem Gefolge entkommen, versteckte er sich in den Steppen der Schwarzen Kirgis (Burut), aus deren Stamme seine Mutter war.

Gleich nach seinem Falle, im September 1852, gab es eine Umwälzung in der Regierung von Kokand. Die bisherige Oppositionspartei wurde die herrschende. Utenbai (bisher Befehlshaber von Margalan) erhielt die Würde eines Minbaschi;

---

[1]) Niasbeg war von dem Kuschbeg von Taschkend unabhängig. Nar Muhammed zahlte an den Befehlshaber der genannten Festung jährlich 200 Ducaten, damit er das Wasser nicht in ein anderes Bette leitete und dessen regelmäfsigen Lauf unterhielte.

der Dostarchantschi und der Rysalatschi traten wieder in ihre vorigen Aemter, und die Anhänger des entflohenen Premierministers wurden hingerichtet.

Der Triumph der neuen Partei dauerte jedoch gar nicht lange. In ihrer Mitte war keiner, der sich an Fähigkeiten mit Musulman Kuly vergleichen und seine Macht so wie dieser befestigen konnte. Das Volk fuhlte keine Sympathie für die neuen Befehlshaber, in deren Person es dieselben Kyptschaker sah, die es schon fünf Jahre lang gequält hatten. Endlich konnte man auch auf den Chan nicht rechnen. Wenn dieser die Partei des Nar Muhammed ergriffen hatte, so war es darum geschehen, weil die stete Beaufsichtigung seiner Handlungen durch den Schwiegervater ihm lästig fiel; allein die erste Vormundschaft gegen eine andere einzutauschen, war Chudajar keineswegs gewillt.

Schon nach zwei Monaten bildete sich zu Kokand unter den Sarten eine Verschwörung, welche Vertilgung aller Kyptschaker zum Zwecke hatte. Der Chan betheiligte sich bei derselben, und sie erreichte ihren Zweck. Utenbai und seine vornehmsten Anhänger büfsten mit dem Tode und die vornehmsten Aemter im Chanate wurden mit Sarten besetzt. An den Posten des Nar Muhammed in Taschkend kam ein Bruder Chudajar's. Kokand verwandelte sich eine Zeitlang in einen geräumigen Richtplatz, auf dem in jeder Minute Kyptschaker bluteten. Um dem Volke für Alles, was es von diesem Stamme erlitten, volle Satisfaction zu schaffen, ersann man die schrecklichsten Martern: Beispielsweise wurde Safarbai, ein gewesener Kriegsoberster, zuerst mit Stöcken geschlagen; dann durchbohrte man ihm Hände und Füfse, prefste ihm den Kopf zwischen bleiernen Kugeln, dafs die Augen heraustraten, und übergofs den Körper mit siedendem Oel; endlich zerschnitt man ihm die Gurgel!

Im Anfang des Jahres 1853, als das Metzeln der Kyptschaker noch fortdauerte, gerieth Musulman Kuly in Gefangenschaft und wurde nach Kokand abgeführt. Seine Hinrichtung fand ganz öffentlich statt. In Ketten geschmiedet, mufste er auf ein drei Ellen hohes Brettergerüst treten. Hier liefs man ihn drei Tage lang, binnen welcher Zeit 600 Kyptschaker vor seinen Augen durch Henkershand starben. Am dritten Tage wurde er erhenkt. So endete ein merkwürdiger Mensch, der sein Vaterland zweimal von den Bucharen errettet hatte und zehn Jahre lang dessen Regent gewesen war.

* * *

Der Chan Muhammed Ali, den Nasr Ullah von Buchara im Jahre 1842 seines Reichs und Lebens beraubte, war ein Sohn Omar Chan's, dessen Vater Narbuta Bej (vom Hause Ming) seinen Stammbaum auf Sultan Baber, den Eroberer Hindostans und ersten Grofs-Mogul (von 1494 bis 1530), zurückführte. Muhammed Ali's jüngerer Bruder Machmud floh 1839 in Folge eines Zerwürfnisses zwischen Beiden nach Buchara und bewog, wie Chanykow meldet, den Emir im Jahre 1840 zu seinem ersten Feldzuge wider Kokand, der mit einem für Muhammed Ali schimpflichen Frieden endete. Weiter berichtet Chanykow (in Frähn's Nova Supplementa, S. 336), Muhammed Ali habe an seinem Beschützer, dem Emir von Buchara, verrätherisch gehandelt und mit seinem Bruder wider ihn die Waffen ergriffen, sei aber bei der Einnahme Kokand's im Jahre 1842 um's Leben gekommen, worauf der Sieger den älteren Sohn des Chans hinrichten liefs, und den jüngeren, Musaffer, mit nach Buchara fuhrte, ihm daselbst eine kleine Pension aussetzend. Ob und wie diese Angaben mit denen des Hrn. Weljaminow-Sernow sich vereinbaren lassen, mufs die Zukunft ausweisen.

Man vergleiche übrigens den grofsen Artikel „das Reich Kokand in seinem heutigen Zustande," welchen unser „Archiv" im elften Bande (S. 580—605) mitgetheilt hat; desgleichen den unmittelbar vorangehenden kürzeren Artikel: „Bericht eines russischen Handelsreisenden über Taschkend (S. 570—579)."

Memoiren des sibirischen geographischen Vereins. *)

Seit dem von G. J. Spaskji in den Jahren 1818 bis 1825 herausgegebenen Sibirskji Wjestnik, der nachher bis 1829 unter dem Titel: Asiatskji Wjestnik fortgesetzt wurde, existirt keine, ausschliesslich der Erforschung Sibiriens gewidmete Publication. Diese Lücke wird jetzt durch die Memoiren des sibirischen Zweiges der russischen geographischen Gesellschaft ausgefüllt.

Die Memoiren bestehen aus drei Abtheilungen, wovon jede (nach der in russischen Zeitschriften angenommenen, sehr unpraktischen Einrichtung. Red.) ihre besondere Seitenzählung hat: 1) Untersuchungen und Materialien; 2) Chronik des Vereins, oder amtliche Berichte über alle Operationen desselben von seiner Gründung ab; 3) Miscellen, unter welcher Rubrik kurze geographische Notizen und Bemerkungen, meteorologische Tabellen, Nachrichten über die Ausbeute der sibirischen Goldwäschen u. s. w. eine Stelle finden.

Die bis jetzt erschienenen zwei Bände dieser Memoiren enthalten, aufser den Sitzungs-Protokollen des Vereins für die Jahre 1851 bis 1855 und einer Notiz über die Gold-Ausbeute in den Privatwäschen des Kreises Jenisaisk, folgende Aufsätze:

---

*) Sapiski Sibirskago Otdjela Russkago Geogr. Obschtschestwa. St. Petersburg 1856. Knijka 1. und 2.

Beschreibung des Flusses Irkut von Tunka bis zu seiner Einmündung in die Angara, von N. Bakschewitsch (mit einer Karte); Beschreibung des Ulufs Jigansk, von dem Protoïsrei Chitrow (mit einer Karte); Beschreibung der Route von Jakutsk bis Sredaekolgensk, von J. S. Selskji; kurze geognostische Skizze des Flusses Amur, von N. Anosow; Tagebuch einer Fahrt auf dem Amur, von G. Permikin (mit einer Karte und Abbildungen); über die Inschrift eines am Ufer des Amur befindlichen Denkmals, von dem Archimandrit Awwakum (mit einer Zeichnung); Höhle und alte Inschriften am Ufer des Mangut, von G. Jurenskji; über eine auf einem Felsen bei der Höhle von Mangut befindliche Inschrift, von Awwakum; über die alten Denkmäler und Gräber der Aborigenen des Kreises Werchneudinsk im Lande jenseits des Baikal, von D. Dawydow; über die Strasse um den Baikal, von A. Mordwinow (mit Karte); über den Goldreichthum des Kreises Nertschinsk, von den Herren Anosow und Wersilow; Erinnerung an Schelechow; Antwort auf eine Frage Humboldt's über die Erscheinung des Tigers im nördlichen Asien, von J. S. Selskji; über die bei der Festung Tunko gefundenen alten Ruinen, von Herrn Mordwinow; über die Verbreitung des Christenthums in der Provinz Jakutsk, von W. Raiskji; Beschreibung der im Zusammenhang stehenden Quellen der Flüsse, die in das Meer von Ochotsk und die Kolyma fallen, von N. Tschichatschow; Auszug aus einem Bericht über die Operationen der Privat-Goldwäschen im Kreise Jeniseisk, von Herrn Kleimenow; die Ortschaft Delun-Boldok am Ufer des Flusses Onon, von Herrn Jurenskji; die Jagd im Lande Udsk, von Herrn Schischkewitsch; die Stadt Minusiesk, vom Kejas Kostrow; Charakterzüge der Bauern im Kreise Minusinsk, von demselben; die Juraken, von demselben; die Goldwäschen von Schachtarminsk, von dem Protoïsrei Bogoljubski; meteorologische Bemerkungen aus den Jahren 1854 und 1855, von demselben; über die Goldausbeute in den Krongruben von Nertschinsk.

Es liegen hier so viele neue, frische und interessante Data über noch wenig bekannte Gegenden vor, dafs es schwer ist, eine Auswahl des Wissenswürdigsten zu treffen. Wir werden daher nur auf solche Untersuchungen näher eingehen, welche durch die Gruppirung ihrer Resultate ein mehr oder weniger vollständiges Bild des einen oder anderen Landstrichs von Sibirien geben.

Herr Bakschewitsch liefert eine Beschreibung des Flusses Irkut und seiner Ufer von Tunka bis zur Einmündung in die Angara bei Irkutsk. Der Irkut entspringt in dem Bergsee Iltschir, in den Tunkiner Alpen, die mit dem Sajan-Gebirge in Verbindung stehen. Die Tunkiner Kette bildet eine dichte Masse, die nur an wenigen Stellen von Querjochen unterbrochen wird, über welche sich Bergströme und Gieſsbäche mit furchtbarer Gewalt stürzen. Die Gipfel der Piks (sopki) sind vom August bis Ende Juni mit Schnee bedeckt. Von Vegetation ist, auſser Bächen und Gestrüpp am Fuſse der Abhänge, keine Spur zu finden. In der Nähe des Irkutsk-Angarischen Kessels verändert jedoch die Tunkiner Kette ihren Charakter; ihre Höhe nimmt bedeutend ab, sie theilt sich in mehrere Zweige und bedeckt sich mit Wald. Das Thal des Flusses Tunka erscheint als eine wiesige Niederung, mit üppigem Grün bekleidet. Die ovalförmigen Hügel, welche dieses Thal von Nord- und Süd-West einschlieſsen, bestehen aus grauer, theils poröser, theils dichter Lava, die viele Aehnlichkeit mit Basalt hat. Am Fuſse von einigen derselben brechen Mineralquellen hervor, die einen starken Geruch von Schwefelwasserstoffgas verbreiten. An der Mündung der Tunka und des Achalik in den Irkut liegt das Dorf Tunkinskoje, von Kosaken, russischen Bauern und tributpflichtigen (den Jasak zahlenden) Buräten bewohnt. Es ist ohne alle Regelmässigkeit über einen groſsen Raum hingeworfen; hier sieht man fünf oder sechs Häuser abgesondert auf einer kleinen Esplanade; dort steht eine einsame, von einem Zaune umgebene Wohnung zwischen Wiesen, Küchengärten und Ackerfeldern; weiterhin kommen wieder Gruppen von mehreren Häusern mit ihren Wirthschaftsgebäuden. Mit Wald, Wiesen und Land im Uberfluſs versehen, beschäftigen die Einwohner von Tunka sich vorzugsweise mit dem Feldbau und der Jagd; den Fischfang betreiben sie nur nach Mafsgabe ihres eigenen Bedarfs.

Durch das Tunkathal fliefst der Irkut in mehreren Armen und vereinigt sich nur an wenigen Punkten in ein einziges Bett; seine Tiefe beträgt von einer halben Arschin bis zu einem *Sajen*, seine Breite 15 bis 30 *Sajen*. Der Grund besteht aus gelblichem Sand, der ein Gemisch von kleinkörnigem Quarz, Kalkstein und Feldspath mit hornblend- und Gyps-Krystallen enthalt. Das Wasser hat daher eine grau-grüne Schattirung, ist trube und mufs gut filtrirt werden, ehe man es trinken kann. Indem sich das Irkutthal verengt, bildet es schmale Schluchten und versperrt den Fluss stellenweise mit Lavadämmen, über welche sich der Strom in Katarakten bricht. Weiterhin, nachdem er den Son-Murin aufgenommen, erweitert sich das Bett dieses Flusses. Rechts von ihm dehnen sich Wiesen bis nach Tibelda aus. Jenseits Gujir sieht man die Stariza oder den alten, von Flugsand verschütteten Lauf des Irkut. Nicht weit von der Stariza ergiefst sich in den Irkut von der linken Seite der Fluss Satschan-Ugun. Granit und Gneifs sind die Hauptgesteine am rechten Ufer; über ihnen liegen stellenweise Schichten von grauweissem Bergkalkstein, der Aehnlichkeit mit Marmor hat. Nachdem er den Iltschi aufgenommen, fliefst der Irkut in einer langen, korridorartigen Schlucht fort; die abschüssigen Felsen bilden Wände, zwischen denen der Fluss schäumend dahinströmt, der Horizont verschwindet und an dem Himmel nur ein blauer Streif sichtbar bleibt. Selten besucht ein Jäger diese wilde Gegend, deren einsame Majestät nur von wilden Ziegen und Antilopen belebt wird, die zur Tränke von den Bergen niedersteigen. Jenseits des warmen Vorgebirges (Tjoply my*s*) erweitert sich der Irkut bis zur Breite von hundert *Sajen*, die Berge senken sich und scheinen weniger kahl; mitunter zeigen sich bereits Matten. Von dem Dorfe Mot bis zu seiner Einmündung in die Angara strömt er durch eine weitere Niederung und trifft nur an einzelnen Punkten auf Hügel von geringer Höhe. An diesem Theil seines Ufers ist der Irkut von Steinkohlenlagern umgeben. Die Bewohner der am Flusse befindlichen Dorfschaften bringen Bau- und Brennholz, Hanf und Heu nach Irkutsk.

Herr Bakschewitsch hat den Irkut hauptsächlich in geognostischer Beziehung erforscht; zur Erläuterung seines Aufsatzes dient eine geognostische Karte.

Der Geistliche Chitrow versetzt uns in eine andere Region — nach dem Ulufs Jigansk, an den Ufern der Lena und des Eismeeres. Dieser Ulufs dehnt sich über nicht weniger als acht Breiten- und Längengrade aus. Das Land ist meist gebirgig, namentlich zwischen der Lena und Olensk; aber westlich von Olensk ziehen sich Ebenen hin, von Sümpfen und See'n unterbrochen. Die Gipfel der Berge sind gröfstentheils mit ewigem Schnee bedeckt. Die westlichen Ufer der Lena, zwischen Jigansk und Siktjach, bestehen aus waldreichen und sumpfigen Niederungen; der Boden ist mit Moos überwuchert, unter welchem Steine und ewiges Eis liegen; je näher dem Meer, desto dicker ist die unterirdische Eiskruste. Durch den Jigansker Ulufs fliefsen von Süden nach Norden und fallen in das Eismeer drei Ströme — aber welche Ströme! Die Lena, die eine Länge von 4000 Werst hat, der Olensk von 2000 und die Arabara von 1000 Werst.

Jigansk gegenüber hat die Lena 13 Werst in der Breite, bei einer Tiefe von 8 bis 10 Sajen. Auf diesem mächtigen Flusse bringt man Mammuthsknochen vom Eismeer, welche Kaufleute aus Jakutsk gegen Getraide, Thee und Manufakturartikel eintauschen. An der Mündung der Lena ist die Schifffahrt wegen des ewig schwimmenden Eises gefährlich. Die Bewohner des Ulufs Jigansk sind alle Christen; man zählt ihrer: Tungusen 446, Russen 200, Jakuten 2184, im Ganzen 2830 Seelen auf einem Flächenraum, fast so grofs wie Frankreich. Der oberste Beamte dieses kolossalen Ulufs ist der Kreisrichter (Isprownik) von Werchogansk, unter dessen Jurisdiction noch drei Ulusse stehen.

Herr Selskji theilt eine Beschreibung eines anderen Theils derselben Provinz Jakutsk mit, von der Jigansk einen Bezirk bildet, nämlich des Landes zwischen Jakutsk und Srednekolymsk.

Von Jakutsk nach Srednekolymsk, eine Strecke von 2500 Werst, giebt es in allen Jahreszeiten nur eine einzige Reiseart: zu Pferde; an Schlitten und Wagen ist nicht zu denken; man versieht sich mit einem sehr complicirten Pelz-Anzug und mit Schneeschuhen und macht sich, ein mageres, aber starkes jakutisches Pferd besteigend, auf den Weg. Um Nachtruhe zu halten, lagern sich die Reisenden „na sjeduche," d. h. unter freiem Himmel, graben den Schnee bis zur Erde auf, machen Feuer, bereiten sich ein Bett aus Nadelholzzweigen und das Nachtquartier ist fertig. Vierzig und mehr Grad Kälte haben nichts zu bedeuten; man ist daran gewöhnt. Nach dem Abendessen steht den Reisenden noch bevor, sich bis zum Hemde auszukleiden, da sonst die Kleidungsstücke durchfrieren und nicht wärmen würden, und des Morgens, wenn sie aus den Decken hervorkriechen, müssen sie sich bei der furchtbaren Kälte wieder anziehen. Im Sommer bietet der ganze Raum bis Srednekolymsk den Anblick einer morastigen, von Bergen unterbrochenen Tundra dar. Ueberall Sümpfe und Moore, mit Schaaren von Mücken und Blasenfüßen; der Weg führt durch fast undurchdringliche Wälder und über mehr als sechzig große und kleine Flüsse ohne Brücken oder Fähren. Am gefährlichsten ist der Uebergang über die Berge von Werchojansk; ein arschinbreiter Pfad windet sich schraubenartig den Abhang eines Felsens entlang; verliert das Thier, auf dem man sitzt, das Gleichgewicht, so fliegt es mit seinem Reiter kopfüber in den Abgrund. Nachdem man die Gebirge passirt hat, trifft man hie und da auf jakutische Jurten und eilt dann, sich von den Beschwerden des Weges in der Stadt Werchojansk zu erholen. Diese sogenannte Stadt besteht aus sechs Hütten, die über einen Raum von sechs Werst längs dem Ufer der Jana zerstreut sind, ein Geistlicher mit seinem Kirchendiener, der Isprawnik mit seinen Schreibern, ein Kaufmann und sechs Kosaken bilden die ganze Bevölkerung. Etwa 600 Werst von Werchojansk liegt Saschiwersk, am rechten

Ufer der Indigirka; man findet hier eine Kirche und drei Jurten, einen Priester und Kirchendiener, einen Bezirksschreiber mit seiner Feder, einen Postmeister ohne Pferde — und weiter nichts. Von Saschiwersk ab beginnen furchtbare Sümpfe, Moore und Sybune, die sich bis zu den Tundren des Eismeeres ausdehnen. Dort liegt Srednekolymsk, berühmt durch seine Getraidemagazine, seinen starken Sprit und seine prächtigen Nordlichter.

Von den Ufern des Irkut, der Lena und der Indigirka wenden wir uns zu den eine glücklichere Zukunft versprechenden Umgebungen des Amur. Herr Anosow schildert dieselben vorzugsweise in geognostischer, Herr Permikin in mineralogischer Beziehung.

Die Ströme Schilka und Argun bilden durch ihren Zusammenflufs den Amur, der einen Lauf von 2340 Werst hat und in den Tatarischen oder, wie er richtiger heifsen müfste, den Mandjurischen Kanal fällt. An der Landzunge (strjelka) beim Zusammenflufs der Schilka und Argun ist der Ust-Strjelotschny Karaúl (Wachtposten) erbaut, den man kürzer Ust-Strjelka nennt. Der Amur hat in seinem oberen, seinem mittleren und seinem unteren Lauf einen verschiedenen Charakter. Von Ust-Strjelka ab fliefst er wie in einer Röhre, indem er sich zwischen vorspringenden Felsen hinwindet. An seinem mittleren Lauf, bis zur Einmündung des Sungari, ist die Gegend anfangs mehr oder weniger flach und nur am Horizont erblickt man die bläulichen Umrisse einer Bergkette, die sich jedoch allmälig näher an das Ufer zieht und sich in Hügeln abdacht, die von einer üppigen Vegetation bedeckt sind. Etwa 250 Werst von der chinesischen Stadt Sachalin hört der Flufs auf, sich in Arme zu theilen; er strömt in einem Bette fort und durchschneidet einen der südlichen Ausläufer des Apfelgebirges (Jablonnoi Chrebet). Nachdem er sich in mannigfachen Windungen durch diese Bergkette geschlängelt, zweigt er sich wieder in mehrere Arme ab und die Berge werden seltener. In seinem unteren Lauf, von der Mündung des Sungari bis zum Tatarischen Kanal, strömt der Amur von neuem durch eine Berggegend; doch zeigen sich zwischen den Höhen mitunter auch Wiesengründe. Fast auf seinem ganzen Lauf ist der Flufs mit zahlreichen Inseln versehen. Unweit der Mündung wird das Terrain noch gebirgiger; die Kuppen erheben sich eine über die andere und erreichen eine beträchtliche Höhe. 280 Werst von Ust-Strjelka befand sich der in der russischen Geschichte denkwürdige Ostrog Albasin; von seinen Wällen, Gräben und Wohnungen sind noch Spuren vorhanden. Etwas oberhalb Albasin lagen das im Jahr 1671 erbaute Heilandskloster und andere russische Niederlassungen. Das hiesige Uferland erinnert an die Ufer der Wolga und wäre diese Gegend auch heute für Ansiedlungen geeignet. In der Nähe hausen nomadische Tungusen.

Die Natur hat das Amurland mit seltener Freigebigkeit ausgestattet, aber der Mensch hat ihre Gaben kaum zu benutzen verstanden; nur an seinem rechten Ufer befinden sich einige chinesisch-mandjurische Niederlassungen und Militairposten. Die einzige Stadt ist das 30 Werst von der Mündung des Flusses Saja liegende Sachalin. Fast zwei Jahrhunderte, nachdem die ersten russischen Colonieen an dem Amur von den Chinesen zerstört wurden, sind die Russen wieder an seinen Ufern erschienen und haben unweit seiner Einmündung in den tatarischen Kanal die Forts Mariinsk, Nikolajewsk und Petrowsk gegründet. Dem Thal des Amur ist eine grofse Zukunft beschieden; seine Ufer können Millionen von Bewohnern ernähren, deren Mühen in der natürlichen Fruchtbarkeit des Bodens einen reichen Lohn finden werden. (J. M. N. P.)

Russische Journalistik im Jahre 1857.

Im fünften Bande des Archivs (S. 391 ff.) theilten wir nach dem offiziellen Journal des Ministeriums der Volks-Aufklärung ein Verzeichnifs der im Umkreise des russischen Reichs (mit Ausschlufs von Polen und Finnland) im Jahr 1845 herausgegebenen periodischen Schriften mit. Ein uns vorliegendes Heft desselben Journals enthält eine ähnliche Liste für Januar 1857, aus welcher hervorgeht, dafs die Anzahl solcher Publicationen sich in diesem zwölfjährigen Zeitraum von 136 auf 179 vermehrt hat. Dieser Zuwachs kommt hauptsächlich den beiden Hauptstädten zu Gute, indem in Petersburg die Zahl der Zeitungen und Zeitschriften von 57 auf 82, in Moskau von 10 auf 15 gestiegen ist.

Die neuen, d. h. in dem Verzeichnifs von 1845 nicht aufgeführten Journale sind folgende:

A. In russischer Sprache.

In Petersburg: 1) Zeitung für Forstwesen und Jagd (einmal wöchentlich); 2) Kunstblatt (dreimal des Monats); 3) ökonomischer Anzeiger, redigirt von Wernadskji (wöchentlich); 4) Journal für Actionaire, red. von Trubnikow (wöchentlich), 5) das goldene Vliefs, red. von Botscharow (wöchentlich); 6) Memoiren der ersten und dritten Section der kais. Akademie der Wissenschaften; 7) Memoiren der zweiten Section der k. Akad. der Wiss.; 8) Nachrichten der zweiten Section der k. Akad. der Wiss.; 9) Artillerie-Journal (alle zwei Monat); 10) Anzeiger der russ. Geographischen Gesellschaft (alle zwei Monat); 11) Marine-Journal (monatlich); 12) Memoiren der archäologischen Gesellschaft; 13) Memoiren der geograph. Gesellschaft; 14) Journal für die Zöglinge der Militair-Lehranstalten (zweimal des Monats); 15) Lectüre für Soldaten (alle zwei Monat); 16) Memoiren der freien ökonomischen Gesellschaft; 17) Journal gemeinnütziger Kenntnisse (wöchentlich); 18) der Landbaumeister (wöchentlich); 19) Bibliothek der medicinischen Wissenschaften (monatlich); 20) malerisches Collectaneum (monatlich); 21) malerische russische Bibliothek, herausgeg. von X. Polewoi (wöchentlich); 22) Musik- und Theater-Zeitung (wöchentlich); 23) Novellen-Zeitung (monatlich); 24) Strahlen, Journal für Mädchen (monatlich); 25) Kinderjournal; 26) Journal für Erziehung, redigirt von Tschumikow (monatlich); 27) russischer pädagogischer Anzeiger, redig. von Wyschnegradskji (monatlich); 28) Kunstzeitung für die Jugend (alle zwei Monat); 29) Zeitung für allgemeine Unterhaltung (zweimal des Monats); 30) Musikalisches Rufsland (monatlich); 31) die Vase, Damenjournal; 32) die Guirlande; 33) die Mode; 33) die nordische Blume.

In Moskau: 34) Moskauer Polizei-Zeitung (täglich); 35) Chronik der Gesellschaft für russische Geschichte und Alterthümer; 36) Naturwissenschaftlicher Anzeiger (wöchentlich); 37) der russische Bote, redigirt von Katkow (zweimal des Monats); 38) Cendrillon (!), Journal für weibliche Arbeiten.

In Kasan: 39) Der orthodoxe Gesellschafter (prawoslawny Sobesjednik — alle zwei Monat); 40) Memoiren der ökonomischen Gesellschaft von Kasan (monatlich).

In Tiflis: 41) Kawkas (zweimal die Woche); 42) Memoiren der kaukasischen Landwirthschafts-Gesellschaft (monatlich).

In Mitau: 43) Gouvernements-Zeitung (russisch und deutsch).

In Nowotscherkask: 44) Zeitung des Donischen Kosakenheers.

In Reval: 45) Gouvernements-Zeitung (russ. u. deutsch).
In Riga: 46) Gouvernements-Zeitung (russ. u. deutsch).
In Samara: 47) Gouvernements-Zeitung.
In Stawropol: 48) Gouvernements-Zeitung.

B. In französischer Sprache.

In Petersburg: 49) Bulletin de la Société imp. d'archéologie.

C. In deutscher Sprache.

In Petersburg: 50) Mittheilungen der freien ökonomischen Gesellschaft.

In Dorpat: 51) Livländische Jahrbücher der Landwirthschaft; 52) Verhandlungen der gelehrten esthnischen Gesellschaft.

In Riga: 53) Mittheilungen aus der Geschichte Liv-, Esth- und Curlands; 54) Correspondenzblatt des naturforschenden Vereins zu Riga.

In Reval: 55) Archiv für Liv-, Esth- und Curländische Geschichte.

In Odessa: 56) Unterhaltungsblatt für deutsche Ansiedler im südlichen Russland.

D. In grusischer Sprache.

In Tiflis: 57) Literaturjournal (wöchentlich); 58) die Morgenröthe (monatlich).

Dagegen sind seit dem Jahr 1845 eingegangen: 1) der Oekonom; 2) der Vermittler; 3) das Blatt für Weltmänner; 4) die Zeitschrift für medicinische Wissenschaft; 5) das Forstjournal; 6) der Leuchtthurm zeitgenössischer Aufklärung und Bildung; 7) der Finnische Bote; 8) das Repertorium des russischen Theaters; 9) das nordische Centralblatt für Pharmacie (deutsch); 10) das Repertorium für Pharmacie und praktische Chemie (deutsch) — sämmtlich in Petersburg; 11) der transkaukasische Bote in Tiflis; 12) die evangelischen Blätter in Dorpat (deutsch); 13) die Reval'schen wöchentlichen Nachrichten (deutsch); 14) die Riga'sche Zeitung; 15) das in Riga erscheinende lettische Blatt „Tas Latweeschu drangs."

Die Zahl der jetzt existirenden Journale stellt sich mithin, wie oben angegeben, auf 179. Davon erscheinen 132 in russischer Sprache, 3 in russischer und deutscher, 1 in russischer und polnischer, 8 in französischer, 26 in deutscher, 3 in englischer, 1 in italiänischer, 1 in polnischer, 2 in lettischer und 2 in grusischer Sprache.

Das pädagogische Haupt-Institut in St. Petersburg.

Die Besprechung der zwei unten genannten Schriften [1]) giebt dem Journal Sowremennik Veranlassung zu Bemerkungen über die Thätigkeit einer der wichtigsten russischen Lehranstalten, des kaiserl. pädagogischen Haupt-Instituts in St. Petersburg. Als einen nicht offiziellen aber desto beachtenswertheren Aufschluss über das dortige Unterrichtssystem lassen wir sie in einer wörtlichen Uebersetzung folgen.

Diese beiden Schriften sind fast zu gleicher Zeit herausgegeben worden und dienen einander zur nothwendigen Ergänzung. Die „Beschreibung des pädagogischen Instituts" stellt uns dasselbe in allen Theilen seiner Wirksamkeit und seiner Verwaltung dar; der „Actus" enthält einen Bericht über die didaktische Thätigkeit des Instituts für das verflossene akademische Jahr und eine Rede des Professor Lorenz, in lateinischer Sprache, über den Zweck, den Kaiser Nikolaus bei Errichtung des pädagogischen Instituts im Auge hatte.

Das pädagogische Institut ist ohne Zweifel eine unserer bedeutendsten Unterrichtsanstalten, wegen des Einflusses, den seine Zöglinge, welche alle Lehrer in den Gymnasien werden,

---

[1]) Opisanie glawnago Pedagogitscheskago Instituta w' synjeschnem jego sostojanii. St. P. 1856.

Akt dewjatago wypuska studentow glawnago Pedagog. Instituta 21 junja 1856. St. P. 1856.

auf die Verbreitung der Aufklärung in unserem Vaterlande haben können. Ihre Kenntnisse, Ueberzeugungen, die ihnen mitgetheilte Richtung, bleiben nicht ihr individuelles Besitzthum, sondern werden auf das neue Geschlecht übertragen, das in ihre Fufstapfen tritt. Daher mufs Alles, was sich auf das Institut bezieht, die lebhafteste Theilnahme bei Jedem erregen, dem die geistigen Interessen des Vaterlandes theuer sind, und wir lenken daher mit besonderer Genugthuung die Aufmerksamkeit der Leser auf die jetzt erschienenen Publicationen hin, die einen ziemlich klaren Begriff von der Einrichtung und Bedeutung des Institutes geben.

Beginnen wir mit der Rede. Professor Lorenz hat zum Thema derselben eine aufserordentlich wichtige Frage gewählt, indem er erst die Verdienste Carls des Grofsen um die Verbreitung der Civilisation zwar kurz, aber vortrefflich schildert und dann, ihn mit dem in Gott ruhenden Kaiser Nikolaus I. vergleichend, sich über den Zweck des Instituts und die nothwendigsten Bedingungen der allgemeinen Bildung ausläfst. Obwohl die Rede des Herrn Lorenz, wie die meisten Schriften dieser Art, in einem sehr rhetorischen Styl abgefafst ist, so finden sich doch in ihr einige Gedanken, in welchen man den scharfsinnigen Geist dieses wegen seines „Lehrgangs der Weltgeschichte" bei uns so geschätzten Historikers erkennt. Indem er von dem mit der Errichtung des Instituts verknüpften Zwecke spricht, drückt Herr L. ihn sehr schön in folgenden kurzen Zügen aus: „Der Kaiser wollte, dafs die öffentliche und Privat-Erziehung auf dauerhaften Grundlagen befestigt werde und einer Richtung folge, die nicht allein rohe Sitten zur Humanität führen und mufsige, geistig unfruchtbare Menschen in edle und nützliche Mitglieder des Gemeinwesens verwandeln, sondern auch namentlich die Furcht Gottes, die Liebe zum Vaterlande und den Gehorsam gegen die Obrigkeit zur Wurzel haben würde."

Auf die Erreichung dieser hohen Ziele sind alle Bestrebungen des Instituts gerichtet, dessen Thätigkeit in den genannten Werken beschrieben wird. Die strengste Beaufsichtigung und Bewachung aller Handlungen der Studirenden, die Verhütung jedes Falles, in welchem die Studirenden selbständig handeln könnten, die Zurückführung aller möglichen Zufälligkeiten auf die unabänderlichen Regeln des Statuts — sind zu einer erstaunlichen Vollendung gebracht worden. In Nichts sind die Studirenden sich selbst überlassen; die sorgsame Behörde folgt ihnen auf Schritt und Tritt und bestimmt ihre Handlungen bis ins geringste Detail. In den Auditorien beschränken sich die Professoren nicht auf den Vortrag der Lehrgegenstände, sondern „wenden sich beständig an die Lernenden mit Fragen und veranlassen sie, zum Verständniſs der vorgetragenen Themata, sich in Erklärungen über dieselben einzulassen." Mit Lehrbüchern werden die Studirenden „auf Ansuchen der Lehrer und auf Anordnung des Inspectors" versehen; andere Bücher können sie aus der Bibliothek nur „mit Bewilligung des Professors und nach Einholung der Erlaubniſs des Directors oder Inspectors, und zwar nur ein Buch auf einmal aus jedem Fache ihres Studiums" nehmen. Auſser der Beaufsichtigung, der die Studirenden von Seiten der Professoren und des übrigen Lehrpersonals unterworfen sind, wacht in den Klassen noch ein eigener Inspector über die Ordnung und Ruhe unter den Zöglingen.

Die Art und Weise, in der die Studirenden den Tag zuzubringen haben, ist aufs genaueste vorgeschrieben: „Um 7 Uhr Morgens müssen die Studirenden reinlich, sauber und in Uniform angekleidet sein und sich in den Klassenzimmern versammeln, um sich zu den Lectionen zu präpariren. Um 8 Uhr verfügen sich alle ordnungsgemäſs in den Speisesaal zum Gebet und jeder nimmt den ihm bestimmten Platz ein. Nach dem Morgengebet wird die Apostelgeschichte und das Evangelium nach dem Ritual der orthodoxen Kirche in slavonischer Sprache vorgelesen. Nach Beendigung des Evangeliums frühstücken die Studirenden. Um 9 Uhr beginnen die Klassen und dauern bis 3 Uhr. In den Klassen nehmen die Studirenden bestimmte Plätze ein, die ihnen nach Maſsgabe ihrer Fortschritte und ihres Wohlverhaltens angewiesen werden [1]. Um 3½ Uhr speisen die Studirenden an einem gemeinschaftlichen Tisch, unter Beobachtung des Anstandes. Während der Tischzeit können sie sich über ihre Lehrgegenstände unterhalten, ohne die allgemeine Stille zu unterbrechen und mit jener Bescheidenheit, welche Leuten von Bildung eigen ist. Von 4½ bis 6 Uhr sind in den 1. und 2. Cursen Vorlesungen. Die Studirenden der höheren Curse benutzen diese Zeit zu selbständigen Beschäftigungen und zur Erholung, in den unteren wird den Studirenden zur Erholung eine Stunde nach dem Schlusse der Nachmittags-Vorlesungen überlassen. Besuche von Fremden bei den Studirenden werden in der von Beschäftigungen freien Zeit gestattet, aber mit der äufsersten Umsicht und nicht anders als im Empfangssaal und mit jedesmaliger Erlaubnifs des Directors. Um 7 Uhr versammeln sich Alle in den Klassenzimmern, um ihre Lectionen zu repetiren und sich auf die neuen vorzubereiten. Um 8½ Uhr Abendessen und dann Abendgebet. Nach dem Abendgebet und einer kurzen Erholungspause beschäftigen sich die Studirenden mit Präparationsarbeiten bis 10½ Uhr und begeben sich dann, von den Aufsehern begleitet, in die Schlafgemächer.".

Wir sehen mithin aus diesem, von Herrn *Smirnow* abgestatteten Bericht, dafs nicht nur die Lehrstunden der Zöglinge, sondern auch die Themata ihrer Unterhaltungen, ihre Plätze in den Klassen und am Tisch, die Zusammenkünfte mit ihren Bekannten, ihre Erholungen und selbständigen Beschäftigungen bis ins kleinste Detail von dem Statut bestimmt sind. Damit hiervon auch keine Abweichungen stattfinden, „sind bei den Studirenden beständig Stubenaufseher angestellt, welche unablässig über alle ihre Handlungen wachen." Sie werden hierin von den Senioren unterstützt, die man aus denjenigen Studirenden wählt, die sich besonders auszeichnen. Aufserdem ist noch ein Ober-Aufseher da, der über Alle Con-

---

1) Die gesperrten Stellen sind im Original in Cursiv gedruckt.

welle führt und sich bestrebt, ihnen Gesinnungen der Ehre und der Tugend einzuflößen, indem er darauf achtet, dafs sie zeitig von ihren Spaziergängen und Urlauben zurückkehren und in den zur Repetition und Präparation bestimmten Stunden nicht müfsig bleiben. „Der Director verwendet gleichfalls unermüdliche Sorgfalt auf die Fortschritte und das Betragen der Studirenden und ergreift alle von ihm abhängige Mafsregeln, sie zum Fleifs und zur Sittlichkeit anzufeuern."
Die hierzu gebrauchten Mittel sind folgende: „1) Die Beförderung zu den ersten Plätzen in den Klassen, am Tische und in den Schlafkammern; 2) Erwählung der ausgezeichnetsten Studirenden zu Senioren (um ihre Cameraden zu überwachen); 3) öffentliche Belobigung derselben in Gegenwart des Directors."

Um zu zeigen, wie weit sich die Fürsorge der Institutsbehörden erstreckt, excerpiren wir noch einige Zeilen der „Beschreibung." Die Studirenden sind verpflichtet, „in den Dormitorien die Fenster und Ofenröhren nicht zu öffnen, in den Repetitions- und Klassenzimmern die Lampen nicht anzurühren und Vorsicht in Bezug auf das Mobilier und die parkettirten Fufsböden zu beobachten." „Die Dujour-Aufseher haben darauf zu sehen, dafs die Studirenden, wenn sie sich in die Kirche, den Speisesaal und die Klassen begeben oder ausgehen, sich vollständig zuknöpfen (byli sastegnuty na wsje pugowizy)." Bei Begegnungen mit bekannten hochstehenden Personen sind die gebührenden Höflichkeitsformeln zu beobachten, wie diese den Vorstehern und Lehrern der Anstalt gegenüber vorgeschrieben sind.

Aus allem diesen werden die Leser entnehmen können, mit welchem Eifer das pädagogische Institut seinen Zweck zu verfolgen sucht, was auch durch seine ganze Geschichte bestätigt wird. Der „Beschreibung" des Instituts ist eine alphabetische Liste der Studirenden hinzugefügt, die im Laufe der 28 Jahre seiner Existenz für das Lehrfach herangebildet in den Staatsdienst getreten sind. Ihre Zahl beläuft sich auf 575, und unter ihnen finden wir zehn Namen, die einigen Ruf in der Literatur oder der Wissenschaft erlangt haben (darunter Herrn Kastorskji, zwei Herren Lawrowskji und Herrn Leschkow). Dagegen sind die Studirenden in ihrer dienstlichen Carrière äufserst glücklich: nach den Angaben des Hrn. Smirnow bekleiden mehr als 30 von ihnen das Amt von Gymnasial-Directoren und Inspectoren und von Schul-Aufsehern. Es ist dies ein schlagender Beweis, dafs die Ideen von strenger Subordination und pünktlichem Gehorsam gegen die Vorgesetzten besonders feste Wurzel in dem Geiste der Studirenden fassen und von ihnen auch nach Verlassung der Anstalt während ihrer ganzen Dienstzeit nicht vergessen werden.

Der vor uns liegende „Actus" mit einer Abschiedsrede des Directors des pädagogischen Instituts, J. J. Dawydow, und einer Danksagungsrede von einem der Abiturienten, Alex. Tschistjakow, hilft dieselbe Wahrheit bestätigen. Der verehrte Director des Instituts spricht hier feierlich seine Genugthuung darüber aus, dafs die ihren Cursus vollendet habenden Studenten „bereit sind, durch Kenntnisse und Treue im Dienste des Kaisers ihrer Erziehungsstätte Ehre zu machen", und fürchtet nur, dafs sie, der Anleitung ihrer Lehrer und Erzieher beraubt, sich von der erworbenen Weisheit geblendet fühlen möchten. Als bestes Mittel zur Vermeidung eines solchen Unglücks empfiehlt er ihnen „die Erkenntnifs ihrer eigenen Schwäche und Gebet an den Höchsten um Beistand", indem er diesen Rath durch den erbaulichen Spruch eines Kirchenlehrers bekräftigt: „man braucht nicht zu wissen, um zu glauben, aber man mufs glauben, um zu wissen."

Der Student Tschistjakow antwortete hierauf in einer Rede, die von rein kindlichen und schülerhaften Gedanken und Empfindungen überfliefst, wie man sie natürlich von dem System der Instituts-Erziehung erwarten mufste, für welche die Studirenden nicht umhin können, die wärmste Erkenntlichkeit zu fühlen.

Dieses wäre schon genug, um die Art von Vollendung zu beurtheilen, die das pädagogische Haupt-Institut erreicht hat; in dem erwähnten „Actus" finden wir aber hierüber noch klarere Zeugnisse. Im verflossenen Jahre schlofs Herr Smirnow seinen Bericht mit den Worten, dafs das Institut merkliche Fortschritte in der Annäherung an das ihm gesteckte Ziel gemacht habe; gegenwärtig hat dasselbe, nach einstimmiger Aussage der Erzieher und der Erzogenen, es bis zur höchsten Vollkommenheit gebracht. Die Dankrede des Studirenden Tschistjakow nennt das Institut „den Mittelpunkt des geistigen Lebens", und sagt, dafs hier „alle Bedürfnisse der Seele vorhergesehen und befriedigt werden!"

Es ist erfreulich, eine so unparteiische Anerkennung der eigenen Verdienste zu hören, und noch erfreulicher zu sehen, dafs sie durch jede Zeile des wahrheitsliebenden und aufrichtigen Berichts gerechtfertigt wird. Hiernach hat man allen Grund zu hoffen, dafs die aus dem Institut entlassenen Schnitter eine reichliche Aerndte auf dem Felde des Dienstes und der bürgerlichen Hierarchie sammeln werden.

Aber mit der inneren Organisirung des Instituts beschäftigt und von warmer Theilnahme an seinen Vorzügen hingerissen, haben wir fast vergessen, einige Thatsachen über seinen äufseren Zustand mitzutheilen. Wir eilen dieses Unrecht wieder gutzumachen, indem wir die in dem „Bericht" enthaltenen Data wiedergeben.

Die Zahl der Studirenden im Institut läfst sich nicht mit Genauigkeit bestimmen. Die Angabe Seite 5, dafs „sich gegenwärtig im Institut 107 Studirende befinden, von denen 27 den vollen Cursus beendet haben und 81 den Unterricht fortsetzen," ist ein offenbarer Rechenfehler, zu dessen Lösung wir die in dem angehängten Verzeichnifs (S. 19—22) namentlich angeführten Studirenden zusammengezählt haben, wonach sich jedoch die Zahl der den Cursus fortsetzenden nur auf 78 stellt. Solchergestalt schwankt die Zahl der Zöglinge des Instituts zwischen 105, 107 und 108.

Im Laufe des Jahres gingen 12 Studirende aus dem Institut ab. Die Ursachen dieses vorzeitigen Austritts sind nicht angegeben.

Die Studirenden, die jetzt nach vollendetem Cursus abgeben, haben fünf Jahre im Institute zugebracht; von ihnen sind 17 als Gymnasial-Oberlehrer und 10 als Unterlehrer entlassen worden. Zwei haben goldene, sieben silberne Medaillen erhalten.

Der gröfste Theil der Abiturienten — im „Bericht" sind 17 genannt — hat Promotionsschriften geliefert. Von den den Cursus fortsetzenden Studenten haben fünf Dissertationen eingereicht.

Das Resultat dieser Ziffern ist allerdings nicht glänzend, sogar im Vergleich mit fruheren Jahren desselben pädagogischen Instituts; wir wiederholen es aber, dafs dieses Alles reichlich durch die moralischen Vorzüge ersetzt wird, deren Entwickelung man den oben erwähnten Aufmunterungen und Conduitenlisten verdankt, die, wie Herr Smirnow sagt, „einen so entscheidenden Einflufs auf die Bestimmung des Werthes der Studirenden haben."

In jedem Falle können wir, nach dieser Uebersicht des allgemeinen Charakters der Anstalt und ihrer Organisirung, mit vollem Rechte behaupten, dafs sie in Allem den Gedanken treu geblieben ist, deren Ausdruck sich in den Worten ihres unmittelbaren Vorgesetzten und Directors findet: „Die Weisheit dieser Welt giebt nicht das, was den Pfad des Lebens erhellt, der oft von Leidenschaften und Irrthümern verdunkelt wird. Man braucht nicht zu wissen, um zu glauben, aber man mufs glauben, um zu wissen."

Reise des Kaiserlich Russischen Obersten von Bartholomaei in das freie Swanetien.

Im Auszuge bearbeitet von F. v. Stein, Titulärrath.

(Mit 3 Tafeln.)

Der Oberst v. Bartholomäi wurde zu seiner Reise ins Land der freien Swaneten durch eines jener eigenthümlichen Ereignisse veranlafst, welche dem Leben im Kaukasus einen so ganz besonderen Charakter verleihen.

Es waren nämlich im Sommer des Jahres 1853 einige dieser wilden Gebirgssöhne nach Borsan gekommen und hatten sich dort taufen lassen, bei welcher Gelegenheit der Statthalter, Fürst Woronzow, und dessen Gemahlin als Taufzeugen erschienen waren.

Auf dem südöstlichen Abhange des Elborus an den oberen Flussläufen des Ingur's und des Zchenis-zchali's, eines Nebenflusses des Rion (Phasis), hausend, durch die Natur selbst von dem bequemeren Leben geschieden, welches die am Meere gelegenen Thäler Mingreliens gewähren, hatten die Swaneten in drei getheilten Stämmen fortbestanden, welche als die Fürstlichen (unter dem Fürsten Dadisch-kilian), die Dadianischen (unter dem mingrelischen Fürsten Dadian) und die freien Swaneten unterschieden wurden, und von denen die letzten zum Theil noch keine Obergewalt über sich anerkannt hatten.

Die Unzugänglichkeit des Landes und die Wildheit der Sitten der freien Swaneten hatten eigenthümliche Gerüchte über sie im Kaukasus aufkommen lassen, welche unwillkürlich die Neugierde reizen mufsten.

[1]) Mit dieser Phrase scheint nur eine jener weit häufigeren als aufrichtigen, Apostasien der zu unterwerfenden Urbewohner gemeint zu sein, auch halten wir die Reise des Russischen Obersten keineswegs so fern von der militairisch-politischen Propaganda, wie der Text sie auszugeben bemüht ist. Ki.

So berichtet die Sage, dafs die Königin Tamara diese Gegend ganz besonders geliebt und mit verschiedenen Baudenkmalen bereichert habe, und dafs sogar die Asche dieser grofsen Frau daselbst ruhe. Man hörte aber auch, dafs das Christenthum, dieser mächtige Hebel der Gesittung, und somit auch diese letztere bei den Swaneten in so furchtbaren Verfall gerathen sei, dafs sie alle neugeborenen Kinder weiblichen Geschlechtes tödteten.

Zwar hatten schon früher einige Russen die freien Swaneten besucht, so im Jahre 1847 der Vicegouverneur von Kutaïs, Oberst M. P. Koliubakin, und er war der erste Russe, der bis dahin vorgedrungen war. Seine Reise hatte sogar zur Folge, dafs von den elf swanetischen Familien oder Gesellschaften sich sieben der russischen Oberherrschaft unterwarfen, und der Lieutenant Fürst Mikeladse als Pristaw (Vorstand) dorthin geschickt wurde. Während des Winters, den dieser letztere im Swanetenlande zubrachte, erkannten noch zwei Gesellschaften die Oberhoheit Russlands an. Aber Fürst Mikeladse hatte bald darauf diese Gegend verlassen, und es blieben immer noch zwei Gesellschaften und zwar die zahlreichsten und mächtigsten übrig, die noch Niemand kennen gelernt hatte.

Alles das und die Hoffnung auf reiche Ausbeute für seine archäologische Forschungen erweckten und befestigten den Entschlufs des Obersten v. Bartholomäi, eine Reise in das freie Swanetien zu unternehmen.

Die Umstände begünstigten ihn hierbei in so fern ganz besonders, als Fürst Mikeladse abermals dorthin abgeschickt wurde, um diesem vor fünf Jahren erworbenen Striche vorzustehen.

Da nun auch die beste Zeit zu der Reise in ein Land, zu dem man nur während der beiden heifsesten Sommermonate auf eine gefahrlose Weise gelangen kann, gekommen war, brach Herr v. Bartholomäi am 15. Juli aus Borjan auf. Die ganze Expedition bestand nur aus dem Obersten mit seinem Diener, aus dem Fürsten Mikeladse, dessen Neffen, dem Fürsten Saßka (d. h. Sacharij) und einem donischen Kosaken.

Nachdem die Reisenden durch Gordi, die Sommerresidenz der Fürsten von Mingrelien, gekommen waren, fingen sie bereits an, emporzusteigen, und stromaufwärts längs des Zchenis-zchali's vordringend, gelangten sie bald nach Muri, von wo ihnen der Mouraw dieses Ortes, Fürst Pagawa, und der dort zufällig anwesende Mdiwan-beg (Distriktschef) von Laschcheti, Iwane, das weitere Geleite gaben. Der Weg führte sie nun in das mit allen Schrecken der kaukasischen Natur drohende Thal des Zchenis-zchali's, auf dessen linkem Ufer sie eine halbe Tagereise vor Lentechi einen herrlichen Wasserfall von mindestens 20 Faden Höhe bemerkten, der durch einen der Zuflüsse gebildet wurde. Sie gelangten ziemlich spät und auf ermüdeten Pferden bis zum Flecken Lentechi, wo das Dadianische Swanetien beginnt, betraten aber nicht diesen Ort, sondern blieben in einem Schlosse, welches bei der Vereinigung der beiden Flüsse Cheleduli und Liaschkidiara, die sich nicht weit davon in den Zchanis-zchali ergiefsen, liegt. Der Mdiwan-beg Iwane bewirthete sie hier mit einer Abendmahlzeit und gutem Weine.

Im Allgemeinen zeichnen sich alle Dadianischen Unterthanen durch ihre Leutseligkeit und Gastfreiheit aus, was auch schon aus dem Umstande erhellt, dafs derjenige, der einen Weinschlauch (Burdjuk) führt, vor jedem, der ihm begegnet, stehen bleibt, ihm einen Becher reicht und ihn bittet, so viel zu trinken, als ihm gefällig ist. Allerdings giebt es auf diesem Wege der Begegnenden nicht gar zu viele, und der Wein ist nicht immer gar zu vortrefflich; dennoch aber verdient dieser die nationale Freigebigkeit scharf charakterisirende Zug die gebührende Beachtung.

Den 26sten ging es auf dem immer höher ansteigenden, durch klippige und waldige Gegenden führenden Wege längs des immer enger und ungestümer werdenden Zchenis-zchali's weiter fort, und man gelangte über Tscholur, das eine bemerkenswerthe Kirche hat, zu dem Schlosse des swanetischen

Fürsten Goldobchadse. Leider war der Wirth selbst nicht zu Hause; auf der Schwelle kamen aber den Reisenden seine Neffen entgegen, und aus den Thüren schauten die jungen swanetischen Fürstinnen in rothseidenen Anzügen, welche den grusinischen glichen und sich von diesen nur durch die grofsen, tief umgelegten Gürtel unterschieden. Bei ihnen war auch ein freier Swanete aus der Gesellschaft Ipar, der Asnaur (Edelmann) Suram Kudriani, zum Besuch, welcher den Fürsten Mikeladse kannte und sich herzlich freute, diesen wiederzusehen. Kudriani war ein junger neunzehnjähriger Mensch von hohem, schlankem Wuchse, blond, mit einer grofsen Adlernase und von heiterem, scherzhaften Wesen. Er trug einen tscherkessischen Rock von blauem Tuche, der ziemlich schlecht genäht, aber reich mit silbernen Tressen eingefafst war. Auf dem Kopfe und zwar ganz auf dem Scheitel lag ein kleines rundes Stück von Seide, mit Leder gefuttert, von der Gröfse eines der alten kupfernen Fünfkopekenstucke, welches unter dem Kinn mit einer schwarzen Schnur festgebunden war. Dieser sonderbare Kopfputz ist die ursprüngliche Gestalt der imeretischen Mütze (Papanach), welche durch ihre originelle Form jedem Fremden höchlichst auffällt, und war anfangs nichts Anderes als eine Schleuder, die ursprüngliche Wurfwaffe der Menschen. Uebrigens tragen auch Viele in Swanetien selbst Filzhüte, deren Form an die den Archäologen unter dem Namen der Mütze des Ulysses bekannte Kopfbekleidung erinnert. Auch trifft man bei ihnen die imeretischen Papanache, welche wieder den ältesten macedonischen Kopfbekleidungen gleichen.

Am Abende erreichten die Reisenden Laschcheli, welches nahe an der Quelle des Zchenis-zchali's liegt, wo derselbe schon so schmal ist, dafs eine kleine Brücke über denselben hat geworfen werden können. Die Häuser dieses Ortes sind wie in ganz Swanetien von Stein, haben zwei Stockwerke und werden weifs angestrichen; die Fenster sehen wie Schiefsscharten aus; die Dächer bestehen aus Schieferplatten und werden von hoch emporstrebenden Thürmen von vortrefflicher und sauberer Bauart überragt. An die Häuser sind von aufsen hölzerne Treppen gelehnt, welche man bei einem feindlichen Ueberfalle entfernen kann, so dafs jedes Haus sich nöthigenfalls in eine Festung verwandelt.

Der 27ste Juli wurde zur Besorgung der nöthigen Reisebedürfnisse benutzt. Besonders waren Pferde ein wichtiger Artikel in einem Lande, in welchem diese Thiere schon für eine Seltenheit gehalten werden. Dennoch wurden dieselben zu dem sehr mäfsigen Preise von 50 Kopeken pro Tag und Pferd gestellt. Auch ein Dolmetscher, der das Grusinische sprach, mufste besorgt werden.

„Am Morgen des 28sten Juli's", erzählt Herr von Bartholomäi, „fingen wir, nachdem wir zum Schlosse Ly*dj*i zurückgekehrt waren, an, über den latparschen Bergrücken zu steigen, welcher das dadianische Swanetien von dem freien trennt. Ueber diesen Bergrücken giebt es nur zwei Wege: der Sommerweg ist ziemlich bequem, so dafs wir nicht ein einziges Mal vom Pferde steigen durften, liegt aber in einer Gebirgssenkung und ist daher nur in den beiden Sommermonaten passirbar, während in der übrigen Zeit des Jahres die Vertiefungen auf demselben mit losem, nicht zusammenfrierenden Schnee angefüllt werden, der die Abgründe verdeckt, so dafs dem Wanderer bei jedem Schritte ein unvermeidlicher Tod droht. Der andere Weg wird dagegen im Winter benutzt und führt über den Gebirgsrücken selbst, auf welchem wegen der beständigen Winde und der spitzen Klippen der Schnee sich nicht halten kann. Dieser Weg ist aber nur für die kühnsten und gewandtsten Fufsgänger möglich, weil aufser der Unbequemlichkeit, welche die nadelförmigen Klippen mit sich bringen, auch noch die sehr ernstliche Gefahr vorhanden ist, von den auf den nackten Felsen herrschenden ungestümen Winden, die besonders stark gegen Mittag wüthen und die stärksten Männer umwerfen können, in die bodenlose Tiefe geschleudert zu werden. Ja selbst die kühnsten Eingeborenen betreten diesen Weg so selten wie möglich und nur in der Dämmerung.

Dieser Umstand allein erklärt hinlänglich die eigenthümlichen Sitten des freien Swanetiens.

Im Verhältnifs zu unserem Aufsteigen aus dem Thale des Zchenis-zchali's wurde auch die Vegetation immer ärmlicher. Nach den Nadelwäldern folgten Birken und Sträuche (?); dann wurden auch diese immer seltener, bis dann hinter einem breiten Gürtel von Gräsern und Alpenkräutern, Moosflächen und endlich nackte Felsen folgten, die an einzelnen Stellen mit nie schmelzendem Schnee bedeckt waren.

Wir standen nun an der Gränze des freien Swanetiens. Hier wurde meine Neugierde reger, und ich begann, aufmerksamer um mich zu schauen. Auf dem Rücken des Gebirgszuges bestand der Boden aus Schiefer von schwärzlicher Farbe, durch welchen sich dicke Schichten von Quarz zogen, die aus der Ferne weifsem Marmor glichen.

Der jenseitige Abhang des latparischen Bergrückens ist steiler und bedeutend kürzer als der diesseitige, so dafs das Thal, in welches wir hinabstiegen, viel höher liegt als das dadianische Swanetien. Vor uns öffnete sich ein überraschend prächtiges Panorama. Etwas links erhob sich der düstere Elborus. Er erscheint hier nicht, wie vom Norden aus gesehen, in seiner ewigen Eiskappe, sondern streckte drei furchtbare, schneelose Nadeln zum Himmel (Fig. 1). Zu beiden Seiten lagerten sich die Riesenmassen der Hauptkette des Kaukasus. Gerade vor uns erhob sich ein ungeheuerer Kegel, der bis zur Hälfte mit ewigem blendendem Schnee bedeckt war. Dieser Berg, welchen die Eingeborenen Adyschba nennen, ist die Hauptwasserscheide der Gesellschaften des freien Swanetiens, welche in elf abgesonderten Gruppen um die Läufe des Ingur's und dessen Zuflusses, der Mulchre, gelagert sind. Rechts öffnete sich eine Kluft, über welcher in der Ferne der Felsgipfel des Tschitchary sichtbar wurde. Zu unsern Füssen zeichneten sich ganz deutlich die an den Windungen des Ingur's gelegenen, mit weifsen Thürmen geschmückten Dörfer der drei Gesellschaften Kal, Uschkul und Ipar. Oberhalb derselben lag ein bunter waldloser Gürtel von Wiesen- und

Ackerland; über diesem ein grüner Gürtel dichten Waldes, zum gröfsten Theil aus Birken bestehend, und endlich oberhalb des Waldes die Zone der Alpenkräuter, die ihrerseits von der des ewigen Schnees überragt wurde. Der Blick verwirrte sich zwischen diesen ungeheuren, zerrissenen und wilden Gebirgsmassen, zwischen welchen der Ingur mit seinen schäumenden Fluthen als eine weifse Schlangenlinie dalag. Auf einem abgesonderten, über den Ingur hängenden Felsen zeigten sich die Trümmer des Palastes der Tamara, nicht weit von dem Tempel, in welchem nach der Volkssage ihre Asche ruhen soll.

Wir begannen eben hinabzusteigen, als uns unser Bekannter Kudriani auf einem ziemlich guten Pferde entgegenkam. Ein Pferd ist bei einem freien Swaneten das Kennzeichen des höchsten Luxus; denn im ganzen freien Swanetien zählt man nur 12 bis 20 Pferde. Zu den Arbeiten braucht man die langhaarigen Ochsen, welche man vor Schlitten spannt, da Wagen gar nicht bekannt sind, und im ganzen Lande kein einziges Rad zu finden ist. Mit Kudriani kamen uns einige andere Eingeborene entgegen, die uns freudig begrüfsten und uns für den ihnen zugedachten Besuch dankten."

Herr v. Bartholomäi berichtet nun, wie der Fürst Mikeladse ihm eine Art feierlichen Empfanges bereitet hatte, indem er die Aeltesten von Dowber, dem ersten swanetischen Dorfe in der Gesellschaft Kal [1]), veranlasst hatte, ihn feierlich zu empfangen [2]). Diese Männer sprachen auch ihre Freude darüber aus, dafs der Fürst Mikeladse zu ihnen zurückkehre und liefsen dabei die Ansicht laut werden, dafs nun die Blutrache wohl aufhören und Ordnung bei ihnen einkehren werde. Ihre Söhne würden dann auch wohl nicht mehr nöthig haben, ihre Frauen jenseits der Berge zu kaufen oder zu stehlen. Diese letzte Aeufserung bezog sich auf die grausame Sitte, die neu-

---

[1]) Die Ansicht dieses Dorfes giebt Fig. 2.

[2]) So steht in dem Manuscript. Der Setzer.

geborenen Kinder weiblichen Geschlechts zu tödten, wie denn auch Herr v. Bartholomäi bemerkte, dafs in der Menge nur Knaben zu sehen waren, welche die Väter bei der Hand hielten und zärtlich hüteten. Hierin unterscheiden sich die freien Swaneten von allen anderen Bergbewohnern und auch von den Transkaukasiern, die ihre Söhne nie selbst erziehen, sondern Erziehern übergeben und sich schämen, denselben vor Fremden irgend eine Aufmerksamkeit zu zeigen.

Schon bei der Taufe zeigt es sich, in welcher Hoffnung ein swanetischer Vater seine Söhne erzieht, und welcher Gedanke bei demselben immer voransteht. Es ist nämlich eine besondere die Taufe begleitende Ceremonie, dafs der Vater in die Wiege des Neugeborenen zwei Kugeln wirft, eine für sich, die andere für ihn. Diese Kugeln bezeichnen das Band, durch welches Vater und Sohn verbunden sein sollen. Der Vater sieht im Sohne einen Gehülfen nicht bei der Arbeit, sondern in der Ausübung der Blutrache.

Bei Gelegenheit der Bewirthung erzählt Herr v. Bartholomäi, dafs man ihm aufser dem im ganzen Kaukasus und auch in Transkaukasien bekannten, aus Hammelfleisch bereiteten Gericht, Schaschlyk genannt, ein ziemlich schlecht gebackenes Brod aus gebeuteltem Roggenmehl in der Form von Klümpchen vorgesetzt habe. Statt des Weines trinken die freien Swaneten Arak, den sie aus Hirse bereiten, und dem sie sehr zugethan sind. In dem Dorfe Dowber sind etwa 20 Feuerstellen. In den gröfseren mit einem Thurme versehenen Häusern wohnen zwei oder drei Familien. Die Stuben sind geräumig und hoch und haben steinerne Fufsböden; aber Wände und Decke sind so mit Rufs bedeckt, dafs sie glänzend und kohlschwarz sind. Das Feuer brennt beständig und zwar in der Mitte der Stube, was natürlich grofse Unsauberkeit zur Folge hat, so dafs Herr v. Bartholomäi veranlasst wurde, die Nächte nie in den Stuben, sondern in irgend einem Schoppen zuzubringen.

Am folgenden Tage besuchten die Reisenden das auf einem hohen, steilen und kegelförmigen Berge, mitten in einem Tannenwalde gelegene Kloster des heiligen Quiricus [1]), in welchem 166 Heiligenbilder aufbewahrt sein sollten.

Bei dem Kloster kamen ihnen die sieben Dekanose der sieben Dörfer, welche die Gesellschaft Kal bilden, entgegen. Die Dekanose sind die Nachkommen der früheren geweihten Priester und unterscheiden sich jetzt weder durch die Lebensart noch durch die Kleidung von ihren Landsleuten. Sie vollziehen nach der Ueberlieferung einige verunstaltete Ceremonien, bei welchen sie Gebete murmeln, die ganz verändert und ihres eigentlichen Sinnes beraubt sind. Sie können weder lesen, noch schreiben, lieben den Arak und erfreuen sich gerade keiner besonderen Achtung bei dem Volke. Dieses begreift auch ihre geringe Bedeutung vollkommen und nennt sie eben nur noch zum Spott Chuzesi (Geistliche); ja sie selbst erkennen es sehr gut, wie unwürdig sie sind, die Erben eines Berufes zu sein, dem sie nur so unvollkommen genügen können.

Das Kloster des heiligen Quiricus besteht aus einer kleinen Kirche ohne Kuppel mit einem kleinen Thurme, ist aus rohbehauenen Steinen erbaut und mit einer halbverfallenen ziemlich hohen Mauer, die mit Zinnen versehen ist, umgeben (Fig. 3.). Längs der Mauer wohnten früher die Mönche in kleinen, steinernen Zellen, welche Kasematten gleichen; jetzt wohnen darin die Dekanose, welche der Reihe nach diesen heiligen Ort bewachen.

Beim Eintritt in die Vormauer mufsten die Reisenden auf die Aufforderung der sie begleitenden Dekanose Hände und Gesicht waschen, worauf sie eine kleine Vorhalle betraten, welche an die Südseite der Kirche gebaut ist und in der die einzige Thür sich befand, welche in das Innere führt. Hier fiel nun Herrn v. Bartholomäi eine widerliche Unsauberkeit auf. In der Mitte waren Reste eines Holzhaufens, ringsum lagen Knochen und Staub in Haufen. An der Decke hingen

[1]) Bei den Russen heifst dieser Heilige: Märtyrer Keryx Der Uebers.*)

*) Dass aber dieser Name Griechisch ist und einen Herold bedeutet, wissen die meisten seiner russischen Verehrer eben so wenig, wie die swanetischen, welche sie zu civilisiren gedenken. E.

auf langen Stangen viele Hörner, welche die Eingeborenen als eine Opfergabe hier aufgehängt haben.

In diesem Raume bereiten die wachehaltenden Dekanose in Gemeinschaft mit den ankommenden Pilgern ihre Speisen, d. h. sie kochen Schaschlyk und backen auf flachen Steinen Brod. Der Rauch geht dabei durch die Spalten der geschlossenen Thür und dringt auch wohl in die Kirche selbst.

Nach langem, ceremoniellem Streit, wer von den Dekanosen die Thür zur eigentlichen Kirche öffnen sollte, weil keiner sich für würdig hielt, ein solches Heiligthum zu berühren, wurde endlich die Hauptthür aufgeschlossen.

Die Dunkelheit, der Rufs und ganze Wolken Staubes, die sich beim Eintritt erhoben, liefsen aber nichts erkennen, so dafs ein Licht angezündet werden mufste. Herr v. Bartholomäi überzeugte sich nun, dafs der innere Raum der Kirche kaum funfzig Menschen fassen könne. Zunächst zog dann ein hölzernes Kreuz, welches auf einem steinernen Cubus stand und ganz mit kleinen aus dünnem Silberblech getriebenen Heiligenbildern von grober Arbeit bedeckt war, seine Aufmerksamkeit auf sich; er fand leider aber keine Inschriften auf den Heiligenbildern. Aehnliche Kreuze hatte übrigens auch Herr Brosset im dadianschen Swanetien gesehen.

Das Allerheiligste war durch eine Mauer geschieden, welche drei Bögen bildete. In dem mittleren Bogen wurde die Mittelpforte (die Kaiserthur, d. russ. Kirchensprache) durch einen Vorhang gebildet, wie dies wohl auch in den ersten Zeiten des Christenthums vorgekommen sein mag. In den Seitenbögen hingen einige Heiligenbilder, aber nicht 166, sondern nur 20, meist ohne das ein Gewand darstellende übergegelegte Silberblech und ohne Aufschriften. Nur bei sechs oder sieben Bildern und besonders bei dem grofsen Bilde der beiden Heiligen Quiricus und Julitta waren die silbernen Einfassungen von alter Arbeit noch vorhanden, hatten aber auch keine Inschriften.

Auf dem steinernen Altar, der, wie in allen kleinen Kirchen aus alter Zeit, an die östliche halbrunde Mauer gelehnt war, lag ein herrliches handschriftliches Evangelium in griechischer Sprache, mit schönen Buchstaben auf dickes Pergament von grofsem Format geschrieben. Dieses Evangelium gehört nach Herrn v. Bartholomäi's Meinung zu der Zahl der ältesten existirenden Handschriften. Eine Inschrift, welche sich auf dem ersten Blatte befindet, ist in Kursivschrift und entschieden aus späterer Zeit als das Uebrige. In derselben wird eines Stephan, eines Gregor und eines Marcus erwähnt. Das fac simile dieser Aufschrift giebt Fig. 4.

Herr v. Bartholomäi bemerkte auch auf der südlichen Mauer der Kirche eine Inschrift in der Schrift Chusuri (grusinische Kirchenschrift). Dieselbe war grob geschrieben und dem Sinne nach nicht ganz klar; trotzdem wollte sie Herr v. Bartholomäi copiren, traf aber hiebei auf ein unerwartetes Hindernifs, indem einer der Dekanose sich dem widersetzte, weil nach seiner Meinung durch das Abschreiben der Inschrift gewissermafsen der Befehl zum Abbrechen der Kirche gegeben werde. Durch die Drohung (?) des Herrn v. Bartholomäi, dafs er augenblicklich die Gesellschaft Kal verlassen werde, und die Ermahnungen der anderen Dekanose zur Ruhe verwiesen, entschuldigte er sich später und bat selbst, die angefangene Arbeit fortzusetzen. Diese Inschrift (Fig. 5) übersetzt Herr Brosset folgendermafsen: „Als das Erdbeben diese Kirche zerstört hatte, erbaute ich, Georg, Sohn (oder Gehülfe) des Antonius, sie wieder. Erinnert euch unser, und Gott wird sich euer erbarmen."

Wann das erwähnte Erdbeben stattgefunden hat, und wer dieser Antonius gewesen, ist unbekannt.

Herr v. Bartholomäi wollte schon die Kirche verlassen, als ihm ein grofser mit Eisen beschlagener Kasten in die Augen fiel, welcher auf dem Altar stand. Auf seine Bitte, denselben zu öffnen, wollte wieder keiner der Dekanose das Heiligthum berühren, bis es denn doch nach langem Streite geöffnet wurde, und es zeigte sich den erstaunten Blicken der Reisenden ein Haufen der sonderbarsten Sachen: Da lagen in buntem Durcheinander zwei Vasen, in der Form den japanischen ähnlich, eine Menge Gefäfse von Glas und Fayence von verschiedener

Form und aus verschiedenen Zeiten, auch kupferne Schüsselchen, verschiedene Stücke bunten Glases, Glasperlen, Rosenkränze, Töpfchen, Tassen, Lappen von seidenen, goldenen und silbernen Stoffen u. s. w. Die Swaneten betrachten dieses Zeug als einen Schatz von unberechenbarem Werthe, und doch war nur ein Obras, das in einem seidenen, mit Schellen besetzten Ueberzuge steckte, merkwürdig. Dasselbe zeichnete sich nun allerdings ebenso durch sein Alter und seinen Reichthum, als durch die Schönheit der byzantinischen Arbeit aus. Die ganze Einfassung oder vielmehr Bekleidung (russ. Risa) bestand aus reinem Golde, und auf derselben war in buntem Email die Kreuzigung dargestellt; darüber schwebten zwei Engel, und an den Seiten standen die Mutter Gottes und der Evangelist Johannes. Ueber den Gruppen befand sich eine Inschrift in schwarzem Email in einer Zeile (Fig. 6, a), unter denselben eine solche in drei Zeilen (Fig. 6, b), deren Sinn jedoch nicht genau bestimmt werden kann. In goldener Einfassung liefen rings um das Bild Edelsteine, grofse Perlen und Antiken. Das merkwürdigste Stück darunter war ein rother Stein, wie es scheint ein Karneol, mit einem herrlichen Brustbilde des Erlösers. Die Rückseite des Bildes ist von Silber, zeigt en relief die Auferstehung Christi und hat eine einzeilige Inschrift (Fig. 6, c). Das ganze Obras ist 7 Werschok hoch und 5 Werschok breit.

Nach der Entdeckung eines solchen Schatzes schaute Herr v. Bartholomäi aufmerksamer hin und fand auf dem Altar eine sehr alte Bronzelampe. Sie hatte die Form eines mit einer Sandale bekleideten Fusses; die Sohle ist spitz und mit Nägeln beschlagen, was auf eine orientalische Heimath hinweist. Es ist vielleicht eine Lampe aus dem alten Kolchis (Fig. 7).

Die Dekanose erzählten, dafs dies der Schuh sei, den der Teufel getragen, als er die Eva verführte, und bei der Erscheinung Christi auf Erden verloren habe.

In den Ecken der Kirche waren noch allerlei alte Waffen aufgestellt und aufgehängt: Pfeile, Wurfspiefse, Wurfkugeln, Keulen, Rofsschweife, auf deren Einfassungen noch Spuren arabischer Gebete zu erkennen waren u. s. w. An der Decke hingen Hörner von Widdern und Auerochsen, und auf Stangen verschiedene Thierschädel. Aehnliche Trophäen der Kriegs- oder Jagdbeute befinden sich übrigens in allen Kirchen des freien Swanetiens.

Nachdem die Dekanose noch etwas gesungen hatten, was wahrscheinlich eine Art Mnogoletje (Meſsgesang für das Wohl des kaiserlichen Hauses) [1]) sein sollte, brachten sie Arak in einer Schale von Olivenholz, dem die Eingeborenen trotz der Heiligkeit des Ortes tüchtig zusprachen. Im Allgemeinen fiel Herrn v. Bartholomäi die Vereinigung roher Gewohnheiten, der Geldgier und Barbarei mit einer rührenden Anhänglichkeit an einige alte, bereits unverständlich gewordene Ueberlieferungen auf.

Die üblichen gottesdienstlichen Handlungen der Dekanose beschränken sich darauf, daſs sie in die Kirche kommen und auf die Aufforderung irgend einer Person, die bei dieser Gelegenheit einen Hammel schlachten, oder ein anderes Namsurul (d. h. Opfer) bringen muſs, Gebete lesen. Taufen, Hochzeiten, Begräbnisse und Gedächtniſsfeste werden auf gleiche Weise vollzogen. Von dem Abendmahle und der Messe hat das Volk keine Ahnung.

In Bezug auf die politische Gestaltung der Verhälthisse [2]) in der Gesellschaft Kal ist zu bemerken, daſs sie ganz demokratisch ist, da die Gesellschaft keinen einzigen Adligen hat.

Sonst ist diese Gesellschaft eine der ärmsten und besteht aus sieben Dörfern, welche in folgender Ordnung auf dem rechten Ufer des Ingur's fluſsabwärts liegen: Chaldee (am Flusse Tschala, nahe bei seiner Mündung in den Ingur), Dowber, Lanchor, Chee, Witschnasch, Ipral und Mukdar. Sämmtliche Ortschaften zählen 54 Feuerstellen.

In dem Dorfe Chee wäre noch die Kirche zu erwähnen, von welcher die kalischen Swaneten behaupten, daſs in der-

---

[1]) Einen solchen konnten aber die freien Swaneten doch kaum schon im Voraus (etwa zur Feier ihrer dereinstigen Unterwerfung) gedichtet und componirt haben. D. H.

[2]) Soll wohl heissen: „die Gestaltung der politischen Verhältnisse" — ? D. H.

selben und nicht in dem Uschkulischen Kloster die Königin Tamara begraben sei.

Von der Gesellschaft Kal bis zur Gesellschaft Ipar sind den Ingur hinab nur 8 Werst; der Weg führt aber nur über steile Klippen und ist deshalb aufserordentlich schwierig, so dafs die Reisenden ihn nicht in einem Tage zurücklegen konnten und in einem Bivouac übernachten mufsten. Hier kamen ihnen die Notabilitäten der verschiedenen Gesellschaften, die sie noch besuchen sollten, entgegen: aus der Gesellschaft Mullach der Asnaur Dadasch Kudriani mit seinen beiden erwachsenen Söhnen, Gela (Gregor) Josiliani [1]) und Simon Dewdariani; ein Asnaur der Gesellschaft Ipar, Soltman Kurdiani und aus der Gesellschaft Mujal der Plebejer Kasmulat Scharaschidse.

Das ganze freie Swanetien hat keinen einzigen Fürsten. Die Adligen, welche auch nur in einzelnen Gesellschaften existiren, haben nur noch das Vorrecht, einmal jährlich bei den Nachkommen ihrer ehemaligen Unterthanen zu Mittag zu essen, und im Falle der Blutrache zwei Tropfen Blut statt eines zu fordern. Dennoch ist der moralische Einflufs des Adels faktisch immer noch ziemlich bedeutend. Dies erhellt auch aus einem Vorfalle, der sich im Bivouac der Reisenden zutrug.

Es hatte sich nämlich in der Nacht bei dem Feuer, um welches sich die Swaneten gelagert, ein lautes Gespräch erhoben, welches bei dem starken und volltönenden Organ dieser Bergbewohner jeden Gedanken an Schlaf verscheuchte. Zuletzt wurde dieses Gespräch immer lärmender, bis es in eine Art Tumult ausartete, worauf Alles ruhig wurde. Am folgenden Morgen stellte sich Folgendes heraus: Es war ein Bewohner der Gesellschaft Kal gekommen und hatte erzählt, dafs sein Nachbar an demselben Abende einem Bewohner der Gesellschaft Uschkul, mit dem er in Feindschaft stehe, zwei Schweine gestohlen habe. Obgleich dies bei der sonst herrschenden Sitte der Selbsthülfe und der Selbstrache etwas ganz Gewöhnliches war, hatte Dadasch doch die Meinung, dafs es

[1]) Weiter unten ist Gela Josiliani als Asnaur der Gesellschaft Mujel aufgeführt worden.

bei den Fremden ein Vorurtheil gegen das ganze freie Swanetien erwecken könnte. Er befahl daher seinen Söhnen, zu dem Uebelthäter zu gehen, ihn tüchtig durchzuprügeln und ihn zu zwingen, das Gestohlene seinem rechtmäſsigen Herrn zuzustellen. In derselben Nacht noch war diese Justiz geübt worden. Dadasch Kudriani gehörte weder zur kalischen, noch zur uschkulischen Gesellschaft, aber als Asnaur und als ein energischer und allgemein geachteter Mann hatte er so viel Ansehen, daſs seine Bestimmungen volle Rechtskraft hatten.

Als die Reisenden ihren Weg am folgenden Tage fortsetzten, schoſs ein Swanete ihrer Begleitung mit seiner Büchse einen Adler. Als die anderen den Vogel betrachteten, tadelten sie den Schuſs, weil er nicht auf den Kopf getroffen hatte. Die Swaneten gelten also mit Recht für gute Schützen.

In dem Dorfe Nakipari fiel es den Reisenden auf, daſs ihnen nur Greise und Dekanose entgegen kamen, was übrigens dadurch erklärt wurde, daſs sämmtliche übrigen Einwohner, welche sie am Tage vorher vergeblich erwartet hatten, zu den Feldarbeiten hinausgezogen waren. Diese müssen nämlich bei dem nur zwei Monate dauernden Sommer um so eiliger betrieben werden, als die Swaneten es für Sünde halten, an den Sonntagen, Freitagen und Sonnabenden zu arbeiten, was übrigens auch in Imeretien Sitte ist.

In diesem Dorfe befindet sich auch eine ziemlich hübsche Kirche des heiligen Georg, die etwas gröſser ist als die kalische. Unter mehreren anderen von dem in allen swanetischen Kirchen üblichen Staube bedeckten Kirchenbildern bemerkte Herr v. Bartholomäi ein sehr merkwürdiges, welches in groſsem Maſsstabe einen heiligen Georg darstellt, der aber nicht den Versucher mit der Lanze durchbohrt, sondern eine liegende Figur im Panzer und mit der königlichen Arsacidenmütze. Das Schwert ist ihren Händen entfallen, daneben liegt ein runder Schild, und über demselben befindet sich in grusinischer Kirchenschrift:

„Diocletian, der ungläubige König [1]."

[1] „Der heilige Georg von Cappadocien erwarb die Märtyrerkrone wäh-

In dieser Gesellschaft hatte Fürst Mikeladse vor fünf Jahren sechs Monate gelebt, und er fand seine Wohnung noch vollkommen in demselben Zustande, in welchem er sie verlassen hatte, weil die Eingeborenen immer noch gehofft hatten, daſs er zurückkehren werde. Ein zarter Beweis für die allgemeine Anerkennung, die derselbe sich erworben!

Die Gesellschaft Ipar besteht nur aus drei Dörfern: Bogresch auf dem rechten Ufer des Ingur's, nahe an der Einmündung des Adysch-Tschala, Nakipari und Segani, auf einer Höhe auf dem linken Ufer gelegen, alle zusammen mit 104 Feuerstellen.

Es leben hier nur zwei Asnauerenfamilien: die Kudriani (Verwandte des Dadasch Kudriani) und die Gulbani. Trotz der auch hier herrschenden Armuth ist diese Gesellschaft doch relativ reicher als die anderen, weil die felsigen Uferränder des Ingur's hier etwas zurücktreten, und der Boden ziemlich reichliche Weizenernten liefert. Der Weizen dient überhaupt als Maſsstab für die Beurtheilung des Wohlstandes im Swanetenlande; wo derselbe nicht gedeiht, ist die Gesellschaft arm; wo dies der Fall ist, wird sie für wohlhabend gehalten. Man iſst hier gutes Brod und beschäftigt sich auſser dem Ackerbau auch noch mit Handel.

Zürmi ist die nächste Gesellschaft und von der iparischen etwa 10 Werst entfernt, welche wie bisher auf dem hohen und steilen Uferabhange des Ingur's zurückgelegt werden muſsten. Die Gesellschaft zählt 5 Dörfer: Sagar, Tüber, Nesgauban oder Kipianschi, Lamol und Tschauben. Sie liegen ziemlich dicht bei einander auf einer bedeutenden Erhöhung auf dem rechten Fluſsufer und zählen 68 Feuerstellen. Die Gebäude unterscheiden sich von denen der oberen Gesellschaften durch ihre gröſsere Zahl von Thürmen. Einige Gebäude gleichen vollkommen den mittelalterlichen Ritterburgen. Dieselben sind in Form von Parallelogrammen erbaut, deren

---

rend der Regierung Diocletians, und sollte sich diese Darstellung nicht auf ihn beziehen?" Brosset I, S. 250 u. 251.

vordere Seite durch eine hohe, an den zwei Ecken mit Thürmen versehene Mauer geschlossen wird. Von den Thürmen ziehen sich Seitenmauern nach der hinteren Seite, auf welchen sich ein grofses steinernes, zweistöckiges Gebäude mit zwei symmetrisch angefügten Flugeln erhebt. Diese burgähnlichen Gebäude schmücken alle Bergesabhänge, und die scharf mit dem sie umgebenden Grün contrastirenden weifsen Mauern gewähren ein originelles, höchst angenehmes Bild. Nicht alle Gebäude der einzelnen Dörfer sind in gleich grofsem Mafsstabe gehalten, aber alle sind zur Vertheidigung eingerichtet.

Bereits hinlänglich bekannt mit dem Charakter der Swaneten, fällt hier Herr v. Bartholomäi das Urtheil, dafs die Gerüchte von der verstockten Grausamkeit derselben durchaus übertrieben seien. Er erklärt sie für ein Volk in der Kindheit, das in der Ursprünglichkeit seiner Sitten leicht empfänglich fur alle Eindrücke und in der Blutrache unerbittlich ist, das aber bereits das Gute begreift. Er bemerkte in ihnen Gutmüthigkeit, Heiterkeit, Erkenntlichkeit, aber auch Geldgier und ein drückendes Bewufstsein des religiösen Verfalls. So erklärten ihm die Einwohner der Gesellschaft Zürmi ganz einstimmig, dafs sie wünschten, geweihte Priester zu haben. Die Dekanose wären gewifs auch auf den Vorschlag, dafs sie ihre Kinder in die geistlichen Schulen schicken möchten, eingegangen, wenn hier nicht eine Rücksicht zu nehmen gewesen wäre, die sonst nirgend in Betracht kommt. Die Swaneten, die kaukasischen Lappländer, können nämlich in keinem anderen als ihrem kalten Lande leben. So starben z. B. im Laufe des Sommers 1841 achtzig Miliasoldaten aus dem fürstlichen Swanetien, welche mit ihrem Fürsten Dadisch-kiliani in die Festung Swätoi-Duch gezogen waren, am Nervenfieber. Es wäre demnach zu wünschen, dafs in dem Lande selbst Schulen angelegt wurden, um dem Wunsche des Volkes entgegenzukommen.

Nach annähernder Schätzung meint Herr v. Bartholomäi, dafs die Dörfer der Swaneten durchschnittlich etwa 8000 Fufs uber dem Meere liegen, und in der Gesellschaft Zürmi, welche ziemlich in der Mitte liegt, zeichnete er nach dem Augenmafse das Profil der Höhen, welche das Himmelsgewölbe umsäumten, bei welcher Gelegenheit er sich auf dem Abhange einer halb senkrechten Wand befand, welche ihm den Anblick des Elborus und der Hauptkette verdeckte (Fig. 8).

Vorn erhob sich im Süden der konische Schneegipfel des Zera-Sager; von demselben zogen sich nach Westen die Felsenkämme des Schkura-Sager, und westlich von diesem erhob sich mehr in der Ferne die Schneekuppe des Lakur, etwas näher die Eiskämme des Choraschi und Zchimra. Ganz im Westen erhoben sich die vier Gletscherzacken des Berges Surun und etwas tiefer die Felskuppen der Berge Tüberi und Eruni. Alle diese Höhen bezeichnen die westliche Gränze des fürstlichen Swanetiens. Oestlich vom Schkura-Sager zogen sich zuerst die langen schneelosen Ketten des Lasilgebirges, hinter ihnen die Bergrücken des Zcheru und Muschura und der Felskamm des latparischen Gebirgszuges, welcher von den Eingeborenen Dadiasch genannt wird. Ganz im Osten schlossen sich die ewigen Eiswogen der Berge Tschudnija, Miatschichpar und Mulchista am Ingur an.

An Alterthümern ist die Gesellschaft Zürmi nicht reich. Nur in der Kirche des heiligen Georg dürfte das Bild, welches dem in der iparischen Kirche ähnlich ist, erwähnt werden; doch zeigt sich nirgend der Name Diocletian, und der Besiegte trägt auch nicht die Arsacidenmütze, sondern eine zakkige Krone mit langen Anhängseln, wie man sie auf byzantinischen Münzen des 12. Jahrhunderts findet.

Für die Armuth der übrigen Kirchen, in welchen die Bilder ihrer Einfassungen beraubt sind, führen die Eingeborenen als Grund an, dafs dieselben bei nächtlicher Weile von den Türken (d. h. Muselmännern — wahrscheinlich Karatschagen und Bulkaren) mehrfach bestohlen worden seien.

Durch offene Gewalt haben die Swaneten wahrscheinlich nie etwas eingebüfst, da ihre eigene Mannhaftigkeit sowohl, wie die Unzugänglichkeit ihres Gebietes sie vor jedem offenen Angriffe schützte. Dafs die gegen sie gerichteten Einfälle stets unglücklich abliefen, beweisen auch die vielen in den Kirchen aufgehängten Rofsschweife und ganze Haufen von Waffen.

Unter einander leben die Gesellschaften in Frieden und die Blutrache erstreckt sich nie auf das Ganze.

Die Gesellschaft El, welche von der von Zürmi auf dem oberen Wege 18, auf dem unteren nur 7 Werst entfernt ist, war einst blühend, aber seit der im Jahre 1812 daselbst ausgebrochenen Pest, welche zwei Dörfer ganz entvölkerte, ist sie so herunter gekommen, dafs die drei übrig gebliebenen Dörfer Atz, Bogbiar und Goascha oder Askildasch nur 40 Feuerstellen zählen. Trotzdem halten die Bewohner so auf ihre Selbstständigkeit, dafs sie Herrn v. Bartholomäi sehr schlecht empfingen, weil sie furchteten, dafs die Regierung die Absicht habe, sie mit der Gesellschaft Zürmi zu vereinigen. Erst auf die Versicherung hin, dafs die Regierung nicht im entferntesten daran denke, ihre Jahrhunderte alten Rechte anzutasten, wurden sie freundlich und zeigten die zwangloseste Gastfreiheit. Von Alterthümern fand Herr v. Bartholomäi nur ein Evangelium auf Pergament in der Schrift Assomtawruli (d. h. in grusinischer Schrift, aus lauter grofsen Anfangsbuchstaben bestehend) und eine kupferne römische Vase, welche sich in Folge des in den Reliefdarstellungen herrschenden verdorbenen Geschmacks als ein Erzeugnifs des 4. oder 5. Jahrhunderts darstellte.

Auf dem Rückwege von El nach Zürmi begegnete Herr v. Bartholomäi einigen Frauen, welche laut scherzten und lachten. Fürst Mikeladse erklärte ihm, dafs sie sich scherzhaft darüber beklagten, dafs die Reisenden ihnen nicht den Hof machten. Bei dieser Gelegenheit beschreibt Herr v. Bartholomäi zwei derselben, die er mit ihren wohlgeformten Gestalten, ihren blonden Haaren und grofsen blauen Augen fur echte Typen swanetischer Schönheiten erklärt. Die älteren Frauen werden häufig durch Kröpfe verunstaltet.

Die swanetischen Frauen leben übrigens keineswegs in einer so furchtbaren Abhängigkeit, wie es sonst im Orient der Fall ist, da sie in so geringer Zahl vorhanden sind, dafs auch die scheufslichste Alte, wenn sie Wittwe wird, sofort einen Mann findet.

In dem zürmischen Dorfe Nesgauban angekommen, um daselbst zu übernachten, wurde Herr v. Bartholomäi durch die Ankunft der beiden einzigen Asnaure der Gesellschaft Latal, der Gebrüder Tscharkwiani, überrascht, welche ihn nicht nur freundlich zum Besuche ihres Thales einluden, sondern auch erklärten, dafs die ganze Gesellschaft bereit wäre, Russland den Unterthaneneid zu leisten. Wie bereits bemerkt worden, war diese Gesellschaft mit der von Lendscher die einzige, die noch nie von einem Russen besucht worden.

Auf der Gränze der Gesellschaft Latal wurden die Reisenden von der ganzen männlichen Bevölkerung der Gesellschaft, welche etwa 600 Köpfe stark und mit guten krimschen Büchsen und Dolchen bewaffnet war, empfangen. Einen Säbel trug nur ein ehrwürdiger Alter, Namens Toisa, der mit einem anderen stattlichen Manne in dunkelem Haar, Abi genannt, an der Spitze der Schaar stand. Dieser letztere trat hervor und sprach im Namen Aller in einer Rede, welche einem harmlosen (!) nur auf wissenschaftliche Erfolge ausgehenden (!?) Reisenden gegenüber vielleicht in einem etwas zu stolzen Tone gehalten war, den Wunsch aus, dafs die Gesellschaft Latal in den russischen Unterthanenverband aufgenommen werden möchte. Es wurde dabei gehörig hervorgehoben, wie sie ihr eigener, freier Wille zu dieser Bitte veranlasse, keine Gewalt, kein Einflufs von aufsen sie dazu nöthige, und sie, die bis dahin Niemandes Unterthanen gewesen seien, auch jeden Angriff gegen ihre Unabhängigkeit zurückzuweisen verstanden hätten.

Nach einem in dem Lieblingsgetränk der Swaneten, in Arak, ausgebrachten Toast auf das Wohl des Kaisers und seines Hauses, zog die ganze Gesellschaft in das Gebiet der Lateler, wo die Reisenden bei dem Asnaur Tsçharkwiani abstiegen.

In dieser Gesellschaft liegen die Dörfer näher bei einander und enthalten mehr Thürme als in den anderen.

Am folgenden Tage sollte die Ablegung des Unterthaneneides stattfinden; aber hier erhob sich eine eigenthümliche Schwierigkeit. Die Lataler waren nämlich in Folge alter, durch die Blutrache veranlafster Feindseligkeit in zwei Parteien zerrissen, und da sie nach alter Sitte ihre Feindschaft aufgeben mufsten, wenn sie in einer Kirche zusammenkämen, dazu sich aber nicht entschliefsen wollten, verlangten sie, dafs sie den Unterthaneneid in zwei verschiedenen Kirchen ablegen dürften. Nach vergeblichen Versuchen, die beiden Parteien zu versöhnen, wurde denn auch wirklich der Eid in zwei verschiedenen Kirchen abgelegt, und da die hierbei vorkommenden Ceremonien manches Eigenthümliche hatten, wird eine kurze Beschreibung derselben nicht am unrechten Orte sein.

Das Volk stand im Halbkreise vor der Kirche; Oberst v. Bartholomäi blieb mit dem swanetischen Pristaw, Fürsten Mikeladse, in der Vorhalle derselben stehen, und der Dekanos brachte von dem Altar ein silbernes Bild des Erlösers, welches er dem Volke zeigte. Beim Anblick dieses Bildes drückte sich eine Art frommen Schreckens aus, indem Alle mit den Lippen schnalzten, als ob sie die Luft küfsten. Dann las Fürst Mikeladse ihnen laut die grusinisch abgefafste Eidesformel vor, welche der Dolmetscher Wort für Wort ins Swanetische übersetzte. Die Lataler hörten mit Ehrerbietung und Andacht zu und küfsten, indem sie auf das Bild sahen, wieder die Luft. Als nun zum Schlufs der Ceremonie der Eidesleistung das Bild selbst geküfst werden sollte, wandten sie sich mit der Bitte an die Fremden, dafs diese es statt ihrer thun möchten, da sie als ungetaufte und somit unreine Menschen ein solches Heiligthum nicht zu berühren wagten. Nachdem dies geschehen war, liefs Oberst v. Bartholomäi ihnen das Zeugnifs, welches er ihnen über den geleisteten Eid ausgestellt hatte, übersetzen. Beim Anblick dieses Papieres schnalzten sie wieder mit den Lippen, und nachdem sie den Inhalt angehört, gingen sie nach Hause.

Durch dieses Ereignifs fühlte Herr v. Bartholomäi seine archäologische Thätigkeit einigermafsen beschränkt, weil er durch zu eifriges Forschen nicht das Mifstrauen der Lataler erregen wollte; doch brachten ihm die Dekanose der Kirche des heiligen Jonas einen Kasten, welcher bis zur Hälfte mit silbernen Bechern, mit allerhand anderen Gefässen und Tellern angefüllt war, aber nichts Antikes enthielt. Auf allen Gegenständen war eine Inschrift in der Schrift Mchedruli, d. h. Neugrusinisch.

Eine grofse Glocke in dieser Kirche hatte folgende Inschrift in Chuzuri: „Wir, der König der Könige, Alexander, Sohn des Königs Leo, schickten aus Kachetien diese Glocke zur Abhaltung des Gottesdienstes in deinem heiligen Tempel. Prophet Jonas von Latal! erhalte mich jetzt durch deine Fürsprache vor den Stürmen dieses und des künftigen Lebens so unbeschädigt, wie dich Gott einst vor dem Meere und dem Wallfische unbeschädigt erhalten hat!"

In der Vorhalle dieser Kirche sah Herr v. Bartholomäi eine ungeheure Trompete von Messing. Dergleichen Trompeten, Sankwir genannt, ersetzten hier die grofse Versammlungsglocke der Nowgoroder (Wjetschewòi Kolokol) und riefen die freien Swaneten in die Hauptkirche, wenn irgend ein Umstand eine Volksversammlung nothwendig machte.

Unterdessen waren auch schon Abgesandte der Gesellschaft Lendjer mit der Nachricht eingetroffen, dafs man die Reisenden daselbst erwarte. Bei der Abreise von Latal unterschrieben, oder vielmehr bekräftigten durch ihre daruntergesetzten Kreuze, die 13 Aeltesten der 13 Dorfschaften den abgelegten Eid.

Die Gesellschaft Latal ist die gröfste und reichste im freien Swanetien; sie hat Ueberflufs an Heuschlägen, Weiden und Wald. In einem breiten Thale liegend, folgen die 13 Dörfer in folgender Ordnung: Lachuscht, auf der Spitze bei der Vereinigung der Mulchre mit dem Ingur liegend; Lachild auf dem linken Ufer des Ingurs; Lamold auf dem rechten Ufer der Mulchre; längs des Ingursflusses abwärts liegen auf dem rechten Ufer: Enasch, Datuar, Kuontschianar, Matzchoarisch, Zchaler, Sidianar, Leschkuar, Jikanka, Mukhar und Tschwitschionar.

Die Gesellschaft Lendjer besteht nur aus 6 Dörfern mit 95 Feuerstellen, die auf dem rechten Ufer der Mulchre liegen: Sol, Kaïr, Lemsija, Nesgul, Laschtchor und Kaschwet. Die Bewohner sind arbeitsamer und friedliebender als die der anderen Gesellschaften, und ihre Scheu vor dem Kriege zeigte sich schon in den stärkeren Defensivanstalten, d. h. in den vielen Thürmen ihrer Dörfer. Sie bauen vielen Weizen, beschäftigen sich überhaupt viel mit Ackerbau und bilden eine rein demokratische Gemeinde, da sie nicht einen einzigen Adligen unter sich haben.

In Laschtchor, wo Herr v. Bartholomäi 19 Thürme zählte, war für die Reisenden eine Localität unter einem Wetterdache eingerichtet worden. Die ihnen hier entgegenkommenden Lendjerer erklärten, dafs sie sich schon längst als russische Unterthanen betrachteten und nur aus Furcht vor den Lataleru noch keinen Pristaw zu sich gerufen hätten.

Am dritten August legten denn auch die Lendjerer, die letzten freien Swaneten, den Unterthaneneid in ihrer Hauptkirche (des heil. Erzengels Michael) in derselben Weise ab, wie es die Lataler gethan hatten.

Diese Kirche ist äufserlich auf einem breiten Rande längs des Karnieses mit Fresken verziert, welche im Geschmacke der persischen Malerei wahrscheinlich vor 200 oder 300 Jahren von einem zufällig durchreisenden grusinischen Künstler angefertigt sind und die Thaten des sagenhaften grusinischen Amiran Daredjanian darstellen. Da kämpft er selbst gegen ein Ungeheuer, und dort sind seine Genossen abgebildet, unter denen auch ihre Namen stehen (Fig. 9).

Auf der Glocke fand sich folgende Inschrift: „Wir, der kachetische König, Patron David, und unsere Gemahlin widmeten diese Glocke Dir, heiliger Erzengel, um ein langes Leben und das Gedeihen unserer Regierung zu erbitten."

Der Hauptschatz der Kirche ist wohl aber ein schönes Evangelium auf Pergament in der Schrift Chuzuri mit goldenen Anfangsbuchstaben, Verzierungen und Miniaturbildern.

Nach Herrn v. Bartholomäi's Meinung verdient diese Handschrift allein eine Reise ins freie Swanetien.

Von der Gesellschaft Lendjer ging es längs der Mulchre stromaufwärts zur Gesellschaft Mesti oder Seti, welche 6 Werst von jener entfernt ist. Die fünf Ortschaften Legtag, Senak, Nontschal, Laguniasch und Lagan liegen am Flusse des Elborus selbst.

Ueber einen Felsen, der von einem unbenannten, in die Mulchre fallenden Bach durchbrochen wird, gelangen Fußgänger in dreimal 24 Stunden über die schneebedeckte Gebirgskette in die balkarischen oder malkarischen Wohnorte im gebirgigen Theile der grofsen Kabarda. Diese Nachbarschaft muselmännischer Stämme spricht sich übrigens auch schon in den Sitten der Mestier aus.

Die Reisenden blieben in dem Schlosse des Adligen Dadasch Djaparidse, eines breitschultrigen Alten mit grauem Schnurrbarte, dessen Familie die Aristokratie der Gegend bildet. Dem Aussehen nach schien er bekümmert und niedergeschlagen, empfing aber die Fremden sehr freudig und gastfrei, indem er sie sofort zu einem Mittagsessen einlud.

Dieser Djaparidse ist der Nachkomme des bekannten Fürsten Djaparidse aus Ratscha, dessen Ermordung den Swaneten im Anfange des 15. Jahrhunderts so theuer zu stehen kam. Die Zerstörung einer grofsen Menge von Kirchen, Klöstern, Forts, Dörfern, Wohnhäusern und die Niedermetzelung vieler Adligen und gemeinen Swaneten mufsten die blutige Beleidigung sühnen, welche dem imeretischen König Alexander durch Ermordung seines Unterthanen zugefügt worden war. Nach siebenjähriger Absperrung erhielten die Swaneten wohl wieder das Recht in Ratscha und Ledjgum zu handeln; aber sie erholten sich nicht mehr von dem Schlage, der sie getroffen, und der wohl auch ein Hauptgrund für den Verfall des Christenthums und die Verwilderung der Sitten bei ihnen wurde.

Während die Vorbereitungen zu einem Mittagsmahl im Freien getroffen wurden, besuchten die Reisenden die Hauptkirche des ehemaligen Klosters des heiligen Georg. Ein achtzigjähriger Dekanos von hohem Wuchs mit ehrwürdigem Antlitz und langem weifsen Barte empfing sie. Dieser Greis, gebildeter als der bei weitem gröfste Theil seiner Landsleute, da er grusinisch zu lesen verstand, kämpfte trotz seiner beinahe vollständigen Erblindung wacker gegen die muselmännische Propaganda, welche diesen District bedroht.

Nach Wachuschti sollen in dem swetischen Kloster die von Wachtang Gurgaslan im 5. Jahrhundert dem Kloster dargebrachten goldenen Gottesbilder aufbewahrt werden, welche sich durch ihre reiche Einfassung von Edelsteinen, die Wachtang selbst aus Indien gebracht hatte, auszeichnen. Da nun swetisch sehr wahrscheinlich gleichbedeutend mit setisch, und dieses wiederum allmählich in metisch corrumpirt worden ist, mufste dies das erwähnte Kloster sein. Und wirklich fanden sich in dem Tempel zwei prachtvolle Heiligenbilder im Geschmack der byzantinischen Schule, in reicher Goldbekleidung und mit einigen Steinen besetzt, vor. Das eine, mit zwei Thüren versehen, stellte eine Mutter Gottes dar, welche von vielen anderen Bildern eingefafst war; auch die Thüren waren inwendig bemalt, doch zeigten die Verzierungen auf dem Bilde einen viel neuern Geschmack, so dafs sie höchstens ins 14. oder 15. Jahrhundert hinaufreichen können. Die Inschrift war in der Schrift Tschartuli (d. h. Chuzuri als Cursivschrift) und lautete: „Heilige Mutter Gottes — — bete für uns zu Deinem Sohne und unserem Gotte, zum Heile Wachtangs und Mariams (?), welche Dein heiliges Bild — —"

Herr v. Bartholomäi bemerkt dabei, dafs Wachuschti sehr voreilig auf die Identität dieses Wachtang mit Wachtang Gurgaslan geschlossen habe.

Auf dem anderen Heiligenbilde, welches auch ziemlich grofs, aber ohne Thüren war, befand sich folgende Inschrift: „Ich, der arme Antonius Zagerel stellte auf meiner Besitzung in Ischt . . . den zerstörten Garten wieder her, brachte ihn diesem Kloster zum Geschenk und stellte auch dieses Bild zur Erlösung meiner Seele in dieser Kirche auf. Wenn jemand mein bescheidenes Opfer entwenden sollte . . . Strafe . . . am Tage des Gerichts. Amen."

Wie überall sind auch in dieser Kirche in den Ecken viele kriegerische Trophäen aufgestellt. Das Ikonostas schmückte die grofse Fahne des swanetischen Volkes. Von dem Zeuge war nur noch ein Lappen übrig; aber die breite kupferne Spitze hatte auf der einen Seite den setischen heiligen Georg, auf der anderen den tatarischen Jonas und den ugarischen Erzengel Michael. Die Inschrift heifst in der Uebersetzung: „Der Herr segne das vereinigte Thal, das glückliche Panier, den Löwen und die Lanze der Fahne und auch die beiden Fähnchen unseres grofsen Klosters. Gewidmet von Grigol Kopasdse; möge der Herr sich seiner erinnern!" (s. Fig. 10.)

Auf dem steinernen Piedestale eines grofsen hölzernen Kreuzes, welches in der Mitte der Kirche stand und ganz mit silbernen Bildern behängt war, lag ein eisernes Gebifs von seltsamer Form, eine Axt mit zwei Schneiden und ein kleiner runder Schild. Nach der Versicherung des Dekanos gehörte das Gebifs zu dem Zaume, dessen sich die grofse Tamara bediente, wenn sie zu Pferde war, und war die Axt diejenige, welche ihr vorangetragen wurde (Fig. 11). Ueber den danebenliegenden Schild war nichts Historisches festzustellen.

Als die Reisenden zu ihrem Wirthe zurückkehrten, fanden sie ein feierlich zugerichtetes Mittagsmahl vor.

Auf dem Ehrenplatze nahe an einer Schlucht war für die Fremden ein runder Tisch auf drei Füfsen, mit einem Tischtuche bedeckt, aufgestellt; am Tische standen ein Stuhl und ein Sessel von einer eigenthümlichen Form, die auf ein sehr hohes Alter dieser Möbel deuteten (Fig. 12). Möbel zum Sitzen sind überhaupt in diesen Gegenden selten, da auch sogar die Grusiner den persischen Gebrauch, auf Teppichen zu sitzen, angenommen haben.

Der Wirth afs mit seiner Familie und den die Reisenden begleitenden Asnauren etwas entfernt, auf Teppichen und Filzdecken sitzend. Die Söhne bedienten den Vater, denn die Frauen nahmen an dem Mahle nicht Theil, sahen aber demselben aus der Ferne zu. Das gewöhnliche Volk safs ganz einfach auf dem Grase. Die Bewirthung war verhältnifsmäfsig prächtig zu nennen; denn es gab ausgezeichnete Forellen, gekochte Hühner, Schaschlyk, Käse, getrocknete Aepfel, Arak und (was eine Seltenheit für jene Gegenden ist) ledjgumischen Wein.

Trotz einiger Abenteuer, veranlasst durch das Eindrängen eines balkarischen Muselmannes und das Vertreiben desselben, durch einen Streit, der sich zwischen zwei vom Mahle etwas erhitzten Asnauren erhob und sie veranlafste, nach den Dolchen zu greifen, ging das Mahl zu Ende, und in dem darauf folgenden Gespräche theilte Djaparidse Herrn v. Bartholomäi auch den Grund seiner Traurigkeit mit. Nicht lange vordem hatte ein ledjgumischer Asnaur die junge Frau seines Sohnes geraubt, und dadurch haftete ein Flecken auf der Familie, der nicht einmal mit Blut abgewaschen werden konnte. „Wenn man," sagte Djaparidse, auf den Elborus deutend, „diesen ganzen Berg in Gold verwandelte und mir zur Sühne meiner Unehre geben wollte, ich würde es nicht für genügend halten. Gott weifs es, wir sind echte und getaufte Christen; aber wir können nicht die seit unserer Geburt uns anhaftenden Eigenschaften ablegen, und so lange man mir nicht meine Tochter wiedergegeben hat, werde ich meine Rache bis zum letzten Athemzuge verfolgen!"

An demselben Abende noch erwartete Dadasch Kudriani die Reisenden in der 10 Werst entfernten an der oberen Mulchre gelegenen Gesellschaft Mullach, wohin sie sich denn auch begaben. In dem ersten Dorfe dieser Gesellschaft, das sie betraten, in Muschkiel, wurde ihnen ein überraschender Empfang zu Theil; denn durch ein helltönendes Glockengeläute wurden sie zu einer neuen Kirche geführt, deren weifs angestrichene Mauern den vollkommensten Gegensatz zu den dunkeln, halbverfallenen Mauern der übrigen Kirchen bildeten. Vor derselben empfing sie ein Priester im Ornat, das Kreuz in der Hand, worauf denn auch ein vollständiger Gottesdienst im Ritus der griechischen Kirche abgehalten wurde.

Von allen elf Gesellschaften des freien Swanetiens hat nur die von Mullach einen geweihten Priester und diesen verdankt sie dem energischen und unermüdlichen Religionseifer Dadasch Kudrianis. Dieser merkwürdige Mann hatte sich im Jahre 1841 taufen lassen und ruhte nun, trotz der zahllosen Schwierigkeiten, welche ihm die allen Neuerungen feindlichen Swaneten entgegensetzten, nicht eher, bis er eine Kirche für den vollständigen Gottesdienst eingerichtet und einen geweihten Priester darin eingesetzt hatte. Da die Swaneten ihm keine der zahlreichen vorhandenen Kirchen einräumten, baute er zum Theil auf eigene Kosten, zum Theil auf Kosten der Regierung, eine neue. Da man ihm ferner nicht gestattete, den Sohn eines Dekanos zum Priester erziehen und salben zu lassen, kaufte er im Gebirge eine Waise und schickte diese in die geistliche Schule.

Dadasch Kudriani ist für Swanetien eine wahrhaft bedeutende Erscheinung, und der grofse Einflufs, den er sich in der ganzen Gegend erworben, erhellt auch schon aus der weiter oben erzählten Art, wie er die Gerechtigkeit zu handhaben verstand. Er war damals 60 Jahre alt, hoch von Wuchs; die Haare waren schwarz, fingen aber bereits an, grau zu werden. Bart und Haare beschnitt er so, dafs er den Portraits der alten ukrainischen Hetmane glich; er hatte eine starke und rauhe Stimme, einen rauhen Ausdruck des Gesichts und heftige, abgebrochene Bewegungen. Seine Kleidung war stets sauber; für gewöhnlich trug er eine graue Tscherkeske mit Silbereinfassung und eine kleine gerade Schaschká (Säbel mit lederbezogener Holzscheide), ein Geschenk des Obersten Koliubjakin. Wie alle Männer von wahrem Verdienste hatte er keine Ahnung von seinen Vorzügen, sondern war einfach in seinem Umgange, weder prahlerisch, noch übermüthig.

(Schlufs folgt.)

Resultate einer vergleichenden mikroskopischen Untersuchung von mehr denn dreissig verschiedenen Proben der sogenannten Schwarz-Erde (Tscherno-*som*[1]).

Von Dr. I. F. Weisse zu St.-Petersburg.

Wir besitzen von Ehrenberg (Berliner Monatsberichte. Spt. und Oct. 1850) mikroskopische Analysen der Schwarz-Erde aus den Gouvernements Charkow und Orel, welche wohl klar darthun dürften, dafs die aus geologischen und aus chemischen Gesichtspuncten von Murchison und von Professor Schmid in Jena ausgesprochene Meinung, als sei die Schwarz-Erde ganz verschieden von allen übrigen schwarzen Acker-Erden, und als sei sie eine zerfallene ältere Gebirgsart, zu den unbegründeten Hypothesen gehöre [2]).

---

[1]) Vergl. in d. Archive Bd. IX, S. 15, Bd. XV, S. 522. Die hier mitgetheilte Ergänzung unsrer früheren Nachrichten über den tscherno-*som* und dessen Wichtigkeit für den russischen Ackerbau findet sich in dem Bulletin de la Soc. des natural. de Moscou anneé 1855, No. 2.

[2]) Wangenheim von Qualen, welcher schätzenswerthe Beiträge zur Kenntnifs der schwarzen Erde in Rufsland im XXVI und XXVII-ten Bande des Bulletin de la Société impériale des naturalistes de Moscou von 1853 und 1854 geliefert, macht S. 50 die irrthümliche Bemerkung, als habe Ehrenberg versäumt anzugeben, ob die von ihm untersuchte Erde der oberen Ackerkrume oder der Tiefe eines bereits bearbeiteten oder nicht bearbeiteten jungfräulichen Bodens angehört.

Da mir gegenwärtig Proben solcher Erdarten aus mehr als dreifsig verschiedenen Lokalitäten des russischen Reichs, welche ich der Güte des Herrn Jelesnow, Adjunct der St. Petersb. Acad. d. Wiss., zu verdanken habe, zur Hand sind, hielt ich es der Mühe werth, sie einer vergleichenden Untersuchung mit dem Mikroskope zu unterwerfen. Ich schliefse ihnen noch eine Schwarz-Erde aus dem Caucasus an, welche mir durch die Gefälligkeit des Herrn Akademikers Abich zugegangen ist, und welcher derselbe in seinem Aufsatze: „Ueber einen in der Nähe von Tula Statt gefundenen Erdfall" erwähnt hat [1]).

Obige Erdproben stammen aus folgenden Lokalitäten her [2]):

1. Gouvernement Charkow.

a. Aus der Umgegend der Stadt Slawjansk; aus $2\frac{1}{2}$ Werschok Tiefe; nicht sehr schwarz.

2. Gouvernement Jekaterinoslaw.

b. Aus der Umgegend der Lugan'schen Giesserei. Sehr schwarz.

3. Gouvernement Kasan.

c. Aus der Nähe des Dorfes Ruskaja Ismihr im Lapschew'schen Kreise; aus der Tiefe von $\frac{1}{4}$ Arschin; sehr schwarz.!!

d. und e. Beide aus dem Tscheboksary'schen Kreise und von der Oberfläche; erstere fünf Werst von dem Orte Tjurleme, sehr schwarz.! letztere sieben Werst von Pichtschurino, auffallend licht gefärbt, viele gefärbte Pflanzentheilchen enthaltend.

f. und g. Beide aus der Nähe des Dorfes Besdna im Spask'-

In der Beilage zum preussischen Anzeiger (?!) von 1850, welchen W. v. Q. hiebei citirt, mag eine solche Angabe gefehlt haben, in den von mir oben angeführten Monatsberichten ist dieselbe jedoch zu finden.

[1]) Bullet. phys. mathém. de l'Acad. d. Sc. de St. Pétersbourg. T. XIII. No. 22. 23. 1855.

[2]) Ein! zeigt an, dafs in der Probe ziemlich viele Phytolitharien; zwei!! aber, dafs dieselbe sehr reich an ihnen gewesen; bei den ärmeren Proben fallen diese Bezeichnungen weg.

schen Kreise; erstere aus der Tiefe von 1 Arschin; sehr schwarz! letztere von vier Werschock, lichter.

4. Gouvernement Kursk.

h. Aus der Umgegend der Stadt Kursk; von der Oberfläche; grauschwarz.

5. Gouvernement Nijegorod.

i. Sechs Werst von dem Orte Scharapowa im Sergatsch'schen Kreise; gelblich.

k. Nicht weit von dem Orte Maslowka, aus 10 Werschok Tiefe; sehr schwarz.

l. Zwischen den Dörfern Slisnevo und Kusmino im Arsamas'schen Kreise; von der Oberfläche; sehr schwarz!!

m. Bei dem Dorfe Tschernoretschje im Wasil-Sursk'schen Kreise, aus einer Tiefe von zehn Werschok; lichtschwarz!

n. Aus derselben Gegend, von der Oberfläche; sehr schwarz!!

6. Gouvernement Rjäsan.

o. Aus der Nähe des Dorfes Oserky im Rjajsk'schen Kreise, von der Oberfläche; lichter gefärbt.

p. Von eben daher, aus der Tiefe; schwarz!

q. Aus dem Donkowsky'schen Kreise, von der Oberfläche; sehr schwarz!!

7. Gouvernement Saratow.

r. Bei dem Dorfe Bogorodsky im Chwalynsk'schen Kreise; salziger Boden, von sehr lichter Farbe.

s. Bei dem Dorfe Generalschino im Petrowsk'schen Kreise; ebenfalls von licht-schwarzer Farbe.

8. Gouvernement Simbirsk.

t. Von dem Orte Nowaja Ratscheika im Sysran'schen Kreise; aus einer Tiefe von 1¼ Arschin; nicht sehr schwarz.

u. Von ebendaher, aber von der Oberfläche; viele gefärbte Pflanzen-Reste enthaltend, daher licht gefärbt und weich anzufühlen.

v. Sechs Werst von Burunduk im Buinsk'schen Kreise.

w. In demselben Kreise, sechs Werst von der Stadt Buinsk, aus der Tiefe von ½ Arschin!

x. Vier Werst von Sysran, aus vier Werschok Tiefe; nicht

sehr schwarz, viele Quarzkörner und weiche Pflanzentheile enthaltend.

y. Zwischen Simbirsk und Kljutschniza, eine fein gepulverte, sehr schwarze Erde.

z. Sieben Werst von Schumowka im Simbirsk'schen Kreise, von der Oberfläche; sehr schwarz!!

9. Gouvernement Tula.

aa. In der Nähe des Dorfes Mochowoje im Nowosil'schen Kreise; fein gepulvert; sehr schwarz.

bb. Zwei Proben, sieben Werst von der Stadt Tscherni, aus einer Tiefe von 7½ und 10 Werschok; beide mit einem blassgelben Anstrich.!

10. Gouvernement Wladimir.

cc. In der Nähe von Jurjew, aus der Tiefe von ½ Arschin; von bräunlichschwarzer Farbe.

11. Gouvernement Woronesch.

dd. Aus der Umgegend der Stadt Pawlowsk, feines schwarzes Pulver.

ee. Bei Bjelaja Gora im Pawlowsk'schen Kreise, vier Werschok tief, sehr schwarz, mit nur sehr zerstreut vorkommenden Phytolitharien aber überaus grossen Quarzkörnern.

ff. Vier Werst von dem Dorfe Anna im Bobrow'schen Kreise, aus vier Werschok Tiefe; von lichtschwarzer Farbe.

gg. Aus demselben Kreise, in der Nähe von Nowaja Tschigolka, aus einem salzigen Sumpfboden; sehr schwarz!

---

12. Aus dem Caucasus. Diese Schwarz-Erde hat Herr Akademiker Abich auf dem nordwestlichen Abhange des Caucasus in einer Höhe von 2000 Fuss eingesammelt. Sie ist nicht nur, wie derselbe S. 355 der oben erwähnten Abhandlung sehr richtig bemerkt, der sonstigen Schwarz-Erde Russlands physikalisch völlig vergleichbar, sondern enthält auch dieselben Phytolitharien, nur nicht in so grosser Menge, als die vorher mit zwei!! bezeichneten Proben.

Der grösste Theil der aufgezählten Erdproben kommt hinsichtlich des äusseren Ansehens und Verhaltens darin überein, dafs sie in grösseren oder kleineren Krümchen, wie sie Ehrenberg auf der 34sten Tafel seiner Mikrogeologie anschaulich gemacht hat, bestehen, welche mit Wasser übergossen leicht auseinander fallen, mit Salzsäure nicht aufbrausen, und dem Gefühle wie dem Auge zu erkennen geben, dafs ihnen mehr oder weniger Quarzkörner beigemengt seien. Die meisten dieser Proben waren vollkommen schwarz, nur einige unter ihnen zeigten eine lichtere, in's Gelbliche spielende Farbe, was sich besonders herausstellte, wenn sie mit Wasser übergossen worden.

Von jeder Probe habe ich zehn, im Ganzen also mehr als 300 Analysen gemacht, welche nachstehende Resultate ergaben:

1. In allen ohne Ausnahme fanden sich bald diese bald jene von Ehrenberg in seinen Analysen der Schwarz-Erde namhaft gemachten Phytolitharien in grösserer oder kleiner Anzahl. Die vorherrschenden Formen, welche auch in den von mir als arm an ihnen bezeichneten Proben vorkamen, waren stets dieselben Arten, welche in der Schwarz-Erde von Charkow und Orel als solche von ihm genannt werden. Es sind: Lithostylidium rude, laeve, denticulatum und clavatum; ferner Lithodontium furcatum und rostratum. Lithostylidium Clepsammidium jedoch, welche von Ehrenberg ebenfalls hieher gerechnet wird, sah ich nur in der Probe *n.* aus dem Gouvernement Nijegorod. Die von ihm aufgestellte neue Form, Lithostylidium ornatum, welche er in einer Probe von Orel gefunden und in seiner Mikrogeologie auf Tab. XXXIV. Fig. II. 13. 19. dargestellt hat, ist mir nirgends zu Gesicht gekommen.

2. Von Polygastern habe ich Arcella Globulus, Pinnularia borealis, Eunotia amphioxys und die zweideutige Coscinophaena deutlich erkannt. Erstere in mehreren Proben, die Pinnularia und die Eunotia in den unter den Buchstaben *c. l.* und *n.* verzeichneten, die Coscinophaena in der Probe *c.* und in der aus dem Caucasus herstammenden.

3. Eben so wenig wie Ehrenberg habe ich Polythalamien oder Polycystinen wahrgenommen; auch von Spongolithen, von welchen er einige, wahrscheinlich zufällig beigemengte, Bruchstücke erkannte, ist mir keine Spur vorgekommen. Mithin sind sämmtliche von mir untersuchte Erdarten reine Süsswasser-Bildungen.

4. Unter dem mulmartigen Humus befanden sich durchgängig doppelt lichtbrechende Steinsplitter und Quarzkörner, welche unter dem Polarisationsapparate die mannichfaltigsten Edelstein-Farben (?) abspiegeln (!) [1]; ausserdem stiess ich auch oft auf mehr oder weniger weiche Pflanzentheile, nur sehr selten auf grünliche Crystallprismen.

5. Nur in zwei Proben (*z* und *e. e.*) begegnete mir die Leiche einer Anguillula — sonst habe ich nichts von animalischen Beimischungen bemerken können.

6. Am reichhaltigsten an Phytolitharien waren Proben aus Kasan, Nijne-Nowgorod, Rjäsan und Simbirsk; am ärmsten die aus Charkow, Jekaterinoslaw, Kursk, Saratow, Wladimir und vom Caucasus.

Wie viel die Phytolitharien nach diesem — und ob überhaupt? — zur Fruchtbarkeit der Schwarz-Erde beitragen mögen, wage ich nicht zu entscheiden.

---

[1]) Dieser seltsame Ausdruck soll offenbar heissen: welche Circularpolarisation ausüben. E.

Ueber die Theorie der Capillaritäts-Erscheinungen.

Von Herrn A. Dawidow, Professor in Moskau [1]).

Die Theorie der Capillaritäts-Erscheinungen ist durch die Arbeiten von Laplace, von Gauss und von Poisson zu einem sehr wohl begründeten Theile der Physik geworden. Die Werke dieser grofsen Geometer haben die in Rede stehende Theorie zwar nicht vollendet; die Schwierigkeiten die sich ihrer Entwicklung, theils von Seiten der Analyse, theils vermöge unserer Unwissenheit über die Natur der Mollekularkräfte entgegensetzen, sind aber so grofs, dafs es schwer sein dürfte, die von ihnen erreichten Gränzen zu überschreiten. Eine nützlichere Ergänzung des bisher Geleisteten scheint aber in der Vergleichung der dabei angewandten Methoden und in der Untersuchung einiger (einander) widersprechenden Voraussetzungen zu liegen. Als Laplace zuerst eine genügende Theorie der Capillaritäts-Erscheinungen mit Hülfe der Mollekularkräfte gegeben hatte, gelang es ihm doch nicht, die Unveränderlichkeit des Winkels zu erklären, welchen die Ober-

[1]) Vergl. in d. Archive Bd. VII, S. 359 u. Bd. XV, S. 282, wo sich Arbeiten dieses ausgezeichneten Mathematikers theils vollständig mitgetheilt, theils benutzt finden. Zu dem Obigen benutzen wir ein französisches Résumé, welches der Verfasser in dem Bulletin de la Soc. des naturalistes de Moscou 1855 No. II von den gröfseren russischen Werke bekannt macht, in dem er denselben Gegenstand schon im Jahre 1850 behandelt hat, welches mir aber leider noch nicht zugekommen ist. E.

fläche der Flüssigkeit mit den Wänden des Gefässes einschliefst [1]). Dieser Umstand veranlasste die Untersuchungen von Gauss über denselben Gegenstand. Sie gehen, wie die von Laplace, von den Mollekularkräften aus. Gauss wendete aber dabei das Prinzip der virtuellen Geschwindigkeiten an, und erhielt nun sowohl die allgemeinen Gleichungen der freien Oberfläche einer Flüssigkeit, als auch die Bedingung der Unveränderlichkeit des Winkels zwischen der Oberfläche der Flüssigkeit und der Gefäfswand. Es erschien hierauf endlich die neue Capillaritätstheorie von Poisson, in welcher der Verfasser an Laplace die Vernachlässigung eines wesentlichen Umstandes, nämlich derjenigen Dichtigkeitsveränderung vorwirft, welchen die Flüssigkeit in der Nähe ihrer Oberfläche erfährt. Poisson ging wiederum von den Mollekularkräften aus, berücksichtigte dabei die Veränderung der Dichtigkeit, gelangte aber dennoch zu denselben Resultaten wie Laplace. — So unzweifelhaft nun auch jene Dichtigkeits-Veränderung schien, so hatte sie Poisson doch nur durch besondere Betrachtungen wahrscheinlich gemacht, nicht aber aus seiner Theorie geschlossen, und so blieben denn folgende Fragen zu entscheiden: haben die nicht zu bezweifelnden Dichtigkeits-Verschiedenheiten in der Flüssigkeit, einen Einfluss auf die Capillaritäts-Erscheinungen? Mufs man sie in der Theorie dieser Erscheinungen aufnehmen, oder kann man sie vernachlässigen? Auf die Beantwortung dieser Fragen hat die Pariser Akademie einen ihrer grofsen Preise gesetzt.

Der Verfasser hält nun dafür, dafs man dieses Problem in genügender Weise lösen kann, indem man die allgemeinen Gleichungen der Hydrostatik anwendet. Es folgt hier ein nur die allgemeine Theorie enthaltender Auszug seines gröfseren Werkes über diesen Gegenstand. Die Bedingungen des Gleichgewichts für die oberflächliche Flüssigkeitsschicht zeigen, dafs

---

[1]) Uebrigens hat sich bekanntlich die von Bouvard bei der Berechnung seiner Capillaritätstafeln vorausgesetzte Constanz dieses Winkels, insofern nicht bestätigt, als sich derselbe von unnachweisbaren Nebenumständen aufs stärkste abhängig zeigt. E.

es unerläfslich ist, die in der Natur der Oberfläche stattfindende Dichtigkeitsunterschiede in Betrachtung zu ziehen, und sie führen zugleich auf einige interessante Eigenschaften der betreffenden Veränderlichkeit.

Wir setzen voraus, dafs eine unzusammendrückbare und homogene Flüssigkeit in einem Gefässe, einen constanten Druck auf ihre freie Oberfläche erfahre und ausserdem der Schwere unterworfen sei. Um die Gleichgewichtsbedingungen dieses Systemes zu bestimmen, muss man, nach den allgemeinen Regeln der Mechanik, zu dem Gesammtmoment der vorhandenen Kräfte, die analytischen Bedingungen der Unzusammendrückbarkeit und der Unveränderlichkeit der Gefässwände hinzufügen, nachdem man eine jede dieser Bedingungen mit einem unbestimmten Factor multiplicirt hat, und sodann die Summe der Null gleich setzen.

Das Gesammtmoment besteht aus drei Theilen: der eine bezieht sich auf die Schwere, der andere auf die Molekularkräfte und der dritte stellt den Druck auf die freie Oberfläche dar. Wir wollen jeden Punkt der Flüssigkeit auf drei zu einander rechtwinkliche Axen, der x, der y und z beziehen, von denen die zwei ersteren in horizontaler Richtung, die dritte aber der Richtung der Schwere entgegengesetzt gezählt werden mögen.

Es sei dm ein Element der Flüssigkeit [1]),
dv dessen Volumen
Δ seine Dichtigkeit
und g das Gewicht einer Masseneinheit,
so dafs gdm das Gewicht jenes Elementes darstelle. Es wird alsdann das Moment der Schwerkraft zu:

$$-gdm\,.\,\delta z \text{ oder zu: } g\,.\,\Delta dv\,.\,\delta z$$

wo δz die vertikale Projection einer beliebigen Ortsveränderung jener Elemente bedeutet.

---

[1]) Strenger ausgedrückt: dm die Masse eines Elementes der Flüssigkeit.

Integrirt man in Beziehung auf die ganze flüssige Masse so folgt für den Gesammtmoment in soweit er von der Schwere herrührt:

$$-g\iiint \Delta\,.\,dv\,.\,\delta z.$$

Um aber denjenigen Theil des Gesammtmomentes zu bestimmen, welcher von der Wirkung des Gefässes auf die Elemente der Flüssigkeit und von deren gegenseitigen Anziehungen abhängt, müssen wir die Molekularkräfte in Betrachtung ziehen.

Obgleich uns das Wesen dieser Kräfte völlig unbekannt ist, so dürfen wir doch voraussetzen, dafs die gegenseitige Wirkung zweier flüssigen oder festen Körpertheilchen von deren Abstand in der Weise abhängt, dafs sie verschwindend klein wird für jeden Werth dieses Abstandes, der von merklicher Gröfse ist. Seien nun dm und dm' zwei Körpertheilchen und r ihr Abstand, so wird man die gegenseitige Wirkung derselben durch:

$$dm\,dm'\,.f(r)$$

ausdrücken können, wenn $f(r)$ eine Function von r ist, die nur für unendlich kleine Werthe von r einen merklichen Werth hat, und dagegen verschwindet, sobald der Werth von r eine merkliche Gröfse besitzt. Um diesem gemäfs den Einfluss der Gefässwände zu bestimmen, bezeichnen wir mit dM ein Theilchen von der Masse des Gefässes, mit dm ein um r von ihm abstehendes Theilchen der Flüssigkeit und mit $f_1(r)$ ihre gegenseitige Einwirkung. Wir werden dabei annehmen, dafs die Function $f_1(r)$ positiv sei, wenn die Theilchen dm und dM einander anziehen und negativ, wenn dieselben sich abstofsen. Die bewegende Kraft: $dm\,.\,dM\,.\,f_1(r)$, welche zwei Theilchen aufeinander ausüben und die Ortsveränderung δr haben alsdann entgegengesetzte Zeichen; ihr Produkt wird demnach zu:

$$-f_1(r)\,.\,dm\,.\,dM\,.\,\delta r.$$

Integrirt man nach dM, so ergiebt sich:

$$-\,dm\,.\iiint f_1(r)\,.\,dM\,.\,\delta r.$$

Obgleich sich dieses Integral nur auf diejenigen Elemente dM bezieht, deren Abstand von dm unmerklich ist, so kann man es doch, weil $f_1(r)$ für alle übrigen dM verschwindet, ebensowohl auf alle zwischen der inneren und der äusseren Oberfläche des Gefässes gelegenen Elemente desselben, oder sogar bis ins Unendliche ausdehnen, ohne seinen Werth zu ändern. Integrirt man darauf noch einmal über die Ausdehnung der zunächst an den Gefäſswänden gelegenen Flüssigkeitsschicht, so erhält man das ganze Moment der Einwirkung des Gefässes auf die Flüssigkeit. Dieses Moment wird daher zu:

$$-\iiint dm \iiint f_1(r) \,.\, dM \,.\, \delta r.$$

Wir wollen nun setzen:

$$-f_1(r) \,.\, dr = d\,\varphi_1(r).$$

Es folgt dann, wenn dM unveränderlich vorausgesetzt wird

$$-f_1(r) \,.\, dM \,.\, \delta r = dM \,.\, \delta\varphi_1(r) = \delta[\varphi_1(r) \,.\, dM],$$

und demnächst auch:

$$-\iiint dm \,.\iiint .f_1(r) \,.\, dM \,.\, \delta r = \iiint dm \,.\, \delta \iiint \varphi_1(r) \,.\, dM.$$

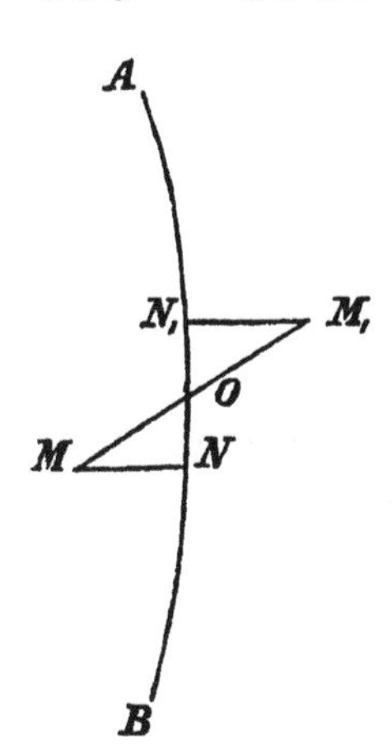

Es bedeute nun AOB die innere Oberfläche des Gefässes, M und M_1 die Orte der Elemente dm und dM, die sehr nahe an AOB liegen. Beschreibt man darauf um M als Mittelpunkt eine Kugel, die alle diejenigen festen Körpertheilchen umfasst, welche auf M eine bemerkbare Wirkung ausüben, so wird der Halbmesser dieser Kugel unendlich klein und daher auch der in der Kugel enthaltene Theil der Oberfläche AOB so klein sein, daſs man ihn als eine Ebene betrachten kann. Eben deshalb werden auch die Normalen NM und N_1M_1 auf diese Oberfläche einander parallel anzunehmen sein. Seien nun D die constante Dichtigkeit der Substanz des Gefässes, dv das Volumen des Elementes dM;

$$NM = n \text{ und } N_1M_1 = n_1\,;$$

bezeichnen wir ferner mit ω den Winkel NMM_1 der Linien r und n und mit u den Winkel, den die durch r und n gehende Ebene mit einer bestimmten durch n gelegten Ebene einschliefst, so wird man setzen können:

$$dv = r^2 . \sin\omega . d\omega . dr . dn,$$

und es wird:

$$\iiint dM . \varphi_1(r) = D \iiint \varphi_1(r) . r^2 . \sin\omega . d\omega . du . dr.$$

Man kann dieses Integral zuerst nach u von $u = 0$ bis $u = 2\pi$ nehmen, darauf nach r, während ω als unveränderlich betrachtet wird von: $r = MO = R$, bis $r = \infty$ und endlich nach ω, von $\omega = 0$ bis $\omega = \frac{1}{2}\pi$.

Setzt man:

$$\int_R^\infty \varphi_1(r) . r^2 . dr = F_1(R)$$

so ergiebt sich:

$$\iiint dM . \varphi_1(r) = D \int_0^{\frac{\pi}{2}} \sin\omega . d\omega \int_R^\infty \varphi_1(r) . r^2 . dv \int_0^{2\pi} dn$$

$$= 2\pi D \int_0^{\frac{\pi}{2}} F_1(R) . \sin\omega . d\omega.$$

Da aber:

$$R \cos\omega = n$$

und daher:

$$\sin\omega . d\omega = \frac{n}{R^2} . dR$$

die Gränzwerthe von R aber n und ∞ sind, so erhält man:

$$\iiint dM . \varphi_1(r) = 2\pi Dn . \int_n^\infty \frac{F_1(R)}{R^2} . dR.$$

Man bezeichne nun der Kürze halber:

$$(1) \qquad 2\pi Dn . \int_n^\infty \frac{F_1(R)}{R^2} . dR = \Phi,$$

so wird das Moment der Einwirkung des Gefässes auf die Flüssigkeit ausgedrückt durch:

$$\iiint dm . \delta . \iiint \varphi_1(r) . dM = \iiint \delta . \Phi . dm.$$

Bezeichnet man mit dv das Volumen und mit Δ die Dichtigkeit des Elementes dm, so wird:

$$\iiint dm\,.\,\delta\Phi = \iiint \Delta\,.\,dv\,.\,\delta\Phi$$

$$= \delta\,.\iiint \Phi\,.\,\Delta dv - \iiint \Phi\,.\,\Delta\,.\,\delta dv - \iiint \Phi\,.\,dv\,.\,\delta\Delta.$$

oder wenn man noch ein Element der Berührungsfläche des Gefässes mit der Flüssigkeit durch ds bezeichnet und daher $dv = ds\,.\,dn$ setzt, so erhält man folgenden Ausdruck für das Moment der Wirkung des Gefässes auf die Flüssigkeit:

$$(2) \qquad \iiint dm\,.\,\delta\Phi$$

$$= \delta \iint ds \int_0^\infty \Phi\,.\,\Delta\,.\,dn - \iiint \Phi\,.\,\Delta\,.\,\delta dv\,. - \iiint \Phi\,.\,dv\,.\,\delta\Delta.$$

Wir wollen jetzt zur Bestimmung desjenigen Momentes übergehen, welches die gegenseitige Einwirkung der flüssigen Theile in dem betrachteten Systeme ausübt. Seien dm und dm_1 zwei flüssige Elemente, r ihr Abstand, $f(r)\,.\,dm\,.\,dm_1$ der Ausdruck ihrer gegenseitigen Einwirkung, $\delta_1 r$ und $\delta_2 r$ die Veränderungen von r, welche respective aus einer Ortsveränderung von dm und aus einer Ortsveränderung von dm_1 hervorgehen, so wie endlich δr der durch gleichzeitige Eintritt dieser bei den Ortsveränderungen bewirkte Zuwachs von r. Man hat dann:

$$\delta r = \delta_1 r + \delta_2 r.$$

Wird die Function $f(r)$ positiv vorausgesetzt, wenn die Theilchen sich anziehen und negativ, wenn sie sich abstofsen, so erhält man für das Moment der Wirkung von dm_1 auf dm:

$$-\,dm\,.\,dm_1\,.\,f(r)\,.\,\delta_1\,.\,r$$

und für das Moment der Wirkung von dm auf dm_1:

$$-\,dm\,.\,dm_1\,.\,f(r)\,.\,\delta_2\,r.$$

Das Moment ihrer gegenseitigen Einwirkung wird daher zu:

$$-\,dm\,.\,dm_1\,f(r)\,(\delta_1 r + \delta_2 r) = -\,dm\,.\,dm_1\,f(r)\,\delta r,$$

und da jede Verbindung von zwei Elementen eine diesem Ausdruck entsprechende Wirkung ausübt, so wird das Moment der gegenseitigen Einwirkung aller flüssigen Theile zu:

$$-\tfrac{1}{2}\iiint dm . \iiint dm_1 . f(r) . \delta r,$$

oder zu:

$$\tfrac{1}{2}\iiint dm \iiint dm_1 . \delta\varphi(r)$$

wenn man:

$$d.\varphi(r) = -f(r)\,dr$$

einführt.

Es seien nun:

$$dm = \Delta\,dv; \quad dm_1 = \Delta_1\,dv_1,$$

so dafs Δ und Δ_1 die Dichtigkeiten der Theilchen der Flüssigkeit und dv, dv_1 die Volumina derselben bezeichnen. Der Ausdruck für die gegenseitige Wirkung dieser Theilchen wird dann:

$$\tfrac{1}{2}\iiint \Delta\,dv \iiint \Delta_1\,dv_1\,\delta.\varphi(r) = \tfrac{1}{2}\iiint \Delta\,dv\,\delta \iiint \Delta_1\,dv_1\,\varphi(r)$$
$$-\tfrac{1}{2}\iiint \Delta\,dv \iiint \varphi(r)\,\delta(\Delta_1\,dv_1)$$

Da sich aber die Integrale der zweiten Hälfte dieser Gleichung auf einerlei Theilchen, nämlich auf alle zur Flüssigkeit gehörige beziehen, so kann man sie auch folgendermassen schreiben:

$$\tfrac{1}{2}\iiint \Delta\,dv \iiint \Delta_1\,dv_1\,\delta\varphi(r) = \tfrac{1}{2}\iiint \Delta\,dv\,.\,\delta \iiint \Delta_1\,dv_1\,\varphi(r)$$
$$-\iiint \delta(\Delta\,dv) \iiint \Delta_1\,dv_1\,\varphi(r)$$

Um nun das Integral

$$\iiint \Delta_1\,\varphi(r)\,dv_1$$

zu bestimmen, welches über alle diejenigen Theilchen der Flüssigkeit auszudehnen ist, die einen merklichen Einflufs auf das Theilchen dm ausüben, seien AB die freie oder mit der Gefässwand in Berührung stehende Oberfläche der Flüssigkeit,

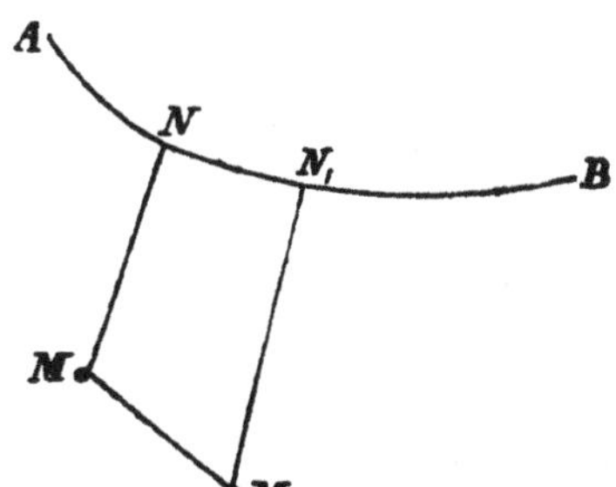

M und M_1 die Orte der Theilchen dm und dm_1, MN und M_1N_1 die von diesen Orten auf die Oberfläche der Flüssigkeit gefällten Normalen. Setzt man dann

$MN = n$, $M_1N_1 = n_1$, $NN_1 = u$

und bezeichnet mit ω den Winkel, welchen die Linie NN_1 mit einer bestimmten aber willkürlichen Tangente an die Oberfläche im Punkt N einschliefst, so erhält man:

$$dv_1 = udu \, . \, d\omega \, . \, dn_1$$

und

$$\iiint \Delta_1 \, \varphi(r) \, dv_1 = \int_0^\infty dn_1 \int_0^\infty \varphi(r) \, u \, . \, du \int_0^{2\pi} \Delta_1 \, d\omega.$$

Da die Flüssigkeit in ihrem Innern homogen vorausgesetzt wird, so wird Δ_1 eine constante Gröfse sein, wenn sich der Punkt M (und daher auch M_1) in merklicher Entfernung von der Oberfläche befindet. Liegt dagegen M der Oberfläche unendlich nahe, so kann man mit M[1]) als Mittelpunkt eine Kugel beschreiben, welche alle auf M in merklichem Grade wirkenden Theilchen enthält. Legt man dann durch M_1 eine mit der Berührungsebene in Punkt N parallele Ebene, so werden alle Punkte derselben, die innerhalb der genannten Kugel liegen, so gut wie einerlei Dichtigkeit haben; denn da die Dichtigkeit keine sprungweisen Veränderungen erfährt, so muss sie bis auf Unmerkliches gleich sein für alle Punkte einer unendlich kleinen und von der Oberfläche der Flüssigkeit überall gleich entfernten Ebene.

Dieses heisst aber nichts anders, als dafs innerhalb der Thätigkeitssphäre eines beliebigen Elementes dm, die Dichtigkeit betrachtet werden kann wie eine Function von n_1 und von den Coordinaten des Elementes dm.

---

[1]) In dem Originalaufsatz steht M_1 — aber wohl durch einen Druckfehler. K.

Unter dieser Voraussetzung ergiebt sich:

$$\iiint \Delta_1 \varphi(r)\, dv_1 = \int_0^\infty \Delta_1\, dn_1 \int_0^\infty \varphi(r)\, udu \int_0^{2\pi} d\omega$$

$$= 2\pi \int_0^\infty \Delta_1\, dn_1 \int_0 \varphi(r) \,.\, udu.$$

Da aber stattfindet:

$$r^2 = u^2 + (n_1 - n)^2$$

so ist:

$$udu = rdr.$$

Führt man nun anstatt u die Veränderliche r ein, so bleibt die obere Gränze ∞. Was aber die untere Gränze betrifft, welche dem $u = 0$ entspricht, d. h. den Punkten der Linie MN, so hat man für sie $r = n - n_1$ zu machen, wenn $n > n_1$, d. h. M_1 der Oberfläche näher ist als M, und $r = n_1 - n$ für $n < n_1$ oder M näher an der Oberfläche als M_1. Setzt man daher

$$\int_n^\infty \varphi(r)\, r \,.\, dr = F(n),$$

so ergiebt sich:

$$\iiint \Delta_1 \varphi(r)\, dv_1$$

$$= 2\pi \int_0^n \Delta_1\, F(n - n_1)\, dn_1 + 2\pi \int_n^\infty \Delta_1\, F(n_1 - n)\, dn_1 .$$

Setzen wir jetzt voraus, dafs die Dichtigkeit eines jeden der Oberfläche nahe gelegenen Punktes, Function sei von der Länge der Normale, die von diesem Punkte auf die Oberfläche gefällt wird, und von den Coordinaten des Durchschnittspunkts dieser Normale mit der Oberfläche und bezeichnen:

$$\Delta = \psi(n),$$

so dafs $\psi(n)$ eine Function von n selbst und von den Coordinaten des Durchschnittspunkts zwischen n und der Oberfläche darstellt, welche zu einer Constante wird, sobald n eine merklichere Gröfse erreicht. Substituirt man dann $\psi(n)$ für Δ in dem vorigen Ausdruck, indem man in dem ersten Integrale $n - n_1 = \varepsilon$ und in dem zweiten $n_1 - n = \varepsilon$ setzt, so erhält man:

$$\iiint \Delta_1 \,\varphi(r)\, dv_1$$
$$= 2\pi \int_0^n \psi(n-\varepsilon)\,.\,F(\varepsilon)\,.\,d\varepsilon + 2\pi \int_0^\infty \psi(n+\varepsilon)\, F(\varepsilon)\, d\varepsilon.$$

Da $F(\varepsilon)$ nur dann einen merklichen Werth hat, wenn ε kleiner ist als der Halbmesser der Thätigkeitssphäre, so darf man voraussetzen, dafs in diesem letzten Ausdruck ε stets kleiner ist als dieser Halbmesser. Es folgt daraus, dafs eben dieser Ausdruck für jedes n von merklicher Gröfse, d. h. für jeden Punkt der um ein Merkliches von der Oberfläche absteht, übergeht in:

$$4\pi \Delta \int_0^\infty F(\varepsilon)\, d\varepsilon$$

wo Δ die constante Dichtigkeit des Innern der Flüssigkeit bezeichnet. Wir wollen nun setzen:

$$(4) \qquad 4\pi \Delta \int_0^\infty F(\varepsilon)\, d\varepsilon = \varphi$$

$$(5) \qquad 2\pi \int_0^n \psi(n-\varepsilon)\,.\,F(\varepsilon) d\varepsilon + 2\pi \int_0^\infty \psi(n+\varepsilon) F(\varepsilon)\, d\varepsilon = \varphi + \varphi_1,$$

so wird φ_1 eine veränderliche Gröfse sein, welche für die in merklicherem Abstande von der Oberfläche gelegenen Punkte der Flüssigkeit verschwindet. Unter diesen Voraussetzungen wird nun der Ausdruck (3) für das Moment der gegenseitigen Einwirkung der flüssigen Theilchen:

$$\tfrac{1}{2} \iiint \Delta\, dv \iiint \Delta_1\, dv_1\, \delta\varphi(r)$$
$$= \tfrac{1}{2} \iiint \Delta\, dv\, \delta\varphi_1 - \tfrac{1}{2} \iiint (\varphi+\varphi_1)\, \delta(\Delta\, dv)$$
$$= \tfrac{1}{2}\, \delta \iiint \varphi_1\, \Delta\, dv - \tfrac{1}{2} \iiint (\varphi + 2\varphi_1)\, \delta(\Delta\, dv).$$

Sei nun noch ds ein Element der Oberfläche, so wird man in dem ersten Integrale der zweiten Hälfte dieser Gleichung $dv = ds\,.\,dn$ setzen und daher für das Moment der gegenseitigen Einwirkung der flüssigen Theilchen schreiben können:

$$\tfrac{1}{2}\delta\iint ds\int_0^\infty \varDelta\,\varphi_1\,dn - \tfrac{1}{2}\iiint(\varphi+2\varphi_1)\,\delta\,(\varDelta\,dv).$$

Es ist endlich der Theil des Gesammtmomentes, welcher den Druck auf die freie Oberfläche der Flüssigkeit ausdrückt, darstellbar durch die Form:

$$\iint(P\delta x+Q\delta y+R\delta z)\,ds,$$

wo P, Q, R die Projectionen des der Flächeneinheit zukommenden Druckes auf die Axen der xyz, und δx, δy, δz die Projectionen (auf dieselben Axen) von einer willkürlichen Ortsveränderung von ds vorstellen.

Alles zusammenfassend ist das Gesammtmoment der Kräfte welche auf die Flüssigkeit wirken ausgedrückt durch:

$$(5^*)\quad -g\iiint\varDelta\,dv\,\delta z-\tfrac{1}{2}\iiint(\varphi+2\varphi_1+2\varPhi)\,\delta\,(\varDelta\,dv)$$
$$+\tfrac{1}{2}\iint ds\int_0^\infty(\varphi_1+2\varPhi)\varDelta dn+\iint(P\delta x+Q\delta y+R\delta z)\,ds.$$

In diesem Ausdruck ist φ eine constante Gröfse, $\varPhi$ hat nur für die nahe an der Gefässwand gelegenen Punkte einen merklichen Werth und φ_1 ist nur für diejenigen Punkte bemerkbar, welche sich an der Oberfläche der Flüssigkeit sowohl da, wo sie frei ist als wo sie die Gefässwand berührt, befinden. Wir wollen nun zur Abkürzung:

$$(6)\qquad \tfrac{1}{2}(\varphi+2\varphi_1+2\varPhi)=\chi$$

$$(7)\qquad \tfrac{1}{2}\int(\varphi_1+2\varPhi)\,\varDelta\,dn=\psi$$

setzen.

Das Gesammtmoment wird dadurch zu:

$$(8)\qquad -g\iiint\varDelta\,dv\,\delta z-\iiint\chi\,\delta\,(\varDelta\,dv)+\delta\iint\psi\,ds$$
$$+\iint(P\delta x+Q\delta y+R\delta z)\,ds.$$

Die Bedingung der Unzusammendrückbarkeit eines unendlich kleinen Volumens dv, ist $\delta\,.\,dv\leqq 0$. Man muss daher zu dem Gesammtmoment unter (8) noch das Glied

$$\iiint \lambda\, \delta \,.\, dv$$

hinzufügen, in welchem λ einen unbestimmten Factor bezeichnet.

Es ist ferner die Bedingung der Unveränderlichkeit der Gefäßwände:

$$-\cos\theta \,.\, \delta s \geqq 0,$$

wenn man mit δs eine beliebige Ortsveränderung eines Elementes der Berührungsoberfläche zwischen der Flüssigkeit und dem Gefässe und mit θ den Winkel bezeichnet, welcher bei diesem Element von der äusseren Normale auf die Gefässwand und von jener Ortsveränderung eingeschlossen wird.

Seien α, β, γ die Winkel, welche δs mit den Axen der xyz einschließt, abc die Winkel der genannten Normale mit diesen Axen und δx, δy, δz die Projectionen von δs, so ist

$$\cos\theta = \cos a \,.\, \cos\alpha + \cos b \,.\, \cos\beta + \cos c \,.\, \cos\gamma,$$

$$\delta x = \delta s \,.\, \cos\alpha, \quad \delta y = \delta s \cos\beta, \quad \delta z = \delta s \,.\, \cos\gamma,$$

$$dy\, dz = \cos a\, ds, \quad dx\, dz = \cos b\, ds, \quad dy\, dx = \cos c \,.\, ds,$$

folglich:

$$ds \,.\, \cos\theta \,.\, \delta s = dz\, dy\, \delta x + dx\, dz\, \delta y + dy\, dx\, \delta z.$$

Versteht man aber unter μ einen unbestimmten Factor, so hat man zu (8) noch hinzuzufügen:

$$\iint \mu\, (dz\, dy\, \delta x + dx\, dz\, \delta y + dy\, dx\, \delta z)$$

Die Bedingung des Gleichgewichts der Flüssigkeit ist demnach:

$$(9) \quad -g \iiint \Delta\, dv \,.\, \delta z - \iiint \chi \,.\, \delta\, (\Delta\, dv) + \iiint \lambda\, \delta\, dv$$
$$+ \iint \psi\, ds + \iint (P\, \delta x + Q\, \delta y + R\, \delta z)\, ds$$
$$- \iint \mu\, (dz\, dy\, \delta x + dx\, dz\, \delta y + dy\, dx\, \delta z) = 0.$$

Um die mit dem Zeichen δ versehenen Gröfsen durch die unabhängigen Variationen δx, δy, δz auszudrücken, hat man sich zu erinnern, dafs wir Δ als eine Function der Länge der

Normale n und der Coordinaten des Durchschnittspunkts von n mit der Oberfläche der Flüssigkeit betrachten. Bezeichnen wir diese letzteren Coordinaten mit x_0, y_0, z_0, so wird:

$$\delta\Delta = \frac{d\Delta}{dx_0}\delta x_0 + \frac{d\Delta}{dy_0}\delta y_0 + \frac{d\Delta}{dz_0}\delta z_0 + \frac{d\Delta}{dx}\delta x + \frac{d\Delta}{dy}\delta y + \frac{d\Delta}{dz}\delta z,$$

wo die Variation

$$\frac{d\Delta}{dx}\delta x + \frac{d\Delta}{dy}\delta y + \frac{d\Delta}{dz}\delta z$$

die gesammte Veränderung ausdrückt, welche Δ durch eine Veränderung von x, y und z erleidet. Diese Variation setzt voraus, daſs nicht bloſs n, sondern auch x_0, y_0, z_0 Functionen von xyz seien.

Ersetzt man $\delta\Delta$ durch den vorstehenden Ausdruck, so wird:

$$\iiint \varphi\, dv\, \delta\Delta = \iiint \chi \left(\frac{d\Delta}{dx_0}\delta x_0 + \frac{d\Delta}{dy_0}\delta y_0 + \frac{d\Delta}{dz_0}\delta z_0\right) dv$$
$$+ \iiint \chi \left(\frac{d\Delta}{dx}\delta x + \frac{d\Delta}{dy}\delta y + \frac{d\Delta}{dz}\delta z\right) dv.$$

Setzen wir nun in das erste Glied der rechten Hälfte dieser Gleichung $dv = ds\, dn$ und erinnern uns, daſs δx_0, δy_0, δz_0 von n unabhängig sind, so wird:

$$(10) \qquad \iiint \varphi\, dv\, \delta\Delta$$
$$= \iint ds \left[\delta x_0 \int_0^\infty \chi \frac{d\Delta}{dx_0} dn + \delta y_0 \int_0^\infty \chi \frac{d\Delta}{dy_0} dn + \delta z_0 \int_0^\infty \chi \frac{d\Delta}{dz_0} dn\right]$$
$$+ \iiint \chi \left(\frac{d\Delta}{dx}\delta x + \frac{d\Delta}{dy}\delta y + \frac{d\Delta}{dz}\delta z\right) dv.$$

Es wird nun ferner der von $\delta\, dv$ abhängige Ausdruck durch partielle Integration folgendermaſsen umgestaltet:

$$(11) \qquad \iiint (\chi\Delta - \lambda)\, \delta dv$$
$$= \iiint (\chi\Delta - \lambda) \left(\frac{\delta dx}{dx} + \frac{\delta dy}{dy} + \frac{\delta dz}{dz}\right) dx\, dy\, dz$$
$$= \iint (\chi\Delta - \lambda)^0 (dz\, dy\, \delta x + dx\, dz\, \delta y + dy\, dx\, \delta z)$$
$$- \iiint \left[\frac{d(\chi\Delta - \lambda)}{dx}\delta x + \frac{d(\chi\Delta - \lambda)}{dy}\delta y + \frac{d(\chi\Delta - \lambda)}{dz}\delta z\right] dv,$$

wo $(\chi\Delta - \lambda)^0$ den für die Oberfläche gültigen Werth von $(\chi\Delta - \lambda)$ bezeichnet.

Mit Hülfe der Ausdrücke (10) und (11) wird die Gleichung (9) zur folgenden:

$$-g\iiint \Delta dv\,\delta z + \iiint\left[\left(\Delta\frac{d\chi}{dx} - \frac{d\lambda}{dx}\right)\delta x + \left(\Delta\frac{d\chi}{dy} - \frac{d\lambda}{dy}\right)\delta y + \left(\Delta\frac{d\chi}{dz} - \frac{d\lambda}{dz}\right)\delta z\right]dv$$

$$+\iint \psi\,ds - \iint\left[(\chi\Delta - \lambda)^0 + \mu\right](dx\,dy\,\delta z + dx\,dz\,\delta y + dx\,dy\,\delta z)$$

$$+\iint\left[ds\,(P\delta x + Q\delta y + R\delta z)\right]$$

$$+\iint ds\left[\delta x\int_0^\infty \chi\,\frac{d\Delta}{dx_0}dn + \delta y\int_0^\infty \chi\,\frac{d\Delta}{dy_0}dn + \delta z\int_0^\infty \chi\,\frac{d\Delta}{dz_0}dn\right] = 0.$$

Aus dieser allgemeinen Gleichung lassen sich die Bedingungen des Gleichgewichts für alle Punkte der Flüssigkeit ableiten.

Für einen beliebigen Punkt im Innern der Flüssigkeit werden die Gleichgewichtsbedingungen:

$$(12)\qquad \frac{d\lambda}{dx} = \Delta\frac{d\chi}{dx};\ \frac{d\lambda}{dy} = \Delta\frac{d\chi}{dy};\ \frac{d\lambda}{dz} = \Delta\frac{d\chi}{dz} - g\Delta.$$

Das Gleichgewicht der Oberfläche der Flüssigkeit ist dagegen an die Erfüllung folgender Gleichung gebunden:

$$\delta\iint\psi\,ds - \iint\left[(\chi\Delta - \lambda)^0 + \mu\right](dz.dy.\delta x + dx.dz.\delta y + dx\,dy\,\delta z)$$

$$(13)\qquad +\iint ds\,(P\delta x + Q\delta y + R\delta z)$$

$$+\iint ds\left[\delta x\int_0^\infty \chi\,\frac{d\Delta}{dx_0}dn + \delta y\int_0^\infty \chi\,\frac{d\Delta}{dy_0}dn + \delta z\int_0^\infty \chi\,\frac{d\Delta}{dz_0}dn\right] = 0.$$

Wir wollen zuerst die Gleichungen (12) untersuchen. Da jedem in merklichem Abstande von der Oberfläche der Flüssigkeit gelegenen Punkt ein constanter Werth von Δ zukömmt, und da sowohl φ als φ_1 für dergleichen Punkte verschwinden, so werden die Gleichgewichtsbedingungen für dieselben:

$$\frac{d\lambda}{dx} = 0;\ \frac{d\lambda}{dy} = 0;\ \frac{d\lambda}{dz} + \Delta g = 0,$$

oder auch:

$$d\lambda + \varDelta g \,.\, dz = 0,$$

oder endlich:

$$(14) \qquad \lambda + \varDelta gz = C,$$

wo C eine constante Gröſse bedeutet.

Die Gleichgewichtsbedingungen für nahe an der freien Oberfläche gelegene Punkte folgen aus den Gleichungen (12), wenn man darin sowohl $\Phi = 0$ als auch nach der Gleichung (6):

$$\chi = \tfrac{1}{3}(\varphi + 2\varphi_1)$$

substituirt. Diese Bedingungen heissen daher:

$$\frac{d\lambda}{dx} = \varDelta \frac{d\varphi_1}{dx}\,;\; \frac{d\lambda}{dy} = \varDelta \frac{d\varphi_1}{dy}\,;\; \frac{d\lambda}{dz} = \varDelta \frac{d\varphi_1}{dz} - \varDelta g,$$

oder auch:

$$(15) \qquad d\lambda - \varDelta d\varphi_1 + \varDelta g\, dz = 0.$$

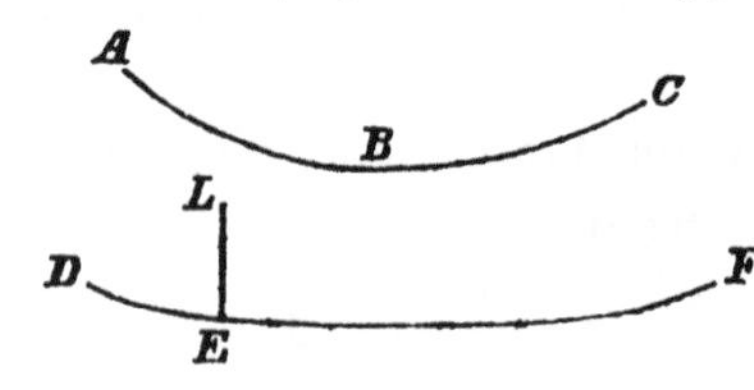

Es bedeute nun ABC die freie Oberfläche der Flüssigkeit, DEF die Gränzfläche der oberflächlichen Schicht. Nimmt man dann in dieser Schicht irgend einen Punkt L und bezeichnet mit E den Durchschnittspunkt der durch diesen Punkt L gehenden Vertikale mit der Oberfläche DEF, so wie mit z und z_1 die Abstände der Punkte L und E von der Horizontal-Ebene der xy und mit λ_1 den Werth von λ für den Punkt E, so ergiebt sich nach der Gleichung (14) die Bedingung:

$$\lambda_1 = -\varDelta gz_1 + C_1 \text{ [1]}$$

Integrirt man darauf die Gleichung (15) von E bis L, so erhält man:

$$(\lambda - \lambda_1) = \int_{z_1}^{z} \varDelta\, d\varphi_1 - g \int_{z_1}^{z} \varDelta dz$$

[1]) So scheint diese Stelle heissen zu müssen, obgleich in dem Originalaufsatz steht:

.... „so ergiebt sich nach der Gleichung (15) die Bedingung:

$\lambda_1 = \varDelta g z_1 + C_1$." E.

und indem man für λ_1 seinen Werth substituirt:

$$\lambda + \Delta g z_1 + g\int_{z_1}^{z} \Delta dz = \int_{z_1}^{z} \Delta d\varphi_1 + C.$$

In dieser Gleichung wird durch:

$$g\Delta z_1 + g\int_{z_1}^{z} \Delta dz$$

das Gewicht eines flüssigen Cylinders ausgedrückt, dessen Basis der Flächeneinheit und dessen Höhe der Gröfse z gleich ist. Dieser Werth kann aber ohne merklichen Fehler ersetzt werden durch:

$$g\,\Delta\, z,$$

und es wird daher:

$$\lambda + g\Delta z = \int_{z_1}^{z} \Delta d\varphi_1 + C. \tag{16}$$

Man sieht aus dieser Gleichung, dafs die Gröfse φ_1 für die oberflächliche Schicht eine Function von Δ sein muss.

Um die Folgen dieser Eigenschaft einzusehen, erinnern wir uns an die Beziehungen:

$$\varphi + \varphi_1 = 2\pi\int_0^n \psi\,(n - \varepsilon)\,F(\varepsilon)\,.\,d\varepsilon + 2\pi\int_0^\infty \psi\,(n + \varepsilon)\,F(\varepsilon)\,d\varepsilon.$$

und:

$$\varphi = 4\pi\,\Delta\int_0 F(\varepsilon)\,d\varepsilon$$

und bemerken noch, dafs die Dicke der oberflächlichen Schicht, wenn auch vielleicht sehr klein doch nothwendig viel gröfser sein muss als der Radius der fühlbaren Wirkung, den wir mit e bezeichnen wollen. Nimmt man dann an, dafs die Function $\psi\,(n)$ nach n schnell veränderlich ist, dafs aber die Gränzen der vorstehenden Integrale nicht gröfser als e sind, weil deren Glieder für $\varepsilon > e$ verschwinden, so folgt, dafs zwischen den engen Gränzen o und e, durch unendlich kleine Zuwächse von n nur sehr kleine Dichtigkeitszuwächse bewirkt werden.

Wir dürfen daher voraussetzen, dafs zwischen den genannten Gränzen, d. h. von $\varepsilon = 0$ bis $\varepsilon = e$ folgende Gleichungen gelten:

$$\psi(n-\varepsilon) = \psi(n) - \varepsilon \,.\, \psi'(n) + \frac{\varepsilon^2}{2} \,.\, \psi''(n)$$
$$= \varDelta - \varepsilon \,.\, \frac{d\varDelta}{dn} + \frac{\varepsilon^2}{2} \,.\, \frac{d^2\varDelta}{dn^2}$$
$$\psi(n+\varepsilon) = \psi(n) + \varepsilon \,.\, \psi'(n) + \frac{\varepsilon^2}{2} \,.\, \psi''(n)$$
$$= \varDelta + \varepsilon \frac{d\varDelta}{dn} + \frac{\varepsilon^2}{2} \,.\, \frac{d^2\varDelta}{dn^2}$$

Es ergiebt sich dann:

$$\varphi + \varphi^1 = 2\pi \varDelta \left[\int_0^n F(\varepsilon)\, d\varepsilon + \int_0^\infty F(\varepsilon) \,.\, d\varepsilon\right]$$
$$+ 2\pi \frac{d\varDelta}{dn}\left[\int_0^n \varepsilon \,.\, F(\varepsilon)\, d\varepsilon - \int_0^\infty \varepsilon F(\varepsilon)\, d\varepsilon\right]$$
$$+ \pi \,.\, \frac{d^2\varDelta}{dn^2}\left(\int_0^n \varepsilon^2 \,.\, F(\varepsilon)\, d\varepsilon + \int_0^\infty \varepsilon^2 F(\varepsilon)\, d\varepsilon\right).$$

Bezeichnet man daher wie folgt:

$$2\pi \int_0^n F(\varepsilon)\, d\varepsilon + 2\pi \int_0^\infty F(\varepsilon)\, d\varepsilon = N,$$
$$2\pi \int_0^\infty \varepsilon \,.\, F(\varepsilon)\, d\varepsilon - 2\pi \int_0^\infty \varepsilon F(\varepsilon)\, d\varepsilon = N_1,$$
$$\pi \int_0^n \varepsilon^2 F(\varepsilon)\, d\varepsilon + \pi \int_0^\infty \varepsilon \,.\, F(\varepsilon)\, d\varepsilon = N_2,$$

wo N, N_1 und N_2 nur von n abhängen, so findet man:

$$N \,.\, \varDelta - (\varphi + \varphi^1) + N_1 \,.\, \frac{d\varDelta}{dn} + N_2 \,.\, \frac{d^2\varDelta}{dn^2} = 0.$$

Es mögen nun durch:

$$(17) \quad \begin{cases} \psi_1\left(\varDelta, \dfrac{d\varDelta}{dn}, n\right) = C_1 \\[2ex] \psi_2\left(\varDelta, \dfrac{d\varDelta}{dn}, n\right) = C_2 \end{cases}$$

die zwei ersten Integrale dieser Gleichung dargestellt werden, bei deren Erlangung φ_1 als Function von $\varDelta$ betrachtet wird. Die Gröfsen C_1 und C_2 könnten, von n unabhängig, doch noch die Coordinaten des Durchschnittspunktes von n mit der freien

Oberfläche der Flüssigkeit enthalten. Da aber die Dichtigkeit Δ für jeden merklichen Werth von n einen constanten Werth erhält, so werden C_1 und C_2 von diesen Coordinaten unabhängig sein. Eliminirt man nun $\frac{d\Delta}{dn}$ aus den Gleichungen (17), so erhält man eine Gleichung von der Form:

$$\psi(\Delta, n, C_1, C_2) = 0,$$

aus welcher hervorgeht, dafs in der oberflächlichen Schicht, das Δ nur von n abhängt und dafs daher in einer beliebigen Oberfläche die man, innerhalb dieser Schicht, parallel mit der freien Oberfläche legt, die Dichtigkeit überall dieselbe ist.

Zu ähnlichen Folgerungen führen auch die Gleichgewichtsbedingungen für die Punkte welche den Gefäfswänden nahe liegen.

Diese Bedingungen bestehen in:

$$\frac{d\lambda}{dx} = \Delta \frac{d(\varphi_1 + \Phi)}{dx}; \; \frac{d\lambda}{dy} = \Delta \frac{d(\varphi_1 + \Phi)}{dy};$$

$$\frac{d\lambda}{dz} = \Delta \frac{d(\varphi_1 + \Phi)}{dz} - \Delta g,$$

oder in:

$$d\lambda = \Delta . d(\varphi_1 + \varphi) - g . dz.$$

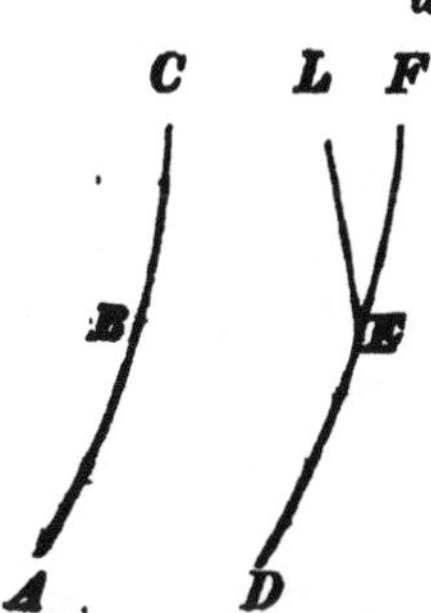

Es bedeute nun ABC die innere Oberfläche des Gefäfses, $ABC\,DEF$ die an diese Oberfläche gränzende Flüssigkeitsschicht, in welcher verschiedene Dichtigkeiten vorkommen. Legt man nun, durch einen beliebigen Punkt L dieser Schicht, eine Verticale, welche die Oberfläche DF in einem Punkt E erreicht, und bezeichnet die Abstände der Punkte L und E von der xy-Ebene mit z und z_1, so wie mit λ_1 den Werth von λ fur den Punkt E, so ergiebt sich zuerst aus der Gleichung (14):

$$\lambda_1 = C - \Delta g z,$$

und dann, indem man die vorige Gleichung von E bis L integrirt:

$$\lambda - \lambda_1 = \int_{z_1}^{z} \Delta . d(\varphi_1 + \Phi) - g \int_{z_1}^{k} \Delta dz$$

oder:

$$\lambda + \Delta g z_1 + g \int_{z_1}^{z} \lambda dz = \int_{z_1}^{z} \Delta d(\varphi_1 + \Phi) + C.$$

In dieser Gleichung ist:

$$\Delta g z_1 + g \int_{z_1}^{z} \Delta dz$$

der Ausdruck für das Gewicht eines Cylinders der Flüssigkeit, der die Einheit als Basis und z zur Höhe hat. Man kann diesen Werth ohne merklichen Fehler durch $g \Delta z$ ersetzen, mit Ausnahme des Falles, in dem die innere Oberfläche des Gefäſses auf einer merklichen Strecke eine vertikale Ebene wäre. Mit Ausnahme dieses Falles, auf den wir später zurückkommen, hat man aber:

$$\lambda + g \Delta z = \int_{z_1}^{z} \Delta d(\varphi_1 + \Phi) + C.$$

Es folgt aus dieser Gleichung, daſs $\varphi_1 + \Phi$ eine Function von Δ ist. Da nun Φ von n allein abhängt, so bemerkt man ebenso wie für die oberflächliche Schicht, daſs auch in der Nähe der Gefäſswände die Dichtigkeit der Flüssigkeit nur von n abhängt.

Was den Fall betrifft, wo die innere Oberfläche des Gefäſses zum Theil eine senkrechte Ebene ist, so ist klar, daſs neben einer solchen Ebene die Dichtigkeit der Flüssigkeit nur Function des Abstandes von derselben sein kann.

Nachdem wir als eine Folge der Gleichgewichtsbedingungen für die oberflächlichen Schichten die Eigenschaft erwiesen haben, daſs die Dichtigkeit in der Nähe der Oberfläche, diese möge frei oder mit dem Gefäſse in Berührung sein, nur von dem Abstande von dieser Oberfläche abhängt, wollen wir zu der unter (13) aufgeführten Gleichgewichtsbedingung für die Oberfläche selbst übergehen.

Diese Bedingung zerfällt in zwei. Die erste bezieht sich auf die freie Oberfläche und heiſst:

$$\tfrac{1}{2}\delta\iint ds\int_0^\infty \varphi_1\,\Delta dn+\tfrac{1}{2}\iint ds\Big[\delta x\int_0^\infty(\varphi+2\varphi_1)\frac{d\Delta}{dx_0}dn$$

$$+\delta y\int_0^\infty(\varphi+2\varphi_1)\frac{d\Delta}{dy_0}dn+\delta z\int_0^\infty(\varphi+2\varphi_1)\frac{d\Delta}{dz_0}dn\Big]$$

$$-\tfrac{1}{2}\iint[(\varphi+2\varphi_1)\Delta-\lambda]^0\,(dz\,dy\,\delta x+dx\,dz\,\delta y+dx\,dy\,\delta z)$$

$$+\iint ds\,(P\delta x+Q\delta y+R\delta z)=0. \qquad (18)$$

Die andere, welche sich auf die Berührungsfläche der Flüssigkeit und des Gefäſses bezieht, lautet:

$$\tfrac{1}{2}\delta\iint ds\int_0^\infty(\varphi_1+2\Phi)\,\Delta dn+\iint ds\Big[\delta x\int_0^\infty\varphi\frac{d\Delta}{dx_0}dn$$

$$+\delta y\int_0^\infty\varphi\frac{d\Delta}{dy_0}dn+\delta z\int_0^\infty\varphi\frac{d\Delta}{dz_0}dn\Big] \qquad (19)$$

$$-\tfrac{1}{2}\iint[(\varphi\Delta-\lambda)^0+\mu]^0\,(dz\,dy\,\delta x+dx\,dz\,\delta y+dx\,dy\,\delta z)=0,$$

wo in Folge der Gleichung (6):

$$\chi=\tfrac{1}{2}(\varphi+2\varphi_1+2\Phi)$$

stattfindet.

Untersuchen wir zuerst die Gleichung (18), so ergiebt sich, da Δ nur von n abhängt:

$$\frac{d\Delta}{dx_0}=\frac{d\Delta}{dn}\cdot\frac{dn}{dx_0}=\frac{d\Delta}{dn}\cdot\frac{x_0-x}{n},$$

$$\frac{d\Delta}{dy_0}=\frac{d\Delta}{dn}\cdot\frac{dn}{dy_0}=\frac{d\Delta}{dn}\cdot\frac{y_0-y}{n},$$

und

$$\frac{d\Delta}{dz_0}=\frac{d\Delta}{dn}\cdot\frac{dn}{dz_0}=\frac{d\Delta}{dn}\cdot\frac{z_0-z}{n};$$

und wenn man setzt:

$$\frac{dz_0}{dx_0}=p,\quad\frac{dz_0}{dy_0}=q,$$

wodurch die Cosinus der Winkel zwischen der äusseren Normale auf die freie Oberfläche der Flüssigkeit in Punkt x_0, y_0, z_0 und zwischen den Axen der xy und z, respective mit $-p$, $-q$ und 1 proportional werden, so hat man:

$$\frac{x-x_0}{n} = -\frac{p}{\sqrt{1+p^2+q^2}}$$

$$\frac{y-y_0}{n} = -\frac{q}{\sqrt{1+p^2+q^2}}$$

$$\frac{z-z_0}{n} = \frac{1}{\sqrt{1+p^2+q^2}}$$

und daher für das zweite Glied der Gleichung (18) den Ausdruck:

$$-\iint ds \,.\, \frac{\delta z - p\delta x - q\delta y}{\sqrt{1+p^2+q^2}} \int_0^\infty (\varphi + 2\varphi_1)\frac{d\Delta}{dn}\,.\,dn.$$

Da aber φ eine constante Gröfse ist und sowohl φ_1 als Δ nur von n abhängen, so erhält auch das Integràl

$$\int_0^\infty (\varphi + 2\varphi_1)\frac{d\Delta}{dn}\,.\,dn$$

einen constanten Werth.

Bezeichnet man:

$$\int_0^\infty \varphi_1 \frac{d\Delta}{dn}\,dn = b$$

und bemerkt, dafs:

$$ds = dx\,dy\sqrt{1+p^2+q^2}$$

so wird der vorhergehende Ausdruck zu:

$$(20) \quad -[\tfrac{1}{2}\varphi(\Delta - \Delta^0) + b]\iint dx\,dy\,(\delta z - p\delta x - q\delta y)$$

wo Δ die constante Dichtigkeit, die im Innern der Flüssigkeit stattfindet und Δ^0 deren constante Dichtigkeit an der freien Oberfläche bedeutet.

Um das erste Glied der Gleichung (18) von $\delta x\delta y\delta z$ abhängig zu machen, bemerken wir, dafs, da φ_1 und Δ nur von n abhängen, das Integral

$$\int_0^\infty \varphi_1\,\Delta\,dn$$

zu einer Constanten wird. Schreibt man demgemäfs:

$$(21) \quad \int_0^\infty \varphi_1\,\Delta\,dn = a$$

so ergiebt sich:

$$\delta \iint ds \int_0^\infty \Delta \varphi_1 \, dn = a \delta \int ds.$$

Setzt man alsdann:

$$\sqrt{1+p^2+q^2} = T$$
$$ds = dx\, dy\, .\, T,$$

so folgt:

$$\delta \iint ds = \iint \left(\delta T + T \frac{\delta dx}{dx} + T \frac{\delta dy}{dy} \right) dx\, dy$$

$$= \int (T\delta x)_0^1 \, dy + \int (T\delta y)_0^1 \, dy + \iint \left(\delta T - \frac{dT}{dx} \delta x - \frac{dT}{dy} \delta y \right) dx\, dy.$$

Die Ausdrücke $(T\delta x)_0^1$, $(T\delta y)_0^1$ bezeichnen Gröfsen die zwischen Gränzen genommen sind, und zwar die erstere in Beziehung auf x, die andere in Beziehung auf y. Es ist aber:

$$\delta T - \frac{dT}{dx} \delta x - \frac{dT}{dy} \delta y = \frac{dT}{dp} \left(dp - \frac{dp}{dx} \delta x - \frac{dp}{dy} \delta y \right)$$
$$+ \frac{dT}{dq} \left(\delta q - \frac{dq}{dx} \delta x - \frac{dq}{dy} \delta y \right)$$

und:

$$\delta p = \delta \, . \, \frac{dz}{dx} = \frac{\delta dz}{dx} - \frac{dz}{dx} \delta dx = \frac{d(\delta z)}{dx} - p \, . \, \delta dx$$

$$\delta q = \delta \, . \, \frac{dz}{dy} = \delta \, . \, \frac{dz}{dy} - \frac{dz}{dy} \delta dy = \frac{d(\delta y)}{dy} - q \, . \, \delta dy,$$

so wie endlich:

$$\frac{dT}{dp} = \frac{p}{T} \; ; \; \frac{dT}{dq} = \frac{q}{T} \; ;$$

Es folgt:

$$\delta T - \frac{dT}{dx} \, . \, \delta x - \frac{dT}{dy} \delta y = \frac{p}{T} \frac{d(\delta z - p\delta x - q\delta y)}{dx}$$
$$+ \frac{q}{T} \, . \, \frac{d(\delta z - p\delta x - q\delta y)}{dy}$$

und daher:

$$\delta \iint ds = \int (T\delta x)_0^1 \, dy + \int (T\delta y)_0^1 \, dx + \iint \left[\frac{p}{T} \frac{d(\delta z - p\delta x - q\delta y)}{dx} \right.$$
$$\left. + \frac{q}{T} \frac{d(\delta z - p\delta x - q\delta y)}{dy} \right] dx\, dy$$

$$= \int \left[T\delta x + \frac{p}{T} (\delta z - p\delta x - q\delta y) \right]_0^1 dy$$
$$+ \int \left[T\delta y + \frac{q}{T} \delta z - p\delta x - q\delta y) \right]_0^1 dx$$
$$- \iint \left[\frac{d\left(\frac{p}{T}\right)}{dx} + \frac{d\left(\frac{q}{T}\right)}{dy} \right] (\delta z - p\delta x - q\delta y)\, dx\, dy,$$

wo die Ausdrücke

$\left[T\delta x + \frac{p}{T}(\delta z - p\delta x - q\delta y) \right]_0^1$ und $\left[T\delta y + \frac{q}{T} (\delta z - p\delta x - q\delta y) \right]_0^1$

Werthe bezeichnen, welche, der erstere in Beziehung auf x, der andere in Beziehung auf y, zwischen Gränzen genommen sind. Um die zwei einfachen Integrale dieser Gleichung, welche sich auf die Projection des Umfanges der freien Oberfläche auf die xy-Ebene beziehen, unter einem Zeichen zu vereinigen, mufs man das Vorzeichen des einen derselben ändern. Bezeichnet man nämlich mit y_0 und y_1 zwei Werthe von y, die zu einerlei x gehören, und mit x_0 und x_1 zwei zu gleichen y gehörige Werthe von x, und mach dann:

$$T\delta y + \frac{q}{T} (\delta z - p\delta x - q\delta y) = f(xy)$$

$$T\delta x + \frac{p}{T} (\delta z - p\delta x - q\delta y) = f_1(xy)$$

so werden:

$$\int \left[T\delta y + \frac{q}{T} (\delta z - p\delta x - q\delta y) \right]_0^1 dx = \int \left[f(xy_1) - f(xy_0) \right] dx$$
$$\int \left[T\delta x + \frac{q}{T} (\delta z - p\delta x - q\delta y) \right]_0^1 dy = \int \left[f_1(x_1 y) - f_1(x_0 y) \right] dy.$$

y

B

A C

D

o x

Seien nun $ABCD$ die Projection des Umfanges der freien Oberfläche der Flüssigkeit auf die xy-Ebene, B und D die beiden Punkte jener Linie, welche von der y-Axe am entferntesten und ihr am nächsten sind und A und C die Punkte der genannten Linie, welche respective der y-Axe am nächsten und von ihr am entferntesten sind. Bezeichnet man dann für die vier Punkte

ABCD der Reihe nach die x-Coordinate mit $abcd$ und die y-Coordinate mit $\alpha\beta\gamma\delta$, so erhält man:

$$\int\left[T\delta y+\frac{q}{T}(\delta z-p\delta x-q\delta y)\right]_0^{\prime}dx$$

$$=\int_a^b f(xy_1)\,dx+\int_b^c f(xy_1)\,dx-\int_a^d (xy_0)\,dx-\int_d^c f(xy_0)\,dx$$

$$=\int_a^b f(xy_1)\,dx+\int_b^c f(xy_1)\,dx+\int_c^d f(xy_0)\,dx+\int_d^a f(xy_0)\,dx$$

$$=\int_0^{\sigma_1} F(xy)\frac{dx}{d\sigma}\,d\sigma,$$

wenn $d\sigma$ ein Element der Linie *ABCD*, σ die ganze von *A* in der Richtung *ABCD* genommene Länge dieser Linie und $f(xy)$ eine nur von σ abhängige Function bezeichnet.

Man findet auf dieselbe Weise:

$$\int\left[T\delta x+\frac{p}{T}(\delta z-p\delta x-q\delta y)\right]_0^{\prime}dy$$

$$=\int_\delta^\gamma f_1(xy)\,dy+\int_\gamma^\beta f_1(x_1y)\,dy-\int_\delta^\alpha f_1(x_0y)\,dy-\int_\alpha^\beta f_1(x_0y)\,dy$$

$$=-\int_\alpha^\beta f_1(x_0y)\,dy-\int_\beta^\gamma f_1(x_1y)\,dy-\int_\gamma^\delta f(x_1y)\,dy-\int_\delta^\alpha f_1(x_0y)\,dy$$

$$=-\int_0^{\sigma_1} f(xy)\frac{dy}{d\sigma}\,d\sigma.$$

Folglich:

$$\int\left[T\delta y+\frac{q}{T}(\delta z-p\delta x-q\delta y)\right]_0^{\prime}dx$$

$$+\int\left[T\delta x+\frac{p}{T}(\delta z-p\delta x-q\delta y)\right]_0^{\prime}\delta y$$

$$=\int_0^{\sigma_1}\left[f(xy)\frac{dx}{d\sigma}-f_1(xy)\frac{dy}{d\sigma}\right]d\sigma=\int\Big(f(xy)\,dx-f_1(xy)\,dy\Big)$$

$$=\int\left[T(\delta y\,dx-\delta x\,dy)+\frac{(q\,dx-p\,dy)(\delta z-p\delta x-q\delta y)}{T}\right]$$

$$=\int\frac{[q\,dx+p\,dy]\delta z+[dx(1+p^2)+pq\,dy]\delta y-[(1+q^2)dy+pq\,dx]\delta x}{\sqrt{1+p^2+q^2}}$$

Man überzeugt sich also, dafs:

$$\delta \iint ds$$

$$= \int \frac{[q dx - p dy]\delta z + [dx(1+p^2) + pq dy]\delta y - [(1+q^2)dy + pq dx]\delta x}{\sqrt{1+p^2+q^2}}$$

$$- \iint \left(\frac{d\left(\frac{p}{T}\right)}{dx} + \frac{d\left(\frac{q}{T}\right)}{dy} \right) (\delta z - p\delta x - q\delta y)\, dx\, dy.$$

Substituirt man nun diesen Ausdruck anstatt der ersten Hälfte der Gleichung (18) und benutzt dabei die unter (20) und (21) beigebrachten Beziehungen, so erhält man:

$$(22) \left\{ \begin{aligned} & \frac{a}{2} \int \frac{[q dx - p dy]\delta z + [dx(1+p^2) + pq dy]\delta y - [(1+q^2)dy + pq dx]\delta x}{\sqrt{1+p^2+q^2}} \\ & - \iint \Big[\frac{\varphi}{2}(\varDelta - \varDelta^0) + b \\ & + \frac{a}{2} \left(\frac{d\left(\frac{p}{T}\right)}{dx} + \frac{d\left(\frac{q}{T}\right)}{dy} \right) (\delta z - p\delta x - q\delta y)\, dx\, dy \\ & - \tfrac{1}{4} \iint [(\varphi + 2\varphi_1)\varDelta - \lambda]^0 (dz\, dy\, \delta x + dx\, dz\, \delta y + dx\, dy\, \delta z) \\ & + \iint (P\delta x + Q\delta y + R\delta z)\, ds = 0. \end{aligned} \right.$$

Das einfache Integral in dieser Gleichung bezieht sich auf die Umfangslinie der Oberfläche der Flüssigkeit. Es mufs daher zu einem ähnlichen Gliede hinzugenommen werden, welches aus der Gleichung (19) entspringt, damit die Summe beider, die Bedingung des Gleichgewichts für die Umfangslinie ausdrücke. Lässt man aber für jetzt dieses Glied aus, und beachtet dafs:

$$dx\, dy = \frac{ds}{T};\; dz\, dx = -q\frac{ds}{T} = -q dx\, dy;$$

$$dz\, dy = -p\frac{ds}{T} = -p\, dx\, dy,$$

so wird die Gleichung (22) zu:

$$\iint\left[\frac{\varphi\Delta}{2}+(\varphi_1\Delta)^0+b\right.$$

$$\left.+\frac{a}{2}\left(\frac{d\left(\frac{p}{T}\right)}{dx}+\frac{d\left(\frac{q}{T}\right)}{dy}\right)-\lambda^0\right](\delta z-p\delta x-q\delta y)\,dx\,dy$$

$$-\iint(P\delta x+Q\delta y+R\delta z)\,T.\,dx\,dy=0.$$

Dieser Ausdruck enthält die drei Gleichungen:

$$(23)\begin{cases} p\left[\frac{\varphi.\Delta}{2}+(\varphi_1\Delta)^0+b+\frac{a}{2}\left(\frac{d\left(\frac{p}{T}\right)}{dx}+\frac{d\left(\frac{q}{T}\right)}{dy}\right)-\lambda^0\right]+PT=0 \\ q\left[\frac{\varphi.\Delta}{2}+(\varphi_1\Delta)^0+b+\frac{a}{2}\left(\frac{d\left(\frac{p}{T}\right)}{dx}+\frac{d\left(\frac{q}{T}\right)}{dy}\right)-\lambda^0\right]+QT=0 \\ \left[\frac{\varphi.\Delta}{2}+(\varphi_1\Delta)^0+b+\frac{a}{2}\left(\frac{d\left(\frac{p}{T}\right)}{dx}+\frac{d\left(\frac{q}{T}\right)}{dy}\right)-\lambda^0\right]-RT=0 \end{cases}$$

aus denen folgt:

$$\frac{P}{p}=\frac{Q}{q}=\frac{R}{-1}.$$

Man sieht hierdurch, dafs der Druck Π, von dem P, Q und R die Projectionen sind, normal zur Oberfläche der Flüssigkeit wirkt. Man erhält daher

$$RT=\Pi$$

und dann aus der Gleichung (16):

$$\lambda^0=-g\Delta z+\int_{z_1}^{z}\Delta d\varphi_1+C=-g\Delta z+(\Delta\varphi_1)^0-\int_{z_1}^{z}\varphi_1\,d\Delta+C.$$

Die dritte der Gleichungen unter (23) wird daher zu:

$$\frac{\varphi\Delta}{2}+b+\frac{a}{2}\left(\frac{d\left(\frac{p}{T}\right)}{dx}+\frac{d\left(\frac{q}{T}\right)}{dy}\right)+g\Delta z+\int_{z_1}^{z}\varphi_1 d\Delta-C-\Pi=0.$$

Da aber das Integral

$$\int_{z_1}^{z}\varphi_1\,d\Delta$$

von der freien Oberfläche der Flüssigkeit bis in deren Inneres genommen, eine constante Gröfse ist, so wird man setzen können:

$$\frac{\varphi \Delta}{2} + b + C + \int_{z_1}^{z} \varphi_1 d\Delta = A,$$

wo A eine constante Gröfse bezeichnet. Die vorige Gleichung nimmt also folgende Form an:

$$A + \Pi - g\Delta z = \frac{a}{2}\left(\frac{d\left(\frac{p}{T}\right)}{dx} + \frac{d\left(\frac{q}{T}\right)}{dy}\right)$$

Diese ist die Gleichung der freien Oberfläche der Flüssigkeit.

Bedeuten nun ϱ_1 und ϱ_2 die zwei Hauptkrümmungs-Halbmesser in einem beliebigen Punkt dieser Oberfläche, so hat man:

$$\frac{1}{\varrho_1} + \frac{1}{\varrho_2} = \frac{d\left(\frac{p}{T}\right)}{dx} + \frac{d\left(\frac{q}{T}\right)}{dy} = \frac{d\left(\frac{p}{\sqrt{1+p^2+q^2}}\right)}{dx} + \frac{d\left(\frac{q}{\sqrt{1+p^2+q^2}}\right)}{dy}.$$

Wegen der Wurzelgröfse $\sqrt{1+p^2+q^2}$ in diesem Ausdruck ist das Vorzeichen von $\frac{1}{\varrho_1} + \frac{1}{\varrho_2}$ unbestimmt. Wenn man aber übereinkommt, die Halbmesser ϱ_1 und ϱ_2 positiv zu setzen, wenn sie sich ausserhalb der Flüssigkeit befinden, d. h. wenn die Oberfläche dieser Flüssigkeit concav ist und daher für eine convexe Oberfläche negativ, so erhält man, wenn noch

$$\frac{\Pi + A}{g\Delta} = C, \quad \frac{a}{2g\Delta} = \alpha$$

gesetzt werden:

$$(24) \qquad z = \alpha\left(\frac{1}{\varrho_1} + \frac{1}{\varrho_2}\right) + C$$

als Gleichung der freien Oberfläche der Flüssigkeit.

Die Gleichgewichtsbedingung (19) für die mit den Gefäfswänden in Berührung stehende Oberfläche der Flüssigkeit führt, wegen der unbestimmten Gröfse μ die in ihr vorkommt, zu keinem andern Resultate als zur Bestimmung dieser Gröfse. Auch muss das einfache Integral, welches in dieser Gleichung vorkommt, wenn man die Variation $\delta\Delta$ von den Variationen

$\delta x\, \delta y\, dz$ abhängen lässt, in Betrachtung gezogen und einem ähnlichen Gliede der Gleichung (22) hinzugefügt werden. Zur Bestimmung dieses Gliedes bemerken wir, dafs, da Δ, φ_1 und Φ nur von n abhängen, das Integral

$$\int_0^\infty (\varphi_1 + 2\Phi)\, \Delta\, dn$$

zu einer Constanten wird. Setzt man:

$$\int_0^\infty (\varphi_1 + 2\Phi)\, \Delta \,.\, dn = a_1,$$

und bezeichnet noch, für die Berührungsoberfläche der Flüssigkeit mit den Gefäfswänden:

$$\frac{dz}{dx} = p_1 \quad \frac{dz}{dy} = q_1,$$

so ergiebt sich, wenn man nur die auf den Umfang der Oberfläche bezüglichen Glieder beachtet

$$\frac{a_1}{2}\iint \delta ds =$$

$$\frac{a_1}{2}\int \frac{[q_1 dx - p_1 dy]\delta z + [dx(1+p_1^2) + p_1 q_1 dy]\delta y + [(1+q_1^2)dy + p_1 q_1 dx]\delta x}{\sqrt{1 + p_1^2 + q_1^2}}$$

Die Gleichgewichtsbedingung für den Umfang der freien Oberfläche der Flüssigkeit wird daher zu:

$$a\int \frac{[q dx - p dy]\delta z + [dx(1+p^2) + pq dy]\delta y - [(1+q^2)dy + pq dx]\delta x}{\sqrt{1 + p^2 + q^2}}$$

$$+ a_1 \int \frac{[q_1 dx - p_1 dy]\delta z + [dx(1+p_1^2) + p_1 q_1 dy]\delta y - [(1+q_1^2)dy + p_1 q_1 dx]\delta x}{\sqrt{1 + p_1^2 + q_1^2}}$$

$$= 0.$$

Da diese Linie auf der innern Oberfläche des Gefässes liegt, so hat man auch:

$$\delta z = p_1 \delta x + q_1 \delta y$$

und da sie ausserdem den Durchschnitt des Gefäfses mit der freien Oberfläche der Flüssigkeit bezeichnet, so muss auch stattfinden:

$$p dx + q dy = p_1 dx + q_1 dy.$$

Eliminirt man δz durch die erste dieser Gleichungen und beachtet dabei die zweite, so wird die vorhergehende Gleichung zu:

$$a\int\frac{pp_1+qq_1+1}{\sqrt{1+p^2+q^2}}(\delta y\,dx-\delta x\,dy)$$

$$+a_1\int\sqrt{1+p_1^2+q_1^2}\,(\delta y\,dx-\delta x\,dy)=0.$$

Die Gleichgewichtsbedingung für den Umfang der freien Oberfläche ist demnach:

$$a\frac{pp_1+qq_1+1}{\sqrt{1+p^2+q^2}}+a_1\sqrt{1+p_1^2+q_1^2}=0$$

oder:

$$\frac{pp_1+qq_1+1}{\sqrt{1+p^2+q^2}\cdot\sqrt{1+p_1^2+q_1^2}}=-\frac{a_1}{a}$$

Wenn man von irgend einem Punkt dieser Umfangslinie aus, eine Normale auf die freie Oberfläche der Flüssigkeit und eine andere auf die innere Oberfläche des Gefässes fällt, so wird durch:

$$\frac{pp_1+qq_1+1}{\sqrt{1+p^2+q^2}\cdot\sqrt{1+p_1^2+q_1^2}}$$

der Cosinus des Winkels ausgedrückt, welchen diese beiden Normalen einschliefsen.

Man schliefst nun aus der vorigen Gleichung, dafs dieser Winkel einen constanten, d. h. von der Lage des Umfangs-Punktes für welchen er genommen wird, unabhängigen Werth besitzt [1]).

[1]) Die oben, in der Anmerkung zu Seite 618, erwähnte Veränderlichkeit dieses Winkels, je nach noch unbekannten Umständen, spricht daher nur insofern gegen die Richtigkeit dieses Satzes, als derselbe die Voraussetzung enthält, dafs

$$a=\int_0^\infty \varphi_1\,\Delta dn$$

und

$$a_1=\int_0^\infty (\varphi_1+2\Phi)\,\Delta dn$$

von keinen anderen Umständen als den hier in Betracht gezogenen abhängen. E.

In Folge dieser Analyse bleibt uns noch eine Bemerkung über die Nothwendigkeit übrig, dafs man bei der Untersuchung den Capillaritätserscheinungen die nahe an der Oberfläche gelegenen Theilchen der Flüssigkeit ungleich dicht voraussetze, und diese Theilchen mit in die Betrachtung ziehe. Jene Erscheinungen hängen von der Constanten die wir mit a, (21), bezeichnet haben, so merklich ab, dafs sie nicht mehr stattfänden, wenn a zu Null würde.

In der That würde mit $a = 0$ auch $\alpha = 0$ und dadurch die Gleichung (24) für die freie Oberfläche der Flüssigkeit zu $z = C$, d. h. zu der einer horizontalen Ebene. Man kann aber leicht beweisen, dafs, wenn man entweder die Flüssigkeit in allen ihren Punkten gleich dicht voraussetzt, oder der oberflächlichen Schicht derselben zwar eine verschiedene Dichtigkeit zuschreibt, die Wirkungen dieser Schicht aber unbeachtet lässt, der Werth von a verschwindet. In der That wird, wenn Δ eine Constante ist, φ_1 ebenfalls constant sein, weil φ_1 nur von Δ abhängt.

Nach (5) hat man aber

$$\varphi_1 = 2\pi\int_0^n \psi(n-\varepsilon)\,F(\varepsilon)\,d\varepsilon + 2\pi\int_0^\infty \psi(n+\varepsilon)\,F(\varepsilon)\,d\varepsilon - \varphi,$$

wo

$$\varphi = 4\pi\Delta\int_0 F(\varepsilon)\,d\varepsilon,$$

und bei überall gleicher Dichtigkeit:

$$\varphi_1 = 2\pi\Delta\int_0^n F(\varepsilon)\,d\varepsilon + 2\pi\Delta\int_0^\infty F(\varepsilon)\,d\varepsilon - 4\pi\Delta\int_0^\infty F(\varepsilon)\,d\varepsilon$$

$$= 2\pi\Delta\int_0^n F(\varepsilon)\,d\varepsilon - 2\pi\Delta\int_0^\infty F(\varepsilon)\,d\varepsilon.$$

Damit φ_1 constant werde, mufs das Integral

$$\int_0^n F(\varepsilon)\,d\varepsilon$$

von n unabhängig sein und deshalb mufs entweder $F(\varepsilon) = 0$ sein für jeden Werth von ε, d. h. die Theilchen der Flüssigkeit ganz ohne gegenseitige Einwirkung, oder die obere

Gränze n des Integrales

$$\int_0^n F(s)\,ds$$

mufs so beschaffen sein, dafs $F(n)$ unmerklich werde. In jedem dieser beiden Fälle wird aber φ_1 zu Null. Dieses findet daher statt, sowohl wenn die Flüssigkeit überall gleich dicht vorausgesetzt, als auch wenn ihre oberflächliche Schicht ausser Achtung gelassen wird und da nun nach (21):

$$a = \int_0^\infty \varphi_1\, \mathfrak{A} dn$$

so hätte man unter diesen Umständen $a = 0$. Die Capillaritätserscheinungen hörten somit auf, sobald die Flüssigkeit überall gleich dicht wäre.

Eine Reclamation in der Zeitschrift „Inland."

Das alte Sprüchwort „Undank ist der Welt Lohn" erhält doch immer neue Bewahrheitung. Nachdem wir Herrn Schiefners schriftlicher Zusendung die Ehre erwiesen, den edelsten Extract daraus auf S. 489 dieses Bandes, d. h. am Schlusse eines Heftes, abdrucken zu lassen, damit sie unseren Lesern um so unauslöschlicher sich einpräge, nachdem wir diesem Herrn aufserdem die zarte Rücksicht bewiesen, das Publicum kaum diviniren zu lassen, wer der gütige Einsender gewesen: schickt er uns nun noch einen wüthigen gedruckten Herzenserguſs, bereits zu finden im Dorpater Inland vom 10. Juni laufenden Jahres!

Besagter Ergufs betrifft natürlich wieder und vornehmlich unsere einigermafsen humoristische Bearbeitung der Recension Ahlqvist's über die verdeutschte Kalevala (S. 115 ff. des laufenden Bandes). Herr Schiefner behauptet, wir würden platterdings unfähig gewesen sein, das Meisterwerk selbständig zu recensiren. Das ist „starker Tobak", den wir aber aus Bescheidenheitsgründen nicht zurückblasen dürfen. Dann versichert er, unser ganzes Verdienst bei der Bearbeitung bestehe in einer Ausschmückung mit schlechten „Spree-Witzen." Sei es — was hindert denn Herrn Schiefner, seine etwanigen guten Newa-Witze flüssig zu machen und so darzuthun, dafs er wenigstens in einer Beziehung nicht obstruirt ist?

Herr Schiefner meint, jenes Versehen mit korg sei damit zu erklären, dafs wir Keinen zur Seite gehabt, der uns die rechte Bedeutung sagte. Wir erwiedern mit der Frage: ist Herr Schiefner ein geistiges Päppelkind, das sich nur zu helfen weifs, wenn irgend ein hülfreicher Amanuensis ihm etwas einpäppelt, und schliefst er von sich auf Andere? Glaubt er, dafs es bei uns keine schwedischen Wörterbücher giebt, oder will er uns glauben machen, es gebe in Petersburg keine finnischen? Die kleine Mühe des Nachschlagens würde den Einen davor bewahrt haben, einen Korb für einen Krug, und den Anderen (Herrn Schiefner), ihn gar für einen Nagel anzusehen; letzterer hätte also den Bock mit vakkanen nicht geschossen, der immer Bock bleiben wird, in welches Costüm er ihn auch stecken möge. Zwar kommt es bei einem quarry, crying on havock, wie dem Schiefner'schen, auf ein erlegtes Stück mehr oder weniger nicht an.

Als Einleitung zu seinem Herzensergusse giebt Herr Schiefner sich die Mühe, einen, nun schon fünfjährigen Artikel, in welchem wir schöne Hoffnungen auf das Gelingen seiner Uebersetzung aussprachen, vollständig abzuschreiben. Die beigefügte Note über den kurzweiligen buddhistischen Eingang jenes Artikels (Herrn Schiefners buddhistische Arbeiten haben nemlich das Verdienst eminentester Langweiligkeit) ist eine moralisirende Salbaderei, die Jeder, der unseren Character wahrhaft kennt, dahin besorgen wird — kudà sljédujet.

Sch.

Lightning Source UK Ltd.
Milton Keynes UK
UKHW010845121218
333787UK00009B/1193/P